化妆品评价替代方法标准实施指南

程树军 主编

中国质检出版社
中国标准出版社
北 京

图书在版编目(CIP)数据

化妆品评价替代方法标准实施指南/程树军主编. —北京:中国标准出版社,2017.3

ISBN 978-7-5066-8578-8

Ⅰ.①化… Ⅱ.①程… Ⅲ.①化妆品—安全评价—标准—指南 Ⅳ.①TQ658-65

中国版本图书馆 CIP 数据核字(2017)第 050084 号

中国质检出版社
中国标准出版社 出版发行

北京市朝阳区和平里西街甲 2 号(100029)

北京市西城区三里河北街 16 号(100045)

网址:www.spc.net.cn

总编室:(010)68533533 发行中心:(010)51780238

读者服务部:(010)68523946

中国标准出版社秦皇岛印刷厂印刷

各地新华书店经销

*

开本 880×1230 1/16 印张 23.5 字数 616 千字

2017 年 3 月第一版 2017 年 3 月第一次印刷

*

定价 80.00 元

《化妆品评价替代方法标准实施指南》

Guides of Alternative Methods Standards for Cosmetics Assessment

编辑委员会

主　　编：程树军

副主编：史光华　秦　瑶　蔡臻子　金卫华　田丽婷　王　慧　潘　芳

编　　委：（按姓氏笔画排序）：

王　慧　田丽婷　田　理　史光华　杜　军

李钟瑞　吴　越　张全顺　张宏伟　张　洁

金卫华　秦　瑶　徐宏景　高　原　梅文杰

梅鹤祥　曹　平　程树军　曾　飒　蔡臻子

管　娜　潘　芳　瞿小婷　瞿　欣

编　　者：（按姓氏笔画排序）：

王　滢　伽蓝集团股份有限公司

王　慧　上海交通大学

毛勇进　广州市诗泊苓化妆品有限责任公司

田丽婷　汉高（中国）投资有限公司

田　理　Delphic HSE Solutions Ltd.

史光华　中国合格评定国家认可中心

吕　京　中国合格评定国家认可中心

朱　伟　广州市疾病预防控制中心

刘德海　广东丹姿集团有限公司

江月明　亚什兰（中国）投资有限公司

孙　梅　SGS 通标标准技术有限公司

杜　军　安利（中国）研发中心

李民友　广州市进德生物科技有限公司

李怡芳　暨南大学
李钟瑞　Intertek 天祥集团
李适炜　广东芭薇化妆品有限公司
李　楠　欧莱雅(中国)研发和创新中心
步　犁　广州市疾病预防控制中心
吴　越　伽蓝集团股份有限公司
沈　骅　壳牌公司
张全顺　美国体外科学研究院
张宏伟　中国疾病预防控制中心
张　洁　宝洁公司
张智婷　广州市花安堂生物科技有限公司
陈木永　维达纸业(中国)有限公司
陈　田　安利(中国)研发中心
陈志杰　替代方法研究评价中心
陈炜锐　广州德亿化妆品有限公司
陈洁玲　SGS 通标标准技术服务公司
陈　彧　广东出入境检验检疫局
金卫华　上海家化联合股份有限公司
郑楚亭　广东出入境检验检疫局
赵　锷　上海斯安肤诺生物科技有限公司
柯逸晖　广东药科大学
姜义华　德之馨(上海)有限公司
洪　靖　北京赛诺新炜科技有限公司
秦　瑶　广州市华代生物科技有限公司
耿梦梦　广州市华代生物科技有限公司
栗原博　暨南大学
徐宏景　雅诗兰黛亚太研发中心
徐嘉婷　广州市华代生物科技有限公司
高　原　宝洁公司
唐芳勇　广州市中通生化制品有限公司

谈伟君　广东药科大学
黄健聪　广州市华代生物科技有限公司
梅文杰　广东药科大学
梅鹤祥　德之馨(上海)有限公司
曹　平　上海家化联合股份有限公司
喻　欢　宜宾县卫生和计划生育局
程树军　广东出入境检验检疫局
曾　飒　广州栋方生物科技股份有限公司
蔡臻子　欧莱雅(中国)研发和创新中心
裴运林　广东丸美生物技术股份有限公司
管　娜　科思创聚合物(中国)有限公司
潘　芳　广东出入境检验检疫局
瞿小婷　替代方法研究评价中心
瞿　欣　亚什兰(中国)投资有限公司
Catherine Willett　国际人道对待动物协会
Kerstin Reisinger　汉高股份有限及两合公司
Petra Kern　宝洁公司
Stefan Pfuhler　宝洁公司

前　言

生物医学研究和应用中动物实验减少(Reduction)、优化(Refinement)和代替(Replacement)的3R原则提出60多年来已广为人知。关注实验用动物的福利伦理,自觉减少和优化动物实验的2R原则符合社会进步需要,也容易获得显而易见的成效。但是以代替动物实验为主旨的1R原则,受制于技术难度大、实施路线不清晰、投入和研发时间漫长、法规认可谨慎等因素,一直以来仍进展缓慢。进入21世纪后,生物技术的飞速发展推动毒理学测试走向现代化,多项替代方法也走完了漫长的验证和认可程序,化妆品安全评价应用替代方法趋于成熟,监管机构也落下了禁止动物实验的锤子。

放眼全球,我们可以看到:受欧盟禁止化妆品动物实验禁令的影响,跟随欧盟实施全面或有限禁止化妆品动物测试的国家在不断增加;替代方法认可机构加快了新方法推出的速度;非动物替代方法在基础研究领域受到前所未有的重视;毒性测试替代方法的转化应用工作也方兴未艾。

回顾中国化妆品替代技术不到15年的发展历史,离不开先行者的远见和引领推动,也离不开多行业的支持。总结过去,我们由衷地体会到:

替代技术是一个以法规为导向的检测技术。替代方法的出发点是以不低于动物实验水平的评估结果,提供人类健康安全性的预测,因此,动物与非动物都是检测手段,法规认可的标准替代方法经得起科学性和可靠性的质疑,经得起时间的检验。

替代技术是惠及多行业共同发展的朝阳产业。不仅在化妆品行业,医药产品、化学品安全评估也在大量使用替代方法;替代技术还将带动体外实验系统、材料学、大数据信息产业、组织工程、检测设备和实验材料等相关领域的技术进步和产业化。

替代技术是新兴技术服务领域。国家把技术服务业定位为优先发展的高新产业,替代技术属于检测认可的新兴领域,服务于健康相关产业,将带动技术服务业的提升。

展望未来,我们欣喜地感慨,替代技术研发与应用的春天已经到来:

替代方法的多方共识正在形成,中国化妆品监管机构已在逐步接受替代方法,政策和法规更加开放和包容;本土化妆品企业在认同替代技术的同时,正从被动的技术应对走向自觉的技术实践,行业的主动作为必将带动整个行业的升级发展。

替代方法学术交流空前活跃,国内各种化妆品会议已绕不开替代的话题,不少学者已走出国门,参与国际替代方法的项目研究和标准制订。

替代技术的门槛正在降低,随着国家整体生物技术水平和装备制造业的提升,替代方法依托的技术壁垒正在被打破,跟踪、转化、开发水平正在迎头赶上。

为了总结化妆品评价中替代技术的原理与进展,准确把握替代方法的现状与方向,更重要的是向化妆品从业者全面宣贯替代方法和标准的关键实施要点和实践经验,我们编写了化妆品行业替代方法的第一本参考用书。本书将从第七届替代方法学术研讨和培训会议开始,成为会议指定用书。

本书共18章,分为三个部分。第一部分1~5章,介绍了替代方法的概念、要素、实验室建设与良好规范、验证认可、风险评估、AOP理解实施和整合测试策略等内容。第二部分6~13章,分细胞毒性、皮肤刺激、眼刺激、皮肤致敏、光毒性、皮肤吸收、遗传毒性、靶器管毒性,共8章,详细介绍了24个替代方法和3个整合策略,基本覆盖了目前广泛使用的化妆品安全评价的替代方法。第三部分14~

16 章，主要介绍体外方法在抗氧化、美白和防晒、抗光老化和环境压力功效评估方面的应用，拓展体外方法的应用领域。最后两章为替代方法术语、定义和标准清单。本书重点突出替代方法和标准的理解与实施应用，除了基本要素之外，特别为实验室能力建设、拓展书后附录包括中英文缩写词表以方便读者检索。应用提供了使用经验，并提供了疑难问题解答。

本书内容来自 OECD 化学品毒性测试指南，来自替代方法国家标准和检验检疫行业标准，还来自作者承担的科技部攻关项目、质检总局和广东省科技项目的技术输出和数据支持。本书的编写过程中，非常荣幸地得到了国家质检总局、广东出入境检验检疫局和技术中心各级领导的关心和指导。本书编者由来自宝洁公司、欧莱雅（中国）研发和创新中心、汉高股份有限及两合公司、暨南大学、广东药科大学、广州市华代生物科技有限公司等 38 家机构的 61 名专家学者组成，使得本书能站在全球和全行业的角度审视替代方法的现状并分享应用经验。在此对全体编委的辛勤付出深表谢意。特别感谢上海家化联合股份有限公司、德之馨（上海）有限公司、维达纸业（中国）有限公司等给予本书编撰过程中提供的支持。感谢广东检验检疫技术中心毒理学部的全体同事，对我的家人以及其他给予支持和关注的朋友，在此一并致以衷心的感谢。

本书可供化妆品及相关行业的法规、监管、检测、原料和生产企业的从业人员使用，也可供医学、药学、实验动物科学、生物学、毒理学、检验检测等相关专业的师生阅读。

由于本书涉及的学科是目前国际上发展最快的领域之一，实用性强，与新技术结合紧密，加之作者水平所限，本书的不足和疏漏之处在所难免，敬请读者批评指正。希望在本书再版的时候能够吸纳更多的应用成果，有更多的有识之士参与进来，共同推动我国化妆品体外测试技术的发展和全行业的进步！

程树军

2017 年 2 月于广州

目　录

第一章 替代方法概论

Chapter 1 Introduction of alternative methods

第一节 3R与替代方法史

Section 1 History of 3Rs and alternative methods

3Rs是Reduction(减少)、Refinement(优化)和Replacement(替代)的简称。3R的基本含义是指采用非动物手段代替实验动物,尽量减少动物使用量,并且设法改良动物实验方法以减轻实验动物的痛苦。目前,3R原则已成为生命科学研究普遍遵循的原则,不仅写入法规(如多数国家的《实验动物福利法》、欧盟REACH法规、化妆品法规),列入指南(如化学品毒性测试和医疗器械生物学评价等),而且成为重要研究方向和新的分支学科。

3R原则提出60多年来,从理念到形成理论,从理论到成为跨行业多学科实现的目标,深刻地影响着科技界和工业界的研发和应用。自上而下的实践包括从国家科技战略、行业规划到联盟计划和企业项目,还有一批基金组织、民间科技机构、出版物、跨行业协会,国际性、区域性和专业性学术会议也层出不穷。如果说过去人们强调3R主要是出于对动物福利的考虑,那么近年来在概念上的明显变化,是人们逐渐认识到应用3R不仅是适应动物保护主义的一种需要,而且也符合生命科学发展的要求。

一、3R理论的概念和形成

实验动物作为人类的替身为人类的科学发展起到了不可替代的作用,随着科学技术的发展,特别是生命科学研究领域实验动物使用数量的猛增,实验动物的痛苦及其权利引起了社会公众的极大关注。1957年,英国动物学家拉舍尔(Russell)发表了《强化人道试验》(The Increase of Humanity in Experimentation),第一次提出了3Rs的概念。1959年拉舍尔和微生物学家伯奇(Burch)在其著作《人道试验技术原理》(Principles of Humane Experimental Technique)一书中第一次系统了提出了3R理论。1969年,英国设立了医学实验用动物中替代法基金会(Fund for the Replacement of Animals in Medical Experiments,FRAME)。1978年,著名的生理学家David Smyth在对3R方面的调查研究基础上,发表了他的著作《动物实验替代物》(Alternatives to Animal Experiment),他在书中将3R所阐述的内容统一称为替代(Alternative),该定义被人们广泛接受。

3R理论自形成以来深刻地影响着全球实验动物法规的发展,如美国的动物福利法案(Animal Welfare Act of 1966),健康研究法的补充法案(Health Research Extension Act of 1985),英国的动物科学实验程序法案(Animals(scientific procedures) Act),日本人道对待和管理动物法(Law for the Humane Treatment and Management of Animals,2005)和我国科技部《关于善待实验动物的指导性意见》(2006年)。

其他生物医药领域也受到3R的影响,甚至影响到行业管理法规,如OECD化学测试指南、欧盟化学品的注册评估和授权(Chemicals Registration Evaluation Authorization,REACH)法规、ISO标准等。涉及动物使用的科技规划和测试指南都遵循了3R的原则,延伸到科研计划、实验程序论证和审查、实施程序和过程监管整个过程。科研人员尽管有按照自己独特的方法开展研究的权利,但他们只能在动物福利法规的框架范围内享有学术自由和最优地使用动物。拟定和申请研究方案许可的整个过程已成为良好科研实践的重要组成部分。

二、减少

3R 中减少(Reduction)的含义是指在科学研究中,使用较少的动物获取同样多的实验数据或使用一定数量的动物能获得更多实验数据的方法。如果某一研究方案中必须使用实验动物,同时又没有可靠替代选择方法,则应考虑把使用动物的数量降低到实现科研目的所必需的最小量。减少动物使用量的伦理和经济目标,是在保证科学研究的可靠性和可行性(获得正确的实验结果)的前提下,使遭受疼痛和不安的动物数目减至最少,避免动物、药品和实验用品等资源的无谓浪费。减少动物使用量的方法可大致分为 5 类:

(一)充分利用已有的数据

在许多情况下,是否要进行某一项动物实验取决于以往的动物实验结果能否满足需要,重复性研究无任何科学价值,因此,充分利用可靠的科学文献资料将会减少无谓的动物的使用。已公开的信息资源可从科学杂志、会议、书籍、专题报告等途径获取,也可从电子出版物获得。但在利用文献前应分析文献的参考价值。

(二)动物的重复使用(Re-using)

不同的科研实验项目,按照不同的研究目的,尽可能地合用动物,可以减少科研活动中的动物使用数量。但是动物重复使用会增加对单个动物的伤害和痛苦,国外对动物重复使用的建议也比较谨慎。不同国家的态度有所差异,例如印度在 3R 基础上增加了重复使用,推行所谓“4R 原则”,与其文化中“不杀生”的传统有关。动物重复使用还受动物大小的影响,小动物寿命短而且能提供血液样品和组织样品有限通常难以重复利用,犬和猴等大动物的重复使用更为普遍。对动物重复使用的情况应进行个案分析,除了考虑动物背景是否变化较大(标准化程度降低),对预期数据和实验结果的影响,以及如何与其他动物分组和获得统计学意义的结果之外,还必须考虑对单个动物福利的影响。

(三)实验数据的共享

实验室数据的共享可减少不必要的动物实验,从而减少动物的使用,欧洲 REACH 法规建议,加强化学物质分类评估的全球协作,实现毒理学数据的全球共享,减少不必要的重复实验。

(四)使用高等级、高质量的实验动物

即所谓的“以质量代替数量”。事实证明,用遗传背景均一、微生物质量级别高的动物做实验,所用动物数量可以减少;用特殊的转基因动物进行研究,既有针对性,也可大量减少动物使用。但绝不允许用数量代替质量,用大量劣质动物所获得的结果既不能达到科学上的可靠性,也是不准确的。

(五)控制实验中的生物学变异来源,合理设计实验方案和科学分析结果

科学合理的实验设计以及科学的结果统计分析,可以有效地控制实验中的生物学变异,减少实验动物的使用量,获得相同水平的研究结果。反之将会导致不必要的实验动物消耗和浪费。在进行动物实验之前,应对影响动物实验的生物学变异因素给予充分考虑,如动物的种类、品系、年龄、性别、体重、分组等。选择敏感性高的动物,合理的实验分组、减少对照组的设置,必要的预实验等都是有效减少实验室生物学变异的方法。如果动物实验设计周密,可以利用比较少的人力、时间和比较少的实验动物获得可靠而丰富的实验数据。如急性经口毒性实验中,采用改良后的固定剂量法代替经典的 LD_{50} 急性毒性实验,可有效减少实验动物数量 40%。

三、优化

所谓优化(Refinement)是指通过改善动物设施、饲养管理和实验条件,精细地选择、设计技术路线和实验手段,精炼实验操作技术,尽量减少实验过程对动物机体的损伤、减轻动物遭受的痛苦和应激反应,使动物实验得出科学的结果。优化的内容是比较广泛的,简单概括就是实验设计科学化、动物实验规范化和标准化的过程。

(一)实验方案设计的科学化

实验动物的选择(种类、品系、年龄、性别等生物学特性)应符合实验的要求,选择非侵入性的实验方法(如示踪、遥感和成像技术)可减少对动物机体的侵袭,提高实验质量。如使用磁共振成像(MRI)技术,只需1只动物而且不需处死就能获得过去需要处死很多动物分析组织样品才能获取的药代动力学曲线。采用导管介入装置,可在一个动物体内重复取样、反复注射,而不需要更多的动物。

(二)动物实验条件的规范化

实验条件是影响动物实验及其结果的重要因素,实验条件的波动和实验操作的随意性通常使受试动物很难维持其正常的血压、心率、激素水平、免疫耐受力、消化、食欲和行为表现,动物饲养和操作过程中的许多因素的改变可引起动物精神状态或机体健康受到损害,导致动物神经内分泌、免疫和行为生理学方面的异常,用这类动物做实验可能得不到可靠的结论。因此,符合有关法规和标准的实验动物设施既能满足动物福利的基本要求,也是动物实验科学性的需要。同时,一些新的设备和技术的应用可改善动物实验条件,如实验动物设施中采用光纤、激光、影像等电子设备,通过遥感采集数据,可大大减少对动物的干扰和活动的限制,减少应激和不必要的痛苦。

(三)实验操作的人道化

使用减轻动物痛苦和不适的技术:实验过程中合理地、及时地使用麻醉剂、镇痛剂或镇静剂,可减轻动物在实验过程中遭受的不安、不适和疼痛。应注意选择合适的麻醉剂、麻醉剂量和麻醉方式,否则既达不到减轻动物痛苦的目的,重则还会造成动物死亡,也直接影响到实验的成败和结果。

改进动物实验技术,例如熟练和精细的抓取、固定和操作(如取样、注射/灌胃和手术),既对实验结果起到良性影响,也符合动物福利的要求,而且是花费最小、最安全有效的手段。经过训练的动物会消除由恐惧引起的应激反应,适应甚至能配合实验人员的各种操作处置。实验操作者与实验动物之间建立某种熟悉、友好的关系将对动物精神和心理行为产生良好作用,结合娴熟、精细的实验操作,可减轻或消除动物的恐惧和应激,确保实验的顺利进行。

四、代替

代替(Replacement)是指一项新的或修订的实验方法,该方法能减少动物使用数量,或能优化实验程序以减轻或消除动物痛苦、不适或增加动物福利;或者能用非动物系统或者系统发生学上比较低等的动物种类代替动物进行实验,如用无脊椎动物代替哺乳类动物。根据是否使用动物或动物组织,替代可分为“相对替代”和“绝对替代”,前者指采用人道处死的动物细胞、组织及器官进行的体外研究,或用低等动物替代高等动物的实验研究。而后者则是完全不使用动物,如采用培养的人或动物的细胞、组织和计算机模型等。根据替代的程度,替代可分为“部分替代”和“完全替代”,前者指利用其他实验手段代替动物实验中的一部分或某一步骤,后者指用新的非动物实验方法取代原来的动物实验方法。

实验动物替代选择的方法和途径主要包括以下几个方面:

（一）体外培养物代替实验动物

体外培养的生物系统，包括细胞和组织培养物、组织切片、细胞悬液、灌注器官、亚细胞结构成分，以及三维组织培养模型（如人类皮肤替代物）等，常用于单克隆抗体生产、病毒疫苗制备、毒理学实验和科学研究等。特别是各种类型的人类细胞的广泛应用，不仅是动物实验的良好替代选择，而且极大地缓解了物种外推的困难。

（二）低等动物代替高等动物

脊椎动物早期发育胚胎和只具备有限知觉的“较低等”生物的应用，如将鱼早期发育胚胎、线虫、果蝇用于遗传学研究及致畸、致突变和生殖毒性研究，已成为法检方法的 AMES 实验就是利用鼠伤寒沙门氏菌测定化合物的致突变性。

（三）人群研究资料

包括采用自愿者、患者以及流行病学的调查等。

（四）数学和计算机模型的应用

如定量结构—活性关系模型、计算机图像分析应用、生物医学过程模拟、交叉参照法等。

（五）物理和化学技术的应用

如使用物理和机械学系统模拟心肺复活过程；免疫化学中用结合力很高的抗体来搜寻抗原，鉴定毒素的存在，以代替大量小鼠的接种。采用多肽结合法预测皮肤致敏物质，采用酶反应法筛查抗氧化作用等。

五、减少、优化和替代的相互关系

替代、减少和优化三者是彼此独立又密切关联的，实验科学的发展、技术方法的优化和替代方法的应用客观上减少了实验动物的使用数量，提高了实验动物的使用效率。如毒理学、药理学和其他医学领域科学研究中，细胞学、生物化学方法以及计算机技术的应用，在大大减少实验动物使用数量的同时，也促进了替代方法的研究和创新过程。可以认为，以减少、优化和替代为核心的 3R 理论的实践应用是实验动物学科发展的方向，是实验动物学发展的必然结果。

3R 原则中讲的替代是相对的，对于关系到人类健康和生命安全的实验，如人类疾病模型实验、关键的药效实验和毒理学实验等，实验动物模型是最好的人类替身。实验动物替代是漫长和循序渐进的过程。3R 原则鼓励采用科学、合理、有效和人道的方式使用动物，能少用动物的就少用动物，能不用动物的就不用动物，必要的动物实验必须提出正当的理由和合理的设计，实验过程中应尽量减少对动物造成不必要的痛苦和伤害，尊重动物生命并善待动物等等。这些要求都是科学和合理的，也是与实验动物科学的目的一致的，是推动实验动物科学发展的动力。图 1 - 1 减少、替代和优化三者之间的相互关系。

六、毒性测试现代化与替代实验

分子和细胞生物学技术革新给传统毒理学实验带来了现代化变革的压力，进入 21 世纪以来，在各国科技政策的激励下，毒性实验的现代化革新明显加快。如 2004 年，美国 NTP（国家毒理学计划）提出了新的路线图，“21 世纪的国家毒理学计划（National Toxicology Program for the 21st Century）”，重点强调使用替代方法鉴别与疾病相关的关键通路和分子机制。2007 年美国国立研究院（NRC）发布了 21 世纪的毒性实验（Toxicity Testing in the 21st Century，Tox21）的报告，清楚地表明面向未来的毒性实验的革新已成为广泛认同的观念，呼吁开发和利用人类细胞的体外模型，开发基于自动化高通量筛查的毒理学方法，开发基于通路的与毒性和计算机模型相关的细胞检测方法。2008 年，由 NTP 联合

NIH 化学物基因组学中心(NCGC)和 EPA 成立了 Tox21 协作计划。发挥各自在实验毒理学、体外实验和计算毒理学方面的优势,达到快速践行 NRC 观念的目的。

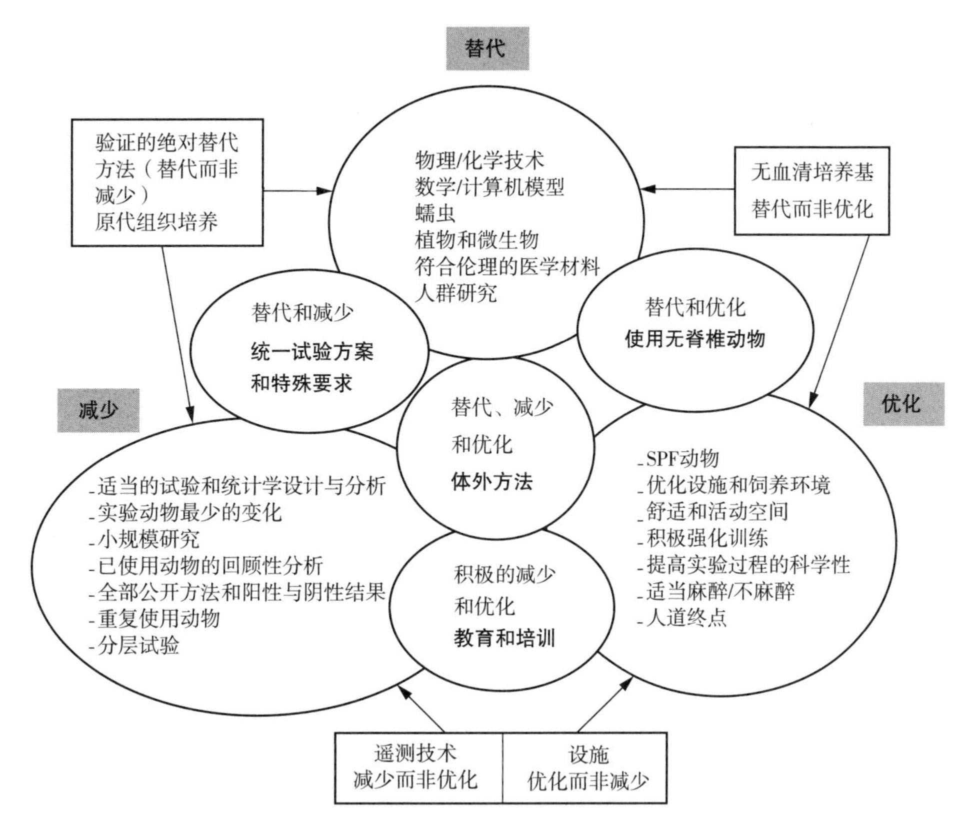

图 1-1　减少、替代和优化三者之间的相互关系(de Boo,2005)

第二节　替代方法要素

Section 2　Elements of alternative methods

体外方法由体外实验系统、实验过程、指标及检测方法、结果和统计方法(预测模型)、结论和报告等六个基本要素组成。还包括实验原理、适用范围等界定方法应用领域的因素。对于任何一个体外方法,除了开发实验室建立详细的 SOP 之外,还应当可重复和可转移,如果体外方法的开发或优化目标是为了修订或补充现行的测试指南,那么,该体外方法的结果还应当与人类健康的毒性终点之间建立预测关系,即把体外实验获得的数据与体内的生物学效应建立统计学模型,因此,严格意义上的替代方法 = 体外方法 + 预测模型。如果替代方法的适用性和科学性足够使之成为法规认可的方法,则替代方法还应当经过验证机构的证明,提供其科学性和可转移的充分证据,经同行评议后进入法规认可程序。因此,法规认可的替代方法 = 替代方法 + 验证和认可。

一、实验原理和目的

实验原理是整个替代方法的核心,主要说明预期测试终点与实验方法本身的相互关系,这种关系可能是以生物学机制为基础(如线粒体活性与细胞存活之间的关系),也可能建立在大量数据的统计学概率分析基础之上(如化合物细胞毒性与内暴露剂量毒性之间的关系),也可能基于共同的生物学效应(如原核生物基因突变与人细胞基因突变的相关性)等。建立替代方法的目的是利用体内效应(效应类型、靶器官、作用方式和程度、受试物种类等)与体外效应之间的相关性,建立可靠的测试方法，因此，实验原理是基于对体内效应知识的不断丰富，也与体外方法的表现形式和呈现程度有关。

二、体外实验系统

广义的实验动物替代包括使用脊椎动物细胞、组织及器官进行体外实验研究，或使用低等动物或动物组织替代高等动物的实验研究，还包括不使用生物体的计算机模型等。因此，体外实验系统范围相当广泛，大体可分为(低等)无脊椎生物系统、人和动物组织、细胞培养系统、计算机系统等几类。常用的体外系统及应用见表1-1。

表1-1 体外实验系统

实验系统	方法	替代描述	开发状态
细胞培养系统			
细胞系-角质细胞/成纤维细胞	非选择性细胞毒性	急性 LD_{50} 预测	④⑤
细胞系-SIRC	非选择性细胞毒性	眼刺激/皮肤刺激预测	③⑤
细胞系-THP-1	选择性细胞毒性	皮肤致敏预测	③⑤
干细胞系统	胚胎干细胞实验	胚胎毒性和神经毒性	③⑤
基因改良细胞-BGILuc, KeratinoSens	永生化细胞转入人类基因或报告基因	皮肤致敏，内分泌干扰物筛查	③⑤
组织/器官系统			
离体眼球或角膜(兔、牛、鸡等)	离体眼球和角膜	眼刺激/腐蚀实验	⑤
离体皮肤(大鼠、小型猪)	离体皮肤	皮肤刺激/吸收实验	④⑤
离体心脏	心脏灌流模型	药理研究，心脏毒性	②
大鼠全脑培养	脑切片培养	神经生理和毒性研究	③④
全胚胎培养	大鼠全胚胎培养	胚胎毒性，生殖发育毒性	④⑤
重建组织器官	重建皮肤模型	皮肤吸收/刺激/光毒性	⑤
	重建角膜模型	眼刺激实验	④⑤
	脑重聚培养	神经毒性	②
	3D肝组织重建	肝脏毒性和重复剂量毒性	②④
	器官芯片和人体芯片	毒代研究，毒性预测	②
低等生物系统			
鸡胚	CAM肿瘤细胞接种，单克隆抗体生产，基于CAM膜的眼刺激，鸡胚遗传毒性测试	心血管药物研究，疫苗和抗体生产，眼刺激实验，遗传毒性	①②④
非洲爪蟾	爪蟾蛙胚胎致畸实验	生殖毒性	③⑤
鱼胚胎	生长实验和发育实验	发育毒性，环境污染监测	③⑤
蛞蝓	黏膜刺激实验	眼刺激实验	①
果蝇	伴性隐性致死实验	遗传毒性	③④
水螅	水螅生物学测试	环境污染监测，发育毒性	②
酿酒酵母	基因突变实验，分裂重组实验	遗传毒性	③⑤
四膜虫	化学感应实验	环境监测，刺激性实验	②④
花粉管	花粉管生长实验	环境污染物评估，眼刺激实验	②④
非生物系统			

续表

实验系统	方法	替代描述	开发状态
CADD-计算机辅助药物设计	基于配体的和结构的 CADD	药物设计	③④
定量结构活性关系(QSAR)	2D-QSAR, 3D-QSAR, 4D-QSAR	毒理和药理评价	③④
Read-across 交叉参照	基于规则和统计学原理的方法	化学品毒性数据缺口类推	②③
人工膜	CORROSITEX 实验,EYTEX 系统和 IRRITECTION	皮肤腐蚀性和眼腐蚀性	③⑤
人工生物膜	单层细胞或共培养模型	跨生物屏障的转运	③⑤

注:①仅限于开发实验室;②部分实验室采用;③国际范围内应用;④已达到评估和验证的不同阶段;⑤已经完成评估或验证。

(一) 细胞实验系统

细胞培养是指从来源组织、原代培养物或细胞系经酶学的、机械的或化学的离散而取得的分散细胞的培养。体外培养细胞条件应当模拟体内环境,在无菌、适宜温度及酸碱度和一定营养条件下,使其生长繁殖,并维持结构和功能。细胞培养是一种发展迅速的实验技术,在细胞学、遗传学、病毒学、免疫学、肿瘤学、分子生物学等领域已得到广泛的应用。近年来发展起来的核移植、细胞杂交、DNA 介导的基因转移以及一些 AOP 通路的建立,也都需要与细胞培养紧密结合。以细胞培养技术为核心,结合组织工程技术、生物材料技术的细胞实验系统已成为体外替代实验系统的重要组成部分。细胞实验系统包括原代培养和细胞系(包括有限、连续和干细胞系)两大类。

1. 原代细胞

直接来源于动物和人体组织以及收获细胞的最初体外培养称为原代培养,多数情况下,这种培养物也能呈现与体内相似的关键特征,所以原代培养在基础研究和其他体外实验中广泛应用。通常原代培养的细胞具有有限的生命周期,而且随培养时间的延长分化特性发生改变,而且原代培养对培养基的要求较高。原代培养物通常是异质性的细胞群,与传代细胞相比,标准化程度和再生产水平较低。

2. 细胞系

细胞系是指能够在体外长期增殖的细胞,可以分为有限细胞系,传代细胞系和干细胞系。有限细胞系(finite cell line)是指能够进行多次传代培养,但最终会停止复制进入衰老期的细胞系。因此可利用其在体外的生命周期内,通过维持其特征和质量控制进行应用。替代实验常用的细胞系见表 1-2,这些细胞系具有遗传稳定性,并经多次传代仍保持二倍体状态,但通常在群体扩增 60—70 代后达到衰老期。连续细胞系(continuous cell line)是指具有无限传代能力的细胞系,没有衰老期,连续细胞系一般是从肿瘤或者是正常的胚胎组织衍生而来的。常用于体外实验的 Caco-2、3T3 成纤维细胞、HaCaT 都是连续细胞系。有些连续细胞系是几种细胞杂交形成的(例如,人早幼粒细胞性白血病细胞 HL-60、RD、SH5YSY)。连续细胞系通常都是非整倍体,染色体数目一般介于二倍体和四倍体之间。

干细胞系,如胚胎细胞系和生殖细胞系,是指具有干细胞特征,能分化形成多种细胞类型的连续细胞系。它们对培养、处理和冻存的要求较高,确保其维持干细胞特征和分化能力。胚胎干细胞通常用小鼠胚胎成纤维细胞或者是其他饲养层细胞维持。无血清培养法和无饲养层培养法已取得明显进展,如用于胚胎毒性筛选的小鼠 ES 细胞的培养,见第十三章。

表 1－2 替代方法的常用细胞系

细胞系	形态学	起源	种属	年龄	倍性	特征	用途
3T3-A31	成纤维细胞	胚胎	BALB/C 小鼠	胚胎期	非整倍体	接触抑制，已被转化	光毒性
3T3-L1	成纤维细胞	胚胎	Swiss 小鼠	胚胎期	非整倍体	脂肪分化	细胞毒性
CHO	上皮细胞	卵巢	中国仓鼠	成年	亚二倍体	无脯氨酸合成基因	细胞毒性
HaCaT	上皮细胞	角质细胞	人	成年	二倍体	角质化作用	细胞毒性
Hep G2	上皮样细胞	肝	白种人	15 岁	二倍体	贴壁	细胞毒性
HL-60	类急性前髓细胞淋巴瘤细胞	外周血	白种人	36 岁	二倍体	吞噬作用	细胞毒性
LLC-PK1 细胞系	上皮细	肾近曲小管	猪	成年	二倍体	NA 依赖的葡萄糖转运	肾细胞毒性
MDCK	犬肾细胞系	肾	犬	成年	二倍体	细胞间连接紧密、转运	眼刺激、细胞毒性、肾毒性
HEK-293	上皮细胞	肾	人	胚胎期	非整倍体	已被转化	内分泌毒性
MCF-7	上皮细胞	乳腺癌	人	成年	二倍体	已被转化	雌激素干扰
SIRC	上皮细胞	角膜	兔	成年	非整倍体	贴壁	眼刺激
THP-1	单核细胞	外周血	人	1 岁	二倍体	悬浮培养	皮肤致敏
U937	单核细胞	胸膜积液，淋巴	人	37 岁	二倍体	悬浮培养	皮肤致敏
ES 114	干细胞	小鼠囊胚	小鼠			全能性和分化	胚胎毒性

3. 哺乳动物代谢活化系统

体外实验通常缺少代谢功能，通常需要加入外源性的代谢酶。加入代谢活化系统后，可使原来的替代方法适用于更广泛的测试物种类。例如细菌回复突变实验、胚胎干细胞实验等可在正式实验前增加代谢酶活化的步骤。

（二）组织/器官系统

先进的替代方法在不断尝试把体外实验系统与毒理学终点相结合，例如，把细胞培养与高内涵成像或分子标记物相结合的方法。对于体外实验系统的改进集中在两方面，一方面，在努力构建含有多种细胞类型的 2D/3D 培养物，如体外重建肝脏、肾脏、中枢神经系统和心脏系统以更好地模拟器官的生理特性，包括细胞与细胞之间的相互作用。另一方面，大量研究致力于建立特征化最相关的细胞，例如，设计与改造某些细胞系使之与人体细胞更加相似。根据细胞种类的多少和培养技术的复杂程度，体外组织/器官系统有以下几种：

（1）组织型培养（histotypic culture）：来源于同一种细胞的三维培养，即细胞重新聚集，并重建三维组织样结构的培养。通常是将高密度的细胞培养于滤孔中、饲养层上、支持物上（琼脂、胶原膜、高分子材料等）、基质中（凝胶、蛋白、胶原等）或悬滴培养。例如人工表皮替代物、肝细胞夹心培养等。

（2）器官型培养（organotypic culture）：是指将两种或两种以上不同谱系的细胞重集，并且能如它们来源器官那样相互作用。其操作与组织型培养相同，例如体外重建全层皮肤替代物，包括了表皮角质细胞、成纤维细胞或黑素细胞等。脑的积聚培养等。

（3）器官培养（organ culture）：是指未离散组织的三维培养，它保持体内组织某些或全部的组织学特征。

（4）离体灌注系统（Perfusion culture）：离体灌注器官与其在体内的情形非常相似，具有完整的器官结构，保留细胞间的生理接触和正常细胞内基质，在毒理学中的应用比较常用。例如离体灌注皮肤、眼、肠道和实质器官（肝、肾）等。主要局限在于体外环境快速发生变化，使得体外实验持续时间较短。

（5）微织造与器官芯片：灌注培养与微孔滤膜技术结合使用，提供一种器官型的环境，能改善培养物的分化和生存时间。如灌注培养条件下的 LLC-PK-1 细胞，能转化成更加耗氧的代谢类型。此外，灌注培养能以非侵入的方法测定系统释放出的生物标志，有利于测定毒物诱发损伤的动力学，并适合于开发先进的数学模型，如群体平衡模型。更重要的是，灌注培养与器官型培养结合（单一培养或共培养）能以类似于体内的暴露方式用于重复剂量毒性实验。

（6）切片技术：肝、肺、肾或脑等组织的超薄切片能保持原来器官一些结构和功能特征，可用于这些器官的毒性作用评价。如精确肝切片技术，提高了切片的均一性和标准化，可用于肝损伤的评价。

（7）离体器官：直接取自动物或人体供体的离体器官或组织可用于化妆品的体外实验，如离体角膜、离体皮肤等。由于离体组织/器官具有复杂的环境和营养需要，以及供体间的个体差异，很难对其进行标准化。通常在这些实验中，通过加大实验系统的重复数量来消除个体样本的差异。

（三）低等生物系统

低等非哺乳动物，如噬菌体、大肠杆菌、酵母、水螅、线虫、果蝇、非洲爪蟾、斑马鱼等，这些低等生物的共同特点是：①易于细胞和遗传操作，如转基因、诱变、组织移植等；②完备的基因组信息，例如线虫、果蝇、水螅、小鼠和斑马鱼的基因组全序列已测出；③较高的繁殖力；④生长周期短，且实验系统是整个有机体，可以最大限度地提供整体复杂性的反应，以及器官及器官间的相互作用；⑤体积小，易于养殖，可以用较小的投入获得充足的实验材料。

由于生物进化的保守性，在某一种生物内的生物过程很可能在高等生物（例如人）中也是类似甚至完全一样的。因此可以利用一些技术上更容易操作的低等模式生物（单细胞生物和无脊椎动物）来研究高等的模式生物（哺乳动物）的生物学问题，这也是减少实验动物使用和替代技术开发的重要内容。

鱼胚胎是最常用的低等生物实验系统，早期鱼类胚胎培养主要用于环境污染物的生殖毒性、发育毒性和致畸性的检测。常用斑马鱼，稀有鮈鲫、红剑等。

酿酒酵母（Saccharomyces cerevisiae）作为真核模式生物的代表，是研究真核细胞遗传学和生理学的重要工具，在毒理学替代实验中的应用包括光毒性实验和遗传毒性实验。

其他低等生物也有很广泛的应用，例如非洲爪蟾（Xenopuslaevis）常用于胚胎发育研究，爪蟾蛙胚胎致畸实验（FETAX）可作为人类致畸物和发育毒物筛选方法。腔肠动物水螅（hydroid）可用于亨廷顿舞蹈症以及阿尔茨海默氏症相关基因的研究，还用于环境污染的监测和发育毒性的研究。秀丽隐杆线虫（C. elegans）用于发育生物学、遗传学和基因组学的研究。软体动物蛞蝓（Arion lusitanicus）用于预测药物和原料的黏膜刺激性，也可用于眼刺激实验的替代方法。利用烟草植物的花粉管（Pollen Tube）生长实验用于环境污染物评估，也可用于眼刺激实验的替代方法。四膜虫（Tetrahymena）是一种单细胞淡水真核生物，可用于分子遗传学的研究和水环境毒性的监控。

（四）非生物系统

1. 蛋白膜系统

EYTEX系统和IRRITECTION系统，是由蛋白质和糖蛋白、碳水化合物、脂肪等成分混合组成的大分子试剂，当其重新水化时，形成规则的大分子基质，类似高度有序的透明角膜结构。可用于代替眼刺激动物实验，模拟刺激性化学物导致角膜浑浊发生时，角膜蛋白质紊乱或变性导致的结果。

2. 人工合成膜

人工合成膜，包括合成纤维素薄膜、合成聚合物类薄膜、硅橡胶薄膜、微孔滤膜、无孔合成膜等，用于合成膜的材料可以是生物材料（如胶原、蛋壳膜），也可以是硅橡胶、乙烯-醋酸乙烯共聚物、聚脲及其他稠环聚合物如水凝胶、微孔薄膜等。人工合成膜应用比较广泛，如替代整体动物皮肤用于化学物渗透特性的研究，如乙酸纤维素薄膜可用于测定激素类药物的通透系数。

3. CORROSITEX生物膜

模拟皮肤的正常屏障功能大分子生物膜，可用于替代皮肤腐蚀性的动物实验。CORROSITEX生物膜由蛋白大分子水凝胶和渗透支持膜两部分组成，大分子蛋白胶基质由角蛋白、胶原或蛋白质混合物构成，是受试物作用的靶，将蛋白胶铺于支持膜的表面，形成胶体面，从而形成具有类似皮肤角质层屏障功能的生物膜。将受试物作用于人工膜屏障的表面，通过检测由腐蚀性受试物引起的膜屏障损伤（如pH指示剂颜色的改变和其他特性的改变）用于化学物皮肤腐蚀性的评价。该方法被OECD认可为指南435。

（五）体外实验系统的维持和培养

1. 培养基

早期的细胞培养使用的是天然培养基，如鸡胚浸出液、血清和淋巴液等，随着培养技术的发展，出现了质量更加稳定和化学成分明确的培养基。MEM成为广泛使用的合成培养基，它们可以根据需要添加牛血清、蛋白水解物及特殊添加剂。此外，可替代血清、最适培养基（如适用于淋巴系培养的RPMI1640）、特殊条件培养基（低钙、不含某种）等可根据需要选择。替代实验常用的培养基有MEM、DMEM、F12、DMEM/F12、RPMI1640、M199，它们之间组成的差异可参考相关文献。

2. 血清

血清的作用包括：

（1）提供有利于细胞生长增殖所需的激素、生长因子或提供合成培养基所缺乏的营养物质；

（2）提供可识别金属、激素、维生素和脂质的结合蛋白，并通过与上述物质的结合而起到稳定和调节上述物质的作用。此外结合蛋白还可消除某些毒素和金属对细胞的毒性作用；

（3）提供贴壁细胞固着于适当的附着面所需的贴壁因子和扩展因子；

（4）提供蛋白酶抑制剂，使细胞免受蛋白酶的损伤；

（5）提供pH缓冲物质，调节培养基pH；

（6）影响培养系统中的某些物理特性如：剪切力、黏度、渗透压和气体传递速度等。

但也可能引发问题：

（1）在一些基础研究中，往往影响实验结果；

（2）血清中含有某些不利于细胞生长的毒性物质或抑制物质，对某些细胞的体外培养有去分化作用；

（3）血清中大量成分复杂的蛋白质给疫苗、细胞因子、单克隆抗体等细胞产品的分离纯化带来很大困难。

3. 无血清培养液

尽管现在大多数细胞系仍然需要培养液中加入血清以辅助其生长，但是在很多情况下，细胞的培养和增殖也可在无血清培养液中进行。细胞无血清培养是生物科学领域中的重要研究课题之一，一方面是为了满足培养标准化的需要，为了满足细胞原代培养和细胞克隆化培养更为严格、特异的要求，同时也是希望去除培养物及其产物中不易控制和经常被污染的天然组分（尤其是血清）。另一方面也是基于3R原则的考虑。

毒理学替代方法在使用时通常要求在受试物暴露期间排除不明因素的干扰，使用无血清培养是最好的选择。现在使用的替代方法，如常规使用的角质细胞、成纤维细胞和黑色素细胞的培养已经可以使用无血清培养基，皮肤模型的维持培养也可以使用无血清专用培养基。

能选择地促进特殊类型细胞的生长是无血清培养液的主要优点之一。现在用MCDB170和153培养的乳腺、皮肤细胞终于有效地解决了长久以来基质成纤维细胞过度生长的问题；黑素细胞能在没有成纤维细胞和角质细胞的条件下培养；在造血细胞的培养中，通过挑选某种适当的生长因子或一组生长因子，可选择性地促进单一细胞谱系甚至某个分化阶段的细胞生长，调节细胞增殖、分化。无血清培养液除了对细胞类别具有选择性能以外，它还具有调节细胞增殖或者分化的性能，培养物经必要的扩增以后，将加入的生长因子转换为另一种或另一系列分化因子，扩增培养后细胞就可能具有一个或多个特殊功能。

血清中的主要成分包括：①黏附因子，如纤连蛋白；②肽类，如可调节细胞生长和分化的胰岛素、血小板生长因子、转化生长因子；③必要的营养物质，如无机物、维生素、脂肪酸和中间代谢物；④激素类，如胰岛素，氢化可的松、雌激素、三碘甲状腺氨酸等。无血清培养基通常含有以下组成及其主要补充成分：激素和生长因子、结合蛋白、贴壁因子和扩展因子，以及低营养因子。上述成分中的一部分是无血清培养液必备的，而另一部分可根据实验方案进行调整。例如如果除掉血清，就必需在培养液中加纤粘连蛋白或层粘连蛋白用于细胞贴壁生长。代替血清的激素包括生长激素和胰岛素，它们能增加多种不同类型细胞的贴瓶率；氢化可的松能提高胶质细胞、成纤维细胞的克隆形成率，对维持表皮角质细胞和其他一些上皮细胞的生长是必需的。

培养液中含有蛋白质，如牛血清白蛋白（BSA）、组织抽提物等，用来促进细胞的生长和存活，但加入的组分的量是不明确的。代替脂肪酸的牛血清蛋白的用量是1mg/mL～10mg/mL；转铁蛋白约10ng/mL，它是转运铁的载体，也有促有丝分裂的作用；丁二胺的用量约100nmol/L。

如果使用无血清培养液是为了促进一种特异类型细胞的生长，那么这种选择性是由培养液的选择性决定的（比如，MCDB153用于培养表皮角质细胞、LHC—9用于培养支气管上皮细胞、HITES用于培养小细胞肺癌细胞、MCDB130用于培养内皮细胞等）。如果只是为了不用血清培养连续细胞系（如CHO细胞或杂交瘤细胞），以减少细胞产物中含有血清蛋白或被污染的可能，那么这种选择的范围就会更广，并有许多商品可供选择。

三、实验程序

毒性测试替代方法的实验程序可以简单地描述为（某一浓度或不同浓度）化合物作用于体外实验系统（暴露）产生的与测试终点相关的特征参数的变化过程，特征性参数的变化受实验系统影响，与测试终点相关。因此，化合物暴露时间和剂量（浓度）、生物学效应和检测方法构成实验程序的三个基本因素。常见替代方法的实验程序见表1-3。

（一）暴露过程

1. 基于细胞水平的体外方法

根据化学物质对生物学靶标相互作用的选择性，可以把体外实验分为非选择性作用和选择性作用。非选择性作用不受测试细胞的影响，检测参数通常为细胞活性（MTT测试）、细胞膜稳定性（中性红摄取）、胞质酶的漏出等。通常可以实现高通量筛查。选择性作用与所选细胞有关，如神经毒物引起的神经元的毒性变化（轴突变化和神经递质）、肝毒性化合物对肝细胞的损伤等。

非选择性细胞毒性通常选择角质细胞或成纤维细胞，主要用于可溶解化合物的测试，对于难溶解、不溶解（蜡状、油状）物质的测试比较困难。实验过程是将系列梯度稀释的不同浓度的化合物作用于细胞，经过一定时间作用后，检测细胞活性，计算半数抑制浓度（IC_{50}）。通过IC_{50}与啮齿类动物急性经口毒性的线性相关性的预测模型，预测急性毒性经口的半数致死量，（LD_{50}）（见第六章），也可以通过IC_{50}与眼刺激的相关性预测化学品的人体眼刺激性（见第八章），或通过与皮肤刺激的相关性，预测受试物的人体皮肤刺激性。

2. 器官水平的体外方法

具有三维结构的器官模型，无论是离体模型，还是体外重建模型，基本不受样品溶解性的限制，测试范围广泛，特征性参数也可用于复杂组织性终点的测试。例如体外重建表皮模型与细胞模型相比，可检测屏障功能、炎性因子和角蛋白的变化。离体角膜测试与二维细胞相比，可检测基质变化（浊度）和屏障功能受损（荧光素渗透性）等。

表 1-3 常见替代方法的实验程序

替代方法	实验系统	化合的浓度	暴露时间	检测参数	预测模型
基本细胞毒性	角质细胞、成纤维细胞	8 个梯度浓度	24	细胞活性（MTT 或中性红）	IC_{50}与LD_{50}的线性关系：预测急性经口毒性
眼刺激-短期暴露法	SIRC 细胞	2 个浓度	5	细胞活性	活性评分
眼刺激-离体角膜	牛角膜	单一浓度	15min + 2h（液体），4h（固体）	浊度和渗透性	浊度与透渗性的组合评分
眼刺激-重建角膜	体外重建角膜	单一浓度	12min + 2h（液体），25min + 18h（固体）	组织活性	IC_{50}
眼刺激-荧光素漏出	MDCK 细胞	5~6 个浓度	30min	荧光素漏出	FL_{20}
皮肤刺激-离体皮肤法	离体皮肤	单一浓度	24h	电阻值（kΩ）和皮板染料含量均值（μg/皮肤板）	以 5kΩ 为判定腐蚀性的阈值
皮肤刺激-重建表皮模型	体外重建表皮模型	单一浓度	15min，后孵育 42h	组织活性	以 50% 为组织活性阈值
皮肤腐蚀-重建表皮模型	体外重建表皮模型	单一浓度	3min，1h，4h	组织活性	IC_{50}

（二）参数及检测方法

动物实验的优点是可以呈现毒性反应的动态变化过程，只要样本足够大，可以通过在固定时间间隔内对动态系统进行抽样的研究，检测外源物质引起的毒性效应表达的短期、中期或者长期的变化（即发生变化的频率的高低）。体外实验通常是短期或静态实验，其特点是可以较快速的测试不同暴露条件下化合物引起体外系统的毒性表现的变化。体外实验与体内实验相比，更容易设计模拟机制毒理学的实验和实现快速筛查的目的，例如深入到毒性作用的分子起始阶段，揭示通路引发的毒性反应。因此，体外方法获得的数据可能来自细胞水平、基因水平和蛋白水平，对于体外毒理学实验表现出的现象及分析测量方法必须精心设计，并且必须保证有足够数量的重复。对于基因表达的数据还应把基因背景表达的变化与引发特定的机制或适应性反应的变化区分开来。随着终点分析方法的技术进步，检测通量和检测分辨率的提高，为体外实验提供了从低层级信息（组基因引发的毒性反应）和高层级信息(组织细胞的整体反应)的可能性。如替代方法已经从简单的细胞活性,表面标志物检测,荧光素酶检测,化学发光,同位素标记,发展到高内涵成像和特定基因表达的调节。高通量和高内涵的技术应用将越来越普遍,对于这些数据的获得和质量控制不同于常量实验,预测模型的建立和验证也更为复杂。

四、预测模型

预测模型(Prediction Model,PM)是一种数理算法(如方程、规则),用于把体外实验数据转化为动物或人体药理或毒理学终点效应的预测,即通过数理算法将替代方法的数据进行处理转化,从而能用于预测人或动物的毒理学终点。预测模型包括4个元素:

(1)确定实验方法使用的特定目的,或限定受试物类型;

(2)规范所有可能获得的结果,并对获得的各类数据做出清晰的定义和描述;

(3)必须提出一个规则系统算法,把各种类型的研究结果转换为对(毒性)效应的预测;

(4)规范预测模型的准确性和精确性(如敏感性、特异性、假阳性率、假阴性率)的描述,并提供置信区间。通常简单的测试系统和简单的参数,获得的测试数据信息量较少,预测模型也简单,如线性方程。复杂的测试系统可以获得大量的数据,建立预测模型时应当考虑不同数据的表征、生物学意义和影响毒性终点的权重,因而统计学模型较为复杂,预测模型也相对准确。如组合多个单一替代方法的整合模型,组合多种细胞的芯片模型,基于多参数的模型(如预测致敏的SENS-IS方法)等。

预测模型的建立过程中,首先要求所有的数据(生物和理化)误差较低,再进一步用建模描述生物学和化学物信息之间的相互关系。过度拟合的模型往往意味着误差也跟着一起被模拟。质量差的毒理学数据将给模型带来误差和不确定性。因此,开发一个精确的、预测性和有意义的模型,高质量的数据是一个先决条件。

体外实验资料的质量保证非常不容易,通常人们会相信受到监管或符合法规约束的实验数据。因为替代方法研发的目的首先是要满足产品风险评估和监管的需要,所以根据数据的质量价值,可把数据的可靠性分成四类:

(1)可靠无限制:按照可接受的国际测试指南(如GLP规范或中国CNAS实验室认可指南)获得数据。

(2)可靠有限制:证据确凿的研究,不一定执行公认的准则或GLP;

(3)不可靠:使用不可接受和不相关的暴露与途径;

(4)可以忽视:实验细节提供不足。

对于体外测试数据,应当对个体数据的质量(即某个样品的毒性数值)以及数据集的质量(即一组化学物质的毒性数值和一段时间内数据的可靠性)认真评估。对数据质量的评估应有量化的评价标准,这些标准与替代方法的验证准则是一致的,例如可靠性、一致性、重现性、相关性等,具体见第三节。

五、适用范围

通常单一的替代方法无法解决体内的复杂情况,每种方法都有其适用范围,或所谓的应用领域,本书将在后续章节针对每个方法尽可能列举其适用范围和局限性。只有明确其适用范围才能科学合理地使用,同时也能合理地把这些不同适用范围的方法组合起来建立更好的预测人体健康效应的模型。

六、实验报告

（一）通用要求

试验报告通常应包括以下内容，可以用表格的形式呈现。

1. 实验系统

细胞：名称、类型和来源；无细菌或霉菌污染检测；细胞总传代数（如已知）、解冻后传代数；

模型：名称、供应商（如为采购商品）、生产日期、制备过程、质量控制报告和数值、运输方式；质量检查：pH 值、温度、培养液、包装有无破损等，组织培养条件；

动物组织（如涉及）：动物品系和性别，动物年龄，来源、饲养条件及饲料，组织材料（皮肤、角膜等）制备细节；

细胞的质量控制：细胞质量与检测目的直接相关，报告中应记录细胞的特定质控要求。如 3T3 细胞对光的敏感性测试，mESC 细胞的 OD 值范围；3T3 细胞的 OD 值范围。

2. 受试物

（1）单一成分物质：物质的相关基本信息如 IUPAC 或 CAS 名称（如已知），CAS 编码，SMILES 或 InChI 编码，结构式和/或其他信息；

（2）物理特性：如物理状态（固体、液体、黏性、蜡样、膏状、粉状等）、挥发性、pH、稳定性、化学分类、水溶性；

（3）在完全培养基的溶解度，在 DMSO 溶解度，最高浓度的 pH 值，中和液及其浓度（如果使用）；

（4）相对分子质量和在允许范围内的其他相关的物理化学性质；

（5）纯度，实际可行且适当的杂质的化学成分等；

（6）测试前样品处理（如适用）；

（7）测试浓度；

（8）储存条件，稳定性（允许范围内）；

（9）选择相关溶剂或赋形剂的理由；

（10）贮存条件和贮存期限（如已知）。

（11）溶解方式，如涡旋、声波、加热、研磨等方式，如果适用。

（12）多成分物质、含有未知成分或可变成分的物质（UVCB）及混合物：尽可能多的样品特征描述如物质基本信息（如上所述），纯度，相关成分的物理化学信息（在允许范围内）；物理形态，在完全培养基的溶解度，在 DMSO 溶解度及其他相关信息；或表现（如果混合物或高分子聚合物中有已知的组成成分或其他信息）；测试前样品处理（如适用）；测试浓度；储存条件，稳定性（允许范围内）；选择相关溶剂或赋形剂的理由；

（13）对照物：阳性对照物（参照以上测试物包含的信息；提及阳性对照结果在接受条件里的有效性）；阴性或溶剂/赋形剂对照物（参照以上测试物包含的信息）；

（14）溶解方式：参照上述的溶解方式。

3. 实验用品

（1）溶剂：溶剂名称，溶剂选择说明，受试物在溶剂中的溶解性，溶剂在处理培养基和溶剂对照中的百分比；

（2）常规化学试剂：等级、批号、供应商等信息；

（3）血清：等级、批号、供应商等信息；

（4）培养液：①常规细胞培养液的组成、批号、供应商等信息；②含受试物培养液的组成、配制；

（5）补充剂：批号、供应商等信息；

（6）耗材：等级、批号、供应商等信息；

（7）试剂盒（如 IL－1a）：生产日期，批号；

（8）关键设备：例如浊度仪及分光光度计的校准信息，以确保测量结果的线性关系。

4. 测试条件

委托方名称及地址，测试设备及项目负责人；方法描述；所用的细胞系名称、储存条件以及来源（获得途径）；流式细胞仪的相关描述，包括型号，设置，所用抗体以及细胞毒性标志物；使用参考物质进行实验室能力确认的方法步骤，以及证明该方法重现性的过程，如包括历史数据。

5. 接受条件

（1）溶剂/赋形剂对照、阳性对照的细胞活力和特征值（如 CD 表面标志水平，光反应性）与接受范围的比较；测试物在所有测试浓度的细胞活力；

（2）受试物与 MTT 作用预试验（如皮肤模型刺激、腐蚀试验、采用 MTT 法的细胞毒性）；

（3）对于需要分不同浓度测试的受试物，应说明受试物浓度选择及理由，在受试物溶解度有限而且无细胞毒性的情况下，最高浓度试验的理由，处理时的培养基类型和组成，化学物处理持续时间等。

6. 测试过程

（1）必要时，应说明试验方法和使用方案选择的依据，说明应用领域和方法的局限性；

（2）实验开始和结束时间；

（3）实验过程修改的描述；

（4）实验条件（如细胞孵育温度、湿度和 CO_2 水平）；

（5）化合物暴露过程：给样方式，暴露时间，暴露过程（预处理和后暴露），若与推荐方法不一致时需提供；

（6）受试物浓度设置的合理性；

（7）平行测定的次数；

（8）检测仪器及条件：如分光光度计读取光密度的波长；

（9）检测参数的详细操作步骤。

7. 实验接受标准

（1）用于保证一段时间内试验方法完整性的程序（例如 PC 数据的使用）；

（2）可接受的溶剂对照与总的平均溶剂对照的差异；

（3）阳性对照范围与历史数据之间的可接受的一致性；

（4）IC_{50}两侧毒性终点的数量；

（5）基于历史数据的可接受的基准对照物范围（如果有）。

8. 试验结果

（1）不同浓度受试物的检测值；

（2）各组不同参数的值：如 LD_{50}、IC_{50}，浊度值，OD_{570}值；

（3）细胞形态：

（4）阳性对照的标准曲线（必要时）；

（5）参数测试的标准曲线（如黑色素含量测定）；

（6）试验图片（如有）；

（7）结果讨论；

（8）观察结果的描述；

9. 结论/讨论

讨论方法所得的结果；若有其他相关资料提供，可在整合测试方案的框架内考虑测试结果。

（二）特殊要求

对于有特殊检测参数的替代实验应满足方法的要求，如基因表达、皮肤电阻、角膜浊度等，检测参数见表1－3，具体方法见所在章节。

七、能力确认

实验室对于引进的体外方法应确保建立实验室能力，能力确认涉及管理和技术的所有要素，既包括硬件，如环境设施、仪器设备，也包括人员培训、方法确认等。采取的方式包括：

（一）参考物质及结果

多数法规认可的替代方法都可以找到参考化学物列表，除了用于评估新的或修改的体外方法之外，还可用于实验室建立检测能力。本书给出了这样的参考物质列表，并推荐了相应的参考数据，供技术人员参考。

（二）阳性物质质控图

每次实验都应设置阳性对照，其目的在于保证实验系统的完整性和实验的正常运行，通常实验方案中的阳性对照应相对固定为同一化学物质。实验室应建立一段时间内阳性对照的历史数据，并绘制质控图。例如，经过一年的实验数据积累，对BCOP方法的阳性质控数据作了统计，得到阳性物质质控图，并进行了不确定度分析，以后每次实验阳性物质结果都应该稳定在一定范围内。具体见第11章第一节。

（三）溶剂对照

每次实验都应设置溶剂对照，其目的在于保证实验系统的完整性和实验的正常运行，通常实验方案中的溶剂对照应根据受试物溶解情况进行选择。实验室应建立一段时间内溶剂对照的历史数据，并绘制质控图。例如，经过一年的实验数据积累，对丙酮的结果作了统计，得到溶剂对照质控图，每次实验溶剂对照都应该稳定在一定范围内。

（四）基准物质

体外实验中除了设置阳性对照、阴性对照之外，必要时还可同时设置基准对照。其意义在于监测批次测试间的误差，更精确地控制实验的稳定性，用于相似毒性反应的受试物的比较，或与目的产品刺激性的比较等。基准物质应具备以下性质：

（1）一致且可靠的来源；

（2）在结构、功能或反应程度上与受试物类似；

（3）已知理化性质；

（4）数据上可以支持已知效应；

（5）已知预期反应的范围。基准物质的选择并无确切清单，实验人员可根据需要自行决定，但应在一段时间内相对固定。例如可选择预测模型中处在临界分类点的样品（如BCOP中IVIS评分值在3附近）为基准参照，以监测方法的敏感性和稳定性。

（五）仪器校准

应定期对关键设备进行校准和维护，如果测量偏差超过允许范围应重新校准，校准结束后应记录详细校准报告，根据报告中的准确性、精密度等对仪器当前性能进行整体性评价，若有问题，则根据评价结果对仪器进行相应处理，如酶标仪要更换滤光片、清洁光路系统、走板位置重定位等，浊度仪应对滤光片、光源和每个夹持器的值进行校准等。

第三节 验证与认可

Section 3 Validation & acceptance

一、验证的概念

验证(validation)是指为着明确的目的,对特定的实验、方法、程序或评价的相关性和可靠性建立程序的过程。相关性(relevance)是指实验方法的科学价值,即针对所关注效应的相关程度,某种方法是否适用和具有科学意义。可靠性(reliability)是实验结果的可重复性,即实验室内和不同实验室间能否在一定的准确度内正常使用某种方法,可靠性通过实验室内和实验室间的再现性,以及实验室内的重复性进行评价。目的(purpose)是指关于某一特定方面的体内毒性(如:毒性类型、靶器官、毒性程度、受试物种类等)的相关性和可靠性。可以说,验证是联系研究和规则之间的纽带,这种连接要能确保替代方法能被科学地验证,使之能最终被产品审批或安全评价的管理部门接受认可。

(一) 验证的参数的定义

实验方法需要经过验证研究获得一系列有意义的评价指标,进而得到相关性和可靠性的数据和评价结论,有关验证研究的概念定义如下:

再现性(reproducibility):反映具有资质的不同实验室使用相同的实验规程和实验物质是否能得出质量上和数量上一致的结果。通常将实验室内再现性的评定作为验证的第一步,反映具有资质的同一间实验室的实验员在不同时间内使用指定的实验方案是否能成功重复实验结果。实验室间再现性通常在前验证和验证过程中进行评估,反映实验方法在不同实验室间可以成功传递的程度。

一致性(concordance):所有检测的化学物质正确地分类为阳性或阴性的比例;

准确性(accuracy):实验方法得出正确结果所占的比例;

假阳性(false positive):实验方法不能将受试物正确地鉴别为阳性;

假阳性率(false positive rate):实验方法将所有阴性物质误判为阳性的比率,这是评价实验方法精确性的一个指标;

假阴性(false negative):实验方法不能将受试物正确地鉴别为阴性;

假阴性率(false negative rate):实验方法将所有阳性物质误判为阴性的比率,这是评价实验方法精确性的一个指标;

重复性(repeatability):在指定条件下和给定时间内,一个实验室对相同物质检测获得一致结果的接近度;

可靠性(reliability):测量实验方法可以在实验室间长时间重现的程度,是通过测定实验室内和实验室间的重现性和实验室内的重复性来评价的;

敏感性(sensitivity):在一个实验方法中,所有阳性化学物质被正确鉴别为阳性的比例,是评价实验方法准确度的指标;

特异性(specificity):在一个实验方法中,所有阴性化学物质被正确鉴别为阴性的比例,是评价实验方法准确度的指标;

可转移性(transferability):实验方法或实验程序可以精确地和可靠地在不同资质的实验室实行的能力;

混合率(prevalence):阳性或阴性物质占所有被测试物质中的比例。

(二) 验证指标的相互关系

实验方法的验证是对其敏感性、特异性、预测值进行综合测试来进行评价的,它们之间的关系可用 2×2 表(表 1-4)来表示。

表 1-4 实验方法验证相关指标的计算

实验结果	参考受试物质		总计
	阳性	阴性	
阳性	a	b	a+b
阴性	c	d	c+d
总计	a+c	b+d	a+b+c+d

a:阳性物质实验结果为阳性;b:阴性物质实验结果为假阳性;c:阳性物质实验结果为假阴性;d:阴性物质实验结果为阴性;a+c:检测的阳性物质;b+d:检测的阴性物质;a+b:检测结果为阳性;c+d:检测结果为阴性;a+c+b+d:所有测试物(结果)。

从表 1-4 可以计算验证的各项指标:敏感性是指阳性物质的正确确认率,敏感性=a/[a+c];特异性指的是阴性物质的正确确认率,特异性=d/[b+d];阳性预测值是指阳性结果中"阳性"物质所占的比率,即"阳性"的正确率,阳性预测性=a/[a+b];阴性预测值是阴性结果中"阴性"物质所占的比率,即"阴性"的正确率,阴性预测性=d/[c+d];假阳性是指阴性物质误定为"阳性"结果的比率,假阳性率=b/[b+d];假阴性是指阳性物质误定为"阴性"结果所占的比率,假阴性率=c/[a+c];准确性是指全部正确结果所占的比例,准确性=[a+d]/[a+b+c+d];混合率=[a+c]/[a+b+c+d]。

准确性受验证时阳性物质占所有测试物质的比率,即混合率的影响,混合率=(a+c)/[a+b+c+d]。决定预测值的阳性率取决于实验的敏感性,同时也因混合率而变化,因此,受试物的选择至关重要。

二、验证的原则

实验方法验证的基准和原则是由 OECD、ECVAM 和 ICCVAM 三个组织共同开发的,经过 20 世纪 90 年代的历次会议和工作报告的基础上发展起来。1996 年 OECD 在瑞士 Solna 召开工作组会议,提出了一套验证的原则,即 SOLNA 原则,作为新的或修订的实验方法的验证基准。2005 年,OECD 将其列为导则文件,编号 34,具体为以下 8 点:

(1) 实验方法应当合理可行。包括明确阐述实验方法的科学基础、法规目的和必要性。

(2) 应当描述实验方法的终点与所指向的(生物学)现象之间的关系。包括实验方法所测定的效应与所关注的特定类型的效应/毒性之间的科学相关性,这种相关关系可能是机制性的(生物学)或相关性的关系,但具有生物学相关的实验方法应优先被评估。

(3) 实验方法应具有详细可行的操作规程。实验方案应当足够详细,并应包括所需材料的描述,如实验中可能用到的特殊类型细胞、构建的或来自动物的组织,检测指标及测定方法的描述,数据分析方法描述,数据评价的判定标准,以及实验方法可接受的执行标准。

(4) 必须证明实验方法在实验室内和实验室间的再现性。应提供一段时间以内实验室内和实验室间再现性和变异性的水平,应阐述对实验重现性有影响的生物学因素及其变异程度。

(5) 实验方法必须经过有代表性的参考物质的证实。使用能代表该方法将来要应用到的受试物类型的参考化学物质的测试,以证实方法的可行性,参考化学物的数量应足够并应进行编码以排除偏倚。

(6) 应当对实验方法的实施效果特点进行评估,即与受关注物种的相关信息和现有的相关毒性实验资料比较。替代方法应当具有足够可行的资料,并与预期被替代的实验进行比较,对来自传统(动物)实验方法的参考资料应当是可用的并且是质量有保证的。

(7) 理想情况下,支持实验方法有效性的所有数据和报告都应符合良好实验室操作规范(GLP)

的要求。不按照 GLP 规范收集的数据及其潜在的影响必须详细阐述。

（8）所有支持实验方法有效性评价的数据必须能够可以利用以便于回顾和评审。包括详细的实验操作方案应当是易于获得并通过公共渠道可获取；方法及结果应当由独立的同级评审机构出版或提交给公共出版社；实验方法的描述应足够详细，便于独立的实验室遵循该实验程序获得同等的数据，并能自行评估与标准方案的吻合程度。

三、验证的程序

一个新的动物实验替代方法从提出概念、研究开发到最终被法规认可通常要经过 5 个主要阶段，即实验方法的开发、前验证、验证、独立评价和法规认可程序。严格讲，只有完成了正式验证程序的实验方法才能被评估并纳入法规管理程序。虽然验证的过程被分为几个阶段，但实际上，验证中的各种要素是紧密相连的，每一阶段的设计和运行都是建立在其他阶段工作基础上的。不管验证的方法是探索性和/或回顾性的还是调整性的，验证程序的目的都是对验证遵循准则的有效阐明。

（一）前验证研究

在实验方法开发后，在正式验证前进行的小规模的实验室内研究，研究的目的是为了确认实验方法是否充分优化完善和是否满足正式验证研究所需要的标准化，以及获得实验方法相关性和可靠性的初步评价。前验证程序通常采用有限数量的编码物质至少完成三次实验。前验证研究内容包括验证申请书的优化，实验方法的优化和标准化，制定实验标准操作程序（SOP），确定实验系统（细胞和培养基种类）和实验条件，确定参考化学物质和标准物质类型。前验证研究可为下一阶段大规模的实验室间正式验证积累经验和提供信息，如提供实验方案合理性的预测，摸索多实验室操作的实验条件，为质量控制积累历史资料，获得实验方法普适性、再现性和可靠性的初步评价信息，了解实验结果的偏离情况，对初步设立的结果判定标准确定或优化，了解实验方法局限性等。

前验证程序可分为连续的三期，即实验方案优化（Ⅰ期），实验方案转移（Ⅱ期）和实验方案实施（Ⅲ期）。前验证完成后，应对前验证的结果全面评估，评估结论有四种：

利用选定的实验方案和 SOP 继续进行正式的实验室间验证研究；

建议进一步研究开发或改进实验方法；

在前验证研究数据、现有资料和对实验机理充分了解的前提条件下，实验方法可能不经过正式验证而直接进入独立评估程序；

不值得进一步验证而放弃实验方法。

（二）验证研究

大规模的实验室间研究，是为了特定目的对一项实验方法的相关性和可靠性进行评价的有计划的研究。正式验证的目的是测定替代实验方法的精确性和实验室内/实验室间的可重复性，因此根据事先确定的评价指标，在双盲条件下，对相同编码的受试物进行检验，评价各参与实验室间检测结果的一致性。

1. 准备阶段

应成立验证管理小组并对验证的实施计划书，内容包括实验方法的选择，选定参与实验室，确定主导实验室和核定验证的 SOP。选定供盲样测试的受试物，并对其进行编码、分发、提供质量保证和安全指引。还要制定统一的实验采集方法、数据结构样式、统计分析方法和最终归档。

2. 验证计划书

计划书应得到资助者、管理组、主导实验室和参与实验室的共同认可。计划书应包括参与实验室的基本信息，列明其职责和任务，并随着验证研究的进展而更新。计划书应重点阐明几个方面：①明确验证研究的目标，明确实验方法的优点和局限性，以及实验方法的适用范围，这样有利于统一对验证目的的理解。②研究设计和计划应足够周密和详细，便于各参与实验室执行。③验证研究的参与各方(管理组，合同方，牵头实验室及其他参与人员)应明确分工与职责。④明确验证研究的组织结构和管理形式。⑤统一规定参考物质(标准品)的发放，以便得到正确的检测结果。⑥明确参与实验室的验证时间表，保证在规定的时间内按时完成检测任务，提交实验资料。⑦统一验证数据的统计方法、结果解释和资料处理分析程序。

3. 选择参与实验室

验证研究的实验室应满足资质、人员、设备、安全和动物福利等方面所应具备的最低要求，并应建立质量保证程序。理想情况下，参与实验室应能承担并胜任被验证方法的实验，并应提供证明其资质的程序文件，如与GLP的符合程度等。验证研究的实施、资料记录和维护均应符合GLP原则。所有参与实验室应明确其特定的义务和权利，包括严格执行方案、按规定时间提交资料、发表研究结果等。根据实验的类型、验证所要解决问题的难易程度、每个实验室的工作量、实验的花费等决定完成验证所需的参与验证实验室的最低和最高数量，多数情况下，对于评价实验方法的实验室间重现性，需要3~4个实验室就足够了，但是对于实验方法的预测能力的评价，若数据充分，则需更少的实验室就能说明问题。

4. 确定主导实验室

主导实验室通常由管理者指定，应当在验证和实验方面具有专业经验，验证的管理者对实验方案的进行监督，并适当培训参与验证的实验室人员，每个实验室的研究负责人应确保与验证管理者间保持联系。

5. 参考化学物质选择和管理

化学物的选择应根据验证研究的目的、实验方法的类型确定。并保证具有足够数量的代表性，化学物的种类和数量根据实验方法预测能力和大小而不同。应建立有关化学物质购买、编码、供应和安全的信息。化学物的选择原则：包括能代表实验方法所能预测和检测的效应范围内的化学物质；用被验证方法与被代替的方法能产生一致的实验结果；能反映被验证方法的精确性；足够数量的阳性和阴性物质；毒性资料明确的而且相关资料可靠；化学结构、纯度(使用最高纯度)或组分明确；所有实验室尽可能使用同一批次的参考物；化学物质应易于从商业途径获得，数量足够参与实验室使用；在明确的条件下稳定贮存(或者至少在验证过程中持续稳定)；无严重的危害或不产生昂贵的处理费用。受试物的选择对于验证替代方法的性能非常重要，一项新的替代方法的验证需要积累足够的化学物质检测数据。一般认为，如果各种类别的化学物(以化学特性和结构进行分类，如酸、碱、离子)分别需要10~20种的话，总计需要200~250种物质的实验数据。通过这些实验数据得出实验方法可能存在的假阴性和假阳性的发生率。

6. 资料收集和分析

对于大规模验证活动，任务小组除了负责实验室间协调、培训以外，还应负责验证数据的收集、管理和分析。验证研究应得到两类的数据，即测定实验方法可靠性或再现性的数据和相关性的数据。评价指标是从不同实验室获得的定性和定量信息，包括实验室内和不同实验室间的变异值。参与验证的每个实验室独立分析测定实验结果的相关性。包括实验操作的精确性和对参比物质的预测能力。资料的统计应选用最常用的方法，评价敏感性和特异性的定性或分类的资料通常采用Copper的统计学方法，如采用“靴带程序”对于不确定度的分析。

(三) 独立评价

替代方法被有关管理部门正式考虑纳入法规性框架之前，还必须将公开发表的验证结果提交由国家或国际组织授权的独立评价专家组进行审核。这些国家或国际组织可以是政府机构，也可以是学术团体、产业协会担任。专家评价组成员具有广泛的代表性，应能代表科学界、产业界、管理部门以及动物福利团体的利益，并不能与待评定的验证方法存在任何利益关系。评审的第一步是提交完整的实验方法任务包给评审专家，任务包应包括质疑书、验证研究报告和其他文件。在任何时候，评审过程都应是公开和透明的，利益相关方可以随时调用专家委员会的所有资料。专家评价组对验证研究的评价应包括：就被评价的实验方法的重复性、相关性进行审核，根据验证的目的进行评价，考虑对管理队伍和参与实验室的表现进行评价。凡是在验证研究计划书中有明确阐述的各个项目都属评审范围。评价组的首要任务是要确定验证研究的目标是否达到，其次是对已完成科学验证的替代方法与实验方法（包括已完成验证的和其他已知的正在研发或验证的方法）相比是否具有优势做出评价。最后，还要对该方法作为法规认可方法的必要性和可行性进行评价。

新的实验方法因使用目的不同，对其特性的评价也不一样。好的替代方法假阴性和假阳性率都应控制在合理的范围内，而且应具有较高的重复性和再现性，与被替代的实验相关性高等特点。关于替代方法验证的评价标准，重复性不得低于80%，并且均应高于其体内相关性。对于替代实验的预测能力，应为90%以上。

实验方法的资助者最后负责核准专家评审委员会的建议书，并决定已完成验证的实验方法是否达到其最初设定的目的，以及是否推荐给管理部门认可。资助者也可以在评审过程中澄清和阐述某些问题。

四、验证举例

3T3NRU-PT体外光毒性实验验证（1992年～1998年）

（1）项目来源：EU-COLIPA项目

（2）目标：验证一项新的体外光毒性实验方法－3T3 NRU-PT方法，同时对方法进行评价，包括红细胞光溶血实验、原代人角质细胞实验、皮肤模型（LSE和Skin2）、组胺氧化实验、蛋白光结合实验和补体光激活实验。

（3）资助者：欧盟化学总司、ECVAM、ZEBET-BgVV、COLIPA。

（4）参与者：ZEBET-BgVV, Beiersdorf AG, Unilever, ESL, Novartis, Hoffmann-La Roche, Henkel KGaA, Procter & Gamble, FRAME, University of Warsaw。

（5）验证时间：1992年～1994年，前验证；1994年～1996年，正式验证研究；1997年～1998年，UV滤光片专项研究；1998年，起草OECD指南。

（6）方法设计：3T3细胞单层≥24h≥化学物作用≥1h≥UVA－可见光/暗光≥24h≥活性实验（中性红吸收）。可参见本书第十章。

（7）预测模型：比较同时进行的有UV暴露（＋UVA）和无UV暴露（－UVA）实验中获得的“剂量－反应”结果的差异。

（8）验证结果：

前验证研究：使用了11种光毒性物，9种非光毒物，采用非盲样实验，结果表明3T3 NRU能对全部光毒性和非光毒性物质正确地分类；

验证研究：由11个实验室参与，使用了25种光毒物，5种非光毒物，采用盲样实验，化学物的选择是依据人光斑贴实验的结果，并由ECVAM指定的工作组选定，代表了光毒性物质的主要类别。结果表明3T3 NRU方法的再现性好，体外数据与体内数据的相关性好，ESAC认为是一项科学有效的替代方法，准备考虑法规认可并应用。但欧盟化学品咨询委员会和SCCNFP的专家认为正式验证中对UV－滤过剂的检测数据不足。为此，第三次验证专门对UV－滤过剂进行了验证。

UV－滤过剂验证：采用双盲法，检测化学物质共20种，其中光毒物和非光毒物各10种，结果均能对其正确分类。此次验证的2×2表见表1－5。

表 1-5 3T3 NRU 体外光毒性实验对于 UV-滤过化学物质的验证研究结果

体外实验分类结果	体内实验分类结果		总计
	光毒性	非光毒性	
光毒性	40	5	45
非光毒性	0	35	35
总计	40	40	80
结果统计	敏感性:100%;特异性:88%;阳性预测率:89%;阴性预测率:100%;精确性:94%;χ^2:58.72(>>3.8)		

说明:验证在双盲条件下对 20 种化学物质(光毒性和非光毒性各 10 种)在 4 个实验室进行,因此,总计进行了 80 次分类。(引自 Spielmann,1998)。

(9) 专家参与的独立评估

前验证受试化学物的选择:COLIPA;

前验证结果评估:ECVAM 光毒性实验工作组;

验证研究受试化学物选择:ECVAM 光毒性实验工作组;

正式验证的结果评估:之前是美容科学委员会(Scientific Committee of Cosmetology,SCC)之后是ESAC;

要求补充 UV 滤过剂的验证:SCC;

UV 滤过剂研究中受试化学物的选择:SCCNFP 和 COLIPA 联合专家组;

UV 滤过剂研究结果评估:ESAC 和 SCCNFP;

五、替代方法的认可

经过科学验证研究的替代方法应当尽可能地获得国际范围内的广泛认可,根据 OECD 规定,只要实验中遵循了 GLP 原则,并严格按照 OECD 的指南进行了实验,其实验结果在成员国之间能够相互认可。有效的实验方法并不是自动被管理机构接受,它们需要适合法规管理的结构。提交给法规管理机构认可的实验方法总体上应符合以下以点:

(1) 提交的实验方法和支持的验证资料应已经通过透明和独立的同行评审过程,评审人应是本领域内的专家,未参与实验方法的开发和验证,熟悉实验方法和所评审的资料,并且评价结果不会妨碍其经济利益。

(2) 实验方法产生的数据对于对风险评估目的(即对危害鉴定、剂量-反应评价,或暴露评估)应当是有用的。这些实验方法可能是单独地也可能是作为序列或阶梯实验方法的一部分被使用。

(3) 实验方法产生的数据应当是充分的,不管是对于预测关注终点,还是证明新实验方法和现有实验方法之间的联系,或是对于证明新实验方法和靶物种效应之间的关系。

(4) 对于法律程序或机构管理范围内的化学品或产品,以及对于实验方法建议适用范围内的化学物质和产品,应当提供充分的实验方法的数据。

(5) 实验方法必须有很强的适应性(对实验方法的微小改变相对不敏感),在设备简陋和优良的实验室之间是可以转移的。实验方法最好经过标准化。

(6) 实验方法应当是耗时少且费用低的。

(7) 与现有方法相比,新的或者修订的实验方法应当提供公正性的资料,如更具有科学性、伦理性和经济性。特别是对于动物福利和减少、优化、替代的 3R 原则的考虑应当说明。

(程树军 秦瑶 潘芳)

参考文献

[1] 程树军,焦红. 实验动物替代方法原理与应用. 北京:科学出版社,2010.

[2] 程树军,焦红,潘芳. GLP 原则在体外毒理学评价实验室的应用,中国比较医学杂志,2008,18(11):58 -62

[3] SN/T 2285—2009 化妆品体外替代试验实验室规范

[4] SN/T 3898—2014 化妆品体外替代试验方法验证规程

[5] SN/T 3899—2014 化妆品体外替代试验良好细胞培养和样品制备规范

[6] Anon. Directive 2004/23/EC of the European parliament and of the Council of 31 March 2004 on setting standards of quality and safety for the donation, procurement, testing, processing, preservation, storage and distribution of human tissues and cells, Offical Journal of the European Union, 2004, L102, 48 -58

[7] Coecke S, Balls M, Bowe G, et al. Guidance on good cell culture practice. ALTA, 2005, 33:261 -287.

[8] Cooper W, Hannan R, Harbell JW, Coecke S, et al. The principles of good laboratory practice: application to in vitro toxicology studies. ATLA, 1999, 27, 539 -5771.

[9] Falkner E, Schöffl H, ApplH, et al. Replacement of sera for cell culture purposes: a survey. ALTEX, 2003, 20, 167.

[10] Gstraunthaler G. The Bologna statement on Good Cell Culture Practice(GCCP)-10 years later. Altex, 2009 26(Spec. Issue), 65.

[11] Gülden M, Kähler D, Seibert H. Incipient cytotoxicity: A time-independent measure of cytotoxic potency in vitro. Toxicology, 2015. 335:35 -45.

[12] Knudsen TB, Keller DA, Sander M, et al. FutureTox II In vitro Data and In Silico Models for Predictive Toxicology, Toxicological Sciences, 2015, 143(2):256 -267

[13] OECD, 2014. OECD Series on Testing and Assessment. No. 211. Guidance Document for describing non-guideline in vitro test methods. doi:ENV/JM/MONO(2014)35

[14] OECD, 2016. Draft guidance document on good in vitro method practices(GIVIMP) for the development and implementation of in vitro methods for regulatory use in human safety assessment.

第二章　体外实验室建设与质量管理

Chapter 2　Construction of In Vitro Laboratory and Quality Management

第一节　体外科学实验室建设与规范

Section 1　Construction and principles of in vitro laboratory

一、替代实验室的规划与建设

（一）规划

无菌是组织培养实验室不同于其他大多数实验技术的主要要求，在规划新的实验室时，需要根据具体条件综合考虑建筑物结构、面积和房间安排等进行设计，要根据目前工作量和工作性质规划实验室的面积和布局，并根据业务前景预留发展空间。具体设计可参考相关标准和专业书籍，需要特别考虑的规划如下所述：

① 通排风设置：洁净台的管道口朝外可以促进空气流通和实验室散热，也便于甲醛污染物的排出，防护罩安在室外，有利于室内空气外流，还可防止中央空调或室内空调输入的空气与洁净台的气流相遇而造成干扰；

② 洗刷和灭菌设置：考虑洗刷间、灭菌室和实验室其他房间的设置地方与关系，天花板高度有无不同，地面有无斜坡等因素；

③ 用于体外毒理学评价的细胞培养室应独立设置。如果同一设施内还有实验动物房，应选择靠近洁净动物房，远离普通动物房。体外实验室与动物实验室应彼此分隔，中间设置缓冲区，并应独立设置通排风系统，以免交叉污染。如果不具备动物房设施，应设置专用的外购动物检疫区，或配备专用的动物解剖和获取组织的空间。

④ 工作空间：应满足开展研究和检测工作所需的必要空间，为实验室工作人员，包括负责洗刷、灭菌和准备的工作人员，负责操作的科技人员等营造合适的环境，以减少工作的单调。通常进行培养操作和分析的区域应该最大，便于洁净台、细胞计数器、离心机、培养箱、显微镜、玻璃器皿等的摆放。用于洗刷、准备和灭菌的空间应该仅次于组织培养操作室。无菌培养间内洁净台之间的间隔至少保留50cm为宜，便于工作人员和维修人员进出，也可减小各洁净台的空气流动相互干扰。培养室最好放置可移动的手推车或台车，用于实验用品的转移。必要时，应设置专门的准备间、细胞储藏间和气瓶室，如实验室空间比较小，准备间/消毒间和无菌培养室之间可考虑使用传递窗相连。

⑤ 窗户：细胞培养室不宜安装活动的窗户，因为窗户能造成实验室受热，紫外线的作用可使培养基变质，密封不严时还易造成微生物污染；

⑥ 过道：过道要足够宽、足够高，天花板净空要能适应安装设备（如生物安全柜、培养箱和高压灭菌器）的要求。

（二）建设与使用

培养室的建设应遵循洁净、方便和生物安全的原则。

① 洁净：进入培养实验室的空气应经过净化，并达到细胞培养的通常标准（空气洁净度10000级），各房间的设计要便于清洁，地板上要铺有耐腐蚀易清洁的材料。

② 分区：最好将准备区、洗刷区和无菌区与组织培养室分隔开，洗刷室和灭菌室可分开也可不分开，但应便利于组织培养工作。

③ 通道：设法使人、物、手推车等在各分区间的出入便捷，使物品的补给和废物的清理不影响无菌操作。

④ 动力供应：要事先对插座数和每个插座的负荷进行考虑，估算所需仪器设备的耗电量，并按仪器数量和耗电量的三倍为实验室供电和配备插座；如果条件允许最好采用集中供气（包括 CO_2、O_2、N），有时还需要加压空气（如某些玻璃器皿洗刷机）。

（三）布局

体外生物学实验室（主要指细胞培养和操作）要具备进行无菌操作、培养、准备、洗刷、灭菌和储存六项主要功能（见表2－1）。每项功能最好有独立的操作间，如果实验室只有一个房间，为使房间不同部位的无菌程度有别，应把进行无菌操作的洁净室置于远离房门的一端，洗刷和灭菌区位于房间的与洁净区相对的一端，准备、储存和培养区位于两者之间，准备区应靠近洗刷区和灭菌区，储存区和培养区应靠近无菌操作区。

① 无菌操作间（区）：无菌区应设在实验室相对安静的地方，应没有过道和无灰尘、气流等因素的干扰。无菌操作区要充分应用层流原理，最简单的办法是使用洁净台（或生物安全柜），如果几个洁净台并排放置，各洁净台间的距离不应小于0.5m，如果两个洁净台正面相对放置，则其最前沿之间的距离不应小于3m。操作台应设置在离无菌操作区较近的地方，用于放置细胞计数器、显微镜等必要设备。这个操作台还有把无菌操作区与实验室的其他部分分开可隔开的作用。操作台上方的货架上和下方的橱柜里可存放实验用品。无菌操作区除了进行培养操作外，还经常进行分装、制备试剂和溶液（PBS、胰酶）、稀释等小型无菌操作。因此应在无菌操作区内设置工作台，用于放置细胞计数器、显微镜等必要设备。并备有粗天平、精密天平、pH计、渗透压计等。工作台用于溶解、搅拌、分装溶液和包装其他用品等操作。

② 洗刷间（区）：最好把洗刷和消毒的设备放在培养室外面，将高压蒸汽消毒锅、烤箱、蒸馏器等放置到一个隔开的空间内，并安装高效抽风机，这样便于湿气和热量的消散。洗刷区应有足够的地方浸泡玻璃器皿、分检吸管和进行无菌用品的包装和封包。如果空间有限，灭菌设备必须放到无菌室内，应将其置于离无菌区排气口最近、离无菌操作区最远的地方。

③ 储存间（区）：需要储存的物品包括无菌液体（PBS、水），培养基干粉（4℃），培养基贮备液、血清、胰酶、细胞因子、谷氨酰胺等（－20℃）；无菌玻璃器皿；一次性无菌塑料制品（如培养瓶、培养皿、离心管、注射器）、液氮和钢瓶等。冰箱和冷冻箱应置于实验室的靠近非无菌区一端，最好与无菌区分开，因为门和压缩鼓风机会产生灰尘和气流，并能带进真菌孢子。

表2－1　体外替代实验室的条件

最低要求	理想的条件	有用的附加设备
无菌清洁、安静、无过道； 与动物房和微生物实验室隔离； 准备区：工作台，称量台，气瓶； 洗消区：可设在培养实验室内或邻近培养室； 培养分析区：放置培养箱和培养物检查； 储存区：冰箱、液氮罐	空气净化（独立空调）； 培养区； 不同功能区房间隔开； 培养室有温度记录； 气瓶室； 天平室； 制样室； 试剂室	大体积液氮罐存放室 显微镜室； 暗室； 真空管道

（四）设备

体外毒理学实验室的设备可分为3类，即必需设备，辅助设备和其他常用设备。必需设备是开展工作必备的，如洁净台或生物安全柜（Ⅱ级）、CO_2培养箱、高压蒸汽灭菌器、冰箱、倒置显微镜、清洗设备（如耐强酸的浸泡缸或浸泡槽、吸管桶或吸管缸）、吸管清洗器、高温干热箱（用于吸管和玻璃器皿的灭菌）、水纯化设备（蒸馏水器或超纯水机）、离心机、天平（精密电子天平）、计时设备（用于暴露时间测定）、人工光源（用于光毒性试验）、酶标仪（用于细胞毒性分析）等。辅助设备可使工作做得更快、更好、更有成效，如细胞计数器可用于精确测量细胞生长曲线；抽气泵可用于除去培养瓶中用过的培养基或其他试剂，也可代替真空泵用于无菌过滤；pH计用于配制溶液；电导仪用于检测溶液离子浓度；渗透压仪用于培养基的质控。其他最好配备的仪器还包括温度记录仪（用于检测冷藏箱、冰箱、培养箱、烘箱、恒温箱、水浴锅等的精确控温）、移液设备（如电动加样器、手动加样器、移液器和微量移液器），膜电阻测定仪用于组织工程皮肤（角膜）的质量检测。有条件的还可配备多头移液器、平板加样器（液体工作站）用于微量滴定板的自动加样、微量滴定盘、细胞成像仪等处理设备。其他常用设备可改善工作条件，使实验室工作更轻松方便。如玻璃器皿清洗机、图像采集和分析装置、流式细胞仪、离心淘洗机、可控速率冷冻箱、集落计数器等，见表2－2。

表2－2 体外替代实验室常用仪器设备

必需设备	有益非必须设备	辅助设备
洁净台（或生物安全柜）	蠕动泵	玻璃器皿清洗机
CO_2培养箱	移液器	细胞收集器
CO_2钢瓶	pH计	渗透压仪
精密电子天平	相差显微镜	集落计数器
灭菌器（高压蒸汽灭菌器）	荧光显微镜	低温冷冻离心机
干燥灭菌烘箱	吸管干燥器	超声波破碎仪
冰箱、超低温冰箱、冷冻箱	液体工作站/自动分装器	细胞分选仪（磁珠分选仪）
倒置显微镜	手推车或台车	共聚焦显微镜
浸泡缸（酸缸）和深洗槽	旋转架（用于转瓶培养）	闪烁计数器
人工光源（紫外光源）	膜电阻测定仪	流式细胞仪
恒温水浴箱	图像分析仪	病理设备
吸管清洗器	程序降温仪	细胞分析设备
蒸馏水器（或超纯水机）	化学发光检测仪	双光子显微镜
台式离心机	角膜浊度仪	
液氮罐		
磁力搅拌器		
血球计数器/细胞计数器		
全波长酶标仪		
计时器		

（五）安全

替代实验室应严格遵循《检验和校准实验室认可通用准则》（ISO 17025）、《实验室 生物安全通用要求》（GB 19489—2008）的规定。除了符合国家对实验室生物安全的有关规定外，必要时做好危险性评估。如采取适宜措施避免和最小化危险是确保安全的基础。工作环境（尤其是实验室）中的危险可能比较复杂，对其进行评估需要专业知识且须严格执行。实验室应建立风险评估程序，主要涉及与体外研究检测工作有关的特殊物理、化学和生物危险。风险评估的过程和结果应予以记录，不仅是为了确认其已得到执行并采取了适宜措施，而且要作为个人执行任务评估的参考记录。应定期审查评估以考虑部分操作、国家或国际法规的变化，或科学知识的拓展。

二、良好体外方法规范

体外测试的依据通常是OECD、ISO和国家标准中有关体外方法的指南，目的是要满足管理毒理学的需要。因此，体外测试与体内测试对于数据的要求是一致的，即必须符合高质量、可重复和国际通用。OECD的GLP文件早就提出了GLP原则在体外研究中的应用指南。OECD指南的重点在于指导化学品的法规性安全测试，通过描述国际协调一致的实验方法，使之用于工业界、管理部门和第三方检测时都能获得明确和特征的化学品潜在危害信息。

由于现代生物技术的快速发展，新的生物学系统不断出现，分析和检测方法也在不断进步，更多新的和改进的体外方法已经被验证和被认可。因此，有必要建立一套良好体外方法规范(good in vitro method，GIVIM)，成为体外方法研发、验证遵循的原则。

同时，为了如实反应体外方法领域的科技发展，以及如实反应替代方法在开发应用过程中为满足不同需求而产生的变异性及其数量，还有必要建立一套基于方法执行的测试指南规范(performance based test guideline，PGTB)，这样一套规范可能比建立一套基于体外方法验证的测试指南更迫切。PGTB包括一个或多个机制上和功能上相似的体外方法，指南明确了体外方法的重要构成，描述了详细特征和执行标准，也可作为考虑增加新方法作为补充方法时应当满足的要求。这一类测试指南的出现明显起到鼓励替代方法研发和加快认可速度的作用，也促进了新技术的应用。替代方法推广和认可的障碍之一是对于专利技术的接受，因为大多数创新方法是基于或包括专利的因素，PGTB只是设定了验证的目标，明确了一套相似的体外方法的执行特征。

体外试验系统建立在细胞培养、离体组织/器官培养和组织重建等技术基础上，因此，体外试验系统的开发、验证和应用工作应确保细胞和组织系统的可靠性和精确性，需满足的4个基本要素是：真实性，包括系统的一致性，如基因型和/或表型特征的起源和确认；纯净性，如无生物污染；稳定性和功能完整性；体外系统的标准化，从动物或人体供体及分离的细胞和组织开始，包括后续的操作、维持和保存。

体外试验系统的标准化是一项艰苦的任务，因为细胞和组织在培养的过程中趋于变异，并在分离、培养、使用和保存过程中不可避免的受到物理和/或化学损害。然而，通过建立影响因子的可控程序，可将引起变异和其他影响重复性和可靠性的不良效应降到最低。在体外替代实验室建立良好细胞培养规范(good cell culture practice，GCCP)对于保证研究或检验检测的科学性和可重复性十分必要。参考ECVAM的指导性文件，体外细胞培养应遵循以下6条原则，该原则也同样适用于离体器官培养、组织工程培养等体外试验系统。

(一) 建立充分了解体外系统及其影响因素的措施

1. 体外实验系统

体外实验系统范围相当广泛，可分为无脊椎生物系统、人和动物组织、细胞培养系统、计算机系统等几类。应当充分了解使用的实验系统，并熟知其控制和影响因素。体外实验系统的介绍见本书第一章。

2. 体外培养条件

细胞和组织的体外培养环境与体内有诸多不同。体外培养条件的关键要素包括培养基、添加剂及其他添加物，培养器皿以及培养条件。

(1) 培养基：根据具体情况，基础培养基可添加血清或者不添加血清，但应按需要添加补充剂。培养基组分的任何细微差别都有可能从根本上改变特定细胞和组织的特性。因此，在特殊应用的情况下，必须精确指定使用的培养基，并慎重考虑培养基组成及添加物的变化。

(2) 血清：是多种细胞增殖和生长所必需的，是含大量组成成分的复杂混合物，包括各种促进或抑制生长的生物分子。然而，由于其复杂性及批间差异，血清会将未知变化引入培养系统而影响到系统的稳定性。动物血清可来源于成年、新生动物或动物胚胎。最常用的是牛血清。由于血清成分的多变特点，当前批血清基本用完时，将新一批血清与之进行平行评估是很重要的，最常用的方法是铺板率实验。动物血清还是一个潜在的微生物污染源，生产商通常采用过滤、照射和热灭活等技术减少微生物污染。由于血清的固有缺陷，人们为寻找替代方法已进行了诸多尝试，包括使用未经确定的添加剂（例如，垂体提取物、鸡胚提取物、牛奶、牛初乳）和各种植物提取物（例如，植物血清）。某些情况下，可使用经化学鉴定、成分完全已知的培养基（加入合适的激素和生长因子的）。无血清培养基的开发和使用既是体外试验系统标准化的需要，也符合 3R 原则。

（3）营养状况：设计合理的细胞培养基补给（培养基体积和换液频率）和细胞传代（例如，传代分瓶比率）操作流程是很关键的。当利用条件培养基抑制原培养细胞增殖而促进另一种细胞生长时，也可以考虑通过营养状况流程的设计实现控制。

（4）抗生素：抗生素的使用可保护组织、器官、原代培养和细胞系免受污染，还可用于抗生素抗性基因表达的重组细胞克隆株阳性筛选。但应注意，抗生素在有效地对抗病原细胞（例如细菌）的同时，也对细胞生物学基本特性造成阻滞或干扰等毒性作用。因此，在细胞培养中应尽量避免使用抗生素，不要依赖抗生素作为有效无菌技术的替代。

3. 处理和维持

应尽量注意不要使细胞或组织暴露于不适宜条件（例如在培养箱外时间过长）。应制定设备（包括培养箱、空气层流装置、生物安全柜、冻存设备）的关键注意事项并正确使用，特别注意温度、气体、pH 等培养因素，以及细胞消化与传代、冷冻、储存及复苏等操作因素对细胞的影响。应使用无菌操作的须严格执行无菌操作。对细胞和组织的常规分离、处理及培养应制订标准操作规程（SOPs）。

（二）确保材料和方法的质量，以保持试验方法的完整性、有效性和重复性

质量控制的目标是保证体外细胞和组织实验操作的一致性、可追溯性以及可重复性。每一个实验室都应该制定质量控制程序，指定人员监督实施，质量控制内容包括细胞和组织，培养基及其他所有材料、方法、原则，标准操作流程，生长培养基和所有其他的材料，设备及其维护，记录操作流程，结果的表述等。例如对于细胞和组织，替代实验室对新细胞和组织的接纳以及处理、培养、储存应该有专用规程或标准操作流程，并定期监督检查遵守情况。对于细胞材料的质量控制，需要考虑的因素包括可靠性、形态学表征、活力、生长率、传代次数或群体倍增、功能性、分化状态、污染以及交叉污染等。对于血清的质量控制需要考虑无菌、内毒素检测、物理和生化分析、功能检测。对于试验方法的有效性应定期进行审核，并记录和分析方法的变异程度。

血清、培养基、添加剂及补充剂成分的质量控制既昂贵又耗时，通常都由供货商提供，但应要求供货商提供相关质量控制文件，实验室也应建立质量评价程序。实验室对消耗品的供应商应进行评定，必要时建立技术验收程序。体外实验室的常见消耗品见表 2－3。

表 2－3 体外实验室的常见消耗品

名称	规格	用途	举例
组织培养瓶	$25cm^2$ 和 $75cm^2$	细胞常规培养（复苏、传代）	Corning, Thermo Fisher Scientific
培养皿	$25cm^2$ 和 $75cm^2$	细胞常规培养（复苏、传代）	Corning, Thermo Fisher Scientific
96 孔平底组织培养微孔板	8×12	细胞铺板	Corning, Thermo Fisher Scientific
12 孔无菌培养板	3×4	细胞铺板	Corning, Thermo Fisher Scientific

续表

名称	规格	用途	举例
嵌入式培养皿	孔径大小为0.45um，直径为12mm	细胞常规培养（复苏、传代）	如Millicell-HA
24孔的嵌入式培养板	4×6	细胞铺板，共培养	Corning，Thermo Fisher Scientific
细胞冻存管	2mL	细胞冻存	Corning，Thermo Fisher Scientific
微孔滤膜	0.2um	溶液（培养基、PBS等）的过滤	Pall
带盖无菌玻璃试管	5mL，10mL	溶液（细胞悬液）的离心；	Corning，Thermo Fisher Scientific
移液管和吸头	25mL、10mL、5mL；1000μL、200μL	量取一定体积溶液；移液	Gilson，Axygen
无菌试剂瓶	100mL、250mL、500mL、1000mL	存放培养基	Thermo Fisher Scientific
EP管	5mL、2mL、1.5mL	少量试剂配制和称量	Axygen
废液瓶	500ml或1L	装废液	普通玻璃瓶或不锈钢开口瓶
滤纸	70×70，90×90，110×110	过滤、擦拭或吸干溢出液用	Pall
一次性用过滤器	1000mL	一次性过滤培养基或溶液	Jet Biofil
粘液枪及枪头	25μL、100μL、250μL	量取一定体积粘液	Gilson
器械	无菌平头镊、纯缘镊、平底刮刀、手术刀、剪刀、镊子、电动螺丝笔、研钵和研杵、注射器		

（三）建立材料和方法信息的可追溯制度

1. 细胞和组织来源

对细胞试验系统的维持、使用和运行应做清晰记录，以使研究工作具可追溯性、可诠释性及可重复性。可追溯的内容应包括：工作目的，选择程序与使用材料的依据，使用的材料及设备，细胞或组织的来源和特性，结果、原始数据和质量控制记录，细胞与组织保藏与储存流程，所采用的实验设计及标准操作流程及产生的任何误差。

当使用人或动物的组织或细胞时，需掌握有关细胞/组织的最基本信息，表2－4是某实验室细胞信息记录的基本内容。

表2－4 细胞和组织来源记录内容

项目	分离的动物器官和组织（如大鼠脑组织）	动物原代培养物（如大鼠肝细胞）	所有人源材料（如脐带血人体皮肤）	细胞系（如3T3细胞）
伦理和安全性问题	+	+	+	-
种/系	+	+	+	+
来源	+	+	+	+
性别	+	+	+	+
年龄	+	+	+	+
供体数量	+	+	如经许可	不适用
健康状况	+	+	+	+

续表

项目	分离的动物器官和组织(如大鼠脑组织)	动物原代培养物(如大鼠肝细胞)	所有人源材料(如脐带血人体皮肤)	细胞系(如3T3细胞)
任何特殊前处理	+	+	+	+
器官组织来源	+	+	+	+
分离的细胞类型	+	+	+	+
分离技术	+	+	+	+
分离日期	+	+	+	+
操作者	+	+	+	+
供应者	+	+	+	+
知情同意书	不适用	不适用	+	-
病原试验	如可用[a]	如可用[a]	+[a]	+[a]
运输条件	+	+	+	+
材料到达状态	+	+	+	+
细胞系鉴定和验证	不适用	不适用	不适用	+
支原体试验	不适用	不适用[b]	不适用[b]	+

[a] 用于克隆筛选或供体时需要。

[b] 长期培养(用于饲养层或组织构建等培养)时需要,+需要说明,-无需说明。

2. 处置、维持和保存

良好细胞培养系统必须保存以下记录:①培养基(包括所有添加剂和辅助成分)和其他溶液、试剂(包括供应商、批次、储存条件、失效日期的详细资料)和制备方法(属于一般的研究和开发工作按照标准操作规程,对于特殊研究,需要记录每一步骤以确保试验的可重复性);②培养底物(包被材料的类型和供应商,例如胶原、纤粘蛋白、层粘蛋白、多聚赖氨酸、基质胶、基底膜)、包被过程的记录、应用于何处;③制备或使用细胞或组织的流程;④关于细胞培养器皿和设备的处理、维护和储存。对于离体系统还应记录宿主的情况。

(四) 建立保护个体和环境安全的措施

细胞培养的安全风险见第一节。此外,还应注意环境风险,环境危害通常是由于废弃物处理不良,导致水、空气和土壤污染,或有害物质污染释放产生的,环境也可能由于事故造成的生物材料释放而被污染,应确保防止或最小化这种危害的可能性。

实验室应建立适宜的废弃物处理方法,细胞培养实验室在处理产生的废弃物时至少要执行的预防措施有:除无菌培养基或溶液以外,所有废液在处理之前需化学灭活(次氯酸钠或其他消毒剂进行抑制)或高压灭菌;所有被组织培养液和/或细胞污染了的固体废物在带出实验室之前应进行高压灭活,如要带到其他地方进行高压灭菌或焚化处理,应先置于刚性、防漏容器中。

(五) 与相关法律、法规和伦理原则保持一致

从伦理和法律的角度来看,在世界范围内建立细胞和组织培养的统一标准是众望所归,目前还没有针对专门管理细胞和组织培养实践活动的国际法律,但是有各种处理特殊来源及用途的细胞和组织培养的指南、规范和法律。一些国家已经或准备立法或规定控制例如人类来源材料的使用等特殊领域。一般来说,任何涉及动物材料的工作应该遵守当地和国家有关动物实验法律规定以及3R(减少、优化和替代)原则。

对于人类胚胎干细胞的来源及其潜在用途，基因工程细胞的制备、储存、运输、使用及处理须依照有关生物安全的要求和符合有关伦理规定。良好细胞培养和体外方法规范应与不断发展的法规与法律要求相适应。此外，还应遵循细胞系统的知识产权问题，如细胞系所有权和专利权、特殊培养基、培养材料和培养方法的专利权等。

（六）人员的教育与培训

细胞培养的应用范围已不仅限于基础科学、应用科学、生产、诊断、产品安全测试领域，还广泛用于临床治疗（例如化学诱导及基因修饰）、环境评估等范围。因此，确保实验人员具备执行实验任务的能力，对于体外研究按照相关科学的、法定的、安全的和标准的要求进行是很重要的，这需要实施持续的教育与培训，并定期监督其执行成效。培训的主要内容应当是关于细胞及组织培养的性质、目的和用途，基础教育（应包括体外实验、无菌技术、细胞及组织处理、质量保障及伦理基本原则）和继续教育（新的培养技术和检测技术、良好培养能力的保持）必不可少。

第二节　体外实验室质量管理

Section 2　Quality management of in vitro laboratory

相对于实验室的硬件条件建设，体外实验室运行的质量管理更为重要。目前许多体外实验室开始研究并建立实验室的质量管理体系，以提高实验室的质量管理水平，确保实验室检验的质量，并根据市场和政府的需求，寻求获得公正、权威的机构的承认，来向社会证明其具有了保证出具有效数据的质量管理体系和技术能力。目前在我国最具权威的、适合于体外实验室管理特点的、且来自具有第三方公正性质的实验室评价为中国合格评定国家认可委员会（CNAS）依据ISO/IEC 17025开展的检测与校准实验室认可制度。

一、实验室认可概述

（一）认可的概念

在市场经济中，实验室是为贸易双方提供检测、校准服务的技术组织，实验室需要依靠其完善的组织结构、高效的质量管理和可靠的技术能力为社会与客户提供检测和校准服务。

认可是"正式表明合格评定机构具备实施特定合格评定工作的能力的第三方证明"。"认可机构是实施认可的权威机构"。实验室认可是由认可机构对实验室的能力按照约定的标准进行评价，并将评价结果向社会公告以正式承认其能力的活动。

（二）实验室认可活动的发展

实验室认可这一概念的产生可以追溯到60多年前。作为英联邦成员之一的澳大利亚，当时由于缺乏一致的检测标准和手段，在第二次世界大战中无法为英军提供军火。为此，在二战后他们摸索着运行了一套检测体系。由此在1947年，澳大利亚建立了世界上第一个国家实验室认可体系，并成立了认可机构——澳大利亚国家检测机构协会（NATA）。20世纪60年代英国也建立了实验室认可机构，从而带动了欧洲各国实验室认可机构的建立。20世纪70年代，美国、新西兰和法国等国家也开展了实验室认可活动。20世纪80年代实验室认可发展到东南亚，新加坡、马来西亚等国家，20世纪90年代更多的发展中国家（包括我国）也加入了建立实验室认可体系行列。

随着各国实验室认可机构的建立，20世纪70年代初，在欧洲出现了区域性的实验室认可合作组织，经过不断发展，目前国际上已成立了亚太实验室认可合作组织（APLAC）、欧洲认可合作组织（EA）、中美洲认可合作组织（IAAC）和南部非洲认可发展合作组织（SADCA）等与实验室认可有关的区域组织。同时,为了推进国际范围内实验室认可活动的合作与互认,1977 年在丹麦哥本哈根成立了国际实验室认可论坛(International Laboratory Accreditation Conference),简称 ILAC,并于 1996 年在荷兰阿姆斯特丹由一个松散的论坛形式转变成一个实体,即国际实验室认可合作组织(International Laboratory Accreditation Cooperation),简称仍为 ILAC。ILAC 的宗旨和目的是通过实验室认可机构之间签署相互承认协议,达到相互承认认可的实验室出具的检测报告,从而减少贸易中商品的重复检测、消除技术壁垒、促进国际贸易发展。

(三) 我国的实验室认可活动

我国实验室认可活动最早可以追溯到 1980 年,起初的实验室认可工作虽然带有行政管理的色彩,但是随着中国改革的不断深入,我国的实验室认可管理体系很快就完成了向市场经济条件下的自愿、开放的认可体系过渡。并于 1999 年第一次通过 APLAC 同行评审,签署了 APLAC 相互承认协议。

中国合格评定国家认可委员会(以下简称“CNAS”)是根据《中华人民共和国认证认可条例》的规定,由国家认证认可监督管理委员会批准设立并授权的国家认可机构,统一负责对认证机构、实验室和检查机构等相关机构(以下简称“合格评定机构”)的认可工作,其运作的合格评定国家认可制度在国际认可活动中占有重要的地位,其认可活动已经融入国际认可互认体系,并发挥着重要的作用。中国合格评定国家认可委员会是国际认可论坛(IAF)、国际实验室认可合作组织(ILAC)、亚太实验室认可合作组织(APLAC)和太平洋认可合作组织(PAC)的正式成员。

在相关实验室检测方面,CNAS 目前拥有了在检测实验室、校准实验室、医学实验室、检验机构、能力验证提供者(PTP)和标准物质/标准样品生产者(RMP)等认可制度的国际互认资格,CNAS 加入了目前 APLAC 的全部互认制度。通过 APLAC 相互承认协议,促进 APLAC 互认的认可机构对彼此认可的实验室或检验机构出具的检测、校准或检验结果的相互承认。APLAC 已加入了 ILAC 检测(含医学)、校准、检验三大互认制度,ILAC 完全采信 APLAC 的互认结果,因此,CNAS 认可的检测实验室、校准实验室、检验机构及医学检验实验室出具的报告可以使用 ILACMRA 联合标志。

二、检测实验室认可制度

(一) 基本情况

检测实验室认可的目的就是要保证实验室出具的检测结果准确、可靠、可比和可追溯,从而最终实现检测结果不同实验室间的相互承认。基于 ISO/IEC 17025 标准构建实验室质量管理体系,是目前国际上广泛推荐采用的方法,也是 CNAS 检测实验室认可制度所依据的重要准则。

目前采用的 ISO/IEC 17025 标准,充分吸纳 ISO 9000 质量管理体系的研究成果,将 ISO 9000 质量管理体系所遵循的原理、采用的方式和方法运用到实验室的管理之中,并根据检测实验室的特点增加了技术能力的要求。可见,ISO/IEC 17025 与 ISO 9000 的关系是,“实验室运作的质量管理体系符合 ISO 9001:2000 要求,并不能表明其具备产生有效技术数据和(检测/校准)结果的能力”。同样,符合“ISO/IEC 17025:2005 的实验室也不意味着其运作符合 ISO 9001:2000 质量管理体系的所有要求。”

(二) 实验室认可准则的基本内容

实验室认可准则的规范性要求主要包括管理要求和技术要求两部分,其中,管理要求含有 15 个要素,技术要求含有 10 个要素。各要素的主要规定是:

1. 管理要求

为了保持与 ISO/IEC 17025 标准(实验室认可准则)的体例相一致,也便于读者的阅读和理解,本文所述各要素时,直接采用了准则原文的条款号。

（1）组织要求

该要素明确界定了实验室这个组织应具备的社会责任属性和行为属性基本要求。社会责任属性主要包括法律地位，应遵循的社会要求，控制场所、防止因岗位人员的设置引起的潜在利益冲突。行为属性则是规定实验室除应保证检测“数据”可靠、准确、可比相关要求外还应具备的公正、公平、保密等行为要求。

此外，强调了最高管理者在管理体系有效运行中，协调组织的独特作用、他的不可替代性。最高管理者采用合适方式将其管理的理念、宗旨与员工沟通，让员工理解、认同形成共识，以促进体系有效运行。

（2）管理体系

本条款是对实验室管理体系提出总的要求。强调了实验室管理体系是指控制实验室运作质量、行政和技术体系。实验室应将管理体系文件化，应对影响检测结果质量的相关过程控制要求均以明确。最终达到确保检测结果质量和客户满意的目的。管理体系文件应传达或宣贯至有关人员，并使之容易被有关人员获取，以及保证它们得以正确的理解和实施。最高管理者应是管理体系建立和实施，以及持续改进的第一责任人，实验室应能提供其承诺有效性的证据。最高管理者还应将满足客户要求和法定要求的重要性传递到组织。

质量手册应清晰描述整个管理体系文件的架构，使读者能清楚地了解整个管理体系文件的构成、编制要求和具体的内容。作为对质量手册的支持性程序的文件，有的可以包括在质量手册内，如果不能包含在质量手册中，则在质量手册中必须包含其目录清单以便于查找。程序文件的支持性文件如作业指导书等应在程序文件中引出。此外，质量手册应明确规定技术管理者和质量主管的职责权限和作用，除了其相应岗位的职责外，还应包括确认遵循认可准则的责任。

（3）文件控制

实验室文件（包括内部制定的文件和外来文件）是规范各项质量活动，防止、克服随意性的内部法规，是保证其管理体系正常运作依据。实验室管理层为保证其文件体系的现行有效性和适应性，必须按认可准则要求，实施文件控制管理程序。

这里的文件包括方针声明、程序、技术规范、校准方法、表格、图表、通告、备忘录、软件、图纸、计划等；承载媒体可以是纸张、磁盘、光盘或其他电子媒体、照片或标准样品，或是它们的组合。记录是阐明所取得的结果或提供所完成活动的证据的文件，是可追溯性的文件，其内容应能包含验证、或实施证据的相关信息。

在文件控制方面，实验室尤其应注意文件总体构架、适应性，文件控制程序是否涵盖适用其所有文件及载体的管理、控制。确保文件从制定（转化）、修订、审批、发布，到作废收藏、存放等环节受控。应注意各层次文件制定、批准、管理的有效性及相关记录完整性，电子文档管理控制的有效性；是否定期开展了文件有效性的审核活动。

（4）要求、标书和合同评审

合同评审实际上是指合同签订前对合同草案的评审，是指实验室对客户订约提议未接受前（即签订合同、接受订单前），由实验室对招标书、合同草案、书面或口头的订单草案进行系统的评审活动，在保证明确了解客户提出的要求前提下对其要求合理性及实验室是否有有能力和资源履约进行评审。

通过对合同的事先评审确保客户的要求（招标书）、投标书（实验室的承诺）、合同草案之间的差异在工作开始之前得到解决，合同应被实验室和客户双方接受。对客户要求、投标书和合同的评审应按程序规定的方式进行，同时还应考虑财务、法律和时间等因素的影响，尤其是要考虑法律责任问题。对于内部客户而言合同评审可用简化的方法进行，即按内部运作体系规定进行。

实验室开展合同评审时应注意评审的适应性和完整性，不同情况的合同评审管理、定位、处理方式应适宜、明确；实验室应明确组织策划、参与、管理合同评审的部门或岗位责任人的职责；对客户要求（尤其是方法要求、保密要求等）要形成文件，并易理解，文字明确；出现分歧时处理要适当，并充分记录。

(5) 检测工作分包

检测工作分包是合理充分有效利用有限检测资源、能力的有效途径,是市场经济行为在检测实验室乃至某些校准实验室的反映。为了节省资源、满足合同要求,把某些项目,特别那些使用频度低、投资很大的项目分包给其他有能力的实验室有利于社会经济的发展,应分包给有能力的分包方,例如能按照准则开展工作的分包方,以保证检测数据有效、可靠、可比、可信。

实验室分包时应考虑其工作范围和资源配备有无分包的必要,若实验室认为近期无分包的必要,可以裁剪掉。有些实验室认为目前虽无必要,考虑将来需要,并使文件要素完整可以保留此要素。若存在分包,实验室的管理体系中要有明确的工作规范,分包时要注意对客户权益的保护,包括客户对分包认可的证据,分包结果负责的证据,保守机密事宜等。分包时应书面通知客户,并得到客户准许(最好书面同意)。

(6) 服务和供应品的采购

服务和供应品的采购是商品经济社会中不可缺少的日常商业行为。但基于实验室所需的服务和供应品专指为检测活动所必需的,并构成影响检测结果的重要因素,实际工作中又往往被忽视的一个因素。所以要纳入管理体系并加以严格控制管理。

实验室应制定适用完整的采购程序,应能识别出哪些供应品和试剂消耗性材料需要控制,以及相应的控制方法。控制方法应明确列出对检测质量有影响供应品、试剂、消耗材料的种类及其相应检查项目、检查方法和判定要求等。对于有毒有害危险品的管理,应注意提供安全的存放条件,及相应的特殊管理,比如单独存放、双人互锁管理、可追溯的消耗发放证明、记录等。

此外,实验室应定期对服务和供应品的供应商进行定期评价记录。供应商评价的内容包括:质量信誉(如认证、认可证书)、供货质量、性价比、售后服务、供货能力,服务支持能力等。实验室应对每个供应商逐一评价,按评价结果对不合格的供应商给予撤除,编列新的供应商名录。

(7) 服务客户

实验室与一般企业(强调售后服务)不同,它更关注前期(开始检测/校准前)和过程中的服务,因此它应与客户或客户的代表协作,通过协作可以比较全面而且深入地正确理解客户的要求,尤其是客户潜在要求和过程中的要求,保证服务有效、到位。这种协作包括在确保不损害其他客户机密的前提下,允许客户或其代表进入实验室的相关区域直接观察或监视与该客户所委托的检测工作有关的操作。为客户制备、包装和分发验证所需要的样品(可以为客户节省相关资源,还能使样品易于满足试验要求。)等。除此外,客户非常重视与实验室保持技术方面的良好沟通,并希望从实验室方面获得建议或指导以及根据检测结果得出的意见和解释。

实验室应设法从其客户处搜集反馈信息(例如客户调查),无论是正面的还是负面的反馈意见,这是实验识别改进机会重要途径,对改进管理体系、检测工作质量以及改善对客户的服务都有帮助。

(8) 投诉

投诉是客户维护自己权益的权利,也是实验室保证其工作规范、公正,对客户意见进行反馈处理重要承诺。因此,其政策应严谨,程序应规范。实验室应该制定完整的投诉处理程序。

(9) 不符合检测工作控制

不符合检测工作是指检测工作的任一方面或该工作的结果不符合实验室的程序要求或与客户的约定要求,这与样品检测结果是合格还是不合格是两个不同的概念,不可混淆。

实验室应建立并实施不符合工作的控制程序。程序应包括依据不合格的严重程度及影响范围,明确不合格工作管理者及其职责和权限,规定在不合格工作发生时可以采取的行动,包括停止检测工作并在必要时收回报告或证书等,以避免问题扩大化造成严重的后果或损失;明确如何对不合格工作的严重性做出评估;明确立即采取纠正的职责,同时对不合格工作的可接受性做出决定;规定必要时通知客户并取消工作的责任部门(人员)和权限;规定批准恢复工作的责任人及责任。

如果发现不合格工作可能会再度发生，或对实验室的运作与其政策和程序的符合性产生怀疑时，应进入纠正措施程序。

(10) 改进

管理体系的时序性、动态性决定了实验室的最高管理者和管理层，必然要通过评审结果、市场调查、客户反馈、数据分析等，随时调整质量方针、目标，或在方针、目标实现活动过程中，坚持体系的改进，以不断提高体系的有效性和效率，更好地服务于客户和社会。

实验室最高管理者应制定实施持续改进的相关政策并营造全体员工参与改进活动的氛围，使得全体员工能在自身工作范围内积极地识别改进的机会，得以完善。使管理体系、检测活动及客户服务处于持续改进状态。这种改进既可以有计划也可以随时随地进行：比如日常例行改进；重大改进项目(管理体系运行中所需重大改进项目)实施；质量方针、目标的调整以及实施过程中所需重大改进等。

(11) 纠正措施

“纠正”和“纠正措施”有着本质的不同。简单地讲，“纠正”是消除已发现不合格所采取的行动或措施；而纠正措施是为消除已发现不合格原因，或其他不期望的原因所采取的措施，以防不合格再度发生。

发现(识别、鉴别)和确定需进入纠正措施程序的不合格工作的途径或环节有很多，包括不合格工作控制、内部或外部审核、管理评审、客户反馈、监督人员报告、投诉、内部或外部试验比对、能力验证、质量控制等。

纠正措施程序应从调查确定不合格可能再度发生问题的根本原因开始。根本原因调查分析是该程序最关键也是最困难的部分，所以在解决比较复杂的问题时，往往需要集中相关部门来研究分析造成不合格的根本原因(包括一些难发现的潜在原因)，如客户要求、样品本身、工作程序、员工技能与培训，设备标物管理、消耗品乃至标物本身的问题。不分析发现问题的根本原因，而仅对表面原因进行了纠正，则可能无法保证消除问题并防止问题再次发生。若采取纠正措施后问题依然发生就说明纠正措施无效。为此实验室应对纠正措施的实施结果进行跟踪验证和监控，以确保纠正措施的有效性。

同时应注意的是，纠正措施实施结果往往会导致对原管理体系文件的修改，此时应遵循文件控制程序，按规定修订文件并经批准后发布实施。

(12) 预防措施

预防措施是事先主动的确定改进机会的过程，预防措施除了包括对原先的操作程序进行评审之外，还可能涉及数据分析，包括趋势分析、风险分析以及能力验证结果等资讯的分析，客户的潜在需求等。

实验室的各种资讯的分析处理应有战略眼光，应当对过程进行持续改进，从而提高实验室的业绩，使相关方均受益。

实验室应分析确定可能存在的潜在不合格的原因，并制定所需采取的预防措施，包括检测/校准技术工作方面的，也包括管理体系方面的。

预防措施往往涉及多方因素、多个部门，需各方协调运作，才能保证经济而有效，因此，它应制定、实施并监控预防措施计划，目的是充分利用改进的机会，达到最经济的最佳“预防”效果。

实验室应建立预防措施控制程序，该程序应包括两个方面，一个方面是预防措施的启动或者准备，另一个方面是预防措施的实施与监控。启动阶段可以包括策划、调查研究、分析信息资料、培训教育队伍以及在此基础上制定出预防措施计划，为实施和监控工作奠定基础，从而确保预防措施的有效性。

(13) 记录控制

记录定义是为已完成的活动或达到的结果提供客观证据的文件。这就是说它应对“已完成活动”从开始，直到其结束的全过程运作进行记录；或对“所达到的结果”，从初始启动条件直到结果产生的全过程操作进行记录，以证实活动的规范、结果的可靠。因此，活动的关键过程的运作条件、方法程序,发生的过程现象等,均应予以记录,以便为可追溯性提供文字依据,为验证、不确定度分析提供信息。

实验室应制定记录的管理程序,其内容至少应保证:有唯一性标识,以便识别;记录清楚而不会消失;储存保管方式应使其便于检索,并应明确查阅人员范围和批准查阅手续,因为这涉及保护客户机密和所有权等问题;储存保管设施应当:环境适宜,防止损坏、变质和丢失,如防潮、防火、防蛀、防失窃等;应明确规定记录保存期限,不同种类的记录可以有不同的保存期限,当然,保存期应符合法律法规、客户、官方管理机构、认可机构以及标准规定的要求;保存期常分为:永远保存(如基本建设资料、收藏性资料);长期保存:(如设备档案、人员档案等);短期保存:通常为3年,根据不同行业的特点确定具体保存周期,当法规有要求时,还应与相关法规要求一致;应保证安全与保密;电子方式储存的记录应有保护和备份程序,防止未经授权的侵入或修改;过了保存期的记录需要销毁时,应列出清单,应经过审查和批准,以免造成无可挽回的损失(批准的清单应永久保存)。

(14) 内部审核

审核是为获得审核证据并对其进行客观评价,以确定满足准则的程度所进行的系统的、独立的并形成文件的过程。审核应用于实验室的内部核查时通常叫做实验室内部审核。实验室内审是实验室体系的自我诊断和自我完善,是实验室保证数据和结果正确、可靠、有效。为此实验室内审应包含对检测校准活动的审核。故实验室在内审员的培训时除通用内审培训外还要结合实验室具体专业进行相关的技术审核方面培训。

实验室开展内部审核时,应注意内审程序的完整性与适应性。内审程序应符合准则要求,同时又适应本实验室管理体系运作特性、特点需要;内审员是否经过内审程序和方法的培训,是否有资格有能力承担审核工作;要制定有完整的内审实施计划,包括计划内容完整性、审核范围界定准确性、审核依据充分性,日程和内审分工合理性以及明确审核重点。

(15) 管理评审

管理体系评审是"最高管理者的任务之一,是就质量方针和目标有规则地、系统地评价管理体系适宜性、有效性。"这种评审可包括考虑修改质量方针和目标的需求,以适应有关方需求和期望的变化。从系统学上讲,它是实验室管理层,特别是最高管理者,认识、理解其管理体系的动态性,具有时序性。上至其方针和目标,下至每一过程活动,必须随着时间的延伸,环境条件(社会的、内部的)变化,适时地、系统地调整,从而使其具有充分的活力,形成管理体系持续改进、自我完善的最高决策机制。这种机制应以文件形式固定下来,形成专门的程序——管理评审程序。

管理评审的内容主要是:分析管理体系的符合性,对内部管理体系审核结果的分析,分析对象包括:内部管理体系审核报告,纠正措施实施情况,及结合管理体系运行需要对管理体系文件提出修改,补充意见等;分析管理体系的有效性,包括检测结果质量情况、客户投诉、能力验证结果等,分析管理体系运行的有效性,并提出相关的纠正和预防措施的建议;分析管理体系的适应性,对于出现的新情况,如市场需求,是否要新开项目,新标准,或标准更改,技术手段、组织机构、客户要求等是否发生变化;对出现的新需求、新变化、分析方针目标、资源设施、人员控制等适应性并提出建议。

2. 技术要求

(1) 总则

实验室为了保证其检测数据的正确、可靠、有效、一致(可比),最终实现结果数据的互认,均按系统科学原理,建立形成了一整套技术系统形成了成熟的系统误差分析理论。技术系统要求是实验室实现其方针、目标的关键、核心要素,也是实验室认可机构认可其能力的核心要素。

(2) 人员

实验室管理体系系统中,影响其工作结果的诸多因素中,人员是最重要的因素。人员素质、合理的结构配备、适时培训、严格的考核、管理、监督,形成一个完整的人员管理体系,保证发挥全员的能力和创造性,为实现其质量方针,提供最强有力的保证。它是诸多因素中最具活力,最富有创造力的要素。某些实验室的设施设备条件在同类实验室并无优势,但在国际能力验证试验中表现了很高水平,其原因在于人员能力和人员管理水平较高。

实验室在人员的培养管理方面,尤其应注意人员素质的培养和胜任程度的满足。相对于人员的学历而言,试验人员的能力更为重要。具体操作时,实验室必须认真仔细地确定每一岗位的任职资格条件并将其文件化。实验室管理层应负责确保各类人员、各岗位人员具有相应的资格和能力并进行确认(制定标准,并经考核合格);对于在培人员则必须在有资格人员(质量监督员)实施指导监督。人员培训程序应完整和有效,实验室针对技术岗位需要制定人员培训教育技术方面的目标(该目标是实验室总目标的一部分)。为保证目标的实现,实验室应制定人员培训的控制程序,制定适宜的人员培训计划,并评价培训实施的有效性。

(3) 设施和环境

设施和环境条件是实验室为保证检测结果数据正确、可靠、一致(可比)而建设的相应环境,配置相应设施。主要要求包括:标准规范所规定的各类设施和环境条件要求,必须有专门设计,营造、维护、监控管理规定,以形成有利于检测的环境。

本节除了对实验室合理布局和实验室的环境及监控环境提出要求外,尚要求实验室保持良好内务,营造安全、舒适、规范、有序的工作环境。

虽然在准则中没有单独对实验室应符合有关健康、安全和环保提出要求,但是,实验室或多或少的存在安全隐患,因此,我国有相应法律、法规对实验室的安全进行相应规定。实验室应遵循相关要求,保证其安全运行的基本条件。这里的安全要求包括三方面,一是实验室及员工生命财产安全防护要求;二是实验室废弃物,如有害物质、病毒、病菌等的处理要求,保证不致危及社会和环境安全卫生要求;三是对有害有毒物质的保管和使用的规定。为此实验室必须具备基本安全环境设施条件,再加上相关程序和作业指导书中的安全运作指南构成实验室安全体系。

(4) 检测方法及方法的确认

检测方法是实验室保证其出具结果数据科学、合理、实现互认的依据。为此实验室应对数据和结果的形成过程进行严格控制,应确保各检测都使用适当的方法和程序。需要时,方法中还应包括评估测量不确定程序和数据分析方法和程序,使用现行有效设备操作规程类、样品准备规程和补充的检测或校准细则,对检测方法的偏离要做出规定,并应加以评价。

实验室在选用不同的检测方法时,对于方法的选择应符合准则的要求,同时亦应符合认可机构的规定,并能考虑到客户的需求。

对于标准方法,实验室应对新引入方法(含原应用的标准方法变更时)进行验证,看实验室是否具备可正确应用这些方法的能力。对于非标方法,实验室应进行方法确认,要确认该方法完整性、适宜性和有效性,是否能够达到预期的用途。如非标准方法确认所测得的值的范围和准确度是否满足客户需求,这些测得的值诸如测量结果的不确定度、检出限、选择性、线性、重复性限、复现性限、稳健性、交互灵敏度是否恰当。

(5) 设备

设备是实现检测所配备的抽样、测量仪器,包括测量标准、参考物质、辅助设备及软件总称。它的正确选择与装备、使用与维护,不仅直接影响到实验室的运行成本,而且直接关系到检测数据的可靠性、准确性,关系检测数据的互认。此要素,对设备的正确装备、使用、维护、管理提出了详细要求。实验室应建立相应程序,并确保相应程序的有效实施。特别是使用永久控制外、使用非固定场所设备时,应确保仍符合准则要求。

具体而言包括:

① 实验室应正确配备了申请认可项目(标准、产品、参数等)技术能力范围内所需的所有设备(含配套的附件);这些设备(包括租借用设备)均符合准则和 CNAS 的相关要求。要特别关注配置的正确性,如用于检测或抽样设备(包括其软件在内)的功能,准确度、量程等应保证满足测量参数需要。

② 实验室应对结果有影响设备的关键量或值制定校准计划，其内容应正确完整。设备在投入服役前应经过校准或核查并证实达到要求的准确度和检测标准要求；

(3) 实验室设备应由授权人员操作；应对授权人员定期考核。

④ 对结果有影响的设备应有唯一性标识，对检测有重要影响的设备及其软件的档案应该保存齐全；

⑤ 实验室的所有设备（在申请认可范围内的）都应加有校准状态标识，并确保在有效期内。离开实验室控制而返回实验室的仪器设备，实验室是否按程序对其功能和校准状态进行了核查。

⑥ 实验室期间核查的程序中应明确规定需进行期间核查设备的种类及所处的使用状态，并明确规定各类设备核查方法。实验室应有程序，确保校准产生的一组修正因子的备份（例如在计算机软件中）得到正确的更新，并了解执行情况。

(6) 测量溯源性

溯源性是通过一条具有规定不确定度的不间断的比较链，使测量结果或测量标准的值能够与规定的参考标准（通常是与国家测量标准或国际测量标准）联系起来的特性。这条不间断的比较链称为溯源链。很显然它是达到实验室之间检测结果数据一致、可比的参考、依据，也是实验室之间实现检测数据互认的参考基标，是实验室认可的理论基础与依据之一。实验室技术管理者应依此要素，制定本实验室的量值溯源管理程序，对检测结果的准确性或有效性有影响的设备（含参考标准和参考物质）在投入使用前都进行校准，使其测量值均能得到溯源。

具体而言，实验室应制定有适宜的校准计划和程序，凡对检测、校准和抽样结果的准确性或有效性有显著影响的设备（包括辅助测量设备），在投入使用前均应进行校准并能证实满足检测工作要求。

根据检测对象的不同和检测要求的不同，实验室应选择合适等级的测量参考标准、标准物质、检测和校准设备，以实现实验室检测结果能合理地、正确地量值溯源。实验室设备校准计划应能确保实验室的检测结果能量值能溯源到国际单位制(SI)或者国际上公认或者协调一致的标准。实验室使用外部校准服务时，应选择能够证明资格、测量能力和溯源性的实验室提供的校准服务。

对某些校准目前尚不能严格溯源到国际单位制(SI)时，实验室应该积极寻求其他实现量值溯源的方式，以证明其检测的能力和测量结果的可信程度，如参加实验室之间的比对等。

对于体外实验室，实验室应制定并实施对所使用的标准物质进行严格管理的计划和程序；确保标准物质的溯源性（溯源到国际单位制或有证标准物质）；对其内部制备和配制的标准物质进行核查的规定和核查方法（核查记录及与外部标准物质相比较或实验室间测量结果比对的记录）；对标准物质进行期间核查的规定和计划，并实施记录的评审。

此外，实验室还应按所用参考标准/标准物质特性要求制定专门程序来安全处置、运输、存储和使用参考标准和标准物质，以防止对其污染和损坏，尤其当实验室需要在固定场所以外使用它们时，更应该有明确的必要的附加程序规定，包括譬如携出前和返回后进行核查的规定等。

(7) 抽样

某些情况下，抽样过程是整个检测过程中的重要环节，也可能是构成测量结果总不确定度中的一个重要分量。实验室应努力分析抽样的不确定度的贡献大小。实验室必须重视并确保检测的抽样工作是由有足够技术水平的人员依据已经批准的抽样程序和正规的抽样方案计划来进行的。如果实验室不直接负责抽样，或不能保证从批量产品中抽取的样品具有足够充分的代表性，实验室可考虑在报告上作出如下声明："实验结果仅与所收到的样品（件）有关"，一方面保护自己，一方面也是向社会及客户表明客观事实情况，防止结果误导误用。

只要实验室有可能涉及抽样，实验室就应该意识到本条款的重要性和敏感性。要制定有抽样的控制程序和抽样计划，抽样计划是否根据相关标准规范或适当的统计技术来制定；抽样过程的因素控制是否恰当；抽样结果能否确保检测或校准结果的有效性。当抽样作为检测工作的一部分时，实验室应该有程序规定记录与抽样有关的数据资料和操作，并保证记录数据资料的齐全，保证抽样活动可追溯。

（8）检测物品（样品）的处置

物品、样品指实验室按合同要求实施检测的实物对象。它可以是按程序抽取的样品，也可以按合同规定由客户选送的样品。为保证检测/校准结果真实、完整地反应样品的本身属性，达到检测数据的一致、可比，实验室必须有程序保证自样品接收确认符合要求后，直至检测结束，清理处置的整个过程保护样品的完整性。同时，对客户提供样品及其相关资料，尤其是专利样品及相关资料，应按客户要求对其机密加以保护。故实验室应对其加以唯一标识确保不混淆，并按程序严格保护其完整性和所有权。

具体而言，实验室应指定有样品管理程序，并确保程序的完整性、适宜性，并定期实施文件的适宜性评审以及检查实验室对程序遵守的情况。如样品在实验室的流转过程中，是否保留了标识；样品标识系统的设计是否包括样品的唯一性标识、状态标识，必要时包含样品群组细分及实验室内外的传递；是否能确保在任何时候都能做到不混淆；是否保护了样品完整性；是否保护了客户和实验室的利益；样品接收过程中适用性检查记录（尤其是有关偏离的记录）是否充分详细等。

对于体外实验室，尤其应注意确保样品在实验室中的存储、处置和准备过程中，不会发生退化变质、丢失或损坏。当样品需存放在规定的环境条件下时，应维持、监控并记录这些环境条件。

（9）检测和校准结果的质量保证

为了保证检测/校准结果的质量，实验室应建立和实施充分的内部质量控制计划，以确保并证明检测过程受控以及检测结果的准确性和可靠性。为此实验室应编制质量监控程序，制定质量监控计划，对各项检测/校准活动选择有针对性、有效果的监控方式进行质量控制活动效果的验证。质量控制计划应尽可能覆盖所有部门、常规项目、特殊项目和关键检测岗位。质控计划信息应完整，质量控制计划应包括空白分析、重复检测、比对、加标和控制样品的分析，质控计划中还应包括内部质量控制频率、规定限值和超出规定限值时采取的措施。质量控制计划应覆盖申请认可或已获认可的所有检测技术和方法。质控结果评价依据、实施记录、不满意结果的处理措施。上述的要求应在实验室年度质量控制计划或具体项目（部门）质控计划中体现，根据职责分工切实加以实施。实验室可以通过不同的质量控制验证活动的实施，能及时发现检测/校准系统出现的不良趋势，并采取有计划的措施加以纠正，使检测/校准系统回归正常，并保证测试结果的准确性。

质量控制可以分内部质量控制活动和外部质量控制活动。准则中列举的参加实验室间比对计划和参加能力验证计划就是属于外部质量控制活动。如果我们实验室的检测系统、检测过程及其检测结果不能同我们国内的其他实验室相比较，其不一致性（差异）没有控制在公认的允许误差范围内，或者说我国实验室的检测系统、检测过程以及检测结果不能与国际上（例如亚洲太平洋区域）的其他国家实验室相比较，其不一致性（差异）不能控制在一定允许误差范围内，则我们的实验室就很难与国际接轨，除此外，实验室也可以应用实验室间比对和能力验证结果分析某检测系统是否正常。实验室无论采用外部监控活动或内部监控活动其目的均是对各检测系统进行监控，及时发现检测系统中不良趋势。

应该指出结果质量监控和日常质量监督是不能混淆的两类质量活动，质量监控的目的在于验证检测结果的准确性以使检测/校准结果质量能得到保证，而日常监督的目的是验证和评价检测人员的能力，通过监督从事检测的相关人员的检测活动和技术能力，促使其按管理体系要求和检测标准的要求开展各项工作，以保持其能力的持久力。二者间不能相互替代，但实施形式可以相互借鉴。

为了使监控活动有效性日趋完善，实验室应对对监控计划执行情况定期进行评审和统计分析，即时发现缺陷和质量隐患，并将其执行结果和评价结论提交管理评审。

（10）结果报告

实验室所完成的检测结果应按合同要求予以报告。除第一方实验室所进行的内部检测结果按内部管理制度可以适当简化报告外，其他所有的结果报告均应以报告/证书的形式向客户报告。报告的结果数据不仅应能向客户提供所需的全部信息，而且可让客户正确利用这些数据向其用户传递所需信息，乃至作互认结果的证据。

此要素从报告/证书出具原则、信息要求、到管理均作了明确要求，实验室技术管理者，尤其授权签字人应予以严重关注。

实验室应对报告/证书的产生过程很好地加以识别和策划。尽管本准则没有提出一定要制定有关报告/证书的起草、校核、审查、批准的控制程序，但是应该在文件化的管理体系中把报告/证书的起草、校核、审核、批准等流程描绘清楚，明确职责分工和相互关系，包括起草报告者、校核者、审查者、批准者（授权签字人）的职责，并识别、监控每个阶段应注意的重点。

实验室需要注意的是，对于检测报告中包含“意见和解释”时，应对“意见和解释”的“依据”进行文件化，并对可以进行意见和解释的人员提出明确的资质和能力要求，而且要有明确的文件规定。检测报告中包含有分包方检测结果时，应该标注清楚明显。如果实验室采用电子传送检测结果，要保证结果的完整性和保密性。

（史光华　程树军　吕京）

参考文献

[1] SN/T 2285—2009 化妆品体外替代试验实验室规范

[2] SN/T 3899—2013 化妆品体外替代试验良好细胞培养和样品制备规范

[3] Anon. Directive 2004/23/EC of the European parliament and of the Council of 31 March 2004 on setting standards of quality and safety for the donation, procurement, testing, processing, preservation, storage and distribution of human tissues and cells, Offical Journal of the European Union, 2004, L102, 48 – 58.

[4] Coecke S, Balls M, Bowe G, et al. Guidance on good cell culture practice. ALTA, 2005, 33: 261 – 287.

[5] Cooper W, Hannan R, Harbell JW, Coecke S, et al. The principles of good laboratory practice: application to in vitro toxicology studies. ATLA, 1999, 27, 539 – 5771.

[6] Falkner, E., Schöffl, H., Appl, H. et al. Replacement of sera for cellculture purposes: a survey. ALTEX, 2003, 20, 167.

[7] FreshneyRI. Cell line provenance, Cytotechnology, 2002, 39: 55 – 67.

[8] Gstraunthaler G. The Bologna statement on Good Cell Culture Practice (GCCP) – 10 years later. ALTEX, 2009, 26 (Spec. Issue), 65.

[9] HartungT, BallsM, Bardouille C, et al. Good cell culturepractices, ALTA, 2002, 30: 407 – 414.

[10] Rauch C, Feifel E, Spötl HP, et al. Alternatives to the use of fetal bovine serum: platelet lysates as serum replacement in cell and tissue culture. ALTEX, 2009 26 (Spec. Issue), 119.

[11] 中国合格评定国家认可委员会. 检测和校准实验室能力认可准则（ISO/IEC 17025），2006.

[12] OECD, 2016. Draft guidance document on good in vitro method practices (GIVIMP) for the development and implementation of in vitro methods for regulatory use in human safety assessment.

第三章 风险评估与法规概述

Chapter 3 Risk assessment and regulatory introduction

第一节 化妆品风险评估

Section 1 Cosmetic risk assessment

一、风险评估基本原理和概念

风险评估是近几十年来迅速发展的一门学科，通过定量或者定性的方法在特定情境下来衡量危害或危险风险的大小或程度。风险评估通常包括四个部分：危害识别（Hazard identification），暴露评估（Exposure assessment），效果评估（Effects assessment）或剂量反应关系评估（Dose-response assessment）和风险特征描述（Risk characterization）。风险评估可分为定性评估和定量评估。定性评估常见于皮肤和眼睛刺激性、致敏性、致癌性、致畸性和生殖发育毒性的分析和评估，这些分析和评估结论往往以"是或否""低、中或高"来表示，多用于化学品安全说明书（Material Safety Data Sheet/Safety Data Sheet，MSDS/SDS）中作为化合物或混合物分类、标签和包装（Classification，Labeling and Packaging）依据。如果实验数据充足并给出了起始值（Departure value），如未观察到有害作用剂量（No Observed Adverse Effect Level，NOAEL）和暴露信息，则可以进行数值计算来表征风险的大小，即为定量评估。

危害识别：对目标事物由其内在属性而导致特定不良反应或危害进行识别。对于化妆品风险评估而言，危害识别是基于毒理学试验、临床研究、不良反应监测和人类流行病学研究的结果，从原料或杂质的物理、化学和毒理学本质特征来确定其是否对人体健康存在潜在危害。

暴露评估：评估人体或环境暴露在目标事物的量。化妆品暴露评估是指通过对化妆品原料（包括杂质）和成品暴露于人体的部位、强度、频率以及持续时间等的评估，确定其暴露水平或暴露数值。

效应评估或剂量反应关系评估：人体或环境与目标事物接触后与产生不良反应或效应的关系。化妆品的效应或剂量反应关系评估是指某原料或风险化合物的毒性反应与暴露剂量之间的关系。

风险特征描述：衡量人体或环境暴露在目标事物下造成不良反应或效应的发生率和程度。化妆品风险评估是指化妆品原料（包括杂质）和成品对人体健康造成损害的可能性和损害程度。

二、风险评估步骤和内容

（一）原料、杂质和产品的数据收集

数据收集是风险评估的第一步，评估中使用的数据包括原料和杂质的物理化学数据、法规监

管数据和毒理学数据。化妆品成品的数据包括配方信息、使用方法和产品使用说明信息等，用于暴露评估。数据来源包括企业机密信息、数据库、公开文献、网络、交叉参照(Read-Across)和定量构效关系模型(Quantitative Structure-Activity Relationship，QSAR)等。化妆品数据检索常用到的数据库见表3－1。

表3－1 化妆品风险评估检索数据库

数据库名称	说明	网址链接
CosIng	原料标准名称，法规监管状况和SCCS意见	http://ec. europa. eu/growth/tools-databases/cosing/
CIR	原料毒理学信息和安全限值	http://www. cir-safety. org/
C&L Inventory	欧盟官方对于化学品分类	https://echa. europa. eu/information-on-chemicals/cl-inventory-database
SCCS	化妆品原料和杂质安全评价	http://ec. europa. eu/health/scientific_committees/consumer_safety/opinions/index_en. htm
REACH Dossier	化学品(化妆品原料)理化性质、人体健康和环境数据	https://echa. europa. eu/information-on-chemicals
ChemIDplus Lite	化学品毒理学信息，支持用结构式检索	https://chem. nlm. nih. gov/chemidplus/
IARC	致癌化合物研究和分类	https://www. iarc. fr/

企业提供的数据一般包括：产品使用信息，产品配方和包装材料信息，原料质量规格说明(Certificate of Analysis/Technical data sheet，COA/TDS)，MSDS/SDS，香精国际香料协会(International Fragrance Association，IFRA)证书和香精致敏原信息，毒理学实验报告和临床实验报告等。

暴露信息可分为外部暴露水平(External Exposure Level)和系统可利用剂量(Systemically Available Dose)两种。外部暴露水平包括人体通过不同途径接触到的化妆品总量，如经口摄入量、皮肤接触量和空气中含有被人体吸入量；系统可利用剂量是指化妆品组分通过生物膜进入到人体血液或其他器官中的实际剂量。欧盟消费者安全科学委员会(Scientific Committee on Consumer Safety，SCCS)发布的化妆品组分测试和安全评价指南(第9版)(SCCS's guidance for the testing and safety evaluation of cosmetic substances 9th)中列出了不同化妆品类型的使用量，常用于化妆品暴露计算。对于单个原料和杂质的暴露值，可以通过产品配方和实际使用量计算获得。

(二) 数据评估

对于已经获得的数据要进行相关性(Relevance)、可靠性(Reliability)和充足性(Adequacy)评估。相关性是指得到的数据或测试报告适用于特定危险识别或风险表征，举例来说毒理学试验报告上显示测试化合物的纯度或者杂质含量与想要研究的目标化合物不一致，那么这个报告的相关性较低。可靠性是评估一个测试报告或发表文献与标准测试方法的一致性，同时衡量实验过程和其结果是否清晰和合理。数据的可靠性与用于生成数据的测试方法的可靠性密切相关，如果是一个未经验证的方法，那么得出的结论可靠性值得商榷。充足性是确定数据对危害(风险)评估目的是否够用，即数据能够充分表示出危害特性，比如说研究目的是了解化合物是否会导致皮肤过敏，已经获得的数据没有皮肤变态反应测试报告，只有皮肤刺激性测试报告，这样属于数据不充足，有数据缺口。皮肤刺激性测试结果不能反映化合物的致敏性。对于已经产生和获得的数据，欧洲化学品管理局(European Chemical Agency，ECHA)通常使用Klimisch评分系统评估该数据的可靠性，详见表3－2。

表 3-2 Klimisch 可靠性评分系统*

数据等级	评级理由和举例
一级,可靠无限制(Reliable without restrictions)	根据 OECD 测试指南并在拥有良好实验室规范(GLP)的实验室完成的测试所产生的数据。
二级,可靠有限制(Reliable with restrictions)	非 GLP 条件的测试,也未遵从 OECD 和其他测试指南,但是记录良好、充分且被同行接受和认同的数据。
三级,不可靠(Not reliable)	测试方法有缺陷或漏洞,记录不够充分等。
四级,无法判断(Not assignable)	只有摘要或记录不够充分。

* 一级数据和二级数据被认为可靠性最高,三级和四级数据不够可靠,不能作为强有力的数据和证据单独用于风险评估。

(三) 危害识别

化妆品的危害是指原料、杂质和成品在暴露情况下对人体产生不良影响的属性,毒理学终点(Toxicology Endpoint)常用于评估不良影响,跟化妆品相关的毒理学终点如下:

(1) 急性毒性是指化合物单次(或短时间内,通常指 24h 内)经口、经皮或经吸入后产生的毒性效应。急性毒性试验是评估化妆品原料和杂质毒性特性的第一步,通过短时间染毒可提供对健康危害的信息,通常以半致死剂量/浓度(Lethal Dose 50%/Lethal Concentration 50%, LD_{50}/LC_{50})来表述。一般认为,急性经口或经皮 LD_{50}值大于 2000mg/(kg · bw)时,化合物急性毒性较低。急性毒性很多情况下可以预估意外发生时可能造成的危害,如大量吞食某原料和产品后是否会导致死亡。二甘醇被禁止用于化妆品中的主要原因就是其急性毒性较大,大剂量暴露下可能会导致人体死亡。

(2) 刺激性包括皮肤和眼刺激性(腐蚀性)效应。用于确定和评价化妆品原料、杂质或成品对哺乳动物皮肤局部或眼睛是否有刺激作用或腐蚀作用及其程度。皮肤刺激是指皮肤接触化妆品后产生的局部可逆性的炎症变化。皮肤腐蚀是指皮肤接触化妆品后(或原料)产生的局部不可逆组织损伤。眼睛刺激是指眼睛前表面接触化妆品(或原料)后产生的眼睛可逆性炎症变化,而眼腐蚀是化妆品(或原料)对于眼睛前表面产生不可逆的组织损伤。

(3) 致敏性主要为皮肤致敏性,是指人体对某一种化合物免疫介导的皮肤反应,人体临床表现为瘙痒、红斑、水肿、丘疹和水疱。化妆品导致的皮肤过敏多为 I 型外源化合物引起的超敏反应,是个别宿主对变应原发生过强的正性应答的结果,此类反应至少需要两次接触,即诱导和激发阶段。

(4) 光毒性包括紫外线照射后产生的光毒性和光敏性效应。光毒性是全身或局部暴露于光毒性化合物,此类化合物容易吸收紫外线,并呈现出更高能力的激发态。当回到基态时,依赖氧的光动力学反应将能量转给氧分子,产生单线态氧或自由基,从而产生皮肤毒作用。急性光毒反应会造成皮肤出现红斑和水疱,慢性光毒可引起照射处色素沉着过多和皮肤变厚。光敏性属于光变态反应(photoallergey),是一种迟发的过敏性反应,由紫外线照射后光敏化合物转化为引起皮肤变态反应的半抗原后造成的过敏反应。

(5) 致突变性和遗传毒性:致突变性是化合物导致的细胞或生物体遗传化合物数量或结构永久性的变化。遗传毒性是一个更广泛的术语,是指改变 DNA 的结构、信息内容或分离,并不一定与致突变性相关。化妆品原料或杂质的评估至少应包括一项基因突变试验和一项染色体畸变试验资料来判定其致突变性或遗传毒性。

(6) (亚)慢性毒性是指长期暴露于某化合物后,组织和靶器官所产生的功能和/或器质性改变。通过(亚)慢性经口毒性试验不仅可获得一定时期内反复接触受试物后引起的健康效应、受试物作用靶器官和受试物体内蓄积能力资料,并可估计接触的未观察到作用水平(No Observed Effect Level, NOEL)和 NOAEL,两者都可用于选择和确定(亚)慢性试验的接触水平和初步计算人群接触的安全性水平。

(7) 发育毒性是指母体接触化合物后,子代在成体之前被诱发的任何有害影响,即在胚胎期诱发或显示的影响,以及在出生后显示的影响。

(8) 生殖毒性是指化合物对亲代雄性和雌性生殖功能的损害及对后代的有害影响,可发生于妊娠前期、妊娠期和哺乳期。

(9) 致癌性是指化合物引起正常细胞发生恶性转化并发展成肿瘤的过程。目前致癌化合物根据作用方式通常可以分为两类:遗传毒性物和非遗传毒性致癌物。遗传毒性致癌物是指那些与 DNA 反应引起遗传学改变的化合物,非遗传毒性致癌物是引起表观遗传学改变而产生的恶性细胞,通常此类化合物不会与 DNA 反应,而是通过改变遗传表达,改变细胞间通道以及其他机制导致癌症的产生。一般认为非遗传毒性致癌物有阈值,而遗传毒性致癌物无阈值,即已知或假设大于零的所有剂量都可以诱导出有害作用的化合物。化合物的致癌性跟暴露的途径也有关系,如石棉通过吸入途径进入肺部可能会导致癌症,但是没有证据显示经皮或经口会导致癌症;吸入的甲醛可能导致鼻喉癌,但是经口或者经皮肤的甲醛不会导致此类癌症的发生。

(10) 毒物代谢动力学和经皮吸收:毒物代谢动力学是定量地研究在毒性剂量下化合物在动物(人)体内的吸收、分布、代谢、排泄过程和特点,进而探讨原料毒性的发生和发展的规律,了解原料在动物体(人)内的分布及其靶器官。经皮吸收是研究化合物穿过皮肤屏障(角质层)和进入体循环(血液和淋巴管)的能力,对于判断化妆品原料和杂质的生物可利用度十分重要。

(11) 人体数据通常包括人体临床测试,人群流行病学调查和临床不良(非预期反应)事件监测报告,可用于判定该原料或杂质可能对人体产生的危害效应。

《化妆品安全技术规范》(2015 版)和经济合作与发展组织(Organisation for Economic Co-operation and Development, OECD)等对于毒理学测试都公布了标准方法和指南。按照指南方法进行的检测报告可用于危害识别。

(四) 暴露评估

对原料、杂质和成品进行暴露评价时应考虑其使用部位、使用量、使用频率以及持续时间等因素,具体包括:

(1) 用于化妆品中的类别, 可以参考欧盟化妆品通告用户手册附录三。

(2) 暴露部位或途径:皮肤、黏膜暴露,以及可能的吸入暴露。

(3) 暴露频率:包括间隔使用或每天使用、每天使用的次数等。

(4) 暴露持续时间:包括驻留或用后清洗等。

(5) 暴露量:包括每次使用量及使用总量等。

(6) 暴露对象的特殊性:如婴幼儿、儿童、孕妇、哺乳期妇女等。

(7) 其他因素:如可预见情况下的暴露等。

全身暴露量(Systemic Exposure Dose, SED)的计算

① 如果原料/杂质的暴露是以每次使用经皮吸收 $\mu g/cm^2$ 时,根据使用面积,按式(3-1)计算:

$$SED = \frac{DA_a(\mu g/cm^2) \times 10^{-3} mg/\mu g \times SSA(cm^2) \times F(day^{-1})}{60kg} \tag{3-1}$$

式中:

SED——全身暴露量, mg/(kg · day);

DAa(Dermal Absorption)——经皮吸收量, $\mu g/cm^2$(每平方厘米所吸收的原料的量,测试条件应该和产品的实际使用条件一致;在无透皮吸收数据时,吸收比率以 100% 计);

SSA(Skin Surface Area)——暴露于化妆品的皮肤表面积, cm^2(具体数据可查询 SCCS 指南);

F(Frequency)——产品的日使用次数, day^{-1}。

② 如果原料的经皮吸收率是以百分比形式给予时,根据使用量,按式(3-2)计算:

$$SED = A[mg/(kg \cdot day)] \times C(\%)/100 \times DA_p(\%)/100 \quad (3-2)$$

式中:

SED——全身暴露量 mg/(kg·day);

A(Estinated daily exposure)——考虑了残留率的以单位体重计的化妆品每天使用量,mg/(kg·day)(即表3-3中相对每日暴露量);

C(Concentration)——原料在成品中的浓度,%;

DA_p(Dermal Absorption)——经皮吸收率,%(在无透皮吸收数据时,吸收比率以100%计,当原料>500道尔顿,且脂水分配系数Log Pow<-1或>4时,吸收比率取10%)。

BW(Body Weight)——默认的人体体重(60kg,欧盟成年女性平均体重)。

表3-3 欧盟不同类型化妆品估计每日暴露量(SCCNFP/0321/00,2000)

产品类型		估计每日使用量	相对使用量 mg/(kg·d)	滞留因子	每日暴露量(g/d)	相对每日暴露量 mg/(kg·d)
洗浴产品	沐浴露	18.67g	279.2	0.01	0.19	2.79
	洗手肥皂	20.00g	—	0.01	0.20	3.33
发用产品	洗发水	10.46g	150.49	0.01	0.11	1.51
	护发素	3.92 g	—	0.01	0.04	0.6
	头发定型产品	4.00g	57.4	0.1	0.4	5.74
	半永久染发剂(与洗剂)	35mL/次	—	0.1	未计算	—
	氧化的/永久性的染发剂	100mL/次	—	0.1	未计算	—
皮肤护理产品	润肤露	7.82g	123.2	1	7.82	123.2
	面霜	1.54g	24.14	1	1.54	24.14
	护手霜	2.16g	32.7	1	2.16	32.7
彩妆类产品	粉底液	0.51g	7.9	1	0.51	7.9
	卸妆乳	5.00g	—	0.1	0.5	8.33
	眼影	0.02g	—	1	0.02	0.33
	睫毛膏	0.025g	—	1	0.025	0.42
	眼线笔	0.005g	—	1	0.005	0.08
	口红,润唇膏	0.057g	0.9	1	0.057	0.9
除臭剂	非喷雾型除臭剂	1.50g	22.08	1	1.5	22.08
	喷雾除臭剂(以酒精为基础)	1.43g	20.63	1	1.43	20.63
	喷雾除臭剂(非以酒精为基础)	0.69g	10	1	0.69	10
口腔卫生产品	牙膏(成人)	2.75g	43.29	0.05	0.138	2.16
	漱口水	21.62g	325.4	0.1	2.16	32.54

(五)风险特征描述

对于有阈值的化合物,定量风险评估可通过计算安全边际值(Margin of Safety,MoS)等国际公认的致癌评估导则的方式进行描述,计算公式为:

$$MoS = \frac{NOAEL}{SED} \tag{3-3}$$

式中：

MoS——安全边际值；

NOAEL——未观察到有害作用的剂量；

SED——全身暴露量 mg/(kgday)。

在通常情况下，当原料的 MoS≥100 时，可以判定是安全的。MoS 是将动物试验结果(如 NOAEL)通过计算外推到人类本身并包括特殊敏感人群的一种风险评估方法。通过统计学和毒理试验结果，世界卫生组织(World Health Organization，WHO)建议 MoS 最小值为 100，此时该化合物被认为是风险可控且可以安全使用的。由于动物和人种种间区别的最大不确定因子为 10，人类物种种内区别的最大不确定因子为 10，将 2 项值相乘即为 100。该值(MoS≥100)同样适用于儿童，不用额外增加不确定因子。如化妆品原料的 MoS<100，则认为其具有一定的风险性，对其使用的安全性应予以关注，但并不意味着原料不安全，需要进一步评估。

当选择 NOAEL 计算 MoS 时，应选择来自系统毒理学效应的、重复剂量毒性实验的数据，如亚慢性和/或慢性毒性试验、致癌试验、致畸试验、生殖/发育毒性试验等。一般来说至少选择 90 天重复剂量毒性实验结果，如果只有 28 天或 21 天重复剂量毒性实验结果，则需要增加不确定系数(一般为3 倍)。急性毒性试验结果不能用于计算安全边际值。一些重复剂量毒性实验由于设计的原因，可能最终得不到 NOAEL，只得到观察到有害作用的最低剂量(Lowest Observed Adverse Effect level，LOAEL)，这时可以用 LOAEL 用于计算 MoS，但应增加相应 3 倍不确定系数。比如说 LOAEL = 900mg/(kg · d)，那计算的时候先除以 3 得到 300mg/(kg · d)，再用于计算 MoS。

对于无阈值的化合物，可通过计算其终生致癌风险度(Lifetime Cancer Risk，LCR)和暴露边际(Margin of Exposure，MoE)来进行评估。无阈值的化合物通常为遗传毒系化合物，正常情况下不能够作为化妆品原料使用，多以杂质的形式存在。对于此类化合物的评价在欧盟消费者委员会关于遗传毒性和致癌物质风险评估方法的科学意见(Scientific opinion on risk assessment methodologies and approaches for genotoxic and carcinogenic substances)中已有详细介绍(SCHER/SCCP/SCENIHR，2009)。

化妆品安全报告中要评估原料的长期系统毒性并计算出相应的 MoS，但是目前化妆品配方中所使用的很多化合物缺乏相应的长期毒理学数据，从而无从衡量和判断这些化合物是否对人体健康造成潜在危害。长期毒性目前没有成熟可靠的非动物测试方法，为获得相关数据必须进行动物测试。但是鉴于欧盟化妆品动物测试禁令，通常使用毒理关注阈值(Threshold of Toxicological Concern，TTC)方法对这些原料进行风险评估。

TTC 是指通过比较化学物实际暴露值与其结构相似化合物的衍生毒理无效应值大小(Derived No Effect Dose)，从而确定该化合物是否超过阈值并可能产生危害。简单来说即化合物实际暴露值低于该理论暴露安全阈值时，毒性效应不会发生。该方法最早于 20 世纪 80 年代由美国食品和药品管理局(U. S. Food &Drug Administration，FDA)提出，用于管理间接食品添加剂(Indirect Food Additive)和食品接触化合物(Food Cotact Chemicals)中微量杂质的风险评估。随后该方法经过 Munro 等人重新讨论并加入了 Cramer 所提出的基于化学结构将化合物分为三个类别的理论，对缺乏长期系统毒性数据的化合物进行风险评估和建立相应的毒理关注阈值。TTC 方法目前已被美国 FDA、联合食品添加剂专家委员会(The Joint FAO/WHO Expert Committee on Food Additive，JECFA)、欧洲食品安全局(European Food Safety Authority，EFSA)和欧洲药品管理局(European Medicines Agency，EMEA)接受并用于食品包装和接触材料、食品添加剂和药物中基因毒性杂质的风险评估。2008 年 SCCS，环境与健康风险技术委员会(Scientific Committee on Health and Environment Risks，SCHER)，新兴健康风险技术委员会(Scientific Committee on Emerging and Newly Identified Risk，SCENIHR)发布了 TTC 方法在化合物尤其在化妆品和消费品人体安全性评估的作用，认为 TTC 方法可以用于化妆品风险评估。

SCCS 认为 Cramer Class Ⅱ对应的 TTC 值并不能被目前可用的数据库支持。这类化合物应该按照 Class Ⅲ来对待。目前接受将化合物分为 Class Ⅰ和 Class Ⅲ，当认为化合物毒性较低时且不含有致癌性的警示结构，将化合物分类为 Class Ⅰ（TTC 值为 1800μg/person/d 对应 30μg/kg · bw/d）。如果不能判定为 Class Ⅰ，则采用默认值即 Class Ⅲ等同的 TTC 值［90μg/person/d 对应 1.5μg/（kg · bw /d）］。对于具有基因毒性警示结构的化合物，默认的 TTC 值为 0.15μg/person/d［2.5ng/（kg · d）］。评估人员根据化合物的结构式来判断 Cramer Class 级别比较困难，准确度也难以保证。因此欧盟议会资助研究机构开发了在线数据软件 Toxtree（https://apps.ideaconsult.net/data/ui/toxtree），只需要输入 CAS 号码或者结构式就可以自动判别化合物的 Cramer 级别，从而简化了评估流程。

三、化妆品原料、杂质和成品的评估

（一）化妆品原料评估

原料的风险评估首先要确保合规性，即原料可以在化妆品中合法使用，或者使用的浓度等条件满足法规要求。中国化妆品中使用的原料需已列入《已使用化妆品原料名称目录》。原料需满足《化妆品安全技术规范》（2015 年版）禁止使用和限制使用成分的要求，包括使用范围、最大允许使用浓度、其他限制和要求。对于未列入《化妆品安全技术规范》表 1 至表 7 里的成分，可参考其他国家和地区的要求如美国化妆品原料评估委员会（Cosmeitc Ingredient Review，CIR）、SCCS 等。化妆品中使用的香精需符合国标 GB/T 22731—2008《日用香精》或国际日用香料协会（IFRA）安全性标准。原料如果被欧盟法规 EC No 1272/2008 附录Ⅵ收录为致癌、致突变或致生殖毒性（Carcinogenic，Mutagenic，Toxic to Reproduction，CMR）的物质，不建议作为化妆品原料使用。

原料的理化性质通常也会影响风险评估，如粒径较小的颗粒或易挥发的化合物容易进入呼吸道，因此需要考虑其吸入毒性和风险。化妆品风险评估需要考虑的理化性质包括：物理状态、相对分子质量、分子结构、纯度和杂质、粒径、蒸汽压、溶解度、分配系数（Log Pow）、稳定性、异构体、pH 值、使用功能和用途等信息。如果颗粒粒径大于 100μm 或常温常压下液体蒸汽压小于 0.1Pa 则认为通过正常呼吸进入肺部引起吸入毒性的可能性不大；水溶性低于 1mg/L 则认为该组分很难被皮肤吸收。化合物相对分子质量大于 500Da 且脂/水分配系数值在 -1 ~ 4 之外，则认为该化合物不易被人体皮肤吸收，风险评估时使用的经皮吸收率为 10%，而不是使用 100% 的默认吸收率。矿物、动物、植物和生物技术来源的原料需要提供额外的信息，具体见《化妆品安全风险评估指南》的要求。

（二）化妆品杂质评估

《化妆品安全技术规范》指出安全性风险物质是由化妆品原料、包装材料、生产、运输和存储过程中产生或带入的，暴露于人体可能对人体健康造成潜在危害的物质。此类物质包括该规范中第二章和第三章中列出的禁用和限用组分，CMR 物质以及其他可能对人体产生危害的物质，如植物提取物中的残留农药等。致癌物可以分为有阈值（Threshold）和无阈值（Non-threshold）2 种类型。具有遗传毒性的致癌物通常被认为无阈值，评价方法比较复杂，可根据试验数据用合适的剂量反应关系外推模型来确定该化合物的无明显风险水平（No Significant Risk Level，NSRL）和 LCR。对于存在阈值的杂质，可以采用 MoS 方式进行评估。如果杂质结构式清楚但毒理学数据缺乏，可以使用 TTC 方法。化妆品的杂质含量通常较低（ppm 级别），因此正常情况下不会产生急性毒性、皮肤和眼睛刺激性。

化妆品理论最高安全量，指某种化合物（原料或杂质）在化妆品中客观存在的浓度低于其理论最大安全浓度时，即使长期接触也不会对消费者造成显著的健康影响。可根据成分或杂质的毒理数据确定一个安全限值（如 TDI、ADI、RfD、VSD 等，通常来自于各个国家和地区官方机构的评估结果），这些限值多数源于非化妆品的产品评估，暴露水平及方式跟化妆品不同。因此需要考虑化妆品的暴露信息，通过暴露值以及化合物的固有性质（如经皮吸收率）进行计算。计算公式为：

$$SED_t = SED_{inh} + SED_{dermal} + SED_{oral} \leq 安全限值 \quad (3-4)$$

式中：

SED_t——总的系统可利用剂量；

SED_{inh}——经呼吸可利用剂量；

SED_{dermal}——经皮可利用剂量；

SED_{oral}——经口的可利用剂量。

中国《化妆品中可能存在的安全性风险物质风险评估指南》指出我国化妆品相关规定中已有限值的物质，不需要提供相关的风险评估资料（如石棉、二噁烷等）。但需要对化妆品原料或终产品进行检测，确保产品中风险物质浓度低于法规限值。

（三）化妆品终产品评估

化妆品应确保在正常、合理的及可预见的使用条件下，不得对人体健康产生危害。化妆品是各种原料的组合，原料的安全性是化妆品安全的前提。化妆品的安全性评价应基于所有原料和杂质的风险评估，对已有信息通过权重分析（Weight of Evidence，WoE）的方式进行综合评估。

化妆品原料的 pH 值和使用浓度对产品刺激性有显著影响。当原料 pH 值≤2 或≥11.5 时，且原料在终产品中的浓度≥1%时可能导致终产品有刺激性。当化妆品原料有刺激性，不考虑缓冲体系的情况下，如果其使用浓度超过了 1%，则需要考虑终产品的刺激性。可通过终产品刺激性测试来验证其刺激水平和大小。

新的配方可以通过毒理学检测方法（包括本书提到的替代方法）来评估。对于配方微调等情况，可以通过历史数据和资料来决定是否进行新的毒理学检测。完成化妆品成品的风险评估后，可在满足伦理要求的前提下，通过人体皮肤斑贴试验，进一步排除产品的皮肤刺激性或致敏性。如果确认某些原料之间存在化学、生物学等相互作用的，应该对其混合物效应（mixture effects）或产生的风险化合物进行评估。

SCCS、SCHER 和 SCENIHR 共同发表了混合物毒理和风险评估意见。该意见讨论了混合毒性效应的模型和机制包括：相似（加成）、各自独立机制和相互反应机制，并建立了决策树形图（Decision Tree）来分析混合毒性。根据该意见，如果混合物中单个组分的浓度水平远远低于零和效应水平（Zero Effect Level），则认为由混合效应造成毒性可以忽略不计或者是不会发生。如果单个组分浓度达到或超过了非零和效应水平，则需要根据组分的具体作用机制（Mode of Action，MoA）如加成或拮抗等作用，进行具体计算和分析。

对于已经上市销售产品，应收集和分析消费者投诉和不良反应（非预期反应）报告，进行化妆品因果分析（Cosmetovigilance），判断报告案例是否由产品质量或安全性造成。如果不良反应（非预期反应）出现连续、呈明显增加趋势，或出现了严重产品不良反应（非预期反应），要对产品的安全性进行再评估。

四、化妆品安全评估

除了毒理学风险评估外，产品的微生物、包装材料、产品的稳定性、生产条件等因素也会影响化妆品的安全性，欧盟化妆品安全报告（Cosmetic Product Safety Report，CPSR）里列出了各项要求（见图 3－1），将产品安全相关的信息全部整合为一份报告。

（一）微生物风险

化妆品微生物污染物通常有两个不同的来源：原料和生产过程中以及消费者使用化妆品过程中。对于原料和生产过程中可能带入的微生物，可通过微生物常规检测进行确认。特殊类型的化妆品，如黏膜类和儿童化妆品，考虑到使用位置和人群，其微生物测试的限值应低于其他类型的化妆品。从化妆品包装开启直至消费者最后一次使用该产品,接触周围环境和消费者的皮肤,会不断地将各种不同微生物带入化妆品中,因此应通过试验对其防腐剂的有效性进行评估,以确保贮存和使用过程中的微生物稳定性和防腐作用。对于低微生物风险的产品(如酒精含量超过20%的产品),可减少测试要求。

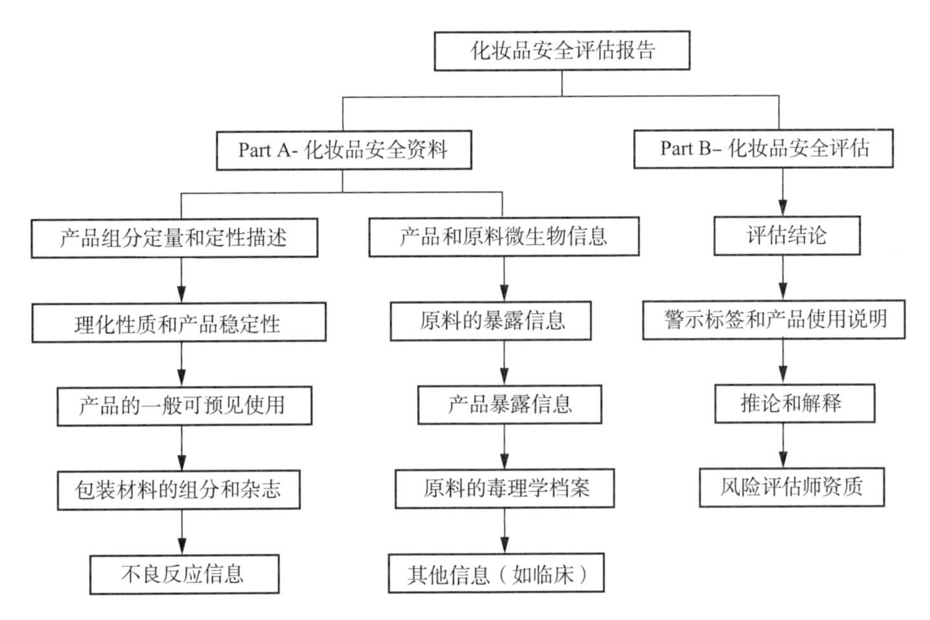

图3-1　欧盟化妆品安全评估报告(CPSR)

(二) 化妆品包装材料

化妆品的包装可分为内包装(主包装)和外包装(次包装),内包装是指直接接触化妆品原料或化妆品的包装容器。直接接触化妆品的包装材料应当安全,不得与化妆品发生化学反应,不得迁移或释放对人体产生危害的有毒有害化合物。目前,化妆品行业没有专门针对包材的检测标准和方法,主要参考食品接触材料和药品包材的要求和测试方法来控制其安全性。

(三) 产品的稳定性

化妆品的产品稳定性和保质期属于化妆品安全重要的一部分,稳定性测试通常包括物理变化、化学变化和微生物变化等。一般情况下可以通过高温储存(约40℃)来加速模拟产品变化,检查的指标包括:包装外观、颜色和气味、内容物含量、pH值、黏度、微生物情况等。通常情况下,周期为六个月的稳定性测试可以约等于两年的产品保质期。另外,还可以对与内容物接触容器的物理稳定性以及与产品相容性(兼容性)进行风险评估。

五、总结

化妆品风险评估是一门科学和艺术相结合的学科,科学的部分指毒理学数据是基于大量精心设计的科学实验结果,艺术是指评估的过程中要根据经验创造出暴露模型,然后根据权重分析的原理来得出评估结论。从人体健康的角度,化妆品风险评估是人体暴露于某种化妆品后,产生不良反应(非预期反应)的可能性。化妆品的安全是产品在正常(和可预见)的使用条件下,化妆品造成不良反应(非预期反应)的可能性非常低。化妆品“100%安全”和“0风险”在技术上不存在,是不科学的说法。

第二节 全球化妆品法规与安全

Section 2 Global cosmetics regulatory and safety

一、欧盟化妆品法规以及监管体系

(一) 欧盟化妆品法规概述

欧盟是提倡化妆品安全评估,并禁止化妆品动物实验较早的地区。早在 1993 年,欧盟化妆品指令 76/768/EC 的第六次修订稿里(Council Directive 93/35/EEC)就提出要对化妆品产品进行安全评估,并最终于 1997 年初生效。在其第七次修订稿中(Council Directive 2003/15/EC)又进而提出自 2004 年起禁止化妆品产品的动物实验,以及自 2009 年起禁止化妆品原料的动物实验。而有的欧盟国家,例如英国,则早在 1998 年就禁止了针对化妆品的动物实验。对于一些暂无合适替代方法的复杂毒理学终点,例如毒物动力学、皮肤致敏性、重复暴露毒性、致癌性以及生殖毒性,动物实验禁令则推迟到了 2013 年 3 月。最终,欧盟化妆品动物实验的全面禁令于 2013 年 3 月 11 日生效,这也写在了更新后的欧盟化妆品法规 1223/2009 里。

早前制定的欧盟化妆品指令 76/768/EC 其目的是形成一份法律框架让所有成员国遵守,然而各成员国仍有自主修改、执行法规的权利。而新的欧盟化妆品法规 1223/2009 对原有的化妆品指令做了很大程度的修改,并且要求所有成员国必须遵守。新的欧盟化妆品法规于 2009 年发布,于 2013 年 7 月正式实施。现行欧盟化妆品法规对化妆品安全有详细的要求,欧盟化妆品法规也是目前很多国家所遵循的范本。

欧盟化妆品法规对化妆品的定义是"任何与人体外部(包括表皮、头发、指甲、嘴唇以及外生殖器)或口腔内牙齿以及黏膜接触的,主要或者专门用于清洁、增加香味、改变外观、保护、保持良好状态或者改变体味的化学物质或者混合物"。欧盟化妆品法规强调了保障化妆品安全的几个核心观点:良好的生产标准、原料良好的质量等级以及要求对影响终产品安全的各方面要素进行评估。同时,欧盟化妆品法规强调了责任人(Responsible Person)的作用,责任人需要保证其所负责的化妆品符合欧盟的相关法规。

(二) 欧盟化妆品产品责任人与产品安全

与中国化妆品备案、注册机制不同,欧盟责任人对投放到欧盟市场的化妆品的安全性以及合规性负有法律责任。欧盟责任人必须由在欧洲的企业或者个人来担任,因此欧盟的生产商、进口商、经销商、外包生产商以及第三方机构都可以作为产品的责任人。责任人所承担的责任包括:

(1) 准备并维护产品信息文件(Product Information File, PIF):产品信息文件所需包含的产品信息写在欧盟化妆品法规中。产品信息文件必须自最后一批产品上市之日起保存十年。责任人需要保证产品信息文件可以随时供成员国主管机构查阅;

(2) 作为产品信息文件的一部分,保证产品做过科学的安全评估。安全评估的标准写在欧盟化妆品法规附录Ⅰ部分,即 Annex Ⅰ。同时,欧盟消费者安全科学委员会(SCCS)《关于化妆品成分测试以及安全评估的意见》中对安全评估也有相应的指导性建议;

(3) 保证产品标签符合法规标准:化妆品产品通常含有内包装和外包装。欧盟化妆品产品标签通常应包括以下信息:责任人名称和地址信息、原产国(如果生产国为非欧盟国家)、含量、保质期、批次号、产品功能(通常可从产品名称判断出来)以及成分表等;

(4) 保证有合理并且充足的证据支持产品的功效性宣称:化妆品产品的宣称受到欧盟化妆品法

规以及化妆品宣称法规 655/2013 的监管；

(5) 完成产品上市前在化妆品产品通报系统(Cosmetic Product Notification Portal，CPNP)上的通报。需要通报的产品信息包括了产品名称及其类别、责任人名称及其地址、原产国(仅对进口产品适用)、产品所销往的欧盟成员国、紧急联络人信息、是否含有纳米成分、是否含有致癌、致突变以及生殖毒性物质、产品配方(以便消费者发生不良反应时可以得到及时和准确的救治)。同时，产品的包装图片也需要上传到产品通报系统；

(6) 进行产品上市后的监督以及做相关的尽职调查：其工作包括了定期审查产品信息文件，以保证其符合法规的更新及变化；对市面上销售的产品进行抽查与检测，以保证所销售的产品信息与产品信息文件所提交的信息相符合；如果有必要的话，责任人还可能需要对生产工厂进行审核，以保证其满足 GMP 要求。

同时，当责任人认为其所负责的化妆品不符合欧盟法规时，责任人有义务对该产品采取改正性措施或者召回。并且，当一个产品存在健康风险时，责任人应立即通知产品销往的成员国的主管部门，并且提供产品信息文件以及相应的改正措施。责任人也应配合主管部门对产品信息以及产品文件的查验，以证明其所负责的产品符合欧盟的法规。

前面所提到的产品信息文件，即 PIF，大致应包含以下产品信息：

(1) 产品信息描述：产品信息描述应包括产品名、产品编号以及产品功能等信息；

(2) 化妆品产品安全报告(Cosmetic Product Safety Report，CPSR)：化妆品产品安全报告需要包含涉及产品安全的相关信息以及产品安全评估；

(3) 产品生产工艺描述以及符合良好生产规范(GMP)的声明：ISO 22716 是目前被广泛认可的化妆品制造行业良好生产规范的指导原则。尽管法规没有强制要求化妆品生产商一定要具有第三方认证机构颁发的 GMP 认证，然而在生产商没有取得认证的情况下，则需向责任人提供工厂符合 GMP 各项标准的相关证明；

(4) 产品功效与宣称(claims)的相关证明：化妆品产品不得在其标签上标注其所不具有的功能。产品也不得做出表示其符合法规的宣称，例如宣称“本产品符合欧盟法规”，“本产品不含有毒成分”，“本产品可安全使用”等等。产品的任何功效以及宣称都需要保证其真实性，有足够证据支持，不夸大功效，并且不能诋毁竞争对手。并且，宣称需要做到明确、清晰，以及容易为消费者所理解。

(5) 产品以及产品原料是否有进行过动物实验的证明：如果化妆品产品或其成分在 2013 年 3 月之后做过动物测试，则该产品不可在欧盟境内销售。然而，该禁令仅适用于产品或其成分为了满足欧盟化妆品法规的安全要求所进行的动物测试，如果产品或其成分为了满足其他国家法规(如中国法规)或为了满足欧盟其他法规(如 REACH 法规)而进行动物测试，则不属于该禁令禁止范围内。

简言之，欧盟化妆品责任人负责审查产品原料、良好生产以及安全评估等涉及产品安全的相关信息，在产品上市前在线完成通报(Notification)，同时保存可供监管机构查阅的产品信息文件以及进行产品上市后的监督。

(三) 欧盟化妆品法规对禁限用物质的规定

欧盟化妆品法规 1223/2009 明确对化妆品中的五类物质做出了规定，包括了：

(1) 禁用物质：禁用物质列于法规的 Annex Ⅱ部分；

(2) 限用物质：限用物质的可使用与否取决于法规中 Annex Ⅲ部分的限制条件；

(3) 色素：允许使用的色素列于法规的 Annex Ⅳ部分，并附有其所适用的范围。例如，有的色素只可以在淋洗类化妆品中使用，有的色素不适用于眼周或者皮肤黏膜部位(如口腔黏膜)，有的色素在某些产品中有最高含量限制，而有的色素则依据食品色素指令 95/45/EC(现改为 Commission Regulation No 231/2012)有纯度以及杂质含量的限定。并且，当有的色素使用在染发类产品时，可能会有与其使用在普通产品中不同的规定。

(4)防腐剂:允许使用的防腐剂列于法规的 Annex Ⅴ部分,并附有其所适用的范围。例如,同一种防腐剂在驻留、淋洗以及口腔产品内可能有不同的最高含量限制;有的防腐剂不适用于三岁以下儿童的产品当中;有的防腐剂不适用于喷雾类产品中;有的防腐剂不可以使用在针对婴儿尿布部位(nappy area)的产品中等等。

(5)防晒物质

允许使用的防晒物质列于法规的 Annex Ⅵ部分,并附有其所适用的范围。通常防晒物质都有最高含量限制,有的防晒成分不可以使用在喷雾类产品中,有的不可以使用在可吸入的产品中。

同时,欧盟对禁限用成分的规定会根据消费者出现的不良反应,以及消费者安全科学委员会的意见不定期地做出更新,生产商也需要及时了解相关信息并且提前做出应对方案。例如,随着欧洲消费者对防腐剂甲基异噻唑啉酮(Methylisothiazolinone,MIT)过敏案例的增加,今年 7 月欧盟化妆品法规正式禁止了该防腐剂在驻留类产品中的使用。并且,随着消费者安全科学委员会对纳米碳黑色素安全评估的完成,今年开始纳米碳黑色素也可以在满足一定纯度以及颗粒大小的前提下,在非吸入类产品中最多使用 10%。此外,责任人在进行产品通报时,需要特别向欧盟委员会通报产品中是否含有欧盟 CLP 法规 1272/2008 中所明确列出的 1 类(包括 1A 类以及 1B 类)致癌物质、致突变物质以及生殖毒性物质。另外,如果产品中含有纳米材料(除了欧盟化妆品法规中第 14 项条款提到的允许使用的纳米色素、纳米防晒物质以及纳米防腐剂之外),责任人则需要在产品上市前六个月向欧盟委员会做出通报。

(四)欧盟化妆品法规框架下的化妆品安全报告

1. A 部分 – 化妆品产品安全信息

欧盟化妆品法规关于化妆品安全报告的要求写在 Annex Ⅰ部分。欧盟化妆品安全报告主要包括两部分:A 部分主要涉及了产品安全相关的信息,如产品配方、理化性质、产品稳定性、微生物指标、包装材料所含的杂质信息、产品用途、暴露量、成分的毒理学信息、不良反应记录以及其他相关信息(如人体志愿者实验)等。化妆品产品的责任人需要保证这部分信息的完备和准确。如果产品是喷雾、气雾或者粉末状的物质,颗粒的大小和形状也需要考虑在化妆品安全报告中。如果产品中含有香精成分,那么除了材料安全数据表(MSDS),生产商还需要提供列有 26 个过敏原的过敏原声明以及国际香精协会的声明(International Fragrance Association Statement)。对于某些含有过敏原的精油成分,也需要提供过敏原声明以保证其安全。另外需要注意的是,责任人还需要确保原料所使用的级别安全,例如化妆品中所使用的卡波姆不得含有苯,并且杂质符合欧盟法规的要求。其中杂质指的是非主观上特意添加到配方中,由原料制备中掺入,或由生产过程中掺入,或由生产过程中原料之间反应产生的物质。

关于产品的稳定性以及微生物指标,欧盟化妆品法规并未对测试方法做出明确规定。根据欧盟《消费者安全科学委员会关于化妆品成分测试以及安全评估的意见》,终产品的稳定性应保证产品在储存、运输和处置过程中没有物理状态的变化(例如,乳液的聚结、相分离、结晶、沉淀、颜色变化等),并且应考虑温度变化、湿度变化、紫外线照射、机械压力下可能对产品品质和安全造成的影响。因而稳定性测试应充分考虑化妆品的产品类型及其使用方法。并且,为了保证包装材料以及容器类型对产品稳定性不会造成影响,产品稳定性测试可以在最终销售包装内进行,这也称为包装兼容性测试。包装材料中的物质迁移也应充分考虑在内。产品的稳定性测试以及包装兼容性测试,通常可在加速条件下(如高温条件)进行大概三个月的观察。每批次产品大致应观察的理化指标包括:

① 物理状态;

② 产品混合物类型(o/w 或 w/o 型乳化液、悬浮液、粉末、气雾剂等等);

③ 含水混合物的 pH 值;

④ 液体的黏度;

⑤ 其他,根据具体需要而定。

关于微生物，人体皮肤和黏膜组织是阻止微生物入侵的天然屏障，然而当化妆品造成皮肤屏障受损时有可能增加微生物感染的机会。并且，用于黏膜组织、眼周、受损皮肤、三岁以下儿童、老人以及免疫系统受损人群的化妆品的微生物指标应给予特别的考虑，因而 SCCS 把化妆品分为两类：使用于三岁以下儿童、眼周以及黏膜组织的为 1 类化妆品（Category 1），其他产品则归类为 2 类化妆品（Category 2）。1 类化妆品中需氧嗜温微生物细菌总数（total viable count）不应超过 10^2 cfu/g 或 10^2 cfu/mL；2 类化妆品中需氧嗜温微生物细菌总数（total viable count）不应超过 10^3 cfu/g 或 10^3 cfu/mL。对于化妆品中可能存在的主要致病菌，如绿脓杆菌（*Pseudomonas aeruginosa*）、金黄色葡萄球菌（*Staphylococcus aureus*）和白色念珠菌（*Candida albicans*），1 类化妆品中要求 1g 或者 1mL 产品中不得检出，而 2 类化妆品中为 0.1g 或者 0.1mL 产品中不得检出。

化妆品中的微生物污染主要来源于生产、灌装过程中以及消费者使用过程中。化妆品从开盖使用起就是一个微生物污染持续累积的过程，其中微生物污染或是来源于消费者本身（如手或身体），或是来源于环境。尽管由微生物污染导致的消费者感染的案例并不多，然而微生物污染依然会造成产品变质。因此为了保障产品品质和安全，每批次的产品都需要进行微生物测试。而高酒精含量的产品（例如，酒精含量大于 20% 的产品）则无需对终产品进行微生物测试。此外，化妆品产品也需要进行防腐剂挑战性测试（challenge test），以保证产品中的防腐剂系统能够控制微生物生长，并能有效保存化妆品产品，使其在使用过程中不会因为微生物污染而造成变质并对消费者健康造成影响。防腐剂挑战性测试可依据欧盟药典、英国药典、美国药典或是 ISO 11930:2012 的标准来进行。防腐剂挑战性测试首先人为在产品中加入细菌污染，随后观察细菌的减少以确认产品的防腐剂系统是否有效。

2. B 部分 - 化妆品产品安全评估

B 部分称为化妆品产品安全评估，需要由有资质的毒理学家根据 A 部分的内容对产品的安全性做出评估，给出产品安全性的结论以及对产品标签提供相应的建议。欧盟《消费者安全科学委员会关于化妆品成分测试以及安全评估的意见》（简称“意见”）对化妆品成分以及化妆品成品的安全评估有具体的说明。

化妆品产品的安全基于化妆品成分的安全，化妆品成分的安全需要由毒理学信息来评估，而其毒理学信息可来自历史上的动物实验数据或是经过验证的替代方法数据。在做化妆品成分的安全评估时，除了应考虑化妆品成分的毒物动力学信息、急性毒性、腐蚀性/刺激性、皮肤致敏性、重复暴露毒性、生殖发育毒性、致突变性、致癌性、光毒性等毒性终点，还应充分考虑原料的理化性质、功能及其使用方式。并且，原料中杂质对安全的影响也应充分考虑在内。如果有志愿者测试的信息或数据也可考虑在内。化妆品成分的风险评估过程大概分为四个步骤：危害识别、剂量反应评估、暴露评估以及风险特征描述。“意见”中对化妆品成分的安全评估指导意见，不仅适用于化妆品工业界的安全评估人员，同样也是欧盟消费者安全科学委员会的标准评估流程。

化妆品成品可以看作是化妆品成分的混合物，然而化妆品成品的安全评估不仅应考虑其内在的毒理学属性，还应当考虑产品的类别、暴露量等许多其他因素。例如，淋洗类产品往往在使用过程中经水稀释，并且被快速冲洗掉；口腔以及唇部护理产品往往通过口腔被食入；使用在眼周的产品往往会接触到结膜或者黏膜组织；散粉或者喷雾类产品往往会被吸入等等。同时，不同使用人群（例如儿童、敏感人群），成分之间的相互作用（例如胺类与亚硝化剂反应生成亚硝胺），某种成分的存在会增加另一种成分的吸收（例如十二烷基硫酸钠的存在可能增加咖啡因的吸收）等情况都应考虑在内。

欧盟化妆品法规对于毒理学家资质并未有严格的要求，只说明需要由持有制药学、毒理学、医学或其他相关学科文凭，或完成由欧盟成员国认定具有大学同等学历课程的专业人士来完成化妆品安全评估。而早前的英国化妆品法规则规定合格的安全评估人员可以为药剂师、医生、注册生物学家或者注册化学家。目前在欧盟，行业内比较认可的资质为欧盟注册毒理学家。化妆品产品安全评估通常建议每 18 个月到每两年更新一次，以便即时适应可能的法规更新。

(五) 替代方法在化妆品安全评估中的应用

在做化妆品安全评估时,应该考虑到任何现有并且可靠的科学数据。除了前面提到的化合物已有的动物实验、理化性质、临床研究、使用中的不良反应信息等数据,还可考虑计算机模拟数据,如定量结构活性关系(Q)SAR、生理基础的药物动力学/毒物动力学模型(PBPK/PBTK modelling)、物质分组(grouping)以及交叉参照法(read-across),以及体外实验数据,如用以研究化学物质皮肤致敏性的直接肽反应测试(Direct Peptide Reactivity Assay,DPRA)以及KeratinoSens方法。尤其欧盟禁止化妆品动物实验之后,开发以及应用替代方法对化妆品进行安全评估日益重要,欧洲消费者安全科学委员会也对替代方法给予了特别关注。因为化妆品成分也属于化学物质,所以在参考化妆品成分测试时,欧洲消费者安全科学委员会参考了欧盟法规440/2008(该法规根据欧洲议会和理事会关于REACH的1907/2006号法规制定测试方法)中的动物实验以及体外实验方法。此外,符合OECD指导方案的测试,以及一些基于体外模型或其他3R替代程序的经科学证明的方法也被纳入了参考范围内。

二、其他国家或地区的化妆品法规概览

前面大致介绍了欧盟的化妆品法规和其监管体系。目前,在对禁用物质、限用物质、色素、防腐剂以及防晒物质的管理上,世界上许多国家和地区采用了与欧盟相似的规范,如东盟(ASEAN)、新西兰、瑞士、俄罗斯等。在成分管理上,中国大陆和中国台湾地区也有自己的禁用物质、限用物质、色素、防腐剂以及防晒物质清单。并且,目前世界上越来越多的国家,如澳大利亚、新西兰、韩国、印度等也相继禁止了化妆品动物实验。因此,了解欧盟化妆品法规与其安全评估规范对认识其他国家法规,保障产品安全都有一定的参考意义。

(一) 美国

在美国化妆品的定义为"旨在通过摩擦、倾倒、喷洒、喷雾、导入或方式施于人体,用于清洁、美化、提高吸引力或改变外观的物质"。监管化妆品的主要法规为《联邦食品、药品和化妆品法案(Federal Food,Drug,and Cosmetic Act,简称FD&C Act)》,监管机构为美国食品药品监督局(US Food and Drug Administration)。美国化妆品法规对化妆品中允许使用的色素及其适用范围做出了规定。此外,法规规定的禁、限用成分仅为:硫双二氯酚、氯氟烃推进剂、氯仿、卤化水杨酰苯胺、六氯苯、汞化合物、二氯甲烷、禁用的牛来源材料(注:为了防止"疯牛病"而禁用的有风险的物质)、化妆品中的防晒成分(注:防晒产品在美国属于药品范畴)、氯乙烯以及含锆的复合物。美国目前并未做出针对化妆品动物测试的规定,也不强制化妆品取得上市前许可,然而监管机构建议化妆品生产商对其产品的安全性负责,并进行相关的测试以保证其产品及其原料的安全,并且在做动物实验之前优先考虑经科学认证有效的替代实验。美国的化妆品法规虽未强制要求化妆品进行安全评估,然而如果化妆品产品并未由专业人士对其毒理学信息、产品测试、化学成分及其他相关信息做出安全评估,则需要在产品包装上注明"警告:此产品的安全性没有被认定(Warning-The safety of this product has not been determined,21 CFR 740.10)",否则其产品标签就不符合美国化妆品法规。

另外,值得注意的是,有些在欧盟以及其他国家被认为属于化妆品范畴的产品,在美国有可能被当作药品,例如防晒类产品。美国不承认"药妆"(Cosmeceutical)这个概念,但是一个化妆品产品可以同时属于药品范畴,例如具有去屑功能的洗发水、含氟牙膏/抗龋齿牙膏、具有防晒功能的面霜、具有杀菌功能的洗手液、具有抗痤疮功能的洗面奶、止汗类产品等需要同时符合化妆品以及药品的规定。这类药物(主要指非处方药,即OTC)中可使用的活性成分,在美国联邦法规中(Code of Federal Regulations Title 21)也有相应的规定。

(二) 加拿大

加拿大《食品药品法》(Food and Drugs Act,R. S. C. ,1985,c. F-27)中对化妆品的定义为"任何生

产出来、销售或用于清洗、提升或改变肤色、皮肤、头发或者牙齿的物质或者混合物，把包括除味剂和香水"。这也包括了专业美容服务以及"手工制造"的化妆品。所有在加拿大销售的化妆品需要符合加拿大《食品药品法》以及《化妆品法规》。这两部法规要求所有在加拿大生产、制备、储存、包装的化妆品符合卫生标准。化妆品的监管机构为加拿大卫生部，产品上市后的10日内，生产商或者进口商必须要对加拿大卫生部通报其所要销售的产品。此外，化妆品产品还需要符合《消费者包装与标签法》及其相关的法规，以及满足任何在《加拿大环境保护法》下监管的成分要求。对于化妆品成分的管理上，加拿大与美国并不相似。加拿大有专门的清单(hotlist)列明禁、限用物质，并且该清单也会不定期地进行更新。加拿大的禁、限用物质清单属于科学指导性文件，该清单出台的目的是为了让化妆品工业界了解加拿大卫生部认为哪些物质不适用于化妆品当中，或需要适当标注。此外，加拿大卫生部对重金属杂质，如铅、砷、镉、汞、锑，有含量要求。在加拿大，有些具有治疗功能的化妆品则属于药品或者天然健康产品的范畴，例如去屑洗发水、皮肤增白产品、止汗类产品、抗龋齿的牙膏以及防晒类产品。这类产品则在《食品和药品法规》或者《天然健康产品法规》下受到监管，产品的划分取决于其所含的成分以及产品包装上的宣称。

(三) 澳大利亚

在澳洲化妆品的定义是"任何与人体外部接触(皮肤、头发、指甲)，包括口腔黏膜组织与牙齿，用于改变身体气味、外观、清洁、保持身体在良好状态(例如保湿、去角质、保持干爽)、提供香味或起到保护作用的物质或者混合物"，然而化妆品的定义不包括属于《澳大利亚医疗用品法案》里所定义的医疗用品。澳大利亚国家工业化学品通报和评估方案(National Industrial Chemicals Notification and Assessment Scheme，NICNAS)负责监管包括化妆品在内的工业化学品的进口和生产，而防晒类产品则受医疗产品监管局(Therapeutic Goods Administration，TGA)监管。一些含有防晒成分作为其次要功能的化妆品，如SPF大于4并小于15的保湿霜、具有防晒效果的粉底或唇膏、部抗菌的护肤品、部分祛痘产品、部分去屑产品则属于化妆品范畴。澳大利亚《化妆品标准2007版(Cosmetics Standard 2007)》中对这类产品的定义有具体的规定。化妆品中不得含有《毒物标准(Poisons Standard)》中所列于第2、3、4或8条中禁用的药物成分，或使用应满足其所列明的特殊规定。

澳大利亚国家工业化学品通报和评估方案着重监管化妆品成分，而非成品。澳大利亚国家工业化学品通报和评估方案要求：所有化妆品原料以及化妆品的生产商或进口商需要对其注册，所有的化妆品成分需要列在澳大利亚化学物质清单上(Australian Inventory of Chemical Substances，AICS)或在上市前对其通报以进行评估(除非有豁免条例)。澳大利亚竞争和消费者委员会(Australian Competition& Consumer Commission，ACCC)负责对不安全产品做出监管以保障消费者安全。同时，澳大利亚竞争和消费者委员会根据《贸易行为(消费产品信息标准)(化妆品)法规》对化妆品标签做出监管。

(四) 日本和韩国

日本监管化妆品的法规是《药事法》(Pharmaceutical Affairs Law，简称PAL)，监管机构为厚生劳动省(Ministry of Health，Labour and Welfare)。日本对于化妆品的定义是"除了准药物(quasi-drug)之外，通过摩擦、喷洒或其他方式施用于人体，用于清洁、美化、增加吸引力、改变外观或保持皮肤、头发处于良好状态的产品"。化妆品主要包括了香水、彩妆、护肤品、护发产品、特殊用途化妆品(例如防晒霜、剃须膏等)以及香皂这六大类产品。在日本，化妆品跟准药物的区别比较模糊，主要差别在于产品效果上的差异。准药物对人体有轻微的效果，但不用于诊断、治疗或预防疾病，也不影响身体结构和功能。准药物包括了美白类产品、抗衰老产品以及防痤疮类产品等。在对成分的管理上，日本化妆品也有禁用物质和限用物质清单，以及允许使用的色素、防腐剂以及防晒物质清单；而对于准药物来说，其中的活性成分以及添加剂均有允许使用的清单，这点又类似于美国对于非处方类药物活性成分的管理。

韩国化妆品法规由早前的《药事法》中分离出来，并形成单独的《化妆品法》。韩国化妆品的定义是“起到清洁、美化人体的效果，以增加魅力，使容貌变得靓丽，或者可以保持或加强肌肤、毛发健康，以涂抹、轻揉或喷洒等方式用于人体的物品，对人体作用轻微”，其中不包括《药事法》中规定的医药品。韩国化妆品分为一般化妆品、功能性化妆品以及准药物(quasi-drug)。功能性化妆品包括了美白产品、抗皱产品以及防晒类产品/有助于晒黑类产品。准药物产品包括了染发剂、牙膏、防腋臭剂、脱毛剂、防脱发、育发剂、口腔清洁剂、防痤疮产品等。一般化妆品无需上市前许可；功能性化妆品需要上市前的审查或报告；准药物上市前需要申报或许可。《化妆品法》在2011年开始了全面修订，并且为了促韩国化妆品新原料的开发，其中删除了化妆品新原料审核的规定。功能性化妆品中所使用的活性成分，需要是韩国食品药品监管局(Ministry of Food& Drug Safety，MFDS)所批准的成分；如果其使用的活性成分没有在所批准的活性成分列表中，生产商则需要提交产品的临床报告、活性成分的功效性数据以及相关文献给韩国食品药品监管局。另外，《化妆品安全标准》(Notice No. 2015 – 110)对化妆品中禁、限用物质有规定。韩国化妆品的监管机构主要为韩国保健福利部(Ministry of Health & Welfare，MOHW)、韩国制药贸易商协会(Korea Pharmaceutical Traders Association，KPTA)以及食品药品监管局。

（李钟瑞　田理　金卫华）

参考文献

[1] 国家食品药品监督管理总局(2015)，公开征求《化妆品安全风险评估指南》意见. 化妆品安全风险评估指南(征求意见稿). http://www.sda.gov.cn/WS01/CL0781/134401.html.

[2] 国家食品药品监督管理总局. 化妆品安全技术规范(2015年版).

[3] 国家食品药品监督管理总局(2015). 关于征求调整更新已使用化妆品原料名称目录意见的函：食药监药化管便函〔2015〕657号. http://www.sfda.gov.cn/WS01/CL0781/121764.html.

[4] 李霞，李钟瑞. 化妆品中二噁烷的安全性评价. 日用化学品科学，2015，38(7)：8 – 10，19.

[5] 关于印发化妆品中可能存在的安全性风险化合物风险评估指南的通知(国食药监许[28]).

[6] 瞿小婷，程树军，刘超，等. 国际化学品安全评价动物替代测试法规趋势. 日用化学品科学，2016，39(2)：11 – 16.

[7] Boughton，R. Non-Animal Testing of Cosmetics and Cosmetic Ingredients-State of Play and Impact on Safety Assessment. Cosmetic Science Technology. 2012.

[8] ECHA 2008. Guidance on information requirements and chemical safety assessment.

[9] ECHA 2011. Guidance on information requirements and chemical safety assessment.

[10] EFSA 2011. Exploring options for providing preliminary advice about possible human health risks based on the concept of Threshold of Toxicological Concern(TTC).

[11] EU，2009. Regulation (EC) No 1223/2009 of the European parliament and of the council of 30 November 2009 on cosmetic products. OJ C 27，3.2.2009，p. 34.

[12] European Medicines Agency 2006. Guideline on the limits of genotoxic impurities.

[13] European Commission. Annex III of Cosmetic Products Notification Portal (CPNP) User Manual，2012，p 224 – 227.

[14] Food and Drug Administration，1983. Toxicological principles for the safety assessment of direct food additives and color additives used in food，redbook，US FDA，Bureau of Foods，SCCS 2015. Notes of Guidance for the Testing of Cosmetic Ingredients and Their Safety Evaluation. 9th revision. 28 – 91. SCCS/1564/15.

[15] Klimisch H, Andreae M, Tillmann U. A systematic approach for evaluating the quality of experimental toxicological and ecotoxicological data. Regul Toxicol Pharm, 1997, 25, 1 - 5.

[16] SCCNFP/0321/00: Notes of Guidance for Testing of Cosmetic Ingredients for Their Safety Evaluation, 4th revision, adopted by the SCCNFP during the plenary meeting of 24 October 2000.

[17] SCHER/SCCP/SCENIHR (SCs), 2009. Scientific opinion on risk assessment methodologies and approaches for genotoxic and carcinogenic substances, adopted on the 19th plenary meeting of the SCCP of 21 January 2009.

[18] Munro IC, Kennepohl E, Kroes R. A procedure for the safety evaluation of flavouring substances. Food and Chemical Toxicology, 1999, 37, 207 - 232.

[19] SCCS, SCHER, SCENIHR 2008. OPINION ON Use of the Threshold of Toxicological Concern (TTC) Approach for Human Safety Assessment of Chemical Substances with focus on Cosmetics and Consumer Products, 2008.

[20] SCCS, SCHER and SCENIHR, 2011. Opinion on the Toxicity and Assessment of Chemical Mixtures.

[21] The Regulation (EC) No 1272/2008, OJ L 353 of the European Parliament and of the Council of 16 December 2008 on classification, labelling and packaging of substances and mixtures-amending and repealing Directive 67/548/EEC and 1999/45/EC, and Regulation (EC) No 1907/2006. Page 87 - 95.

[22] World Health Organization 2002. Concise International Chemical Assessment Document 40: FORMALDEHYDE, page 20 - 31.

第四章 AOP 指南及应用分析

Chapter 4 Guides and application analysis of adverse outcome pathway

第一节 AOP 概念和背景

Section 1 AOP concept and introduction

一、AOP 的概念

人类健康和环境的风险安全评估及法规管理是各国工业和社会发展重点关注的领域。传统的安全评估模式主要集中在单一化学物质的整体动物测试。然而,随着新化学物质日益增多、科学技术的进步以及人类认知水平的不断提高,传统的评估模式不论从经济成本、时间效率、预测能力,还是与科技发展的整合程度以及动物伦理和减少、优化、代替动物试验的3R原则方面,都受到了极大挑战。采用更为先进的模型和工具,在有害作用发生的早期作出预测与评价成为必然趋势,也促使毒性预测科学作出变革。有害结局通路(Adverse outcome pathway,AOP)作为一种新的测试策略和评估体系应运而生,其原则和指南经过几年的发展逐渐清晰,应用实例不断涌现。目前AOP成为政府、学术界和工业界共同关注的热点。

应美国环保署和国家环境健康科学研究院的建议和要求,国家研究委员会(National Research Council,NRC)于2007年发布了"21世纪毒性测试:愿景与策略"的报告,该报告指出未来的毒性测试和风险评价策略应以"毒性通路"为基础,通过使用计算生物学新方法和以人类生物学为基础的体外测试组合评价关键毒性通路中有显著生物学意义的干扰。毒性测试的目标是当关键路径受到干扰而导致不良健康结局时能够及时加以识别,并对宿主易感性进行评估,以了解干扰对人群健康产生的影响。该报告提出其愿景在于:①广泛覆盖众多化学物、化学混合物、不同结局和生命阶段;②降低测试成本和时间;③减少动物用量,最大限度地减少动物痛苦;④为评价环境化学物的健康效应提供更为坚实的科学依据。

2001年国际化学品安全规划处(International Programme on Chemical safety,IPCS)提出用毒作用模式(Mode-of-Action,MOA)的框架来确定动物数据与人类的相关性 。2006年、2007年和2008年在一系列预测毒理学McKim会议中进行讨论(http://mckim. qsari. org),以及IPCS对MOA概念的不断完善过程中,学术界逐渐提出了"有害结局路径"(AOP)的概念。AOP是一个概念框架,用以描述已有的关于一个直接的分子起始事件(molecular initiating event,MIE)(如:外源化合物与特定生物大分子的相互作用)与在生物不同组织结构层次(如:细胞、器官、机体、群体)所出现的与危险度评定相关的"有害结局"(Adverse outcome,AO)之间的相互联系见图4-1。AOP概念不是一个全新的模式,而是将现有的方法与系统生物学联系起来,收集和评估相关化学、生物学和毒理学信息,为化学物毒性预测和法规决策提供一个框架。与毒性作用模式不同,AOP概念的关键性特征是通过研究可检测或可观察到的生物学变化锚定MIE和AO之间的关联;整合了与毒性测试终点相关的已知信息或因果联系,即关键事件关系(Key event relationships,KER);阐释与AO之间的通路,建立与法规监测相关的毒性终点和测试方法。因而,AOP 可以有效地整合多学科最新技术,发掘毒性作用下更深层次的作用机理,开发新型基于人体生命科学的测试方法,进行化学物危害评估或提供优先级建议,实现减少或不使用动物的目标。

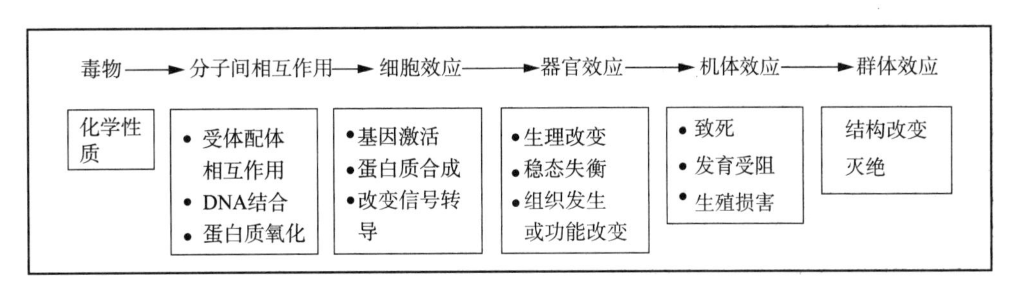

图 4－1　有害结局路径示意图

二、AOP 的实施和评估

2012 年,经济合作与发展组织(OECD)启动了 AOP 发展计划(AOP development Program)。2013 年,OECD 发布了《有害结局通路研发和评估指导文件》。该指南的主要目的是为 AOP 研发工作提供一个信息收集整理的模板,并规范一些 AOP 术语,使得不同研究人员的工作可以统一在同一个框架下,确保其工作覆盖了测试方法以及权重分析所需要的信息,继而有助于 AOP 成果在法规上的应用。该指南随着 AOP 的不断开发和应用会进行相应的更新。指南的中文版已由国际人道 对待动物学会(HSI)授权在替代方法研究评价中心网站发布并提供免费下载(www. vitrotox. com)。

为促进对 AOP 研究的统一协调、优势互补、信息共享,2014 年 9 月 25 日 OECD 发布了"AOP 知识库(AOP knowledge database,AOP-KB,https://aopkb. org/)"。AOP-KB 由 OECD、美国环保署(US Environmental Protection Agency,EPA)、欧洲委员会联合研究中心(European Commission Joint Research Center,JRC)、美国陆军工程师团研究和发展中心(U. S. Army Engineer Research and Development Center,ERDC)联合创建。AOP-KB 提供了一个技术性平台,使得研究者可以通过该平台将 MIE、KE、有害结局以及化学引发剂进行构建以建立一个 AOP,并使得研究工作能够得到专家团队的反馈。AOP-KB 包括几个独立的模块,共同运作于同一个数据平台下(见图 4－2)。

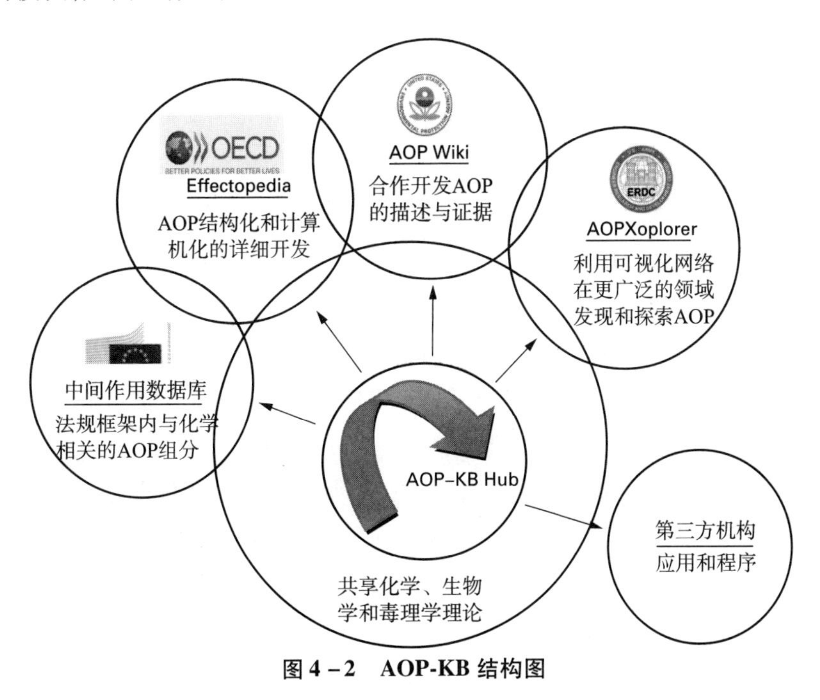

图 4－2　AOP-KB 结构图

AOPWiki(http://aopwiki. org)于 2014 年 9 月发布,是一个通过公开和众包模式协调研究者进行 AOP 开发的公共平台。Wiki 采取了互动及虚拟化百科全书的方式,以帮助 AOP 的研究成果为国际学术界接受并认可;同时 Wiki 为研发者提供模板来收集关键事件及其关系的信息。这些模板是建立在 OECD 测试指南的基础上的,因而也方便在该平台开发的 AOP 在法规方面得以应用。2016 年新发布的 Effectopedia(http://effectopedia. org/) 则是一个侧重于分子结构关系的模型平台。Effectopedia 提供了一种图形模式直接整合 AOP 网络和架构来进行研究和法规决策,在该平台下也可以进行 AOP 信息的共享和评议。2016 年发布的 AOPXplorer(http://aopxplorer. org/)则是一个软件工具,可以生成 AOP 及其网络的关联图形,使得用户可以根据已知 KE 及其相互关系,整合 AOP 推论性信息,利用生物信息学工具来进行 AOP 研究。中间效应数据库(Intermediate effects database)模块通过国际统一化学资讯数据库(International Uniform Chemical Information Database,IUCLID)软件(http://iuclid. eu/),构建 AOP-KB 和 OECD 化学品筛选信息数据集(http://webnet. oecd. org/HPV/UI/Search. aspx)的联系,以促使 AOP 在法规中的应用,该模块仍在开发中。以上所有模块均可通过 AOP-KB Hub 进行分享、交流和同步。AOP 开发过程的标准化有利于促使开发者分享 KE 及关键事件联系,从而建立一个庞大而细致 AOP 的网络,并使得成果能够与法规应用对接。OECD 于 2014 年公布的《用户手册——开发与评价有害结局通路(AOPs)指南的补编》中进一步解释了 AOP 开发所需要的信息以及如何使用 AOP-KB(详见图 4-3)。

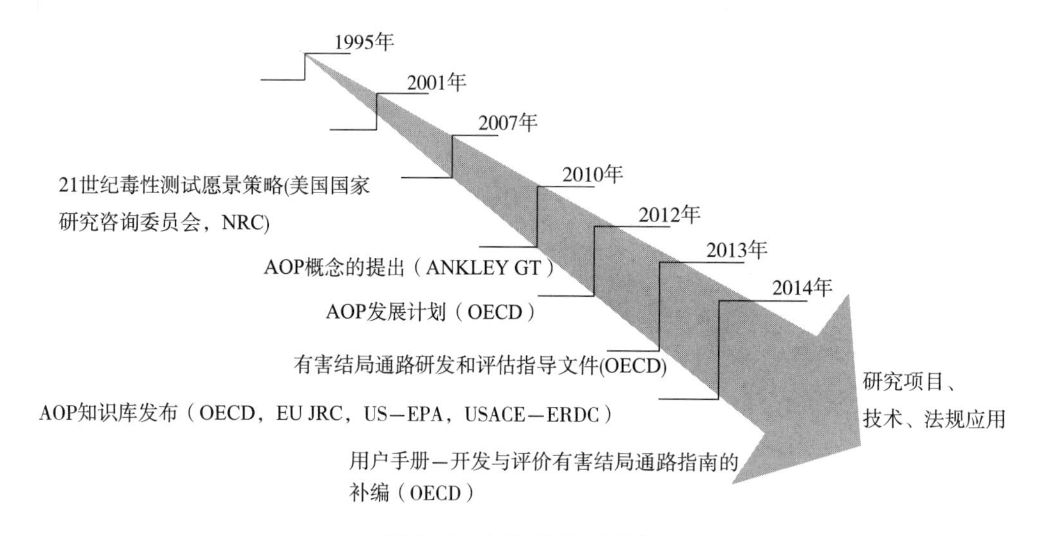

图 4-3 AOP 发展时间表

三、AOP 基本组成及其构建

一个 AOP 的基本构成包括 MIE、KE、KERs 和 AO。OECD 在《用户手册——开发与评价有害结局通路(AOPs)指南的补编》中进行了定义(表 4-1)。OECD 指南指出提交 AOP 报告的内容包括:①暴露特征描述,指明其暴露途径;②化学性质描述,包括生物利用度,代谢机制等信息;③确认 MIE;④确认作用位点;⑤从大分子水平描述化学物与分子靶点之间的交互作用如何对生化通路产生影响;⑥从细胞/组织水平来描述可能与有害结局或者与最终的有害结局相关的反应;⑦从器官水平描述可能是最终的有害结局或者与最终有害结局相关的反应;⑧从机体层次上描述可能是最终的有害结局或者与最终有害结局相关的反应;⑨从群体或生态体系来描述可能是最终有害结局或与最终有害结局有关的整体效应。与 AOP 中步骤/KE 相关的任何类型的数据,包括体内、体外、生物信息学、化学、毒理基因组学等均可作为 AOP 的科学支撑数据。

表 4－1 AOP 概念基本组成部分及其定义

组成	英文名称	内容
分子起始事件	Molecular initiating event，MIE	代表生物体内分子水平的化学反应起始点的特定关键事件，该关键事件导致了启动 AOP 的扰动的发生
关键事件	Key event，KE	一种可测量的生物状态改变，并且这种改变对已确定的、导致特定有害结局的生物学扰动进程是必不可少的
关键事件关系	Key event relationship，KER	一个关键事件与另一个关键事件的科学性联系，它界定了两者的直接关系（即，将一个关键事件定义为上级事件，另一个则定义为 AOP 中的下级事件），有助于根据已知、已测量或可预测的上层关键事件推断或外推出下游关键事件的状态
有害结局	Adverse outcome，AO	与已设定的安全监管目标相应、或与已被认可的法规监管毒性测试顶端终点相当的关键事件，是一种具有法规监管意义的特定类型的关键事件

由于每个 AOP 开发的目的不同，已知信息的类型和数量也不同，因此 AOP 的开发过程没有一个放之四海而皆准的模式，需要具体情况具体分析，根据已有或最充分的信息，找出合适的开发策略。目前已有一些方法策略成功地应用于 AOP 的开发，包括从上至下的 AOP 开发策略，从下至上的 AOP 开发策略，从中间开始的 AOP 开发策略，通过案例研究进行的 AOP 开发策略，通过类推法进行的 AOP 开发策略和通过数据挖掘进行的 AOP 开发策略（见表 4－2）。

表 4－2 AOP 不同的开发策略概览

AOP 开发策略	描述
从上至下的 AOP 开发策略	从顶端的一个 AO 开始进行研究，逐步探明其生物学组织层面的级联效应，将 AO 与一个或多个 MIE 联系起来，以构建一个 AOP
从下至上的 AOP 开发策略	从一个已阐明的 MIE 开始，建立与更高级层生物学组织的联系以构建一个 AOP
从中间开始的 AOP 开发策略	从一个可观测的表型或生物学检测（例如一个关键事件）开始，可能刚开始并不与外源性物质或应激物诱导的扰动直接相关，也未建立其法规应用。而通过研究关键事件相关的作用机理，从而建立与 AO 之间的因果联系
通过案例研究进行的 AOP 开发策略	通过一个已被详尽研究，MIE 至 AO 关系明确的化学物开始，继而收集其他产生同样类型扰动的化学物或应激物的相关科学依据，以建立 AOP
通过类推法进行的 AOP 开发策略	从一个在动物模型或其他特定生物体中已存在的 AOP 开始。侧重于研究现存 AOP 中哪些关键事件和关键事件联系在其他生物体或类别中具有保守性，从而开发相应的替代法
通过数据挖掘进行的 AOP 开发策略	利用高内涵和高通量数据集，或其他类型的文献或数据挖掘方法来推断（通常是通过统计学）关键事件之间的联系。这种策略通常用于 AOP 开发的早期阶段

四、AOP 网络

需要注意到，理想状态下，一个 AOP 是从 MIE 至 AO 的线性路径。而在现实世界中，一个 MIE 可能与多个 KE 相关，并导致同一个 AO 或多个 AO 的发生，而一个 AOP 中也有可能包含多个 AO 的级联效应，因而众多的 AOP 交互形成了庞大的 AOP 网络（图 4－4）。而这样也更符合现实世界的复杂情况。AOP 网络能更真实的反应现实世界里混合物的效应以及具有多重生物效应的单一毒物的情况。这也是 AOP-KB 工作的重要意义所在，使得单一 AOP 无法完全捕捉的复杂毒理学信息在一个统一的平台下得以汇集，使得人类可以基于机理，而不是模糊的整体动物实验，来进行更完备、更精确的毒理学评估。

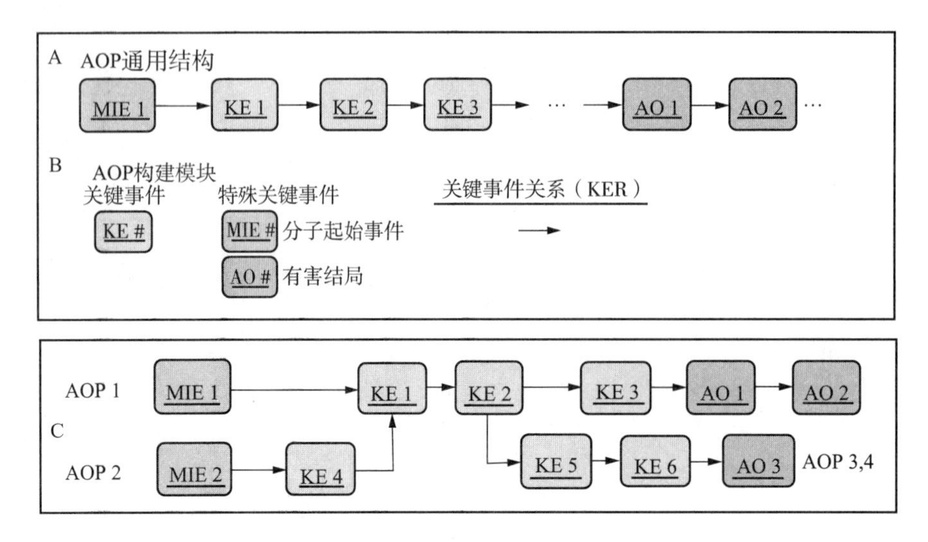

图 4-4 AOP 架构及其网络

五、AOP 评估

为了促使 AOP 的研究成果能适用于法规需求这一最终目的，AOP 的开发过程需要标准化，并提供清晰透明的评估方法来阐释其可靠性、稳健性及相关性。根据 OECD《有害结局通路研发和评估指导文件》，AOP 评估的第一个阶段是在数据总结过程中，一个 AOP 假设成立需要一系列生物学研究、实验方法、假设论证等工作，所记录的每一个步骤都必须有科学依据以及评判。第二个阶段主要是依据改良的 Bradford-Hill 证据权重法（WoE）进行评估。主要从生物学合理性、必要条件和经验性证据三个方面对 AOP 整体的置信水平进行详尽的分析（见表 4-3）。该分析方法将不仅仅有助于进行客观评估，还将有助于发现一个 AOP 的不足和空白领域，以便进行进一步的优化，尤其是定量 AOP。第二个阶段评估主要包括两部分内容，一部分是 AOP 证据权重评，需明确以下准则：①剂量-反应关系的一致性；②KE 与 AO 的时序一致性；③最终 AO 和 MIE 关联的强度、一致性和特异性；④实验证据的生物合理性、连贯性和一致性；⑤替代机制或 MIE 应有自身的逻辑性，同时它们在一定程度上可以从假定的 AOP 分离出来；⑥包括 AOP 中任何不确定性、不一致和数据缺口。另一部分是 AOP 定量信息的评估，包含对实验数据和模型的评价，以量化分子始发事件和其他 KE。尽可能描述阈值和反应-反应（reponse-to-response）的关系，使得体外效应和化学效应可以以合适的方式应用于体内 AO 评估。

表 4-3 根据等级序列因素对整体 AOP 置信水平的评估指南

生物学合理性问题：在上游 KE 和下游 KE 之间是否存在与已知生物学知识一致的机制关系？		
高（强）置信度：基于大量的文献资料和广泛的接受度（例如，突变引起肿瘤）对 KE 关系的普遍认知，即已知的机制	中等置信度：根据已被认可的生物关系的类推，该 KE 关系具有一定的合理性，但是相关科学认知尚不充分	低（弱）置信度：KE 的联系存在经验主义证据支持，但是它们之间的结构和功能尚不明确
必要条件问题：如果上游的 KE 被阻滞，是否下游的 KE 和/或 AO 会被抑制？		
高（强）置信度：依据来自直接证据，该实验性研究为阐明至少一个重要 KE 的必要性而进行的专门设计（例如，终止/可逆性研究，拮抗作用，敲除模型等）	中等置信度：依据来自间接证据，调节因子的修饰能导致一个 KE 的衰减或增强。（例如，对上游 KE 增殖反应的增强导致下游 KE 或 AO 的增加）	低（弱）置信度：任何一个 KE 的必要性均没有切实依据或相互矛盾。

续表

经验性证据问题:上游KE的改变导致相应下游KE改变是否有经验性证据支持?上游KE的发生比下游KE的作用剂量更小并且时间更早吗?上游KE的发生率是否高于下游KE?对于不同分类群、物种和应激物的经验性证据是否与假设的AOP的预期模式前后矛盾?		
高(强)置信度:各种研究表明当暴露于广泛范围的特定应激物时,两个事件均有依赖性变化。大量数据支持短时性,剂量-效应和发生率的一致性,而且没有或极少有关键数据缺口或矛盾数据	中等置信度:经证实两个事件在暴露于少量特定应激物后发生相关改变;而且一些证据与预期模式不一致,这些不一致可能可以通过实验设计,技术考察和实验室差异等因素来解释	低(弱)置信度:没有或仅有少数研究报道了两个事件在暴露于一个特定应激物下发生的相关改变(即测试终点没有在同一个研究中进行或根本没有进行测定);和/或对于不同分类,物种和应激物的经验证据与假设的AOP预期模式存在明显的不一致性

OECD还根据证据权重的原则对特定KE或方法分为五类:①"非常强"指的是OECD测试指南方法,或经由最少的前验证步骤建立起来的方法。有大量相关的化学物数据库来支持KE和终点之间的联系。②"强"是指一个相对开发完善、已足以提交进行前验证的实验。有一定相关的化学物数据库来支持KE和终点之间的联系。③"中等"是指同行评议文章中发表的一种可靠、稳健的方法。有一定相关的化学物数据库来支持KE和终点之间的联系。④"弱"是指处于开发过程中,但能够提供相应的实验方案进行评估。有少量的化学物数据库来支持KE和终点之间的联系。⑤"非常弱"是指KE已得到确认,但没有可用的实验方法。

第二节 AOP应用和展望

Section 2 AOP application and prospects

AOP是未来法规监管的首要工具,由于不同AOP处于不同的发展阶段,不同置信限的AOP可以开发出不同的方法策略以满足多层次的法规需求,按信息完备的程度从弱到强依次可进行:①相关性分析,如MIE或KE的机理分析,MIE、KE、AO间统计学相关性分析;②定性分析,如MIE、KE、AO之间因果关系的机理分析;③半定量分析,如量效关系分析,毒代动力学研究,代谢研究等;④定量分析,如因果联系间的定量分析模型建立,量效关系分析,对通路间交互作用的研究;⑤完整的预测系统分析,如通路间交互作用的定量分析等 。AOP可应用于OECD测试指南进行化学物毒性预测,促使新的测试方法的开发和现有方法的优化,为危害与风险评估开发整合测试策略,并将极大推动非动物替代方法的法规应用。AOP还可对一些决策提供支持,如进一步测试的优先级,危害识别,分类和标签,风险评估,根据不同的生物学反应建立新的化学物类别等。

一、基于AOP概念的皮肤致敏测试方法开发

皮肤致敏的整合策略法是一个成功应用AOP进行法规应用的案例。OECD已建立了皮肤致敏的AOP框架来阐释皮肤过敏反应过程并在2016年通过。在该AOP中(见图4-5,表4-4,表4-5),皮肤致敏过程包括两个阶段,致敏阶段和随后的免疫反应激发阶段。第一个阶段包括了一系列KE,MIE是外源物质与皮肤蛋白的共价结合,形成了半抗原,随后触发了一个细胞水平的KE,即角质细胞炎症反应,另一个细胞水平的KE是树突状细胞的激活。其后,活化的树突状细胞迁移至局部淋巴结,将部分半抗原化学物转至初始型T淋巴细胞,最终导致记忆T细胞的增殖和分化这一KE的发生。一系列贯序发生的KE最终导致了器官水平的AO的发生。再次接触化学物时进入激发阶段,导致过敏性接触性皮炎发生 。基于该AOP框架的直接多肽结合试验,ARE-Nrf2的荧光素酶检测方法(KeratinoSensTM)和人细胞系活化试验(Human cell line activation test,h-CLAT)已于2015至2016年间被OECD测

试指南所采纳为标准方法。2016年新修订的REACH法规将皮肤蛋白之间的分子相互作用，角质细胞的炎症反应，树突状细胞激活方法纳入法规认可的皮肤致敏检测方法范畴，如果已有1~2个关键事件的数据足以进行风险危害评估，则不需要再进行其他关键事件的实验。

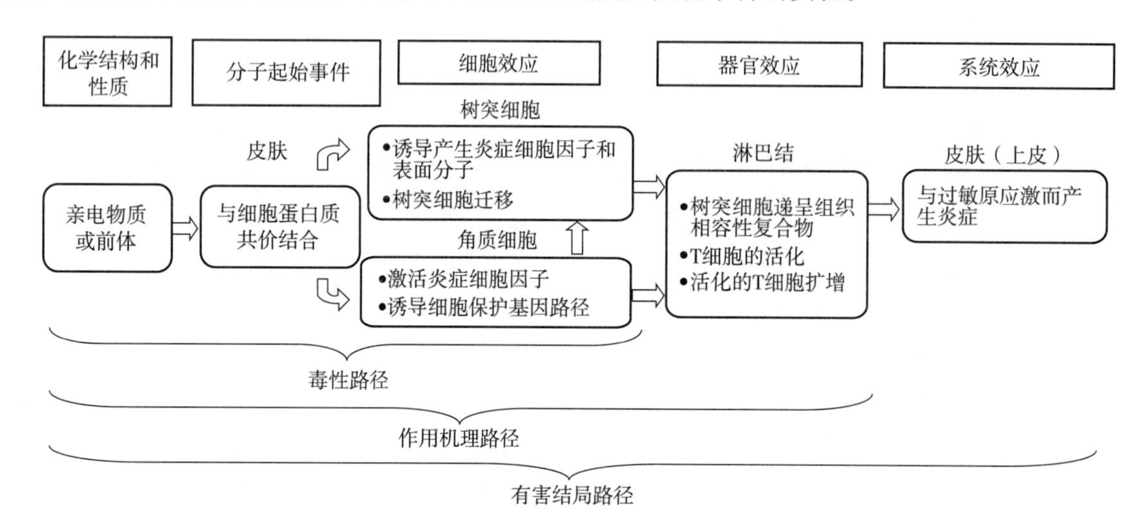

图4－5　皮肤致敏AOP图解

表4－4　蛋白质共价结合导致皮肤过敏AOP的必要性证据及法规采纳进程

关键事件	试验支持	必要性	测试方法	法规采纳
分子起始事件（MIE）	具有亲电作用的化学物质与表皮蛋白质的亲核位点共价结合（例如：半胱氨酸和赖氨酸），形成半抗原	强，自从20世纪30年代以来，越来越多的证据表明，工业有机化合物致皮肤过敏的主要效应步骤是稳定的半抗原－蛋白质复合物的形成。皮肤致敏AOP中的MIE的假设由此而定	1. 直接多肽结合试验（DPRA），基于皮肤蛋白与化学物共价结合 2. 过氧化物酶肽反应试验（Peroxidase Peptide Reactivity Assay，PPRA），同样基于皮肤蛋白与化学物共价结合，是DPRA的优化，增加了辣根过氧化物酶/过氧化氢系统	2015年DPRA被采纳为OECD TG442c
关键事件1（KE1）	角质细胞激活： 角质细胞对半抗原－蛋白质复合物的摄取诱导了IL－18的生成，同时过敏原还能与Kelch样ECH联合蛋白1（Keap 1）结合，导致通常被Keap 1抑制的核因子NF－E2相关因子（Nrf2）的释放，Nrf2与其他核蛋白一起作用，激活了抗氧化/亲电子反应元件通路（antioxidant/electrophile response element ARE/EpRE-dependent pathways），醌氧化还原酶1（NADPH-quinone oxidoreductase 1，NQO1），谷胱甘肽s－转移酶（Glutathione S-transferase，GSHST），Nrf2-Keap1-ARE通路在免疫复合物引起的角质细胞反应中起着关键作用	强，当胶质细胞IL-1β和IL-18的生成被抑制时，树突状细胞迁移能力受损	ARE-Nrf2的荧光素酶检测方法，基于角质细胞的激活和致敏物与Keap1关键半胱氨酸基团的直接反应，目前已开发的有LuSens和KeratinoSens™两种角质细胞测试方法，区别在于LuSens的抗氧化反应原件（ARE）来源于大鼠的NQO1基因，而KeratinoSensTM的抗氧化反应原件（ARE）则来自人源AKR1C2基因。 IL－8Luc Assay，在转染了IL－8荧光素酶报告基因的人体单核白血病细胞系THP－1细胞检测IL－8启动子的活性。 • 重组人表皮IL18效能试验，基于IL18的释放。 • EpiSensA，在重组人表皮模型中检测ATF3，DNAJB4 and GCLM基因的表达	2015年KeratinoSensTM被采纳为OECD442d

续表

关键事件	试验支持	必要性	测试方法	法规采纳
关键事件2(KE2)	树突状细胞的激活：未成熟的表皮树突状细胞(朗格汉斯细胞)识别半抗原蛋白复合物，同时，在成纤维细胞－血内皮－淋巴内皮细胞趋化因子(例如：CCL19，CCL21)及表皮细胞因子(如白介素(IL)，IL－1α，IL－1β，IL－18，肿瘤坏死因子α(TNF－α))的影响下，成熟的树突状细胞从表皮迁移到真皮层，然后迁移至近端淋巴结，通过主要组织相容性复合物(MHC)分子将半抗原－蛋白质复合物呈递给T细胞。树突状细胞的活化还导致了细胞功能的一些变化，例如，趋化因子分泌、细胞因子分泌和趋化因子受体的表达的变化，协同刺激分子和细胞黏附因子(如CD40，CD86，DC11和CD54)表达上调，丝裂原活化蛋白激酶信号通路的激活，c-jun氨基末端激酶和P38激酶通路的激活	强，在DTR-KI白喉毒素受体基因敲入小鼠中，朗格汉斯细胞和朗格汉斯细胞特异性凝集素(+)真皮树突细胞缺失，随后用白喉毒素(朗格汉斯细胞特异性凝集素(+)脱落)处理，接触性超敏反应即消除。与此相反，在细菌人工染色体(BAC)转基因小鼠中，仅缺乏表皮朗格汉斯细胞，但具有正常的树突状细胞的数量，上述接触性超敏反应则不受影响。Kim等人研究表明，小鼠树突状细胞暴露于没药烷基酮(树突状细胞功能抑制剂)将减少前促炎细胞因子包括IL－12，IL－1β和TNF－α的生成，减弱树突状细胞向巨噬细胞炎性蛋白3β的迁移能力和异体T细胞的活化能力	人细胞系活化试验(Human Cell Line Activation Test，h-CLAT)，检测人体单核白血病细胞系THP－1细胞中CD86和CD54的表达。 U-SENS™测试－骨髓U937皮肤致敏试验(Myeloid U937 skin sensitisation test，U-SENS)，采用人组织细胞淋巴瘤细胞系U937检测CD86的表达。VitroSens，一种基于人CD34+祖树突状细胞(human CD34+ progenitor-derived dendritic cells (CD34－DC))的检测方法。它基于CREM(cAMP-responsive element modulator)和CCR2(monocyte chemotactic protein－1 Receptor)的分化表达情况来区分致敏物。 基因组过敏原快速检测(Genomic Allergen Rapid Detection test，GARD)，检测人骨髓白血病衍生的细胞系MUTZ－3中达200个基因表达的一种转录组学方法。外周血单核细胞来源的树突状细胞(PBM-DC)试验，检测CD86的表达。 SENSIS，在人重组表皮模型中检测65个基因的表达	2016年h-CLAT采纳为OECD 442e
关键事件3(KE3)	T细胞活化/增殖： 通过细胞表面的主要组织相容性复合物(MHC)递呈的抗原肽被T细胞识别为外源肽，例如蛋白质－半抗原复合物的一部分，T细胞将被激活以形成记忆T细胞，随后开始增殖。再次被激活时，这些记忆T细胞会诱发过敏性接触性皮炎	强，小鼠实验表明ACY－1215(一种组蛋白脱乙酰酶)通过调节CD8 T细胞的活化及功能可抑制接触性超敏反应的发生。另有体内研究表明，缩酚酸环肽A可显著改善苦基氯(PCl)引起的接触性超敏反应		
有害结局(AO)	人体的过敏性接触性皮炎或者啮齿类动物的接触性过敏反应		人体重复斑贴实验(Human Repeat Insult Patch Test，HRIPT)；小鼠局部淋巴结实验(murine Local Lymph Node Assay，LLNA)	OECD提供了3个LLNA方法的指南，分别是放射标记法(OECD 429)、ATP酶检测法(OECD442A)和BrdU标记法(OECD442B)。

注：Keap 1：Kelch样ECH联合蛋白1(Kelch-like ECH-associates protein 1)
Nrf2：核因子NF-E2相关因子2(nuclear erythroid 2－related factor 2)

表 4-5 蛋白质共价结合导致皮肤过敏 AOP 的生物学合理性和经验性证据分析

	生物学合理性	经验性证据
MIE = > KE1	相关性强，被广泛接受和实验证实，半抗原能激活角质细胞并产生各种化学介质，例如肿瘤坏死因子，IL-1β，和前列腺素 E2	证据强，通过巯基荧光探针，双光子荧光显微镜，免疫组化和蛋白组学技术，Simonson 等人发现半抗原的关键靶点是在基底层角质细胞与角蛋白 K5 和 K14。 Honda 等人报道半抗原激活 NOD 样受体依赖性的角质细胞。在 NOD 样受体家族中，NLRP3 通过 caspase-1 的激活控制促炎细胞因子的生成。NLRP3 或其衔接蛋白 ASC 缺失时，角质细胞中 IL-1β 和 IL-18 的生成则被抑制
MIE = > KE2	相关性强，被接受和实验证实，在皮肤致敏过程中，未成熟的表皮和真皮树突细胞识别和内化半抗原-蛋白复合物，并随后成熟并迁移至局部淋巴	证据强，在 h-CLAT 试验中，人体单核白血病细胞系 THP-1 暴露于已知致敏物时发现 CD86 和 CD54 蛋白标志物的表达增加，而暴露于已知的非致敏物时未见 CD86 和 CD54 的表达上调
KE1 = > KE2	相关性中，角化细胞的应答激活多个事件，包括促炎细胞因子（如 IL-18）的释放和细胞保护作用通路的诱导。在成纤维细胞-血内皮-淋巴内皮趋化因子（如 CCL19，CCL21）和表皮细胞因子的影响（如 IL-1α，IL-1β，IL-18，肿瘤坏死因子 α（TNFα））等作用下，成熟的树突状细胞从表皮迁移至真皮，然后迁移至近端淋巴结	证据中，Matjeka 等用皮肤敏感剂处理 HaCat 人角质细胞，然后将 HaCat 细胞与树突状细胞共培养，结果证实树突状细胞被经化学处理的角质细胞激活，CD83 和 CD86 表达上调
KE2 = > KE3	相关性强，被广泛接受和实验证实，在局部淋巴结，成熟的细胞通过主要组织相容复合体向 T 细胞递呈半抗原-蛋白复合物。T 细胞将被再激活以形成记忆性 T 细胞并开始增殖	证据强，一项在小鼠模型中的研究表明，树突状细胞介导了 T 细胞增殖的必要步骤
KE3 = > AO	相关性强，皮肤致敏是 T 细胞介导的免疫反应是公认的理论且有广泛的实验证据	证据强，一项二硝基氟苯和小鼠模型的研究表明，与抗原的皮肤接触诱导了 KC/CXC 趋化因子配体 1 的产生以及嗜中性粒细胞的浸润，且呈剂量依赖性。抗原作用位点嗜中性粒细胞的浸润强度反过来控制抗原致敏的 T 细胞的数量和激发效应的强度。
MIE = > AO	相关性强，半抗原是皮肤过敏分子的起始事件被广泛接受。在修饰的蛋白质的形式中，半抗原以一种修饰蛋白的形式被免疫系统识别为外源抗原	

通过以上 AOP 分析可见皮肤过敏反应的机制是个复杂的、多因素、多水平的分子生物学过程，因此，单一的体外测试方法无法准确预测化学物的致敏性，需要进行基于 AOP 的皮肤致敏反应的组合测试以满足法规需求。目前不仅有三个基于 AOP 的皮肤致敏方法得到 REACh 法规的认可，还有很多学者开展了皮肤致敏整合测试和评估方法（Integrated Approaches to Testing and Assessment，IATA）的开发工作。

2012 年 Bauch 等提出了一种“3 选 2”的皮肤致敏预测模型，如果肽结合试验（例如 DPRA）和基于 ARE 的角质细胞激活试验（LuSens 或 KeratinoSensTM）得出阴性的结果，则该物质可被认为是非致敏性，若化学物质经树突状细胞激活试验（U-SENS™）被预测为具有致敏性，则该物质应为致敏物。如果预测结果冲突，或者 h-CLAT 取代 U-SENS™ 进行测试，则需要进行权重分析，三个试验中必须有两个试验结果来对最终的结果进行评判，即三个试验中任意两个试验为阳性可判断该物质为皮肤致敏物，三个试验中任意两个试验为阴性可判断该物质为非致敏物。在对人体数据进行比较发现其准确性达94%，而经典的动物试验方法LLNA的准确性为90%。Urbisch等在2015年的试验中也得出了类似的结果。2013年Jaworska等整合DPRA，KeratinoSens™，U-SENS™，TIMES软件分析数据及表皮生物利用度，开发了一套基于贝叶斯网络模型的整合策略法（BN ITS），对124个物质的研究表明，该模型的预测准确性达95%，且不同于其他模型的是BN ITS还可以致敏作用强度等级，对LLNA试验等级分类的预测准确性达86%。2014年Kleinstreuer等应用Toxcast项目的已有数据和新兴高通量筛选（HTS）技术开发了一个皮肤致敏交叉验证的随机森林模型，预测LLNA结果的准确性达80%。在该模型中，除了已知的皮肤致敏AOP靶点之外，还考察了更广泛的皮肤表皮层真皮层的潜在靶点，如Coll III，PPAR，PXR，ER等，为采用高通量的组合测试完善和应用AOP打下了基础。2014年Patlewicz等提出了一套较为完整的皮肤致敏IATA的流程框架图，综合考虑了化学物质的理化性质，从OECD toolbox得到的蛋白质结合信息及基于DPRA和谷胱甘肽的实验数据，TIMSES皮肤腐蚀刺激数据，体外染色体畸变及变沙门菌诱变性试验（ames试验）数据，相关代谢信息，AOP关键事件的体外试验数据，应用QSAR，read-across，基于OASIS技术的IATA-SS软件等手段来整合信息进行安全性评估，在对100个物质测测评研究结果表明，仅用计算机和化学信息进行致敏性预测可达73.85%的准确性，而加上其他毒性试验数据，如Ames试验，其准确性可提高到87.6%。OECD正在讨论完善皮肤致敏IATA策略的测试指南，随着未来计算机及基于AOP关键事件的体外模型的不断发展，对皮肤致敏进行定性和定量的分析或将成为法规的一个常规手段。

表4-6 替代法与人体数据预测性的比较

测试方法		AOP要素	敏感性	特异性	准确性
经典的动物试验	LLNA	AO	96%	81%	90%
单一试验方法	DPRA	MIE	89%	82%	86%
	LuSens	KE1	89%	77%	84%
	KeratinoSens™	KE1	86%	73%	80%
	U-SENS™	KE2	75%	100%	86%
	h-CLAT	KE2	75%	77%	76%
组合测试	DPRA + LuSENS	MIE + KE1	100%	64%	84%
	DPRA + KeratinoSens™	MIE + KE1	100%	59%	82%
	DPRA + U-SENS™	MIE + KE2	96%	82%	90%
	DPRA + h-CLAT	MIE + KE2	96%	59%	80%
	LuSens + U-SENS™	KE1 + KE2	96%	77%	88%
	LuSens + h-CLAT	KE1 + KE2	96%	68%	84%
	KeratinoSens™ + U-SENS™	KE1 + KE2	97%	56%	81%
	KeratinoSens™ + h-CLAT	KE1 + KE2	93%	64%	80%
预测组合模型	DPRA + LuSens + U-SENS™	MIE + KE1 + KE2	93%	95%	94%
	DPRA + KeratinoSens™ + U-SENS™	MIE + KE1 + KE2	93%	95%	94%

二、基于AOP概念的鱼类毒性测试方法开发

生态毒理学测试需要用到数量庞大的脊椎动物对环境化学物、杀虫剂、植物保护剂、药物、饲料添

加剂、废水等大量物质进行安全测试,基于 3R 的考虑,生态毒理学法规改革的一个重要工作就是减少实验动物如鱼类、鸟类、两栖动物的使用,尽量采用替代方法。

OECD229 鱼类短期繁殖试验是一种内分泌干扰物的体内筛选实验,累积生育力是该试验的一个重要毒性终点,对于预测鱼类种群数量变化具有重要意义。2016 年一项"芳香化酶抑制导致生殖功能障碍"的 AOP 获 OECD 审批通过。芳香化酶是雌激素生物合成的限速酶,可以通过三个连续的氧化步骤促使 C－19 雄激素(如睾酮,雄烯二酮)转化为 C－18 的雌激素(例如,17β 雌二醇,雌酮),芳香化酶活性被抑制将导致卵巢 17β 雌二酮醇(可能还包括雌)的生成减少,在个体水平导致导致鱼类排卵和产卵功能受损,最终在鱼类种群水平上导致持续性的减少。该 AOP 的 MIE 为细胞色素 P450 芳香化酶(aromatase,CYP19)的抑制。KE1 为卵巢颗粒细胞 17β－雌二醇合成减少,卵巢中芳香化酶的表达和活性主要在卵巢颗粒细胞中。KE2 为血浆 17β－雌二醇浓度降低,由性腺合成雌二醇通过血液循环被输送到其他组织,性腺通常被认为是体内雌激素的主要来源。KE3 为肝脏中卵黄蛋白原合成减少,卵黄蛋白原是卵生的脊椎动物肝细胞生成的一个蛋黄前体蛋白。在脊椎动物中,卵黄蛋白原基因的转录主要受雌激素调节,在生殖周期的卵黄时期,体内雌激素浓度升高,卵黄蛋白原的转录和生成均比非繁殖期大幅度提高。KE4 为血浆卵黄蛋白原浓度降低。卵黄蛋白原在肝脏中生成,分泌至血浆中,通过循环系统被卵巢所摄取。KE5 为卵母细胞对卵黄蛋白原的摄取减少,卵母细胞生长发育过程减缓。血液中的卵黄蛋白原通过受体介导的内吞作用被卵母细胞摄取。卵母细胞对卵黄蛋白原的摄取对卵母细胞的生长、成熟有重要意义,卵黄蛋白原的积累成为卵母细胞的一个首要的组织学分级的特征。KE5 是累积生育力降低,产卵量减少。最终导致的 AO 为种群变动轨迹减少。维持可持续发展的鱼类和野生生物群是法规上进行风险评估和风险管理的一项重要目标。该 AOP 可为鱼类短期繁殖试验提供体外替代方法来进行芳香化酶抑制剂的筛选,也可为芳香化酶抑制剂筛选提供分层测试策略,并为整合测试和评估方法提供理论依据,还可以用来指导测试终点的选择。AOP 详解参见图 4－6。

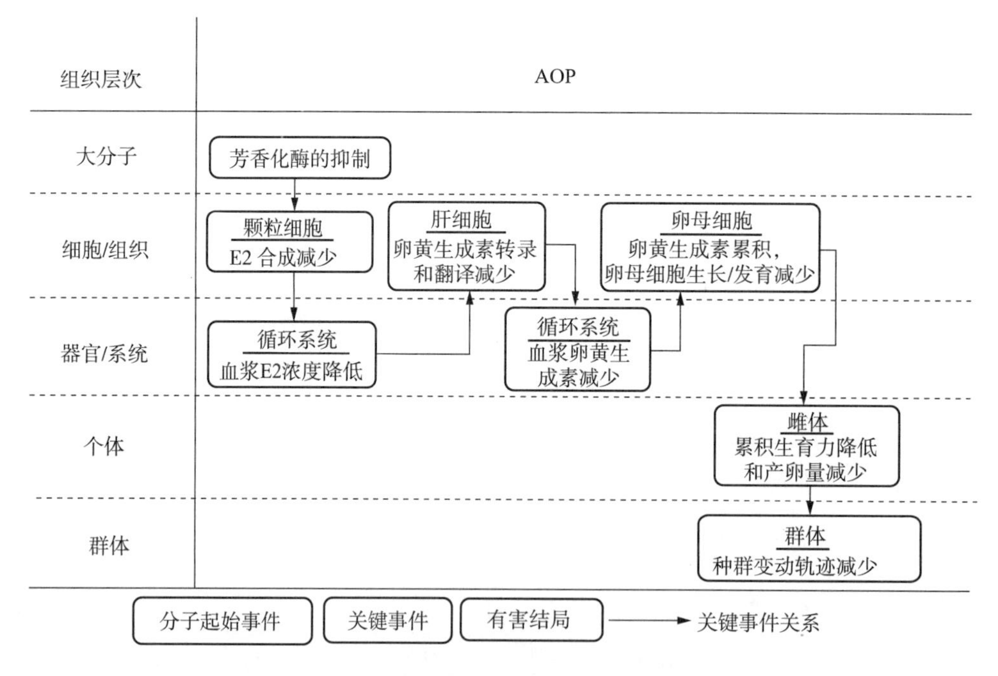

图 4－6 芳香化酶抑制导致生殖功能障碍 AOP 图解

注释:累积生育力指的是一个或一群雌性动物在特定的一段时间内累计产卵总量。

鱼类早期发育毒性(fish early-life stage,FELS)试验是 OECD 测试指南 210 的方法,用于慢性鱼类毒性的预测,以支持生态环境风险评估和化学品管理。为了开发更高效和科学的测试替代方法,应用 AOP 的概念可以识别和阐明可能的与 FELS 相关的毒性作用机制进而建立测试方法。研究发现在多个 FELS 可能的 AOP 中,鱼鳔膨胀障碍是导致 FELS 的 KE,而与分子启动事件相连接的可观测的 AO

表现为幼体存活率下降。中间尚有许多知识缺口,基于上下级联的连接步骤,考虑采用从中间向上或向下级延伸的开发策略。以鱼鳔膨胀障碍为中间 KE,向下的 AO1 为代谢消耗增加和生长缓慢(个体水平),AO2 为应激情况下的死亡率增加和群体数量下降(群体水平)。向上的KE 分为 A 和 B 两条通路,A 通路:三层鱼鳔的结构异常(器官水平)、wnt 信号通路干扰和 β - 连环蛋白积聚(细胞和组织水平),分子启始事件为糖原合成酶 3β 激酶(GSK3B)受抑制;B 通路:鱼鳔腔粘连不张(器官水平)、气腺细胞分泌表面黏液障碍(细胞和组织水平),由阻燃剂 TBC(2,3 - 二溴丙基异氰尿酸酯)引起的化合物的作用为分子启动事件,但机制不明。其 AOP 详见图 4 -7。FELS 的 AOP 通路尚有许多知识缺口有待明确,以及量效关系和假说也有待不明证实,但 AOP 的开发概念确实为开发新的检测方法和用于毒性预测提供了指导。

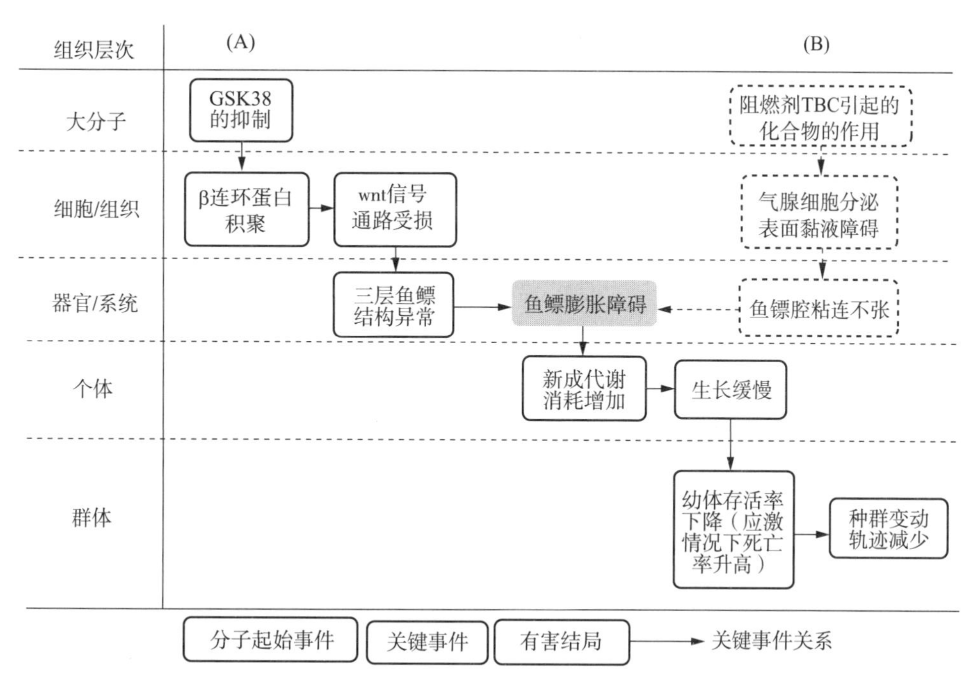

图 4 -7 鱼类早期发育毒性 AOP 图解

三、AOP 开发的前期信息收集

一个 AOP 的开发需要做大量的前期信息收集工作,以制定合适的 AOP 开发策略,发现数据缺口和潜在的不确定性,进行数据挖掘、实验设计和权重分析,确认合理的测试终点和测试方法。通过网络公开的数据库整合资料是前期信息收集工作的一个重要内容。表 4 -7 中罗列了一些公共开放的数据库资源,很多数据库为 AOP 构建提供了分子细胞水平的生物学效应及生物效应靶点信息(如 CTD,DrugMatrix,PubChem,ChEMBL v20,Toxic Exposome Database,DrugBank)。分子水平的信息可以与通路研究信息(如 KEGG,Reactome)整合以构建 AOP 框架;人体代谢信息的数据库(如 HMDB,STITCH)则为毒代动力学研究提供了坚实的基础;而有些数据库则提供了临床研究、基因组学研究的信息(如 PharmGKB,cMap),为 AOP 补充了人体相关性和遗传变异等重要信息;不同数据库能带来更为全面和庞大的信息量,但其缺点是实验方法标准化的程度不高,而高通量实验数据通常在标准的试验条件下进行且能提供不同剂量的实验数据,因此高通量实验信息的数据库(如 USEPA iCSS Dashboard,KEGG)不仅能提供化学物生物效应及通路的信息,更能提供定量方面的信息;不同于其他的数据库,DB-ALM 提供了正在进行的非动物测试方法开发及测试终点的信息,为 AOP 网络构建提供了丰富的信息。这些数据库内容相互交织,相互补充,涵盖了环境化学物,药物,农药等多种暴露途径的物质,涉及不同的生物种类,为 AOP 的研究提供了化学、分子生物学、生物学效应、效应靶点、基因组学、毒理基因组学、临床等信息。这些信息的有效利用和合理整合不仅可以为 AOP 的构建提供已知的科学依据，还可为个体到人群的外推和物种间外推等研究提供详实的理论基础。

表 4-7 AOP 开发相关数据库

数据库	数据库描述（信息截至 2016 年 8 月）	网址
Comparative ToxicogenomicsDatabase（CTD）	关于环境暴露对人体健康影响的公开数据库，从已发表文献中收集而来的化学物－基因/蛋白相互作用，化学物－疾病相互关系数据	http://ctdbase.org
DrugMatrix	关于大鼠暴露于药物及化学物下体内及体外基因表达的数据库，其核心在于将毒理学相关器官及组织中提取的 RNA 处理大鼠全基因组基因芯片而获取的基因表达数据。该数据库涵盖了 638 种不同的化学物，包括已批准药物、撤回药物、处于临床及临床前研究的药物、标准物、工业及环境毒物	https://ntp.niehs.nih.gov/drugmatrix/index.html
Human Metabolome Database（HMDB）	提供了 41993 个人体小分子代谢物的详细信息，包括三类数据；化学物数据，临床数据以及分子生物学/生物化学数据	http://www.hmdb.ca/
Drug & Drug Target database（DrugBank）	提供药物及药物靶点的生物学及化学信息，目前涵盖了 8206 种药物信息	http://www.drugbank.ca/
PharmGKB	提供药物基因组学信息，包括临床数据，基因型表型关系等	https://www.pharmgkb.org/
KEGG	提供大量分子水平数据信息，特别是基因组测序和高通量实验数据。该数据库下的 KEGG pathway map 还提供了分子相互作用的网络信息，使得一个生物体的试验数据有可能通过基因组学信息推至其他生物体	http://www.genome.jp/kegg/
Reactome	旨在提供生物信息学工具来将通路知识进行视觉化并做出分析解释来支持基础研究，基因组学分析，建模，系统生物学研究等	http://www.reactome.org/
USEPAiCSSDashboard	快速应用 ToxCast（Toxicity Forecaster）项目及 Tox21（Toxicity Testing in the 21st century）项目高通量筛选数据的交互数据库	https://actor.epa.gov/dashboard
Search Tool for Interactions of Chemicals（STITCH）	关于代谢通路，晶体结构，结合实验，以及药物作用靶点关系的信息。涵盖了来自 1133 个生物体内 30 万个小分子以及 260 万蛋白相互作用的信息	http://stitch.embl.de
Toxic Exposome Database	来自不同数据库、政府文件、书籍以及科技文献中毒物作用靶点的信息。提供了约 3673 种毒物，包括污染物、农药、药物、食品毒物与 2087 个相应的毒物靶点的作用信息，旨在提供毒物的毒性作用机理和靶向蛋白	www.t3db.ca
ToxNet	涵盖了化学物、药物、疾病、环境及环境健康、职业安全、人体健康、中毒、风险评估、法规以及毒理学的全面信息的数据库，包括一些混合物，未知化学物的信息，以及化学物的特定毒性作用	http://toxnet.nlm.nih.gov
PubChem	通过筛选实验、药物化学、小分子生物学、药物研发等研究收集而来的小分子生物学效应的数据库。目前该数据库涵盖了 9100 多万的化学物和近 3 万个靶点（包括 10182 个蛋白质靶点和 19779 个基因靶点）的信息	https://pubchem.ncbi.nlm.nih.gov

续表

数据库	数据库描述(信息截至 2016 年 8 月)	网址
ChEMBL v20	关于具有生物学活性的类药物小分子的信息,包括 2 - D 结构,可计算属性(如 logP,相对分子质量,Lipinski 参数),生物学活性(如结合常数,药理学数据以及药代动力学数据)。目前该数据库已涵盖了 11019 个靶点和 1300 多万个活性物的信息	https://www.ebi.ac.uk/chembl
Connectivity Map(cMap)	人源细胞暴露于不同物质下的全基因组转录表达数据	www.broadinstitute.org/cmap
DB-ALM	生物医药及毒理学领域动物实验替代法的开发和应用信息。目前已涵盖 26 个领域 250 个生物学终点	https://ecvam-dbalm.jrc.ec.europa.eu/beta/

四、AOP 项目进展

通过 AOPwiki 可以查找已批准和正在进行的,或者是等待评议的 AOP 工作。截止 2016 年 8 月 31 日,WiKi(https://aopwiki.org/aops)中有六项获得 OECD 签署,分别为(1)男性减数分裂前生殖细胞 DNA 烷基化导致的可遗传突变;(2)芳香化酶抑制导致生殖功能障碍;(3)成人大脑中离子型谷氨酸受体激动剂引起兴奋毒性,介导了神经元细胞死亡,从而导致学习记忆功能损害;(4)大脑发育过程中 N - 甲基 - D - 天冬氨酸受体(NMDARs)拮抗剂的长期结合诱导学习记忆能力功能损害;(5)蛋白质共价结合导致皮肤过敏;(6)蛋白质烷基化导致肝纤维化。OECD 分子筛选和毒性基因组学专家咨询组(OECD Expert Advisory Group on Molecular Screening and Toxicogenomics,EAGMST)已通过正在 WNT 和危害评估工作组(Task Force for Hazard Assessment,TFHA)评审中的 AOP 项目有一项:雄激素受体激动导致生殖功能障碍。在 AOPwiki 中还有 12 项正在 EAGMST 评议的 AOP:(1)AFB1:诱变作用方式导致肝细胞癌(HCC);(2)PPAR α 受体拮抗剂导致饥饿样体重减轻;(3)芳香化酶(Cyp19a1)减少导致成年女性的生育能力受损;(4)与离子型氨基丁酸(GABA)受体木防己苦毒素位点的结合导致癫痫发作;(5)大脑发育过程中 N - 甲基 - D - 天冬氨酸受体(NMDARs)拮抗剂的长期结合导致衰老过程中神经退行性病变;(6)血管内皮生长因子受体信号中断导致发育缺陷;(7)雌激素受体拮抗导致生育动能障碍;(8)黑质纹状体神经元的线粒体复合物 I 的抑制导致帕金森症运动障碍;(9)哺乳动物甲状腺过氧化物酶的抑制和其后的不良神经发育结局;(10)细胞酸化诱导的嗅上皮细胞损伤导致接触性鼻腔肿瘤;(11)子宫内 PPAR α 受体的激活导致男性生育能力受损;(12)持续的芳香烃受体激活导致啮齿类动物肝肿瘤。另有 143 项正在开发中的 AOP。

五、展望

风险安全评估科学发展的终极目标是使得测试方法的预测性与人体生物学有尽可能高的相关性,并提高毒性危险度评估的通量以应对现代化工业发展的需要。AOP 为开发/优化毒性测试方法提供了一个更加全面,基于机理研究因而与人体生物学更相关的安全风险评估方法体系。因为 AOP 是基于分子、细胞水平的毒性通路研究,使得一些新型技术,如高通量筛选,高内涵筛选,计算生物信息学等得以应用,从而可以极大地提高未来毒性测试的通量和产出。同时,也可以减少或不使用动物实验,促进伦理的进步。AOP 旨在构建一个清晰的、具有因果联系的毒理学系统,以应用于化学物风险评估和决策分析,而通过对相互交联的毒性通路网络更深层次的认知,不仅使得学者能充分利用人类现有的知识和数据,还能找到技术空白,有的放矢地进行工具开发,从而满足不同层次的法规需求。

诚然,AOP 的发展还处于初期阶段,仍有很多问题有待解决,例如量化剂量 - 反应关系,合适的毒代动力学模型,从体外系统生物学效应数据外推来预测体内 AO,从定性 AOP 过渡到定量 AOP,透明化评价体系建立等。OECD 建立的 AOP-KB 提供了一个协调化的平台，使得全球的 AOP 开发工作可以在一个统一的框架下开展并在专家审评后进入法规流程。一些体外或非测试技术正开发和完善，如微流控技术，交叉参照(read-across)，QSAR，组织工程学等。随着这些技术的日益成熟，AOP 必将给人类健康与环境安全带来更全面的保障。

（瞿小婷　程树军）

参考文献

[1] Ankley GT, Bennett RS, Erickson RJ, et al. Adverse outcome pathways: a conceptual framework to support ecotoxicology research and risk assessment. Environ. Toxicol. Chem. 2010, 29, 730e741.

[2] Becker RA, Ankley GT, Edwards SW, et al. Increasing Scientific Confidence in Adverse Outcome Pathways: Application of Tailored Bradford-Hill Considerations for Evaluating Weight of Evidence. Regul Toxicol Pharmacol. 2015, 72(3): 514 - 537.

[3] Bauch C1, Kolle SN, Landsiedel R, et al. Putting the parts together: combining in vitro methods to test for skin sensitizing potentials. Regul Toxicol Pharmacol. 2012; 63(3): 489 - 504.

[4] Cottrez F, Boitel E, Auriault C, et al. Genes specifically modulated in sensitized skins allow the detection of sensitizers in a reconstructed human skin model. Development of the SENS-IS assay. Toxicology In vitro. 2013, 29(4): 787 - 802.

[5] Edwards SW, Tan YM, Villeneuve DL, et al. Adverse Outcome Pathways-Organizing Toxicological Information to Improve Decision Making. J Pharmacol Exp Ther. 2016; 356(1): 170 - 81.

[6] Groh KJ, Carvalho RN, Chipman JK, et al. Development and application of the adverse outcome pathway framework for understanding and predicting chronic toxicity: I. Challenges and research needs in ecotoxicology. Chemosphere, 2015, 120, 764 - 777.

[7] Johansson H, Albrekt AS, Borrebaek CA, et al. The GARD assay for assessment of chemical skin sensitizers. Toxicology In vitro, 2013, 27: 1163 - 1169.

[8] Kimber I, Basketter DA, Gerberick GF, et al. Chemical allergy: Translating biology into hazard characterization. Toxicol. Sci. 2011. 120(S1): S238 - S268.

[9] Kleinstreuer N, Strickland J, Casey W. Predicting skin sensitization using 21st century toxicology. 2014. Presented at FutureTox II.

[10] Linkov I, Massey O, Keisler J, et al. From weight of evidence analysis to quantitative data integration tools: the path to improve both confidence and utility of hazard assessments. ALTEX: Altern. Anim. Exp. 2015, 32: 5 - 10.

[11] Meek ME, Boobis AR, Cote I, Dellarco, et al. New developments in the evolution and application of the WHO/IPCS framework on mode of action/species concordance analysis. J. Appl. Toxicol. 2014, 34: 1 - 18.

[12] Meek ME, Palermo CM, Bachman AN, et al. Mode of action human relevance(MOA/HR) framework-evolution of the Bradford Hill considerations. Journal of Applied Toxicology. 2014, 34: 595 - 606.

[13] OECD. Guidance document on developing and assessing adverse outcome pathways. In Series on Testing and Assessment, No. 184, Vol. ENV/JM/MONO(2013)6, p. 45. Organisation for Economic Cooperation and Devleopment, Environment Directorate Paris, France. 2013.

[14] OECD. Users' handbook supplement to the guidance document for developing and assessingAOPs, 2014a.

[15] OECD. Organisation for economic co-operation and development. Guidance on Grouping of Chemicals: Second Edition. Environment Directorate. (Series on Testing and Assessment No. 194). Report No. : ENV/JM/MONO(2014)4, JT03356214. Paris (FR): 2014b.

[16] Oki NO, Nelms MD, Edwards SW et al. Accelerating Adverse Outcome Pathway Development Using Publicly Available Data Sources. Curr Environ Health Rep. 2016; 3(1): 53 - 63.

[17] Patlewicz G, Kuseva C, Mekenyan O, et al. Towards AOP application-implementation of an integrated approach to testing and assessment (IATA) into a pipeline tool for skin sensitization. Regul Toxicol Pharmacol. 2014; 69(3): 529 - 545.

[18] Perkins EJ, Antczak P, Burgoon L, et al. Toxicol Sci. Adverse outcome pathways for regulatory applications: examination of four case studies with different degrees of completeness and scientific confidence. 2015, 148(1): 14 - 25.

[19] Rhomberg LR, Goodman JE, et al. A survey of frameworks for best practices in weight-ofevidence analyses. Crit. Rev. Toxicol. 2013: 43, 753 - 784.

[20] Saito K, Nukada Y, Nishiyama N, et al. Development of a new in vitro skin sensitization assay (Epidermal Sensitization Assay; EpiSensA) using reconstructed human epidermis. Toxicol in Vitro. 2013, 27(8): 2213 - 2224.

[21] Schroeder AL, Ankley GT, Villeneuve DL, et al. Environmental surveillance and monitoring-The next frontiers for high-throughput toxicology. Environ Toxicol Chem. 2016; 35(3): 513 - 525.

[22] Urbisch D, Mehling A, Sakaguchi H, et al. Assessing skin sensitization hazard in mice and men using non-animal test methods. Regul Toxicol Pharmacol. 2015; 71(2): 337 - 351.

[23] Villeneuve D, Volz D C, Embry MR, et al. Investigating alternatives to the fish early-life stage test: A strategy for discovering and annotating adverse outcome pathways for early fish development[J]. Environ Toxicol Chem, 2014, 33(1): 158 - 169.

[24] Villeneuve DL, Crump D, Garcia-Reyero N, et al. Adverse outcome pathway (AOP) development I: strategies and principles. Toxicol Sci. 2014, 142(2): 312 - 320.

第五章　整合评估测试策略

Chapter 5　Lntegrated assessment testing approach

第一节　整合测试策略原理与概述

Section 1　Principles and introductions of integrated testing strategy

替代实验是指使用细胞、化学分析或者计算机方法代替活体动物实验，单一替代方法有其局限性和适用范围，不可能建立一对一的替代方法完全替代传统动物试验，也不可有只用一个替代方法代替所有的毒性作用机制、全部测试物质各类（适用领域）和区分毒性等级。同样对于动物实验，也不可能仅仅通过利用基于近交系啮齿动物试验来反映全部的人类健康效应。因此，毒理学研究经常需要对多种来源的信息作一个系统性的整合。例如，在不影响试验的适用范围的情况下，把基于不同作用机制的测试方法整合到毒性测试体系中；尝试利用人体芯片最大限度地模拟人体器官环境的复杂性和反应性以及将相应的动力学模型化。但是，整合并不是将一组试验的所有可能的阳性结果简单考虑和叠加，因为，这样做不可避免的出现假阳性结果的累积，最终导致体外试验的可信度下降。

整合测试策略（Integrated Testing Strategies，ITS）的提出为高效以及综合性地运用多种来源的信息，提供了解决方法。在正确使用 ITS 前，要明确 IST 的组成、验证、对不同目的的适用性、质量控制。同时还要考虑证据权重、循证毒理学方法、整合基于通路测试的逻辑思路等。

一、适用情况

整合测试策略适用于以下情况：

——单一测试不能覆盖全部的生物学机制和过程，如作用模式和 AOP 通路；

——单一方法没有包括所有种类的测试物（应用范围）；

——没有全部包括效应程度和毒性级别/分类；

——阳性结果少见（低发生率）且假阳性结果的数量过多（如体外遗传毒性测试）；

——传统动物试验代价过高、动物使用数量太大并且物质需分先后顺序；

——精确度（人类预测性）不足且有待改进；

——现有的基于多种测试的数据和证据需要整合；

——动力学信息应该被整合以将体外试验数据拓展到体内。

可以说，整合测试策略的例子比比皆是，例如，早期尝试整合体外、计算机和毒代动力学（吸收，分布，代谢，排除，即 ADME）的测试信息。2002 年，眼睛和皮肤刺激试验的 ITS（OECD TG 404）成为第一个被 OECD 接受的测试指南。REACH 法规的出台推动了整合测试的发展，该法规强调最大化利用所获得的信息对化合物（尤其是现有化合物）进行注册以降低花费和动物使用量。非动物 ITS 和 REACH-ITS 之间的区别在于，REACH-ITS 在某种程度上局限于法规规定的测试方法。随着 21 世纪毒理学测试理念的兴起，整合策略越来越多地应用组学、高通量及高内涵成像技术等此类在法规文本中未提及的方法。

二、ITS 的定义和理解

2009 年,ECVAM/EPAA 工作组给出的定义是:“在安全性评价中,整合测试策略是一个整合了多个来源的毒理学评估信息的方法学,它有利于决策的制定。当然这个过程的实现需要同时考虑 3R 原则。”与 2007 年 OECD 工作组提出的测试和评估整合方法一致,他们重申:“一个好的 ITS 应该是结构化的、透明的和假说驱动性的”。

ITS 本质上是一个信息收集和产生的策略,其本身并不是为如何使用信息去解决一个特定的法规问题提供方法。不过为了得到一个法规性结论,通常会使用一些评判标准对所收集的信息进行评价。通常情况下,所有在证据权重(WoE)方法中的信息都将会被使用。WoE 的涵义是指:“当存在不确定性时会使用到证据权重分析,用来确证受到支持的一面所使用的证据和信息要优于其对立面。”WoE 和 ITS 是两个不同概念,理解这一点至关重要,尽管他们整合的是相同类型的信息。在 WoE 中不存在正式的整合,比如测试策略以及测试方法的整合。在确定性不足的情况下,WoE 是获得初步决策的实用捷径。另外一个与之相关的名词是循证毒理学(evidence-based toxicology,EBT),EBT 更重视研究质量评分方法,有助于避免无 EBT 支持的数据在 WoE 和 ITS 中的使用。

Jaworska 和 Hoffmann(2010)对 ITS 定义稍有不同:“狭义上,ITS 可描述为在合理的以及假设驱动的决策构架下,对涵盖相关作用阶段的测试方法进行组合。ITS 有助于当我们在作出与危害或风险相关决定时,能够有效利用所获得的数据并获得全面的认识。应当从系统分析的角度来看 ITS,并将其理解为一个决策支持工具,这个工具能够以累积的方式整合信息,并以顺序测试所获信息最大化的方式来指导测试”。此定义明确将 ITS 和分层方法在两个方面区分开来。第一,分层方法仅仅考虑最后一步获得的信息,比如 OECD 2002 年规定的皮肤刺激顺序测试策略。第二,分层测试策略中,测试顺序是基于平均生物相关性来确定,并依赖专家的判定。与之相反,ITS 的定义有助于使用整合的、系统的方法来指导测试,测试顺序不必提前确定,而是根据化学物的特定情况量身定制而成。依据已有的有关特定化合物的信息,测试顺序可能被调整并优化,以满足特定的信息目标。

从以上所述的 ITS 定义的变化来看,应从如下几个要点进行解读:

(1) 首要原则是不管要求多少测试终点,一个测试必须要给出一个结果。一个测试或实验由一个测试系统(生物学的体内或体外模型)和一个标准操作流程(SOP)组成,SOP 包括待测终点、参考物质、数据解析过程(结果表达方式)、可重复性/不确定性信息、应用领域或限制信息以及性能良好标准。有时针对同一个结果导向,测试可能包含多种测试系统和/或多种测试终点。

(2) 整合测试策略是一种算法,它整合了不同的测试结果以及可能的非测试信息(现有数据,对现有数据或模型的外推),最终得到一个综合性的测试结果。他们经常会有过渡性决策点,也许会考虑在这些点上加入进一步的组件。

(3) 测试组合包括一组测试方法,这些方法互为补充但尚未被整合成一个策略。经典例子就是毒性基因组测试。

(4) 分层测试指的是最简单的 ITS,它包含序列测试而没有实现正式的结果整合。

(5) 概率测试策略指的不同的组件可改变某一测试结果出现的概率的一种 ITS。

(6) 对一个测试或一个 ITS 的验证应当关注的是建立在结果或者机制基础上相关的预测模型(将之转化成参照点的方法)和参照点。

三、考虑证据权重的 ITS 组成

目前,ITS 是基于经常被称作“证据权重”方法的共识过程来使用。ITS 数据的复杂性和性能方面的多样性(花费、动物使用、时间、预测性等等)需要基于测试数据进行模拟。然而,如何进一步开发指南文件,以指导 ITS 构建和多参数评估仍然需要大量工作。Jaworska(2010)等人认为:ITS 和 WoE 方法无疑是将化合物危害和风险评估系统化的有用工具,但他们在基于现有信息来推断结论、将现有信息与不同来源的新数据相偶联、为满足目标信息需求进行的阶段内和跨阶段测试结果的分析等方面,缺乏一个一致的方法学基础。将流程图作为ITS的潜在结构可能导致不一致的决策。考虑到全部相关证据和它们相互之间的依赖性,关于怎样对信息目标做出一致的、透明的推理,流程图并没有给予相应的指南。再者,对于可使信息获取量最大化的后续测试方法的选择也没有给出相应的指南,这个指南并非纯粹的专家建议。2008年,Hoffmann等人提供了利用ITS评估皮肤刺激的方案,汇集了一个含有100多种化合物的数据库。先构建大量测试策略,包括非动物和动物测试数据,然后从预测能力、错误分类的严重程度以及测试花费等方面对其进行评估。需要注意的是,ITS是基于科学推理和直觉人为构建的,而不是基于任何构建准则。因此,在开发ITS的指南方面需要考虑到如下4点:整合ITS各组成部分时的灵活度,ITS组成部分的最佳组合(包括最小的组分数量和/或具备所需预测能力的组合),单个组分和整个ITS的应用范围,ITS的效率(花费、时间、技术难点)。分别阐述如下:

(一)整合ITS各组成部分时的灵活度

验证是证明替代方法科学性和可靠性的过程,显然验证对于替代方法的法规应用是关键的,然而任何的验证也使得测试一成不变难以创新。而一个ITS的规模比单独的测试要复杂得多,促使ITS改变的原因更多,如技术进步,单个ITS组分对特定研究物质的限制,特定设定中所有测试的可获得性等。有时验证需要的是一种对测试的相似性和性能标准的衡量。例如"仿制"开发(类似于药学工业的"仿制药",指的是一个竞争者借鉴另一家公司的创新发明工作,引入与之相似活性原理的另一种化合物)必须满足什么样的标准,使其与原始开发等同。这一概念被引入验证称为"模块化方法",现在已得到广泛应用,避免了采用另外一套成熟,但需要耗费大量资源的环验证试验。例如,早期开发的基于表皮模型(如Episkin™、SkinEthic™、Epiderm™)的皮肤刺激实验替代方法通过验证,并被OECD认可列为测试指南后,更多的"仿制"三维表皮模型(如EST-1000,Labcyte)被开发,通过模块化的方法"跟随验证"后成为合规的皮肤模型。

对于是否需要多实验室操作以确立实验室之的间可重复性和转移性,有些不同的解释。对于ITS方法,需要证实测试的相似性,而对此还没有真正的操作指南。同样对于ITS组分,需要建立相似性和性能标准,而不必对ITS进行重新评估。首先这是依据早期前文所述的科学相关性及所涵盖的毒性通路。也就是说两个基于相同机制的测试方法可以互相替代。当然还可以根据结果的相关性进行互相替代。达到足够吻合度的两个测试可被认为是相似的。我们可以称这两个选择分别为"机制相似性"和"相关相似性"。

(二)ITS组成部分的最佳组合

目前典型的组件整合方式服从布氏逻辑,比如逻辑组合包括AND,OR和NOT。表5-1给出了不同的示例,即为了获得联合应用领域的结果和验证需求,将具有二分法(是/否)结果的两个测试方法与此逻辑和结果相整合。多数情况下对组件的验证即可以满足组合方法的要求,但是联合应用领域将不仅仅是两个测试应用领域的重叠。只有在简单的情况下,当两个方法检测相同的指标,区别只是针对不同的物质或物质严重程度分级,逻辑组合OR才能使应用领域相结合。如果组合的目的是要求两个检测同时为阳性,例如将一个筛查试验和一个确诊试验相整合的时候,那就必须验证整体的ITS结果。

表5-1 实验组合、应用范围及验证的关系

逻辑	举例	组合后的应用范围	验证要求
布氏逻辑			
A和B	筛查加确认	重叠	总的ITS
A或B	不同作用模式	重叠	构建模块
A或B	不同适用范围或严重程度分级	组合	构建模块

续表

逻辑	举例	组合后的应用范围	验证要求
A 非 B	排除某种特性(如细胞毒性)	重叠	总的 ITS
如果 A 阳性则 B 如果 A 阴性则 C	决策点之后的第二个测试组合结果	组合,重叠 A/B 和重叠 A/C	总的 ITS
模糊/概率			
p(A,B),函数 A 和 B 的概率	根据概率组合,如优先评分	重叠	构建模块

然而,将测试方法整合到最佳的 ITS 的主要时机就是临时决策点。此时,联合应用领域的结果更加复杂,并且一般只有总体结果才能够被验证。另一个时机就是采用模糊/概率逻辑而非布氏逻辑来整合试验。这意味着结果不是二分法(有毒或没毒),而是分配一个概率。我们可以说一个在 0(无毒)到 1(有毒)之间的值被分配。这种整合一般只能用于重叠应用领域。这也意味着只有总体 ITS 能被验证。此时最大的挑战在于参照点,正常情况下参照点需要分等级且同时也不是二分法的。

概率法的优点可以总结为:它是基于逻辑和合理性的基本原理,在理性推理中,每一个证据片段会被评估,并将与其他证据片段整合使用。基于知识和法规的评价体系,即在现有测试策略框架所表现出来的那样,通常是将专家的推理方法进行建模,而概率体系则描述了在所感兴趣领域内的证据之间的依赖性(信息目标导向)。这就保证了知识传达的客观性。在处理冲突性数据、不完整的证据和一致性的数据时,概率法也会考虑到一致性推理。

(三) 单个组成部分和整个 ITS 的应用范围

多数情况下,只有当 ITS 的所有组分应用于一个物质的评价时,才能使用 ITS。只有整合策略正好实现拓展应用范围的目的时(通过 OR 结合两种测试),整合才能体现其价值。不过,这就意味着从本质上讲单个组分检测的是相同的东西(即测试的相似性);如果测试的应用范围和测定的物质不同,那么需要首先建立一个层次结构。这是 ITS 可塑性的关键点之一,只有通过改变 ITS 的组分才能满足特定物质的应用范围。

(四) ITS 的效率

效率包括资源花费和劳动力花费,当然也包括动物福利的因素。但最终,效率应以人类健康和环境效应的预测为中心。从这个角度上讲,毒理学替代方法应当向人类关联性高的方向靠拢。例如推广 AOP 的理论,以物质 X 对细胞产生有害结局的作用方式开发替代方法,并构成 ITS 的证据,包括:

(1) 在受累的细胞中存在毒性通路的证据;

(2) 干扰/活化该毒性通路能够有效或增强有害结果;

(3) 阻碍该毒性通路的干扰/活化可消除有害结果表现;

(4) 阻断已干扰/活化的毒性通路可消除有害结果的表现;

单一组分方法之间的因果关系,可考虑应用 Bradford-Hill 标准,其要点如下:

(1) 强度:原因和效应的关系越强则越有可能是因果关系,但是弱的关联并不一定不是因果关系;

(2) 一致性:在不同地点使用不同的样本所获得的一致发现,增强了某个因素作为其效应产生的原因的角色;

(3) 特异性:某个因素和效应之间关联越特异,则两者的因果关系可能越大;

(4) 时效性:效应必须在原因之后发生;

(5) 生物梯度:暴露因素越强,则其诱导的效应的发生率越高,也可能相反;

(6) 合理性:作用因素和效应之间某个可能的机制可以提高因果关系,但是目前已知的最好的知识可能限制对此机制的认识。

(7) 一致性:流行病学和实验发现之间的一致性使这种效应的可能增加。然而实验室证据的缺少并不能意味着流行病学上相关性的失效。

(8) 实验:如果相似的诱导因素可导致相似的效应则能够增加因素和效应的因果关系。

四、设计 ITS 的关键要素

设计 ITS,应当首先制定明确的“目标”或“问题”,例如分类和标签、筛选、评估或选择产品市场批准等。因此,一旦确定 ITS 的目标,才有可能清楚地确定与之最相关的信息。2012 年,De Wever 等人给出的设计 ITS 的关键要素包括:

(一) 暴露建模

通过暴露模型快速获得化合物以及与目的最相关的测试方法的优先顺序。同时利用基于生理的药物动力学模型(PBPK)来确定源于外暴露的化合物及其代谢产物在血液和组织浓度中的内暴露剂量。正常情况下,在这种 PBPK 模型中使用默认值。但是,引入与代谢或暴露相关的体外数据可能增加此类模型体系的结果显著性。

(二) 数据收集、共享和交叉参照

预先测试一类具有相似毒性作用谱的化学物,作为化合物分类的依据。体外结果可用来揭示同一类别的物质可能存在的不同点和相同点,或用于研究同一类别的物质的生物利用度的不同点和相似点(例如透皮吸收或小肠摄取实验的数据)。

(三) 用一组测试广泛收集不同机制和作用模式的数据

例如利用基因表达和信号通路的改变来预测待测化合物的毒性是非常有意义的。

(四) 必须确保单个测试和 ITS 的适用性

对一个新方法的接受依赖于它能否简单地从方法开发者向其他实验室转移、是否需要复杂的设备和模型以及是否涉及知识产权问题,而且测试所需的花费也非常重要。另外,必要时还应对可测的和不可测的化合物进行一个准确的描述。

(五) 灵活性

允许根据目的分子、暴露模式或应用方式对 ITS 进行调整。

(六) 人类特异的方法

在任何时候都应该优先考虑基于人体的方法,以避免种系差异和消除“低剂量”外推。因此,体外方法的选择应是基于人类组织、人类组织切片或用于体外检测的人原代细胞和细胞系。如果体内研究不可避免,如果可能的话应该优先选择转基因动物。如果不能,比较基因组学(动物和人的对比)、动物和人的计算机动力学和动态学模型可能有助于克服种系差异。

这个清单将 ITS 由危害认定扩展至暴露评估并包含新的测试之外的现有数据(包括一些目前尚无指南或质量保证非常可疑的交叉参照方法和化合物分级)。这同样需要测试的灵活性,这是现有指南文件与现有 ECHA 和 OECD 指南文件的关键区别。相较于 REACH 法规,从 21 世纪毒性测试的意义上来说,它需要人类预测性和作用模式相关信息。因此考虑到基于毒性通路的概念,提出的相关建议:“当选择整合体外和计算机方法的组合去解决相关生物通路的关键步骤(ITS 的组分)的时候,使用标准化的和国际认可的测试方法是很重要的。每一个组分都应该产出可靠的、强力的且相关的数据,用于评估其设定能解决的特定方面(比如生物学通路)。如果它们符合这些元素,它们可被用于某

个 ITS 策略。

五、ITS 框架

目前最全面的 ITS 组成框架是由 Jaworska 和 Hoffmann 于 2010 年提出的，包括：

（一）明晰和一致性

ITS 应确保其所覆盖的可能的最大范围的特性可信和可接受，明晰度是达到可信目标的唯一途径。一致性同等重要，尽管证据权重方法难以实现，但是一个设计良好的 ITS，在遇到同样的、甚至可能是有冲突和/或不完整信息的时候，不管是谁、在何时何地以及如何使用它，都可以且应该总是能（重复）产生出同样的结果。明晰性和一致性在处理多样性和不确定性的时候尤其重要。尽管可以通过定性手段获得其明晰性，如通过合理的关于如何考虑多样性和不确定性的记录，但一致性却只能通过定量手段处理得到。

（二）合理性

ITS 的合理性对于保证信息被全部发觉并合理地利用是必须的。合理性也有助于通过测试获得新信息，从而集中并以有效的方式提供最翔实的证据。

（三）假说驱动

ITS 应该是假说驱动的，这通常与 ITS 的信息目标紧密相关，这样就会确保某个 ITS 的效率，因为无论在什么时候获得新信息，假说驱动的方法学将会有一定的可塑性来对假说进行调整。

总之，根据之前描述的 ITS 框架，可归纳为以下几个要点进一步补充：①信息目标的鉴别；②知识的系统性探索；③相关输入的选择；④证据合成的方法学；⑤指导测试的方法学。

六、安全性评价中 ITS 的多样性

任何一个不同实验结果的系统性组合代表了一个测试策略。而这与这些结果是否已经存在、是否由结构或相关事实估计而来、是否由理化方法测定、是否来自生物系统检验或来自人群观察并没有关系。Jaworska、Basketter 等学者提出了很多 ITS 的例子，有些例子已进入到 REACH 指导下的协调机制中，形成了如今 ECHA 指南的基础。毒理学的一些经典案例已在实践 ITS 的策略，例如：

（一）遗传毒性试验的测试组合

许多试验根据不同的应用领域而被组合起来使用，通常任何一个体外实验阳性结果都是一个警示，接下来它们通常会与体内致突变测试相整合。这种整合是非常必要的，其目的是减少该组合较高的假阳性率。Aldenberg 和 Jaworska 等学者尝试把贝叶斯网络应用于 Kirkland 收集的数据集，显示出应用概率网络分析这类数据集的可能性。

（二）眼和皮肤刺激实验的 ITS

眼和皮肤刺激是第一个得到国际范围认可的相对简单的 ITS 策略，比如在腐蚀性测试之前进行的 pH 值测试。经过来自于6 个国际验证研究、8 个回顾评价和3 个新近完成的验证研究众多数据，使该策略成为一个完美的 ITS 开发案例。皮肤刺激的 ITS 将在下节详细阐述。

（三）胚胎干细胞测试（EST）

从替代方法和 ITS 的定义来看，胚胎干细胞实验是一项测试而不是一个策略。但是请注意，胚胎干细胞实验是 ReProTect 整合项目末期开发的 ITS 的一个关键要素，如果生殖发育毒性有可能成为一

个 ITS,则 EST 是重要的测试。

(四) 皮肤致敏

近 20 年来,皮肤致敏替代方法的研究取得了重大的进展,产生了大约 20 个测试方法。特别是在 AOP 路线图的推动下,多项皮肤致敏的替代方法已通过验证和接受成为 OECD 指南,这种情况下,需要建立一个 ITS。例如图 5-1 所示贝叶斯 ITS 的开创工作。

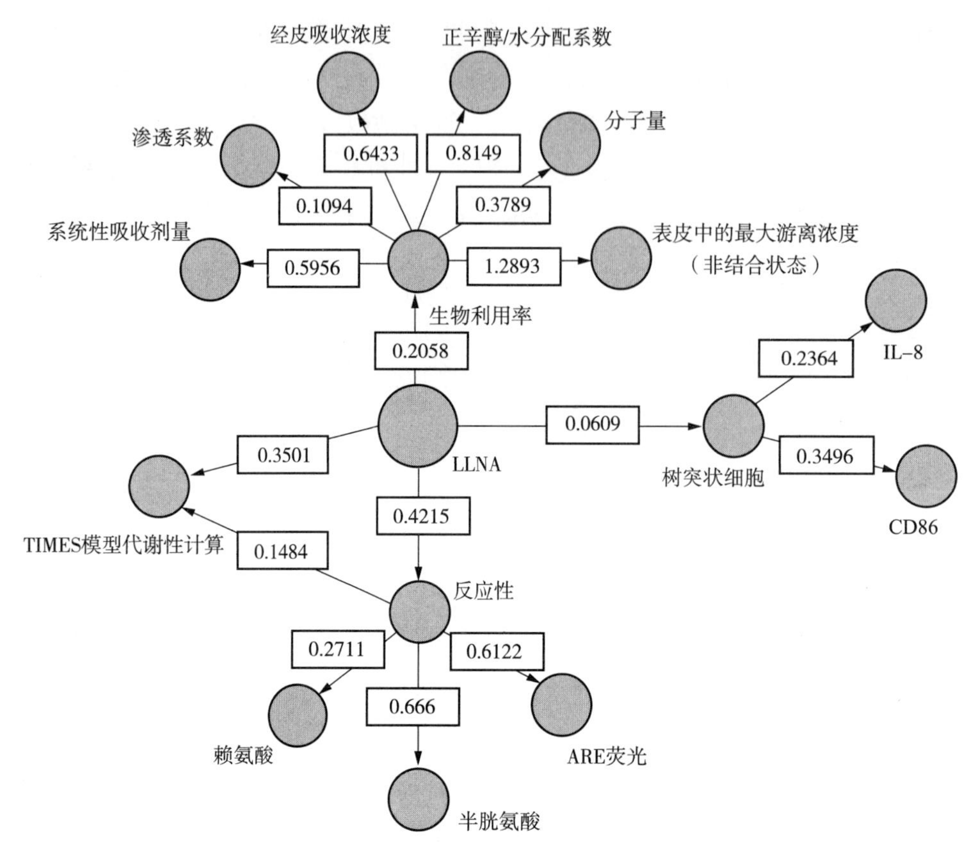

图 5-1 皮肤致敏的贝叶斯模型

七、ITS 的验证

经过多次讨论,2012 年,ECVAM/EPAA 工作组提出了 ITS 正式验证的建议。首先,对部分替代测试方法(作为一个测试策略的一部分)的验证应和一个独立使用的替代方法的验证要分开。而且任何部分替代方法都应该比独立替代方法更显著、更可靠、机制上更相关。但是,在一个测试策略中,对此类测试方法中的任何一个的预测能力的评估(即预测体内观察到的毒理学效应的准确度)并无必要,只要整体测试策略的预测能力能够说明。这对相关预测与测试化合物对所关注生物学通路(即生物学相关性)的影响相关的测试方法尤其适用。如果没有参考数据(一个金标准),这种测试方法的生物学相关性被验证的程度(实际上如何验证)依旧不明。工作组还建议在测试策略的背景下,要考虑根据如何适度地修改现有的模块化的验证方法,以使他们符合法规的要求。

其次,含有灵活性及特定方法的 ITS 不能被验证,但是对于明确定义的 ITS 的验证是必要的。然而即使如此,由于实际的限制(包括需要的化合物数量、花费、时间等),正式验证程序也可能需要调整。第三,考虑到一个测试策略的正式验证的附加价值,专家的观点差别巨大,大家讨论了多种多样的应用前景,清楚地表明了进一步知情辩论的必要性。于是工作组推荐利用 EPAA 作为工业界分享案例研究的一个论坛,进一步讨论,如何将体外或综合测试策略成功应用到安全性决策制定目的。根据这些案例研究，再讨论建立一个评估部分替代测试方法的适用性的实用方法，以期建立既满足监管接受条件并能反映正式验证的支出收益比，即建立一个验证体系和一般可接受的验证原理，就像OECD34 号指南文件里提供的一样，确定整合策略的科学准确度。

对于 ITS 的验证原则与程序还存在一些争议，Berg 等人建议通过更实际的方法来积累经验，因为去验证一个建立在随时间变化的危害识别的测试方法的策略似乎意义不大。人们应当把重点放在对新的风险评价模式进行思考，监管者需接纳接受新技术，同时也需要坚实的数据来支持新方法的应用。

那问题何在呢？如果我们遵从关联结果的传统方法，我们需要合适的参考物质来良好覆盖 ITS 的每一个分支，以建立正确的分类。然而，即使是这些很简单的独立测试，我们还是经常会因可用的具有良好表征的参考物质数量太少以及我们能负担起的测试量所限制。但是这种方法只对静态 ITS 有效，且会丧失交换组分的所有弹性。机会存在于前文提及的“机制验证”。如果我们能同意特定的组成部分涵盖特定的相关机制，我们可以放松我们的验证要求还可以接受另一个涵盖同样机制的相似测试。这并没有减少对重复性评估的需求，但是，少量与人类有关的毒物已足够显示我们至少鉴别出过去所建立的替代方法的可靠性。第二种方法就是不再以任何一个测试作为“游戏改变者”：如果我们能接受每一个测试仅改变了危害的概率，我们可以放松并微调每一个证据加在“工作上”的权重。理想情况下，这种概率危害评估似乎同样应该与概率 PBPK 模型和概率暴露模型兼容。这是概率危害和风险评价的巨大机遇。

八、面临的挑战

（一）法规认可度

在研发和验证 ITS 的同时，应当加快 ITS 的法规认可，法规认可 ITS 存在如下挑战：

（1）如何在一个整合的方法体系中使用这些工具和方法以满足监管终点，而不受当前法规需求的影响；

（2）怎样才能公开透明地收集和记录 ITS 相关的结果和文件；

（3）在整个决策制定的过程中，如何对置信度进行沟通；

（二）如何提高 ITS 的可信度

ITS 的开发受到越来越多专家的重视，相对于证据权重法和非生物学信息的应用，ITS 的应用还不够广泛。如何将这些信息包含进 ITS 中是开发和应用需要关注的问题，以下建议可供参考：

（1）对使用结构警示来鉴别效应的接受程度有限，明确作用方式可以提高接受度（如体外方法，来自于类似或一类物质的体内信息）；

（2）对阳性（Q）SAR 结果的接受度要高于阴性（Q）SAR 结果（水生动物毒性除外）；

（3）关于如何决策接受或拒绝（Q）SAR 结果的沟通可基于（Q）SAR 模型的应用范围和/或缺少透明度作出判断；

（4）（Q）SAR 结果的可接受度可通过明确某化合物的机制/作用模式以及使用适合该特异机制/作用方式的（Q）SAR 模型来提高；

（5）同类物质的信息交叉参照可用于优先度设定、分类和标记，以及风险评价；

（6）如果目标化合物和类似物具有相同的作用模式，并且目标化合物和类似物在（Q）SAR 的应用领域内，对类似物的信息以及类似物与目标化合物的（Q）SAR 结果的结合可用于急性水生生物毒性的分类、标记及风险评价；

（7）如果能表明该类似物可能比目标化合物的毒性更强，或者如果能表明目标化合物和类似物具有相似的代谢通路，那么单个类似物的交叉参照可信度是可以提高的。

(8) 如果存在实验数据表明结构类似物“包含”目标物质,交叉参照的可信度可以提高。可信度随着能提供一致数据的“好”的类似物的数量的提高而提高;

(9) 如果能确定类似物和目标化合物的总体趋势,目标化合物的低质量数据也可用于分类和标记及风险评价;

(10) 当大部分类似物的研究总结不全或不足时,可信度降低;

(11) 和目标相比,当类似物缺少功能基团时便很难判断;与目标相比,好的类似物没有功能基团并且被选择时,需要其他相似性信息而不是功能基团。

第二节 皮肤腐蚀性和刺激性的整合评估测试策略

Section 2 IATA of skin corrosion and irritation

一、概述

2002 年,OECD 修订的体内皮肤刺激性和腐蚀性测试(TG 404)中第一次提出了序列测试和评估策略。不过,当时的 OECD 理事会并没有决定在互认数据(MAD)中覆盖该补充。该策略为如何考虑现有信息和如何组织新的测试数据,用于皮肤刺激和腐蚀测试提供有价值的指导。该序列测试和评估策略中的第五步和第六步分别为使用被验证和认可的体外或离体测试方法,目的在于最小化动物使用量。然而,该策略并没有预见当采用经验证和认可的体外测试获得阴性结果时该如何使用,而只是指出这种情况下需要体内测试给予确认。之后,多个皮肤刺激性和腐蚀性的体外测试方法已经更新,并通过验证和被 OECD 认可,此外,还有一些确实有效的非标准方法,虽然未被 OECD 认可,也可以为法规监管提供进一步的数据,例如有些非标准方法可以对腐蚀性的完全亚分类和 Cat. 3 潜在微弱刺激性的预测。

2009 年 7 月,专家组建议更新 TG 404。2010 年 3 月,WNT22 通过了一项德国的提议,编写皮肤腐蚀性和刺激性 IATA 导则文件(GD)。2010 年 10 月首次专家咨询会议(Expert Consultation Meeting,ECM)在柏林举行,会议确定的整体目标编写导则 IATA 文件,并且推荐给 WNT 以修订、删减或合并现有的皮肤刺激性和腐蚀性的 OECD 指南文件,之后又分别召开了两次 ECM 会议。

该导则文件的目的在于建立用于化学物潜在皮肤腐蚀性和刺激性危害识别的 IATA,为 UN GHS 的分类和标识要求提供足够的信息。IATA 由明确而特定的“模块”组成,每个模块包含一个或多个相似类型的独立信息来源。在皮肤刺激性和腐蚀性的 IATA 中,详细描述每个模块及其单独组件的优点、不足、可能的作用和在 IATA 中的贡献,目的在于保证人类安全的前提下,最大程度的减少动物的使用量。

(一) OECD 序列测试和评估策略

2002 年 OECD TG404 测试策略中包含八个有序步骤。如果在某个特定的步骤无法获得结论,那么应当考虑策略的下一个步骤。这些逐层的有序步骤为:(1)现有人体和/或动物数据;(2)SAR;(3)pH值;(4)经皮暴露系统毒性;(5)有效且认可的体外或离体的皮肤腐蚀性测试方法应用;(6)有效且认可的体外或离体的皮肤刺激性测试方法应用;(7-8)如果体外或离体皮肤刺激性试验得到阴性结果,那么以逐步的方式使用在体兔子试验进行验证。由于有序测试策略并没有纳入 MAD,其在 OECD 成员国中不具有约束力,因此,其只作为一种推荐方法。

(二) UN GHS 的有序测试和评估策略

过去的 UN GHS 分类也提出了类似于 OECD TG404 的分层测试方法(tiered testing approach),并

且包括了一个最后步骤,即如果在体试验显示出受试物出无刺激性和无腐蚀性,可进行符合伦理的人体试验(2011 版)。2013 年 UN GHS 的测试策略进行了更新,提出了一套分层方法,在危害评估和危害识别中,对如何组织化学物或混合物的现有数据,以及如何制定证据权重决策提供指南(理想情况下不进行新的动物试验)。

该方法包括在可能的情况下进行如下评估:(1)现有人体或动物皮肤腐蚀性/刺激性数据;(2)其他现有动物皮肤数据;(3)现有体外/离体数据;(4)基于 pH 值(考虑受试物的酸/碱度)的评估;(5)有效的 SAR 方法;(6)总体证据权重考虑。尽管有些信息可能来自某一层内的单个参数的评估,但该方法建议对于现有总体信息给予考虑,并确定整体的证据权重,尤其是当有用信息的某些参数出现矛盾时。

(三) ECHA 整合测试策略

在 REACH 框架内,欧洲化学品局(ECHA)在其 2013 版化学物安全评估和所需信息指南中提出了皮肤刺激性和腐蚀性的有序策略。在 REACH 实施项目期间,已经制定了整合测试策略(Integrated Testing Strategy,ITS),其组成元素大体上与 OECD TG404 相似。ITS 提出指导如何评估不同类型的有用数据,如何处理和描述某些附加情况,如使用其他毒性数据或者现有以及相关数据的 WoE 分析。此外,有效和认可的体外测试可用于无刺激性和无腐蚀性的鉴别,目的在于避免任何皮肤刺激性和腐蚀性的体内测试。

(四) 2010 年柏林专家咨询会议

2010 年 OECD 开始实施计划:a)皮肤刺激性和腐蚀性 IATA 指南,b)建议 WNT 对 OECD 现有的体内和体外皮肤刺激性和腐蚀性测试指南,如 TG 404、430、431、435 和 439,进行可能的修订、删减和合并。主要解决以下方面内容:

(1) 行业和监管当局对 OECD TGs 的实际应用;

(2) 各个 OECD TGs 的优点和缺点;

(3) OECD TGs 的适用范围(applicability domains,AD),特别是用于化学品分类;

(4) OECD TGs 对于混合物及其制剂的适用性;

(5) 对 OECD TGs 430 和 431 制定新的性能标准(performance standards);

(6) OECD TGs 430、431 和 435 中腐蚀性假阴性的出现,以及用 OECD TG 439 获得的这些化学物结果;

(7) 如何调整 IATA 使其适应于其他有效体外方法和非测试方法(non-testing methods,NTM)的进展,包括(Q)SAR。

ECM 同意 ECHA 发布的分步程序(WoE 方法、数据检索,如果需要再进行额外测试)可作为开发新的 OECD IATA 的模板。

二、皮肤腐蚀性和刺激性 IATA 的组成

ECM 提出开发一种模块化的方法,根据所提供信息的类型,在"模块"中组合 IATA 不同的信息来源。每个单独的信息来源,用一致的方式描述其适用性、局限性和性能特征。IATA 需要八个模块作为必须元素,其可以分为表 5-2 中的 3 个主要部分。

这三个部分可指导皮肤刺激性和腐蚀性的评估。IATA 的第一部分为现有数据,可从文献和数据库以及其他可靠来源中获取现有和有用信息,用于模块 1 到 5。模块 6 理化性质中主要考虑 pH 值。模块 7 中包含有非测试方法。如果 WoE(第二部分)对潜在皮肤刺激性和腐蚀性具有不确定性,那么需要进行新的测试,优先采用体外方法(第三部分)。动物实验仅仅最为最后选择。

表 5 - 2 IATA 的组成

组成*	模块	数据
第一部分(现有信息,理化特性和非测试方法)		现有数据
	模块 1	- 现有人体数据 a) 局部皮肤效应的非标准化人体数据 b) 人体斑贴测试
	模块 2	- 体内皮肤刺激性和腐蚀性数据(OECD TG 404)
	模块 3	- 体外皮肤腐蚀性数据 a) OECD TG 430 b) OECD TG 431 c) OECD TG 435
	模块 4	- 体外皮肤刺激性数据(OECD TG 439)
	模块 5	- 其他体内和体外数据 a) 源于未被 OECD 认可方法的体外皮肤腐蚀性或刺激性数据 b) 其他体内和体外真皮层毒性数据
	模块 6	理化性质(现有,测量或预测的) - 如 pH,酸/碱度值
	模块 7	非测试方法 - 对于化学物:(Q)SAR,交叉参照,分类和预测系统 - 对于混合物:过渡性原则和可加性理论
第二部分(WoE 分析)	模块 8	WoE 方法的阶段和元素
第三部分(附加测试)	模块(5b)	其他体内和/或体外真皮毒性测试(如果其他监管需要)
	模块(3)	体外皮肤腐蚀性测试
	模块(4)	体外皮肤刺激性测试
	模块(5a)	未被 OECD 认可的体外皮肤刺激性测试
	模块(2)	体内皮肤刺激性和腐蚀性测试

* 当把三个部分考虑为一个整体顺序时,第一部分的模块 1 到 7 的顺序可以适当调整,对于第三部分更多细节可参考图 5 - 2。

皮肤刺激性和腐蚀性 IATA 程序框架重点针对的是分类和标示(C&L),在图 5 - 1 中呈现。简单来说,采用 WoE 方法评估源于第一部分的信息。如果 WoE 确凿,那么可确定 C&L。如果不确定,对于数据仍不可用,但在一些监管框架内可以满足其监管需要,应当首先进行其他体内或体外皮肤毒性测试(模块 5b)。一旦数据可用,这些附加的测试结果应纳入新的 WoE 分析。如果 WoE 仍无法确定,或者没有必要进行其他体内或体外皮肤毒性测试时,对于化学物皮肤潜在刺激性/腐蚀性,WoE 应当利用所有可用数据形成一种最大可能性的假设,用于指导后续试验的顺序,是自上而下法(top-down)还是自下而上法(bottom-up)进行。

我们知道,在混合物 IATA 模块的适用性上存在有不同数量的可用信息(见第三部分混合物的评估)并且该适用性可能取决于每个评估个案的可用信息,化学物和混合物均适用 IATA 评估。

同时这三部分作为一个有序整体,第一部分的模块 1 到 7 的顺序应适当安排。在一个模块或几个模块的信息无法被其他任何信息抵消的情况,有助于在不考虑下一个模块的条件下,对潜在皮肤腐蚀性和刺激性做出结论。

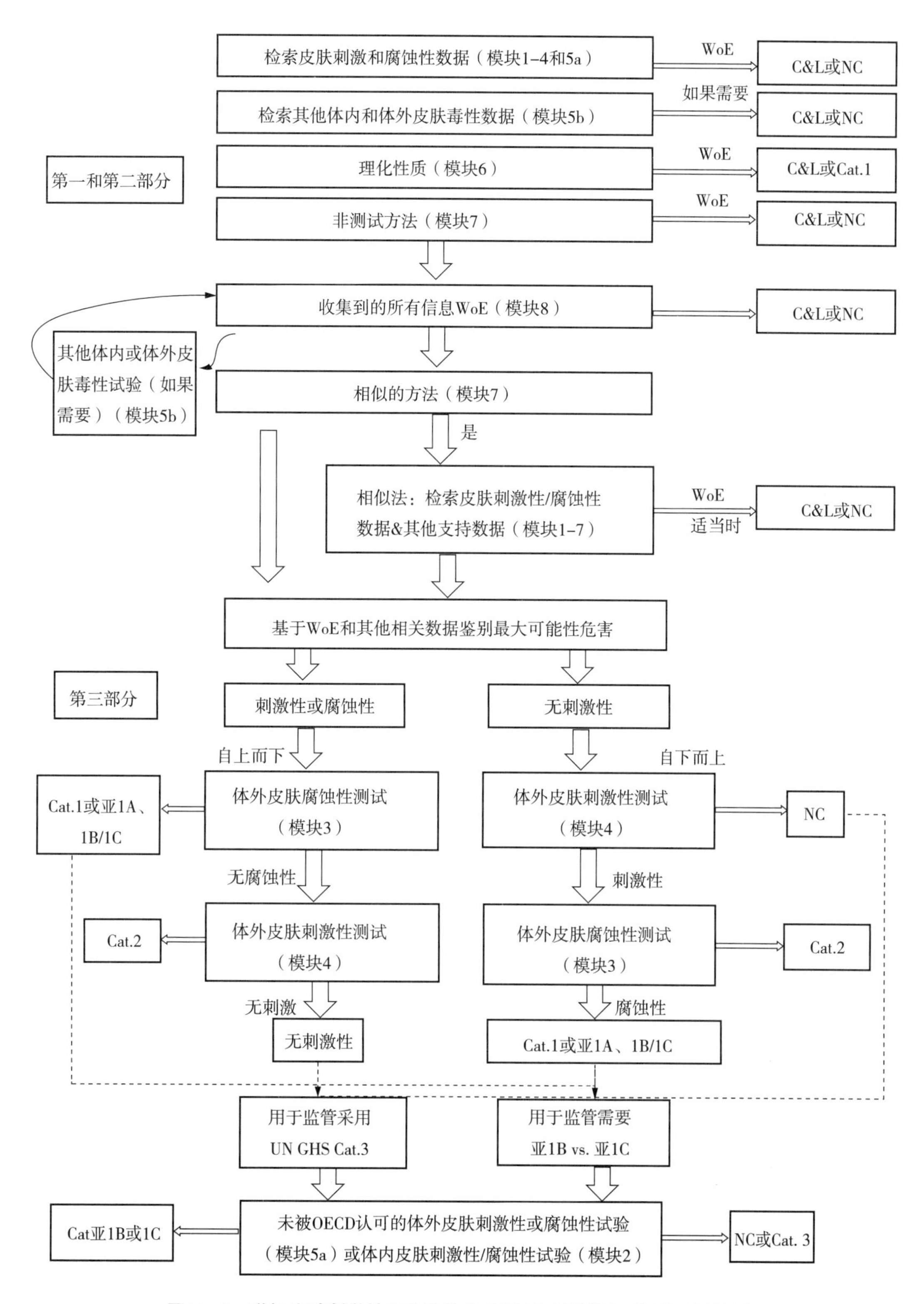

图 5－2 详解皮肤刺激性和腐蚀性的IATA（本图摘自 OECD DG205）

注：*：如果需要腐蚀性的亚分类，需要进行体外皮肤腐蚀性试验。此外，对于混合物监管情况，可加性的应用规则可能导致分类为 Cat. 2 或 NC。

**：亚分类可能性取决于特定的测试方法的使用：OECD TG435 允许区分亚 Cat. 1A，亚 Cat. 1B 和亚 Cat. 1C，但应用范围有限。OECD TG431 允许区分亚 Cat. 1A 和其他腐蚀性，但其过度分类到 Cat. 1A 的比率不同，这取决于试验方法，但后者不允许分类为亚 Cat. 1B 和亚 Cat. 1C。OECD TG430 只允许鉴定腐蚀性单个分类，没有亚分类。

***：如果在 OECD TG435 应用范围之外

该框架结构由 3 部分组成，图 5－2 描述的 8 个模块提供的信息可用于形成 IATA。理想情况下，IATA 应当是普遍适用的，并且可以确保人类安全，同时可以最大化应用现有数据、提高资源效率并最小化甚至消除动物实验的需要。

同时 WoE 方法意味着需要根据实际具体情况，对每个可用信息进行权重，IATA 包含的模块不同于其重要性的优先。例如基于相关物种或生物学和机械学方面的考虑。然而，这里强调的是，以下相对优先权重只是具有指示性，还将取决于个案中每个数据的质量。一般而言，当数据质量相等时，基于数据的监管认可目的，模块中相对优先的权重可以如下：

A 可靠的现有人体数据（特别是人体斑贴数据 - 模块 1b）将作为最大的权重。

B 体内兔子皮肤腐蚀性和刺激性数据（模块 2）和体外皮肤腐蚀性或刺激性数据（模块 3 和 4）作为同等权重考虑。

C 非测试方法（模块 7），非标准化体内外和其他皮肤毒性数据（模块 5）和理化性质（模块 6）将作为较少的固有权重。

此外，检索的现有资料，如果其直接与皮肤腐蚀性和刺激性相关，将被分到模块 1 到 4 和 5a 中。相反，模块 5b 是对其他体外和体内皮肤毒性数据进行不同搜索。因此，现有数据的搜索可以以逐步的方式进行：只有当模块 1 到 4 加上 5a 的信息无法对潜在皮肤刺激性和腐蚀性下结论时，才有必要对模块 5b 搜索（第二次搜索）。

基于第一部分的部分信息，如模块 1 到 7，一些例子可以进行简单和琐碎的 WoE，再考虑给出分组逐步搜索：

A 如果已知评估的化学物具有极端 pH 值（结合高缓冲溶液的混合物），其可以将该化学物定为腐蚀性（Cat. 1），而不需要搜索其他现有信息（模块 1 到 5）。然而，如果要求进行亚分类，那么需要进一步搜索信息。

B 如果具有高质量人体斑贴测试（模块 1b），并且体内或体外皮肤腐蚀性和刺激性没有可用数据时（模块 2 到 5b），或者有数据且与人体斑贴测试结果一致时，那么没有必要进行模块 5b 到 7 的评估。

C 如果只具有只够质量的体内皮肤腐蚀性和刺激性数据（模块 2）时，没有必要进行模块 3 到 7 的评估。

D 如果只有一个可靠的体外皮肤腐蚀性试验提示为潜在腐蚀性时，没有必要进行模块 5 到 7 的评估。

E 如果只有类似物的皮肤刺激性和腐蚀性资料，并且具有说服力的交叉比对（模块 7）时，无需进行模块 5 和 6 的评估。

参考已发布的体外眼刺激试验方法的精简概要文件模板同样适用于皮肤刺激的体外方法，对模块 1 到 7（表 5 - 2）的每个资料来源的特征，按下面进行描述：

（1）描述/定义

（2）科学依据包括作用方式（MoA）

（3）应用领域

（4）预测能力，如用敏感性、特异性和准确度表示

（5）可靠性，如用实验室内和实验室间再现性表示

（6）优势、缺点和局限性

（7）在 IATA 中的潜在作用

（程树军　陈田　黄健聪　杜军）

参考文献

[1] Ahlers J, Stock F, Werschkun B. Integrated testing and intelligent assessment-new challenges under REACH. Environ. Sci Pollut Res, 2008, 15, 565 - 572.

[2] Benfenati E, Gini G, Hoffmann S, et al. Comparing in vivo, in vitro and in silico methods and inte-

grated strategies for chemical assessment: problems and prospects. ATLA,2010,38,153 - 166.

[3] Blaauboer BJ,Boekelheide K,Clewell HJ,et al. The use of biomarkers of toxicity for integrating in-vitro hazard estimates into risk assessment for humans. ALTEX. 2012;29:411 - 425.

[4] Combes RD,Balls M. Integrated testing strategies for toxicity employing new and existing technologies. Altern Lab Animal. 2011;39:213 - 225.

[5] Fernández A,Lombardo A,Rallo R,et al. Quantitative consensus of bioaccumulation models for integrated testing strategies. Environ Intern. 2012;45:51 - 58.

[6] Hartung T. Food for thought... on evidence-based toxicology. ALTEX,2009,26,75 - 82

[7] Hoffmann S,Saliner A G,Patlewicz,G. et al. A feasibility study developing an integrated testing strategy assessing skin irritation potential of chemicals. Toxicol. Lett. 2008,180,9 - 20.

[8] Hulzebos E,Gerner I. Weight factors in an Integrated Testing Strategy using adjusted OECD principles for (Q)SARs and extended Klimisch codes to decide on skin irritation classification. Regul. Toxicol. Pharmacol. 2010,58(1),131 - 144.

[9] Jaworska J,Gabbert S,Aldenberg T. Towards optimization of chemical testing under REACH: a Bayesian network approach to Integrated Testing Strategies. Regul. Toxicol. Pharmacol. 2010,57,157 - 167.

[10] Jaworska J,Hoffmann S. Integrated Testing Strategy (ITS)-Opportunities to Better Use Existing Data and Guide Future Testing in Toxicology ALTEX,2010,27,231 - 242.

[11] Kinsner-Ovaskainen A,Maxwell G,Kreysa J,et al. Report of the EPAA-ECVAM workshop on thevalidation of Integrated testing Strategies (ITS). Altern Lab Anim. 2012;40:175 - 181.

[12] Leist M,Lidbury BA,Yang C,et al. Novel technologies and an overall strategy to allow hazardassessment and risk prediction of chemicals,cosmetics,and drugs with animal-free methods. ALTEX. 2012;29:373 - 388.

[13] OECD. Workshop on integrated approaches to testing and assessment. OECD Environment Health and Safety Publications. Series on Testing and Assessment No. 88. Paris:2008,OECD.

[14] OECD. OECD guideline for testing of chemicals No. 404: Acute dermal irritation/corrosion. Organisation for Economic Cooperation and Development,Paris,2002,1 - 13.

[15] Scott L,Eskes C,Hoffmann S,et al. A proposed eye irritation testing strategy to reduce and replace in vivo studies using Bottom-Up and Top-Down approaches. Toxicol. In Vitro,2010,24,1 - 9.

[16] Wever BD,Fuchs HW,Gaca M,et al. Implementation challenges for designing Integrated In Vitro Testing Strategies (ITS) aiming at reducing and replacing animal experimentation,Toxicology in Vitro 2012(26)526 - 534.

[17] LeBaron MJ,Geter DR,Rasoulpour RJ,et al. An integrated approach for prospectively investigating a mode-of-action for rodent liver effects. Toxicol Appl Pharmacol,2013,270:164 - 173.

[18] Jaworska J,Dancik Y,Kern P,et al. Bayesian integrated testing strategy to assess skin sensitization potency:from theory to practice. J Appl Toxicol,2013,33:1353 - 1364.

[19] Pirone JR,Smith M,Kleinstreuer NC,et al. Open-source software implementation of an integrated testing strategy for skin sensitization potency based on a Bayesian network. ALTEX,2014,31:336 - 340.

第六章　细胞毒性与系统毒性预测

Chapter 6　Cytotoxicity and system toxicology predictive

第一节　非选择细胞毒性和急性经口毒性预测

Section 1　Non-select cytotoxicity and actue oral toxicity predictive

一、基本原理

细胞毒性（Cytotoxicity）是指一种对细胞结构和/或细胞生存、增殖和功能的基本过程造成干扰的有害效应。对于大多数的化学品或者物质，毒性是“基本细胞功能”（例如：线粒体、质膜完整性等）非特异性改变的一种结果，最后可能会导致机体的器官特异性功能改变或死亡。基于大量化学品的测试数据表明，基本细胞毒性与动物急性经口毒性之间存在线性相关关系。

中性红（NR）是一种弱阳离子的体外活性染料，极易通过质膜扩散并在溶酶体内聚集，并与阴离子溶酶体基质结合形成电子稳定的状态。毒性物质改变细胞表面或者溶酶体膜，引起溶酶体脆性和其他有害改变并逐渐不可逆。这些有害改变可以引起细胞死亡和/或抑制细胞生长，导致细胞中储留中性红的含量下降。由于培养细胞吸收的中性红染料浓度与活细胞数量所占的比率直接相关，因此细胞毒性可以表示为化学物暴露后中性红摄取量呈现浓度依赖性的减少。NRU 方法可用于测定受试物的体外基本细胞毒性，并可用于确定体内急性经口系统毒性实验的开始剂量。

二、实验系统

（一）3T3 成纤维细胞及制备

1. 细胞来源

小鼠成纤维细胞系 BALB/c 3T3 细胞，克隆 31，来源于美国典型培养物保藏中心（American Type Culture Collection，ATCC，CCC－163）。ECACC 编号为 86110401。

2. 细胞复苏和制备

冷冻保存复苏的 3T3 细胞应至少传代培养两次后用于实验。当细胞融合达到 50%～80% 时，将细胞用胰酶消化后移出培养瓶，复苏后的细胞传代次数应限制在 18 代左右，避免因培养代次数增加可能出现的表型和基因型的改变。

常规培养细胞，按 2.0×10^3～3.0×10^3 细胞/100μL/孔的密度铺板。培养 24h ± 2h 可形成半融合的单层（<50%）。细胞培养应符合第一章第二节良好体外方法规范的要求。

（二）角质细胞及制备

1. 细胞来源

人永生化角质细胞系 HaCaT 细胞，应当来源于 ATCC。原代非转染的正常人角质细胞（Primary

Normal Human Keratinocyte,PNHK)来源于儿童皮肤包皮环切术,取材应符合有关伦理学规定,由实验室自行制备。

2. 细胞复苏和制备

冷冻保存复苏的NHK细胞用培养瓶培养,当细胞融合达到50%～80%时,将细胞用胰酶消化后移出培养瓶。用NHK常规培养液制备密度为1.6×10^4～2.0×10^4细胞/mL的细胞悬液。取125μL细胞悬液(约2.0×10^4～2.5×10^4细胞/孔)于96孔板的测试孔。另外取125μL不含细胞的常规培养液于96孔板的外周空白孔。细胞培养48～72h后,形成>20%的融合单层。

(三) 实验材料

1. 细胞培养试剂

新生牛血清(NCS):56℃加热灭活30min;

裂解酶(Dispase Ⅱ):用于原代人角质细胞分离培养;

0.25%胰酶/EDTA溶液:0.25%胰酶溶液与0.02mol/L EDTA溶液1∶1混匀;

青霉素/链霉素双抗(Penicillin/Streptomycin):青霉素(100U/mL),链霉素(100ug/mL);

二甲基亚砜(DMSO):分析纯,用于细胞冻存;

HEPES缓冲盐溶液(HEPES Buffered Saline Solution,HEPES-BSS):

磷酸盐缓冲液(Phosphate Buffered Saline,PBS);

Dulbecco's氏磷酸盐缓冲液(Dulbecco's Phosphate Buffered Saline,D-PBS):含钙镁阳离子;

中性红染料(NR):组织培养级,液体或粉剂均可;

无Ca^{2+}或Mg^{2+} Hanks'平衡盐溶液(CMF-HBSS);

角质细胞培养补充剂:用于原代细胞培养,含人重组表皮生长因子(EGF)(0.0001ng/mL)、胰岛素(5μg/mL)、氢化可的松(5μg/mL)、庆大霉素(30μg/mL)、两性霉素B(15ng/mL)、$CaCl_2$(0.01mmol/L)、牛垂体提取物(30μg/mL)。

2. 化学试剂

阳性对照:十二烷基硫酸钠(SLS);阴性对照:超纯水;乙醇;冰醋酸;$CaCl_2$。

3. 3T3细胞培养基

高糖DMEM,补充10%新生牛血清、4mmol/L谷氨酰胺,青霉素(100U/mL),链霉素(100μg/mL)。细胞培养基和培养条件应确保细胞周期在该细胞类型的历史正常范围内,3T3细胞的倍增时间约为18h。因3T3细胞尚无可用的无血清培养基,建议常规培养血清浓度为10%,暴露时降至5%,以免血清蛋白与化合物反应。

4. 人角质细胞培养基

无血清基础培养基:KBM(Keratinocyte Basal Medium,或K-SFM(Keratinocyte Serum Free Medium,GIBCO公司)。

常规培养基:在无血清基础培养基中添加角质细胞补充剂。常规培养基保存在2℃～8℃,不超过2周。细胞培养基和培养条件应确保细胞周期在该细胞类型的历史正常范围内,角质细胞的倍增时间约为19h。

(四) 中性红溶液

1. 3T3 NRU中性红培养液

DMEM培养液,含25μg/mL中性红染料,5% NCS,4mmol/L L-谷氨酰胺、100IU/mL青霉素和100μg/mL链霉素。

2. NHK NRU中性红培养液

角质细胞常规培养液加入33μg/mL中性红染料。NR培养液应用0.2μm～0.45μm的滤膜进行过滤，或 600g 离心 10min 以去除中性红结晶，中性红培养液在加入细胞前应在 37℃ 水浴中温育，在制备后 30min 内使用，或在离开 37℃ 水浴后 15min 内使用。

3. 中性红解析液（乙醇/醋酸液）

按体积比配制中性红解析液，含 1% 冰醋酸、50% 乙醇和 49% H_2O，现配现用，贮存不超 1h。

（五）消耗品

见第二章表 2－4。

（六）仪器和设备

见第二章一节，细胞实验室通用设备。

（七）受试物制备

1. 通用要求

如果受试物可溶解在培养基中，则细胞实验的最高实验浓度应为该物质最高溶解度的 0.5 倍；如果受试物是溶解在乙醇或 DMSO 中，细胞实验的最高实验浓度应为该物质最高溶解度的 1/200。

2. 范围确定实验的受试物稀释和制备

对数稀释（例如 10 倍稀释）方案适用于范围确定实验的受试物制备。

由于每一个浓度都比测试时所用的浓度大 200 倍，因此取一份已溶解的受试物溶液加入到 99 份培养基中，形成 1∶ 100 的稀释（例如 0.1mL 以 DMSO 或乙醇溶解的受试物溶液 +9.9mL 培养基），从而在加入细胞前得到 8 个 2×的受试物溶液，每一个 2×浓度的受试物溶液含 1%（体积分数）体积的溶剂。

对于 3T3 细胞实验，在加入受试物之前先在每孔中加入 50μl 培养基，再加入 50μl 2×浓度的受试物溶液到相应的孔中就可以在总量为 100μL 的溶液中稀释到恰当的浓度（例如：最高浓度孔的浓度是 1000μg/mL），此时的溶剂浓度为 0.5%。

对于角质细胞实验，在加入受试物之前，在每个培养板孔中加入 125μmL 的培养基，然后加 125μmL 2×浓度的受试物溶液到相应孔中，就可以在总量为 250μmL 的溶液中稀释到恰当的浓度（例如：最高浓度孔的浓度是 1000μmg/mL），同时溶剂的终浓度为 0.5%。

用培养液或溶剂（DMSO 或乙醇）制备的受试物在转移到常规培养基时可能会发生沉淀。应当对 2×剂量的溶液出现沉淀物的情况进行评估，并且记录。在范围确定实验中 2×溶液是允许出现沉淀的，但最终确定实验不应出现沉淀。

3. 主实验受试物稀释和制备

（1）稀释方法

主实验要求比范围确定实验使用一个更小的稀释因子。推荐采用十进制几何浓度系列稀释法是毒理学实验常用的方法，因为主实验都是在同一个十进制范围内，其优点是相互独立的实验的稀释因子范围无论宽还是窄都可以很容易地进行比较。

十进制几何浓度的稀释过程见表 6－1。例如稀释因子 3.16（$=\sqrt[2]{10}$）将一个 log 单位分成等距离的 2 个间隔。稀释因子 2.15（$=\sqrt[3]{10}$）将一个 log 单位分成等距离的 3 个间隔。稀释因子越小，浓度间隔越近。考虑到移液枪的误差，1.21（$\sqrt[12]{10}=1.21$）是可以达到最小的稀释因子。

以因子 1.47 作为例，加入 0.47 体积的稀释液稀释 1 体积最高浓度的溶液，混合均匀，取一体积此溶液加入 0.47 体积的稀释剂，依次同样操作 6 次，即可得到以 1.47 为稀释因子的十进制序列稀释液。

表6-1　主实验中常规培养液制备最高浓度受试物溶液

等距稀释数	稀释因子	浓度单位												
2	3.16	10						31.6						100
3	2.15	10				21.5				46.4				100
4	1.78	10			17.8			31.7			56.4			100
6	1.47	10		14.7		21.5		31.6		46.4		68.1		100
12	1.21	10	12.1	14.7	17.8	21.5	26.1	31.6	38.3	46.4	56.2	68.1	82.5	100

（2）培养液制备的受试物

对于溶解在常规培养基中的受试物，主实验中应用到细胞的受试物最大浓度应为100mg/mL，或者是最大的可溶解量的一半。如果范围确定实验只有很小的细胞毒性或无细胞毒性，那么主实验的最大剂量应按照以下方法制备：

1）称取一定量的受试物加入玻璃管，然后加入常规培养基，使其浓度达到200mg/mL。如果在范围确定实验中200mg/mL的浓度不产生细胞毒性，那么主实验贮备液的浓度可以提高到500mg/mL。采用溶解程序和溶解性实验确定的方法制备溶液。

2）如果受试物在培养基中完全溶解，应从2×的200mg/mL的浓度开始连续稀释建立另外7个浓度溶液。

3）如果受试物在培养基中的溶解度达不到200mg/mL，尝试以小幅增量方式加入培养基，通过加热、超声波等方法溶解受试物。如果2×剂量的溶液出现沉淀，可以继续进行实验并做好观察和记录，如果范围确定实验的结果需要，也可以采用更有效的溶解方法。

4）从最高溶解度的贮备液制备另外7个系列稀释浓度的贮备液。

（3）DMSO或乙醇制备的受试物

如果范围确定实验中200mg/mL的浓度不产生细胞毒性，那么主实验贮备液的浓度可以提高到500mg/mL。主实验中应用到细胞的受试物最高浓度取决于对细胞不产生毒性的DMSO和乙醇的浓度（即0.5%体积分数）。根据物质在溶剂中的最大溶解度来看，主实验中应用于细胞的最高受试物浓度应≤2.5mg/mL。

1）称取一定量受试物放入玻璃管中，加入适当溶剂（DMSO或乙醇）使浓度达到500mg/mL。采用溶解程序制备溶液。如果受试物在溶剂中完全融解，应从500mg/mL的200×贮备液开始制备另外7个浓度贮备液。

2）如果受试物在溶剂中的溶解度达不到500mg/mL，尝试以小幅增量方式，或通过其他辅助方式溶解受试物。

3）从最高溶解度的贮备液制备另外7个系列稀释浓度的贮备液。如果2×稀释的溶液出现沉淀，可以继续进行实验并做好观察和记录。

（4）阳性对照配制

阳性对照为SLS，对于每次检测的一组受试物，应设置独立的阳性对照培养板，制备8个系列稀释浓度，以获得完全的剂量-反应曲线。阳性对照板的排列方法和操作程序与受试物相同（包括浓度设置和结果标准）。建议阳性对照覆盖的4个测试浓度范围是0.05mg/mL，0.1mg/mL，0.15mg/mL，0.2mg/mL。从阳性对照得出的平均IC_{50} ±2.5标准差数值，将作为本实验方法敏感性的可接受标准。

（5）溶剂对照

当受试物用常规培养液溶解时，溶剂对照为常规培养液。如受试物用 DMSO 或乙醇溶解，溶剂对照为含有相同量溶剂（0.5V/V）的常规培养基.

三、实验过程

（一）培养板分布

采用 96 孔板，阳性对照和受试物的分布如图 6－1。

	1	2	3	4	5	6	7	8	9	10	11	12
A	VCb	VCb	C_1b	C_2b	C_3b	C_4b	C_5b	C_6b	C_7b	C_8b	VCb	VCb
B	VCb	VC1	C_1	C_2	C_3	C_4	C_5	C_6	C_7	C_8	VC2	VCb
C	VCb	VC1	C_1	C_2	C_3	C_4	C_5	C_6	C_7	C_8	VC2	VCb
D	VCb	VC1	C_1	C_2	C_3	C_4	C_5	C_6	C_7	C_8	VC2	VCb
E	VCb	VC1	C_1	C_2	C_3	C_4	C_5	C_6	C_7	C_8	VC2	VCb
F	VCb	VC1	C_1	C_2	C_3	C_4	C_5	C_6	C_7	C_8	VC2	VCb
G	VCb	VC1	C_1	C_2	C_3	C_4	C_5	C_6	C_7	C_8	VC2	VCb
H	VCb	VCb	C_1b	C_2b	C_3b	C_4b	C_5b	C_6b	C_7b	C_8b	VCb	VCb

96 孔板中，A-H 为排，1－12 为列。

VC1 和 VC2：左右溶剂对照孔，含细胞和溶剂的常规培养液。

C_1-C_8：8 个浓度的受试物，C_1 为最高浓度，C_8 为最低浓度。

C_1b-C_8b：8 个浓度的阳性对照，只加对照（SLS），无细胞。

VCb：溶剂空白对照，只有溶剂的常规培养液，无细胞。

图 6－1 阳性对照和受试物在 96 孔板的分布

（二）范围确定实验/预实验

采用对数稀释法从受试物的贮备液制备 8 个实验浓度（如 1∶10，1∶100，1∶1000），如果范围确定实验结果无法计算 IC_{50} 值，应尝试更高的受试物剂量。如果细胞毒性受溶解性限制，应采取进一步的溶解措施以增加贮备液的浓度。

（三）主实验

以范围确定实验得出的 IC_{50} 值作为中心浓度，等距向更高或向更低调整浓度，主实验应采用比预实验更小的稀释因子。范围确定实验中浓度－反应的斜率可以作为稀释因子的近似值。覆盖 IC_{50} 值在内的浓度范围应至少设置 3 个，并至少应设置 2 个点分别在 IC_{50} 的两侧。主实验至少重复两次，得出平均 IC_{50} 结果。

1. 3T3 NRU 实验

（1）第 1 天（D1）：制备细胞悬液并铺板。

（2）第 2 天（D2）：去除常规培养基，于测试孔和对应的空白孔中加入 50μL 含有不同浓度受试物的培养液（无血清 DMEM 配制）。VC 孔和对应的空白孔加入 50μL 含不同浓度受试物的培养液（参考图 6－1）。孵育 24h ±0.5h。

（3）第 4 天（D4）受试物处理至少 46h 后，相差显微镜观察每个培养板，辨别是否存在细胞接种操作错误，观察对照组与实验组细胞的生长特性。记录毒性引起的细胞形态学的变化，对照组细胞出现非预期的生长特性表明可能存在实验误差，并且可能成为实验失败的原因。孵育结束后进行中性红摄取测试。

2. NHK NRU 实验

(1) 第1天(D1):制备细胞悬液并铺板。

(2) 第3天(D3):孵育结束后,不必从培养板去除 NHK 常规培养液,直接于相应孔加入 125μL 含有不同浓度受试物的培养液。孵育 48h ±0.5h。

(3) 第5天(D5)受试物处理至少 46h 后,相差显微镜观察每个培养板的细胞生长特性。

3. 中性红摄取实验

(1) 对两种细胞:孵育结束后,去除培养孔中的培养液,并用 250μL 预热的 DPBS 小心冲洗细胞,用吸水纸吸干。

(2) 对 3T3 细胞:加 250μL 含 25μg/mL 中性红染料的 DMEM 培养液到所有孔中(包括空白孔),孵育 3h ±0.1h。

(3) 对 NHK 细胞:加 250μL 含 33μg/mL 中性红染料的 NHK 常规培养液到所有孔中(包括空白孔),孵育 3h ±0.1h。

(4) 孵育结束后,去除中性红培养液,用 250μL 预热的 DPBS 小心冲洗细胞;去除并吸干 DPBS;加入 100μL 中性红解析液到所有孔中(包括空白孔),以提取中性红染料。

(5) 在微孔板振荡器上快速振荡 20min ~45min,振荡期间,细胞板应进行遮光处理。振荡器结果后,应静置至少 5min。如果观察到有气泡,应确保在细胞板读数之前去除。

(6) 加入中性红解析液 60min 后,用酶标仪在 540nm ±10nm 处测定吸收值,以空白组为对照。

(四) 结果

1. 数据解释

减去空白 OD_{540}值后,计算每个实验孔的胞存活能力,并与溶剂对照组的 OD_{540}平均值作比较,以相对细胞活性百分比表示。从浓度 - 反应关系计算 IC_{50},可采用图表法或对数 - 概率单位法,推荐使用希尔函数,结果用以 μg/mL 或 mmoL/L 表示。

使用统计软件运行一个希尔函数分析,以复制每个浓度的细胞活性数据(例如 GraphPad PRISM 软件),来计算每个测试物质的 IC_{50}值。因为该函数使用了所有的剂量 - 反应的信息,而不只是围绕 IC_{50}的几个点。希尔函数还提供剂量反应曲线的斜率。

2. 实验接受标准

培养板溶剂对照两侧的平均校正吸光度(VC1)的偏差不超过全部溶剂对照平均校正吸光度的 15%。

在 >0% 和≤50% 的细胞活性范围内,至少应出现一个可计算细胞毒性的值,同样在 >50.0 % 和 <100% 的细胞活性范围内,至少应出现一个可计算细胞毒性的值。

例外:如果实验在 0 到 100% 之间只有一个点,并且使用的是最小的稀释因子 1.21,同时其他实验标准都满足,这个实验也可接受。

3. 阳性对照接受标准

阳性对照符合剂量 - 反应曲线,且由希尔模型拟合计算出的 R^2(决定系数)的值应≥0.85;

阳性对照的 IC_{50}值应在历史平均标准偏差(SD)的 2.5 倍范围内。最少应完成阳性对照的 10 次细胞毒性测试,以建立实验室的历史数据。

SLS 的历史均值为 0.093 ±0.023mg/mL。

4. 预期结果评估

无论是 3T3 NRU 测试还是 NHK NRU 测试,空白 OD_{540}值应该大约为 0.05。3T3 NRU 实验溶剂对照的预期校正平均 OD_{540}值为 0.476 ±0.117,NHK NRU 实验值为 0.685 ±0.175。3T3 NRU 实验阳性对照 SLS 的 IC_{50}值为 41.5 ±4.8μg/mL(n =233),NHK NRU 实验阳性对照 SLS 的 IC_{50}值为 3.11 ±

0.72μg/mL(n=114)。

四、预测模型及验证

(一)基本细胞毒性

1. 定性评价

显微镜检查细胞(如果需要,使用细胞化学染色)评价一般形态、空泡形成、脱落、细胞溶解、膜完整性等方面的变化,一般形态的改变应在实验报告中给予描述性记录。定性评价的记分方法见表6-2。

表6-2 细胞毒性记分方法

细胞毒性记分	含 义	描述
0	无细胞毒性	细胞质内颗粒离散,未发现细胞溶解,细胞生长未抑制
1	轻微细胞毒性	<20%细胞变圆和松散贴壁,细胞质内未发现颗粒物质减少或形态异常;偶有细胞溶解;仅轻微细胞生长抑制
2	轻度细胞毒性	<50%细胞变圆,细胞质内颗粒物质减少,部分细胞溶解;<50%细胞生长抑制
3	中度试细胞毒性	<70%细胞变圆或溶解;细胞层尚未完全破坏,超过50%细胞生长抑制
4	中度试细胞毒性	接近全部或全部细胞层破坏或细胞溶解

2. 定量评价

根据IC_{50}值,判断受试物细胞毒性,如果某一浓度下相对细胞活性与对照组相比≥70%,则受试物在该浓度下无细胞毒性。

通过细胞毒性预测啮齿类动物急性经口实验的开始剂量。

(二)急性经口毒性预测模型

$IC_{50}-LD_{50}$回归方程的建立综合了两个细胞的IC_{50}值,以及RC数据库的47个化学品的LD_{50}数据。两种细胞的结果与RC数据的结果回归无显著性差异(3T3 NRU回归的$p=0.642$,NHK NRU回归的$p=0.759$)。因此,不论使用哪种细胞得出的IC_{50}值,均可使用以下公式预测急性经口毒性的开始剂量:

1. 预测模型

(1)对于有相对分子质量的物质

使用IC_{50}值(用mmol/L表示)按以下公式预测log LD_{50}(用mmol/kg表示):

$$\log LD_{50}(\text{mmol/kg}) = 0.439 \log IC_{50}(\text{Mm}) + 0.621 \quad (6-1)$$

把log LD_{50}转化为LD_{50},然后乘以受试物的分子量转化为mg/kg。

(2)对于没有相对分子质量的物质

用μg/mL表示的IC_{50}值应按以下公式预测log LD_{50}(用mg/kg表示):

$$\log LD_{50}(\text{mg/kg}) = 0.372 \log IC_{50}(\mu\text{g/mL}) + 2.024 \quad (6-2)$$

UDP实验中,开始剂量是默认剂量程序中低于估计的LD_{50}值的下一个剂量,

ATC实验以及FDP的探测性研究中,开始剂量是默认剂量程序中低于估计的LD_{50}值的下一个剂量。

2. 从 mM IC_{50}值预测 LD_{50}举例

(1) mM IC_{50}值计算 LD_{50}

化学物质:1,1,1-三氯乙烷(133.4)

细胞毒性测试结果:3T3 NRU IC_{50} = 153.3mmol/L

代入 6-1 公式:$\log LD_{50}$(mmol/kg) = 0.439 $\log IC_{50}$(mmol/L) + 0.621,得出 LD_{50} = 38.019mmol/kg,

代入:得出估计的 LD_{50} = 38.019mmol/kg × 133.4mg/mmol = 5072mg/kg

IC_{50}估计 LD_{50}的相关性见图 6-2。

(2) 预测动物实验开始剂量

根据拟进行的动物实验的不同,确定动物实验的开始剂量:

(1) UDP 实验的则起始剂量预测

默认剂量:1.75,5.5,17.5,55,175,550 和 2000mg/kg(限度实验 2000mg/kg)

或:1.75,5.5,17.5,55,175,550,1750 和 5000mg/kg(限度实验 5000mg/kg)

估计的 LD_{50} = 5072mg/kg,开始剂量是默认剂量程序中低于估计的 LD50 值的下一个剂量,即 5000mg/kg。

(2) ATC 实验起始剂量的预测

默认剂量:5,50,300 和 2000mg/kg(限度实验 2000mg/kg)

或:5,50,300,2000 和 5000mg/kg(限度实验 5000mg/kg)

估计的 LD_{50} = 5072mg/kg,开始剂量是默认剂量程序中低于估计的 LD_{50}值的下一个剂量,即 5000mg/kg。

(3) FDP 实验起始剂量的预测

默认剂量:5,50,300 和 2000mg/kg(限度实验 2000mg/kg)

或:5,50,300,2000 和 5000mg/kg(限度实验 5000mg/kg)

估计的 LD_{50} = 5072mg/kg,则起始剂量确定为 5000mg/kg,只有一个默认剂量低于估计的 LD_{50}。

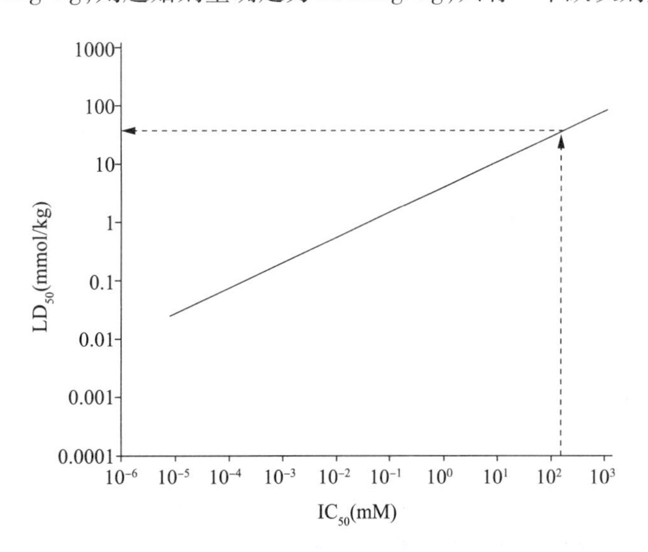

图 6-2 大鼠摩尔质量回归——IC_{50}估计 LD_{50}的关联性

虚线表示回归线中与 IC_{50}相关的 LD_{50}

3. 从 μg/mL IC_{50}值预测 LD_{50}举例

(1) μg/mL IC_{50}值计算 LD_{50}

化学物质:1,1,1-三氯乙烷(133.4)

细胞毒性测试结果:3T3 NRU $IC_{50}=20453\mu g/mL$

代入 6－2 公式:$\log LD_{50}(mg/kg)=0.372\log IC_{50}(\mu g/mL)+2.024$

$\log LD_{50}(mg/kg)=(0.372\times4.311)+2.024$

$\log LD_{50}(mg/kg)=3.628$

$LD_{50}=4246mg/kg$

IC_{50}估计 LD_{50}的关联性见图 6－3。

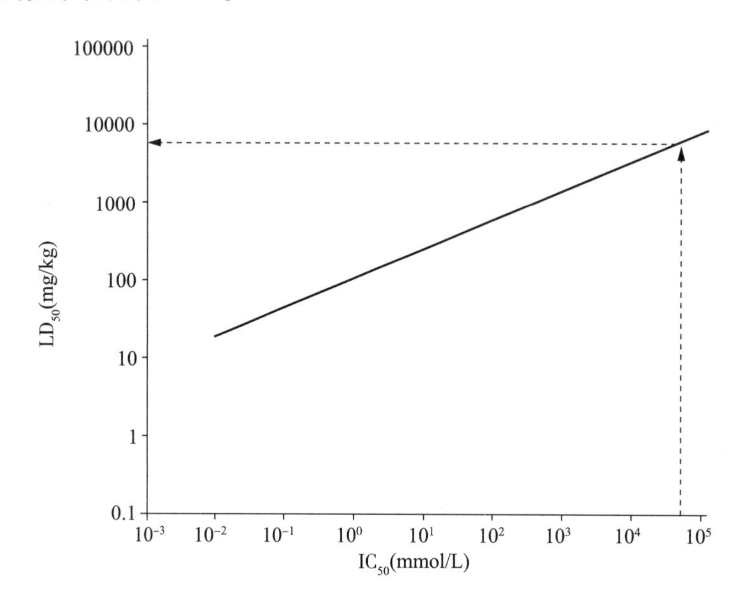

虚线表示回归线中与 IC_{50}相关的 LD_{50}。

图 6－3 RC 大鼠质量回归——IC_{50}估计 LD_{50}的关联性

(2) 预测动物实验开始剂量

根据拟进行的动物实验的不同,确定动物实验的开始剂量:

1) UDP 实验的起始剂量预测

默认剂量:1.75,5.5,17.5,55,175,550 和 2000mg/kg(限度实验 2000mg/kg)

或 1.75,5.5,17.5,55,175,550,1750 和 5000mg/kg(限度实验 5000mg/kg)

估计的 $LD_{50}=4246mg/kg$,开始剂量是默认剂量程序中低于估计的 LD_{50}值的下一个剂量,即 2000mg/kg 或 1750mg/kg。

2) ATC 实验的起始剂量预测

默认剂量:5,50,300 或 2000mg/kg(限度实验 2000mg/kg)

或 5,50,300,2000 或 5000mg/kg(限度实验 5000mg/kg)

估计的 $LD_{50}=4246mg/kg$;开始剂量是默认剂量程序中低于估计的 LD_{50}值的下一个剂量,即 2000mg/kg。

3) FDP 实验的起始剂量预测

默认剂量:5,50,300 和 2000mg/kg(限度实验 2000mg/kg)

或 5,50,300,2000 和 5000mg/kg(限度实验 5000mg/kg)

估计的 $LD_{50}=4246mg/kg$;开始剂量是默认剂量程序中低于估计的 LD_{50}值的下一个剂量,即 2000mg/kg。

(三) 验证认可

美国 ICCVAM2006 年验证有效,可作为急性经口毒性的开始剂量预测的方法。2011 年,OECD 将该方法编入导则 129 文件,用于三项优化急性经口毒性方法的参考文件。

五、适用范围

（一）适用范围

体外中性红实验方法可以广泛的应用于许多物质的测试，只要这些物质能在细胞培养液或者无毒性的溶剂中溶解（在实验所需的浓度），以及不与培养液相互反应。虽然这些实验方法可以用于混合物，但没有经过验证研究进行评估。标准所述方法可能会低估那些毒性作用机制并不是作用于3T3或者NHK细胞的物质的毒性（例如：那些特异性的神经毒性和心脏毒性）。因此，只有当这些实验方法在更多合适的细胞系建立起来的时候，这些物质的基本细胞毒性实验的结果才能用于预测确定的体内效应。

（二）不适宜测试的物质

在水中不溶或者不稳定的物质不适用于这个测试系统。如果CO_2可以透过用来封闭培养孔的塑料薄膜，那么挥发性物质实验得到的结果也是可以接受的。对于已知的腐蚀品，如果法规不要求做急性经口系统的毒性实验，那么就不需要进行细胞毒性测试。3T3中性红实验法可能会低估那些与血清蛋白高度结合的物质的毒性，因为受试物暴露过程中用的培养基中含有5%的血清。那些特异性的影响溶酶体的物质的毒性可能会被高估，因为这些物质可能会影响中性红的结合，从而使中性红残留在细胞内。在中性红光吸收范围以内的红色物质（以及其他有色物质）如果在冲洗以后还残留在细胞内达到一定的量，随后溶解在中性红解析液中，就可能会干扰实验。

（三）局限性

对于挥发性受试物，IC_{50}的变化可能比较大，尤其当化合物的毒性非常低时。可以采用能透过CO_2但不能透过挥发性受试物的塑料薄膜封闭培养盖加以解决。

由于3T3细胞代谢能力较低，对于那些需要代谢为毒性中间体或产物的化合物的毒性可能低估。

能与血清蛋白结合和物质可能会低估其毒性，可以通过化合物暴露时降低培养液中血清的浓度来克服，或使用无血清培养液。

水中不稳定或发生爆炸的受试物不能用于实验。

特异性的攻击处于分裂中细胞的物质，其体内毒性可能被高估。

受试物对细胞内溶酶体具有选择性作用时，可能会出现细胞活性读数偏低的情况。如硫酸氯喹，它能改变溶酶体的pH值，产生抑制NRU的作用。

除非在经过冲洗后细胞内仍残留有足够量的该种受试物，并能溶解于中性红溶液中，否则红色的受试物在中性红所在的波长范围内产生吸收作用，可能干扰实验结果。

对于毒性机制与3T3或者NHK细胞作用无关的物质，通过体外中性红实验预测的大鼠经口LD_{50}值和确定的急性经口全身毒性实验的起始剂量的期望不大。这些毒性机制包括在中枢神经系统或心脏特异的、通过受体介导的作用机制。

六、实验报告

实验报告应满足通用要求，具体见第一章。

七、能力确认

（一）阳性对照建立历史数据

最少应完成10次独立的阳性对照的细胞毒性测试，用于建立实验室的历史数据。每次测试样品时

的阳性对照的 IC_{50} 值应在历史平均标准偏差(SD)的2.5倍范围内。SLS的历史均值为0.093mg/mL±0.023mg/mL。

(二)参考物质的测试数据

选择不同化学类别和溶解性质的标准化学品,建立细胞毒性数据,并与参考值比对。表6-3为NICEATM-ECVAM体外基本细胞毒性验证研究的体外和体内数据。

表6-3 细胞毒性参考数据

化学品	CASRN	3T3 NRU IC_{50}/(μg/mL)	NHK NRU IC_{50}/(μg/mL)	参考急性经口 LD_{50} 值/(mg/kg)
1,1,1三氯乙烷	71-55-6	17248	81225	12078
异丙醇	67-63-0	3618	5364	5105
5-氨基水杨酸	89-57-6	1667	46.7	3429
N-乙酰对氨基酚	103-90-2	47.7	518	2163
乙腈	75-05-8	7951	9528	3598
邻乙酰水杨酸	50-78-2	676	605	1506
氨基蝶呤	54-62-6	0.006	669	7
盐酸阿米替啉	549-18-8	7.05	8.96	348
三氧化二砷	1327-53-3	1.96	5.26	25
硫酸阿托品	5908-99-6	76	81.8	819
硼酸	10043-35-3	1850	421	3426
白消安	55-98-1	77.7	260	12
氯化镉	10108-64-2	0.518	1.84	135
咖啡因	58-08-2	153	638	310
玛卡西平	298-46-4	103	83.2	2805
四氯化碳	56-23-5	NA	NA	3783
水合氯醛	302-17-0	183	133	638
氯霉素	56-75-7	128	348	3491
柠檬酸	77-92-9	796	400	5929
秋水仙碱	64-86-8	0.034	0.007	15(mouse)
硫酸铜五水合物	7758-99-8	42.1	197	474
放线菌酮	66-81-9	0.187	0.073	2
邻苯甲二酸二丁酯	84-74-2	49.7	28.7	8892
敌敌畏	62-73-7	17.7	10.7	59
酞酸二乙酯	84-66-2	107	120	9311
地高辛	20830-75-5	466	0.001	28
N,N-二甲基甲酰胺	68-12-2	5224	7760	5309
敌草快	6385-62-2	8.04	4.48	160
乙拌磷	298-04-4	133	270	5
硫丹	115-29-7	6.35	2.13	28
酒石酸肾上腺素	51-42-3	59	87.4	4(mouse)
乙醇	64-17-5	6523	10018	11324
乙二醇	107-21-1	24317	41852	7161
甲氰菊酯	39515-41-8	24.2	2.43	76
赤霉素	77-06-5	78105	2856	6040

续表

化学品	CASRN	3T3 NRU IC_{50}/(μg/mL)	NHK NRU IC_{50}/(μg/mL)	参考急性经口 LD_{50}值/(mg/kg)
格鲁米特	77－21－4	174	174	600
甘油	56－81－5	24655	24730	19770
氟哌啶醇	52－86－8	6.13	3.36	330
六氯酚	70－30－4	4.19	0.029	82
乳酸	50－21－5	3044	1304	3639
林旦(R－六六六)	58－89－9	108	18.7	100
碳酸锂	554－13－2	5625	468	590
甲丙氨酯	57－53－4	519	357	1387
氯化汞	7487－94－7	4.12	5.8	40
甲醇	67－56－1	NA	1529	8710
烟碱	54－11－5	361	107	70
百草枯	1910－42－5	20.1	61.6	93
对硫磷	56－38－2	37.4	30.3	6
苯巴比妥	50－06－6	573	448	224
苯酚	108－95－2	66.3	75	548
苯基硫脲	103－85－5	79	336	3
毒扁豆碱	57－47－6	25.8	88.5	5
氰化钾	151－50－8	34.6	29	7
氯化钾	7447－40－7	3551	2237	2799
盐酸普鲁卡因胺	51－06－9	441	1741	1950
盐酸普萘洛尔	3506－09－0	13.9	35.3	466
尼泊金丙酯	94－13－3	26.1	16.6	6332(mouse)
亚砷酸钠	7784－46－5	0.759	0.477	44
氯化钠	7647－14－5	4730	1997	4046
重铬酸钠	7789－12－0	0.587	0.721	51
氟化钠	7681－49－4	78	49.8	127
次氯酸钠	7681－52－9	1103	1502	10328
草酸钠	62－76－0	37.7	337	633
硒酸钠	13410－01－0	29	10.2	3
马钱子碱(士的宁)	57－24－9	158	62.5	6
硫酸铊	7446－18－6	5.74	0.152	25
三氯乙酸	76－03－9	902	413	5229
三乙撑密胺(曲他胺)	51－18－3	0.272	1.85	4
三苯基氢氧化锡	76－87－9	0.017	0.01	329
丙戊酸	99－66－1	916	512	995
盐酸维拉帕米	152－11－4	34.9	66.5	111
二甲苯	1330－20－7	721	466[4]	4667

八、拓展应用

（一）细胞毒性有什么其它用途

3T3 小鼠成纤维细胞和人角质细胞是实验室最常用的细胞工具，了解化合物的基本细胞毒性可为后续的研究提供预实验的数据。例如用于确定主实验的浓度范围、预测毒性的大小和评估机制研究的可行性，也可以为后续的其它细胞水平测试提供参考。角质细胞作为构成皮肤屏障功能的主要细胞，还可用于刺激性的预测和功效性的研究。3T3 细胞转化实验还常用于化合物致癌性的测试中，以及用于光毒性测试和胚胎干细胞的测试，可分别参见第十章和第十三章。

细胞实验可用于化妆品原料的筛查，从而找到温和与低刺激性的原料。例如，对于不同结构的表面活性剂的细胞毒性分析比较，可通过设置不同浓度、暴露时间对多种典型体细胞的作用，从细胞层次进行毒性筛查、比较和浓度-效应分析。

（二）细胞毒性作为整合测试的一部分用于口腔护理品的评估

根据欧洲化妆品法规，化妆品在确保安全之后才能上市。很多个人护理产品，如口腔护理产品，由于其颗粒物质和应用的多样性，因此没有固定的方案用于评估潜在的风险。所以可采用整合测试策略，组合细胞、组织和器官的方法用于口腔产品中羟基磷灰石蛋白质复合物安全性评估。用鸡胚绒毛膜尿囊试验评估刺激效应，用 3T3 小鼠成纤维细胞进行细胞毒性试验，用人眼角膜模型分析炎性介质和毒性试验，用巨噬细胞试验进行细胞毒性、炎性介质和氧化应激的研究。在整合策略中，细胞毒性作重要组成部分，对于化妆品安全性综合性评估起到重要作用。

（三）细胞毒性的检测方法如何选择

细胞毒性的检测方法有很多，实验室常用的有 MTT（噻唑蓝）试验、中性红吸收法、XTT、台盼蓝染色法（拒蓝染色法）、7AAD 染色法等，实验室在进行细胞毒性测试时应根据实验实际需要及样品的理化性质进行不同方法的选择。

MTT 在实验室中应用较为广泛，能被活细胞线粒体内的脱氢酶还原成蓝紫色的结晶甲臜（formazan），蓝紫色结晶能被二甲基亚砜（DMSO）提取，因此可以通过测定波长为 490nm 下吸光度值反映活细胞数目，但样品有还原性或能与 MTT 反应导致 MTT 减少或存在蓝紫色颜色干扰时应选择其他方法，如中性红吸收法。中性红法能使活细胞溶酶体着色，并被由乙酸和乙醇配制的提取液提取，因此能在 570nm 波长下进行比色反映出活细胞数目，但在加入提取液前应先将孔内中性红染液用 PBS 清洗 2 次，确保无中性红残留，否则会严重影响实验结果。中性红与 MTT 法均测定活细胞相对数量，但存在一定局限性，台盼蓝染色法和 7AAD 则相反。台盼蓝能使死细胞染色，而活细胞不着色，因此可用于普通镜检，但台盼蓝法不能反映出活细胞的代谢活性差异。7AAD 染色法，实验室常用于流式细胞仪对活细胞与死细胞的区分，死细胞会被 7AAD 染色标记，通过流式细胞仪检测被 7AAD 染色的细胞的比率，反映出活细胞数量，在代谢活性分析上获得的数据也较其他方法更全面。

（四）吸入毒性预测

参考 3T3 中性红吸收细胞毒性测试方法，优化后用于吸入毒性的预测。具体是将细胞接种于插入式培养皿，细胞生长成单层后，不同浓度的化学物质气液界面暴露细胞约 2h～3h，中性红吸收检测细胞活性，分析化合物暴露的浓度效应关系。常用的吸入暴露装置如 VITROCELL 公司的单槽（ASK），双槽（ASKQ）和 6 槽（6CLOLD）等染毒仪。采用这一系统可用于研究烟草的吸入毒性，也可用于空气污染物、农药和可吸入气体的毒性检测。

（五）急性毒性预测的组合策略

NRU 实验用剂量-反应法测定细胞毒性的 IC_{50} 值，然后通过线性回归方程估算经口 LD_{50} 值，后者可作为大鼠急性经口系统毒性实验(包括 UDP、ATC 或 FDP)的开始剂量。应按照证据权重的原则使用 NRU 实验方法,并考虑与其他数据和信息结合使用,如定量构效关系(QSAR)预测、相关物质的 LD_{50}、其他可能用于接近真实 LD_{50} 值预测的已有资料。

九、疑难解答

(一) 可溶性受试物的溶解程序是什么

对于溶解在常规培养基中的受试物,主实验中应用到细胞的受试物最大浓度应为 100mg/mL,或者是最大的可溶解量的一半。如果范围确定实验只有很小的细胞毒性或无细胞毒性,那么主实验的最大剂量应按照以下方法制备:

(1) 称取一定量的受试物加入玻璃管,然后加入常规培养基,使其浓度达到 200mg/mL。如果在范围确定实验中 200mg/mL 的浓度不产生细胞毒性,那么主实验贮备液的浓度可以提高到500mg/mL。采用溶解程序和溶解性实验确定的方法制备溶液。

(2) 如果受试物在培养基中完全溶解,应从 2 × 剂量的 200mg/mL 的浓度开始连续稀释建立另外 7 个浓度溶液。

(3) 如果受试物在培养基中的溶解度达不到 200mg/mL,尝试以小幅增量方式加入培养基,通过加热、超声波等方法溶解受试物。如果 2 × 剂量的溶液出现沉淀,可以继续进行实验并做好观察和记录,如果范围确定实验的结果需要,也可以采用更有效的溶解方法。

(4) 从最高溶解度的贮备液制备另外 7 个系列稀释浓度的贮备液。

(二) 难溶受试物的溶解程序

对于用 DMSO 或乙醇制备的受试物,如果范围确定实验中 200mg/mL 的浓度不产生细胞毒性,那么主实验贮备液的浓度可以提高到 500mg/mL。主实验中应用到细胞的受试物最高浓度取决于对细胞不产生毒性的 DMSO 和乙醇的浓度(即 0.5% 体积分数)。根据物质在溶剂中的最大溶解度来看,主实验中应用于细胞的最高受试物浓度应≤2.5mg/mL。

(1) 称取一定量受试物放入玻璃管中,加入适当溶剂(DMSO 或乙醇)使浓度达到 500mg/mL。采用溶解程序制备溶液。如果受试物在溶剂中完全融解,应从 500mg/mL 的 200 ×贮备液开始制备另外 7 个浓度贮备液。

(2) 如果受试物在溶剂中的溶解度达不到 500mg/mL,尝试以小幅增量方式,或通过辅助方式溶解受试物。

(3) 从最高溶解度的贮备液制备另外 7 个系列稀释浓度的贮备液。如果 2 × 稀释的溶液出现沉淀,可以继续进行实验并做好观察和记录。

(三) 用培养基溶解时出现沉淀该怎么办

如果受试物在培养基中的溶解度达不到 200mg/mL,可以通过加热、超声波、搅拌、微波等方法助溶。如果 2 × 剂量的溶液出现少量沉淀,可以继续进行实验,观察是否对比稀释后仍有沉淀,并做好记录。

(四) 如何选择阳性对照品

阳性对照的纯度会对质控结果产生影响,建议选择稳定来源和纯度一致的标准品,建议阳性对照覆盖的4 个测试浓度范围是 0.05mg/mL,0.1mg/mL,0.15mg/mL,0.2mg/mL。从阳性对照得出的平均 IC_{50} ±2.5 标准差数值,作为本实验方法敏感性的可接受标准。

(五) 如何做好质控

记录毒性引起的细胞形态学的变化,对照组细胞出现非预期的生长特性表明可能存在实验误差,并且可能成为实验失败的原因。

培养板溶剂对照两侧的平均校正吸光度（VC1）的偏差不超过全部溶剂对照平均校正吸光度的15%。在>0%和≤50%的细胞活性范围内，至少应出现一个可计算细胞毒性的值，同样在>50.0%和<100%的细胞活性范围内，至少应出现一个可计算细胞毒性的值。

（六）如何保证细胞质量对结果的影响

中性红实验成功的关键在于细胞生长充分，达到一定的细胞毒性来计算 IC_{50} 值，不出现中性红结晶，以及用希尔函数很好的拟合浓度-反应数据。暴露于受试物的细胞最好是处于指数生长期。应当控制 OD_{540} 值不低于0.3，当细胞看起来健康和对SLS的反应是正常时，低的 OD_{540} 值也是合理的。如果以上两种情况都没出现，那么有可能是细胞受到支原体（或者其他，如细菌、真菌）污染，或者是环境条件（温度、CO_2、湿度）、细胞培养液或者细胞培养液成分（3T3细胞培养所需血清或者NHK培养所需生长因子）等不合适。3T3达到100%的融合对于受试物暴露是很合适的，但是对于NHK的暴露不应超过100%，因为融合的NHK细胞会产生抑制细胞生长以及促进细胞的分化的因子。

（七）细胞接种密度对细胞毒性的影响

细胞接种密度可影响细胞毒性的结果，如果密度过高，细胞毒性检测浓度-效应曲线会右移，检测结果偏低。实验室应结合实际情况，把细胞毒性测试方法的操作过程稳定下来，包括细胞接种密度，血清使用浓度，甚至细胞传代频率等。

（八）什么情况下无法计算 IC_{50}

物质溶解性是否能够引起细胞毒性并足以计算 IC_{50} 值，因此，溶解性是一个限制因素，尤其是一些相对无毒的受试物。不溶物质可能导致储备液或者细胞培养孔中出现沉淀或者薄膜。除了这个方案中所推荐的溶剂，如果其他的溶剂所用到的浓度不产生细胞毒性，那么也可以使用。一些附加的操作如长时间的搅拌和加热也可能增加受试物的溶解度。对于挥发性物质应给予特别注意，不恰当的毒性暴露，可能会人为造成受试物质从培养孔中逃逸成为“空气传播”的物质。靠近最高浓度受试物孔的空白孔的细胞活性下降可能表明受试物具有挥发性（图6-1中建议的96孔板分布中的VC1孔）。然而，对于某些挥发试剂的细胞毒性实验可以采用塑料薄膜封住培养孔来防止挥发，同时减少对相邻的VC孔的污染。

（九）实验的干扰因素

中性红染料结晶会影响 OD_{540} 的测量结果。空白 OD_{540} 值会从0.05增加到接近0.1或者更高。配制和储存中性红染色剂是减少结晶形成的关键因素。因此，中性红染色剂要现配、过滤，使用前保存在37℃。

（十）什么情况下使用标准希尔函数（Standard Hill Function）

对于大多数符合S形曲线的化合物，可以通过希尔函数得到浓度-反应关系，得到受试物浓度和反应关系的逻辑数学模型，确定 IC_{50}，它有四个参数。公式如下：

$$Y = \text{Bottom} + \frac{\text{Top} - \text{Bottom}}{1 + 10^{(\log EC_{50} - \log X)\text{HillSlpoe}}} \quad (6-3)$$

式中：

Y——反应（即%生存率）；

X——产生反应的物质浓度；

Bottom——最小反应（活性为0%，毒性最大）；

Top——最大反应（活性最大）；

EC_{50}——产生最大和最小反应浓度的中点值；

HillSlope——曲线斜率。

当 Top = 100% 存活率和 Botoom = 0% 存活率时，EC_{50} 等于 IC_{50}。

（十一）特殊情况下的统计问题

将浓度 - 反应关系数据带入希尔函数进行拟合可以计算出合适的 IC_{50} 值。毒物，尤其是作用于细胞周期中单一时期的毒物，在确定剂量范围过程中随着 log 剂量的增加细胞活性百分率会在 50% 左右大幅摆动。在这种情况下，主实验应该集中于导致 50% 细胞活性下降的最低浓度。浓度 - 反应关系中，随着浓度的增加细胞活性百分率趋于平稳，而不是一直降低到 0% 的情况，此时用希尔函数拟合可能效果不好（即 $R^2 < 0.9$）。使希尔函数的拟合性提高需要调整函数中 Bottom 参数而不是强制性的确定活性为 0%。此时，标准希尔函数的 EC_{50} 将不再等同于减少 50% 细胞活性的浓度。希尔函数的计算公式就应该重新整理成下面的公式来计算 IC_{50}：

$$\log IC_{50} = \log EC_{50} - \frac{\log\left(\frac{Top - Bottom}{Y - Bottom} - 1\right)}{HillSlope} \qquad (6-4)$$

这里的 IC_{50} 是指产生 50% 细胞毒性的浓度，EC_{50} 是产生最大和最小反应浓度的中间值；Top 是最高百分比活性，Bottom 是最小活性（毒性最大），Y = 50（表示 50% 的反应），HillSlope 是反应的斜率。标准的 Hill 函数公式的 X 在重新整理的 Hill 函数公式中已经换成了 IC_{50}。

第二节　肝细胞毒性及全身毒性预测

Section 2　Hepatocyte toxicity and system toxicity predictive

一、原理概述

（一）毒性预测框架

美国 NRC 的“21 世纪毒理学试验的前景和策略”报告提出重新评价如何进行毒理学试验和风险评估，其核心理念是利用新技术在对所使用的生物系统更加了解的基础上把过时的、无效的、耗费高和以动物为中心的毒理学试验和风险评估方法转变成更有效的、经济的、减少动物用量和与人类健康相关的方法。但是对于如何开发一个切实可行的毒性筛查路径，并经过反复优化之后实现对生物系统更充分的理解，并在此基础上加快预测毒理学工具和手段的变革，这是毒性测试当前关注的焦点。本节简要介绍毒性预测框架的组成，目的在于拓展化妆品毒理学的视野，从局部毒性拓展到全身毒性的范围。

按照新的毒性测试模式建立的毒性预测框架由一系列连续的以暴露限值（margin of exposure，MOE）作为主要指标的试验组成。框架第一层整合了来自高通量体外试验、体外向体内外推的药代动力学模型（in vitro-to-in vivo extrapolation，IVIVE）和模拟暴露数据。体外实验可以根据化学物质对生物学靶标相互作用的选择性来区分化学物质，并鉴别产生这些相互作用的浓度。IVIVE 模型是把体外试验的浓度通过计算分离点（point of Departure，POD）转换成外剂量，并且和人体暴露估计值做比较以得出 MOE 范围。第二层包括短期体内研究、扩大的药代动力学评估和优化的人体暴露估计。第二层的研究结果提供更精确的 POD 和 MOE 预测。第三层包括传统的评价化学品安全性的动物学研究。每一层中选择性化学物质的 POD 主要是根据可能的作用方式的终点得来的，而非选择性化学物质的 POD 是根据潜在的生物学紊乱得来的。根据得到的 MOE，在前两层已经评估过的化学物质，有相当部分可以无需进一步评估。这个框架提供了一个基于风险的和节省动物的评价化学物质安全性的方法，既借鉴了大量的以前试验的经验，又结合了先进的技术带来的效率。

框架第一层图 6 - 4 所示，包括 5 个部分：（1）用高通量的体外试验把化学物质分成选择性作用模式和非选择性作用模式两类；（2）体外遗传毒性试验用于区别潜在遗传毒性和非遗传毒性化学物质；

(3)体外向体内外推的药物动力学模型,把体外试验浓度转化成临床使用剂量;(4)高通量暴露模型估计人体化学物质暴露;(5)计算暴露边界。尽管这些体外测试方法的选择对于全面阐明化学品引起的毒性机制可能不是很理想。但是ToxCast项目建立的数据是目前可用的建立这个毒性预测框架的最大的数据库,为下一步优化试验组合,以及建立预测毒性的切实可行的通路提供了一个重要的起点。

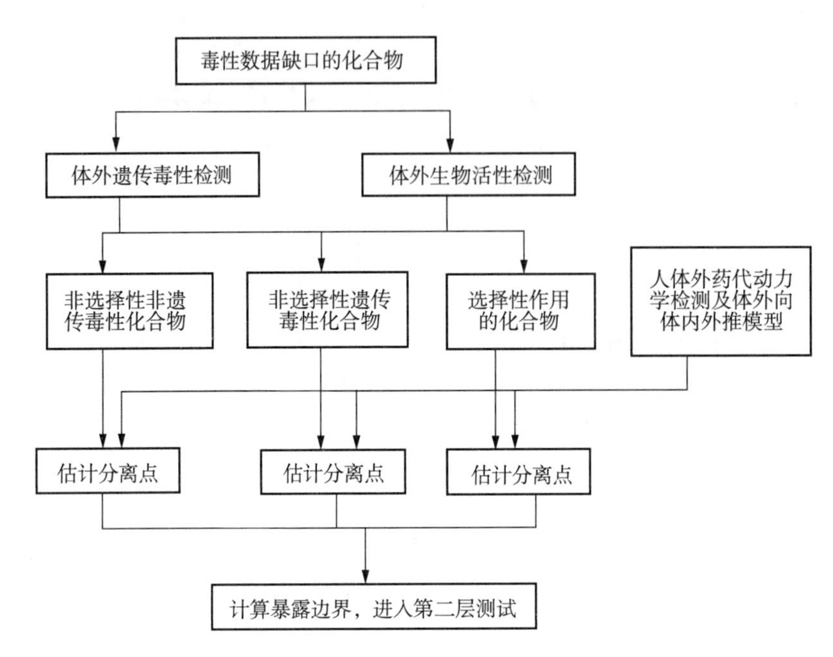

图6-4 毒性预测框架内第一层测试方法流程图

(二)高通量体外毒性筛查

根据化学物质产生毒性的方式,可以简单地把化合物与细胞和细胞大分子发生相互作用的方式分为非选择和选择性(受体介导的毒性)两类。这样,利用高通量体外筛查试验,不仅可以预测化合物的危害,还可以用来区分化学物质产生毒性的方式。因此,对于第一层的体外试验数据的分析,还应当包括识别哪些选择性交互作用对于毒性是重要的。首先,体外试验通过基因毒性测试进行分组从而排除一些重复的试验。例如所有评估α雌激素受体(ESR1)结合或者转录活性的体外试验都被分到一组,不适用于特殊的选择性毒性测试的体外实验(例如:普通细胞毒性试验)结果就会从分析中剔除。如果任何一个有关基因毒性的体外试验存在半数激活浓度(concentration at 50% of maximum activity, AC_{50}),就认为这个化学物对该基因有激活或者抑制作用。因此,越多的基因具有 AC_{50},则该化学品分类为选择性的可能性就会越高。

根据这个概念,对于每一种未知毒性缺口的化合物,体外实验方法都可以根据其毒性作用选择性的可能性初步分为两类。一类为非选择性毒性测试,类似于本章第一节的普通细胞毒性试验。另一类为选择性毒性测试,类似于遗传毒性(见第十二章)、胚胎毒性和内分泌干扰(见第十三章)、神经和肝脏毒性等。建立更多的与基因相关的体外筛查方法,可以在毒性测试的早期发现化合物具有的选择性作用的特征。再选择一些互补性的测试,并考虑不同体外实验被激活的剂量范围的差异。

(三)选择性作用的化学物质和作用模式

对于选择性作用的化学物,高通量的体外试验可用来鉴定潜在MOA的关键事件。作用模式(MOA)是指导致有害结局产生的生物学上合理的一系列关键事件。关键事件一般是对于结局至关重要的可以观测的点。虽然最开始经常把MOA简单的理解成一系列线性的关键事件,实际上MOA包含相互依存的有反馈循环的事件网。以证据权重法建立MOA假设是根据改进的Bradford Hill标准,并不局限于统计学上的意义,而应当综合考虑关键事件的剂量反应和时间一致性、协调性和特异性,以及生物学合理性。见本书第四章的描述。

具有选择性作用的化学物质,其引发关键事件的剂量必须是等于或者低于引发可观测的不良结局的剂量(换言之,引发关键事件和有害结局的剂量应一致)。除了剂量一致性,也可以定性地评估体外试验与体内有害结局在生物学上的相关性。如果体外试验代表的关键事件说明了剂量一致性和生物相关性,经口等效剂量值将会被当作剂量反应关系评估的分离点(POD)。所以,通过一系列的测试和分析,可以在第一层就能确定选择性化学物质的 MOA。

(四) 非选择性的化学物质和生物学紊乱

通常情况下,确定 MOA 既不高效也不经济,因为化学物质交互作用并且扰乱多个细胞过程。因此,通常的做法是先进行高通量的非选择性细胞毒性测试。可以使用相对简单的实验系统和相对快速的检测参数了解化合物的特性。通常认为最灵敏的体外试验是保护性的,对于化妆品原料的评估是非常重要的手段。

(五) 不能进行体外筛查的化学物质

体外细胞毒性,以及更快速的高通量筛选平台应用已经极为广泛,但是对于某些化学物质,例如挥发性物质、不溶于 DMSO 或者与塑料发生反应的物质不适用于体外方法进行检测。对于这些化学物质可以用基本的构效关系或者分子特征来筛查确定。或者使用基于 3D 平台的实验系统,如果不能有效的检测这些化学物质的选择性,那么将会假设这些化学物质通过非选择性的机制来发挥作用。

二、肝细胞毒性及系统毒性预测

(一) 基本原理

肝是体内最主要的解毒器官,也是有害物质作用的靶器官,通过肝细胞毒性筛查可以为了解化合物的毒性作用谱提供依据。通常选择来源于哺乳动物(人肝癌细胞)或胚胎组织的细胞系,也可以采用新鲜分离或冻存的原代肝细胞。肝细胞系,由于其来源明确,易于获得且在实验室间可以标准化使用和数据共享,是毒理学和药理学研究中常用的体外实验系统,其单层培养可用于化学物的短期和长期暴露,而通过悬浮培养也可用于生物转化和毒理学机制有研究。原代培养的肝细胞通过酶消化后均一性会有差异,而且体外培养时间受限制。

(二) 实验系统

1. 肝细胞系单层培养及制备

肝细胞系可使用人肝癌细胞系 HepG2,HepaRG 或源于人肝脏的细胞系 L-02。通常在 5% CO_2,37℃条件下培养于适当的培养基中。当细胞融合达到 50% ~80% 时,将细胞用胰酶消化后连续培养。常规培养细胞,按 $2.0 \sim 3.0 \times 10^3$ 细胞/100μL/孔的密度铺板。培养 24h ± 2h 可形成半融合的单层(<50%)。细胞培养应符合第一章第二节良好体外方法规范的要求。

2. 原代肝细胞悬浮培养及制备

悬浮培养的细胞可以是新鲜分离或冷冻保藏的来源于人的肝细胞。新鲜分离或复苏的肝细胞重悬于平衡盐溶液或细胞培养基中,并立即用于实验研究。

3. 实验材料

根据肝细胞毒性的实验目的设计实验程序和选择实验材料。

(1) 细胞培养试剂

高糖 DMEM,新生牛血清(NCS),0.25% 胰酶/EDTA 溶液,青霉素/链霉素双抗,二甲基亚砜(DM-SO),磷酸盐缓冲液等。

细胞培养基和培养条件应确保细胞周期在该细胞类型的历史正常范围内。

（2）肝毒性检测试剂

四甲基偶氮唑蓝（MTT）、乳酸脱氢酶试剂盒、丙氨酸转氨酶/谷丙转氨酶、甘油三酯、ROS检测试剂盒、β-葡萄糖苷酸酶、细胞色素P-450、谷胱甘肽S-转移酶、睾酮、牛血清白蛋白（BSA）、NADH检测试剂盒等。

4. 仪器和设备

见第二章一节，细胞实验室通用设备见第六章第一节。

（三） 实验过程

参考第一章第二节替代方法的要素设计实验过程，包括受试物的浓度设置和暴露方式实等。贴壁培养的肝细胞的暴露可参考第一节的角质细胞实验过程。悬浮培养的肝细胞，通常将细胞暴露于受试物中，接种于旋转圆底烧瓶或锥形瓶中，置于37℃的水浴锅或旋转蒸发仪中，气体环境为95% O_2和5% CO_2。可将细胞悬液置于-80℃或添加冰冷终止剂来终止暴露。根据研究方案的不同，可选择以下终点：细胞凋亡、钙稳态失衡、细胞、细胞间通讯、细胞功能、细胞形态学、细胞增殖、细胞活力、基因表达、ROS生成、染色体损伤、细胞周期的分布、代谢感受肽、线粒体功能、过氧化物酶体增加、基因突变、酶抑制作用、线粒体膜电位、代谢影响、膜损伤、脂质过氧化物作用、离子通道功能等。膜损伤（如乳酸脱氢酶漏出），细胞活力（MTT法或台盼蓝拒染法），蛋白质含量，代谢作用（如谷胱甘肽S-转移酶活性、ATP耗竭、谷胱甘肽耗竭和白蛋白分泌率等）。通常用EC_{50}或TC_{50}值描述细胞毒性。

1. 细胞活性检测

可采用MTT法（参考第六章第一节）或中性红摄取实验（参考第十章第一节节）检测细胞活性。

2. 膜损伤

毒性作用引起细胞膜通透性改变可导致胞内物质的漏出，漏出量与毒性作用程度呈线性相关。通常检测乳酸脱氢酶漏出，也可检测肝细胞胞质的特殊成分，如丙氨酸转氨酶（ALT）/谷丙转氨酶的泄漏，天冬氨酸转氨酶和谷草转氨酶的泄漏；β-葡萄糖苷酸酶的泄漏等。胞内K^+的流失；Na^+/K^+率的改变；NADH的穿透。

3. 肝细胞代谢作用

可检测竞争性代谢（如细胞色素P450依赖性酶和相应的mRNA水平的活动、细胞色素P-450的含量、谷胱甘肽S-转移酶活性、睾酮羟化率等）、代谢的影响（如谷胱甘肽耗竭、ATP耗竭）、脂肪变性（甘油三酯水平增加、脂质合成前体的摄取增加和脂质合成增加等）。

4. 钙稳态失衡检测

通过荧光标记检测胞质中游离钙离子，游离钙离子量增加说明磷酸化酶活性增强，也说明对细胞质膜上Ca^{2+}-ATP酶的活性产生了抑制。

5. 细胞形态学

通过光学显微镜或扫描电子显微镜观察细胞质膜的起泡情况；通过透射电子显微镜观察细胞超微结构的改变。

6. 细胞功能检测

肝细胞功能参数包括白蛋白合成和分泌抑制、糖蛋白的合成、尿素合成抑制、血红素生物合成途径中酶活性的改变或卟啉产生和分泌的改变、转铁蛋白分泌、细胞内产生活性氧释放、炎症反应等。根据研究需要选择。传统方法是采用放射性标记物连接到蛋白质中来检测蛋白合成和分泌的抑制情况，用放射性标记物检测RNA合成的抑制情况，抑制甘油三酯的合成，抑制胆汁酸的吸收，积累和释放。

7. ROS生成检测

通过超氧化物歧化酶的活性说明超氧负离子的形成；用电子自旋共振谱检测超氧负离子自由基的形成；用DCFH-DA法检测ROS；用非线粒体氧消耗说明氧化还原周期。

8. 基因毒性参数

染色体损伤(如在肝细胞和非肝靶细胞中诱导姐妹染色单体交换、非肝靶细胞诱导的微核形成)、DNA损伤(细胞凋亡 DNA 碎片形成、DNA 单链断裂和 DNA 加合物)、基因突变(诱导非肝靶细胞突变)等。

9. 基因表达

间隙连接蛋白 mRNA 水平改变、细胞凋亡相关蛋白 p53、转录 DNA 结合活性因子核因子 - κB 和激活蛋白 - 1 等。

10. 钾离子通道功能检测

通过检测 K^+ 的内向通量来检测 K^+/Na^+ 泵活性的抑制;通过放射性标记铷的摄入量来检测细胞内 K^+ 摄入量的抑制;通过荧光染色检测细胞内 pH 值得改变。

(四) 预测模型

根据检测结果可计算与毒性相关的参数,通常与对照组相比,引起检测指标下降 x% 的受试物剂量(浓度),如抑制浓度(IC_{50})、效应剂量(ED_{50})、有效浓度(EC_{50}),细胞活性(MTT_{50}),中性红摄取(NR_{50}),乳酸脱氢酶漏出(LDH_{50})。也可转化成毒性等量因子(toxicity equivalency factor,TEF),如NO(A)EL、LO(A)EL 等。

(五) 适用范围

肝细胞悬浮培养的优点是无需贴壁时间和对数生长期,保留了肝脏的大部分特殊功能,而单层培养的细胞由于培养时间延长而使部分体内功能缺失(如细胞色素 P450 依赖单 - 氧化酶系统),但是悬浮培养只能短暂保留细胞活性,因此主要适用于体外短期暴露的细胞毒性研究,用于生化、药理和毒理学研究。长期单层培养和毒性试验(长达 15 天)多采用夹心培养于特殊支持物,或添加不同的营养物以延缓细胞的去分化和特殊功能缺失的时间。

体外细胞毒性的最终目的是替代体内重复剂量毒性研究,从长远来看,需要整合不同的测试系统和方法,包括活体来源的和其他来源的肝细胞,组学技术和数学模型等。培养技术和检测技术的进步促进了体外肝脏毒性预测方法的快速发展。

(程树军　秦瑶　耿梦梦　黄健聪　陈彧)

参考文献

[1] SN/T 2328—2009 化妆品急性毒性的角质细胞试验.

[2] OECD DG No. 129 GUIDANCE DOCUMENT ON USING CYTOTOXICITY TESTS TO ESTIMATE STARTING DOSES FOR ACUTE ORAL SYSTEMIC TOXICITY TESTS,2011.

[3] Clemedson C, Dierickx PJ, Sjöström M. The prediction of human acute systemic toxicity by the EDIT/MEIC *in vitro* test battery: The importance of protein binding and of partitioning into lipids. *Altern. Lab. Anim.* 2003,31,245 - 256.

[4] Clemedson C, Kolman A, Forsby A. The integrated acute systemic toxicity project (ACuteTox) for the optimisation and validation of alternative *in vitro* tests. *Altern. Lab. Anim.* 2007,35,33 - 38.

[5] Clothier R, Dierickx P, Lakhanisky T, et al. Database of IC_{50} values and principle component analysis of six basal cytotoxicity assays, for use in modeling of *invitro-in vivo* data of the ACuteTox project. ATLA, 2008. 36: 503 - 519.

[6] Diaz L, Gomes A, Pinto S, et al. *In Vitro* Strategies for Predicting Human Acute Toxicity: Screening Oxidative Cytotoxity by Flow Cytometry and High Content Assays. Free Radical Research, 2007. 41: 23.

[7] Elaut G, Papeleu P, Vinken M, et al. Hepatocytes in suspension. Cytochrome P450 Protocols (2nd ed.) Serialtitle. Methods in Molecular Biology, 2006, 320, 255 - 263.

[8] Gennari A, van den Berghe C, Casati S, et al. Strategies to replace *in vivo* acute systemic toxicity testing: The report and recommendations of ECVAM Workshop 50. *Altern. Lab. Anim.* 2004, 32, 437 - 459.

[9] Gribaldo L, Gennari A, Blackburn K., et al. Acute Toxicity. *Altern. Lab. Anim.* 2005, 33, Suppl. 1, 27 - 34.

[10] Halle, W. The Registry of Cytotoxicity: Toxicity testing in cell cultures to predict acute toxicity (LD_{50}) and to reduce testing in animals. *Altern. Lab. Anim.* 2003, 31, 89 - 198.

[11] Herrera G, Diaz L, Martinez-Romero A, et al. Cytomics: A Multiparametric, Dynamic Approach to Cell Research. Toxicol. 2007, 21: 176 - 182.

[12] Kinsner-Ovaskainen A, Rzepka R, Rudowski R, et al. Acutoxbase, an innovative database for *in vitro* acute toxicity studies. Toxicol. In Vitro, 2009, 23: 476 - 485.

[13] Richert L, Abadie C, Bonet A, et al. Response of primary human hepatocyte cultures to model CYP inducers-A ECVAM funded prevalidation study. Drug Metabolism Reviews, 2006, 38: 151 - 152.

[14] Seibert H, Mörchel S, Gülden M. Factors influencing nominal effective concentrations of chemical compounds *in vitro*: Medium protein concentration. *Toxicol. In Vitro.* 2002, 16, 289 - 297.

[15] Sjostrom M, Clemedson C, Clothier R, Kolman A. Estimation of human blood LC_{50} values for use in modeling of *in vitro-in vivo* data of the ACuteTox project. Toxicology in Vitro, 2008, 22: 1405 - 1411.

第七章　皮肤刺激/腐蚀性测试的替代方法

Chapter 7　Alternatives of skin corrosion and irritation testing

第一节　基于3D模型的皮肤腐蚀性测试

Section1　Skin corrosion testing on reconstructed human epidermis

一、原理

局部、表面接触化学品可能会导致皮肤的不良反应，根据反映的严重程度和是否可逆可以区别为皮肤腐蚀性和皮肤刺激性。目前以重建人表皮模型（Reconstructed human Epidermis，RhE）为基础的皮肤腐蚀性测试已被法规所接受用于区分腐蚀性物质（UN GHS Cat. 1）和非腐蚀性物质或无分类物质（参照 OECD TG 431 和测试方法 B40. bis）。其中一种测试方法 EpiSkin 被 ECVAM 验证为可以将腐蚀性区分为亚分类 1A（强腐蚀性）和 1B/1C（中/弱腐蚀性），并在 2015 年更新的 OECD 测试指南 431 中被认为是唯一一个可以预测化学品腐蚀性亚分类的重建人表皮模型测试方法。本方法采用体外构建的三维人体皮肤模型，该模型具备功能性的表皮角质层结构，在限定的刺激或腐蚀阈剂量水平之下，经过皮肤接触后，通过测定在不同暴露时间点使细胞存活率下降的百分率评价受试物腐蚀性的强弱及其亚分类。

二、实验系统

（一）皮肤模型系统

1. 重建表皮模型

重建表皮模型是一个三维重建表皮结构，来源于健康人的表皮角质形成细胞接种于真皮替代物上，经过 10d ~ 14d 培养，获得高度分化和分层的表皮结构，即由基底层、棘层、颗粒层和多层角质层组成的表皮模型，具有皮肤屏障功能。为保持检测结果水平的稳定性，最好购买商品化的重建表皮，如 SkinEthic RHE、EpiDerm、EpiSkin 等。

体外重建表皮的细胞为原代人角质细胞（Primary Human Keratinocyte）：来源于健康自愿者供体皮肤（如儿童包皮或成人皮肤），HIV－1 和 HIV－2 抗体、C 型肝炎病毒抗体和 B 型肝炎病毒检测为阴性。皮肤材料的获取应符合有关伦理学规定。

2. 重建表皮检测试剂盒（以 EpiSkin 表皮模型为例）

每个（商品化）重建表皮检测试剂盒由以下组成：

（1）含重建表皮单位的细胞培养板（简称表皮培养板）。

（2）无菌维持培养液 1 瓶：用于表皮孵育的基础培养液。

（3）无菌测试培养液 1 瓶：用于 MTT 测定的基础培养液。

3. 质量控制

试剂盒的生产严格按照SOP操作规范和质量保证程序进行，所有的表皮和培养基进行了病毒、细菌和霉形体检测。

每批次表皮结构通过组织形态学检查，观察表皮结构和分层情况，至少应含基底层、颗粒层和角质层，由6～20层细胞组成。角质层应含有必需的脂质以形成功能性屏障抵抗细胞毒性物质的快速渗透，可以通过细胞毒性化学物(如1% Triton X－100)的渗透能力对表皮屏障进行评估。

试剂盒的质量通过阳性对照物SLS以MTT细胞毒性实验和组织学检查进行评价，结果需符合质量控制标准。

(二) 受试物质和对照

1. 受试物质

液态物质：可直接用于实验，其用量必须足够以完全覆盖皮肤表面，最小用量为70μL/cm^2。

固体物质：在实验前如有必要应研成细小粉末，用量必须足以覆盖皮肤表面，最小用量为30mg/cm^2。为改进和提高粉末与表皮间的接触，可先用少量纯水轻轻涂抹表皮表面，然后再加固体粉末或将固体粉末与纯水先混匀后再加入。

加样时，可借助平底弯镊直接将黏性受试物黏附于表皮表面，为保证涂布于表皮表面的受试的量，应适当增加受试物的重量以补偿由于黏附镊子带来的损失。

2. 阳性对照

每次检测应同时设立阳性对照物，建议使用的腐蚀性物质为冰醋酸，暴露4h。

3. 阴性对照

每次检测三个暴露时间应同时设立阴性对照，建议使用0.9% NaCl溶液。

(三) 特殊试剂

1. MTT检测试剂

(1) MTT溶液：可通过MTT粉末制备或购买MTT测定试剂盒(含MTT浓缩液、稀释剂、抽提液、D-PBS)。MTT溶液对光敏感，应避光保存。

(2) 制备MTT贮备液：用PBS配制3mg/mL溶液，混匀，4℃避光，可保存15天；

(3) 制备MTT使用液：将检测培养液加热预温至37℃，用检测培养液按体积比1∶9稀释，终浓度为0.3mg/mL，避光保存，不超过1h。

2. 酸性异丙醇

500mL异丙醇中加入1.8mL 12mol/L HCl溶液，可以避光保存于4℃一个月。

3. 其他试剂

(1) Dulbecco's氏磷酸盐缓冲液(Dulbecco's Phosphate Buffered Saline，D-PBS)：用于冲洗。

(2) 冰醋酸。

(3) 0.9% NaCl溶液。

(4) 12mol/L HCl溶液。

4. 其他实验材料

12孔无菌培养板，器械(无菌平头镊、纯缘镊、平底刮刀)，移液器和吸头，无菌试剂瓶，废液瓶，96孔平底组织培养微孔板，EP管。

5. 实验设备

生物安全柜或超净工作台，培养箱(温度37±1℃，湿度90±5%，5±1% CO_2)，恒温水浴箱(温度37℃±1℃)，电子天平(精确到0.1mg)，96－孔读板机或酶标仪(570nm用于MTT测定)，计时器，打孔器等。

三、实验过程

（一）实验前考虑因素

1. MTT 反应物质

对于某些可能直接引起 MTT 还原的受试物，应在实验开始前 1 周内检查是否存在受试物导致的 MTT 非特异性的还原。实验前将受试物与 MTT 溶液接触，如图 7－1 孔板的每个孔中加入 2mL MTT 溶液（0.3mg/mL）；在样品孔中分别加入对应的待测样品，固体 25mg，液体 25μL，对照孔只含 0.3mg/mL MTT；37℃孵育混匀液 3h。

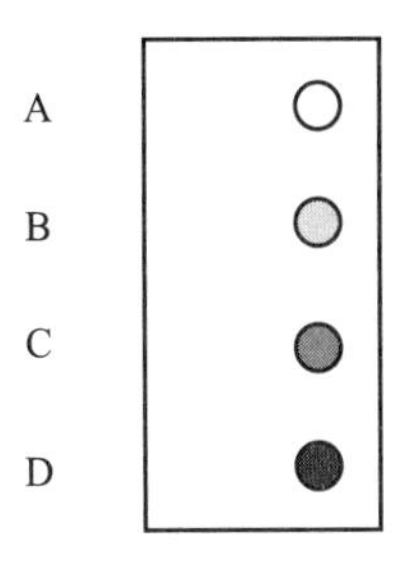

A：对照组：避光（实验条件）；B：化学物质 1，无相互作用；C：化学物质 2，轻相互作用；D：化学物质 3，重相互作用。

图 7－1　受试物与 MTT 反应示意图

如果 MTT 溶液颜色变蓝或粉红，则受试物与 MTT 存在相互作用（如示意图 C、D），必要在正式实验中评估由于非特异的 MTT 还原导致的 OD 值的下降，应采用无活性表皮进行预实验。

2. 无活性表皮的制备

对可能与 MTT 具有相互作用的受试物，应制备无活性表皮。

用 2mL 超纯水代替培养基加入含活性表皮的培养孔板中，置培养箱中孵育 48h，孵育结束后去除水分，制成无活性表皮。无活性表皮可在冰冻干燥条件（－18℃～－20℃）下保存 1 个月，使用前应室温解冻（置于 2mL 维持培养液中 1h），解冻后组织的使用同活性组织。

（二）实验前准备

1. 检查重建表皮检测试剂盒

实验前应对待用于检测实验的重建表皮试剂盒进行检查，包括生产日期、批号等。

（1）检查试剂盒的 pH 值：试剂盒通常采用琼脂包埋便于运输，实验前应检查用于运输的琼脂的颜色，如果琼脂为橙色，可接受，如果琼脂颜色变黄或紫色，则 pH 值已发生改变，表明试剂盒不宜使用，应更换新的试剂盒。

（2）检查试剂盒的温度：如试剂盒配有温度试纸条，应检查温度试纸指示的颜色以确认试剂盒是否曾暴露于超过 40℃的温度下，如颜色为灰白色，则试剂盒可接受，如颜色变为暗灰色则不能用于实验。

（3）将试剂盒中的检测培养液置于 2℃～8℃冰箱。

（4）将维持培养液预温至 37℃（水浴）。

（5）室温下于生物安全柜内解开表皮试剂盒包装。

2. 对主要设备及移液枪进行核对及校准

（1）使用 10mg 和 1g 砝码校准天平，分别称量三次，计算平均值（10mg 砝码的可接受偏差为均值 9.9mg～10.1mg，1g 砝码的可接受偏差为均值 999.5mg～1000.5mg）。

（2）核对连续加样器在 10mL、25mL 枪头下，移液枪在 200μL、1mL 枪头下以及主动置换移液管在 25μL 枪头下的准确性，分别量取蒸馏水称量三次，计算平均值和标准差（可接受偏差为 5%）。

（3）核对培养箱温度是否处于37℃，CO_2 浓度是否为5%。

（4）检查生物安全柜、冰箱、酶标仪是否正常工作。

（5）检查水浴锅水位和设备运行状态是否正常。

（6）将核对信息及数据记录在实验记录表中。

3. 准备检测培养板

（1）在生物安全柜中取出相应数量的无菌12孔板，在每块孔板上标记好对应的待测样品名称，以及三个测试时间点：4h、1h和3min。4h的样品包括阴性对照，阳性对照和待测样品。1h及3min的样品包括阴性对照和待测样品。所有样品在各个时间点上均做两个复孔。每块12孔板只测试一个样品。

（2）在每块12孔板前两列孔中加入维持培养基，2mL/孔。用镊子将组织移至含培养基的培养孔中。将载有组织的12孔板放置在培养箱中，37℃，5% CO_2 培养过夜。

（3）对于需要做死皮（无活性表皮）对照的待测样品，还需要在无菌培养板的后两列加入维持培养基，2mL/孔，并在样品测试之前放入死皮组织。

（三）正式实验

1. 加样、冲洗及MTT反应过程

为了区分腐蚀性程度即亚分类，需设置不同的暴露时间，通常为3min、1h和4h。

（1）4h处理的加样及冲洗：样品包括阴性对照，阳性对照和待测样品。

液体加样，吸取25μL待测样品至组织孔中，涂抹至液面均匀平铺在组织表面即可。

固体加样，将粉末平铺在组织表面，再加入25μL 0.9% NaCl溶液，混合均匀。

加样后室温放置4h完成待测样品的处理，记录下4h处理的加样结束时间。

冲洗：用镊子取出第一个样品孔，再用连续加样器PBS冲洗组织表面的样品，直至完全冲洗干净。用棉签将培养篮以及组织表面残留的PBS吸干，然后放入4h的MTT反应板对应的孔中。直至所有待测样品孔处理完毕。冲洗4h处理孔的时间应在10min的误差之内。

将载有MTT反应液和表皮组织的MTT反应板（4h）放入培养箱，37℃，5% CO_2 培养孵育3h ± 15min。记录下样品处理4h时间点MTT孵育的开始时间。

（2）1h处理的加样及冲洗：样品包括阴性对照和待测样品。

加样顺序，方法与4h处理相同。

待所有待测样品完成1h处理的加样后，记录下1h处理的加样结束时间。

冲洗：用镊子取出第一个样品孔，再用连续加样器中的PBS冲洗组织表面的样品，直至完全冲洗干净。用棉签将培养篮以及组织表面残留的PBS吸干，然后放入1h的MTT反应板对应的孔中。直至所有待测样品孔处理完毕。冲洗1h处理孔的时间应在5min的误差之内。

将载有MTT反应液和表皮组织的MTT反应板（1h）放入培养箱，孵育3h ± 15min。记录下样品处理1h时间点MTT孵育的开始时间。

（3）3min处理的加样及冲洗：样品包括阴性对照和待测样品。

加样：按照加样顺序，选择四个加样孔，在孔板盖上标记好每个孔的加样时间点，开始计时并按顺序加样。加样方法同前。

冲洗：待第四个孔加样完成后，待时间计时到3′00″时，用镊子取出第一个样品孔，再用连续加样器中的PBS冲洗组织表面的样品，直至完全冲洗干净。用棉签将培养篮以及组织表面残留的PBS吸干，然后放入载有MTT反应液的12孔板对应的孔中。后续样品孔的冲洗时间与孔板盖上记录的时间必须保持一致。

第一轮样品冲洗完成后，对后续样品进行数轮的加样及冲洗流程，直至所有待测样品处理完毕。记录下3min处理的加样结束时间。

将载有MTT反应液和表皮组织的MTT反应板(3min)放入培养箱,孵育3h±15min。记录下样品处理3min时间点MTT孵育的开始时间。

2. 组织活性测定

待组织与MTT反应3h后,取出培养板,使用打孔器取下表皮组织样块,用棉签除去任何残留的物质,用镊子将表皮组织与胶原分离,并将其翻转,最后将样品表皮和胶原移至2mL EP离心管中。用连续加样器在EP离心管中加入酸性异丙醇,500μL/管。做好标记,将EP管在涡旋器上振荡混匀,室温避光放置过夜或于4℃放置48h以将颜色完全提取。

3. 吸收/光密度测定

(1) 从每个EP管吸取2份200μL样品到96孔板中,即2×200μL样品/96孔(每个组织2个孔);同一样品的三个处理时间点放在同一块读数板上,按照4h、1h和3min依次排列。

(2) 以酸化异丙醇为空白对照,570nm波长处读96孔板OD值。

(四) 结果分析

1. 无MTT干扰组织活性的测定

1) 分别计算各组OD值

(1) 空白(酸化异丙醇):计算平均数,用于背景值校正。

(2) 阴性对照(0.9% NaCl):每个阴性对照组织的OD值减去空白平均值,将每个时间点2个阴性对照组织的平均OD值确定为100%活性。

(3) 阳性对照(冰醋酸):每个阳性组织的OD值减去空白平均值,计算每个组织的平均值。

(4) 受试物:每个受试物组织的OD值减去空白平均值,计算每个组织的平均值。

(5) 通过与未处理的阴性对照相比,按以下公式计算每个干预表皮的活性百分比。

(6) 计算平均相对活性及活性的标准差SD。

(7) 计算相对活性的CV。

2) 计算OD值

(1) $OD_{ST} = OD_{ST\ raw}$ − 平均 OD_B

(2) $OD_{NC} = OO_{NC\ raw}$ − 平均 OD_B

(3) $OD_{PC} = OD_{PC\ raw}$ − 平均 OD_B

3) 计算每块组织活性(%)

(1) 阳性对照活性(%)=[OD_{PC}/平均 OD_{NC}]×100

(2) 受试物活性(%)=[OD_{ST}/平均 OD_{NC}]×100

(3) 计算每组平均活性(%)

平均阳性对照活性(%)=(% PC1+%PC2)/2

平均受试物活性(%)=(% ST1+%ST2)/2

注:ST为测试组织(substance tissues);NC为阴性对照(negative control);

PC为阳性对照(positive control);B为空白(black)

2. MTT干扰物质的结果计算

干扰MTT的物质能产生非特异的MTT还原,因此必须计算非特异性的MTT还原值(non specific MTT reduction,NSMTT),并在计活性百分比前将其减去:

NSMTT与阴性对照(活性组织)相比,NSMTT的值应当≤30%。

如果阴性对照(活性组织)相比,NSMTT的值>30%,需进一步实验或表明该物质不适用于本实验。

将NSMTT转化为真实的MTT(true MTT metabolic conversion,TODST):

$$TODST = OD_{TV} - (OD_{KT} - OD_{KU})$$

相对活性(%)=(TODST/OD_{NC})×100

注:TODST 为受试物处理组织的真实 MTT(true MTT metabolic conversion);

KU 为未处理的无活性组织(untreated killed tissues);

KT 为受试物处理的无活性组织(substanct treated untreated killed tissues);

TV 为受试物处理的活性组织(substance treated viable tissues)。

3. 质量控制

(1)阴性对照:阴性对照反映实验条件下组织的活性,如果阴性对照的绝对 OD 值低于历史置信区间的下限,表明组织活性存在异常,其对化学受试物的敏感性可能存在差异,因此该组织不能再用于实验。如果每个时间点的 2 块组织的平均 OD 值≥0.6,且组织活性 SD≤18%,则认为阴性对照可接受。

(2)阳性对照:阳性对照反映实验条件下组织的敏感性,如果与阴性对照相比,平均相对活性≤20%,且 SD≤18%,则认为阳性对照可接受。

(3)受试物结果:如果阴性和阳性对照均完全符合上述要求,则认为来自同一批测试的受试物结果是可接受的。

四、预测模型

检测细胞内线粒体脱氢酶活力的变化可反映细胞活性,后者可通过 MTT 法定量测定从组织中抽提出来后还原和转化为蓝色的甲臜盐的量,通过与阴性对照比较得出处理组织中细胞活性的下降程度,以%表示,活性降低的百分率用于预测受试物的刺激能力。

依据样品处理后的表皮组织与阴性对照组的存活率的比值对样品进行分类、具体为:

(一)有腐蚀性(C)

(1)1A:样品处理 3min,表皮组织的存活率小于对照组的 35%。

(2)1B:样品处理 3min,表皮组织的存活率大于或等于对照组的 35%;同时,处理 1h 的表皮组织的存活率小于对照组的 35%。

(3)1C:样品处理 1h,表皮组织的存活率大于或等于对照组的 35%;同时,处理 4h 的表皮组织的存活率小于对照组的 35%。

(二)无腐蚀性(NC)

4h 表皮组织的存活率大于或等于对照组的 35%。

(三)验证与认可

早在 20 世纪 90 年代初,体外重建皮肤模型的腐蚀性试验的验证工作就开始了,2004 年体外重建皮肤模型的方法被 OECD 认可为指南 431,推荐的皮肤模型为 Episkin 和 Epiderm。2015 年更新了版本,增加了对于腐蚀性亚分类的预测。

五、适用范围

(1)如果受试化学物质与 MTT 检测终点存在相互作用则可能干扰检测结果,实际上只有当受试物暴露后仍然停留在组织中的受试物的量达到一定程度,才会对检测结果的判断造成困难。这种情况下,需要特定的程序从“假象”的 MTT 还原量中区分出真实的 MTT 线粒体还原量。

(2)不适用于检测高挥发性受试物。

(3)在 2015 年更新的 OECD TG 431 中,该方法适用于化学品腐蚀性亚分类的预测,即将腐蚀性细分为亚分类 1A(强腐蚀性)和 1B/1C(中/弱腐蚀性)。腐蚀性亚分类的信息被认为对于化学品的运输尤为重要;这三个风险亚分类直接与联合国包装组别Ⅰ至Ⅲ相对应。这些对物质的包装和运输上的限制进行了实质的区分(比如:包装的尺寸,规格和包装材料的质量,运输方式等)。因此,亚分类的信息和包装组别对于化学品生产商和他们的下游使用者非常有用,以节约降至包装分组Ⅱ和Ⅲ化学品的包装成本。

六、实验报告

(一) 报告的通用要求

见第一章第二节。

(二) 特别注意

重建表皮检测试剂盒:生产日期、供应商;质量检查:pH 值、温度、培养液、包装有无破损等。

七、能力确认

表7-1提供了用于皮肤腐蚀性验证所需满足的最低12种参考化学物,包括4个强腐蚀性物质(Cat.1A),4个中弱腐蚀性物质(Cat.1B/1C)和4个非腐蚀性物质(NC)。实验室建立检测能力应完成表中所列物质的测试,实验结果应与其体内腐蚀性分类相一致。这些参考物质的选择依据是:可由商业途径获得;可以覆盖体内腐蚀评分的所有范围(从无腐蚀到强腐蚀);化学结构容易辨认;可满足验证所要求的重现性和预测能力;本身不是剧毒物质(例如:致癌物或生殖系统毒性),无需额外处理费用。

表7-1　体外皮肤模型腐蚀性试验的参考物质

化学物	CAS 编号	化学物类型	UN GHS 分类—基于体内数据	验证预测模型—基于体外分类	MTT 还原剂	物理性状
亚分类1A 体内腐蚀性						
溴乙酸	79-08-3	有机酸	1A	(3)1A	—	固体
氟化硼	13319-75-0	无机酸	1A	(3)1A	—	液体
苯酚	108-95-2	苯酚	1A	(3)1A	—	固体
二氯乙酰氯	79-36-7	亲电体	1A	(3)1A	—	液体
亚分类1B/1C 体内腐蚀性						
一水乙醛酸	563-96-2	有机酸	1B 和 1C	(3)1B 和 1C	—	固体
乳酸	598-82-3	有机酸	1B 和 1C	(3)1B 和 1C	—	液体
乙醇胺	141-43-5	有机碱	1B	(3)1B 和 1C	Y	黏稠
盐酸(14.4%)	7647-01-0	无机酸	1B 和 1C	(3)1B 和 1C	—	液体
体内非腐蚀性						
溴乙基苯	103-63-9	亲电体	NC	(3)NC	Y	液体
4氨基1,2,4苯三唑	584-13-4	有机碱	NC	(3)NC	—	固体
4甲硫基苯甲醛	3446-89-7	亲电体	NC	(3)NC	Y	液体
月桂酸	143-07-7	有机酸	NC	(3)NC	—	固体

八、拓展应用

(一) 不同皮肤模型特性和方法比较

国际上可商品购置,并且列入 OECD 测试指南的皮肤模型见表7-2,表中列出不同模型的差异和特点供参考。

表7-2 不同皮肤模型特性和方法比较

实验方法元素	EpiSkin™	EpiDerm™SCT	SkinEthic™RHE	epiCS ®
模型表面积	0.38cm^2	0.63cm^2	0.5cm^2	0.6cm^2
平行组织数量	每个暴露时间至少2个	每个暴露时间2~3个	每个暴露时间至少2个	每个暴露时间至少2个
处理剂量和方法	液体/黏性:50±3μL(131.6μL/cm^2) 固体:20±2mg(52.6mg/cm^2)+100±5μL生理盐水 蜡状/黏稠:50±2mg(131.6mg/cm^2)过尼龙网筛	液体:50μL(79.4μL/cm^2)过或不过尼龙网筛 半固体:50μL(79.4μL/cm^2) 固体:25μL H_2O +25mg(39.7mg/cm^2) 蜡状:平铺成直径约8mm的圆盘状,置于组织表面,用15μLH_2O湿润	液体/黏性:40±3μL(80μL/cm^2)过尼龙网筛 固体:20±3mg+20±2μL H_2O(40mg/cm^2) 蜡状/黏稠:20±3mg(40mg/cm^2)过尼龙网筛	液体:50μL(83.3μL/cm^2)过尼龙网筛 半固体:50μL(83.3μL/cm^2) 固体:25μL H_2O +25mg(41.7mg/cm^2) 蜡状:平铺成直径约8mm的曲奇状,置于组织表面,用15μL H_2O湿润
预检查直接MTT减少	50μL(液体)或20mg(固体)+2mL 0.3mg/mL的MTT溶液,37℃,5% CO_2,95% RH孵育180±5min,如果溶液变蓝/紫,应该进行死皮对照	50μL(液体)或25mg(固体)+1mL 1mg/mL的MTT溶液,37℃,5% CO_2,95% RH孵育60min,如果溶液变蓝/紫,应该进行死皮对照	40μL(液体)或20mg(固体)+1mL 1mg/mL的MTT溶液,37℃,5% CO_2,95% RH孵育180±15min,如果溶液变蓝/紫,应该进行死皮对照	50μL(液体)或25mg(固体)+1mL 1mg/mL的MTT溶液,37℃,5% CO_2,95% RH孵育60min,如果溶液变蓝/紫,应该进行死皮对照
预检查颜色干扰	10μL(液体)或10mg(固体)+90μL H_2O混合后室温放置15min,如果溶液出现颜色,应该进行活组织皮对照	50μL(液体)或25mg(固体)+300μL H_2O混合后37℃,5% CO_2,95% RH放置60min,如果溶液出现颜色,应该进行活组织皮对照	40μL(液体)或20mg(固体)+90μL H_2O混合后室温放置60min,如果溶液出现颜色,应该进行活组织皮对照	50μL(液体)或25mg(固体)+300μL H_2O37℃,5% CO_2,95% RH放置60min,如果溶液出现颜色,应该进行活组织皮对照
暴露时间和温度	3min、60min±5min和240min±10min室温,18℃~28℃置于通风柜	室温,3min,37℃,5% CO_2,95% RH60min	室温,3min,37℃,5% CO_2,95% RH 60min	室温,3min,37℃,5% CO_2,95% RH 60min
冲洗	25mL 1×PBS(每次2mL)	1×PBS的连续软流冲洗20次	1×PBS的连续软流冲洗20次	1×PBS的连续软流冲洗20次
阴性对照	50μL生理盐水处理每个暴露时间点	50μLH_2O处理每个暴露时间点	40μLH_2O处理每个暴露时间点	50μLH_2O处理每个暴露时间点
阳性对照	只需要用50μL冰醋酸处理4h暴露时间点	用50μL 8mol/LKOH处理每个暴露时间点	只需要用40μL 8mol/L KOH处理1h暴露时间点	用50μL 8mol/LKOH处理每个暴露时间点
MTT溶液	2mL 0.3mg/mL	300μL 1mg/mL	300μL 1mg/mL	300μL 1mg/mL
MTT孵育时间和温度	37℃,5% CO_2,95% RH孵育180min±5min	37℃,5% CO_2,95% RH孵育180min	37℃,5% CO_2,95% RH孵育180min±15min	37℃,5% CO_2,95% RH孵育180min

续表

实验方法元素	EpiSkin™	EpiDerm™SCT	SkinEthic™RHE	epiCSR
提取液	500μL 酸化异丙醇分离的组织完全浸没	2mL 异丙醇从插入板的上下进行提取	1.5mL 异丙醇从插入板的上下进行提取	2mL 异丙醇从插入板的上下进行提取
提取的时间和温度	室温过夜,避光	室温过夜或室温震荡 120min	室温过夜或室温震荡 120min	室温过夜或室温震荡 120min
组织质控	SDS 处理组织 18h, 1.0mg/mL < IC_{50} < 3.0mg/ml	1% Triton X - 100 处理, 4.08h < ET_{50} < 8.7h	1% Triton X - 100 处理, 4.0h < ET_{50} < 10.0h	1% Triton X - 100 处理, 2.0h < ET_{50} < 7.0h
可接受标准	1. 每个时间点阴性对照 0.6≤平均 OD 值≤1.5 2. 阳性对照暴露 4h 平均活性 ≤ 阴性对照的 20% 3. 活性在 20% ~ 100% 之间且 OD 均≥0.3,平行组织间的变异不应超过 30%	1. 每个时间点阴性对照 0.8≤平均 OD 值≤2.8 2. 阳性对照暴露 4h 平均活性≤阴性对照的 15% 3. 活性在 20% ~ 100%,平行组织间的变异系数不应超过 30%	1. 每个时间点阴性对照 0.8≤平均 OD 值≤3.0 2. 阳性对照暴露 4h 平均活性≤阴性对照的 15% 3. 活性在 20% ~ 100% 之间且 OD 均≥0.3,平行组织间的变异不应超过 30%	1. 每个时间点阴性对照 0.8≤平均 OD 值≤2.8 2. 阳性对照暴露 4h 平均活性≤阴性对照的 20% 3. 活性在 20% ~ 100% 之间且 OD 均≥0.3,平行组织间的变异不应超过 30%

(二) 用于皮肤腐蚀和刺激的整合测试策略

基于表皮模型的皮肤腐蚀实验可作为皮肤刺激/腐蚀性的整合评估测试方案(IATA)的组成部分,用于化合物整体腐蚀作用的评估。在第五章表 5 - 2 所列的 IATA 模块 3 中,三个 OECD 认可的皮肤腐蚀测试替代方法,即 430(大鼠皮肤电阻法)、431(表皮模型法)和 435(CORROSION 生物膜法)是权重相同的测试方法。具体预测能力的比较也参见第二节表 7 - 7。

九、疑难解答

(一) 重建表皮的质量要求

1. 基本要求

应使用人的原代皮肤分离的角质形成细胞构建皮肤模型,健康皮肤供体可来源于儿童或成人,但应符合伦理审查和确保无细菌(包括支原体)和真菌污染。皮肤模型可以是仅有表皮层的表皮模型,也可以是包括真皮层的全层皮肤,表皮应是含有多层活性上皮细胞的分层结构,角质层应含有必需脂质成分和具有完整的屏障功能。

2. 功能要求

包括五个方面:①细胞活性:可用 MTT 法或中性红摄取法测定细胞活性,皮肤模型应能在测试期间保持活性稳定,通常应至少维持 5d ~ 7d。②屏障功能:角质层应能充分阻止某些细胞毒性化学物的快速渗透。通常用 1% TritonX - 100 或 SDS 测试,检测指标是测定使细胞活性降低 50% (ET_{50})的暴露时间或使组织活性下降 50% 的浓度(IC_{50}),暴露时间越长测试物浓度越高表明屏障功能越好。如 EpiDerm ™模型用 1% Triton X - 100 作用,平均 ET_{50}应为 6.7h,接受范围为 4.8h ~ 8.7h。EpiSkin™模型用 SDS 作用 18h,平均 IC_{50}为 2.32mg/mL,接受范围为 1.0mg/mL ~ 3.0mg/mL。③形态特征:组织学检查重建皮肤模型应具备多层表皮结构,至少应包含基底层、棘层、颗粒层和角质层。④重复性:每批次皮肤模型都应满足上述的质控要求,而且皮肤模型在长时程传递和运输过程中活性不受影响,在不同实验室间表现良好的重复性。⑤预测能力:皮肤模型应用于特定毒理学终点的测试,如应用于皮肤光毒性、皮肤刺激性或皮肤吸收时应满足对已知化学物质正确预测和分类的要求。

3. 特征分析

重建皮肤模型的特征分析重点应放在组织形态、脂质组成和屏障功能等几方面。

4. 形态特征分析

除常规组织学技术外，还可以采用分子生物学技术或免疫组化技术分析细胞分化标志物的表达，如角蛋白、内皮蛋白、loricin、丝聚蛋白。采用冰冻断裂电镜技术可较客观地反映角质层细胞间脂质的结构。透射电镜观察时，改用四氧化钌固定角质层，可大大提高成像的分辨率，更详细观察角质层致密层和颗粒层之间的移行区脂质组织的信息。因不同水合状态的角质层迁移时所需能量不同，因此采用差示扫描量热量法可通过测量加热后样本吸收或释放的热量，反映角质层构成成分(脂质和角蛋白)之间的差异。运用X射线衍射分析可提供脂质结构的信息，如小角度X射线衍射可提供脂质片层重复特性的资料，宽角X射线衍射可提供片层中关于脂质的来源的结构信息。利用脂质碱基链吸收红外光波长的不同，可运用傅立叶变换红外分光镜方法获得其微观结构动态特性的资料。

5. 屏障功能测定

两种方法可用于重建皮肤屏障功能的测定，一种方法是采用Millicell-ERS测定仪检测跨表皮电阻(TEER)，可用于评价角质层的致密性。另一种方法是用时间－过程测定法来评价，即测定细胞活性减少50%所需的暴露时间(测定ET_{50}的值)。

6. 皮肤表面脂质测定

角质层脂类组成的不规则是导致一些皮肤模型的通透性大于正常皮肤的原因。基于高效薄层色谱分析技术(HPTLC)对角质层脂类进行半定量分析是一项有效简便的方法。

(二) 简介一下CORROSITEX™皮肤腐蚀性测试方法

OECD测试指南认可的皮肤腐蚀性替代方法还包括一项435，即CORROSITEX™试验。该实验体系由人造大分子生物膜和检测系统两部分组成。大分子生物膜模拟皮肤的正常功能，其前提是假定腐蚀性物质作用于生物膜与作用于活体皮肤的机制相似。将受试物作用于人工膜屏障的表面，检测由腐蚀性受试物引起的膜屏障损伤。通过不同时间点pH指示剂颜色的改变检测膜屏障特性的改变和对合物进行腐蚀程度分类。该方法主要用于危险化学品的分类和标识，可作为IATA测试策略的组成部分。

(蔡臻子　李楠　秦瑶　赵锷)

第二节　体外皮肤腐蚀的经皮电阻实验

Section 2　Transcutaneous electrical resistance

一、基本原理

皮肤腐蚀是指皮肤接触受试物后所产生的不可逆皮肤组织损伤，表现为皮肤角质层缺失及皮肤屏障功能降低，即经皮电阻(transcutaneous electrical resistance，TER)值降低，根据上述指标的变化情况来鉴定受试物是否具有腐蚀性。

二、实验系统

(一) 实验动物

选用对化学物敏感的大鼠皮肤进行实验。大鼠供应商应具有实验动物生产许可证，质量应符合相关国家标准的要求。大鼠的鼠龄和品系应确保其用于实验的皮肤处于毛发尚未开始生长前的毛囊休眠阶段。建议选用约22日龄的Wistar大鼠(或其他相近品种),雌雄皆可。用小剪刀仔细剪掉大鼠背部和侧腹部毛发。然后小心擦拭动物。同时把暴露的部位涂抹抗生素溶液(如含有效浓度的链霉素、青霉素、氯霉素和两性霉素溶液,以抑制细菌生长),3d~4d后用抗生素溶液再清洗动物一遍。如剪毛后角质层已经恢复正常,在第二次清洗后3d内,动物可用于实验。

(二) 实验材料

1. 对照物

阳性对照物为10mol/L的盐酸。阴性对照物为蒸馏水。

2. 皮肤板的制备

在大鼠为28~30日龄(该年龄非常关键)时将其处以安乐死。取下每只动物的背侧部皮肤并小心去除多余的皮下脂肪,制成直径大约为20mm的皮肤板。皮肤板可采用适当方法贮存备用,因为大量实验结果证明,贮存之后皮肤板的阳性对照和阴性对照的数据与新鲜皮肤获得的数据相同。

将皮肤板置于聚四氟乙烯(PTFE)管的一端,并使皮肤的表皮面朝向PTFE管并与其接触。再用"O"形橡胶环将皮肤板压紧并固定在PTFE管的底部,剪去多余的皮肤。图7-2给出了PTFE管和"O"形橡胶环的规格。用凡士林将"O"形橡胶环与PTFE管端密封。弹簧线夹将PTFE管固定在一个装有硫酸镁溶液(154mmol/L)接收管中(见图7-2),并使PTFE管下端的皮肤板完全浸入硫酸镁溶液中。每只大鼠的皮肤可制备10~15块皮肤板。

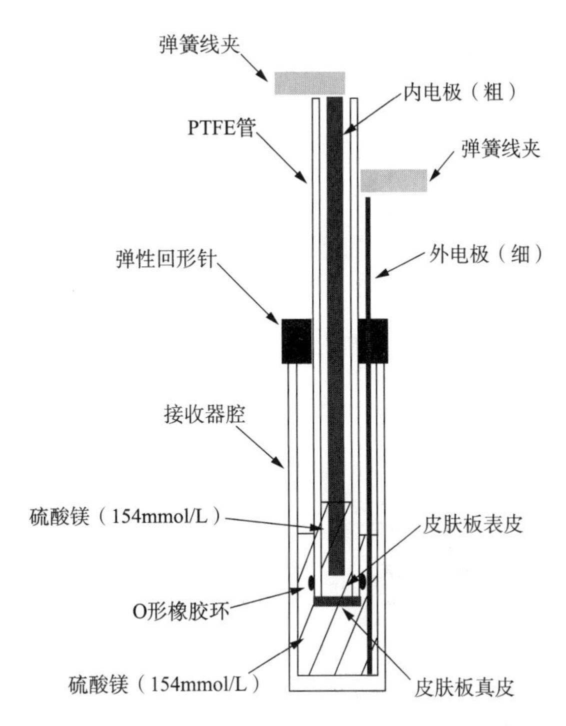

图7-2 大鼠皮肤TER测试器具

实验开始前,分别从每只动物制备的皮肤板中取两片进行电阻测定以进行质量控制。电阻值须大于10kΩ时才可使用剩余的皮肤板进行实验。如果低于10kΩ,则由该动物皮肤制成的皮肤板都不能用于实验。

三、实验过程

(一) 受试物和对照物染毒

每次实验应同时设立阳性对照和阴性对照以确保实验系统处于正常状态。应使用来自同一只动物的皮肤板。阳性对照使用 10mol/L 的盐酸、阴性对照使用蒸馏水。

实验时,将 150μL 液态受试物均匀地涂敷于 PTFE 管内的皮肤板表面。如果受试物是固体,则应加入足够量的受试物均匀地铺到皮肤板上以保证整个外皮的表面都被覆盖,再向固体受试物表面加 150μL 去离子水并轻轻摇动管子,混匀。为使固体受试物与皮肤达到最有效的接触,应将受试物加热至 30℃使其熔解或软化,或将受试物研磨成细粉状。

实验时每个实验组和对照组要使用 3 个皮肤板。受试物应在 20℃ ~23℃条件下染毒皮肤 24h 后,用 30℃水将皮肤板上的受试物冲洗干净。

(二) TER 测定

(1) 低电压交流惠斯登电桥(Wheatstone bridge)测定皮肤阻抗,即 TER。通常惠斯登电桥的工作电压是 1V ~3V,弯型或直角型惠斯登电桥的交流电频率为 50Hz ~1000Hz,测量范围至少为 0.1kΩ ~30kΩ。在验证实验中使用的电桥在频率 100Hz 或 1000Hz(可以串联也可以并联)时,其电感系数、电容、电阻的应分别为 2000H、2000μF 和 2MΩ。进行 TER 腐蚀性测定时,测量结果以频率为 100Hz、串联条件下的电阻值及一系列数值来表示。

(2) 测量电阻前,应在皮肤板上涂敷足够量的 70% 酒精以降低皮肤的表面张力。几秒钟后去除酒精并加入 154mmol/L 硫酸镁溶液 3mL,使皮肤组织水化。将电桥的电极放置于皮肤板的两侧、测量电阻值(kΩ/皮肤板)。电极的直径和低于鳄鱼嘴夹的电极长度见图 7-3。电阻测量过程中,要将夹持内电极的鳄鱼嘴夹置于 PTFE 管顶端以确保浸泡在硫酸镁溶液中的电极长度保持不变。将外电极插入到接收管底部。PTFE 管上的弹性回形针和底部的距离应保持不变(见图 7-3),因为这个距离会影响电阻的测量值。因此,内电极与皮肤板之间的距离也应保持不变并且要尽量短(1mm ~2mm)。

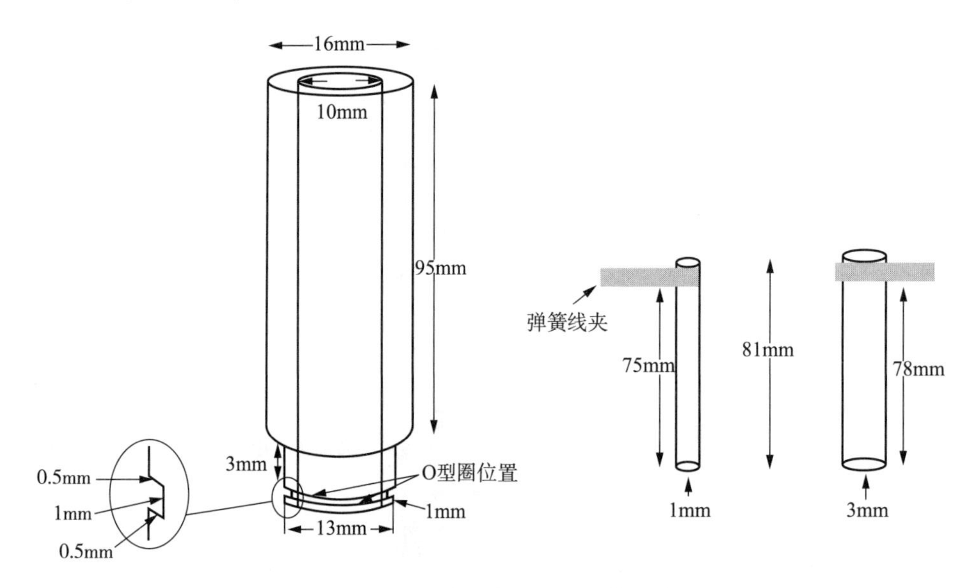

图 7-3 聚四氟乙烯(PTFE)管尺寸

(3) 如果测量所得的电阻值大于 20kΩ 时,可能是由于皮肤板上残留有受试物所致,应进一步除去这些残留的受试物,例如可用戴手套的拇指堵住 PTFE 管,摇晃约 10s,弃去管内的硫酸镁溶液并加入新鲜的硫酸镁溶液后再次测量电阻。因此,有必要从用于验证实验的化学物质中或从与受试物类似的物质中选择一系列的参照物质进行实验,借以对实验方法和电阻阈值进行矫正。

(三) 染色方法

某些非腐蚀性物质可使 TER 值降低至 5kΩ 临界值以下,因为这些物质可让离子通过角质层从而降低电阻。例如,中性有机物和具有表面活性的化学物质(包括去污剂、乳化剂和其他表面活性剂)能去除皮肤上的脂质从而增加皮肤的离子通透性。因此,如果受试物的 TER 值低于或接近 5kΩ 但没有肉眼可见的皮肤损伤时，则对照组和染毒组都应进行染料渗透实验以确定 TER 值的降低是由于皮肤渗透性增高引起还是由于皮肤腐蚀引起。由于后者常常会导致皮肤角质层损伤，当在皮肤表面加入硫酸若丹明 B 染料后，染料会迅速渗透皮肤角质层并使下面的皮肤组织染色。这种染料对很多种化学物质稳定，且不受后续的萃取实验影响。

（四）硫酸若丹明 B 染料的应用与清除

（1）测定 TER 后，去除硫酸镁溶液，并仔细检查皮肤有无明显损伤。如没有观察到明显损伤，则要在皮肤板上加入 10%（质量/体积）的硫酸若丹明 B（酸红 52；C. I. 45100；CAS 号 3520－42－1）水溶液 150μL，作用 2h 后，用温度至少为室温的自来水冲洗表皮约 10s 以去除多余或未结合的染料。

（2）小心地从 PTFE 管上取下皮肤板并放入装有 8mL 去离子水的瓶中（例如 20mL 的玻璃闪烁瓶），轻轻震摇 5min 以去除多余或未结合的染料。重复上述清洗步骤后，将皮肤板移入装有 5mL 30%（质量/体积）的十二烷基硫酸钠（SDS）蒸馏水溶液的瓶中，60℃孵育过夜。

（3）孵育后，取出皮肤板并将其丢弃。将剩余溶液在 21℃离心 8min（相对离心力为 175g）。吸取 1mL 上清液并用 30% SDS 溶液稀释到原体积的 5 倍，测量溶液在 565nm 的光密度（OD 值）。

（五）计算染料含量

可通过 D 值来计算每块皮肤板中硫酸若丹明 B 染料的含量（硫酸若丹明 B 染料在 565nm 处的摩尔消光系数是 8.7×10^{4}）。用合适的标准曲线得出每块皮肤板的染料含量，并根据重复测定值（平行测定值）来计算每块皮肤板染料的平均含量。

（六）结果观察

（1）如果阳性对照和阴性对照的 TER 测定值在表 7－3 要求的范围内，则可认为实验的结果是可信的。

表 7－3　电阻抗范围

对照组	物质	电阻范围/kΩ
阳性对照	10mol/L 盐酸	0.5～1.0
阴性对照	蒸馏水	10～25

（2）如果阳性对照和阴性对照的染料与皮肤板的结合量在表 7－4 要求的范围内，则可认为实验的结果是可信的。

表 7－4　染料量范围

对照组	物质	染料含量范围（μg/皮肤板）
阳性对照	10mol/L 盐酸	40～100
阴性对照	蒸馏水	15～35

四、预测模型及验证

（一）预测模型

符合下列情况可认为受试物对皮肤不具有腐蚀性：

a）受试物的 TER 平均值大于 5kΩ；或者

b）TER 平均值低于或等于 5kΩ，并且皮肤板未见明显的损伤；而且皮肤板的染料含量均值低于 10mol/L 盐酸阳性对照的染料含量均值。

符合下列情况则可认为受试物对皮肤具有腐蚀性：

a）受试物的 TER 均值低于或等于 5kΩ，并且皮肤有明显的损伤；或者

b) TER 均值低于或等于 5kΩ,并且皮肤板没有明显的损伤;但是皮肤板的染料含量均值高于或等于 10mol/L 盐酸阳性对照的染料含量均值。

(二) 验证认可

大鼠经皮电阻实验方法,是通过测定离体大鼠皮肤屏障产生的电阻值的变化,来判断皮肤涂敷受试物后是否产生不可逆性组织损伤。根据皮肤角质层缺失的程度及皮肤屏障功能的减低(TER 低于域值)情况来鉴定受试物是否具有腐蚀性。2004 年 4 月 13 日被 OECD 认可发布为实验指南(OECD TG 430),成为预测化学品的腐蚀性评价方法。并在 2015 年进行修订,目的是与皮肤腐蚀性/刺激性 IATA 指南文件相对应。

五、适用范围

适用于广泛的化学类别和物理状态的物质,包括液体、半固体、固体和蜡。液体可以是水性或是非水性的。固体可以是溶于水或不溶于水的。

一般来说认为 TER 方法适用于混合物(虽然只有有限的测试混合物的信息是可用的)。

不适用于气体和气溶胶。

六、检测报告

(一) 报告通用要求

见第一章第一节。

(二) 特殊要求

实验动物信息(年龄、品系、体重、饲养方式、合格证)及皮肤制备过程;

染料含量测定的详细试验步骤(需要时)和标准曲线;

TER 测量的详细试验步骤;

以表格的形式列出受试物组、阳性对照组和阴性对照组的电阻值(kΩ)和皮肤板染料含量均值(μg/皮肤板)(单个实验数据和平行组的均值),还应列出重复测定的每个测定值和均值。

七、能力确认

(一) 参考物质及其结果

实验室建立 TER 的检测能力应完成表 7-5 所列参考物质的测试,表 7-5 中列出了 12 种皮肤腐蚀物质和 12 种皮肤非腐蚀物质,测试结果应符合表 7-5 中体外实验的结果。

表 7-5 参考物质列表

化学品	CAS 编号	类别	物理状态	体内结果	体外结果
体内有腐蚀性物质					
Phosphorus tribromide(三溴化磷)	7789-60-8	无机酸	液体	1A	6×C
Boron trifluoride dlihydrate(二水合三氟化硼)	13319-75-0	无机酸	液体	1A	6×C
Phosphorus pentachloride(五氯化磷)	10026-13-8	无机酸	固体	1A	6×C
N, N'-Dimethyl dipropylenetriamine (3-十二烷基炳胺)	10563-29-8	有机碱	液体	1A	6×C
1,2-Diaminopropane(1,2 丙二胺)	78-90-0	有机碱	液体	1A	6×C

续表

化学品	CAS 编号	类别	物理状态	体内结果	体外结果
Sulfuric acid(10%)(10% 硫酸)	7664－93－9	无机酸	液体	(1A/)1B/1C	5×C1×NC
Potassium hydroxide(10%)(10% 氢氧化钾)	1310－58－3	无机碱	液体	(1A/)1B/1C	6×C
Hexanoic acid(乙酸)	142－62－1	有机酸	液体	(1A/)1B/1C	6×C
Octanoic(Caprylic)acid(辛酸)	124－07－2	有机酸	液体	1B/1C	4×C2×NC
N,N'-Dimethyl isopropylamine(二甲基异丙胺)	996－35－0	有机碱	液体	1B/1C	6×C
n-Heptylamine(庚胺)	111－68－2	有机碱	液体	1B/1C	6×C
2－tert-Butylphenol(2－叔丁基苯酚)	88－18－6	苯酚	液体	1B/1C	4×C2×NC
体内无腐蚀性物质					
Sulfamic acid(氨基磺酸)	5329－14－6	无机酸	固体	NC	5×C1×NC
Sodium carbonate(50%)(50% 纯碱)	497－19－8	无机碱	液体	NC	6×C
Isostearic acid(异硬脂酸)	2724－58－5	有机酸	液体	NC	6×NC
Dodecanoic acid(Lauric acid)(月桂酸)	143－07－7	有机酸	固体	NC	6×NC
4－Amino－1,2,4triazole(4－氨基－1,2,4－三氮唑)	584－13－4	有机碱	固体	NC	6×NC
Eugenol(丁香酚)	97－53－0	苯酚	液体	NC	1×C5×NC
2－Methoxyphenol(邻甲氧基苯酚)	90－05－1	苯酚	液体	NC	6×NC
Phenethyl bromide(溴苯乙烷)	103－63－9	亲电试剂	液体	NC	6×NC
4－(Methylthio)-benzaldehyde(4－甲基硫代苯甲醛)	3446－89－7	亲电试剂	液体	NC	6×NC
1,9－Decadiene(1,9－葵二烯)	1647－16－1	有机中性成分	液体	NC	6×NC
Tetrachloroethylene(四氯乙烯)	127－18－4	有机中性成分	液体	NC	6×NC
Sodium lauryl sulfate(20%)(20% 十二烷基硫酸钠)	151－21－3	表面活性剂	液体	NC	6×C
注:C:corrosive(有腐蚀性)NC:Non-corrosive(无腐蚀性)。					

(二)预测性能

大鼠 TER 的预测能力见表 7－6。

表 7－6　TER 方法的预测能力

敏感性	特异性	准确性
≥90%(大鼠经皮电阻实际测得数值:93.1%)	≥75%(大鼠经皮电阻实际测得数值:75%)	≥82.5%(大鼠经皮电阻实际测得数值:84%)

八、扩展应用

经皮(经表皮/经内皮)电阻广泛应用于对上皮/内皮动态细胞培养模型的紧密连接完整性进行定量测量。除了离体动物皮肤之外,体外二维培养和三维重建表皮细胞也可以形成屏障功能,当研究药物或化学品穿透细胞层的作用时,可检测电阻值反映细胞屏障的完整程度。

九、疑难解答

(一) 本方法与 EpiSkin™和 EpiDerm™的预测性能上的对比

体外三维重建表皮模型(如 EpiSkin 和 EpiDerm)也是 OECD 指南认可的皮肤腐蚀性测试的体外方法,TER 与之相比,预测性能上的差异见表 7-7。

表 7-7 Rat Skin TER、EpiSkin™和 EpiDerm™的预测性能上的对比

	Rat Skin TER	EpiSkin™	EpiDerm™
测试物质数量	122	60	24
整体敏感性	94%(51/54)	82%(23/28)	92%(11/12)
整体特异性	71%(48/68)	84%(27/32)	83%(10/12)
整体准确性	81%(99/122)	83%(50/60)	92%(22/24)
假阳性率	29%(20/68)	16%(5/32)	17%(2/12)
假阴性率	6%(3/54)	18%(5/28)	8%(1/12)

(二) 对于化学品和混合物腐蚀性评估,该方法是否充分评估,且其性能是否能够满足要求?

鉴于本方法的性能参数,在特定实验环境下,本实验可以考虑整体测试策略的一部分,用于评估受试物潜在皮肤腐蚀性整合策略见第五章第二节。

(潘芳 郑楚亭 管娜)

第三节 商业化皮肤模型的皮肤刺激测试

Section 3 Skin irritation testing on commercial reconstructed human epidermis

一、原理

急性皮肤刺激性是正常皮肤接触刺激性物质而产生的局部、可逆的炎性反应。体内皮肤刺激性试验是基于 1944 年 DRAIZE 描述的方法,以家兔为试验动物来进行的。皮肤刺激的发生机理是由于受试物接触皮肤后通过扩散、渗透或破坏表皮屏障,然后作用于角质层细胞产生毒性效应。因此,皮肤刺激性可以通过检测受试物对体外重建表皮模型的细胞毒性效应来进行预测。本方法采用三维人体皮肤模型,该模型具备功能性的表皮角质层结构,在受试物限定的刺激或腐蚀阈剂量水平之下,经过皮肤暴露后,通过测定使细胞存活率下降的百分率评价受试物刺激性的强弱。

二、实验系统

(一) 皮肤模型系统

1. 重建表皮模型

三维重建表皮模型结构的构建是将来源于健康人的表皮角质形成细胞接种于由Ⅰ型胶原和Ⅳ型胶原构成的真皮替代物上,经过 10d ~ 14d 的体外培养,获得高度分化和分层的表皮结构,即由基底

层、棘层、颗粒层和多层角质层组成，具有皮肤屏障功能。为保持检测结果水平的稳定性。目前，经过验证和 OECD 认可的商品化重建表皮模型及其型号为以下 4 种：EpiSkin、SkinEthic RHE、EpiDerm SIT（EPI－200）和 LabCyte EPI-MODEL24 SIT。

体外重建表皮的细胞为原代人角质细胞（Primary Human Keratinocyte）：来源于健康志愿者供体的正常皮肤样本（如儿童包皮或成人皮肤），HIV－1 和 HIV－2 抗体、C 型肝炎病毒抗体和 B 型肝炎病毒检测为阴性。皮肤样本的来源应符合有关伦理学规定。

2. 重建表皮检测试剂盒（以 EpiSkin 表皮模型为例）

每个（商品化）重建表皮检测试剂盒由以下组成：

（1）含 12 个重建表皮单位的 12 孔细胞培养板（简称表皮培养板）1 个，表皮表面积约为 0.38cm^2（EpiSkin 小规格表皮模型）

（2）无菌维持培养液 1 瓶：用于表皮孵育；

（3）无菌检测培养液 1 瓶：用于 MTT 测定；

（4）12 孔板检测培养板 1 个：用于受试物检测。

3. 质量控制

试剂盒的生产严格按照 SOP 操作规范和质量保证程序进行。每批次表皮模型通过组织形态学检查，观察表皮结构和分层情况，至少应含基底层、颗粒层和角质层，由 6～20 层细胞组成。角质层应含有必需的脂质成分以形成功能性屏障抵抗有毒物质的快速渗透，可以通过有细胞毒性化学物（如 1% Triton X－100）的渗透能力对表皮屏障进行评估。

4 种认可的皮肤模型质控要求大致相似，包括阳性物质测试、组织学观察等。

（二）受试物质和对照

1. 受试物质

液态物质：可直接用于实验，其用量必须足够以完全覆盖皮肤表面。

固体物质：在实验前如有必要应研成细小粉末，用量必须足以覆盖皮肤表面。为改进和提高粉末与表皮间的接触，可先用少量纯水轻轻涂抹表皮表面，然后再加固体粉末。

黏性物质：可借助平底弯镊直接将黏性受试物黏附于表皮表面，为保证涂布于表皮表面的受试的量，应适当增加受试物的重量以补偿由于黏附镊子带来的损失。

2. 阳性对照

每次检测应同时设立阳性对照物，推荐浓度为 5% 的十二烷基硫酸钠（SDS）。

3. 阴性对照

每次检测应同时设立阴性对照，D-PBS。

（三）特殊试剂

1. IL－1α 检测试剂盒

商品化的 IL－1α ELISA 检测试剂盒。

2. MTT 检测试剂

MTT 溶液：可购买 MTT 测定试剂盒（含 MTT 浓缩液、稀释剂、抽提液、D-PBS）。MTT 溶液对光敏感，应避光保存。

制备 MTT 贮备液：用 PBS 配制 3mg/mL 溶液，混匀，4℃避光，可保存 15d。

制备 MTT 使用液：将检测培养液加热预温至 37℃，用检测培养液按体积比 1∶9 稀释，终浓度为 0.3mg/mL，避光保存，不超过 1h。

3. 酸性异丙醇

500mL 异丙醇中加入 1.8mL 12mol/L HCl 溶液，可以避光保存于 4℃1 个月。

4. 其他试剂

（1）Dulbecco's 氏磷酸盐缓冲液（Dulbecco's Phosphate Buffered Saline，D-PBS）：用于冲洗。

（2）十二烷基硫酸钠（SDS）：CAS# 151－21－3，配制成5%溶液，溶于水，用作阳性对照。

（3）12mol/L HCl 溶液。

5. 其他实验材料

12孔无菌培养板，器械（无菌平头镊、纯缘镊、平底刮刀），移液器和吸头，无菌试剂瓶，废液瓶，96孔平底组织培养微孔板，EP管。

6. 实验设备

生物安全柜，培养箱（标准培养条件：37±1℃，90±5% RH，5±1% CO_2），恒温水浴箱（温度37±1℃），电子天平（精确到0.1mg），微孔板摇床，96－孔读板机或酶标仪（570nm用于MTT测定，540nm用于IL－1α测定），计时器，打孔器等。

三、实验过程

（一）实验前考虑因素

MTT反应物质及检查方法参考本章第一节3.1.1。

（二）实验前准备

1. 检查重建表皮检测试剂盒（0d）

实验前应对待用于检测实验的重建表皮试剂盒进行检查，包括生产日期、批号等。

（1）检查试剂盒的pH值：试剂盒内的每个表皮单位通常采用琼脂包埋便于运输，实验前应检查用于运输的琼脂的颜色，如果琼脂为橙色，可接受，如果琼脂颜色变黄或紫色，则pH值已发生改变，该表皮单位不能使用，应更换新的表皮单位或试剂盒。

（2）检查试剂盒的运输温度：如试剂盒在运输过程中配有温度试纸条，应检查温度试纸指示的颜色以确认试剂盒是否曾暴露于超过40℃的温度下，如颜色为灰白色，则试剂盒可接受，如颜色变为暗灰色则不能用于实验。

（3）将试剂盒中的检测培养液置于2℃～8℃冰箱。

（4）将维持培养液预温至37℃（水浴）。

（5）室温下于生物安全柜内解开人重建表皮试剂盒包装。

2. 准备检测培养板（0d）

准备一块检测培养板，通常一块12孔板用于一种化学品的检测，在培养板盖上做好标记，包括受试化学品、阳性和阴性对照、实验日期等。培养板的结构如图7－4。

（1）于12孔检测培养板第1列3个孔中加入预温的维持培养液，2mL/每孔。

（2）打开表皮培养板，用无菌镊将3个表皮单位转移至检测培养板第1列添加有维持培养液的3个孔中，注意避免组织下气泡产生。

（3）培养箱中孵育至少24h。

1	2	3	4
◎	○	○	○
◎	○	○	○
◎	○	○	○

图7－4 检测培养板结构

（三）正式实验

1. 受试物暴露（第1d）

1）受试物检测板

（1）水浴下，预温维持培养液至37℃。

（2）于12孔检测培养板第2列3个孔中加入预温的维持培养液，2mL/每孔。

（3）加10μL或10mg未稀释的受试物（或阳性或阴性对照）于表皮表面。

液体受试物：直接于每个表皮表面加10μL（26.3μL/cm²）液体受试物，使液体覆盖整个表面。液体受试物由于表面张力的作用产生毛细管效应，可先添加受试物于表皮面（如SkinEthic模型），再铺布尼龙网，但应评估观察尼龙网是否与受试物存在相互作用。

固体受试物：先均匀加5μL超纯水于表皮表面，然后加10±2mg（26.3mg/cm²）固体粉末于表皮表面，必要时可用平底吸头轻轻涂抹均匀。

黏性受试物：将适当增加重量（12±2mg）的黏受试物黏附于平底吸头，轻轻将黏性受试物涂布于表皮表，保证涂布于表皮表面的受试的量达到10±2mg（26.3mg/cm²）。

（4）盖好培养板盖，室温下安全柜内保持作用15min。

（5）用镊子移出培养篮，用25mL无菌PBS完全冲洗培养篮，去除全部残留于表皮的受试物。

（6）将培养篮置于吸水纸上，轻轻拍打从表面去除残留的PBS，必要时可用棉棒轻轻擦拭表皮。

（7）将干预过的组织转移到预先加有新的维持培养液的培养孔中（第2列）。

（8）培养箱中37℃孵育42h。

2）阳性对照检测板

阳性对照用5% SDS。

取10μL 5% SDS于表皮表面，涂抹确保接触整个表皮，暴露时间15min。

注意事项：对预实验中确定的与MTT反应的化学物质，除常规检测程序外，还应当进行3个受试物处理无活性的组织和3个未经受试物处理无活性组织的MTT评价（因未经受试物处理的无活性的组织也可能出现少量NADH和脱氢酶沉淀），这些组织的操作步骤应与活性组织相同。

2. 组织活性测定－MTT法

（1）第3天，在检测培养板的第3列加入0.3mg/mL MTT检测培养液，2mL/孔。

（2）将第2列中的表皮单位转移入第3列含MTT检测培养液的培养孔中。

（3）培养箱中37℃孵育3h，由于活性细胞能代谢MTT，细胞内因有甲臜结晶形成而使表皮呈蓝色。

（4）甲臜提取：

1）准备2mL带盖EP管，并标记好化学品名称；

2）取出培养篮，用吸水纸将组织吸干；

3）用打孔器取下表皮单位；

4）用平头摄轻轻从胶原基质上取下并分离表皮组织，将表皮和支持胶原一起置于EP管内；

5）每管加500μL酸性异丙醇；

6）盖紧盖子，防止挥发，混匀，确保所有生物材料浸没于溶剂中；

7）如计划于当天提取，进行酶标仪读数，室温避光保存4h，保存期间将每只管涡漩混匀一次以辅助抽提。也可以在4℃冰箱避光保存过夜或实验第5天读数；

8）将检测培养板培养孔中的MTT溶液去除，按规定丢弃培养板；

9）甲臜抽提结束后，涡漩混匀。如果观察到悬浮可见的细胞或组织片段，则应离心（500r/min）去除，以避免对吸光值造成干扰；

10）从每个EP管吸取2份200μL样品到96孔板中，即2×200μL样品/96孔（每个组织2个孔）；

11）以酸化异丙醇为空白对照，在 570nm 处读 96 孔板 OD 值。

3. 炎性介质测定 – IL – 1α（EpiSkin 模型测试优化方法）

提取培养液样品（第 3 天）

（1）准备 EP 管，每个组织准备 1 个管，并做好标记。

（2）从孵箱中取出检测培养板，在微孔板摇床上中速（300rpm/min）摇动 15 ± 2min，从每个组织中吸出 1.6mL 培养液于预先标记好的 EP 管中，冻存于 –20℃用于分析。

（3）ELISA 测定 IL – 1α：

1）室温下将冰冻保存的培养液融解，4℃保存备用；

2）用多通道移液器加 50μL 稀释液于 96 孔板各孔；

3）加 200μL 检测样品或对照于各孔，室温孵育 2h；

4）倒去孔中试剂，用吸水纸吸干；

5）加入 400μL 缓冲液冲洗 3 次，并用吸水纸吸干；

6）加入 200μL 结合素，室温孵育 2h；

7）重复冲洗步骤 3 次；

8）等量混合显色液 A 和 B（15min 内使用）配制底物溶液，加 200μL 底物溶液于各孔，室温孵育 20min；

9）加入 50μL 中止液中止反应；

10）540nm 处读取吸光值。

（四）结果分析

1. 无 MTT 干扰组织活性的测定

1）分别计算各组 OD 值

（1）空白（酸化异丙醇）：计算平均数，用于背景值校正。

（2）阴性对照（D-PBS）：每个阴性对照组织的 OD 值减去空白平均值，将 3 个阴性对照组织的平均 OD 值确定为 100% 活性。

（3）阳性对照（5% SDS）：每个阳性组织的 OD 值减去空白平均值，计算每个组织的平均值。

（4）受试物：每个受试物组织的 OD 值减去空白平均值，计算每个组织的平均值。

（5）通过与未处理的阴性对照相比，按以下公式计算每个干预表皮的活性百分比。

（6）计算平均相对活性和活性的 SD。

（7）计算相对活性的 CV。

2）计算 OD 值：

（1）$OD_{ST} = OD_{ST\ raw} -$ 平均 OD_B

（2）$OD_{NC} = OO_{NC\ raw} -$ 平均 OD_B

（3）$OD_{PC} = OD_{PC\ raw} -$ 平均 OD_B

3）计算每块组织活性（%）

（1）阳性对照活性（%）=（OD_{PC}/平均 OD_{NC}）×100

（2）受试物活性（%）=（OD_{ST}/平均 OD_{NC}）×100

（3）计算每组平均活性（%）

平均阳性对照活性（%）=（% PC1 + % PC2 + % PC3）/3

平均受试物活性（%）=（% ST1 + % ST2 + % ST3）/3

注：ST 为测试组织（substance tissues）；

NC 为阴性对照（negative control）；

PC 为阳性对照(positive control);

B 为空白(black)。

2. MTT 干扰物质的结果计算

干扰 MTT 的物质能产生非特异的 MTT 还原,因此必须计算非特异性的 MTT 还原值(non specific MTT reduction,NSMTT),并在计活性百分比前将其减去:

NSMTT = 与阴性对照(活性组织)相比,NSMTT 的值应当≤30%。

如果阴性对照(活性组织)相比,NSMTT 的值 >30%,需进一步实验或表明该物质不适用于本实验。

将 NSMTT 转化为真实的 MTT(true MTT metabolic conversion,TODST):

$$TODST = OD_{TV} - (OD_{KT} - OD_{KU})$$

$$相对活性(\%) = (TODST\ OD_{NC}) \times 100$$

注:TODST 为受试物处理组织的真实 MTT(true MTT metabolic conversion)

KU 为未处理的无活性组织(untreated killed tissues)

KT 为受试物处理的无活性组织(substance treated untreated killed tissues)

TV 为受试物处理的活性组织(substance treated viable tissues)

3. IL-1α 计算

(1) 只有当受试物处理后的组织活性 >50% 的情况下才测定 IL-1α;

(2) 测定受试物和阴性对照每块组织的 IL-1α,并计算平均值,以 pg/mL 表示;

(3) IL-1α = 处理组织 IL-1α 平均值 - 阴性组织 IL-1α 平均值

(4) 如果受试物处理组织的 IL-1α 值与阴性对照组织的 IL-1α 之间差值为负数,则测定结果为 0。

4. 质量控制

(1) 阴性对照:阴性对照反映实验条件下组织的活性,如果阴性对照的绝对 OD 值低于历史置信区间的下限,表明组织活性存在异常,其对化学受试物的敏感性可能存在差异,因此该组织不能再用于实验。如果 3 块组织的平均 OD 值≥0.6,且组织活性偏差 SD≤18%,则认为阴性对照可接受。

(2) 阳性对照:阳性对照(5% SDS)反映实验条件下组织的敏感性活性,如果与阴性对照相比,平均相对活性≤30%,且偏差(OD)≤18,则认为阳性对照可接受。

(3) 受试物结果:如果阴性和阳性对照均完全符合上述要要求,则认为来自同一批测试的受试物结果是可接受的。

四、预测模型

检测细胞内线粒体脱氢酶活力的变化可反映细胞活性,后者或通过 MTT 法定量测定从组织中抽提出来后还原和转化为蓝色的甲臜盐的量,通过与阴性对照比较得出处理组织中细胞活性的下降程度,以% 表示,活性降低的百分率用于预测受试物的刺激能力。

每个受试物用进行 3 个批次表皮模型的测试,每次 3 块组织。

如果与阴性对照相比的平均相对活性≤50%,则该受试物为刺激性(Ⅰ)R38 物质;如果 >50%,则结合培养液 IL-1α 测定结果,如果 IL-1α 释出量≥50pg/mL,则该物质为刺激性(Ⅰ)R38 物质,如果 IL-1α 释出量 <50pg/mL,则该物质为非刺激性物(NI),见表 7-8。

表 7-8 结合组织活性和 IL-1α 释出的最终判定结果

测试结果	刺激性分类结论
平均组织活性≤50%	刺激性(Ⅰ)R38
平均组织活性 >50%,且 IL-1α 释出量≥50pg/mL	刺激性(Ⅰ)R38
平均组织活性 >50%,且 IL-1α 释出量 <50pg/mL	非刺激性(NI)

五、实验报告

（一）报告的通用要求

见第一章第二节。

（二）特别注意

重建表皮检测试剂盒：生产日期、供应商；质量检查：pH 值、温度、培养液、包装有无破损等。

六、适用范围

（1）如果受试化学物质与 MTT 检测终点存在相互作用则可能干扰检测结果，实际上只有当受试物暴露 42h 后仍然停留在组织中的受试物的量达到一定程度，才会对检测结果的判断造成困难。这种情况下，需要特定的程序从“假象”的 MTT 还原量中区分出真实的 MTT 线粒体还原量。

（2）不适用于检测高挥发性受试物。

七、能力确认

表 7－9 提供了用于皮肤刺激验证所需满足的最低 20 种参考化学物，包括 10 个刺激物和 10 个非刺激物。实验室建立检测能力应完成表中所列参考物质的测试，检测结果应与其体内刺激性分类一致。这些参考物质的选择依据是：可由商业途径获得；可以覆盖体内刺激评分的所有范围（从无刺激到强刺激）；化学结构容易辨认；可满足验证所要求的重现性和预测能力；本身不是剧毒物质（例如：致癌物或生殖系统毒性），无需额外处理费用。

表 7－9 体外皮肤模型刺激实验的参考物质

化学物	CAS 编号	物理性状	体内评分	GHS 体内分类
1－溴－4－氯丁烷	6940－78－9	液体	0	无刺激性
酞酸二乙酯	84－66－2	液体	0	无刺激性
萘乙酸	86－87－3	固体	0	无刺激性
苯氧基乙酸烯丙酯	7493－74－5	液体	0.3	无刺激性
异丙醇	67－63－0	液体	0.3	无刺激性
4－甲基硫代苯甲醛	3446－89－7	液体	1	无刺激性
硬脂酸甲酯	112－61－8	固体	1	无刺激性
丁酸庚酯	5870－93－9	液体	1.7	无刺激性
水杨酸己酯	6259－76－3	液体	2	无刺激性
肉桂醛	104－55－2	液体	2	无刺激性
正癸醇	112－30－1	液体	2.3	刺激性
兔耳草醛	103－95－7	液体	2.3	刺激性
溴己烷	111－25－1	液体	2.7	刺激性
2－氯甲基－3,5－二甲基－4－甲氧基吡啶盐酸盐	86604－75－3	固体	2.7	刺激性
二丙基二硫	629－19－6	液体	3	刺激性
碳酸氢钾（5% aq）	1310－58－3	液体	3	刺激性
苯硫酚，5－（1,1 二甲基）－2 甲基	7340－90－1	液体	3.3	刺激性

续表

化学物	CAS 编号	物理性状	体内评分	GHS 体内分类
1-甲基-3-苯基-1-哌嗪	5271-27-2	固体	3.3	刺激性
庚醛	111-71-7	液体	3.4	刺激性
四氯乙烯	127-18-4	液体	4	刺激性

八、拓展应用

(一) 采用购置的皮肤模型试剂盒进行抗炎性检测

所需要的仪器设备和试剂与上述方案相同,主要的区别在于,待检测物质的抗炎性功效评估相对炎性物质检测,增加了物质联合暴露的过程。

抗炎性检测过程,对皮肤模型进行的炎性模型构建所使用的阳性物质为 SDS,本检测过程总共分为阴性对照组、阳性对照组、待测物质组和阳性物质联合待测物质共同暴露组。

首先需要对待测物质进行预实验,评估物质本身的特性,例如是否具有产生皮肤刺激的能力,确定其的作用细胞时的受试范围。根据所预测的范围梯度进行抗炎实验,即不同浓度作用下的受试物联合 SDS 进行皮肤抗炎性检测。一般检测的指标为 IL-1α,如果存在抗炎功效的物质,联合暴露情况下的组别相对 SDS 的阳性组,IL-1α 的产生显著降低,阴性对照组 IL-1α 相对空白组增加不显著。同时,细胞活率方面,一般情况为:阴性对照组的活率最高,阳性对照组的皮肤模型活率最低,具有抗炎功效的受试物联合阳性对照组的皮肤模型活率大于 50%,不具有抗炎功效的受试物组,皮肤模型活率小于 50%。

(二) 用于皮肤刺激的整合测试策略

在 OECD 推荐的皮肤腐蚀和刺激性的整合测试方案(IATA)中,皮肤模型的腐蚀性和刺激性实验分别属于模块 3 和模块 4,见本书第五章第二节。如果体外实验数据经证据权重分析可满足化学品的分类和标识的监管目的,则无需进一步的测试,否则应补充附加的体外实验。

九、疑难解答

(一) 经过 OECD 认可的皮肤模型还有哪些及区别?

目前,OECD 指南认可的皮肤刺激方法中,列出 5 种商品化皮肤模型,见表 7-10。

表 7-10 已认可皮肤模型验证情况

序号	方法名称	验证研究类型
1	EpiSkin™	完整预测性验证研究(2003—2007),形成了 ECVAM 方法原始和更新的执行标准。基于该模型建立的鉴别物质非分类和分类的数据构成执行标准确定的敏感性和特异性的基础
2	EpiDerm™ SIT (EPI-200)	完整预测性验证研究(2003—2007),形成了 ECVAM 方法原始和更新的执行标准。基于该模型建立的鉴别物质非分类和分类的数据构成执行标准确定的敏感性和特异性的基础
3	SkinEthic™ RHE	基于 ECVAM 2008 年的最早的执行标准进行验证研究
4	LabCyte EPI-MODEL24 SIT	根据 OECD439 的执行标准进行的验证研究(2011—2012)

(二) 增加 IL-1α 对预测的提高程度如何?

利用皮肤模型检测皮肤刺激性可在组织活性的基础上增加炎性因子(IL-1α)测试,对于预测性的提高见表 7-11。

表 7-11 增加 IL-1 后预测性能比较

	EPISKIN(MTT)	EPISKIN(MTT+IL-1α)
敏感性	74.7%	90.7%
特异性	80.8%	78.8%
一致性/精确性	78.2%	83.0%

(蔡臻子 秦瑶 李楠 赵锷)

第四节 开源 3D 皮肤模型(OS-REp)的皮肤刺激实验

Section 4 Skin irritation testing on open source reconstructed human epidermis

一、原理

目前,EURL-CVAM 和 OECD 共对五种不同的皮肤模型进行了正式评估,并认可将其作为非动物的皮肤刺激实验替代工具。这些模型是仅在各个公司的生产地、部分依据机密的和受法律保护的方案生产的,这些替代性方法会给潜在用户带来某些不便:使用成本高,在将人体活组织输入几个非欧盟国家时有很大的通关障碍,以及在长时间和长距离运输后可能出现的品质降低。

为了规避在这些评估的皮肤模型获得性方面可能存在的局限性,期望建立一种基于开放来源重构皮肤(OS-REp)模型的皮肤刺激实验。开源概念意味着细胞分离和增殖、构建 3D 组织等方案以及刺激实验性能均可公开获取,而没有因为知识产权或许可导致的任何法律限制。因此,OS-Rep 模型拟由全球任何实验室的任何潜在用户建立,并可用于根据规范的方案进行的皮肤刺激实验或其他目的。

根据 EURL-ECVAM 定义,新建立的系统如果机制性原理相同并得出了与已评估和认可的系统相似的判读结果,则被认为是一种相似模型,必须进行所谓的验证研究。这意味着,通过现有的预测模型对新系统进行适应。执行验证研究的流程请参见 OECD 公布的文件及本书第一章第三节的介绍。OS-REp 皮肤刺激实验已根据上述性能标准执行了双层验证研究,该研究证实了与验证参考方法的等价性。

基于开源方法重建的皮肤模型用于皮肤刺激实验时,原理与 OECD 认可的模型的方法相同,即在室温下将供试品局部暴露于 OS-Rep 模型,持续 35min。对于每种供试品和阴性对照(D-PBS)以及阳性对照(5% SDS 水溶液),使用 3 份平行皮肤模型测试。在暴露结束时,将皮肤上的供试品完全洗下来,后孵育 42h,以使其恢复,或增加组织损伤的程度。通过在对组织抽提后定量测定的细胞还原作用(将 MTT 还原为蓝色甲臜盐),测定细胞活力。通过并行的阴性对照处理组织(设置为 100%),确定组织相对活力。

二、实验系统(OS-Rep 模型的生产)

(一) 角质细胞的来源

开放来源重建皮肤(OS-REp)由分离自青少年包皮活检组织的人原代角质细胞(捐献者年龄为 0~7 岁)构成。角质细胞培养在聚碳酸酯膜上,细胞在膜上增殖,并分化成为多层皮肤组织。

为建立 OS-Rep,仅允许 3 次传代的角质细胞用于构建组织等价物。连续传代次数较多的细胞失去了其增殖能力,因此,不适合于构建高质量的组织等价物。细胞代次定义如下:

从活检组织新鲜分离的培养物	第0代
扩大培养	第1代
准备OS-Rep使用的培养物	第2代
OS-REp	第3代

为了通过新鲜分离的角质细胞(第0代)建立培养物,可能会使用包括饲养细胞和/或血清添加物在内的培养系统。与EpiLife培养基条件相比,在含血清的培养条件下,细胞密度和收获的细胞数均明显提高。在开始进行细胞培养(以便将其用于构建OS-Rep)之前,所有收获自第0代的角质细胞均必须冷冻保存。从第1代开始,角质细胞必须严格在无血清条件下进行培养(将其培养在各自的、没有任何血清的EpiLife培养基中)。

如果角质细胞是从某个商品提供商处购买而来,则必须确保将其培养在各个代次的专用无血清培养基中,同时还应确保活检组织(包皮)的来源和捐献者的年龄(0~7岁)。

通过不同来源或质量标准的细胞建立的皮肤模型不允许用于依据OS-REp SIT方案执行的皮肤刺激实验(skin irritation test,SIT)。

(二)材料

1. 试剂和消耗品

实验室常用消耗品见第二章第二节。

EpiLife(加钙):Fisher Scientific,MEPI500CA、细胞培养瓶、细胞培养皿、6-孔细胞培养板、可调式移液器/多道移液器、一次性移液管和插入式培养板等。

2. 培养基

(1)基础培养基:500mL EpiLife培养基,加入5mL HKGS和5mL青霉素/链霉素溶液。

(2)浸没培养基:500mL EpiLife培养基,加入5mL HKGS、5mL青霉素/链霉素溶液(100U/mL,100μg/mL),5mL $CaCl_2$溶液(1.5mmol/L)。

(3)气-液界面培养培养基(ALI培养基):浸没培养基中加入500μL抗坏血酸磷酸盐溶液(终浓度为73μg/mL)和500μL角质细胞生长因子溶液(终浓度为10ng/mL)。

3. 添加物

(1)$CaCl_2$溶液

根据Poumay等(2004)公布的方案,必须将浸没培养基和ALI培养基中的钙浓度调整至1.5mmol/L。EpiLife培养基自身的钙浓度为60μmol/L,因此,必须使用$CaCl_2$溶液来弥补该差异。具体操作是:向50mL EpiLife培养基+HKGS中加入1.0585g $CaCl_2 \cdot 2H_2O$;剧烈搅拌,直至所有晶体溶解为止。由于产生了Ca^{2+}磷酸盐,因此可能会出现轻微不透明的沉淀;使用滤器(孔径为0.22μm)过滤$CaCl_2$溶液。本步骤可得到无菌的和澄明的溶液;将该溶液保存在4℃冰箱中;除非出现了大量沉淀或细菌污染,否则可在该条件下保存数周时间。使用时只能在无菌条件下采取小份样品。

也可以使用商品化供应的、无菌的、适合于细胞培养的$CaCl_2$溶液。

(2)抗坏血酸磷酸盐溶液

使用抗坏血酸磷酸盐来替代维生素C,可保证其在加热的细胞培养基中有较长的保质期。具体操作:将730mg抗坏血酸2-磷酸酯镁盐(MW 289.54)溶液溶解在10mL EpiLife培养基+HKGS中;通过孔径为0.22μm的滤器过滤抗坏血酸2-磷酸盐溶液;将其分为500μL的小份,并冻存在-20℃条件下;在临用前,立即解冻小份溶液。

4. 设备

常规体外实验室设备见第二章第一节。

（三）皮肤模型重建

1. 角质细胞培养

（1）在水浴中，将 EpiLife 基础培养基预热至 37℃。

（2）从液氮罐中取出装有角质细胞（第 1 代）的冻存管，快速解冻细胞，例如，通过分步加入 3 × 1mL 预热的 EpiLife 基础培养基来进行解冻。

（3）然后将解冻的细胞（密度为 750,000 个细胞/mL）和 25mL 预热的 EpiLife 基础培养基一起加入大的细胞培养瓶中（$75cm^2$）。

（4）对于培养基换液，使用无菌的巴斯德移液管，吸出陈旧培养基，并加入 25mL 新鲜的 EpiLife 基础培养基/瓶，培养基换液一直持续到细胞收获时为止。

引种细胞的最佳时段是在星期三和星期五之间，因为在下周三收获细胞时，细胞密度最佳。

2. 插入式培养

当培养瓶中的细胞的融合度大约为 80% ~90% 时，必须收获细胞，以便开始进行 3D 培养。在消化细胞之前，必须认真在显微镜下观察细胞形态并作出评价，包括角质细胞在培养容器中是否呈均匀分布，细胞形态，死细胞/漂浮细胞的占比，角质细胞的细胞膜完整性；起泡的细胞数量，可增殖的细胞占比等。正常培养的角质细胞如图 7 –5A 所示：

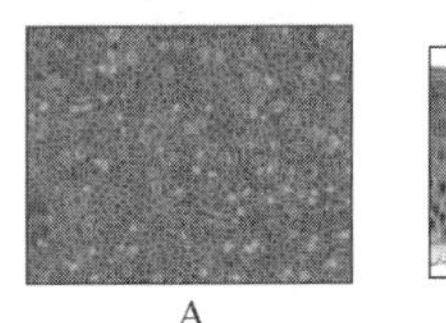
A

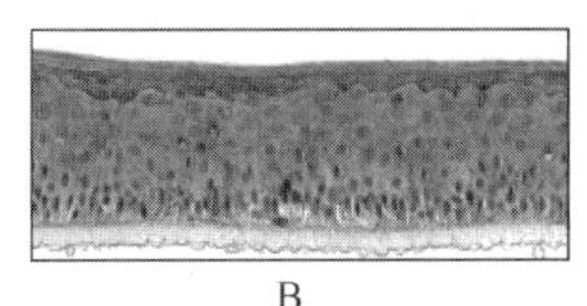
B

图 7 –5　正常角质细胞与气 – 液培养后组织形态比较

以在 EpiLife 基础培养基中培养的角质细胞（处于第 2 代）为例。在有丝分裂制备物中，小的折射细胞是角质细胞。对于正常发育的细胞培养物，处于较高融合度、在局部被浓密包裹的小细胞是典型的细胞形态。在培养物中，可有规律地看见不同形态（大的、扁平、增大的细胞）的细胞，但很少。

当角质细胞符合上述要求时，可进行收获。

（1）使用无菌的巴斯德移液管，吸出培养基，并向每个培养瓶中加入 10mL 无菌的 D-PBS。确保所有细胞均被缓冲液覆盖，并使该溶液在细胞上停留至少 1min。

（2）使用移液管，吸出 D-PBS，并加入 10mL 的 Accutase 细胞消化液。将细胞在 37℃ 条件下孵育 10min ~ 15min（视各自的细胞批次而定）。

（3）当有细胞开始从培养瓶底部脱落时，通过机械振摇培养瓶，加速这一过程，直至所有细胞均自由漂浮在液体中为止。

（4）为了使余下细胞团块分开，使用无菌的 10mL 移液管，吹打角质细胞悬液。该过程至少重复三次，同时避免产生泡沫。

（5）然后吸取悬液，并转移至无菌的离心管中。

（6）以 300g 的离心力，将角质细胞离心 5min；这足以使细胞在离心管底部形成稳定沉淀。

（7）小心吸出清亮上清，避免移液管尖头与细胞沉淀有任何接触。

（8）然后，向细胞沉淀中加入 EpiLife 浸没培养基（10mL ~ 20mL，视沉淀多少，即角质细胞的数量）而定，使用无菌移液管，重悬细胞，直至所有细胞团块分散开为止。

（9）取一小份角质细胞悬液，用于细胞计数。

（10）使用 EpiLife 浸没培养基，将细胞悬液的细胞浓度调整至 315000 个细胞/500μL。

（11）将所需数量的共培养插入板放入合适的培养容器中。

（12）向培养容器中加入 EpiLife 浸没培养基，见表 7 – 12：

表7-12 浸没培养时插入板数量与培养基体积

培养容器	插入板数量	培养基体积
6-孔细胞培养板	1块插入板	2.5mL
有盖的细胞培养皿,ϕ10cm	8块插入板	15mL
有盖的细胞培养皿,ϕ14.5cm	20块插入板	38mL

(13)将500μL该细胞悬液应用于共培养插入板中。细胞数等于500000个细胞/cm^2。

(14)然后将培养板放进培养箱(37℃,5% CO_2,95%相对湿度)。

在培养过程中,调整插入板内、外侧的培养基液面高度。

3. 气-液界面(ALI)培养

在浸没条件下培养24h后,将培养的插入板转入气-液界面培养阶段。

(1)小心抬起容器一侧,将培养容器中的培养基吸出。

(2)必须从插入板内侧将培养基吸出。小心将巴斯德移液管尖头伸入插入板内,不要接触组织表面。使用减小的吸取力度,吸出插入板内壁上的液体。为了收集插入板表面上的所有液体,可将插入板向一侧倾斜,然后将培养基吸出。该流程结束时,表面必须完全干燥,即使在膜与插入板内壁的过渡区域,也应是干燥的。

(3)可将插入板留在容器内(6孔培养板),也可将其放入新的细胞培养皿中,以便调整ALI阶段的组织数量/孔。

(4)向培养容器中加入合适体积的ALI培养基,见表7-13。

(5)去掉膜下面存在的任何气泡。

表7-13 气生液界面培养时插入板数量与培养基体积

培养容器	插入板数量	培养基体积
6-孔培养板	1块插入板	1.5mL
有盖的细胞培养皿,ϕ10cm	4块插入板	9mL
有盖的细胞培养皿,ϕ14.5cm	10块插入板	23mL

按皮肤等价物生长表面在整个培养期内保持干燥的方式,调整培养基体积。

(6)换掉陈旧培养基,每周三次,隔天进行一次(周一、周三、周五)。

(7)在ALI培养的第19d,可将皮肤模型用于进行皮肤刺激实验。

4. 注意事项

通常其他培养容器也可用于培养气-液界面上的OS-Rep组织,但是必须考虑两个方面的问题:一是必须按确保气-液界面条件的方式,调整容器中培养基液面高度。因此,液面高度必须不会超过插入板中的膜水平面。二是按Poumay等2004年最初描述的,必须确保比值为:至少1.5mL培养基/组织模型/2天。较少的培养基可导致组织模型的形态学架构受损,并由此产生不符合要求的生理特点。

在ALI培养阶段的头几天,每天彻底监控组织表面,如在24h后表面变湿(即使是部分变湿),则应小心去除液体。如表面保持干燥,则按照描述的方法培养该模型。如模型仍然是湿的,则将应其废弃。如细胞增殖作用消失,则显示表面变湿,这可能会导致插入板膜出现不完全覆盖。在这些情况下,培养基可通过附着力,进入插入板的内部空间,并因此损害组织的正常分化。

三、皮肤刺激实验

在接收日,从包装中取出OS-Rep模型,在生物安全柜中进行转移,并提供预热的新鲜培养基。然后,在接收后不早于24h(当组织从运输应激状态下恢复时),执行验证研究。如组织模型运输时间提前,则在物质测试时点之前,将其培养在标准条件下。

在进行物质测试之前,所有组织模型均转移至预热的新鲜培养基中。然后将模型局部暴露于每种化合物,持续35min。每种受试物(ST)、阳性对照(PC)和阴性对照(NC)使用三份组织。在指定的时间后,使用缓冲液,将组织全部洗下,并转移至预热的新鲜培养基中。在37℃条件下孵育42h后,将组织转移至含有0.2mL MTT溶液(1mg/mL)的24孔培养板中,使组织在其中保持3h。然后,使用2mL/孔的异丙醇在室温下抽提2h,或在4℃条件下过夜抽提。使用一台分光光度计,在540nm~600nm之间的波长处,测定抽提的甲臜溶液中的蓝色甲臜染料(染料已经沉积在活细胞中的)。计算出每份组织的相对细胞活力(相对阴性对照)。如每份组织的细胞活力均低于50%,则该供试品可初步归类为皮肤刺激剂。

(一)受试物准备

1. 液体

使用合适的移液器,将25μL液体直接分滴在组织表面上。关于实验中尼龙网格的使用,可根据实际情况评估,本文所述方法未使用尼龙网格。网格被广泛用作将液体均匀散布在组织模型整个表面上的有效措施,因此,减少了不良的毛细作用。但是,某些化合物会与尼龙网格发生反应,这最终会导致尼龙网融化,并由此导致聚合物与上层组织融合。其后,在不损伤组织的情况下,尼龙网无法正确去除。由于这个原因,因此,将液体物质直接应用于模型表面上,未使用网格作为辅助扩散工具。

2. 半固体

使用容积式移液管,将25μL半固体物质直接分滴在组织表面上。如必要,小心散布物质,以匹配表面积。

3. 固体

使用精细研磨的供试品填充容积为25μL的药匙。使用合适的辅助工具,轻轻拨去过多的物质,将药匙填平。请勿在粉末上应用任何压力,因为压实,会增加特定体积内的物质量。将粉末均匀分布在皮肤模型的表面上。加入25μL无菌的PBS,以润湿供试品的表面,并增加表面接触。如必要,小心散布物质,以匹配表面积。从应用了PBS后开始计算时间。

从化学特性(例如,表面张力、静电、亲水性)可知,某些物质很难将其均匀分布在组织表面上。处理这些物质时请特别小心,并确保将液体滴在组织中心位置。如液体在开始时未能完全覆盖组织表面,则请使用移液器将液滴吸出,并再次将其滴在组织表面上。重复该流程,直至液体正确分布为止。

4. 有还原性质的化合物

既往研究已发现了测试化合物在没有活细胞情况下对MTT试剂干扰作用的重要性。具有高还原能力的化合物,例如,维生素C等,能通过其自身将MTT还原为甲臜,因此,可能会得出假阴性结果。如在进行MTT实验时,组织上或组织内存在有足量的该种物质,则供试品的这种特性至关重要。因此,在测试前,应通过下述实验流程,明确这方面的问题:

(1)将300μL的MTT工作液应用于24孔培养板的孔中。

(2)向MTT溶液中加入100μL/100mg供试品,并将样品放在37℃培养箱中。

(3)孵育1h后,监测黄色MTT溶液是否被还原为紫色甲臜染料。

(4)如未发生MTT还原反应,则可根据方案,在没有任何额外措施的情况下进行皮肤刺激实验。

(5)如发生了MTT转变,则应考虑额外的措施,例如在杀死的组织上进行实验,以便确定化合物的该种固有性质是否会影响OS-REp SIT实验结果。有关如何执行合适控制措施的更多信息,请参见OECD性能标准(2015b)。

5. 颜色干扰

应用在OS-Rep模型上的有色化合物可干扰MTT实验。当其显示有与甲臜染料相似的光谱特性时,无法正确将本来的甲臜信号与化合物的信号区分开。在另一种场景中,化合物的颜色将与甲臜混合,产生一种在分光光度计的各个波长处不再能检测出的"新"颜色。在这两种情况下,根据分光光度计进行光学测定得到的结果并不可靠,并很容易导致所研究的化合物被错误分类。

这些缺点可通过使用 HPLC/UPLC - 分光光度法分析流程加以克服。理想情况下,能明确区分开甲臜和有色化合物,可得出可靠的定量分析结果。该分析方法已被纳入最新版的 OECD TG 439 (2015a)。

6. 阴性对照(NC)

将 25μL D-PBS 局部应用于组织模型,并与受试化合物并行进行实验。

7. 阳性对照(PC)

将 25μL 5% SDS 水溶液应用于组织,与受试化合物同时进行实验。

(二) 受试物暴露

(1) 在水浴中将培养基预热至 37℃,将 1.5mL 培养基吸入 6 孔培养板的每个孔中。从培养板中将 3 份组织模型转移至新填充的无菌 6 孔板的上一排中。

(2) 在应用受试物之前,在 6 孔板的盖子上作适当标记。分别将一个培养板专用于阴性对照和阳性对照。将 25μL 未稀释的受试物、NC 和 PC 应用于三份组织中的每份组织。

(3) 如开始时液体未完全覆盖组织表面,则使用移液枪,将液滴吸出,并再次滴在组织表面上。重复该流程,直至液体正确分布为止。

(4) 当粉末应用于组织表面时,孵育时间从加入 25μL D-PBS 进行润湿开始计算。

(5) 在某些情况下,由于物质的疏水特性,粉末与缓冲液滴相互排斥,则使物质保持未接触状态。

(6) 如缓冲液可溶解粉末,则可使用移液器通过轻轻喷涂,将所得溶液均匀分布在模型表面上。

(7) 将处理后的组织置于生物安全柜内(在室温下),暴露 35min ±0.5min 后,使用与工作真空泵连接的巴斯德移液管,小心从组织表面上吸出供试品。使用无菌的 D-PBS(加有 Ca^{2+},Mg^{2+})洗涤(8 次)所有组织:使用多道移液器,将 600μL 的 D-PBS 应用于每个插入板,然后将液体废弃。重复本流程 7 次,然后仔细从插入板内吸出缓冲液。将插入板在装有 500mL D-PBS(加有 Ca^{2+},Mg^{2+})的烧杯中浸没 5 次;每次浸没后,必须将液体废弃,以确保彻底更换缓冲液。

(8) 例外情况:阴性对照不需浸没在 PBS 中,因为存在被残余物质交叉污染的风险。

(9) 仔细吸掉黏附在插入板内外表面上的剩余液滴。然后将组织插入板转移至预先充满预热新鲜培养基(见上面)的 6 孔板中。在化合物残余物仍附着在组织表面的情况下,请使用湿润的棉签,试着将其去掉。将本流程记录在方案中。将组织放在培养箱(37℃,5% CO_2,>95% 相对湿度)中孵育 42h。

(三) MTT 实验

(1) 在执行 MTT 实验之前,标记实验用的 3 块 24 - 孔板。

(2) 将 200μL MTT 工作液(1mg/mL,溶解在 D-PBS 中)应用于每孔中。从 6 孔板中取出插入板,标记插入板的底部,并使用吸水纸,去除在插入板外壁上的液体。将插入板转移至预先加有 MTT 工作液的 24 孔板中。除去插入板膜下面存在的气泡,然后将培养孔放在培养箱中,孵育组织 3h。记录孵育开始时间。孵育 3h 后,从培养孔中取出插入板,并使用吸水纸,去除在插入板外壁上的液体。将插入板转入 3 个新鲜的 24 孔板中,并充入 2.0mL 的异丙醇。由于其体积,一些异丙醇将流经插入板,并因此从顶部浸没组织。

(3) 使用封口膜封闭 24 孔板,并将其放入冰箱(4℃)过夜,或在室温下的摇床(大约 250r/min;请注意,控制摇床转速,勿使液体从一个孔溢出至另一个孔中)中放置 2h。然后,使用一对小镊子,用尖头刺穿插入板膜,这样就使插入板内的液体与孔中的液体混合。或者,也可以使用移液器吸头来代替小镊子。如将24孔板留置在冰箱中过夜,则随后应将其放在摇床中(大约250rpm),持续30min,以获得均质的甲臜溶液。

(4)根据规定的检测板设计,从每份组织样品中,转移2×200μL甲臜抽提液至半透明平底96孔微量滴定板的孔中。使用异丙醇作为空白。在多孔板分光光度计(ELISA读板机)中,在特定的波长处(540nm~600nm之间)读出OD值(未使用参比滤光片)。

注意:与正常的光度计相比,在多板读板机中,吸液误差会因为改变了光通过溶液的路径长度而影响OD值。因此,有必要测定来自每份组织样品抽提液的2份小样,以发现可能的误差。

如果来自一份组织抽提液的两份小样的OD值彼此之间以不可能明确读数的方式发生明显偏差,则使用所有样品填充新的96孔板,重复进行测定。确保甲臜抽提液混合均匀。由于相同的原因,有必要使用平底检测孔,以确保每个测定点有相同的光路长度。

四、预测模型

采用了OS-REp SIT的预测模型,未改变适用于体外皮肤刺激实验方法的OECD性能标准。预测模型参见表7-14。根据GHS分类系统,如暴露于供试品的组织的平均相对活力低于50%的阴性对照组织平均相对活力,则可预测该化合物具有刺激性。相反,根据GHS分类系统,如暴露于供试品的组织的平均相对活力>50%的阴性对照组织平均相对活力,则可预测该化合物不具有刺激性。

表7-14 预测模型

体外实验结果	体内预测结果
平均组织活力≤50	刺激剂(I),GHS 2类
平均组织活力>50	非刺激剂(NI)

五、应用范围

(一)化合物鉴定和分类

EURL-ECVAM皮肤刺激作用验证实验为OS-REp SIT仿制模型提供了理论基础。已采用了OECD性能标准和参比化合物组,其中包含了具有不同理化性质和不同皮肤刺激能力的化合物(Draize体内评分0-4)。额外进行测试的化合物包含同时落入性能标准规定类别的物质。因此,未规定适用范围的补充性参数。

在既往验证过的、基于3D皮肤模型的方法中不能进行测试的化学限制条件(EpiDerm™,EpiSkin™,SkinEthic™ RHE;LabCyte EPI-MODEL24)对于OS-REp SIT似乎也有效。未知的化合物必须在进行SIT实验之前,评价其直接还原MTT的能力。

(二)配方和原材料评价

已对OS-REp SIT和VRM进行了验证,以评价毒理学安全性评估使用的纯化合物和溶液的皮肤刺激特性。对于商品化提供的皮肤系统,配方、化合物和成品测试并未受到各自的OECD TG439官方支持,这一点,对于OS-Rep也同样如此。

但是,包括以上提及的复杂配方在内的任何供试品均可在OE-REp模型上进行测试,例如,在不同配方之间相互进行比较的基准方法中进行测试,只要不打算用于毒理学/申报目的。

(三)局限性

与具有低蒸汽压、更为惰性的化合物相比,能与细胞培养插入板的塑料材质反应的化合物以及快速蒸发的物质可能会产生较高水平的变异性。无法明确定义OS-REp的应用范围限制条件,但测试气体、蒸汽和气溶胶除外。测试这些类型的化合物需要有当前实验设计未涵盖的特殊条件。

六、实验报告

报告要求同第三节。

七、能力确认

(一) 实验验收标准

根据历史性数据,NC在540nm~600nm处的平均光密度值(OD)应当在0.6~1.5之间。PC的平均活力应当低于NC的10%。根据OECD性能标准(OECD,2015b),对于供试品和对照,在一次实验内得到的三个重复测定值的标准差必须等于或小于18%,才能被认定为一次有效的实验。如有一条或多条判定标准未满足,必须使用新的OS-REp模型,重复进行实验。

对于未知化合物,要求必须执行两次独立的实验。如两次实验结果均为阳性,则该化合物可被归类为皮肤刺激剂,无需进一步进行实验。

如两次实验结果不一致,则必须进行第三次独立实验。然后将绝大多数结果(2:1)作为该化合物最终被归类为皮肤刺激剂或非刺激剂的决定性因素。

(二) 质量标准

为了监测皮肤模型的质量,必须分析每个新生产的批次因为未处理组织导致的变异性、屏障功能和组织学构成。

1. 形态学

在培养期结束时,对每个生产批次样品的气-液界面处进行组织学评价。由于该原因,对2~3份等价物进行冻存或石蜡包埋、切片,并使用苏木青-伊红进行染色。

为确认皮肤刺激实验的合格性,组织必须具有以下列出的特征:①分化良好的单层基底层;(由栅栏状形式排列的角质细胞构成);②至少有2~3层刺突状角质细胞;③至少有2~3层颗粒层细胞,以其扁平细胞极性、缺乏细胞核和存在黑染颗粒为特征;④由数层分界明显的角质细胞构成。

在气液界面培养第19天,通过完全分化的皮肤等价物(OS-REp),获得的组织学切片。对组织进行石蜡包埋,并在切片后,使用苏木青-伊红进行染色。图片底部的灰色结构表示使用的共培养插入板的聚碳酸酯膜,如图7-5B所示。

任何实验均不得使用不符合质量标准的皮肤等价物。

2. 组织活力

根据性能标准,通过MTT转化实验,确定皮肤模型的活力。简言之,使用PBS,对每批次的三份模型局部处理35min,孵育42h后,再进行MTT实验。在550nm~600nm的波长处,测定甲臜溶液的OD值。未处理(或PBS处理的)组织的活力验收标准下限和上限应落在0.6~1.5之间的范围内。

3. 屏障功能

按常规方法确定每个批次的ET_{50},作为刺激实验开始时皮肤组织的屏障功能均值。在不超过7.5h的时段内,使用1% Triton X-100溶液,挑战屏障功能,并使用MTT实验,测定组织的活力。在该时段内,在1.5h的间隔时点上,组织活力可得到最佳评价。在总体组织活力已降至50%的各个时点上,计算出ET_{50}。

对于组织批次,规定了2.0h的ET_{50}边界下限,以确认皮肤刺激实验的合格性,未规定边界上限。

4. 实验熟练度练习和参比物质

在使用未知化合物开始进行体外皮肤刺激实验之前,应证明将用于本实验的OS-REp的预测度和准确性是否适合。现已明确，OS-REp 的质量取决于用于构建模型的角质细胞质量和特性，并因此直接与组织捐献者的特性相关联。由于观察到捐献者存在变异性，因此，应仔细筛选分离的角质细胞，以便挑选出符合 OS-REp SIT 实验要求的角质细胞批次。

由于该原因，强制要求使用通过任何新细胞批次/捐献者生产的 OS-REp 模型进行实验熟练度练习。在该练习中，必须根据以上列出的方案，在 OS-REp 模型上面，对 20 种已知具有皮肤刺激特性的参比物质（10 种未分类的和 10 种分类的化合物）进行测试。最初确定，对于仿制方法的“追加”验证工作，该化合物清单还证实了其在 OS-REp 新构建批次最终质量核查中的价值（表 7－15）。

本实验的预测度必须至少与 VRM 的预测度一样良好：80% 敏感度、70% 特异性和 75% 准确度。此外，分别根据 VRM 和 OECD PS 之规定，仅允许 1－溴－4－氯丁烷、4－甲基－硫－苯甲醛和肉桂醛被预测为假阳性。在已分类化合物的清单中，1－溴－己烷可能会被错误分类。该化合物激发皮肤产生刺激反应的能力很大程度上取决于捐献者，因此，也取决于用于构建 OS-REp 模型的角质细胞。如果所有已分类化合物均能被正确预测，则 1－溴－己烷的误分类也不会产生差异。

强烈推荐使用通过相同角质细胞批生产的第二批 OS-REp 重复进行实验熟练度练习。如结果均完全正确，则各个角质细胞批次均适合于皮肤刺激实验。如结果不一致，则应另外测试一批角质细胞。

就实验预测度而言，本熟练度练习是最后的质量核查，同时也是最具决定性的核查指标。即使皮肤模型的组织学结构与以上所述参数值范围相比有很小程度的偏离，实验熟练度练习结果对于随后进行的皮肤刺激实验也是理想的。直至今日，尚未发现组织厚度或屏障功能（ET_{50}值）和 OS-REp 模型的预测度之间存在相关性。

表 7－15　参考物质列表

化合物名称	CAS 编号	物理状态	体内评分	根据体外实验得出的 VRM 分类	根据体内实验结果得出的 UN GHS 分类
未分类的化合物					
1－溴－4－氯丁烷	6940－78－9	液体	0	2 类*	无分类
邻苯二甲酸二乙酯	84－66－2	液体	0	无分类	无分类
萘乙酸	86－87－3	固体	0	无分类	无分类
丙烯苯氧－乙酯	7493－74－5	液体	0.3	无分类	无分类
异丙醇	67－63－0	液体	0.3	无分类	无分类
4－甲基－硫－苯甲醛	3446－89－7	液体	1	2 类*	无分类
硬脂酸甲酯	112－61－8	固体	1	无分类	无分类
庚基丁酸盐	5870－93－9	液体	1.7	无分类	无分类
己基水杨酸盐	6259－76－3	液体	2	无分类	无分类
肉桂醛	104－55－2	液体	2	2 类*	无分类
分类的化合物					
1－癸醇	112－30－1	液体	2.3	2 类	2 类
报春花乙醛	103－95－7	液体	2.3	2 类	2 类
1－溴己烷	111－25－1	液体	2.7	2 类	2 类
2－氯甲基－3,5－二甲基－4－甲氧基吡啶 HCl	86604－75－3	固体	2.7	2 类	2 类

续表

化合物名称	CAS 编号	物理状态	体内评分	根据体外实验得出的 VRM 分类	根据体内实验结果得出的 UN GHS 分类
二-n-丙基二硫化合物	629-19-6	液体	3	无分类	2类
氢氧化钾(5%水溶液)	1310-58-3	液体	3	2类	2类*
苯硫酚,5-(1,1-二甲基乙基)-2-甲基	7340-90-1	液体	3.3	2类*	2类
1-甲基-3-苯基-1-哌嗪	5271-27-2	固体	3.3	2类*	2类
庚醛	111-71-7	液体	3.4	2类*	2类
四氯乙烯	127-18-4	液体	4	2类*	2类

注:VRM 为验证过的参考方法。带"*"标记的分类区域显示 VRM 中被预测为假阳性的3种未分类化合物,因此,也允许其在实验熟练度练习中被预测为假阳性。本表改编自 OECD 性能标准(OECD,2015b)。

八、验证和拓展应用

(一)验证

已在一项2层环式对比实验中,根据 OECD 性能标准,验证了开放来源重构皮肤(OS-REp)皮肤刺激实验(SIT)。已经公布了研究结果,可登陆:http://dx.doi.org/10.1016/j.tiv.2016.07.007 和 http://dx.doi.org/10.1016/j.tiv.2016.07.008 进行获取(Mewes et al.,2016;Groeber,2016)。

在本研究的第一层中,根据 MTT 实验评价的组织活力,证明了体外皮肤刺激实验中使用的、新建立的皮肤等价物(OS-REp)的适合性。此外,还在实验过程中首次发现了科学证据,证明挥发性刺激性参比化合物导致的交叉污染对组织有负面影响。

通过本研究的第二层首次证明,基于开放来源重建皮肤模型(OS-REp)的体外皮肤刺激实验可完全在开放来源条件下进行。结果证实开放来源概念在科学上是有效的,并认为是在动物实验替代方法框架下进一步开发的预测指标。请参见表7-16的总结。

表7-16 OS-Rep 验收限值及验证研究总结

参数	验收限值	实验室1	实验室2	实验室3	均值
敏感度/%	80	100	80	90	90
特异性/%	70	70	70	70	70
准确度/%	75	85	75	80	80
实验室内的可重复性/%	90	80	85	95	87
实验室间的可重复性/%	80	85	—	—	—

表7-16显示了三个检测实验室在 OECD 性能标准(OECD,2015)规定的验收限值比较中得到的结果。而且,给出了所有参试实验室的总体均值(平均值)。除实验室内可重复性以外,所有预测参数均符合或甚至超过了各自 OECD PS 中规定的标准。这是值得注意的结果,因为所有参试实验室均独立建立了细胞批,并通过其自身生产了 OS-REp 模型批。

实验室内可重复性较低应当认为是由于开放来源概念导致的,因为与商品化组织模型生产商和合同研究组织相比,开放来源概念本身就容易导致较高的变异度。

但是,对于成功运行的 OS-REp SIT 实验,该参数仅有很小的意义。对于将要测试的每种化合物,必须至少单独进行两次实验。如果结果一致,则无需再进一步进行测试,如果结果不一致,必须进行第三次实验。然后,以绝大多数结果(2∶1)判定最终结果。当按照本方法进行实验时,验证研究取得的总体准确度为80%。

(二) 认可

基于开放来源重构皮肤的皮肤刺激实验在科学上是有效的,但并非是官方正式认可的方法。该方法并未纳入现行版 OECD TG439。但是,“追随”验证结果已经证实了该方法与验证过的参考方法之间的等价性。因此,拟将 OS-REp SIT 实验作为基于商品化皮肤等价物的检测实验的可靠替代性实验。

为了产生可用于毒理学文件(用以申请监管机构批准新的化合物)并能经受住监管机构/监管者关键性审查程序的结果,必须完整保留一套质量标准。

(三) 拓展应用

见本章第三节。

九、疑难解答

(一) 是否允许将商品化供应的角质细胞用于生产 OS-REp 组织?

原则上,可将其他来源的角质细胞用于构建 OS-REp 模型,但只有在严格满足了方案中规定的所有先决条件和质量标准时才可以。最重要的模型特征是:i)角质细胞必须分离自年龄不到7岁的男孩的包皮组织;ii)在第0代结束时,所有角质细胞在开始进行 OS-REp 培养之前必须冻存;iii)从第1代开始,角质细胞均必须在没有添加任何血清和没有饲养细胞的 Epilife 培养基中进行培养。

但是,如能保证组织样品来源,则强烈建议分离并选择最合适于你自身情况的角质细胞。到那时,你将能够完全掌控所有工作步骤和所有质量标准。

(二) 是否允许使用来自包皮以外身体部位的活检组织?

不允许,OS-REp 模型的构建方案已对青少年包皮角质细胞进行了优化,角质细胞的特性对 OS-REp 质量及其在皮肤刺激实验中的性能有关键性影响。当使用来自身体其他部位的角质细胞时,很容易影响皮肤刺激实验的成功率。

(三) 当确认了一批细胞的合格性时,平均能产生多少组织?

根据实验开发者的经验,通过来自一名捐献者的一批角质细胞,可构建大约5000个 OS-REp 模型。请注意,OS-REp 数量首先取决于从捐献者组织中提取的角质细胞数量。这又取决于捐献者的组织大小,同时还取决于培养第0代新鲜分离的角质细胞的培养基。

(四) 在正确进行皮肤刺激实验的过程中,哪一步才是最关键的步骤?

除开在实验前恰当表征分析 OS-REp 模型以外(例如,通过实验熟练度练习得到的确认结果),将供试品均匀分布于 OS-REp 模型表面是最重要的步骤。供试品不完全覆盖在模型表面上,可得出假的预测结果。因此,对于每次物质应用,实验者必然要花费大量时间来检查物质是否分布均匀,如果情况不是这样,则采取措施来改善表面覆盖率。该目的可通过以下方式实现,例如,使用移液管吸取液滴,并再次将其释放在表面上。建议的应用间隔时间至少为60或90秒(效果更佳)。还必须注意,在洗涤过程中,将任何肉眼可见的供试品残余物从表面上去除。

(五) 当测试蒸汽压较高的化合物(挥发性化合物)时,如何确保正确进行实验?

在任何情况下,强烈建议在只有一个孔的板中测试每种化合物,以防止各种化合物的挥发性组分发生交叉污染。此外,如已经证实某种化合物具有挥发性和刺激性,则用该物质处理的 OS-REp 模型应当放在单独的培养箱中,以避免使用非刺激性化合物处理的其他 OS-REp 模型受到影响。有必要确保使用阴性对照(PBS)处理的模型不受挥发性组分的影响,因为这些模型是计算其他 OS-REp 模型相对组织活力的基础。因此,这些模型活力的意外降低可使整个实验大打折扣。最近公布的皮肤刺激实验方案已经考虑到这种情况(Mewes. ,2016)。

(六) 生产 OS-REp 模型和进行皮肤刺激作用实验的成本如何?

对于基于 OS-REp SIT 的实验,只能给出很粗略的成本估计。皮肤等价物可在装备良好的细胞实验室中人工生产,如可以获得合适的细胞立即用于生产,则成本大约为 25 欧元/模型。因此,一次实验所需的 OS-REp 模型,包括 10 种未知物质(30 个 OS-REp 模型)和阴性及阳性对照(6 个 OS-REp 模型)、测定 ET_{50}(18 个 OS-REp 模型)以及组织学对照(3 个 OS-REp 模型),将大约花费 1200 欧元。SIT 实验性能本身的成本取决于各个实验室的具体情况,因此,通常无法计算。

已经考虑到了单批次皮肤等价物的生产过程大约需要 4 周时间,主要以在规定间隔时点更换培养基为特征。但是,一批组织更换一次培养基可在大约 1h 内完成(隔天一次),因此,培养过程本身并不是很耗时的。

(Karsten Mewes　田丽婷　程树军　黄健聪)

参考文献

[1] 程树军,焦红. 实验动物替代方法原理与应用. 北京:科学出版社,2010.

[2] GB/T 27830—2011 化学品　体外皮肤腐蚀　人体皮肤模型试验方法

[3] GB/T 27829—2011 化学品　体外皮肤腐蚀　膜屏障试验方法

[4] SN/T 3899—2014 化妆品体外替代试验良好细胞培养和样品制备规范

[5] SN/T 4577—2016 化妆品皮肤刺激性检测重建人体表皮模型体外测试方法

[6] Alepee N,BarrosoJ,De SmedtA,et al. Use of HPLC/UPLC-spectrophotometry for detection of MTT formazan in vitro Reconstructed human Tissue (RhT)-based test methods employing the MTT assay to expand their applicability to strongly coloured test chemicals. Toxicology in Vitro,2015,29:741 - 761.

[7] Alépée N, Grandidier MH, Cotovio J. Sub-categorisation of skin corrosive chemicals by the EpiSkin™ reconstructed human epidermis skin corrosion test method according to UN GHS: Revision of OECD Test Guideline 431. Toxicology in Vitro,2014,28:131 - 145.

[8] Alepee N,HibatallahJ,KlaricM,et al. Assessment of cosmetic ingredients in the in vitro reconstructed human epidermis test method EpiSkin using HPLC/UPLC-spectrophotometry in the MTT-reduction assay. Toxicology in Vitro. 2016,33:105 - 117.

[9] Cotovio J,Grandidier MH,Portes P,et al. The in vitro acute skin irritation of chemicals: optimisation of the EPISKIN prediction model within the framework of the ECVAM validation process,ATLA,2005,33,329 - 349.

[10] Eskes C,Cole T,Hoffmann S,et al. The ECVAM international validation study on in vitro tests for acute skin irritation: selection of test chemicals. ATLA,2007. 35,603 - 619.

[11] EU,2009. Regulation(EC) No 1223/2009 of the European Parliament and of the Council of 30 November 2009 on cosmetic products.

[12] Fletcher ST,Baker VA,Fentem JH,et al. Geng expression analysis of Epiderm following exposure to SLS using cDNA microarrays[J]. Toxicol in Vitro,2001,15(4 - 5):393 - 398.

[13] Groeber F,Schober L,Schmid FF,et al. Catch-up validation study of an in vitro skin irritation test method based on an open source reconstructed epidermis (phase II). ToxicolIn Vitro. 2016;36:254 - 261.

[14] Hartung T, Bremer S, Casati S, *et al*. A modular approach to the ECVAM principles on test validity. *Altern. Lab. Anim.*, 2004, 32, 467 – 472.

[15] Mewes KR, Fischer A, Zoller NN, et al. Catch-up validation study of an in vitro skin irritation test method based on an open source reconstructed epidermis (phase I). Toxicol In Vitro. 2016; 36: 238 – 253.

[16] OECD, 2015. OECD Guidelines for the Testing of Chemicals No. 439: In vitro Skin Irritation: Reconstructed Human Epidermis Test Method. Paris Paris: OECD, 2015: 1 – 21.

[17] OECD, 2015. Performance standards for the assessment of proposed similar or modified in vitro reconstructed human epidermis (RhE) test methods for skin irritation testing as described in TG 439.

[18] OECD 2004. Guidelines for the Testing of Chemicals, No. 431: In Vitro Skin Corrosion: Human SkinModel Test. Paris, France: OECD

[19] OECD. Performance Standards For The Assessment Of Proposed Similar Or Modified In Vitro Reconstructed Human Epidermis (Rhe) Test Methods For SkinCorrosion Testing As Described In TG 431. 2015.

[20] Qiu J, Zhong L, Zhou M, et al. Establishment and characterization of a reconstructed Chinese human epidermis model. International Journal of Cosmetic Science, 2016, 38(1), 60 – 67.

第八章　眼刺激/腐蚀性测试替代方法

Chapter 8　Alternatives of eye irritation/corrosion testing

第一节　牛角膜混浊与通透测试法

Section 1　Bovine corneal opacity and permeability assay

一、基本原理

BCOP 是器官类模型实验，牛角膜可在体外短期内维持正常生理和生化功能，受试物与角膜接触后，角膜受到刺激产生相应的损伤表现，通过浊度仪和可见光分光光度计分别测量牛角膜浊度值和渗透率的变化，计算受试物的体外刺激评分（in vitro irritation score，IVIS），该分数可单独或与其他实验结果组合用于化合物眼刺激性分类标识和评估。

二、实验系统

（一）牛角膜测试系统

新鲜牛眼从屠宰场中获得，通常于牛被屠宰后的 1h 内摘取眼球，若发现任何明显的浑浊度、葡萄疮及肿瘤血管形成现象则弃用。将牛眼存放于冰冷的低温水浴环境中送至实验室，实验前，沿着预留巩膜周边的 2mm ~ 3mm 处将角膜剪下，完整分离眼角膜，用预热过的新鲜 HBSS 溶液清洗三遍后置于特殊设计的装置即角膜挟持器中，夹持器分为前室和后室，角膜上皮一侧面向前室，内皮一侧面向后室安装，而后用预热后的无酚红 MEM 溶液先填充满后室，再填充满前室，确保 MEM 溶液与角膜前后充分接触，使角膜保持正常生理功能下的形态，整个装置置于 32℃ ±1℃、相对湿度 50% ~60% 的恒温箱中平衡 1h ~2h，使角膜恢复正常代谢活力。

（二）实验材料

1. 常规试剂

无酚红的 MEM：含 1% 胎牛血清（FBS）和 1% L－谷氨酰胺，2℃ ~8℃可储存两周。

含酚红的 MEM：含酚红，含 1% FBS 和 1% L－谷氨酰胺，2℃ ~8℃可储存两周。

无酚红的 Hanks' 平衡盐溶液（HBSS），含有青霉素（100IU/mL）和 100μg/mL 链霉素。

0.9% NaCl 溶液；

荧光素钠：用 DPBS 缓冲液配制，浓度为 4mg/mL（用于液体物质测试）或 5mg/mL（固体物质测试）。避光储存在 2℃ ~8℃，可以保存 3 个月。

2. 阳性对照

A 类：若被测物为液体物质，则取 10%（质量浓度）氢氧化钠或纯乙醇作对照；若被测物为表面活性剂，则取 10%（质量浓度）二甲基甲酰胺或纯乙醇作对照。

B 类：若被测物为固体，则取 20%（质量浓度）咪唑作对照。

3. 阴性对照

0.9% NaCl 或去离子水。

（三）设备和耗材

可选用 BASF Opacitometer Kit3.0 或 OT-KIT 浑浊度测量仪及配套角膜挟持器。如图 8－1 所示。其他常规仪器和消耗品见第二章。

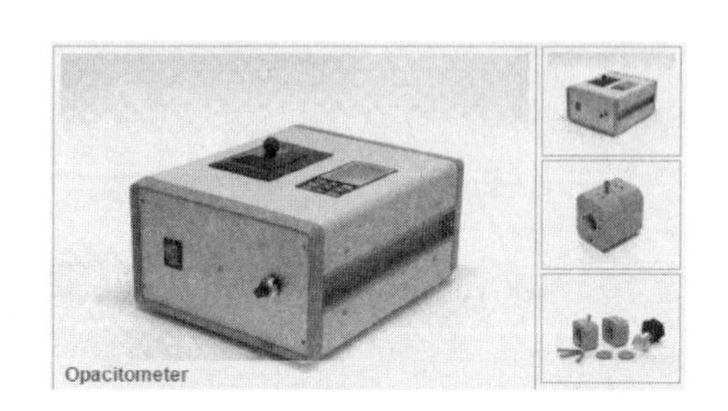

角膜浊度仪OP3.0(BASF,德国)　　角膜浊度仪OP-KIT(Riom,法国)

图 8－1　角膜浊度测量仪

三、实验过程

（一）浑浊度实验

测定角膜基础浊度值、空白组浊度值及暴露受试物后浊度值，比较由于受试物刺激造成的浊度值的变化。

1. 基础浊度值测定

角膜在恒温箱中平衡 1h ~ 2h 后取出，依序将前室和后室中的 MEM 溶液抽出，再将预热的无酚红 MEM 溶液依序填充满后室和前室，排除每个装置中前后室中的气泡，用浊度仪测量并记录每个角膜的基础浊度值，任何肉眼可见组织损伤，或基础浊度值－空白组的浊度值≥5 ~ 7 的角膜应弃用，至少选取三个角膜作为阴性（或溶剂）对照组，余下角膜分为阳性对照组及受试组，无角膜的装置注满无酚红 MEM 溶液为空白组，将所有装置编号，依次用浊度仪测定各个装置的基础浊度值及空白组浊度值，并记录。

2. 暴露后角膜浊度值的测定（A 类受试物）

适用于液态受试物和表面活性剂（液体或固体）。

筛查选出可用的角膜后，先移除前室中的无酚红 MEM 溶液，往每只角膜上皮的前室中分别加入体积为 0.75mL 的未稀释受试物、阳性对照及阴性对照，再将所有的装置以垂直式放置于孵化箱中 32℃（±1℃），使加入的物质充分接触角膜上皮。10min ± 1min 后从装置的前室中移除受试物及阳性、阴性对照物，先用预热的含酚红 MEM 溶液冲洗前室三次，冲洗过程中含酚红的 MEM 溶液可对残留的酸性或碱性物质进行监控，冲洗至酚红不变黄色或紫色为止，再用预热的无酚红 MEM 溶液清洗前室，移除残留的酚红。用预热的新鲜无酚红 MEM 溶液先后填满后室和前室，所有的角膜在 32℃（±1℃）中再孵化 2h。孵化 2h 后再次先后移除装置中前室和后室的 MEM 溶液，使用预热的新鲜无酚红 MEM 溶液替换，遵循先加后室再加前室。测量和记录实验组、阳性及阴性对照组的角膜浊度值。

3. 暴露后角膜浊度值的测定（B 类受试物）

适用于无表面活性成分的固体。

筛查选出可用的角膜后，先移除前室中的无酚红 MEM 溶液，打开装置的前室窗口，取 0.75mL 的剂量涂抹于前室的角膜上皮，确保整个角膜均被受试物覆盖，所有的装置和角膜垂直放置于孵化箱中 32℃(±1℃)孵育 240min±10min。4h 暴露后，将装置前室中的受试物及对照组的无酚红 MEM 溶液移除，用预热的含酚红 MEM 溶液冲洗前室，冲洗至酚红不变黄色或紫色为止，再用预热的无酚红 MEM 溶液清洗前室，移除残留的酚红。冲洗完毕后用新鲜的无酚红 MEM 溶液先后填满后室和前室。测量和记录实验组、阳性及阴性对照组的角膜浊度值。

（二）荧光渗透性实验

刺激物可造成角膜屏障功能受损，角膜渗透性增加，表现为添加荧光素钠之后，经过角膜渗透的量与刺激程度成线性相关性。检测暴露受试物后透过角膜的荧光素钠的渗透率可反应屏障功能受损程度。

针对液体受试物和相应的对照组，在孵育 2h 并测得角膜的浊度值后，移除前室中的无酚红 MEM 溶液，前室中加入 1.0mL 0.4% 的溶解于 DPBS 的荧光素钠溶液；针对固体受试物和其相应对照组，在 4h 暴露并测得角膜的浑浊度后，移除前室中的无酚红 MEM 溶液，前室中加入 1.0mL 0.5% 的溶解于 DPBS 的荧光素钠溶液。每个装置重新垂直放置于 32℃(±1℃)孵化箱中 90min(±5min)。然后，用注射器抽取全部后室液体并混匀，依次吸取各组溶液 360μL 置于 96 孔板中，通过酶标仪在 490nm 处测量每个角膜对应的 OD_{490}值，并记录。

（三）数据处理

受试组、阳性对照组及阴性对照组相应的浊度值通过各自的基础浊度值及空白组浊度值进行校正，受试组及阳性对照相应的 OD 值通过阴性对照组的 OD 值进行校正。

角膜浊度值和 OD 值两个终点组合成最终的体外刺激评分(IVIS)：

$$IVIS = 平均浊度值 + 15 \times 平均\ OD_{490}值$$

四、预测模型及验证

（一）预测模型

根据体外评分预测体内眼刺激性。预测模型见表 8-1。

表 8-1　BCOP 方法预测模型

IVIS	UN GHS 分类
≤3	无分类
>3；≤55	2A 或 2B
>55	1 类(严重腐蚀性)

若重复测试结果与初次测试的预测结果一致(以平均体外刺激评分为准)或测试结果将受试物归为 1 类物质，可作最终评估，无需进一步测试。若重复测试与初次测试的预测结果不一致，则应进行第三次测试和最终测试，解决可疑的预测结果，并对受试物进行分类。

（二）验证

BCOP 方法以离体牛眼角膜作为受试系统，受试物直接与牛眼角膜接触，刺激物能引起角膜上皮屏障功能破坏和基质蛋白变性，通过测量角膜浑浊度及渗透性的改变可定量检测刺激性的程度，根据评分进行分类。1994 年，MB 实验室对 BCOP 开展了验证研究，建立了标准化的 BCOP 实验。

（三）认可

BCOP 法于 2009 年被 OECD 认可发布为实验指南（TG 437），用于严重刺激性和腐蚀性的鉴别，2013 年重复修订的版本，确定了其在鉴别无刺激性中的作用。美国 EPA 将 BCOP 作为防虫配方产品登记前的许可实验。

五、适用范围

（一）化学物质标识和分类

本实验针对液态受试物和表面活性剂（液体或固体）及无表面活性成分的固体物质分为两种实验方案，分别是：

A 类：用于测量液态受试物和表面活性剂（液体或固体），液态受试物无需稀释但当其为表面活性剂时，则以 10%（质量浓度）稀释于 0.9% NaCl 溶液、去离子水或其他被证明对实验系统无影响的溶剂中，半固体、膏状和蜡类受试物按液体受试物的方法处理和进行实验。

B 类：无表面活性成分的固体以 20%（质量浓度）的浓度稀释或制成悬浮液于 0.9% NaCl、去离子水或其他被证明对实验系统无影响的溶剂中，必要时可以使用研磨工具。

评估每个完整实验的 pH 或稀释的被测物（用 0.9% NaCl 或去离子水稀释/配成悬浮液），并用常规 pH 试纸测量记录。校正直接应用非稀释固体。

（二）配方和原料评估

BCOP 可用于化妆品原料和配方的评估与优化，特别适用于低刺激性或温和产品的宣称。例如，某护肤产品，在配方阶段，通过不断测试获得的浊度和 OD 值的结果对配方进行优化，可调整 IVIS 的评分值在 0.5 左右。

（三）局限性

BCOP 方法的局限性主要表现在没有考虑受试物对虹膜和结膜的刺激作用，某些物质可能对结膜有损伤，但对于角膜的作用不明显，如果只采用 BCOP 方法可能只反映了化合物的角膜损伤作用而忽视结膜的可能作用。建议补充替代方法，可参考第六节的整合策略。

六、实验报告

（一）通用报告要求

见第一章第二节

（二）特殊要求

报告应显示浊度仪及分光光度计的校准信息；

牛眼的来源、收集时间、储存及运输条件及可能的信息应尽可能全面。

七、能力确认

（一）参考物质及结果

研究或检测实验室建立能力应完成表 8－2 中参考物质的测试，参考测试结果见表 8－3。测试结果应与其分类吻合。

表 8－2 用于能力确认的参考物质清单

化学品	CAS 编号	类别	物理状态	体内分类	BCOP 分类
Benzalkonium chloride(5%)苯扎氯铵	8001－54－5	鎓类化合物	液体	1 类	1 类
Chlorhexidine 氯己定	55－56－1	胺，脒	固体	1 类	1 类
Dibenzoyl-L-tartaric acidL－(－)－二苯甲酰酒石酸	2743－38－6	羧酸，酯	固体	1 类	1 类
Imidazole 咪唑	288－32－4	杂环类	固体	1 类	1 类
Trichloroacetic acid(30%)三氯乙酸	76－03－9	羧酸	液体	1 类	1 类
2，6 － Dichlorobenzoyl chloride2，6－二氯苯甲酰氯	4659－45－4	酰卤	液体	2A 类	预测不精确/不可靠
Ethyl-2-methylacetoacetate 乙酰乙酸乙酯	609－14－3	酮，酯	液体	2B 类	预测不精确/不可靠
Ammonium nitrate 硝酸铵	6484－52－2	无机盐	固体	2 类	预测不精确/不可靠
EDTA，di-potassium salt 乙二胺四乙酸二钾盐	25102－12－9	胺，羧酸(盐)	固体	不分类	不分类
Tween 20，吐温 20	9005－64－5	酯类，聚醚	液体	不分类	不分类
2-Mercapto pyrimidine2 － 巯基嘧啶	1450－85－7	酰卤	固体	不分类	不分类
Phenylbutazone 保泰松	50－33－9	杂环类	固体	不分类	不分类
Polyoxyethylene 23 laurylether (BRIJ－35)(10%)月桂醇聚氧乙烯醚	9002－92－0	醇类	液体	不分类	不分类

表 8－3 参考物质测试结果

	5% 洁尔灭	保泰松	30% 三氯乙酸	2,6 二氯苯甲酰氯	2－甲基乙酰乙酸乙酯	氯己定	硝酸胺
平均浊度	93.23	-0.83	228.15	4.91	8.13	104.34	4.12
平均 OD 值	2.73	-0.01	2.26	0.31	0.04	0.12	0.07
体外评分 IVS	134.22	-0.99	262.00	9.51	8.69	106.16	5.10
标准偏差 CV	0.05	-1.00	0.10	0.30	0.11	16.09	0.77

（二）阳性物质质控图

每次实验都应设置阳性对照，其目的在于保证实验系统的完整性和实验的正常运行，通常实验方案中的阳性对照应选择体外评分在 30～50 之间刺激程度适中的相对固定的同一化学物质。对于预期为严重刺激性或腐蚀性的化合物，建议的阳性对照体外评分应大于 55。液体受试物的阳性对照物选择无水乙醇或 100% 的二甲基甲酰胺，乙醇的体外评分范围为 39.2～64.1。固体受试物的阳性对照物则选择 20% 的咪唑溶液（溶于 0.9% 苯扎氯铵溶液中），咪唑的体外评分范围为 68.8～129.9。

实验室应建立一段时间内阳性对照的历史数据，并绘制质控图。例如，经过一年的实验数据积累，对乙醇的眼刺激性体外评分作了统计，得到阳性控图（参见表 8－2），乙醇的体外评分稳定在一定范围内。

（三）阴性对照

若受试物是不需稀释的液体，则应当有平行的阴性对照（如 0.9% 的氯化钠溶液或蒸馏水）以保证实验系统中的非特异性变化可被检测，并为实验终点提供一个基准线，以避免实验条件造成不适当

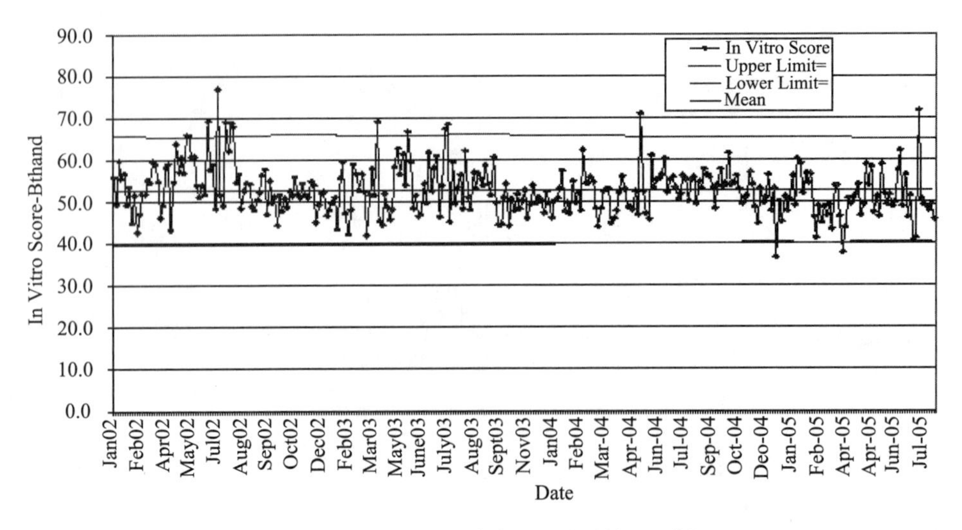

图 8-2 某实验室 1 年内乙醇体外评分质控图(来源:IIVS)

的刺激反应。

若受试物需稀释或为表面活性剂、固体,则需有平行的溶剂对照以用于检测实验系统中的非特异性变化,并证明所用溶剂对测试系统无有害影响。

(四)基准物质

实验中,除了设置阳性对照、阴性对照之外,必要时还可同时设置基准对照。其意义在于监测批次测试间的误差,更精确地控制实验的稳定性,用于相似刺激性产品的比较,或与目的产品刺激性的比较等。例如可选择 IVIS 评分值在 3 附近的化学品或产品为基准参照,以监测 BCOP 测试的敏感性和稳定性;可选择 IVIS 评分值低于 0.5 的产品或配方为基准参照,以同期评估其他样品的刺激性。

(五)仪器校准

应定期对关键设备浊度仪和酶标仪进行校准和维护,两次校准时间间隔不应超过六个月,如果测量偏差超过所允许范围,也应当对浊度仪进行校正。校准结束后应记录详细校准报告,根据报告中的准确性、精密度等对仪器当前性能进行整体性评价,若有问题,则根据评价结果对仪器进行相应处理(如酶标仪要更换滤光片、清洁光路系统、走板位置重定位等,浊度仪滤光片、光源和每个夹持器的值等)。

八、拓展应用

BCOP 方法的优点是成本低,不受样品剂型、溶解性质的限制,如果补充角膜组织学切片还可用于分析角膜损伤的机制。在实际使用过程中,不同实验室根据测试目的调整 BCOP 方法的孵育时间和加样量,使其也可适用于无刺激到轻度刺激范围的检测。

(一)非标准化的 BCOP 法

1. 延长暴露时间法

用途:了解受试样品的时效关系,用于长时间可能接触眼角膜或上皮的刺激作用的评价,如含表面活性剂的物质,化妆品原料、个人护理产品、配方、眼部药品等。

测试浓度:原样或稀释样品。

暴露方法:分别暴露 10min(标准)、20min 或 60min 后,再进行 60min 的暴露后孵育,测量浊度值和 OD 值,通过两个数据的变化检测不同暴露时间的刺激性差异。

2. 多重暴露法

用途:了解受试样品多次接触角膜的效应关系,用于多次暴露眼角膜或上皮的刺激作用的评价,如个人护理产品、配方、眼部药品、生物材料等。

测试浓度:原样或稀释样品。

暴露方法：孵育开始后30min，暴露10min，冲洗去除受试物；再孵育30min，暴露10min，连续操作三次后测量浊度值和OD值，通过两个数据的变化检测不同暴露时间的刺激性差异。也可以根据需要选择间隔时间和暴露时间。

3. 延长暴露后孵育时间

用途：了解受试样品接触角膜后的修复作用，用于单次暴露眼角膜或上皮后刺激修复作用的评价，如化学品（如H_2O_2）、原料、药品、消毒产品等。

测试浓度：原样或稀释样品。

暴露方法：采用常规暴露（10min），后孵育延长至4h、12h或18h（可根据具体化学物的活性调整）。测量浊度值和OD值，通过两个数据的变化检测不同后孵育时间的差异。

（二）结合组织学评分的BCOP

1. 牛眼的组织学结构

如图8－3所示，角膜从前向后包括以下五层结构：角膜上皮、鲍曼氏（Bowman's）层、角膜基质（由胶原蛋白束和角化细胞组成）、狄氏（Descemet's）膜和角膜内皮。牛角膜上皮由15到17层不同类型的复层上皮细胞构成，从表层到基底膜依次为：大约4到5层扁平"鳞状细胞"（表面细胞），10～13层翼状细胞，单层柱状基底细胞（与基底膜接触）。

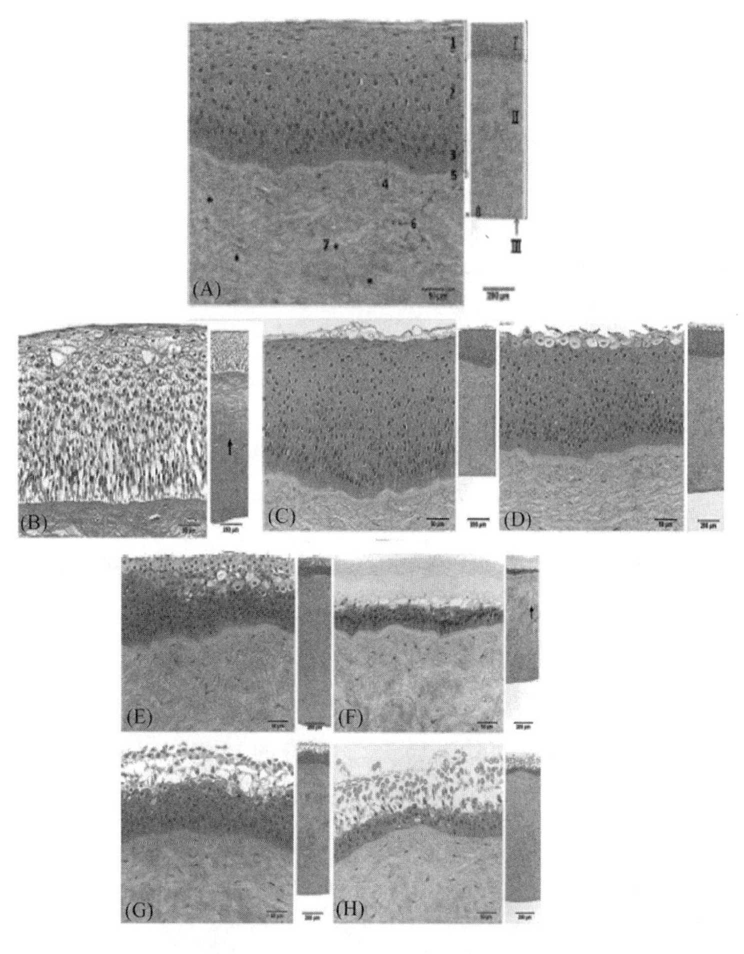

图8－3　牛角膜组织学观察，HE染色

Ⅰ：角膜上皮　Ⅱ：角膜基质　Ⅲ：角膜内皮

1鳞状细胞层，2翼状细胞层，3基底细胞层，4基底Basal lamina，5鲍曼氏板Bowman's lamina，6角化细胞，7Lamellar胶原（＊），8狄氏膜（Descemet）

（A）空白对照（蒸馏水）.IVIS＝0.0。（B）阳性对照（100％ N，N－二甲基甲酰胺）：IVIS＝94，严重刺激；（C）油性卸妆水IVIS＝0.4，无刺激；（D）洗发水A（10％浓度）：IVIS＝2.3，无刺激；（E）洗发水B（10％）：IVIS＝4.6，轻微刺激；（F）卸妆凝胶（100％）：IVIS＝7.4，轻微刺激；（G）100％洁面泡沫A：IVIS＝8.3，中等刺激；（H）100％洁面泡沫B：IVIS＝21.3，重度刺激

2. 机制研究

角膜经化合物刺激后引起的浊度和屏障功能的变化,结合组织学观察可用于化合物引起眼刺激的机制分析。例如,化合物在不同浓度暴露下的角膜呈现不同的变化规律,如图 8-4 所示,A 图为 1.5% SLS 暴露 10min,可见鳞状上皮细胞开始变得松散,并少量脱落,基质层无明显变化;B 图为 5% SLS 暴露 10min,可见上皮层完全松散崩解,前界层空隙变大,基质层无明显变化见 Word 文档。

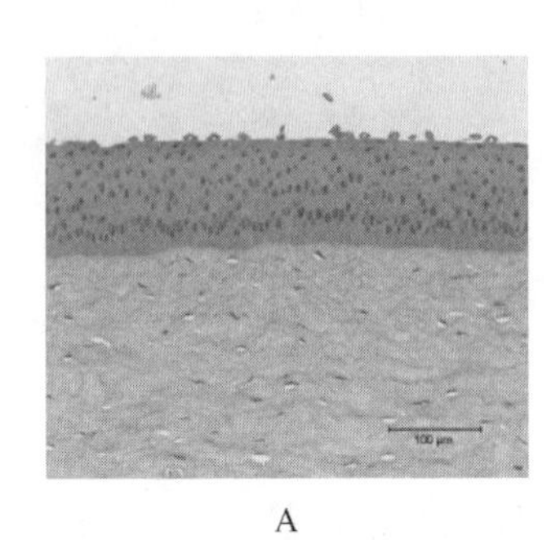

A

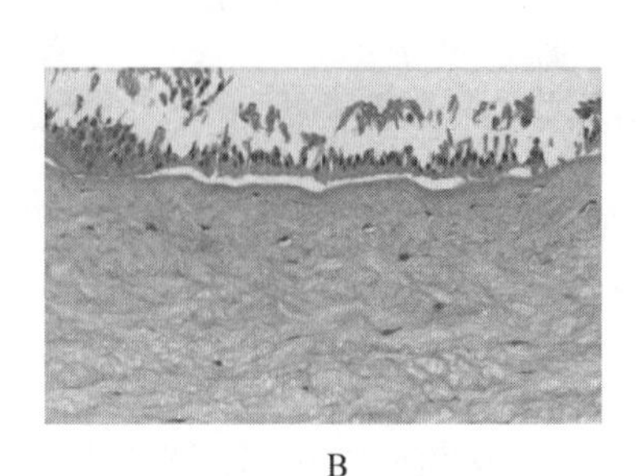

B

图 8-4

A:1.5% SLS 暴露 10min,Opacity = 1.7　OD_{490} = 0.302

B:5% SLS 暴露 10min,Opacity = 7.7　OD_{490} = 2.54

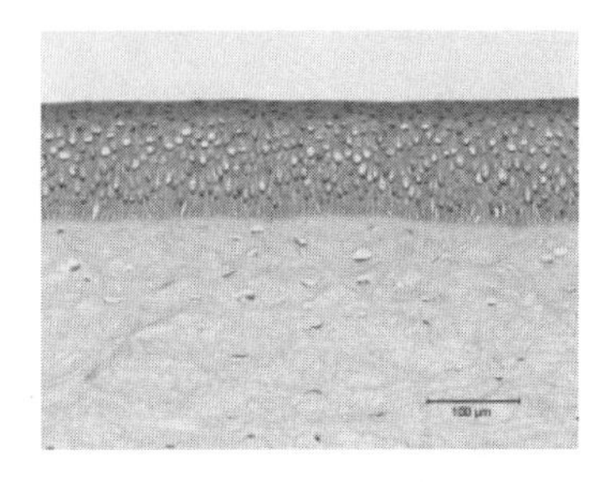

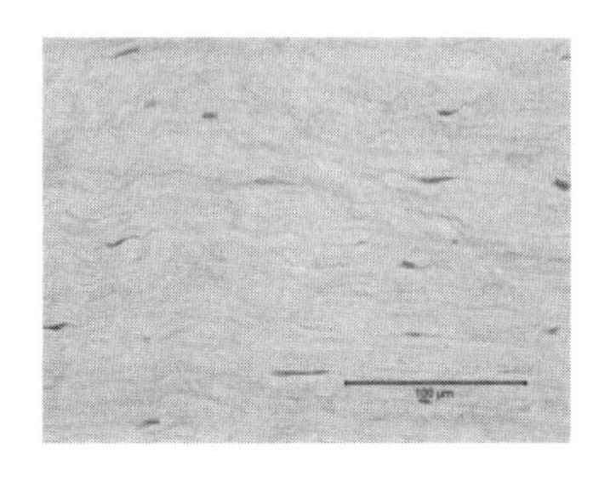

图 8-5　乙醇暴露 10min

图 8-5 所示为乙醇暴露 10min,显示表面鳞状细胞凝固,翼状细胞和基底细胞核和胞质空泡化,约 1/5 处基质呈现中等程度胶原基质空泡化和出现异常染色质凝聚的角化细胞。

(三) 角膜长期培养暴露模型

角膜体外长期培养可用于角膜损伤恢复作用的研究,也可用于角膜再生机制的研究和用于长期接触角膜产品的评估。

1. 角膜长期培养模型制备

从屠宰场获得牛眼球,切取角膜前先对眼球进行消毒处理:方法是浸入 1% 的聚维酮碘(防腐剂)溶液 2min,用无菌 PBS 冲洗用,再浸入含有 0.1% 庆大霉素的 PBS15min。常规切取角膜,用预热无菌的 HBSS 中冲洗。把预先制备好的琼脂/猪皮明胶/M199 混合物添加入内皮窝内,用于支撑角膜曲面结构。将角膜上皮面朝上放在 24 孔板,再逐滴加入液态明胶填充角膜,然后静置使得胶体在室温下凝固。将角膜倒置,转移到 6 孔深孔培养皿。

2. 受试物处理

上述制备好的模型孵育 24h,将环形聚四氟乙烯树脂(直径 1.0cm)置于角膜表面。如果受试物为液体,则在环中加入 40μL 受试物。如果受试物为固体,可先在环中加入尼龙过滤网(直径 0.8cm),再加入 25μL 测试物。阳性对照为乙醇(100%),阴性对照为去离子水。作用时间 2min ~ 10min,处理完毕后,轻轻用 PBS 冲洗角膜表面,直到无被测物残留。

3. 结果观察

角膜转移到新的培养皿,用新鲜 M199 继续培养,每天换液,培养 7 天。可分别在损伤的不同时间将角膜加入 10% 中和福尔马林缓冲液中固定至少 24h,常规组织包埋、切片,H. E 染色。观察不同时间点角膜损伤、恢复、再生过程的组织学变化。

(四) 组合策略中的应用

法规认可的 BCOP 实验主要用于鉴定无需进一步测试便可确定严重眼腐蚀和无需分类的化学物,除此之外的分类,需附加其他体外或体内测试,见第六节。

美国 EPA 推荐对于抗菌剂眼刺激性的检测采用 BCOP 法、细胞传感器法和重建角膜模型(EpiOcular)的组合策略。工业化学品的测试建议采用自上而下或自下而上的组合策略。Donahue 等人针对个人护理用品眼刺激性的测试特点,建立了基于产品成分考虑的鸡胚绒毛膜尿囊膜血管实验(CAMVA)和 BCOP 的组合方法,见图 8-6。BCOP 法的优势在于能有效鉴别处于刺激谱两端的样品,因而其在不同组合策略中都应成为核心方法,如对于化妆品,应考虑组合适用于成品测试的高敏感性方法,如 BCOP 与 CAMVA、HET-CAM 或 EpiOcular 法组合;对于单一化学品,还可考虑组合适于可溶解性样品测试的方法,如 BCOP 与荧光素漏出实验(FL)、STE 等方法组合。

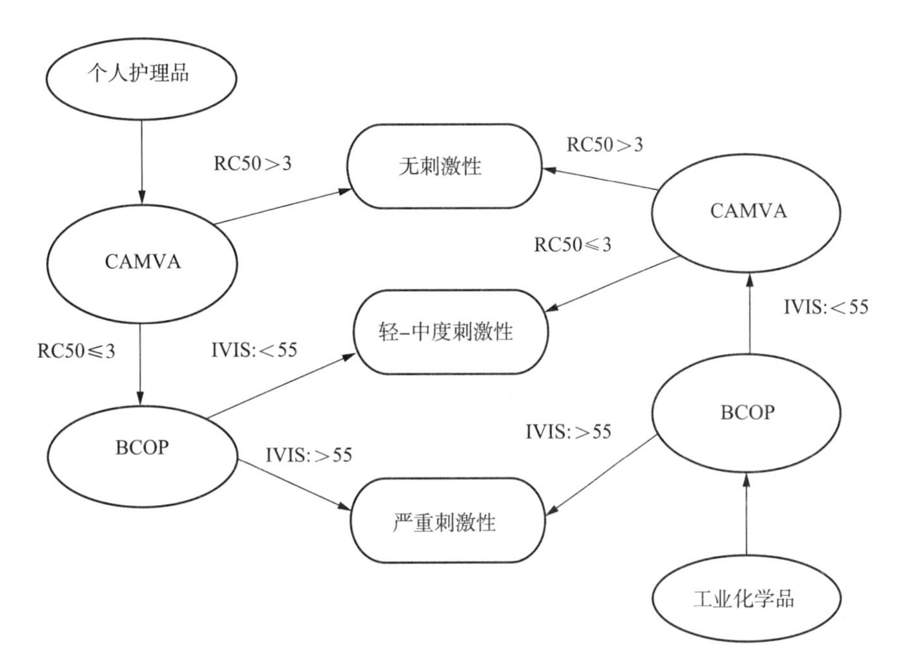

图 8-6 组合 CAMVA-BCOP 方法的眼刺激实验策略

九、疑难解答

(一) 牛的年龄和牛眼质量是否对结果影响?

不同年龄来源的牛角膜尺寸存在差异,大于 8 年龄的牛角膜水平直径 >30. 5mm,且中心角膜厚度(CCT) ≥1100μm,小于 5 年龄的牛角膜水平直径 <28. 5mm,且中心角膜厚度(CCT) <900μm。小于 12 个月的角膜仍处于生长发育阶段,角膜厚度与直径均小于成年牛角膜,因此通常选择 12 个月 ~2 岁的牛角膜。考虑到角膜获取不易且随年龄增长角膜淘汰率较高等因素,6 至 12 个月牛龄的牛角膜也允许使用。角膜大小和厚度对测试结果有参考意义,因此应尽可能在研究报告中注明角膜供体动物的估计年龄,必要时测试角膜的厚度。

(二) 运输注意事项

应尽快从牛眼球分离取出牛角膜,立即完全浸入冰冷的含青霉素/链霉素的 HBSS 中以减少细菌污染,低温存储运往实验室。

(三) 暴露注意事项

液体加样:加样时应稍微垫高装置的后室使装置往前倾斜些许角度。

暴露阶段:应确保受试物充分覆盖角膜上表皮及暴露后冲洗阶段充分移除受试物是实验决定性因素,若受试物为非黏稠样或轻微黏稠样,则往前室上边小孔注入受试物,无需打开装置前室玻璃窗;若受试物为半黏稠样、黏稠样及纯固体,则应将装置前室玻璃窗应打开再加受试物。

(四) 操作注意

同一类物质,所有角膜的暴露时间应一致,减小误差。

读取浊度值时,前后室溶液中残留的气泡会影响读数,故每次测定之前,应排空装置前后室中的气泡。

(五) 浊度值和 OD 值的意义

了解两个检测终点的意义应先了解角膜的组织结构,角膜上皮由 3~5 层角质细胞构成,形成角膜的屏障功能,刺激物引起屏障功能受损,会导致荧光素渗透的增加,通过 OD 值反应渗透性的大小。而角膜基质是高度排列整齐有序均质化的胶原蛋白束,因而正常角膜清晰透明,刺激物可引起基质水肿导致胶原排列紊乱,呈现不同程度混浊。显然导致两个参数发生变化的机制是有差异的,通常大部分刺激物引起 OD 值和浊度值变化的量效关系变化趋势是一致的,但是也有例外。因此,可以通过仔细分析两个参数变化的规律,发现测试物的特征,特别是对于化妆品配方的调整非常有价值。

(程树军　秦瑶　黄健聪　陈彧)

第二节　鸡胚绒毛尿囊膜实验

Section 2　HET-CAM test

一、基本原理

眼刺激的发生可分为角膜、结膜与虹膜的损伤三部分。其中角膜为角质和基质分层清晰的透明上皮组织,结膜为血管和淋巴管丰富的组织,虹膜含色素的组织。眼刺激损伤中结膜的权重约占 20%,对角膜有损伤的物质通常也对结膜和损伤,因此模拟结膜刺激性的模型和方法可以预测眼刺激性。

鸡胚尿囊膜绒毛膜是鸡胚的呼吸器,血管丰富,类似于人和哺乳动物的结膜。鸡胚绒毛尿囊膜实验(hen's egg test-chorioallantoic membrane, HEM-CAM)通过观察尿囊膜暴露于化学物质后血管的变化(充血、出血、凝血)并计算刺激分值,根据结果对受试物的眼刺激性进行预测。

二、实验系统

(一) 鸡胚

1. 品系和来源

白莱杭鸡(White Leghorn chicken)受精鸡胚,应选用 SPF 鸡胚,供应商应具有农业部门认可的《兽药生产、检验用 SPF 鸡(蛋)定点生产企业》资格,鸡胚质量应符合国家标准的要求。

购买 7d 龄以内的鸡胚,气室朝上贮存于蛋架上运输。应在不影响胚胎活性或发育的情况下转移或运输鸡胚,尽量避免对鸡胚摇动、不必要的倾斜、敲打以及机械性刺激。鸡胚应新鲜、干净、完好,重量 50g~60g。孵化至 9 日龄时,应进行照蛋检查,未受精、无活性或有缺陷的鸡胚应弃去,严重畸形、破壳或薄壳鸡胚也不能使用。

孵化条件：室温20℃～25℃，相对湿度45%～70%。孵化温度37.5℃±0.5℃，相对湿度55%～70%，转盘频率3次/h～6次/h。9d龄的鸡胚孵化时不必旋转。

2. CAM膜

1）CAM结构

鸡胚绒毛膜尿囊膜（CAM）组织结构有3层：外胚层，位于壳膜下方，由绒毛膜上皮组成；中胚层，富含毛细血管的结缔组织，不成熟的血管散布于中胚层；内胚层，位于尿囊由尿囊膜内皮形成。CAM是一个体外呼吸器官，最初没有血管，随后迅速长出丰富血管丛，具有动脉和静脉。不成熟的毛细血管丛覆盖在绒毛上皮细胞表面。CAM的生长从胚胎发育3d后开始，仅13d就完全分化，其细胞周期生长短，细胞分裂比较快。鸡胚和CAM结构见图8－7。

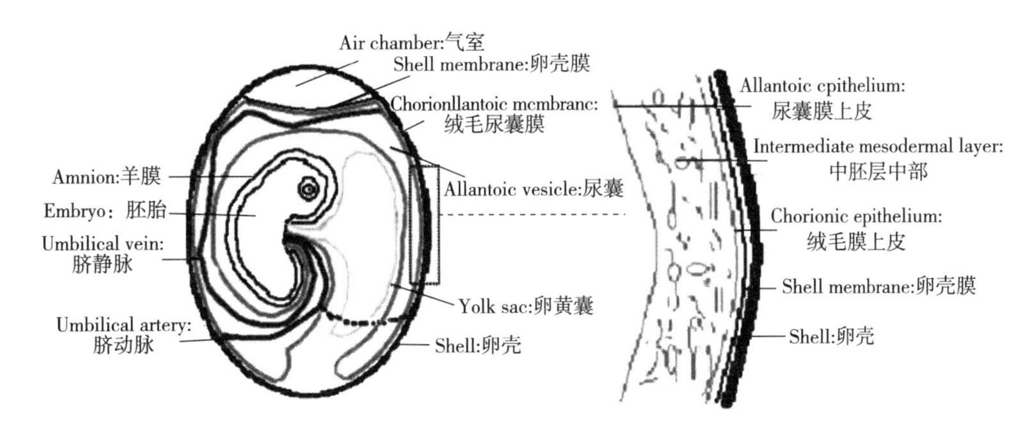

图8－7 鸡胚尿囊膜示意图

2）CAM制备

9日龄鸡胚进行照蛋检查，在蛋壳表面标记气室位置；用牙科锯齿弯镊剥去蛋壳部分，暴露白色蛋膜，去除蛋壳时应小心保证蛋膜不被破坏。用吸管滴加1mL～2mL0.9% NaCl溶液使蛋膜湿润，可立即进行下一步操作，否则应将鸡胚置于孵化器或灯光下（防止鸡胚温度降低），放置时间不应超过20min。将0.9% NaCl溶液倾出。小心用镊子去除内膜，避免血管膜受损。此时应再次观察血管系统的结构，并对其完整性和是否适合用于实验做出判断。

（二）实验材料

照蛋器（光源），带自动转盘的孵化器，微量加样器及吸头，电子计时器，牙科用锯齿弯镊刀或尖头镊。去离子水/双蒸水，pH计或pH试纸，锥形瓶。

（三）受试物及制备

1. 液体受试物

透明液体受试物应以未稀释的形式用反应时间法进行实验；

不透明液体受试物（如混浊、有色的悬浮液）应采用终点评估法进行实验；

不透明的液体受试物应用适当溶剂溶解/稀释的最高浓度透明溶液，采用反应时间法进行实验。

2. 固体受试物

固体受试物应采用终点评估法进行实验；

膏状，微粒状或颗粒样受试物或产品应以原样进行实验而无需稀释；

固体受试物应研磨成细微的颗粒（粉状），粉状受试物在刻度容器中（如微量离心管）经轻度挤压后体积为0.3mL。

固体受试物应同时用蒸馏水溶解，并以其能达到的最大溶解量透明溶液采用反应时间法进行实验。

如有证据表明受试物必要进行稀释，可用0.9% NaCl溶液或橄榄油（花生油）作为稀释剂。不同稀释剂/介质的使用应当证明是合理的。稀释液的制备应与实验在同一天进行。

如受试物为膏状物,应将受试物涂布于塑料薄膜(如封口膜)表面成薄层,再将其覆盖于 CAM 膜上使受试物与 CAM 膜直接接触,作用时间结束后去除薄膜。

(四) 对照

1. 生理盐水(阴性对照)

按体积比配制 0.9% NaCl 溶液,用于受试物作用后的冲洗和阴性对照。每个实验均应设置 0.9% NaCl 溶液为阴性对照,确保实验条件不会导致刺激性反应出现。

2. 溶剂对照

如果受试物用橄榄油(花生油)进行稀释,那么实验中应将溶剂设置为对照物质,并确保实验条件不会导致刺激性反应出现。如果使用除 0.9% NaCl 溶液或橄榄油(花生油)以外的其他溶剂,那么这种溶剂和 0.9% NaCl 溶液都应作为对照物质,以确保这种替代的溶剂不会导致刺激性反应的发生。

3. 阳性对照

每个实验都应设置一个已知的眼刺激物以检验实验过程中能否诱发出适当的反应。如果 HET-CAM 检测只是用于鉴定腐蚀性或严重刺激性物质,则阳性对照物应当是一种在体内与 HET-CAM 都能够产生严重反应的物质,如:1% SLS 溶液和 0.1mol/L NaOH。然而为了保证整个实验能够评估阳性对照反应的变化过程,反应严重程度应当不能过于剧烈。阳性对照物的选择应当基于有效、可信的体内实验资料。

4. 基准物质对照

在某些情况下,基准对照的设置能够比较有效的证明实验方法的有效性,特别是用于检测浑浊受试物、检查每批鸡胚的反应性、分类比较特殊的受试物、具有特殊眼刺激反应的化学物质,或评价一种眼刺激物的相对刺激能力。合适的基准对照物质应当具有以下特性:稳定可靠的来源;结构和功能与受试物的化学分类相似;物理/化学特性已知;体内兔眼实验的已知效应具有充分依据;预期反应的程度已知。

推荐选用基准阳性参考物质为脂肪醇醚硫酸钠盐混合物(Texapon ASV)。

三、实验过程

(一) 预实验

预实验目的是确定主实验是采用反应时间法还是采用终点评价法。预实验过程:预实验用 3 只鸡胚,取 0.3mL 未稀释的液体受试物,固体受试物的使用量应确保覆盖至少 50% 的 CAM 表面。受试物作用后立即观察 CAM 反应情况,记录观察结果。如果为固体或浑浊液体受试物,作用一定时间后(如 3min),用生理盐水冲洗,用半定量方法评价结果。

预实验前应检查每批鸡胚的反应性,每次至少用 2 只鸡胚进行测试,作用时间 5min。参考浓度为:0.5% TexaponASV 产生轻度出血和微弱血管融解;1.0% Texapon ASV 产生中度出血和中等血管融解;5.0% TexaponASV 产生重度出血和血管融解。

(二) 主实验

每组至少 6 只胚,如果需要,还应另外设置阳性物质(基准物质)和溶剂/载体对照各 1 只鸡胚。

1. 反应时间法

用于透明液体受试物,浑浊液或固体受试物应选用其以适当溶剂溶解/稀释的最高浓度透明溶液进行实验。取上述透明液体 0.3mL 直接滴加于 CAM 表面,观察 CAM 反应情况,并记录作用 5min 内每种毒性效应出现的时间。

2. 终点评价法

用于微粒状、颗粒状、膏状等固体和浑浊液体受试物的检测。

取0.3mL经挤压的固体、微粒或颗粒物(已经研磨成微细颗粒)直接作用于CAM,确保至少50%的CAM表面被受试物覆盖,或直接将涂布膏状物的薄膜与CAM膜接触。

作用3min后,用生理盐水轻轻冲洗CAM膜的受试物,冲洗操作可能很快将CAM膜上轻度的出血变化掩盖,因此应在冲洗后约30s观察结果,观察每种毒性效应变化的程度。

如果观察表明全部6只鸡胚至少1种反应的评分为中度以上(总评分>12),实验应重复一次,作用时间缩短为30s,并以此为最终评价。

为更准确的检测固体和浑浊物质的刺激性,应以受试物在水中的最高溶解度透明溶液重复一次实验,用反应时间法进行评价。

(三)结果观察

观察并记录每一种预期毒性效应出现的时间,精确到秒。观察每种毒效应变化的程度,并记录。毒性效应包括:

1. 出血

出血可以表现为多种形式,如以菜花状、平滑状、弥散的纱状或点状出血;根据严重程度不同,对出血进行分级和记分。应当注意,出血可能是短暂的,前30s观察到的大量出血可能会覆盖随后发生的出血反应。

2. 凝血

指血管内和血管外蛋白变性,通常仅见于大和中等大的血管,不包括毛细血管发生的变化。

血栓:即血管内凝血,因不同原因引起的血管内血流的中断,如血管压力的改变、管壁肿胀等,表现为血管内深色的凝血点。

血管外凝血:可表现为血管外深色的凝血点;还可表现为浑浊(不透明),出现于CAM膜的全部或一部分,可能是近似于乳白色薄纱样,或者呈乳浊状。

需要仔细检查不要将凝血与受试物在水溶液中理化性质的变化相混淆(如形成胶体、沉淀等)。按严重程度不同对凝血分级和记分。

3. 血管消散(血管融解)

指CAM膜上血管消失,可能是由于出血、血管壁张力变化等多因素变化所致。按严重程度对血融解分级和记分(见表8-4)。

表8-4　HET-CAM评分表

分值	0分	1分	2分	3分
出血	无出血	轻度出血:仅见细小血管出血和少量出血(如0.5% TexaponASV,作用5min)	中度出血:小血管和大血管出血,并有明显量的血液流出(如1.0% TexaponASV,作用5min)	重度出血:几乎所有血管都出血,大量血液流出(如5% TexaponASV,作用5min)
凝血	无凝血	轻度凝血:血管内和/或血管外轻度凝血,和/或CAM膜轻度浑浊(轻度凝血如0.2% NaOH溶液作用5min,轻度浑浊如0.3%乙酸作用5min)	中度凝血:血管内和/或血管外中度凝血,和/或CAM膜中度浑浊(中度凝血如0.3% NaOH溶液作用5min,中度浑浊如3%乙酸作用5min)	重度凝血:血管内和/或血管外重度凝血,和/或CAM膜重度浑浊(重度凝血如0.5% NaOH溶液作用5min,重度浑浊如30%乙酸作用5min)
血管融解	无血管融解	轻度血管融解:仅小血管融解(如0.5% TexaponASV,作用5min)	中度血管融解:小血管和大血管融解(如1% TexaponASV,作用5min)	重度血管融解:大血管和全部血束都融解(如5% Texapon ASV,作用5min)

（四）实验可接受标准

如果实验设定的阴性对照和阳性对照产生的反应结果正好分别在非刺激性和严重刺激性的分类范围内，则实验结果可以认为是可接受的。

四、预测模型及验证

（一）预测模型

1. 刺激评分法(irritation score, IS)

采用反应时间法进行的实验，应用以下公式计算刺激评分(IS)：

$$IS = \frac{301 - \sec H}{300} \times 5 \frac{301 - \sec L}{300} \times 7 \frac{301 - \sec C}{300} \times 9 \quad (8-1)$$

式中：

sec H(出血时间 hemorrhage time)——CAM 膜上观察到开始发生出血的平均时间，s；

sec L(血管融解时间 vessel lysis time)——CAM 膜上观察到开始发生血管融解的平均时间，s；

sec C(凝血时间 coagulation time)——CAM 膜上观察到开始出现凝血的平均时间，s。

根据计算的 IS 数值按表 8-5 对受试物眼刺激性进行分类。

表 8-5 刺激评分法结果评价

刺激评分	刺激性分类
IS < 1	无刺激性
1≤IS < 5	轻刺激性
5≤IS < 9	中等刺激性
IS≥10	强刺激性/腐蚀性

2. 终点评分法(end point score, ES)

采用终点评价法进行的实验，应用计算终点评分(ES)：

每只鸡胚记分 = 每只鸡胚观察到的出血、凝血和血管融解程度的和；

ES = 6 只鸡胚得分的数学总和。

根据 ES 数值按表 8-6 对受试物眼刺激性进行分类。

表 8-6 终点评分法结果评价

终点评分	刺激性分类
ES≤12	无/轻刺激性
12 < ES < 16	中度刺激性
ES≥16	强刺激性/腐蚀性

（二）验证

HET-CAM 方法最早由 Luepke 于 1985 年建立。于 1990 年完成了初步验证、实验室间评估和数据库结果开发 3 项验证。

五、适用范围

（一）适用范围

HET-CAM 实验可作为眼刺激的筛选方法，用于配方、原料的安全评价中，确定可能的非刺激性或者轻度刺激性,也可用于风险评估和用于物质的标识和分类。HET-CAM 适合作为化妆品和个人护理用品配方刺激性评估和较温和表面活性剂的刺激性比较。如果与其他替代方法组合(如 BCOP、Epi-Ocular、FL)可获得与受试物相关的更多信息。

(二)局限性

如果预实验结果表明受试物的物理特性,既不能用反应时间法也不能用终点评估法进行实验,则主实验不必进行,这些情况包括:对血管具有药理作用的血管活性物质;对 CAM 具有不可逆染色作用的染料;对 CAM 膜具有黏附作用的物质。

六、实验报告

实验报告应包括以下内容:

(1)受试物质:物质的物理状态及相关理化特性等;标识信息。

(2)实验用鸡胚:品系、大小、来源、情况、鸡胚 生产许可证号、质量合格证明等。

(3)实验条件:室温;孵箱温度、相对湿度;作用时间;冲洗时间;受试物的实测浓度。

(4)结果:记录观察到出血、血管融解、凝血的时间和程度;可能会影响实验结果的因素。

(5)结论。

七、能力确认

历史对照研究表明,采用0.9% NaCl 作为阴性对照,IS 的值是0.0。采用1% SDS 和0.1N NaOH 作为阳性对照,IS 值的范围在10 到19 之间。

实验室建立该方法可以通过对表 8-7 中的数据进行测试,以确定实验室能力。

该表中的数据涉及 14 种物质 100% 浓度和 12 种物质 10% 浓度的 HET-CAM 结果,分别经过了3~5家实验室之间的结果比对。

表 8-7 用于能力确认的参考物质清单

物质名称	浓度/%	IS(B)评分均数	SD	CV/%
乙二醇丁醚醋酸酯	100	4.76	0.31	6.58
丁醇	100	11.44	1.0	8.71
三氯甲烷	100	12.8	2.43	18.98
甘油醋酸脂	100	4.18	0.91	21.76
甘油	100	9.32	2.62	28.14
三丁基氯化锡	100	8.94	2.88	32.21
二甲基亚砜	100	9.88	3.24	32.83
十二烷基硫酸钠	100	10.02	3.33	33.25
三羟乙基胺	100	8.52	2.94	34.55
甲苯	100	11.04	4.31	39.06
2-甲氧乙醇	100	9.14	3.72	40.65
氯化汞	100	10.52	4.57	43.44
正已烷	100	5.04	3.16	62.78
十二烷基聚乙二醇醚	100	5.58	4.18	74.90
二甲基亚砜	10	4.2	0.17	4.12

续表

物质名称	浓度/%	IS(B)评分均数	SD	CV/%
三丁基氯化锡	10	12.13	3.11	25.61
乙酸	10	14.67	5.08	34.67
丁醇	10	10.50	5.01	47.70
甘油	10	5.57	2.74	49.27
十二烷基硫酸钠	10	12.53	6.79	54.15
三氯甲烷	10	7.2	4.85	67.36
乙二醇丁醚醋酸酯	10	2.43	2.15	88.56
甘油醋酸脂	10	6.3	6.36	100.88
2-甲氧乙醇	10	3.37	3.51	104.19
三羟乙基胺	10	5.07	5.46	107.86
正己烷	10	4.6	5.11	111.05
注:本表数据来源于 CEC(Commission of the European Community),1991 年				

八、拓展应用

(一)绒毛膜尿囊膜血管实验(Chorioallantoic membrane vascular assay, CAMVA)

CAMVA 方法采用了刺激阈值的方案,即测定血管膜出现毒性反应的受试物浓度。实验准备阶段需要在 4 日龄受精鸡胚上开一小口,抽取去除约 3mL 蛋清,人为造成 CAM 膜。第 10d 时,将不同浓度稀释的受试物直接暴露于 CAM 膜中的“O”形特富龙环,孵育 30min 后观察 CAM 血管变化,包括出血、充血、鬼影血管等,使 50% 的受精鸡胚出现反应的受试物浓度(RC_{50})作为检测终点。与 HET-CAM 相比,CAMVA 实验需要更多的鸡胚,实验周期较长,对 CAM 膜反应的一致性要求也比较高,通常选择 SPF 级(无特定病原微生物等级)的白莱杭品种。不同程度的 CAM 血管反应见图 8-8。

CAMVA 方法对于不同配方之间的比较、原料品质筛查和活性物质安全阈值确定特别有用。

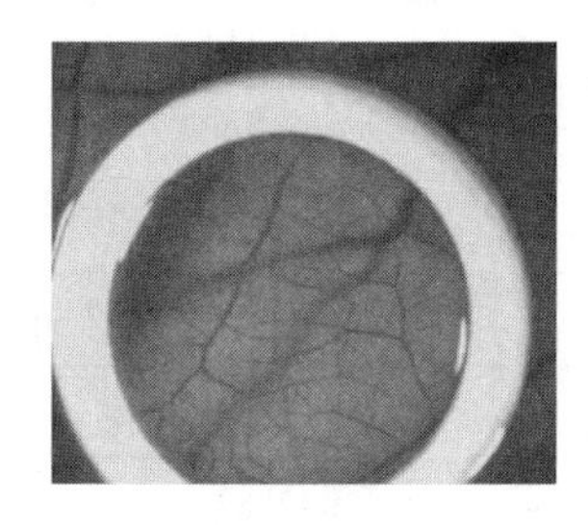
A:CAM膜

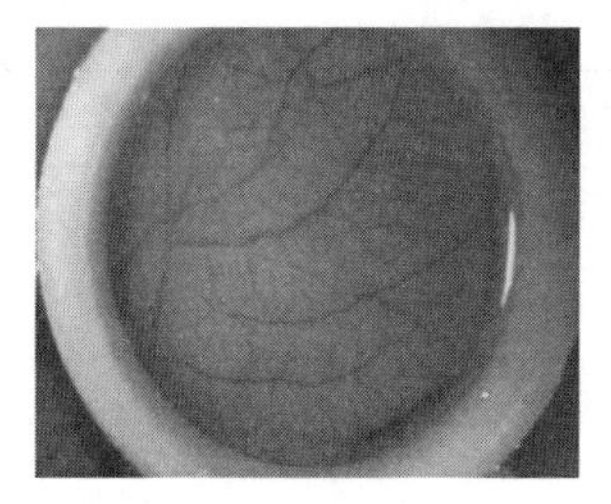
B:轻度小血管出血

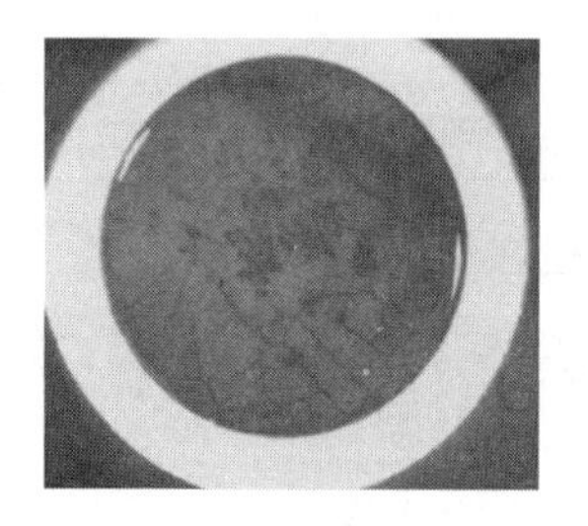
C:中度出血

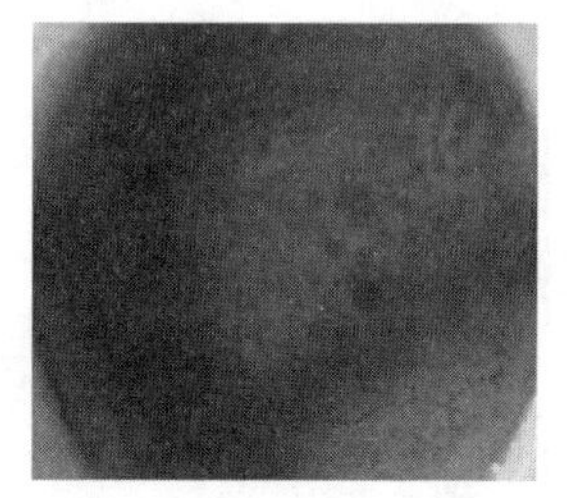
D: 严重大面积出血

图 8-8 CAMVA 实验中的不同程度刺激性反应

(二)组合策略中的应用

CAM 实验系统用于日化产品检测的优势是其快速发展的血管网络,其局限性是测试系统单一和高度敏感,如果能组合其他方法可以更科学和全面地预测毒性或功效筛查。目前,眼刺激的组合测试多采用自上而下或自下而上的策略(参见图 8-9)。根据对受试物理化特性和现有资料的评估,预期可能为严重眼刺激物推荐“自上而下”的策略,预期可能为无或低眼刺激物推荐“自下而上”的策略。其中 A 类方法为敏感性高的方法,适用于无-轻度刺激的测试,如荧光素漏出法、HET-CAM 法、红细胞溶血法、中性释放法和 Epiocular 方法。B 类方法为适用于中度-严重刺激测试的方法,如离体兔眼方法、BCOP。

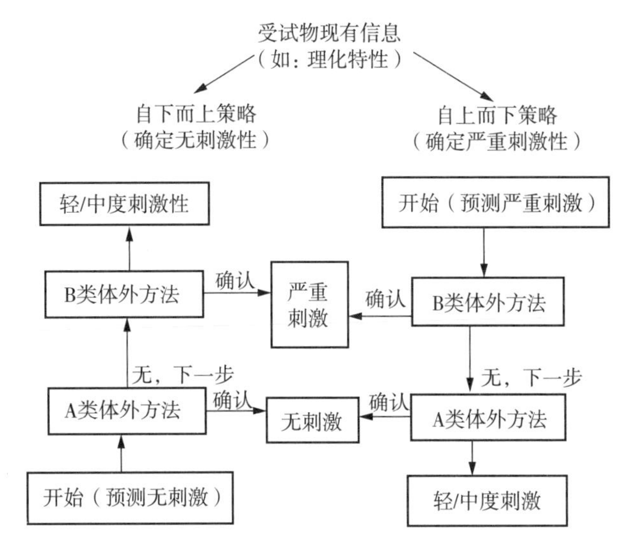

图 8－9 眼刺激的整合测试策略(引自 OECD DG)

采用 CAMVA-BCOP 的组合方法检测市售化妆品的眼刺激性，明显提高了眼刺激性预测的一致性和敏感性，达到完全替代体内实验的目的。Bernardi 在开发纳米乳液的过程中，使用 HET-CAM 方法测试产品的刺激性，然后进行临床实验评估其促进保湿的作用。

九、疑难解答

（一）如何关注鸡胚的质量？ 鸡胚质量是否对结果影响？

鸡胚质量需要在日常管理中进行质量控制，除了鸡胚品种与来源要达到前文提到的要求外，用于 HET-CAM 实验的鸡胚 9 日龄前要每天进行翻蛋，9 日龄时应照蛋，检查鸡胚是否受精，发育是否良好，开壳过程应小心不要损伤尿囊膜与血管。在分组过程中，应把血管发育状态接近的鸡胚分为一组，鸡胚血管发育未达到要求的应舍弃。CAMVA 的开窗过程要尽量保持无菌状态，由于 CAMVA 开窗期为 4 日龄，随后孵化时间较长，污染可能性也增加，因此每两天要进行照蛋，并从通过窗口观察里面鸡胚发育情况，及时舍弃死胚。此外，应能明显看到血管网络，主血管不应过细，毛细血管网丰富并且蛋清透明清澈。满足以上要求的鸡胚可用于实验。在 CAMVA 实验时要按设计的浓度进行鸡胚的分组，应把发育较好的鸡胚用于高浓度受试物的实验，发育较不良但符合实验要求的鸡胚用于低浓度受试物的实验。

（二）如何选择时间反应法或终点法？

按受试物物理性状进行选择时，反应时间法适用于透明液体受试物，或固体受试物用适当溶剂稀释后为最高浓度透明溶液时适用；终点评价法适用于微粒状、颗粒状、膏状等固体和浑浊液体受试物的检测。从反应过程观察进行选择时，需要观察反应过程中损伤情况变化的选择反应时间法，能准确判断不同作用时间对血管的损伤情况；如果只需要知道受试物毒性效应可选择终点评价法。另一方面，终点评价法的冲洗操作会导致出血变化的结果改变，会出现轻判误判等可能。

（三）CAM 的眼刺激替代方法有几种，区别是什么？

CAM 丰富的血管网络很好地模拟了眼结膜的结构，因此基于 CAM 的体外测试是眼刺激使用最早和最广泛的替代方法之一。目前使用的 CAM 方法主要分为 3 种。HET-CAM 主要测定 3 种反应，即在鸡胚发育第 9d 时神经组织和痛感还没形成的阶段，检测受试物引起绒毛膜尿囊膜发生的出血、血管溶解和凝血反应的严重程度。使用气室端的 CAM 膜，受试物无需稀释直接暴露，于 5min 的观察期内记录上述 3 种反应终点出现的时间，基于加权评分法对 CAM 反应记分，根据刺激评分结果预测眼刺激并分类。在 HET-CAM 方法的基础上增加台盼蓝染色，称为 CAM-TB 法，克服了 HET-CAM 实验缺乏客观性和难量化的缺点。

任何基于 CAM 的眼刺激实验方法都不能直接检测损伤深度，CAM 的快速反应表明受试物对蛋白基质和内皮细胞有影响，对于检测中度以下的眼刺激性效果较好，尤其是能有效区分无刺激性物质，但对于中度和重度以上的刺激可能难以精确细分。HET-CAM 与 CAMVA 2 种方法比较见表 8－8。

表 8－8　2 种眼刺激的 CAM 方法比较

比较项目	HET-CAM 和 CAM-TB	CAMVA
CAM 膜	天然气室端	人为造成的 CAM 作用面
样品浓度	单一浓度（直接用原样），无法去除测试样品	梯度浓度稀释，测试物可以去除后观察
加样方式	直接接触 CAM 膜	加入特定的“O”形环内
暴露时间	5min 内观察和记录终点出现时间	孵育 30min 后直接观察有或无反应
对照模式	阴性对照，无 CAM 自身对照	阴性对照和加样区内外 CAM 对照
检测终点	记录充血、出血、血管溶解出现时间和程度	“有”或“无”反应的二元评分
预测模型	根据权重计算体外评分（IS）	引起半数鸡胚血管发生阳性反应的受试物浓度（RC50）
预测与分类	无刺激（0～0.9），轻微刺激（1.0～4.9），中等刺激（5.0～8.9），严重刺激（9～21）	RC50＞3%，无刺激性；RC50≤3%，有刺激性
受试物要求	测试样品必须透明	不受剂型、颜色限制
操作复杂性	受操作人员主观影响	操作繁琐、步骤多
操作主观性	辅助摄影排除判断差异	操作人员主观影响小
鸡胚使用量	6～9 只	45～55 只（完整），12～15 只（筛查）
检测周期	3d～5d	14～15d
组合建议	可与 BCOP、ICE、EpiOcular 等方法组合	可与 BCOP、ICE、EpiOcular 等方法组合
优化	加台盼蓝染色后定量检测血管受损程度	配方阶段可用简化的筛查实验获取信息

（秦瑶　潘芳　程树军　徐嘉婷　徐宏景）

第三节　荧光素漏出试验

Section 3　Fluorescein leakage test method

一、基本原理

荧光素漏出（fluorescein leakage，FL）试验是一个基于细胞毒性和细胞功能改变的体外试验，生长在半渗透性嵌入式培养皿上的 MDCK CB997 肾小管上皮细胞，可以形成与体内非增殖状态的眼角膜上皮相似的具有紧密连接和桥粒连接的单层，正如在结膜和角膜上皮的顶层细胞一样。体内紧密连接和桥粒连接能阻止溶质和外来物质穿透角膜上皮细胞。当暴露于受试物后，培养于嵌入式培养皿 MDCK 细胞由于紧密连接和桥粒连接的损伤,跨膜抗渗性的缺失,可以通过测量荧光素钠渗透情况来评估。荧光素漏出的量与化学物引起的紧密连接、桥粒连接和细胞膜损伤程度成正比,可用于评估受试物的眼刺激性。

FL 试验示意图见图 8－10。

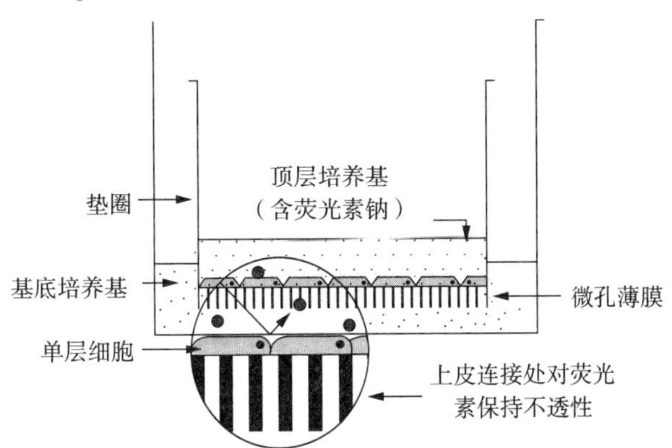

图 8－10 FL 试验示意图(源自 OECD TG 460)

二、实验系统的建立

(一) MDCK CB997 细胞测试系统

MDCK CB997 肾小管上皮细胞,培养条件为 5% ±1% 二氧化碳和 37℃ ±1℃ 的培养箱。细胞从复苏开始传代的次数在 3～30 次之内,以保证这个范围内细胞的功能性相同,确保结果的重现性。

(二) 实验试剂

DMEM、谷氨酰胺、钙、HEPES、FBS、HBSS、0.1mg/mL 荧光素钠溶液、十二烷基聚乙二醇醚(CAS No.9002－92－0)。

(三) 实验仪器

Millicell-HA 嵌入式培养皿:支持膜为混合纤维素酯材料,厚度为 80μm～150μm,孔径大小为 0.45μm,直径为 12mm。其他常规仪器和材料见第二章第一节。

三、实验过程

(一) 实验溶液配制

DMEM/F12:浓度为 1×谷氨酰胺,15mmol/L HEPES,钙(浓度为 1.0mmol/L～1.8mmol/L),10% FCS/FBS。

受试物储备液配制:使用含钙(浓度为 1.0mmol/L～1.8mmol/L)、无酚红的 HBSS 溶剂的受试物避免与血清蛋白结合,配制 250mg/mL 的受试物储备液,不同物质根据实验需要再行稀释或配制。每次实验前的 30 内配置新鲜的受试物原液。

所有实验的受试物用无菌含钙无酚红的 HBSS 原液配制,按体积重量稀释 5 个固定浓度:1、25、100、250mg/mL 和饱和溶液。进行固体物质实验时,需要包括最高浓度为 750mg/mL。采用移液管把该浓度的受试物加入到细胞中。若毒性在 25mg/mL 和 100mg/mL 之间,需要第二次实验以下其他浓度:1、25、50、75、100mg/mL。根据这些浓度得到的 FL_{20} 提供可接受标准。

(二) 荧光素钠渗透性的测定

测定荧光素钠的渗透性通常使用 24 孔板,各孔分布如图 8－9 所示。

表 8-9 24 孔培养板细胞处理情况

1mg/mL	1mg/mL	1mg/mL	25mg/mL	1mg/mL	25mg/mL
100mg/mL	100mg/mL	100mg/mL	250mg/mL	250mg/mL	250mg/mL
PC	PC	PC	NC	NC	NC
—	—	—	—	—	—

如果存在其他浓度的毒性情况,依据实际的浓度再设计实验所需浓度梯度。

1. 细胞铺板

在 Millicell-HA 嵌入式培养皿中必须加入 1.6×10^5 个细胞(400ul 细胞悬液含有 4×10^5/mL),然后放在 24 孔嵌入式培养板中,培养 96h 后可达到融合的单层细胞。

2. 受试物暴露

弃去细胞培养基,用含钙无酚红的 HBSS 清洗两次,将受试物加入到融合的细胞层。受试物用无菌含钙无含酚红的 HBSS 原液配制,按体积重量稀释 5 个固定浓度:1、25、100、250mg/mL 和饱和溶液。受试物为固体物质时,需要包括最高浓度为 750mg/mL,并采用移液管把该浓度的受试物加入到细胞中。若毒性在 25mg/mL 和 100mg/mL 之间,需要第二次实验用其他浓度:1、25、50、75、100mg/mL。每个浓度的受试物和每次实验的对照要设置至少三个平行。

3. 荧光素钠渗透性的测定实验

在立刻去除受试物和对照的物质之后,在 Millicell-HA 嵌入式培养皿中加入 400uL 含钙无酚红 HBSS 配制的浓度为 0.1mg/mL 的荧光素钠溶液 0.01%(质量浓度),室温孵育 30min,随后小心地从每孔中取出嵌入式培养皿。肉眼观察每个嵌入皿,记录处理过程中可能出现的失误。酶标仪检测去除培养皿后残留在孔中的荧光素钠,激发和发射波长分别为 485nm 和 530nm。

应当设置酶标仪的灵敏度在检测范围内,即在最大 FL(无细胞)和最小 FL(NC 处理的融合单层细胞)之间。建议使用的最大荧光素漏出(对照组)荧光素强度 >4000,不超过 9999。

4. 对照实验

每次实验需要同时设置阴性对照(NC)和阳性对照(PC),用于表明细胞完整性(NC)和细胞敏感性(PC)。PC 物质为浓度为 100mg/mL 的十二烷基聚乙二醇醚(CAS No. 9002-92-0)/苯扎氯胺,该浓度可导致接近 30% 荧光素漏出(接受范围为 20% ~40% 荧光素漏出)。NC 物质是含钙无酚红的 HBSS。每次实验同时需要最大漏出对照以计算 FL_{20} 值,以无细胞的对照组测定最大漏出值。

(三) 统计方法

各实验数据均以均数 ± 标准差($\overline{X}\pm S$)表示,采用 SPSS 22.0 统计软件进行分析。多组之间差异的比较用单因素方差分析,组间两两比较采用 SNK 检验法,显著性水平 $\alpha=0.05$,$P<0.05$ 表示差异具有统计学意义。

(四) 实验接受标准

最大荧光素漏出均值(x)必须大于 4000,0% 漏出均值(y)必须等于或小于 300,100% 漏出均值(z)必须在 3700 和 6000 之间。

若阳性对照能导致 20% ~40% 的细胞损伤,则该实验可接受。

(五) 结果

每个样品和对照的每个平行测量的数据表格(包括每个独立结果、均值和标准差);根据预测模型和/或使用标准的分类;关于非决定性结果的思考(FL_{20} >100mg/mL)和进一步的实验;其他结果。

四、预测模型及验证

(一)预测模型

(1)FL的量与受试物诱导的紧密连接损伤是成比例的。参照FL的NC和最大漏出对照值,根据受试物获得的FL值计算每个浓度受试物的FL百分比。

$$x - y = z$$

式中:

x——最大荧光漏出强度均值;

y——0%荧光漏出强度均值(NC)。

最大漏出均值减去0%漏出均值得到100%漏出均值。

(2)每个固定剂量漏出百分比是由三个平行的平均荧光素强度读数(m)减去平均0%荧光素漏出强度,再除以平均100%荧光素得到的。例如% FL = $[(m-y)/z] \times 100\%$,这里 m = 相关浓度的3个平行所测量的平均荧光素强度。

% FL = 漏出穿透细胞层荧光素的百分比

(3)用于导致20% FL的化学浓度的计算的等式

$$FLD = [(A-B)/(C-B)] \times (MC-MB) + MB$$

式中:

D——抑制率,%;

A——损伤率(20% 荧光漏出),%;

B——荧光漏出百分率,%;

C——荧光漏出百分率,%;

MC——C的浓度,mg/mL;

MB——B的浓度,mg/mL。

预测物质为眼腐蚀物/严重刺激物的FL临界值为 $FL_{20} \leq 100mg/mL$,按照UNGHS EUCLP和USEPA分类为"1类"物质。

(二)验证

于2009年经过了ECVAM科学顾问咨询委员会(ESAC)的验证。

(三)认可

该方法于2012年作为OECD认可的眼腐蚀性体外替代方法之一(OECD TG 460)。本方法并不作为体内兔眼试验的完整替代方法,推荐作为分层测试策略的一部分,用于监管分类和标识。对于水溶性的物质(化学品和混合物),FL方法推荐作为自上而下法中的第一个试验,用于鉴定眼腐蚀性/严重刺激性。

五、适用范围

本方案适用于可溶于水的化合物(单一物质或者混合物),用于鉴别受试物(纯净物和混合物)为眼腐蚀物质和严重刺激物,有些物质的反应机制(如强凝固、皂化或其他特殊化学反应)不能通过FL试验测量;技术上对于MDCK的细胞培养要求比较高,细胞代数和稳定性都很重要。

六、实验报告

通用报告要求见第一章第一节。

七、能力确认

研究和检测实验室建立荧光素漏出的能力,应完成表8-10所列参考化学品,并正确分类。

表8-10 用于荧光素漏出能力确认的参考物质

化学物质	CAS编号	化学分类	物理形态	体内分类	体外分类
苯扎氯铵	8001-54-5	鎓类化合物	液体	1	腐蚀/严重的刺激
盐酸异丙嗪	58-33-3	胺/脒、杂环、有机硫化合物	固体	1	腐蚀/严重的刺激
氢氧化钠	1310-73-2	碱	液体	1	腐蚀/严重的刺激
月桂醇硫酸酯钠盐	151-21-3	羧酸(盐)	液体	1	腐蚀/严重的刺激
4-羧基-苯甲醛	619-66-9	羧酸、醛	固体	2(A)	无腐蚀/非严重刺激
硝酸铵	6484-52-2	无机盐	固体	2(A)	无腐蚀/非严重刺激
乙烷-2-乙酰乙酸甲酯	609-14-3	酮、酯	液体	2(B)	无腐蚀/非严重刺激
甘油	56-81-5	酒精	液体	无	无腐蚀/非严重刺激

八、拓展应用

(一) 组合策略中的应用

FL与BCOP和基于细胞传感器的体外方法可用于自上而下的策略中,用于化学物质眼刺激的危害识别。

(二) 不同FL方案的区别

欧洲替代方法验证中心DB-ALM数据库共收录的4个版本的FL方案,即71、82、86和120,不同方案有其不同的预测模型,有的还预测了细胞受损之后72h的修复情况。详细内容可参考EURL-ECVAM数据库。

(三) 肾脏毒性测试

FL所用细胞为犬肾小管上皮细胞,因此,可利用该细胞在体外培养形屏障功能的特点,将其用于肾小管毒性物质的检测和肾小管上皮转运功能的研究,也可用于对细胞紧密连接具有损伤作用物质的作用机制的研究。

(陈彧 柯逸晖 黄健聪 秦瑶)

第四节 重建人角膜样上皮(RhCE)测试方法

Section 4 Reconstructed human Cornea-like Epithelium(RhCE)

一、基本原理

重建人角膜样上皮(Reconstructed human Cornea-like Epithelium, RhCE)是一种体外细胞毒性试验,利用体外重建的RhCE组织测试眼刺激性。RhCE具有与人角膜上皮类似的组织学、形态学和生化生理特征。通过将受试物添加到角膜外表面,模拟人体角膜接触受试物的方式。采用MTT法检测细胞毒性,计算细胞生存率,判断样品的眼刺激性。此测试方法是 EpiOcular™眼刺激测试(EIT),在OECD 指南中被称为验证参考方法(Validated Reference Method,VRM),指南序列号为 TG 492

二、实验系统

(一) 角膜模型

1. 商品化模型

三维重建角膜样上皮组织来源于健康人的原代表皮角质细胞,其由逐渐分层但非角质化的细胞组成。角质细胞悬液接种于以聚碳酸酯(PCF)为支持框架的嵌入式培养板中,使用无血清培养基孵育模型。RhCE 经气液界面培养,受试物直接接触上皮表面,类似于机体的局部暴露方式。现在已有上市的商品化的角膜模型,如 EpiOcular™ RhCE 人角膜上皮模型。

2. 质量要求

严格按照 SOP 操作规范和质量保证程序进行 3D 角膜的生产。模型开发商应证明每批 RhCE 组织符合规定的产品活性和达到产品声称的标准屏障功能要求,具体满足的标准测量值(如屏障功能的可接受范围、组织活性)应由 RhCE 组织结构开发商建立。试验结果只有来源于符合生产标准的角膜组织才能予以接受,才能满足法规测试的要求。

每批次表皮模型需要通过组织形态学检查和观察角膜结构和分层情况。RhCE 应防止受试物从组织边缘漏过导致角膜暴露模型试验失败,另外角膜模型应没有细菌、病毒、支原体和真菌的污染。

活性:RhCE 应确保符合阴性对照的规定标准,如 EpiOcular™EIT(OCL-200)阴性对照 OD 值的可接受范围上限为 >0.8,可接受下限为 <2.5。溶剂对照的 OD 应足够小,即 OD <0.1。

屏障功能:RhCE 应具有足够完善的屏障功能,以 EpiOcular™EIT(OCL-200)为例,用细胞毒性标准物质(如 100μL 的 0.3% Triton-X100)检测的 ET_{50}值,可接受范围上限为 $ET_{50}=12.2$min,相应的范围下限为 $ET_{50}=37.5$min。

形态学:RhCE 的组织学检查应呈现人角膜样上皮结构(至少包括 3 层活性上皮细胞及 1 层非角质化表面)。

(二) 试剂耗材

同第七章第三节。

(三) 仪器设备

同第七章第三节。

HPLC/UPLC-分光光度法来定量提取的 MTT 甲臜。

三、实验过程

(一) RhCE 预处理

在暴露于受试物或对照物质之前,RhCE 组织表面用 20μL 无钙和镁的 Dulbecco's 磷酸盐缓冲液(不含 Ca^{2+}/Mg^{2+} 的 DPBS)预处理,并在 37℃ ±0.5℃,5.0% ±1.0% CO_2 的湿润避光环境(标准培养条件)中培养 30min ±2min 以模拟人眼的湿润条件。在该预处理之后,将 RhCE 暴露于受试物和对照物质。根据样品性状,测试方法有两种不同的处理方案,一种用于液体受试物,另一种用于固体受试物。任何情况下,施用的受试物或对照物质应足量且均匀的覆盖上皮表面。在每次测试中,每种受试物或每种对照物质应至少使用三个 RhCE 组织。

(二) 受试物与对照物质的应用

1. 液态受试物

能在37℃或更低温度下使用移液枪吸取的受试物(如果需要,使用正位移液管)在VRM中视为液体受试物处理。对物理性状不了解的黏性、蜡状、树脂状和凝胶状受试物应该在37℃ ±1℃下孵育15min ±1min后决定方案类型。如果该受试物孵育后可以通过移液器转移则可当作液体受试物处理,并应当从37℃ ±1℃的环境中直接吸取并同一时间施加到组织中。在VRM中,将50μL液体测试化学品均匀地分布在0.6cm^2的组织表面上(受试比例83.3μL/cm^2)。液体测试化学品处理组织的同时,对照物质需要在同种标准培养条件下孵育30min ±2min。在暴露期结束时,室温条件下使用不含Ca^{2+}/Mg^{2+}的DPBS进行充分冲洗,将受试物和对照物质从组织表面小心地除去。随后在室温下于新鲜培养基中暴露12min ±2min,完成浸洗(以除去吸收到组织中的受试物)过程,并在标准培养条件下于新鲜培养基中后孵育120min ±15min,最后进行MTT测定。

2. 固态受试物

在37℃条件下不能使用移液枪吸取的受试物在VRM中被视为固体。前期,需要使用已经校准的工具(例如,以保持50mg氯化钠的水平一勺校准)(约施加83.3mg/cm^2)将大约50mg固体测试化学品均匀地施加在0.6cm^2组织表面上。施加的受试物应尽可能研磨成细粉进行测试,测试所使用的量应足以覆盖组织的整个表面。固体受试物处理的组织和固体对照物质同时在标准培养条件下培养6 ±0.25h。在暴露期结束时,通过在室温下用不含Ca^{2+}/Mg^{2+}的DPBS进行充分冲洗,将受试物和对照物质从组织表面小心地除去。随后在室温下于新鲜培养基中浸洗以除去吸收到组织中的受试物,25min ±2min之后,在标准培养条件下于新鲜培养基中后孵育18h ±0.25h,最后进行MTT测定。

3. 对照物质

每次测试同时包含阴性和阳性对照,以此证明组织存活率(阴性对照确定)和灵敏度(阳性对照确定)是否在定义的可接受范围内。同时阴性对照还提供基线(100%组织存活率)来计算受试物处理的组织的相对百分比存活率(% 存活率$_{test}$)。阳性对照选用纯乙酸甲酯(CAS No. 79 – 20 – 9;Sigma-Aldrich,Cat#186325;液体),阴性对照选用超纯水。

液体受试物的对照与固体受试物的对照处理方式需要区别。

① 液体受试物对照:50μL超纯水和纯乙酸甲酯施用于组织,正好与液体受试物相同,然后在标准培养条件下暴露30min ±2min,冲洗,室温下在新鲜培养基中孵育2min,标准培养条件下在新鲜培养基中后孵育120 ±15min,然后进行MTT测定。

② 固体受试物对照:50μL超纯水和纯乙酸甲酯施用于组织(如对液体测试化学品所述),然后在标准培养条件下暴露6h ±0.25h,冲洗,在室温下在新鲜培养基中孵育25min ±2min,标准培养条件下在新鲜培养基中后孵育18 ±0.25h,然后进行MTT测定。

(三) 组织活性的测量

MTT测定是标准化的定量方法,活细胞线粒体中的琥珀酸脱氢酶能使外源性MTT还原为水不溶性的蓝紫色结晶甲臜,活细胞越多,被还原成的染料越多,颜色深浅与细胞数目呈线性关系。通过测定波长570nm时的吸光度值得出OD值。将0.3mL 1mg/mL的MTT溶液加入到RhCE中180min ±10min,然后使用2mL异丙醇(或类似溶剂)从组织中提取甲臜结晶。当受试物为液体时,应从组织的顶部和底部提取。当受试物为不容易冲洗的液体或固体时,应从组织的底部提取(最小化异丙醇提取物的任何潜在污染以及避免可能保留在组织上的受试物残留)。阴性及阳性对照应同样进行处理。用移液枪吸取提取液360μL移入96孔板中,在酶标仪的570nm的标准吸光度(OD)测量或使用HPLC/UPLC – 分光光度法来定量测量提取的MTT。

(四) MTT测量偏差修正

受试物的光学性质或其对MTT的化学作用可能干扰MTT的测量,导致组织活力的假评估。如果受试物天然地或由于处理过程与 MTT 甲臜在相同的 OD 范围内吸收(即,测试化学品约在 570nm 吸收),则受试物可通过将 MTT 直接还原成蓝紫色 MTT 甲臜和/或通过颜色干扰 MTT 甲臜的测量。在测试前应进行预检查,以便识别潜在的直接 MTT 还原剂和/或颜色干扰化学物质,并且应使用附加控制来检测和纠正这些测试化学物质的潜在干扰。当特定受试物没有从 RhCE 组织中完全冲洗时或当其穿透角膜样上皮时会对 MTT 测定产生影响。对于与 MTT 甲臜(天然或处理后)在相同范围内吸收或与 MTT 甲臜的标准吸光度(OD)测量不兼容的测试化合物,由于太强的干扰,即在 570 ± 30nm 有强吸收,可以使用 HPLC/UPLC 分光光度法测量 MTT。类似的影响也见于皮肤模型的皮肤刺激实验。

1. 受试物原有非特异性颜色干扰

为了识别受试物吸收与 MTT(与天然或在处理后)在相同范围内的光的潜在干扰,并且决定是否需要额外的对照,需要进行受试物在暴露环境中(暴露期间的环境)和/或异丙醇进行光谱分析(萃取溶剂)。在 VMR 中,将 50μL 或 50mg 受试物加入(i)1mL 水中,并在标准培养条件下孵育约 1 和/或(ii)2mL 异丙醇,并在室温下孵育 2h ~ 3h。如果在水和/或异丙醇中的受试物吸收 570 ± 30nm 范围内足够的光(对于 VRM,如果在减去异丙醇或水的 OD 之后测试化学品溶液的 OD > 0.08,这大约为阴性对照的平均 OD 的 5%),则认为受试物干扰了 MTT 甲臜的标准吸光度(OD)测量,并且应当进行另外的着色剂对照,或者在这种情况下使用 HPLC/UPLC - 分光光度法。当进行标准吸光度(OD)测量时,每种干扰受试物应当施加在至少三个组织上,并且需要按照标准步骤完成整个测试过程,可在 MTT 孵育步骤期间用培养基代替 MTT 溶液孵育,在活组织中产生特定的颜色对照(NSC_{living})。NSC_{living}对照需要与有色受试物的测试同时进行,并且在多次测试的情况下,由于活组织的固有生物变异性,需要进行独立的 NSC_{living}对照(在每次试验中)。净组织存活率计算为:暴露于存在干扰的受试物与 MTT 溶液孵育的活组织获得的组织存活率百分比(% 存活率$_{test}$)减去暴露于同样受试物的活组织与培养基而不是 MTT 后孵育而获得的非特异性颜色百分比,相当于与校正测试同时进行的阴性对照计算(% NSC_{living}),即:

真组织存活率 = [% 存活率$_{test}$] - [% NSC_{living}]。

2. 受试物是 MTT 还原剂/减少剂

为了鉴定直接 MTT 还原剂/减少剂,应将每种受试物加入新制备的 MTT 溶液中。将 50μL 或 50mg 受试物添加到 1mL 的 1mg/mL MTT 溶液中,并将混合物在标准培养条件下孵育约 3h。将 50μL 的无菌去离子水用作阴性对照。如果含有受试物(或用于不溶性受试物的悬浮液)的 MTT 混合物变成蓝色/紫色,则推测受试物能直接还原/减少 MTT,并且应该进行对无活力的 RhCE 组织的进一步功能检查,标准吸光度(OD)测量或 HPLC/UPLC - 分光光度法。这种附加的功能检查使用仅具有残留代谢活性但以与活组织类似的方式吸收和保留受试物的灭活组织。在 VRM 中,通过暴露于低温制备灭活的组织("冷冻灭活")。将每种 MTT 还原测试化学品施加在经历整个测试过程的至少三个灭活的组织上,以产生非特异性 MTT 还原(NSMTT)对照。对于每种受试物,单个 NSMTT 对照是足够的,而与所进行的独立测试/进行的次数无关。净组织存活率计算为:暴露于 MTT 还原剂的活组织获得的组织活力百分比(% 存活率$_{test}$)减去暴露于相同 MTT 还原剂的灭活组织获得的非特异性 MTT 降低百分比,相当于阴性对照计算(% NSMTT),即:

真组织存活率 = [% 存活率$_{test}$] - [% NSMTT]。

3. 受试物原有非特异性颜色干扰也是 MTT 还原剂/减少剂

除 NSMTT 和 NSCliving 外,前面所述还有提到需要其他对照的描述,当受试物被测定同时产生颜色干扰以及是直接 MTT 还原剂时,在进行标准吸光度(OD)测量时还需要第三套控制。例如:深色的受试物吸收在 570nm ± 30nm 范围内的光(例如,蓝色,紫色,黑色),因为它们的固有颜色阻碍了其直接还原 MTT 的能力的评估。正常情况下即使将 NSMTT 对照与 NSC_{living} 对照一起使用,也会出现

NSMTT 和 NSC_{living}对照的受试物可以被活的和灭活的组织吸收和保留。因此，在这种情况下，NSMTT 对照可能不仅校正受试物潜在的直接 MTT 还原反应，而且校正由被杀死组织吸收和保留的受试物引起的颜色干扰。这可能导致对颜色干扰的双重校正，因为 NSC_{living}控制已经校正了由活组织吸收和保留测试品引起的颜色干扰。为了避免可能的颜色干扰的双重校正，需要对灭活组织(NSC_{killed})中的非特异性颜色进行第三次对照。在该另外的对照中，将受试物施用于至少三个灭活的组织，其经历完整的测试过程，但在 MTT 孵育步骤期间用培养基代替 MTT 溶液孵育。对于每种受试物，不管所进行的独立测试/进行的次数多少，单个 NSC_{killed}对照便足够，但是应当在相同的组织批次中同时进行到 NSMTT 对照。净组织存活率计算为：暴露于受试物的活组织获得的组织活力百分比(%存活率$_{test}$)减去% NSMTT 减去% $NSC_{li\ ving}$加上暴露于干扰受试物的灭活组织获得的非特异性颜色的百分比，并与没有 MTT 的培养基一起孵育，相当于与校正测试同时进行的阴性对照(% NSC_{killed})计算，即：

净组织存活率 = [%存活率$_{test}$] - [% NSMTT] - [% NSC_{living}] + [% NSC_{killed}]。

需要注意的是，非特异性 MTT 降低和非特异性颜色干扰可以增加组织提取物在分光光度计的线性范围之上的 OD(当进行标准吸光度测量时)，并且非特异性 MTT 降低也可以增加组织提取物的 MTT 甲臜的峰面积(当进行 HPLC/UPLC - 分光光度测量时)高于分光光度计的线性范围。因此，在受试物测试之前，应测试受试物的 MTT 反应。

4. 分光光度法与 HPLC/UPLC - 分光光度法的适用范围

当观察到的对 MTT 甲臜的测量干扰不太强烈时(即，获得的组织提取物的 OD 没有用于直接 MTT 降低和/或颜色干扰的任何校正的测试化学品在分光光度计的线性范围内)，适合使用分光光度计的标准吸光度(OD)测量评估直接 MTT 还原剂和颜色干扰受试物。然而，测试化学品产生% NSMTT 和/或% NSC_{living}的结果≥60%的阴性对照时应注意，因为这是 EpiOcular™ EIT 中用于区分有分类和无分类化学品的临界值。然而，当与 MTT 甲臜的测量的干扰太强(即导致测试组织提取物的未校正的 OD 落在分光光度计的线性范围之外)时，不能测量标准吸光度(OD)。与水或异丙醇接触时变色的有色测试化学品或测试化学品，其干扰 MTT 甲臜的标准吸光度(OD)测量的能力仍然可以使用 HPLC/UPLC 分光光度法进行评估。这是因为 HPLC/UPLC 系统允许其在定量前将 MTT 甲臜与化学品分离。因此，当使用 HPLC/UPLC 分光光度法时，不需要使用 NSC_{living}或 NSC_{killed}对照，这与所测试物质无关。如果怀疑测试物质直接还原 MTT，则应使用 NSMTT 对照。NSMTT 对照也应该与具有颜色(在水中固有或出现)的受试物一起使用。当使用 HPLC/UPLC - 分光光度法测量 MTT 甲臜时，百分比组织存活率计算为暴露于受试物的活组织获得的 MTT 甲臜峰面积比上同时用阴性对照获得的 MTT 甲臜峰面积百分比。对于能够直接还原 MTT 的受试物，净组织存活率计算为：%存活率$_{test}$减去% NSMTT。最后，应当注意，直接 MTT 还原剂或直接 MTT 减少剂都是颜色干扰，它们在处理后保留在组织中并减少 MTT，它们导致测试组织提取物的 OD(使用标准 OD 测量)或峰面积(使用 UPLC/HPLC - 分光光度法)落入分光光度计的线性范围之外而不能用 EpiOcular™ EIT 评估，尽管这些情况非常罕见，仍然需要注意。

HPLC/UPLC 分光光度法测量 MTT 甲臜可用于所有类型的测试化学品(有色，无色，MTT 还原剂和非 MTT 还原剂)。由于 HPLC/UPLC 分光光度测定系统的多样性，对于每个用户建立完全相同的系统条件是不可行的。因此，HPLC/UPLC 分光光度法定量测定组织提取物 MTT 甲臜之前，系统应满足一组标准鉴定参数的接受标准，所述标准鉴定参数基于美国食品和药物指南工业生物分析方法。

(五) 验收标准

对于使用满足质量控制的 EpiOcular™组织批次的每次实验，用阴性对照物质处理的组织显示的 OD 值应当反映出在运输、接收步骤和所有方案过程之后的组织的质量，并且不应在历史记录上确定的边界之外。类似地，用阳性对照物质(即乙酸甲酯)处理的组织应显示具有液体或固体方案的平均组织存活率<50%(相对于阴性对照),从而反映组织能力在测试方法的条件下响应受试物的刺激性。受试物和对照物质的组织平行之间的变异性应当在可接受的限度内(即,两个组织平行之间的活性差异应当小于20%或者三个组织平行之间的SD不应超过18%)。如果实验中包含的阴性对照或阳性对照,则该过程被认为是"非合格",应重复。如果受试物的组织平行之间的变异性超出了可接受的范围,则该次测试必须被认为是"非合格",并且受试物应该被重新测试。

(六)预测模型

针对使用每种受试物的组织平行提取物获得的OD值/峰面积,用于计算标准化的阴性对照的平均百分比组织活力(组织平行之间的平均值)设定为100%。区别有分类和无分类的受试物的组织活力临界值的百分比为60%。因此,预测模型见表8-11,且解释如下:

(1)如果暴露后和暴露后孵育的平均百分比组织活力大于(>)60%,则受试物被确定为不需要根据UN GHS进行分类和标记(无分类)。在这种情况下,不需要进一步测试。

(2)如果暴露后和暴露后孵育的平均百分比组织存活率≤60%,则受试物被确定为可能需要根据UN GHS(1类和2类)进行分类和标记。当最终平均组织活力百分比≤60%时,将需要使用其他测试方法进一步测试,因为EpiOcular™ EIT显示一定数量的假阳性结果,不能区别出UN GHS类别1和2。

表8-11 RhCE预测模型

平均组织活力百分比/%	UN GHS分类	是否需要其他测试方法进一步测试
>60%	无分类	不需要
≤60%	1类或2类	需要

当结果是明确时,由至少两种组织平行组成的单一测试应足以用于受试物的评估。然而,在边界结果,例如非一致重复测量或平均百分比组织活力等于60%±5%的情况下,应该考虑第二次测试,以及在第一次和第二次测试之间的不一致结果的情况下的第三次测试等多次测试。

对于特定类型的混合物,在适当和合理的情况下,可以考虑区分有分类和无分类受试物的不同百分比的组织活性阈值,以便提高这些类型混合物的测试方法的总体性能。标准化学品可用于评估特定化学品或产品类别的未知化学品的严重眼损伤/眼刺激可能性,或用于评估在特定范围的阳性反应中分类的化学品的相对眼部潜在毒性。

四、数据处理

来自实验中的单个平行组织的数据(例如,测试化学品和对照的OD值/MTT甲臜峰面积和计算的组织活力百分比数据,以及最终的EpiOcular™ EIT预测)应以表格形式报告每个受试物,包括重复测试的数据。此外,每个单独受试物和对照组的平均组织存活百分比(如果$n=2$个平行组织)或SD(如果$n\geq3$个重复组织)应写进报告。任何观察到的受试物与通过直接MTT还原和/或有色干扰测量MTT甲臜测量得到的干扰及这种受试物应写进报告。

五、适用范围

本试验方法适用于单质和混合物,以及固体,液体,半固体和蜡。液体可以是亲水性的或疏水性的;固体可以溶于或不溶于水。应在施用前尽可能将固体研磨成细粉末;不需要对样品进行其他预处理。气体和气溶胶没有在验证研究中进行评估。虽然可以设想这些可以使用RhCE技术测试,但是当前的测试方法不允许测试气体和气溶胶。RhCE对醇类和酯类物质过于敏感,可能不适合检测高度挥发性液体、有机溶剂和某些化学活性物质(如过氧化氢)。RhCE最常用于区分轻度或中度刺激物,也可以用于测试严重刺激物质,但其结构特点决定了其不能很好地区分重度损伤的程度。对于重度刺激物采用离体组织的方法检测结果更好。

另外,本试验方法的限制是,它不能区分 UN GHS 所定义的眼刺激/对眼睛的可逆效应(2 类)和严重的眼睛损伤/对眼睛的不可逆效应(1 类)之间,以及眼刺激物(2A 类)和轻度眼刺激物(2B 类)之间。为了这些更进一步区分,需要用合适的测试方法进行进一步测试。

六、实验报告

(一)通用报告要求

见第一章第一节。

(二)特殊要求

1. 角膜模型

所用的特定 RhCE 的完整信息,包括其性能。不仅限于以下所包括的:

ⅰ)活力;

ⅱ)屏障功能;

ⅲ)形态学(如果适用);

ⅳ)重现性和预测能力;

ⅴ)RhCE 的质量控制(QC);

参考 RhCE 组织结构的历史数据。不仅限于以下所包括的:

ⅰ)参考历史批次数据的 QC 数据的可接受性;

ⅱ)在日常使用前通过测试能力化学品熟练地完成测试方法;

2. 实验验收标准

(1)基于历史数据的阳性及阴性对照方法和接受范围。

(2)阳性和阴性对照的组织平行间的可接受变异性。

(3)受试物的组织平行之间可接受的变异性。

七、能力确认

研究或检测实验室建立能力应完成表 8 – 12 中参考物质的测试,测试结果应与表 8 – 12 分类吻合。

表 8 – 12 参考物质及结果

化学名称	CASRN	有机官能团[1]	物理性状	VRM 活性/%[2]	VRM 预测	MTT 还原剂	颜色干扰
体内分类 1[3]							
巯基乙酸甲酯	2365 – 48 – 2	羧酸酯;硫醇	L	10.9 ±6.4	Cat 2/Cat 1	Y(strong)	N
四甘醇二丙烯酸酯	17831 – 71 – 9	丙烯酸酯;醚	L	34.9 ± 15.3	Cat 2/Cat 1	N	N
2,5 – 二甲基 – 2,5 – 己二醇	110 – 03 – 2	醇	S	2.3 ±0.2	Cat 2/Cat 1	N	N
草酸钠	62 – 76 – 0	氧化葡萄糖酸	S	29.0 ± 1.2	Cat 2/Cat 1	N	N
体内分类 2A[3]							

续表

化学名称	CASRN	有机官能团[1]	物理性状	VRM 活性/%[2]	VRM 预测	MTT 还原剂	颜色干扰
2,4,11,13－四氮杂十四烷－二亚胺酰胺,N,N,－双(4－氯苯基)－3,12－二亚氨基－,二－D－葡萄糖酸(20%,水溶液)	18472－51－0	芳香族杂环卤化物;芳香卤化物;双羟基;胍	L	4.0±1.1	Cat 2/Cat 1	N	Y(weak)
1,5－萘二醇	83－56－7	稠合碳环芳香族;奈;酚	S	21.0±7.4	Cat 2/Cat 1	Y(medium)	N
体内分类 2B[3]							
二乙基甲苯甲酰胺	134－62－3	苯甲酰胺	L	15.6±6.3	Cat 2/Cat 1	N	N
2,2－二甲基－3－亚甲基双环[2.2.1]庚烷	79－92－5	烷烃,具有叔碳;烯烃;二环庚烷;桥环 碳环;环烷烃	S	4.7±1.5	Cat 2/Cat 1	N	N
体内无分类[3]							
1－乙基－3－甲基咪唑鎓乙基硫酸盐	342573－75－5	烷氧基;铵盐;芳香基;咪唑;硫酸盐	L	79.9±6.4	No Cat	N	N
二丙基多巴胺	629－19－6	二硫化物	L	81.7±6.4	No Cat	N	N
胡椒基丁醚	51－03－6	烷氧基;苯并二氧杂环戊烯;苯甲基;醚	L	104.2±4.2	No Cat	N	N
聚乙二醇(PEG－40)氢化蓖麻油	61788－85－0	酰基化;丙烯醇;烯丙基;醚	Viscous	77.6±5.4	No Cat	N	N
1－(4－氯苯基)－3－(3,4－二氯苯基)脲	101－20－2	芳香杂环卤化物;芳香卤化物;脲衍生物	S	106.7±5.3	No Cat	N	N
2,2′－亚甲基－双－(6－(2H－苯并三唑－2－基)－4－(1,1,3,3－四甲基丁基)－苯酚)	103597－45－1	烷烃支链季碳;稠合碳环芳烃;稠合饱和杂环;前体醌型化合物;叔丁基	S	102.7±13.4	No Cat	N	N

缩写:CASRN＝化学文摘服务注册号;UN GHS＝联合国全球化学品统一分类和标签制度(1);VRM＝验证参考方法,即 EpiOcular™ EIT。

1 根据 OECD Toolbox 3.1 嵌套分析分配的有机官能团。

2 基于欧洲 ECVAM/化妆品欧洲眼睛刺激性验证研究(EIVS)获得的结果。

3 基于体内兔眼试验(OECD TG 405)和使用 UN GHS(1)的结果。

4 分类为 2A 或 2B 取决于联合国 GHS 标准的解释,以区分这两个类别,即 3 个动物中的 1 个与3 个动物中的 2 个,在第7 天具有产生 2A 类分类所必需的效应。体内研究包括 3 只动物。除一只动物的角膜浑浊之外的所有终点在第7 天或更早的时间恢复到零分。在第 7 天没有完全恢复的一只动物的角膜混浊度评分为 1(在第 7 天),并在第 9 天完全恢复。

(陈志杰　秦瑶　潘芳　程树军)

第五节 细胞短期暴露试验

Section 5 Short time exposure in vitro test method

一、基本原理

细胞短期暴露试验是一种体外细胞毒性试验,利用体外培养的兔眼角膜细胞(SIRC)作为眼刺激的靶器官,将受试物干预细胞5min,然后去除。MTT法测定细胞毒性,通过细胞活性变化判断受试物的眼刺激性。

二、实验系统

(一)细胞

SIRC细胞

(二)试剂耗材

MEM培养基、胎牛血清、胰酶、青霉素和链霉素双抗、谷氨酰胺、磷酸盐缓冲液、MTT、十二环烷基硫酸钠(SLS)、细胞培养瓶、培养板等,均为细胞培养日常用品,见第六章。

(三)仪器

均为常用仪器,见第二章。

生物安全柜、二氧化碳培养箱、恒温水浴锅、倒置显微镜、酶标仪、电子天平、细胞计数仪、离心机、排枪。

三、实验过程

(一)细胞培养

采用MEM培养基,含10% FBS、2mmol/L谷氨酰胺、50IU/mL~100IU/mL青霉素和50μg/mL~100μg/mL链霉素培养,置于37℃,5% CO_2的培养箱中培养,复苏、消化、传代、扩大和冻存等培养操作类似于3T3细胞,见第六章。

(二)受试物处理

用于溶解受试物的溶剂首选生理盐水,若不溶解或溶解度低或不能均匀分散于溶剂中持续5min时,可以选择5% DMSO,最后可选择矿物油。受试物均匀分散于溶剂,终浓度为5%(质量分数),再进一步稀释至0.5%和0.05%,对5%和0.05%两个浓度进行实验。

(三)SIRC STE眼刺激试验

1. 96孔板接种

取稳定生长状态的细胞,调整细胞浓度至1×10^5个/mL,以每孔100μL接种到96孔细胞培养板中(除最外周孔)。在细胞培养板的最外周孔中加入200μL PBS,以减少培养基的蒸发。放入二氧化碳培养箱中常规条件培养。常规培养条件为:温度37℃±1℃,湿度90%±5%,CO_2浓度5.0%±1%。3天后,观察细胞,如果细胞融合达到孔底面积的90%以上,状态良好,可进行下一步实验。

96孔板加样结构图,如图8-11所示:

1	2	3	4	5	6	7	8	9	10	11	12
PBS	PBS	PBS	PBS	PBS	PBS	PBS	PBS	PBS	PBS	PBS	PBS
PBS	B	VC1	C1	C2	C3	C4	C5	C6	NC	PC	PBS
PBS	B	VC1	C1	C2	C3	C4	C5	C6	NC	PC	PBS
PBS	B	VC1	C1	C2	C3	C4	C5	C6	NC	PC	PBS
PBS	B	VC1	C1	C2	C3	C4	C5	C6	NC	PC	PBS
PBS	B	VC1	C1	C2	C3	C4	C5	C6	NC	PC	PBS
PBS	B	VC1	C1	C2	C3	C4	C5	C6	NC	PC	PBS
PBS	PBS	PBS	PBS	PBS	PBS	PBS	PBS	PBS	PBS	PBS	PBS

PBS—磷酸盐缓冲液;
B—空白对照(无受试物,无细胞,加样时以PBS代替);
VC1—溶剂对照(无受试物,有细胞,加样时以溶剂代替);
C1~C6—样品;
NC—阴性对照(含10% FBS的MEM培养基);
PC—阳性对照(0.01% SLS)

图8-11 96孔板加样结构图

2. 样品干预

取出96孔细胞培养板,置于生物安全柜中,弃去培养板中的液体,可用滤纸吸去多余的液体。从第2列开始加样,分别加入PBS(空白对照)、溶剂对照、样品(C1-C6)、阴性对照、阳性对照,每孔100μL,每孔暴露于受试物5min。开始加样的同时立刻计时,尽量保持每两列加样时间间隔的一致。5min后,依次吸去受试物,注意时间的控制,尽可能保证每个受试物对细胞的干预时间都是5min。用PBS清洗两次,每次200μL。

3. 细胞活性测试

清洗完成后,每孔加入200μL MTT(0.5mg MTT/mL)。置于培养箱(37℃,5% CO_2)2h,去除MTT,每孔加入200μL 0.04N盐酸异丙醇,室温避光60min。在酶标仪上测定570nm波长下的吸光度(OD)值。

(四)数据处理

$$细胞活性=\frac{受试物孔\ OD值-空白对照组孔\ OD值}{阴性对照孔\ OD值}$$

四、预测模型

根据上述公式计算出细胞的活性情况,通过活性判断受试物的眼刺激分类情况。

表8-13 STE试验预测模型

细胞活性		UN GHS分类	应用
爱试物(5%)	受试物(0.05%)		
>70%	>70%	无分类	纯净物和混合物,除:1)易挥发物质,蒸汽压>6kPa[1];2)固体物质(纯净物和混合物);3)表面活性剂和仅含表面活性剂的混合物
≤70%	>70%	不能预测	无应用

续表

细胞活性		UN GHS 分类	应用
爱试物(5%)	受试物(0.05%)		
≤70%	≤70%	1 类	纯净物和混合物[2]

[1] 必须评估蒸汽压大于 6kPa 的混合物，避免低估，按实际情况判断。

[2] 基于主要从单一组分物质得到的结果，混合物数据量存在局限性。尽管如此，该实验方法可用于多组分物质和混合物的测试。在将该指南应用于混合物于常规实验时，需考虑是否能用于混合物和原因。

五、适用范围

该实验大体上是对单一组分的物质进行实验，而对混合物和多组分物质的测试存在局限性。另外，该方法不适用于：1）强挥发性物质，蒸汽压超过 6kPa；2）表面活性剂的固体物质和仅含表面活性剂的混合物，采用 STE 试验对这些物质进行实验时存在很高的假阴性率。

六、检测报告

通用报告格式见第一章。

七、能力确认

通过表 8 – 14 中的参考物质及结果展示，要求构建该方法的实验室能够通过检测表 8 – 14 中的物质判断方法建立情况。

表 8 – 14　参考物质及分类

物质	CASRN	化学类别	物理状态	体内 UN GHS Cat.[2]	STE 实验使用的溶剂	STE UN GHS Cat.
苯甲烃铵（10% 水溶液）	8001 – 54 – 5	最高正价化合物	液体	1 类	生理盐水	1 类
聚乙二醇辛基苯基醚（100%）	9002 – 93 – 1	乙醚	液体	1 类	生理盐水	1 类
酸性红 92	18472 – 87 – 2	杂环化合物；溴化合物；氯化合物	固体	1 类	生理盐水	1 类
氢氧化钠	1310 – 73 – 2	碱；无机物	固体	1 类	生理盐水	1 类
丁内酯	96 – 48 – 0	内酯；杂环化合物	液体	2A 类	生理盐水	无预测模型
1 – 正辛醇	111 – 87 – 5	乙醇	液体	2A/B 类	矿物油	无预测模型
环戊醇	96 – 41 – 3	乙醇；碳氢化合物；	液体	2A/B 类	生理盐水	无预测模型
2 – 乙氧基乙酯	111 – 15 – 9	乙醇；乙醚	液体	无分类	生理盐水	无分类
十二烷	112 – 40 – 3	碳氢化合物	液体	无分类	矿物油	无分类
甲基丙烯酸异丁酯	108 – 10 – 1	酮	液体	无分类	矿物油	无分类
二甲基胍硫酸盐	598 – 65 – 2	脒；硫化合物	固体	无分类	生理盐水	无分类

八、拓展应用

(一) 延长暴露时间

暴露时间为 24h ~ 48h 评估眼刺激,发现暴露 5min 比常规的细胞毒性试验暴露的时间结果更优。

(二) 采用中性红摄取测定反应终点

MTT 是基于活细胞的比色试验,使外源性 MTT 还原为水不溶性的蓝紫色结晶甲臜。MTT 反应不仅与线粒体有关,并且与细胞质,内涵体/溶酶体和浆膜有关。而中性红摄取作为反应终点是基于活细胞与溶酶体中活体中性红染料结合有关。两种测试方式结合可更全面的反应角膜细胞的损伤情况。

九、疑难解答

(一) 实验的暴露时间选用 5min 依据是什么?

据研究表明,80% 溶液滴入兔眼之后在 3min ~ 4min 内可通过结膜囊排泄。STE 试验方法尝试接近暴露时间,利用细胞毒性作为反应终点以评价 SIRC 细胞暴露于受试物 5min 后的损伤程度。

(二) STE 实验还有什么用途

STE 实验除了用于法规目的,评估单一组分化学品的眼刺激之外,还广泛用于原料、眼科药品和农药的筛查和检测。如使用短期暴露方法,对眼药水配方浓度或有某一成分的使用浓度进行调整。STE 测试方法还可以与其他方法进行组合,如与 BCOP、EpiOcular 和 HET-CAM 等体外方法组合,提高预测的准确性,提供更全面的检测数据。

(秦瑶 徐嘉婷 陈志杰)

第六节 眼刺激替代方法整合策略

Section 6 Integrated assessment testing approach of eye irritation

一、概述

整合测试策略指南的目的在于建立一种用于化学物潜在严重眼损伤和眼刺激性危害鉴定的测试和整合评估方法(IATA),以提供足够的信息用于 UN GHS 分类和标识。引起眼严重损伤的化学品归类为 1 类(UN GHS Cat. 1),引起眼刺激性的化学品归类为 2 类或 2A 类(UN GHS Cat. 2/2A)。此外,2 类中,如果受试物产生轻微刺激性,且在 7 天内可以完全恢复,可归类为 2B 类。最后,不分类的化学物意思是无法满足 UN GHS 1 类或 2 类(2A 或 2B)的分类要求,将其归类为不分类(No Cat.)。

2002 年,OECD TG 405 体内急性眼刺激性和腐蚀性试验中,补充了一项眼刺激性和腐蚀性的有序测试策略。然而,补充并没有被 OECD 理事会互认数据(MAD),但是,其在如何考虑眼刺激性和腐蚀性的现有数据和组织获得新测试数据上,提供了有价值的参考。2012 年改版后,有序测试和策略要求采用有效且认可的体外或离体测试方法,用于严重眼刺激性(UN GHS Cat. 1)、眼刺激性(UN GHS Cat. 2 或 2A/2B)和不分类(UN GHS No Cat.)的鉴定,而 OECD TG 405 则动物实验只是最后选择,目的是最小化动物使用量。2012 年之后,有许多鉴别受试物严重眼刺激性、眼刺激性和不分类的体外方法获得了认可或修订,例如 OECD TG 437、438、460、491 和 492。此外,还有一些有效的非标准方法(未被 OECD 验证认可的方法)可提供进一步所需的信息,例如 CAMVA 法、HET - CAM 法等,尽管出于法规的考虑,这些方法的稳定性还需要具体分析,但是目前这些方法仍然广泛应用。

建立 IATA 的目的是更加合理科学地利用现有方法鉴别严重眼刺激性、眼刺激性和不分类物质,因此,需要对如何使用、组合和获取数据做出指导和进行更新。已经被认可的皮肤腐蚀性和刺激性 IATA 导则 203 文件,为其他毒性终点的 IATA 策略的提出和使用提供了经验。2015 年 WNT 批准了一项计划,由美国和欧盟共同开发一套眼损伤和刺激性 IATA 指南。IATA 由清晰描述和表征的"模块"组成,每个模块包含一个或多个相似类型的单独信息来源。在 IATA 中,描述了每个模块的优势、局限性、潜在作用和贡献及其组成,目的在于极大程度最小化动物使用量,同时保障人类健康。

二、严重眼损伤和刺激性 IATA 的组成

根据所提供信息的类型,IATA 将每个不同的信息来源划分为"模块"。鉴定严重眼损伤和眼刺激性危害的 IATA 中必备有 9 个模块,可以分为 3 个主要部分,见表 8－15。每个模块中的每条信息来源以相同的方式进行描述,包括其适用性、局限性和性能特征等。

指导严重眼损伤和眼刺激性评估的三部分分别是:第一部分为现有数据和非测试数据,第二部分为 WoE 分析,第三部分为新测试。IATA 第一部分中,模块 1－6 为来自文献和数据库以及其他可靠来源的现有和可用信息,模块 7 和 8 包括理化性质(包括已知的、检测的或估计的 pH 值等)和其他非测试数据,如用于化学物的(Q)SAR、交叉参照、分类和专家系统以及用于混合物的过渡性原则和可加性理论。第二部分包括模块 9WoE 分析方法。如果 WoE 分析无法鉴定严重眼损伤和眼刺激性,那么需要实施第三部分,即优先采用体外方法进行重新测试,而动物实验作为最后的选择。

严重眼损伤和眼刺激性 IATA 的纲要见表 8－15,重点关注的是分类和标识(C&L)。简单来说,采用 WoE 方法对第一部分所收集的现有和非测试数据进行评估。如果 WoE 可以得出结论,那么可以得到 C&L 决策。如果无法获得结论,WoE 需要对所有可用信息形成一个最有可能的分类,如 UN GHS Cat. 1、2A、2B 或 No Cat. ,用于指导后续试验的顺序,是采用自上而下法(top-down)还是自下而上法(bottom-up)。

表 8－15 IATA 的组成和模块

组成*	模块
第一部分 (现有信息,理化特性和非测试方法)	模块 1. 严重眼损伤和眼刺激性的现有人体数据 模块 2. 皮肤腐蚀性现有数据(人体、体内和体外) 模块 3. 严重眼损伤和眼刺激性的体内动物数据(OECD TG 405) 模块 4. 严重眼损伤和眼刺激性的其他体内动物数据(LVET) 模块 5. 严重眼损伤和眼刺激性的体外数据 a)OECD TG 437 的 BCOP 方法 b)OECD TG 438 的 ICE 方法 c)OECD TG 491 的 STE 方法 d)OECD TG 492 的 RhCE 方法 e)OECD TG 460 的 FL 方法 模块 6. 严重眼损伤和眼刺激性的其他体外数据 a)组织病理学作为附加体外终点 b)OECD 现有工作计划内的体外方法 c)互补作用机制的体外方法(如持续效应和血管系统) d)用于包括 UN GHS Cat. 2 分类,鉴定眼危害性完整范围的体外方法 e)其他先进的体外方法 模块 7. 理化性质(已知的,检测的或估计的 pH 值等) 模块 8. 非测试方法 a)对于化学物:(Q)SAR、专家系统、分类和交叉比对 b)对于混合物:过渡性原则和可加性理论

续表

组成*	模块
第二部分(WoE 分析)	模块 9. WoE 方法阶段和元素
第三部分 (新测试)	模块 5. 鉴定严重眼损伤和眼刺激性的体外方法 模块 6. 鉴定严重眼损伤和眼刺激性的其他体外方法 模块 3. 急性眼损伤和眼刺激性的体内动物实验(OECD TG 405)
*当 3 部分最为顺序组成时,第一部分的模块 1 到 8 的顺序可以适当调整。	

该结构由 3 部分组成,图 8－12 描述的 9 个模块提供的信息可用于形成 IATA。理想情况下,IATA 应当是普遍适用的,并且可以确保人类安全,同时可以最大化应用现有数据、提高资源效率并最小化甚至消除动物实验的需要。

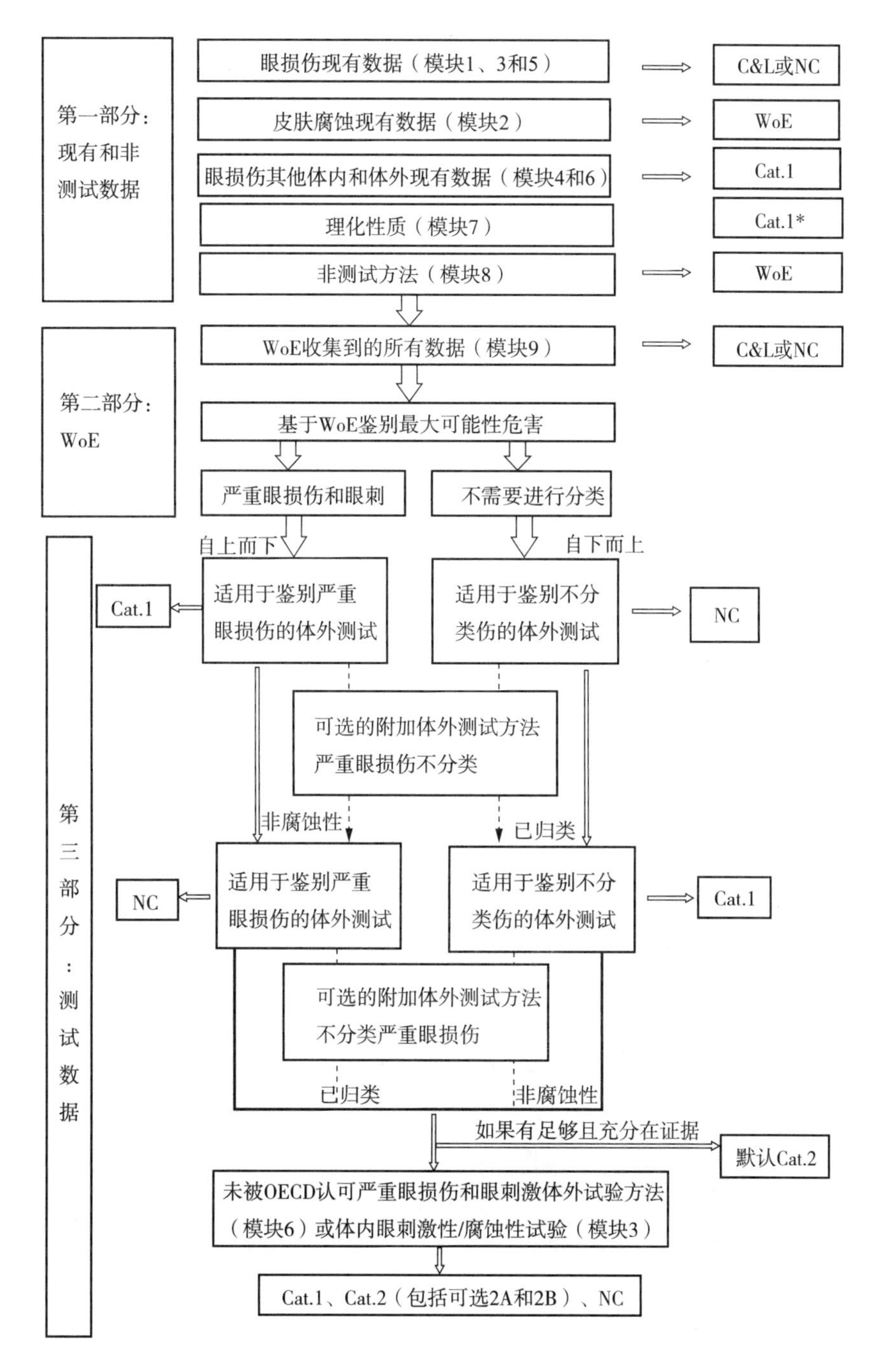

图 8－12　IATA 详细流程:适用于严重眼损伤和眼刺激性

*对于混合物监管,可加性原则的应用可以分类为 Cat. 2。

三个部分是一个有序整体,第一部分的模块 1 到 8 的顺序应当合理使用。在一个模块或几个模块的信息无法被其他信息补充的情况,有助于在不考虑下一个模块的条件下,对潜在眼危害性做出结论。模块 1 到 6 的现有信息通过综合文献和数据库检索获得。如欧洲 C&L 目录管理(European C&L Inventory)和 REACH 框架下的化学品注册网站。模块 1 和 3 - 6 直接与眼危害性相关,模块 2 需要对体外皮肤腐蚀性数据进行检索,这些数据可以影响受试物的最终分类。

在现有信息(第一部分的模块 1 到 6)无法对潜在严重眼损伤和眼刺激性得到明确结论时,应当考虑其相关理化信息和获得新的非测试数据,如化学品的(Q)SAR、交叉参照以及混合物的桥连原则、可加性原则。如果无法从数据库获得或者估计存在可疑的情况下,应当检测其 pH 值和酸碱度,以及其他理化性质参数。关于模块 8,OECD QSAR Toolbox 是一个好起始工具,可利用这些数据用于类似物(对于交叉参照)的鉴别,可以获得目标化学物和类似物的初步数据(理化和毒理),并且最后用机制和其他方式对这些化学物进行表征,包括结构改变对化学物的严重眼损伤和刺激性的影响。Toolbox 鉴别出的类似物,通过重复上述文献和数据库的方式可对现有数据进一步分析。如果一个物质有多个(Q)SAR 模型的数据可用,且数据不一致,可考虑其无助于产生新的(Q)SAR 预测,但应当仔细考虑在各个模型适用范围内如何产生良好的预测。即使没有进行(Q)SAR 分析,(Q)SAR 产生的信息可能足以支持现有数据并作出 C&L 结论。

在 WoE 分析(模块 9)中,根据对每个数据元素的质量、相关性、范围(严重眼刺激性、眼刺激性和不分类)和关联的不确定性进行的描述,决定是否将现有数据纳入或排除。当"合格"的数据一致时,WoE 可以对相关终点或足够的信息形成结论,并且不需要进一步测试。另外一方面,"不合格"的数据被排除或搁置后,仍没有足够的信息补充或与其他数据不一致或相反时,WoE 将决定是否需要进一步测试(第三部分),并且根据要求,指出需要何种实验以填补数据缺口。

WoE 评估需要透明地解释并记录,以便通过逻辑流程获得决策/结论。同时 WoE 方法意味着需要根据实际具体情况,对每个可用信息进行权重。IATA 包含的模块顺序并不等同于其重要性的先后,例如基于相关物种或生物学和机械学方面的考虑。而且,相对优先权重只是指导性原则,具体使用时还取决于个案中每个数据的质量。一般而言,当数据质量相等时,从数据监管认可的角度,模块中相对优先的权重可如下描述:

(1) 可靠的现有人体数据(模块 1)可作为最高的权重。

(2) 体内兔子严重眼损伤和刺激性数据(模块 3)和体外严重眼损伤和刺激性数据(模块 5 和 4)作为同等权重考虑。对体内方法的固有特征进行批判性评价是非常重要的(如不确定性、变异性和分类的依据),特别是当考虑与体外数据进行比较时。

(3) 非标准化体内眼损伤和刺激性数据(模块 4)、其他体外眼毒性数据(模块 6)、理化性质(模块 7)和非测试方法(模块 8)通常权重比较小。

基于第一部分的部分信息,即从模块 1 到 8,在某些情况下可以做出简单和初步的 WoE,再考虑给出分组逐步研判:

(1) 如果已知被评估的化学物具有极端 pH 值(结合混合物的高缓冲能力)(模块 7),可以将该化学物定为严重眼损伤(Cat. 1),而不需要检索其他现有信息(模块 1 到 6)。

(2) 如果具有高质量的人体数据(模块 1),并且没有可用的动物或体外眼损伤数据时(模块 2 到 6),或者有动物或体外数据且与人体结果一致时,则没有必要进行模块 7 到 9 的评估。

(3) 如果有充足质量的体内严重眼损伤或眼刺激性数据(模块 3)时,没有必要进行模块 2 和 4 到 8 的评估。

(4) 如果有可靠的体外数据提示严重眼损伤或不分类时,不需要进行模块 6 到 8 的评估。

(5) 如果有类似物的眼损伤资料,并且可以得出说服力的交叉参照(模块 8)时,无需进行模块 6 和 7 的评估。

在实施进一步严重眼损伤和眼刺激性确认试验时,强烈推荐:1)考虑现有可用的实验数据和;2)尽可能采用动物实验替代方法获得新数据,如体外方法、QSAR 模型、分组和交叉参照。现有数据的评估是避免不必要动物测试的关键步骤。在数据允许的情况下，也是判断严重眼损伤和眼刺激性最快速，最廉价的方法。

IATA 可适用于化学品和混合物评估，对于混合物，IATA 内的每条来源的信息都有不同数量和适用性可以使用，其整体适用性取决于所评估的特定个案。实际上，对于测试或非测试眼损伤效应，混合物的数据可用于所有模块，如模块 1 和模块 3 到 8。

对模块 1 到 8（表 8－12）的每个资料来源的特征，按下面进行描述：

（1）监管用途（UN GHS 分类）；

（2）验证和法规认可状态；

（3）描述和定义；

（4）科学依据包括作用方式（MoA）；

（5）可用的方案；

（6）应用领域和局限性；

（7）预测能力，用敏感性、特异性和准确性；

（8）可靠性，用实验室内和实验室间再现性表示；

（9）优势缺点；

（10）在 IATA 中所起的作用。

三、测试策略中整合体外测试

（一）自上而下法和自下而上法

对于法规认可的体内动物试验（Draize 兔眼试验，OECD TG 405），单个体外方法无法完全覆盖其损伤和炎症的判断标准。因此，推荐采用测试策略，强化每个体外实验方法以满足眼刺激分级或化学物分类的要求。

——自上而下法：以准确鉴别 1 类化学物的体外方法作为开始。

——自下而上法：以准确鉴别不分类化学物的体外方法作为开始。

所有可用的信息和 WoE 评估应当用于对受试物潜在眼危害性形成一种最大可能性的假设，包括 UN GHS 分类 1 和无分类。该假设和指导决策的法规背景应当指导后续测试方法的选择和应用。当所有收集到的可用数据和 WoE 评估得到受试物最有可能为严重眼损伤时，应当采用自上而下法。相反，当所有收集到的可用数据和 WoE 评估得到受试物最有可能性为不分类时，应当采用自下而上法。当 WoE 评估提示受试物可能为眼刺激性时，推荐采用自上而下法，由于可能存在一小部分的可能性把 UN GHS 分类为 2 的物质低估为无分类。后续体外测试的实施将取决于上一个测试的结果，测试策略见图 8－13。

测试的选择，包括模块 5 中提到的体外实验方法（OECD TGs 437、438、460、491 和 492）以及未被 OECD 认可的体外方法（模块 6），后者可用于鉴别严重眼损伤（1 类）或不分类。一般来说，当充分考虑 OECD 认可体外方法的局限性和应用范围，在不考虑作为起始点的时候，这些试验可以对潜在眼危害性通过提供充分的信息。

现有已认可的体外方法（OECD TGs 437、438、460、491 和 492）适用于化学品和混合物。本章前几节已经对指南 437、438、491 和 492 化学品和混合物测试经过了科学的评估。混合物测试的例子包括农药、洗涤和清洁产品、抗菌和清洁产品、化妆品和个人护理品、抗菌产品、表面活性剂混合物、石油产品及其他混合物。只有 TG 460 方法只能用于化学品，但其也考虑适用于混合物。如有证据表明该指南方法不适用于某些混合物、化学物和/或理化性质的特定分类，那么该指南就不应用于此特定分类物质的测试。

表 8－16 总结了已认可试验方法的适用范围和性能，当使用已认可的体外试验方法时，针对特定目的和受试物，关键在于选取最合适的 OECD 指南。其中，适用范围起到非常重要的作用。此外，由认可或未认可试验方法提供关于机制方面的问题也需要考虑，应明确了解这些机制如何体现体内试

验所出现的反应。现有已认可试验方法并不能直接解决某些机制上的问题，例如可逆性反应、感觉属性、退色和血管反应。对于每个个案，在第一个体外测试方法实施后，用户可能会考虑实施第二个体外方法，以获得测试策略中该层的补充性数据。例如，在自上而下法中，第一层是关于 UN GHS Cat. 1 的鉴别，采用已认可的方法测试之后，可以采用第二选择的试验方法，如可逆性反应或补充适用范围。除了已认可的体外试验，这些附加的可选体外实验方法代表了附加体外方法和终点。

表 8-16 眼刺激替代方法的特征

方法	BCOP	ICE	STE	RhCE	FL	HET-CAM
模拟损伤部位	角膜	角膜	角膜	角膜	角膜	结膜
评估终点	角膜混浊、肿胀和渗透性，组织学检查	角膜混浊、肿胀及荧光素滞留、肉眼和组织学检查	细胞活力(%)	组织活性(%)或 ET_{50}	被测物浓度引起 20% 的荧光素漏出(FL_{20})	有或无血管反应
适用范围	单一物质和混合物	单一物质和混合物	单一物质，多组分物质和混合物可以溶解或均一悬液至少 5min	单一物质或混合物	水可溶物或混合物	单一物质和混合物
鉴别 UN GHS 1 类物质						
局限性	—酒精和酮风险预测偏高 —固体风险预测偏低	—酒精风险预测偏高 —固体和表面活性剂风险预测偏低	未见报道	不适用	强酸和碱，细胞固定剂，高挥发性测试化学品	有色和黏稠的测试化学品，悬浮在液体中的具有沉淀倾向的固体化学品
精确性	79%(150/191)	86%(120/140)	83%(104/125)		77%(117/151)	85%(17/20)
假阳性率	25%(32/126)	6%(7/113)	1%(1/86)		7%(7/103)	17%(3/18)
假阴性率	14%(9/65)	48%(13/27)	51%(20/39)		56%(27/48)	0(0/2)
鉴别 UN GHS 无类别物质						
适用性	单一物质和混合物	单一物质和混合物	单一物质，多组分物质和混合物可以溶解或均一悬液至少 5min	单一物质或混合物	不适用	未见报道
局限性	由于高假阳性率，BCOP 不应该作为自下而上开始方法的第一选择方法	—防污有机溶剂的涂料可能预测偏低 —对于产生 GHS NC 结果的固体材料，推荐进行第二次测试	—高挥发性物质，蒸气压>6kPa —表面活性剂以外的固体物质和混合物 —仅表面活性剂的混合物 —含有蒸气压>6kPa 的物质的混合物可能会出现预测偏低	测试干扰 MTT 测量的化学品(存在颜色干扰或 MTT 的减少)需要使用适当的控制		
精确率	69%(135/196)	82%(125/152)	90%(92/102)	80%(n=112)		
假阳性率	69%(61/89)	33%(26/79)	19%(9/48)	37%(n=55)		
假阴性率	0%(0/107)	1%(1/73)	2%(1/54)	4%(n=57)		

注：①表面活性剂；②除表面活性剂以外的可溶性化合物；③固体和黏性液体

目前已报道有多个使用测试策略的例子。特别是对于抗菌和清洁产品,美国 EPA 推荐使用测试方法对眼睛危害性进行分类和标识。该策略是针对体内数据要求的一种替代方法,应用了 BCOP、EpiOcular 和细胞传感器微生理仪(CytosensorMicrophysiometer)试验方法(US EPA 2015),使用决策树进行。此外,相比 STE 单个试验方法来说,对于大多数受试物,利用体外自上而下测试策略,组合 BCOP、STE、EpiOcular 和 HET-CAM 试验方法可以对受试物进行更好的预测。最后,还有报道组合 BCOP 和 EpiOcular,使用自上而下法和自下而上法策略对农药配方进行预测。

通常认为,采用自上而下法和自下而上法,主要的问题在于预测刺激性的中间分类(如 UN GHS 2 或 2A 和 2B)。在上述测试策略的一层内,可选的第二体外方法的使用有助于提高此分类的预测。如果在基于前面的体外方法所得的结果无法归类为 Cat. 1 或 No Cat. 的情况下,在适当的应用领域和监管目录内组合并应用时,通过体外试验方法统计模拟的性能要求,可以用 WoE 法获得一个默认 UN GHS 2 分类。

最后,IATA 中在考虑了第一部分所有的现有信息,并且对受试物诱导或不诱导严重眼损伤和眼刺激性进行了第三部分的体外方法后,体内 Draize 兔眼试验应作为最后的选择。尤其是,体内动物试验只有在下列三种情况下才可以考虑实施,1)体外方法不将受试物归类为 Cat. 1 和 No Cat. 的情况下;2)由于局限性或不适用性,现有已认可的 OECD 方法无法对受试物进行测试的情况下;3)试验方法未被 OECD 认可,且由于监管需要,对分类和标示无法提供充分足够的信息时。

(二)测试策略的统计模型

自上而下法和自下而上法都可用于 UN GHS Cat. 1 或 No Cat. 的可靠预测。使用者可以通过评估所有可用数据,估计这些极端分类的先验概率进行方法的选择。尽管目前没有认可的测试方法可以可靠地鉴别眼刺激可逆性反应(UN GHS Cat. 2),但是对于具有充分良好预测性能的自上而下法或自下而上法,对于无法预测的化学物,可以归类为 UN GHS Cat. 2。可以采用统计模型对这些可能的选项进行分析。

IATA 模型要求覆盖从 UN GHS No Cat. 到 Cat. 1 的整个反应谱,因此,整个建模过程增加了第三分类。此外,可以通过以下几个假设对模型简化:

(1)所有组合试验,受试物在其应用领域之内。

(2)在不进行 2A 和 2B 亚分类情况下,考虑 UN GHS Cat. 2。

(3)假定组合的试验方法有条件地独立。

假定化学物落在每个试验方法的适用领域之内,这是合理选择首个试验方法的必要条件。

有条件的独立性假设是一种最好的案例分析情况,应对各个试验方法详细分析,以量化其依赖性或独立程度。例如,在 TG 439 下,已证明 2 个试验方法高度条件性依赖,在强调两个试验方法等同性的同时,也应注意在策略中,组合两个相似且高度条件性依赖的试验方法并不会提高整体预测性能。然而,在可用 TG 试验方法或其他试验方法的大量公开的数据库中,只有很少重叠的化学集,其不具有可靠的依赖性或独立性估计。化学集中,一旦有可用的实质上重叠的合适数据集时,这里提出的假设可以用各自的量化参数进行替代。一般来说,生物学上差异越大,包括测量终点的多样性,可以假定其条件性依赖越高。如果要转化到机制上的解释,试验方法应通过解决导致眼损伤的不同事件或从分类的出发点进行互相补充。例如,对于检测严重眼损伤器官型模型,提出采用可评估可逆性/持久性效应的试验方法进行组合,如 BCOP 或 ICE。

影响测试策略性能的关键决定性因素是健康效应的先验信息与其转化为预期结果的估计值。因此,可以使用不同水平的信息:特定化学信息,如皮肤刺激试验研究,从化学分类推断的信息或大数据库中健康效应的流行情况。由于专家的学识通常是一个关键的组成部分,提炼先验信息到概率不存在统一的过程。对于单个化学物,一个定性的评估足以确定方法(自上而下 vs 自下而上)的选择。然而,对于测试策略建模,为理解错误分类的严重性(将 Cat. 1 归类为 Cat. 2 或 No Cat.),要求提供三类

UN GHS 的先验分布与其在整个试验中的变动，为得到整个策略明确的预测性能，要求提供在不同策略步骤中试验方法的预测性能。例如，我们假定 10% Cat. 1、15% Cat. 2 和 75% No Cat. 作为先验分布，在这种情况下具有明显的差异的非一致的信息对于每个类别的均匀先验分布为 33.3% 。

第三部分新测试中，自上而下法和自下而上法最多包含 4 个试验。每个试验的预测能力可以通过 3 个参数表征。对用于鉴别 Cat. 1 的试验，其敏感性，即正确鉴别 Cat. 1 化学物的可能性，特异性 No Cat. ，即将 No Cat. 归类为 Cat. 1 的可能性，和特异性 Cat. 2，即将 Cat. 2 归类为 Cat. 1 的可能性。同样的，对于鉴别 No Cat. 的试验，其特异性，即正确鉴别 No Cat. 化学物的可能性，敏感性 Cat · 1，即将 Cat. 1 归类为 No Cat. 的可能性，和敏感性 Cat. 2，即将 Cat. 2 归类为 No Cat. 的可能性。

举一个证明自上而下法预测性能的例子。图 8 – 13 展现的是可能结果的决策树和每次测试后的下一步骤。第一步，Test 1A 用于鉴别 Cat. 1。如果得不到结论（图中"?"所示），那么在鉴别 No Cat.（TEST 2A）之前，可以实施第二个鉴别 Cat. 1 的测试（Test 1B），其主要关注纳入 Cat. 1 分类的不同机制。也可以直接采用 TEST2A 进行测试。非 No Cat. 结果可以通过另一个测试（TEST 2B）进行鉴别或者直接考虑归类为 Cat. 2。每个考虑分类的试验结果应当为"TRUE"或者"FALSE"。Cat. 1 出现的假阳性结果包括了 Cat. 2 和 No Cat. ，而 No Cat. 出现假阴性结果则包含 Cat. 2 或 Cat. 1。

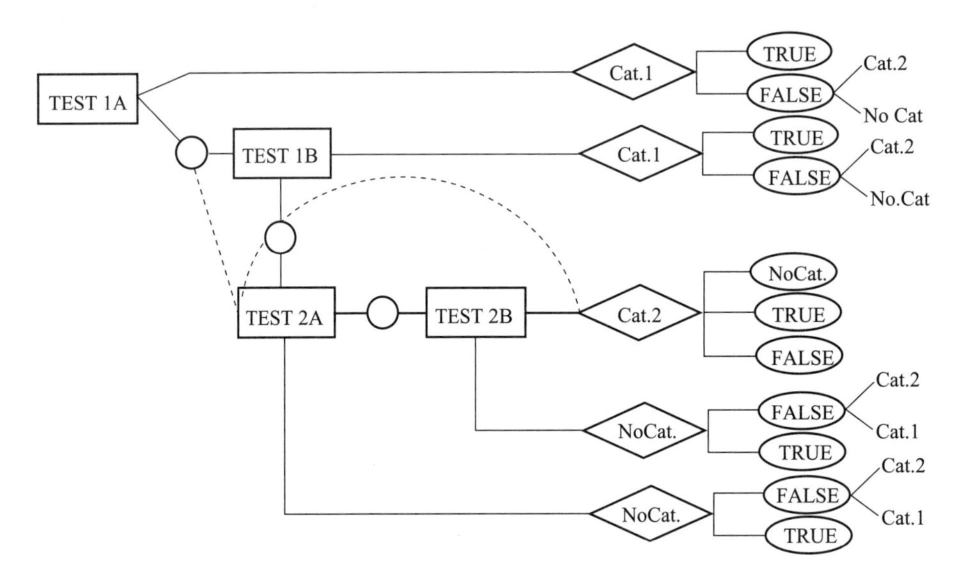

图 8 – 13　4 个试验自上而下法的测试和决策流程图。

"?"指无法做出决定。虚线指代减少测试而做出的替代决策。

对于由 4 个试验组成的策略，测试 A 和 B 的参数设定为敏感性 0.65，特异性 no Cat. 为 0.95，特异性 Cat. 2 为 0.90。测试 2A 和 2B 的特异性 0.60，敏感性 Cat. 1 为 0.98，敏感性 Cat. 2 为 0.95。对于先验概率的贡献上面有介绍，通过 3 × 3 列联表概率分析得出一致性为 0.776（表 8 – 14）。将 Cat. 1 错误归类为 No Cat. 的概率为 0.001。刺激性被低估的概率为 0.0236。相反，被高估的概率则高达 0.21。对于只需要 2 或 3 个测试的自下而上法，也可以相应计算出来。

为获得先验概率，4 个试验组成自上而下法的预测结果，见 3 × 3 列联表（见表 8 – 17）。

表 8 – 17　4 个整合试验预测结果

4 个试验自上而下法的结果	参考结果			Σ
	No Cat.	Cat. 2	Cat. 1	
No Cat.	0.5686	0.0118	0.0005	0.5809
Cat. 2	0.1083	0.1097	0.0118	0.2297
Cat. 1	0.0731	0.0285	0.0878	0.1894
Σ	0.7500	0.1500	0.1000	1

尽管该模型可以评估分类先验概率对分类产生的影响,以及每个试验预测参数对策略预测性能的影响,可以扩展到反应多个其他因素对任何选中方法的性能的潜在影响。通过修改预测模型的阈值,可以在特定目的下优化策略的性能,包括试验的再现性、参考结果和估计的试验条件依赖性。

(程树军 黄健聪 秦瑶 管娜)

参考文献

[1] 陈彧,喻欢,程树军,谈伟君,秦瑶.结合组织学评分的牛角膜浑浊和渗透性方法研究,日用化学品工业,2016,46(2):106-110.

[2] 程树军,焦红.实验动物替代方法原理与应用,科学出版社,2010,282~309.

[3] 程树军,刘超,马来记.REACH法规下化学品眼刺激性评价的分层组合测试策略,中国卫生检验杂志,2012,22(4):923-925.

[4] SN/T 2329—2009 化妆品眼刺激性腐蚀性的鸡胚绒毛尿囊膜实验

[5] 黄健聪,秦瑶,程树军,等.牛角膜浑浊渗透实验方法预测眼刺激性的研究.中国卫生检验杂志,2014,24(14):1980—1983.

[6] 秦瑶,程树军,黄健聪,等.整合CAMVA和BCOP方法检测化妆品的眼刺激性.中国比较医学杂志,2014,24(6):78-82.

[7] Alépée N, Leblanc V, Adriaens E, et al. Multi-laboratory validation of SkinEthic HCE test method for testing serious eye damage/eye irritation using liquid chemicals. Toxicol In Vitro. 2015, e-pub ahead of print.

[8] Alépée N, Barroso J, De Smedt A, et al. Use of HPLC/UPLC-Spectrophotometry for Detection of Formazan in In Vitro Reconstructed Human Tissue (RhT)-Based Test Methods Employing the MTT-Reduction Assay to Expand their Applicability to Strongly Coloured Test Chemicals. Toxicol In Vitro, 2015. 29(4). Pp 741-61.

[9] Bartok M, Gabel D, Zorn-Kruppa M, Engelke M. Development of an in vitro ocular test system for the prediction of all three GHS categories. Toxicol In Vitro, 2015, 29, 72-80.

[10] Cazelle E, Eskes C, Hermann M, et al. Suitability of histopathology as an additional endpoint to the isolated chicken eye test for classification of non-extreme pH detergent and cleaning products. Toxicology In Vitro, 2014, 28, 657-666.

[11] Donahue DA, Kaufman LE, Avalos J, et al. Survey of ocular irritation predictive capacity using Chorioallantoic Membrane Vascular Assay (CAMVA) and Bovine Corneal Opacity and Permeability (BCOP) test historical data for 319 personal care products over fourteen years. Toxicol In Vitro, 2011, 25(2): 563-572.

[12] ECVAM Invittox protocol No. 96, 2007: Hen's egg test on the chorioallantoic membrane (HET-CAM)

[13] EPA BRD-Final Report. Background Review Document of an In Vitro Approach for EPA Toxicity Labeling of Anti-Microbial Cleaning Products: EPA Toxicity Labeling Background Review Document. USA: EPA, 2009.

[14] Eskes C, Hoffmann S, Facchini D, et al. Validation Study on the Ocular Irritection® Assay for Eye Irritation Testing. Toxicology In vitro, 2014, 28, 1046-1065.

[15] EURL-ECVAM. Recommendation on the Use of theEpiOcular™ Eye Irritation Test (EIT) for Identifying Chemicals not Requiring Classification and Labelling for Serious Eye Damage/Eye Irritation Ac-

cording to UN GHS,2014.

[16] Furukawa M,Sakakibara T,Itoh K,et al. Histopathological evaluation of the ocular-irritation potential of shampoos,make-up removers and cleansing foams in the bovine corneal opacity and permeability assay. J. Toxicol. Pathol,2015,28,243 -248.

[17] Hayashi K,Mori T,Abo T,et al. A tiered approach combining the short time exposure (STE) test and the bovine corneal opacity and permeability (BCOP) assay for predicting eye irritation potential of chemicals. J. Toxicol. Sci,2012a,37,269 - 280.

[18] Hayashi K,Mori T,Abo T,et al. Two-stage bottom-up tiered approach combining several alternatives for identification of eye irritation potential of chemicals including insoluble or volatile substances. Toxicol. In Vitro,2012b,26,1199—1208.

[19] ICCVAM Test Method Evaluation Report: Current Validation Status of In Vitro Test Methods Proposed for Identifying Eye Injury Hazard Potential of Chemicals and Products. ICCVAM 2010,NIH Publication No. 10 -7553.

[20] ICCVAM Test Method Evaluation Report Appendix G(2006): ICCVAM Recommended HET-CAM Test Method Protocol.

[21] Katarzyna W,Malgorzata K,Marek M,et al. Characterization of new eye drops with choline salicylate and assessment of their irritancy by in vitro short time exposure tests. Saudi Pharmaceutical Journal, 2015,23:407 -412.

[22] Kaluzhny Y,Kandárová H,Handa Y,et al. EpiOcular™ Eye Irritation Test (EIT) for Hazard Identification and Labeling of Eye Irritating Chemicals: Protocol Optimization for Solid Materials and Extended Shipment Times. Altern Lab Anim,2014,3(2),101 -27.

[23] Kojima H,et al. Second-Phase Validation of Short Time Exposure Tests for Assessment of Eye Irritation Potency of Chemicals. *Toxicol. In Vitro*,2013,27,1855—1869.

[24] Kolle S. N,Moreno,M. C. R,Mayer,W,et al. The EpiOcular™ Eye Irritation Test is the Method of Choice for In Vitro Eye Irritation Testing of Agrochemical Formulations: Correlation Analysis of EpiOcular™ Eye Irritation Test and BCOP Test Data to UN GHS,US EPA and Brazil ANIVSA Classifications. ATLA, 2015,43,1 -18.

[25] OECD. Series on Testing and Assessment No. 160. Guidance Document on "The Bovine Corneal Opacity and Permeability(BCOP) and Isolated Chicken Eye(ICE) Test Methods: Collection of Tissues for Histological Evaluation and Collection of Data on Non-Severe Irritants. OECD,Paris. Available at: http://www. oecd. org/env/testguidelines,2011.

[26] OECD. Guidelines for Testing of Chemicals No. 460. Fluorescein Leakage Test Method for Identifying Ocular Corrosives and Severe Irritants. Organisation for Economic Co-operation and Development,Paris. Available at: http://www. oecd. org/env/testguidelines,2012b.

[27] OECD. Guidelines for Testing of Chemicals No. 437. Bovine Corneal Opacity and Permeability Test Method for Identifying i) Chemicals Inducing Serious Eye Damage. Organisation for Economic Cooperation and Development,Paris. Available at: http://www. oecd. org/env/testguidelines,2013a.

[28] OECD. Series on Testing and Assessment No. 203: Guidance Document on Integrated Approaches to Testing and Assessment of Skin Irritation/Corrosion. Organisation for Economic Co-operation and Development,Paris. Available at: http://www. oecd. org/env/testguidelines,2014.

[29] OECD. Guideline for the Testing of Chemicals No. 437. eye irritation/corrosion. Series on Testing and Assessment. OECD 2013,No. 189,OECD,Paris.

[30] OECD. Guideline for the Testing of Chemicals No. 491. Short Time Exposure In Vitro Test Method

for Identifying i) Chemicals Inducing Serious Eye Damage and ii) Chemicals Not Requiring Classification for Eye Irritation or Serious Eye Damage. OECD, Paris, France. Available at: http://www. oecd. org/env/testguidelines,2015a.

[31] OECD. Guideline for the Testing of Chemicals No. 492. Reconstructed human Cornea-like Epithelium (RhCE) test method for identifying chemicals not requiring classification and labelling for eye irritation or serious eye damage. OECD Guideline for the Testing of Chemicals, Paris, France. Available at: http://www. oecd. org/env/testguidelines,2015b.

[32] Saito K, Miyazawa M, Nukada Y, et al. Predictive performance of the Short Time Exposure test for identifying eye irritation potential of chemical mixtures. Toxicol In Vitro,2015,29,617 - 20.

[33] Scott L, Eskes C, Hoffmann S, et al. A proposed eye irritation testing strategy to reduce and replace in vivo studies using Bottom-Up and Top-Down approaches. Toxicol. in Vitro,2010,24:1 - 9.

[34] Solimeo R, Zhang J, Kim M, et al. Predicting Chemical Ocular Toxicity Using a Combinatorial QSAR Approach. Chem Res Toxicol,2012,25,2763 - 2769.

[35] Spielmann H et al. IRAG working group 2. CAM-based assays. Interagency Regulatory Alternatives Group. FoodChem Toxicol. 1997,35:39 - 66.

[36] Takahashi Y, Hayashi K, Abo T, et al. The short time exposure(STE) test for predicting eye irritation potential: intra-laboratory reproducibility and correspondence to globally harmonized system(GHS) and EU eye irritation classification for 109 chemicals. Toxicol,2011,25(7):1425 - 1434.

[37] US EPA. Use of an alternate testing framework for classification of eye irritation potential of EPA pesticide products. Office of Pesticide Programs, US Environmental Protection Agency, Washington DC,2015, 20460,3 - 2 - 2015.

[38] Verma R. P, Matthews E. J. Estimation of the chemical-induced eye injury using a weight-of-evidence(WoE) battery of 21 artificial neural network (ANN) c-QSAR models(QSAR - 21): part I: irritation potential. Regul Toxicol Pharmacol,2015a,71,318 - 330.

[39] Verma R. P, Matthews E. J. Estimation of the chemical-induced eye injury using a Weight-of-Evidence (WoE) battery of 21 artificial neural network (ANN) c-QSAR models (QSAR - 21): part II: corrosion potential. Regul Toxicol Pharmacol,2015b,71,331 - 336.

第九章　皮肤致敏测试替代方法

Chapter 9　Alternative methods on skin sensitization testing

第一节　直接多肽反应实验

Section 1　Direct peptide reactivity assay

一、基本原理

直接多肽反应实验(direct peptide reactivity assay,DPRA)是针对皮肤致敏有害结局通路(adverse outcome pathway,AOP)中的分子起始事件开发的一种体外化学分析方法,AOP的概念及其应用可参见本书第四章。

在皮肤致敏的发生过程中,化学物质与皮肤组织蛋白质的结合是一个关键步骤。大多数化学致敏原(半抗原)都是亲电性的,能与氨基酸的亲核中心发生结合反应。直接多肽反应实验通过受试物与特征多肽共孵育,采用HPLC分析反应液中多肽的损耗,以评估受试物的肽反应性。通过方法建立的预测模型,评估化学物质是否可能为皮肤致敏原。

DPRA的实验数据与其他非动物实验数据(如计算机模拟、化学分析、体外实验)相组合,在整合测试和评估方法(Integrated Approach on Testing and Assessment,IATA)的背景下可对化学物质的皮肤致敏性进行预测。

二、实验系统

(一)测试系统

半胱氨酸多肽(cysteine):Ac-RFAACAA-COOH,MW = 751.9,纯度90% ~95%,赖氨酸多肽(lysine):Ac-RFAAKAA-COOH,MW = 776.2,纯度90% ~95%,结构如图9-1所示。

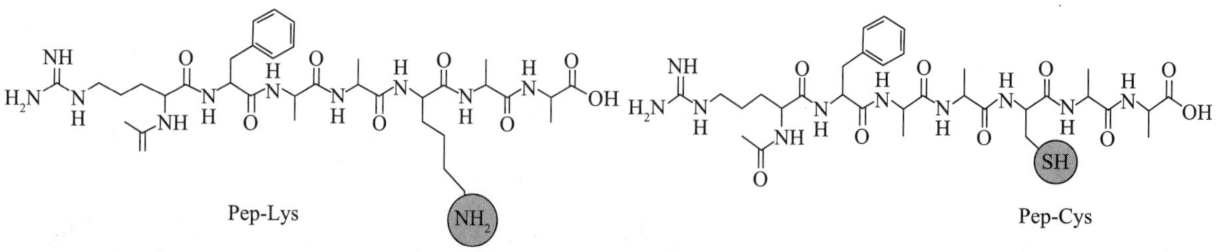

Pep-Lys　Pep-Cys

图9-1　合成多肽结构示意图

（二）受试物与对照

阳性对照：肉桂醛：93%。

（三）试剂与耗材

1. 试剂

三氟乙酸、一水合磷酸二氢钠、七水合磷酸氢二钠、乙酸铵、氨水。

2. 耗材

自动进样瓶、4mL 玻璃瓶。

（四）仪器与设备

色谱柱：Zorbax SB-C18 2.1mm × 100mm × 3.5micron micron Part#861753 – 902 或：Phenomenex Luna C18(2) 2.0mm × 100mm × 3micron particle Part#00D – 4Z51 – 30。

保护柱：Phenomenex Security Guard C18 4mm × 2mm Part#AJO-4286 高效液相色谱仪：Waters Alliance 2695，Agilent。

分析天平、pH 计。

三、实验过程

（一）试剂配制

100mmol/L 一元磷酸钠：将 13.8g 磷酸二氢钠溶于纯水，稀释到 1L，冷藏。

100mmol/L 二元磷酸钠：将 26.8g 磷酸氢二钠溶于纯水，稀释到 1L，冷藏。

100mmol/L 磷酸盐缓冲液（pH = 7.5）：18mL0.1mol/L 磷酸二氢钠与 82mL0.1mol/L 磷酸氢二钠混合。用磷酸二氢钠或磷酸氢二钠调 pH 值至 7.5 左右。

100mmol/L 乙酸铵缓冲液（pH = 10.2）：1.542g 乙酸铵溶于 200mL 纯水，加氨水调 pH 值至 10.2（pH 计校准值 7 和 10），新鲜配制或者 2 周内用完。

HPLC 流动相 A（0.45μm/0.22μm 过滤器过滤）：1.0mL 三氟乙酸加入 1LHPLC 水。

HPLC 流动相 B（0.45μm/0.22μm 过滤器过滤）：850μL 三氟乙酸加入 1LHPLC 乙腈。

（二）样品（阳性对照）处理

1. 溶解度的评估

（1）溶剂首选乙腈，但不是所有物质在乙腈中都有足够的溶解度（实验需要配制 100mmol/L 溶液）。若样品不溶于乙腈，可尝试以下选择：

（2）溶于水，酸酐类物质可与水反应，故水不适合做此类物质的溶剂。

（3）若样品不溶于乙腈或水，尝试 1∶1 的水和乙腈混合液。

（4）若样品不溶于乙腈与水的组合，尝试异丙醇。

（5）若以上均不溶，尝试丙酮，或 1∶1 的丙酮∶乙腈混合液。

（6）若以上均不溶，尝试溶于 300uL 二甲基亚砜后用 2700μL 乙腈稀释，或者尝试溶于 1500μL 二甲基亚砜后用 1500μL 乙腈稀释。

若样品不完全溶解，可采用超声处理（1min 或少于 1min）。

2. 样品称量

根据以下公式，计算样品量，置于 4mL 玻璃瓶，配制 3.0mL100mmol/L 样品（及对照）溶液。

$$3\text{mL} \times \frac{1\text{L}}{1000\text{mL}} \times \frac{100\text{mmol}}{\text{L}} \times \text{相对分子质量}\left(\frac{\text{mg}}{\text{mmol}}\right) \times \frac{100}{\text{纯度}(\%)} = \frac{\text{相对分子质量}}{\text{纯度}(\%)} \times 30 = \text{受试物重量}(\text{mg})$$

实验应包含以下对照:

阳性对照:肉桂醛(溶于乙腈)。

空白对照:使用溶解该被试物的溶剂。

(三) 多肽处理

1. 多肽称量

半胱氨酸多肽 Ac-RFAACAA-COOH:0.667mmol/L,0.501mg/mL,实验需要大约800μl/平行样。

赖氨酸多肽 Ac-RFAAKAA-COOH:0.667mM,0.518mg/mL,实验需要大约800μl/平行样。

2. 配制多肽原液(现用现配)

(1) 半胱氨酸多肽:加入适量的pH7.5的磷酸盐缓冲液配制0.667mmol/L的半胱氨酸溶液。

$$\text{pH7.5 磷酸盐缓冲液(mL)} = \frac{\text{半胱氨酸多肽(mg)}}{0.501\text{mg/mL}}$$

(2) 赖氨酸多肽:加入适量的pH10.2的乙酸铵缓冲液配制0.667mmol/L的赖氨酸溶液。

$$\text{pH10.2 乙酸铵缓冲液(mL)} = \frac{\text{赖氨酸多肽(mg)}}{0.518\text{mg/mL}}$$

对每一个新的批次的多肽,应配制少量约0.5mg/mL的溶液进行HPLC分析,以确认色谱图与之前的批次相近。

(四) 标准品处理

(1) 将8mL缓冲液(半胱氨酸多肽反应体系使用pH7.5磷酸盐缓冲液,赖氨酸多肽反应体系则使用pH10.2乙酸铵缓冲液)与2mL乙腈混匀,配制10mL稀释缓冲液。

(2) 用400μL乙腈稀释1600μl多肽原液,配制标准品1。

(3) 用1mL稀释缓冲液稀释1.0mL标准品1,并连续倍比稀释,则可得到标准品2~标准品6。各浓度如表9-1所示。

表9-1 多肽标准品稀释浓度 单位:mmol/L

标准品1	标准品2	标准品3	标准品4	标准品5	标准品6	空白(稀释缓冲液)
0.534	0.267	0.1335	0.0667	0.0334	0.0167	0.000

(五) 液相实验过程

(1) 按下表9-2加样于1mL自动进样瓶,轻轻混匀,并记录样品加入多肽的时间。样品和对照均为三个平行样。盖紧,混匀后置于HPLC自动进样器,25℃暗处孵育24h。

表9-2 DPRA加样表

1:10比例,半胱氨酸多肽 0.5mmol/L多肽,5mmol/L样品	1:50比例,赖氨酸多肽 0.5mmol/L多肽,25mmol/L样品
750μL半胱氨酸多肽溶液(或共洗脱的pH7.5磷酸盐缓冲液) 200μL乙腈 50μL样品(或空白对照溶剂)	750μL赖氨酸多肽溶液(或共洗脱的pH10.2乙酸铵溶液) 250μL样品(或空白对照溶剂)

(2)30℃等度平衡色谱柱2h(50%A、50%B),在分析样品前梯度洗脱至少两次。按照表9-3设置HPLC条件。按表9-4实验分析顺序表进样。

表 9-3 HPLC 的设置条件

色谱柱	Zorbax SB-C18 2.1mm×100mm×3.5micron 或:Phenomenex Luna C_{18}(2) 2.0mm×100mm×3micron			
柱温	30℃			
样品温度	25℃			
检测器	光电二极管阵列检测器(220nm 和 258nm)/固定波长检测器(220nm)			
进样量	~7μL			
运行时间	20min			
梯度洗脱条件	时间	流量	A/%	B/%
	0min	0.35mL/min	90	10
	10min	0.35mL/min	75	25
	11min	0.35mL/min	10	90
	13min	0.35mL/min	10	90
	13.5min	0.35mL/min	90	10
	20min	结束		

表 9-4 实验分析顺序

标准品 1 标准品 2 标准品 3 标准品 4 标准品 5 标准品 6 空白(稀释缓冲液) 空白对照 A,平行样 1 空白对照 A,平行样 2 空白对照 A,平行样 3	校准标准和空白对照 A: 验证样品配制的精确度及 HPLC 的稳定性 标准品曲线应达到 $R^2>0.990$ 空白对照 A 的平均肽浓度 =0.50+/-0.05mmol/L
共洗脱对照 1 共洗脱对照 2 共洗脱对照 3 …	共洗脱对照:验证受试物是否与多肽发生共洗脱
空白对照 B,平行样 1 空白对照 B,平行样 2 空白对照 B,平行样 3	空白对照 B:验证整个分析阶段空白对照组的稳定性
空白对照 C,平行样 1 肉桂醛,平行样 1 样品 1,平行样 1 样品 2,平行样 1 样品 3,平行样 1 …	第一组平行样
空白对照 C,平行样 2 肉桂醛,平行样 2 样品 1,平行样 2 样品 2,平行样 2 样品 3,平行样 2 …	第二组平行样

续表

空白对照C,平行样3 肉桂醛,平行样3 样品1,平行样3 样品2,平行样3 样品3,平行样3 …	第三组平行样
空白对照B,平行样4 空白对照B,平行样5 空白对照B,平行样6	空白对照B

备注:空白对照A:只加多肽,不加受试物;验证HPLC的稳定性。
空白对照B:只加多肽,不加受试物;验证整个分析阶段空白对照组的稳定性。
空白对照C:只加多肽,不加受试物;验证溶剂对多肽消耗百分率有无影响。
共洗脱对照:只加受试物,不加多肽;验证受试物是否与多肽发生共洗脱。

(3)关闭系统

用50% A +50% B在低速(通常为0.05mL/min)下运行,将柱温降至25℃。如果系统要闲置一周以上,将色谱柱用乙腈(不含三氟乙酸)保存,从HPLC上取下盖紧,室温保存。用1∶1体积比的乙腈∶水或甲醇∶水清冲洗系统中含有酸的流动相。

(六) 数据处理

结合和未结合肽色谱图见图9-2,计算标准品、样品和对照品的峰面积,根据峰面积计算多肽消耗的百分率。

$$多肽消耗百分率=\left[1-\left(\frac{平行样多肽峰面积}{空白对照C多肽峰面积均值}\right)\right]\times 100$$

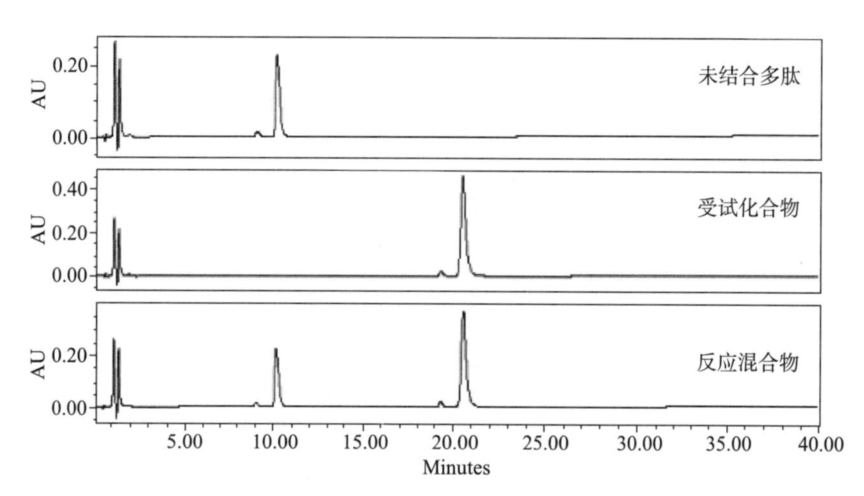

图9-2 结合和未结合肽色谱图

四、预测模型

(一) 预测模型

计算样品多肽消耗百分率的均值,根据分类树的方法进行判断,依据多肽的消耗量多少对被试物的肽反应性进行判定和分级。

(1) 如果与半胱氨酸和赖氨酸均无共洗脱,则用半胱氨酸1∶10/赖氨酸1∶50预测模型,如表9-5所示。

表 9－5 半胱氨酸 1∶10/赖氨酸 1∶50 预测模型

半胱氨酸与赖氨酸消耗率均值/%	反应程度	DPRA 预测
0% ≤消耗率均值≤6.38%	无/轻微反应	非致敏物
6.38% <消耗率均值≤22.62%	低反应	致敏物
22.62% <消耗率均值≤42.47%	中度反应	
42.47% <消耗率均值≤100%	高反应	

（2）若样品仅与赖氨酸多肽有共洗脱，则采用半胱氨酸 1∶10 预测模型，如表 9－6 所示。

表 9－6 半胱氨酸 1∶10 预测模型

半胱氨酸消耗率均值/%	反应程度	DPRA 预测
0% ≤半胱氨酸消耗率≤13.89%	无/轻微反应	非致敏物
13.89% <半胱氨酸消耗率≤23.09%	低反应	致敏物
23.09% <半胱氨酸消耗率≤98.24%	中度反应	
98.24% <半胱氨酸消耗率≤100%	高反应	

（二）验证与认可

该方法已经通过了 ECVAM 的验证。2015 年 DPRA 已经成为 OECDTG442C 方法。

五、适用范围

（一）适用范围

DPRA 适用于检测多种具有不同功能团、反应机理、致敏潜能和不同理化性质的化合物。目前的 DPRA 模型的验证是基于单一化合物的，可能不适用于混合物或终产品的测试。

（二）局限性

DPRA 方法的局限性主要来自以下几个方面：

（1）缺少代谢活化系统：DPRA 对需要非生物活化（如自氧化）或生物代谢活化后才能发挥致敏潜能的半抗原不能完全有效地检出。

（2）溶解性：一部分被试物无法溶于实验体系中的溶剂，或达不到 100mmol/L 的浓度。对于达不到 100mmol/L 的物质，可以使用较低的浓度进行实验，这样对结果预测会产生一定影响（详见“九”疑难解答）。

（3）HPLC 体系的干扰：某些被试物（如染料）会干扰 HPLC 分析，或与多肽发生共洗脱。

（4）不适用于金属化合物：金属化合物能与蛋白质反应，故不适用于该实验。

（5）对复杂混合物的测试未经验证：DPRA 的预测模型是根据固定的被试物与多肽的摩尔比例。因而对复杂的混合物而言，其中每一种成分可能都达不到实验模型中的浓度。

过氧化物肽反应性分析（Peroxidase Peptide Reactivity Assay，PPRA）方法可解决以上的部分局限性问题。详见“拓展应用”部分。

六、实验报告

（一）单成分物质、阳性及溶剂

（1）化学品/物质名称（IUPACorCAS），CAS 编号，SMILES 或 InChI 编码，结构式，其他标识符；

(2) 物理状态,水溶性,相对分子质量,其他理化性质;
(3) 纯度,杂质的化学特性,可行性;
(4) 预处理(如:加热、研磨);
(5) 实验浓度;
(6) 储藏条件及稳定性范围;
(7) 参照阳性对照结果描述适合标准的程序;
(8) 使用的溶剂,组分的比率;
(9) 每种样品选择的溶剂的调整;
(10) 乙腈对多肽稳定性影响的结果。

(二) 多肽制备,阳性对照和样品

(1) 多肽溶液的特性(供应商、批次、多肽实际重量、配制储备液的体积);
(2) 阳性对照的特性(阳性物质的实际重量、加入到样品溶液中的体积);
(3) 样品溶液的特性(样品的实际重量、加入到样品溶液的体积)。

(三) HPLC 设备设置及分析

(1) HPLC 设备的型号,HPLC 色谱柱和保护柱,检测器,自动进样器;
(2) HPLC 分析的参数,如色谱柱柱温、进样量、流量、梯度。

(四) 系统稳定性

(1) 标准品和空白对照 A 在 220nm 的多肽峰面积;
(2) 线性曲线图及 r^2;
(3) 空白对照 A 的多肽浓度;
(4) 空白对照 A 多肽浓度的均值,标准差及变异系数;
(5) 空白对照 A 和空白对照 C 的多肽浓度。

(五) 分析序列

1. 对于空白对照

(1) B 和 C 在 220nm 的多肽峰面积;
(2) 在乙腈中 9 组空白对照 B 和 C 在 220nm 的多肽峰面积的均值、标准差和变异系数(超过分析时间的稳定性);
(3) 每种溶剂中空白对照 C 在 220nm 多肽峰面积均值(用于计算多肽消耗百分率);
(4) 每种溶剂中空白对照 C 的多肽浓度(mmol/L);
(5) 每种溶剂中空白对照 C 的多肽浓度均值、标准差和变异系数。

2. 对于阳性对照

(1) 每个平行样在 220nm 的多肽峰面积;
(2) 每个平行样多肽消耗百分率;
(3) 3 个平行样多肽消耗百分率均值、标准差和变异系数。

3. 对于每个样品

(1) 孵育终点时是否出现沉淀,若有沉淀,则重新溶解或是离心;
(2) 共洗脱;
(3) 描述观察的其他现象;
(4) 每个平行样在 220nm 的多肽峰面积;
(5) 每个平行样的多肽消耗百分率;

（6）3 个平行样多肽消耗百分率的均值、标准差和变异系数；
（7）半胱氨酸多肽、赖氨酸多肽消耗均值；
（8）使用的预测模型和 DPRA 预测结果。

（六）结果和讨论

若有其他相关的资料，在 IATA 背景下讨论实验结果。

七、能力确认

研究和检测实验室建立 DPRA 的能力应完成表 9－7 所列参考物质，其测试结果应在表中所列结果的范围内（应参见表 9－7）。

表 9－7　用于能力确认的参考物质及其测试结果

化学品	CAS 编号	物理状态	体内分类[1]	DPRA 分类[2]	半胱氨酸多肽消耗范围/%[3]	赖氨酸多肽消耗范围/%[3]
2,4－Dinitrochlorobenzene 2,4－二硝基氯苯	97－00－7	固体	致敏物（极度）	阳性	90－100	15－45
Oxazolone 恶唑酮	15646－46－5	固体	致敏物（极度）	阳性	60－80	10－55
Formaldehyde 甲醛	50－00－0	液体	致敏物（强）	阳性	30－60	0－24
Benzylideneacetone 亚苄基丙酮	122－57－6	固体	致敏物（中度）	阳性	80－100	0－7
Farnesal 法呢醛	19317－11－4	液体	致敏物（轻度）	阳性	15－55	0－25
2,3－Butanedione 2,3－丁二酮	431－03－8	液体	致敏物（轻度）	阳性	60－100	10－45
1－Butanol1－正丁醇	71－36－3	液体	非致敏物	阴性	0－7	0－5.5
6－Methylcoumarin 6－甲基香豆素	92－48－8	固体	非致敏物	阴性	0－7	0－5.5
LacticAcid 乳酸	50－21－5	液体	非致敏物	阴性	0－7	0－5.5
4－Methoxyacetophenone 4－甲氧基苯乙酮	100－06－1	固体	非致敏物	阴性	0－7	0－5.5

*该表引用自 OECD TG 442C
[1]体内致敏危害及潜能的分类基于 LLNA 数据。体内致敏潜能根据 ECETOC 提出的分类原则进行。
[2]DPRA 的预测应在 IATA 框架下考虑。
[3]多肽消耗范围至少基于 6 个独立实验室的 10 个数值得出。

八、拓展应用

（一）过氧化物酶肽反应实验

一些致敏物质并不会与多肽直接发生反应，它们需要经过自氧化或者代谢活化反应形成亲电子中间体获得反应活性才能与多肽产生反应。正因为 DPRA 测试系统不具备代谢活化的功能，所以它经常无法检测前半抗原。过氧化物酶肽反应性分析（Peroxidase Peptide Reactivity Assay，PPRA）将过氧化物酶和过氧化氢引入肽反应的测试系统，随后前半抗原能够在活化过程后再进行检测，以提高原有 DPRA 测试系统的精确性。

另外，PPRA 能够使用质谱分析法解决一些化学物质的分析，而这些物质可能在 DPRA 中会由于

HPLC 的检测局限而导致无法进行致敏性判断。

（二）整合策略

考虑到皮肤致敏的复杂机理，DPRA 的数据应与其他信息组合，应用综合分析策略进行分析，例如权重分析法（Weight of Evidence，WoE）或整合测试策略（Integrated Testing Strategies，ITS）。这些其他信息可来自阐述皮肤致敏中其他关键事件的实验，以及如交叉参照（read across）等的非动物实验数据（OECD 2012）。数据整合的方法已有许多文献参考，根据目的可选择不同的方法。其中简单的如3 选 2 方法，可用于危害识别；又如较为复杂的贝叶斯网络模型，可用于致敏潜能分级等。

九、疑难解答

（一）若受试物与半胱氨酸共洗脱，或是受试物与赖氨酸和半胱氨酸都有相同的保留时间，应该怎么处理？

如果与半胱氨酸发生共洗脱，得出的实验数据是无效的，这样的物质不适用于 DPRA 检测。

（二）为什么采用光电二极管阵列检测器时还要观察 258nm 的色谱峰，并且计算 220/258 的面积比率？

220/258 峰面积比率可用于鉴别受试物与多肽的共洗脱。DPRA 测试中所有的样品（包括对照和受试物）应有稳定的 220/258 峰面积比率。如果某一样品的比率与其他样品不同，则很可能发生了共洗脱。这一判断方法在 HPLC 检测器为固定波长时格外有用。需要注意的一点是：多肽在 258nm 的峰面积比 220nm 的峰面积明显要小，在多肽消耗较高时，这可能会导致比率计算困难。

（三）若样品检测在 24h 之前或者 30h 之后，实验结果会有什么影响？

24h 孵育可确保多肽与受试物充分反应。过早开始检测可能导致反应不完全，结果不准确。样品分析应在 24 ± 2h 内开始，以保证结果的一致性。并且，HPLC 分析应在 30h 内完成。如时间过长，少量的多肽可能会开始从溶液中析出。实验设计中的空白对照 B 组就是用于确认整个分析过程中多肽稳定性的。

（四）如果受试物无法达到 100mmol/L 的溶解浓度，对实验结果有何影响？

DPRA 的预测模型是基于特定的受试物初始浓度以及特定的被试物：多肽的摩尔比例上总结出的（即半胱氨酸 1∶10/赖氨酸 1∶50）。在实验验证阶段，没有对其他浓度和比例做过相应的数据和验证，所以预测模型暂不适用于其他条件。如果受试物不能配制成 100mmol/L 溶液，仍然可以进行 DPRA 实验，但未必能对肽反应性做出准确预测。

（五）可以用 DPRA 方法分析混合物或终产品吗，特别是植物原材料？

DPRA 方法对复杂混合物的应用未经过验证，目前可参考的文献数据资料也比较有限。DPRA 的预测模型是基于特定的初始浓度及被试物：多肽的摩尔比例上的（参见问题四），对复杂的混合物而言（如植物原材料可含有上百种化学物质，其中每种成分的具体含量也往往不清楚），即使混合物的浓度达到了 100mmol/L 甚至更高，其中每一种成分可能都达不到实验模型中的浓度或比例，因而无法用模型对肽反应性进行准确预测。

（六）有时配制好的受试物溶液，在加入磷酸盐或乙酸铵缓冲液时会析出。这种情况为什么会发生？对实验结果有影响吗？

在水中溶解度极低的物质可能在加缓冲液后立即析出。对于这种情况，肽反应性可能被低估，因为受试物没有在足够的浓度下与多肽孵育足够长的时间。另有一种情况是，受试物在 24h 孵育时间的后期逐渐析出，如果是这种情况，对最终实验结果的影响则小一些。因为在 DPRA 实验的开发过程中，我们发现多肽与受试物的反应主要在前几小时内完成。

（七）为什么不推荐使用 DMSO 作为溶剂？

在有其他推荐溶剂可选择时，尽量不要使用 DMSO。因为 DMSO 会与半胱氨酸多肽反应，导致对照组也有一定程度的半胱氨酸多肽消耗,有时这种效应会十分明显,这将大大降低实验的动态范围。

(八) 为什么乙酸铵缓冲液的保质期只有2周?

因为在实验室中曾发现,配制过久的乙酸铵缓冲液会导致肉桂醛的色谱图产生许多额外的峰,造成结果分析困难。

(Petra Kern 高原 Leslie Foertsch Frank Gerberick Cindy Ryan 柯逸晖 王滢 陈田 徐嘉婷)

第二节 h-CLAT皮肤致敏试验

Section 2 Human cell line activation test(h-CLAT)

一、基本原理

皮肤致敏的诱导阶段,朗格汉斯细胞(LC)起着呈递和修饰抗原、启动免疫反应的作用。当LC捕获抗原后,分化、成熟和迁移至局部淋巴结,将抗原传递给T细胞,促发T细胞的增殖。在这个过程中,LC活化成熟,表现为Ⅱ型组织相容性复合物(MHC Ⅱ)、共刺激分子(CD86、CD54、CD80和CD40)表达上调。细胞表面标志CD86、CD54和CD40以及炎性因子TNF-α和IL-8能够在诱导后的THP-1细胞中或培养液中检测到。人细胞系活化试验(Human cell line activation test,h-CLAT),利用与LC功能类似的细胞—人急性单核细胞(THP-1细胞)建立检测方法,通过细胞表面特征标志物CD54和CD86的改变可对物质可能的致敏性进行预测。

二、实验系统

(一) THP-1细胞测试系统

人急性单核细胞白血病细胞(THP-1),ATCC TIB-202。细胞呈悬浮培养,形态如图9-3。THP-1细胞正常生长状态下的情况,细胞密度适中,部分呈现集中生长,表明细胞处于分裂时期,无过多碎片或折光差异较大的细胞基团。

采用含25mmol/LHEPES、0.05mmol/Lβ-巯基乙醇、10%胎牛血清和1%青霉素/链霉素的RPMI-1640培养基,于5% CO_2,37℃细胞培养箱常规培养。

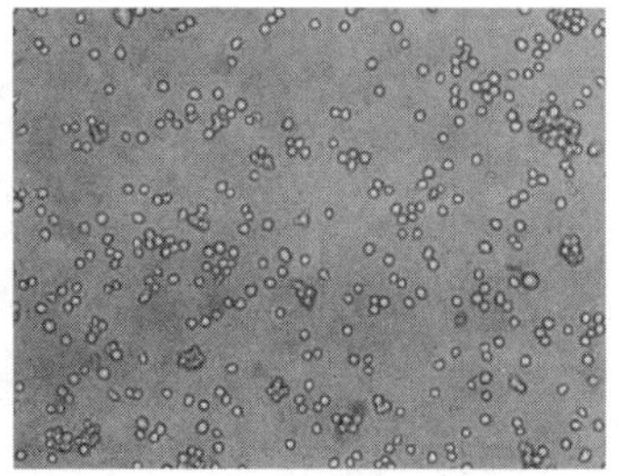

图9-3 THP-1细胞形态(第五代,左图:40×;右图:100×)

(二) 受试物与对照

(1) 阳性对照:2,4-二硝基氯苯(DNCB)。

(2) 阴性对照/溶剂对照:乳酸(LA)/二甲基亚砜(DMSO)。

(3) 培养基对照:含10% FBS的RPMI1640培养基。

(4) 空白对照:磷酸盐缓冲液(PBS)。

（三）试剂与耗材

试剂

RPMI1640 培养基、胎牛血清（FBS）、β－巯基乙醇、4－羟乙基哌嗪乙磺酸（HEPES）、校准珠、牛血清白蛋白（BSA）、球蛋白阻断剂、7－氨基放线菌素 D（7AAD）、青霉素、链霉素。

抗体类物质：

（1）FITC 标记的小鼠单克隆 CD86 抗体。

（2）PE 标记的小鼠单克隆 CD54 抗体。

（3）FITC 标记的小鼠 IgG1。

（4）PE 标记的小鼠 IgG1。

（四）仪器与设备

全波长酶标仪、流式细胞仪、超纯水仪、二氧化碳培养箱、高压灭菌锅、电热恒温水浴槽、生物安全柜、振荡器、离心机、高速离心机、相差倒置显微镜、移液枪（1000μL、200μL、20μL、10μL）、烘箱、生物显微镜及照相系统、细胞计数仪。

三、实验过程

（一）实验溶液配制

含 10% FBS 的 RPMI1640 细胞培养液：0.05mmol/Lβ－巯基乙醇，0.11g 丙酮酸钠，2.38gHEPES，2g$NaHCO_2$，RPMI1640 粉末一包（10.4g），共同溶于 1L 超纯水中。过滤除菌，加入 100U/L 青霉素和 100U/L 链霉素，分装。4℃存储。

PBS 的配制：1L 超纯水中溶解 NaCl8.0g，$NaHPO_4 \cdot 12H_2O$ 3.58g，KCl0.2g，KH_2PO_4 0.24g，高压蒸汽灭菌 1h，4℃储存。

MTT 的配制：MTT 储备液浓度为 5mg/mL。使用 0.22μm 的针头滤器过滤除菌，－20℃存储。

受试物储备液配制：使用 DMSO 作为溶剂的受试物，配制 500mg/mL 的受试物储备液，不同物质根据实验需要再行稀释或配制。使用生理盐水作为溶剂的受试物，配制 100mg/mL 的受试物储备液，再根据实验需求进行后续稀释和配制。

（二）实验方法

1. THP－1 细胞培养及质控

常规培养 THP－1 细胞，保持细胞悬浮状态，一次复苏的细胞最多使用 2 个月，不能超过 30 次传代。细胞密度宜维持在 $1 \sim 0.8 \times 10^5$ 个/mL。至少 1 个星期通过离心去除残留废弃物并且计数，3 个星期为一周期更换新培养瓶进行传代，常规换液传代为 2d～3d 进行一次。

细胞倍增时间监测：为了获得可靠实验数据，确定培养的细胞特性非常必要。新复苏和传代次数较多的细胞，需要进行倍增时间周期的监测。通常接种 2×10^5 个/mL 密度细胞于 24 孔细胞培养板中，37℃，5% CO_2 和 95% 湿度的培养条件下，分别记录第 24h、48h 和 72h 的细胞数量，利用下列公式计算细胞的倍增时间：

$$倍增时间 = 24 \times \frac{\log_{10}(2)}{\log_{10}(conc_{high}) - \log_{10}(conc_{low})}$$

每一次测试至少需要 3 组平行。如果细胞的倍增时间没有达到上述范围，可以使用新的细胞，并对培养箱和培养条件进行进一步确认。

2. 受试化学物质储备液配制

受试物的溶解体系主要为 DMSO 和生理盐水，受试物配制前根据其理化特性选择合适的溶解体系。

尝试溶解化学物质于生理盐水中。例如：添加 0.1g 的化学物质于 1mL 生理盐水中，也可以把 RPMI1640 培养基作为溶解体系进行尝试。

如果化学物可溶于生理盐水或 RPMI1640 培养基中，可将储备液配制浓度设置为 100mg/mL。

如果不能溶于生理盐水或 RPMI1640 培养基中，尝试将受试物溶解于 DMSO 中，终浓度为 500mg/mL。

如果化学物质在 DMSO 中的溶解度不能达到 500mg/mL，就以其最高溶解度作为储备液，通常配制比例为 1∶2，即：500mg/mL、250mg/mL 和 125mg/mL，如果需要可以继续降低。最小设置浓度为 1mg/mL。

生理盐水一般作为表面活性剂的溶解体系。如果该物质溶解度不能达到 100mg/mL，同样可以按照配制比例为 1∶2 降低储备液浓度，即：50mg/mL、25mg/mL 和 12.5mg/mL，如果需要可以继续降低。最小设置浓度为 1mg/mL。

化学物在溶解体系中的溶解可以借助超声波助溶，如有必要，可以采用除上述两种溶解体系以外的溶剂，但是需要事先进行细胞毒性剂量和致敏潜力的测试，不能使用毒性较强和有致敏作用的物质作为溶剂。

3. MTT 法细胞毒性检测

通过 MTT 法检测细胞毒性，确定受试物对于 THP-1 细胞的毒性情况，进而确定细胞 75% 活率时的受试物浓度，在此浓度下再进行 CD86 和 CD54 的皮肤致敏潜力测试。

PBS	PBS	PBS	PBS	PBS	PBS	PBS	PBS	PBS	PBS	PBS	PBS
PBS	NC	浓度 1	浓度 2	浓度 3	浓度 4	浓度 5	浓度 6	浓度 7	浓度 8	NC	PBS
PBS	NC	浓度 1	浓度 2	浓度 3	浓度 4	浓度 5	浓度 6	浓度 7	浓度 8	NC	PBS
PBS	NC	浓度 1	浓度 2	浓度 3	浓度 4	浓度 5	浓度 6	浓度 7	浓度 8	NC	PBS
PBS	NC	浓度 1	浓度 2	浓度 3	浓度 4	浓度 5	浓度 6	浓度 7	浓度 8	NC	PBS
PBS	NC	浓度 1	浓度 2	浓度 3	浓度 4	浓度 5	浓度 6	浓度 7	浓度 8	NC	PBS
PBS	NC	浓度 1	浓度 2	浓度 3	浓度 4	浓度 5	浓度 6	浓度 7	浓度 8	NC	PBS
PBS	PBS	PBS	PBS	PBS	PBS	PBS	PBS	PBS	PBS	PBS	PBS

图 9-4 MTT 法检测细胞毒性培养板分布

MTT 法检测细胞毒性通常使用 96 孔板，各孔分布如图 9-4 所示。

细胞铺板：将预先培养的 THP-1 细胞离心和去上清，用无血清新鲜培养基重悬细胞，浓度为 1×10^6 个/mL，吸取 100uL 上述重悬液接种至 96 孔细胞培养板中待暴露。

受试物暴露：将受试物储备液稀释 500 倍为添加时的浓度，一个浓度 6 组平行孔，每孔添加 100μL 受试物，终浓度为储备液的 1000 倍。例如：500mg/mL 的受试物，配制成 1mg/mL 的添加浓度，随后加入含有细胞的培养板中的终浓度为 500μg/mL。每种受试物测试 8 个浓度，每个浓度相差的倍数为 2。即：最高浓度（HSC）、HSC/2、$HSC/2^2$、$HSC/2^3$、$HSC/2^4$、$HSC/2^5$、$HSC/2^6$、$HSC/2^7$。置于培养箱中孵育 24h。

MTT 实验：将作用 24h 后的培养板从培养箱中取出，每孔加入 40μLMTT 溶液，避光，于培养箱中孵育 4h。随后将配制好的三联液（10% SLS + 5% 异丁醇 + 0.012mol/L 盐酸）以每孔 100uL 加入 96 孔细胞培养板中，孵育 18h ~ 20h。随后将培养板于酶标仪上读数，波长为 570nm。

加液总体积 = 100 细胞悬液 + 100 受试物 + 40MTT + 100 三联液 = 340 总体积，超过 96 孔板的最大容量(270),请注意调整实验体系。

细胞活性计算:

$$细胞活性=\frac{受试物孔\ OD\ 值-空白对照孔\ OD\ 值}{阴性对照孔\ OD\ 值}$$

4. 流式细胞术检测细胞毒性

通过流式细胞法检测细胞毒性,可能更准确地确定受试物对于 THP-1 细胞的毒性情况,进而确定细胞 75% 活率时的受试物浓度,在此浓度下再进行 CD86 和 CD54 的皮肤致敏潜力测试。

样品 A 最高浓度(HSC)	HSC/2	$HSC/2^2$	$HSC/2^3$	$HSC/2^4$	$HSC/2^5$
$HSC/2^6$	$HSC/2^7$	medium	medium	medium	medium
样品 B 最高浓度(HSC)	HSC/2	$HSC/2^2$	$HSC/2^3$	$HSC/2^4$	$HSC/2^5$
$HSC/2^6$	$HSC/2^7$	DMSO	DMSO	DMSO	DMSO

图 9-5 流式细胞法检测细胞毒性培养板分布

流式细胞法检测细胞毒性通常使用 24 孔板,各孔分布如图 9-5。

细胞铺板:将预先培养的 THP-1 细胞离心和去上清,用无血清新鲜培养基重悬细胞,浓度为 2×10^6 个/mL,吸取 500μL 上述重悬液接种至 24 孔细胞培养板。

受试物暴露:将受试物储备液稀释 500 倍为添加时的浓度,一种物质至少需要重复 3 实验,每孔添加 500μL 受试物,终浓度为储备液的 1000 倍。例如:500mg/mL 的受试物,配制成 1mg/mL 的添加浓度,随后加入含有细胞的培养板中的终浓度为 500μg/mL。每种受试物测试 8 个浓度,每个浓度相差的倍数为 2。即:最高浓度(HSC)、HSC/2、$HSC/2^2$、$HSC/2^3$、$HSC/2^4$、$HSC/2^5$、$HSC/2^6$、$HSC/2^7$。置于培养箱中孵育 24h。

流式细胞测定:测试前应对流式细胞仪进行校准和使用蛋白阻断剂对细胞的表面抗原进行非特异性阻断。

收集暴露细胞:将每种受试物作用下的细胞,从 24 孔细胞培养板中分别移入对应的 1mLEP 管中,离心沉淀细胞,并用 FACS 缓冲液(PBS+0.1% 的 BSA)清洗一次,再次离心收集细胞。

7AAD 染色:根据说明书,使用 FACS 缓冲液配制相应浓度的染料(5uL7AAD+95μLFACS 缓冲液),每支 EP 管中添加 100μl,常温、暗室下作用 10min。随后将每支 EP 管中的细胞使用 FACS 缓冲液清洗 2 次,最后使用 500μLFACS 缓冲液重悬细胞移入 5mL 流式管中,待用。

流式细胞仪分析:7AAD 可以区别活细胞和死细胞,死细胞会染上 7AAD。一次流式进样实验需要累计 10000 个细胞,当细胞活率偏小的时候可以累计 30000 个细胞,每次进样时间控制在 1min。细胞活率可以使用软件分析获得,也可以使用下述公式进行计算:

$$细胞活率=\frac{活细胞数量}{通过流式细胞仪的总细胞数}\times100$$

细胞 75% 活率(CV75)的计算

通过上述实验获得的受试物浓度与各剂量下的细胞活率,可以通过曲线拟合计算获得相应的受试物的 CV75,曲线拟合公式为:

$$LogCV75=\frac{(75-c)\times Logb-(75-a)\times Logd}{a-c}$$

式中:

a——细胞活率超过 75% 的最小值;

c——细胞活率低于 75% 的最大值;

b 和 d 表示 a 和 c 细胞活性对应的浓度。

为了能够获得可靠的 CV75 值，每种化学物质进行的 7AAD 染色实验至少需要 3 次。CV75 的均值作为检测 CD86 和 CD54 的起始值。并且，计算 CV75 与随后的 CD86 和 CD54 检测所使用的 THP－1 细胞批次要相同。如果 CV75 无法计算得到，测试浓度需要重新调整，但是受试物的终浓度不能超过 5mg/mL（生理盐水作为溶剂）或 1mg/mL（DMSO 作为溶剂）。

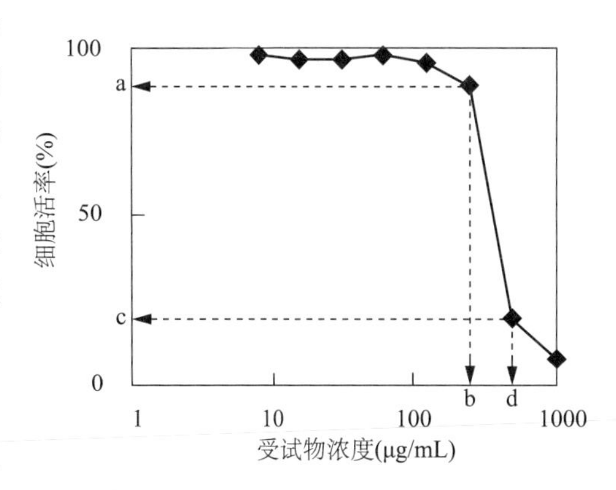

图 9－6　受试物浓度与细胞活性的反应曲线

5. 细胞活力稳定性检测

只有细胞活力特性（如 CD86、CD54）表达稳定才可以进行皮肤致敏筛查实验，活力检测通常为 2 个星期进行一次。

选择二硝基氯苯（DNCB）为阳性对照物，乳酸（LA）为阴性对照物。DNCB 用 DMSO 溶解，LA 用生理盐水溶解。DNCB 的终浓度为 4ug/mL，LA 的终浓度为 1000ug/mL。

实验过程为：将预先培养的 THP－1 细胞离心和去上清，用无血清新鲜培养基重悬细胞，浓度为 2×10^6 个/mL，吸取 500μL 上述重悬液接种至 24 孔细胞培养板中待暴露。加入 500uL 配制好的受试物于上述的预先接种有细胞的 24 孔培养板中，DNCB 为 4ug/mL，LA 为 1000ug/mL。培养 24h 后，收集细胞，染色标记，使用流式细胞仪检测和 FlowJo7.6 对荧光强度进行统计分析。未经受试物暴露的空白对照组细胞，24h 后的细胞活力应该大于 90%；DNCB 阳性对照组 CD86 和 CD54 应该符合预测模型中的阳性指标；LA 阴性对照组 CD86 和 CD54 应该符合预测模型中的阴性指标。

说明：受试浓度下的 DNCB 对细胞有轻微毒性，能够引起 CD86 和 CD54 表达的上调，同时该浓度下的阳性结果表达稳定。如果该浓度下细胞的 CD86 和 CD54 表达未达到阳性标准，也未引起一定的细胞毒性，那么需要更换细胞的批次或者重新评估 DNCB 的浓度。受试浓度下的 LA 并不能引起 CD86 和 CD54 的表达，结果为阴性。

6. 细胞活化测试预测致敏性

通过受试物作用后细胞表面 CD86/CD54 表达的差异，预测受试物的致敏性。实验过程为：

样品 ACV75	CV75/1.2	CV75/1.22	CV75/1.23	CV75/1.24	CV75/1.25
DMSO	DMSO	DNCB4ug/mL	DNCB4ug/mL	medium	medium
样品 ACV75	CV75/1.2	CV75/1.22	CV75/1.23	CV75/1.24	CV75/1.25
样品 ACV75	CV75/1.2	CV75/1.22	CV75/1.23	CV75/1.24	CV75/1.25

图 9－7　细胞活化致敏测试细胞培养板分布

（1）细胞铺板

按图 9－7 将预先培养的 THP－1 细胞离心和去上清，用无血清新鲜培养基重悬细胞，浓度为 2×10^6 个/mL，吸取 500μL 上述重悬液接种至 24 孔细胞培养板中待暴露。

（2）受试物暴露

如果化学物质溶于生理盐水，终浓度至少需要稀释 100 倍；溶于 DMSO 的化学物质终浓度至少需要稀释 500 倍。最高浓度为引起 CV75 时的浓度，随后以 1∶1.2 为稀释比往后添加 5 个浓度，即：CV75、CV75/1.2、$CV75/1.2^2$、$CV75/1.2^3$、$CV75/1.2^4$ 和 $CV75/1.2^5$。每次实验需要设置 3 组对照，分别为培养基对照、DMSO 对照和 DNCB 的阳性对照。将配制好的受试物液体吸取 500uL 添加到上述的待暴露的下 24 孔细胞培养板。置于培养箱中孵育 24h。

（3）流式细胞测定

使用前应对流式细胞仪进行校准和使用蛋白阻断剂对细胞的表面抗原进行非特异性阻断。

将每种受试物作用下的细胞从24孔细胞培养板中分别移入相应的1mLEP管中，离心沉淀收集细胞。并用FACS缓冲液(PBS+0.1%的BSA)清洗一次，相同条件下再次离心收集细胞。

FcR阻断：按说明书配制适宜浓度的FcR阻断剂，随后将离心获得的细胞进行阻断。

(4) CD86/CD54抗体染色

表9-8 CD86/CD54抗体浓度的配制和染色

标记抗体	抗体剂量	细胞数量	总剂量(FACS+抗体)
FITC-CD86 抗体	6μL	$2.5\times10^5\sim3\times10^5$	50μL
PE-CD54 抗体	1μL	$2.5\times10^5\sim3\times10^5$	50μL
FITC 标记的小鼠同行对照 IgG1	6μL	$2.5\times10^5\sim3\times10^5$	50μL
PE 标记的小鼠同行对照 IgG1	1μL	$2.5\times10^5\sim3\times10^5$	50μL

根据表9-8对应的细胞浓度进行抗体浓度的配制和染色。

染色步骤：将上述细胞按每管50μL平均分配至3支1mL的EP管中，每管大约3×10^5个细胞；再加50μL的抗体，包括FITC-CD86抗体、PE-CD54抗体、FITC标记的小鼠同型对照IgG1和PE标记的小鼠同型对照IgG1；2℃～8℃环境和暗室条件下染色30min；使用FACS缓冲液清洗2次；再用500μLFACS缓冲液重悬细胞并移入5mL流式管中待检测。每次实验条件下需要同时进行7AAD的染色，步骤同上述，以便确定该浓度下细胞活率与相应抗体染色的情况。

(5) 流式细胞测定

实验前需要对流式细胞仪检查，保证该实验的顺利进行。首先，对本批次细胞建立1组文件夹，并在文件夹中设置FITC、PE和7AAD的实验组别。然后，通过无处理的空白对照组的THP-1细胞调节实验FSC vs SSC的实验电压，以确保本批次细胞后续实验的结果计算。再者，绘制FSC vs SSC、FITC直方图、PE直方图、7AAD直方图、FITC-7AAD和PE-7AAD的2维点图。注意调节阳性组别的单染抗体下的电压FITC-7AAD和PE-7AAD的2维点图两者的单染条件下的电压补偿。最后，通过得到的上述的图谱，获取相应的荧光强度指标。

流式细胞术结果指标：

荧光强度均值(MFI)=荧光强度几何平均数；

$$\text{相对荧光强度(RFI)}=\frac{\text{化学物质处理组 MFI}-\text{化学物质处理组同型对照 MFI}}{\text{溶剂对照组 MFI}-\text{化学物质处理组同型对照 MFI}}$$

(6) 有效作用浓度(EC)分析

FITC-CD86使用EC150，PE-CD54使用EC200，计算EC150和EC200需要分以下两种情况，两种情况下有效浓度见图9-8。

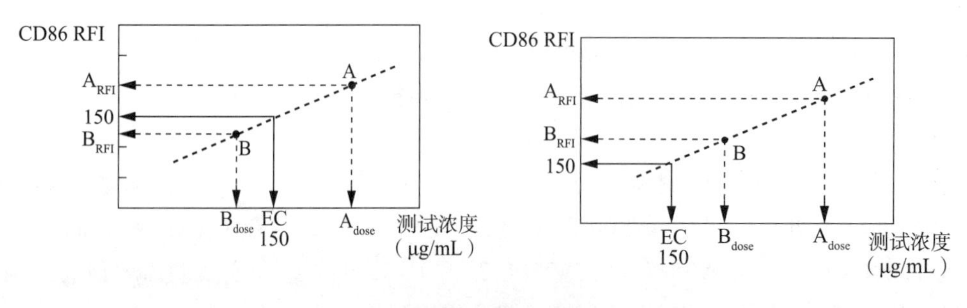

RFI：相对荧光强度

图9-8 两种情况下有效作用浓度示意图

① 如果测试所得A浓度的RFI值大于150或200，B浓度的RFI小于150或200，公式为：

$$EC150 = B_{剂量} + [\frac{150 - B_{RFI}}{(A_{RFI} - B_{RFI}) \times (A_{剂量} - B_{剂量})}]$$

$$EC200 = B_{剂量} + [\frac{200 - B_{RFI}}{(A_{RFI} - B_{RFI}) \times (A_{剂量} - B_{剂量})}]$$

② 如果测试所得 A 浓度和 B 浓度的 RFI 值均大于 150 或 200，那么公式为：

$$EC150 = 2 \wedge \{Log2(B_{剂量}) + \frac{150 - B_{RFI}}{A_{RFI} - B_{RFI}} \times [Log2(A_{剂量}) - Log2(B_{剂量})]\}$$

$$EC200 = 2 \wedge \{Log2(B_{剂量}) + \frac{200 - B_{RFI}}{A_{RFI} - B_{RFI}} \times [Log2(A_{剂量}) - Log2(B_{剂量})]\}。$$

应注意，当阳性值出现时，如需要计算 EC150 或 EC200，第二个浓度的 RFI 值比第一个浓度的 RFI 值必须多 10%，否则用第三个浓度的 RFI 值，如仍不符合大于 10% 的标准，需要继续用第四个浓度，以此类推。

（7）统计方法

各实验数据均以均数 ± 标准差（$\bar{X} \pm SD$）表示，采用 SPSS22.0 统计软件进行分析。多组之间差异的比较用单因素方差分析，组间两两比较采用 SNK 检验法，显著性水平 $\alpha = 0.05$，$P < 0.05$ 表示差异具有统计学意义。使用 FlowJo7.6 对荧光强度进行统计分析。

（8）实验接受标准

实验过程溶剂对照表达无阳性反应，阴性对照无阳性反应，阳性对照出现阳性反应，基于该条件下的结果方能接受。

（三）实验结果

阴性和阳性受试物的荧光图谱（见图 9－9）

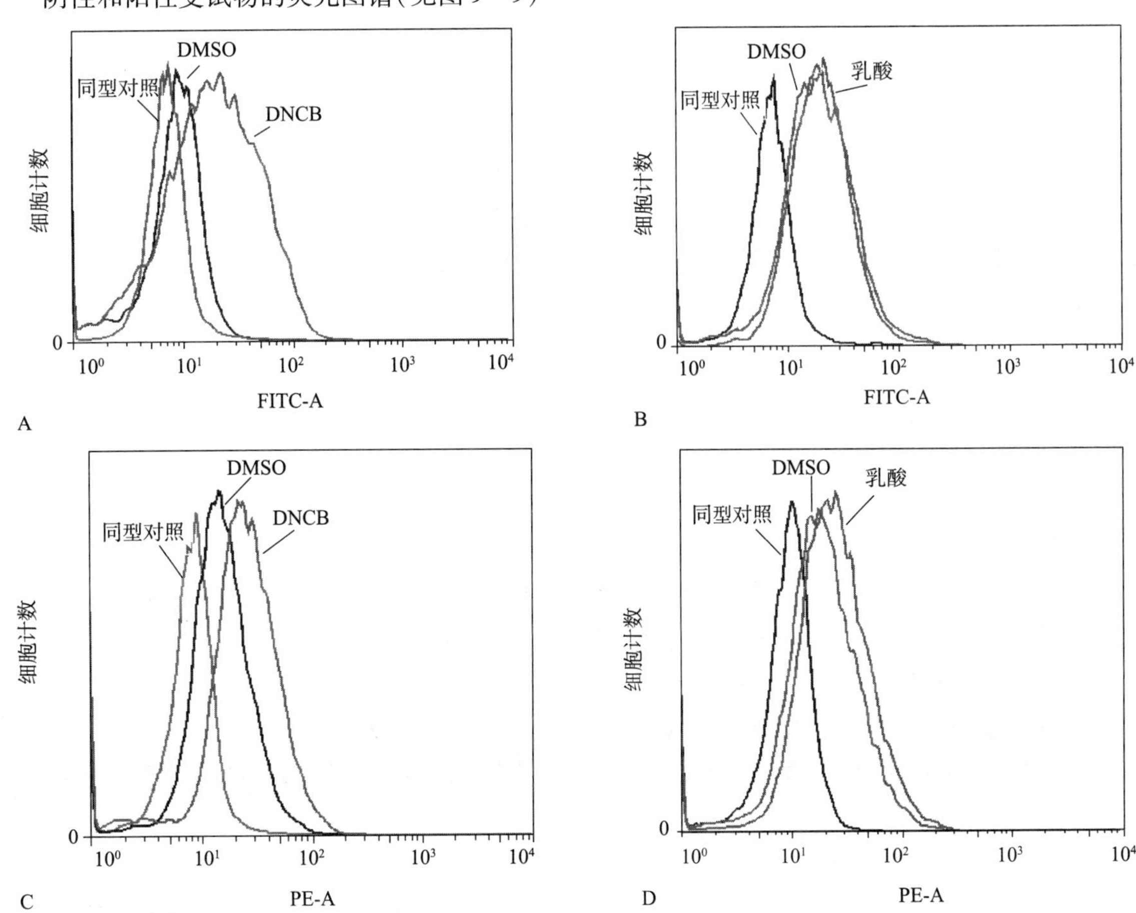

A、B：分别为 DNCB 和乳酸（LA）的 CD86－FITC 染色；C、D：分别为 DNCB 和乳酸的 CD54－PE 染色。

图 9－9 荧光强度图谱

四、预测模型及验证

（一）预测模型

每组化学物质至少需要两次重复实验，在细胞活率大于50%前提下，至少2次独立实验的结果中，对于FITC-CD86，如果$RFI_{CD86}\geqslant150$，该物质致敏性判断为阳性；对于PE-CD54，如果$RFI_{CD54}\geqslant200$，该物质致敏性判断为阳性。即：$RFI_{CD86}\geqslant150$和/或$RFI_{CD54}\geqslant200$，则该物质可判断为皮肤致敏阳性物；其他情况下可以判断为阴性物质。如果受试物溶剂体系是生理盐水，最大受试浓度5mg/mL，受试物溶解体系是DMSO，最大受试浓度1mg/mL，或者最大的溶解度作为受试浓度，而非基于CV75情况下，且细胞在受试各浓度皆无细胞毒性条件下，并不满足上述的阳性结果判断，则可判断为皮肤致敏阴性。

（二）验证认可

该方法已经通过了ECVAM的验证，并已经在2016年成为OECDTG 442E方法。

五、适用范围

（一）适用范围

本方案适用于溶于DMSO和水的化学品或混合物，该受试物的溶解需要达到一定浓度方能使得溶剂DMSO处于非细胞毒性的浓度范围。受试物本身不具有自发荧光，或经过细胞的代谢后不产生荧光。

（二）局限性

对受试物的溶解性、剂型和物理化学特性要求较高；

单一细胞方法仅对受试物的致敏性提供可靠证据，不能仅凭细胞测试的结果下结论；

对结果判断仅提供阳性和阴性的二分类结果，尚不能提供定量分析结果；

THP－1细胞质量是影响结果的最根本因素，培养过程的稳定性非常重要。

六、实验报告

（一）报告的通用要求

见第一章第一节。

（二）特殊要求

细胞：细胞类型和来源；无支原体污染资料；细胞传代数；无暴露条件下的表面抗原表达情况。

受试物浓度选择及理由，受试物溶解度有限而且无细胞毒性的情况下，最高浓度实验的理由，处理时的培养基类型和组成，化学物处理持续时间。

流式细胞仪：实验前期的校准，标准物质检测校准，数据获取过程的校准。

结果：每种受试物的相应浓度条件下的细胞活性，以平均活性百分率表示，同时需要测定阳性对照、阴性对照和溶剂对照。

计算受试物作用THP－1的IC_{50}和CV75

通过流式细胞仪获取的荧光MFI值，计算相对荧光强度RFI。同时，计算CD86和CD54所对应的EC150和EC20值。

七、能力确认

（一）参考物质

实验室建立检测能力应完成表中参考物质（见表 9－9）的测试，结果与其已知分类相符。

表 9－9 用于能力确认的参考物质

受试参考物	CAS 编号	物理性状	体内实验预测结果	h-CLAT 预测结果
2,4－Dinitrochlorobenzene 2,4－二硝基氯苯	97－00－7	固体	极强致敏物	阳性
Chloramin T 氯胺 T	127－65－1	固体	强致敏物	阳性
Nickel sulfate 硫酸镍	10101－97－0	固体	中等致敏物	阳性
Phenylacetaldehyde 苯乙醛	122－78－1	液体	中等致敏物	阳性
hydroxycitronellal 羟基香茅醛	107－75－5	液体	弱致敏物	阳性
imidazoidinyl urea 咪唑烷基脲	39236－46－9	固体	弱致敏物	阳性
1－Butanol 正丁醇	71－36－3	液体	非致敏物	阴性
Glycerol 丙三醇	56－81－5	液体	非致敏物	阴性
Lactic acid 乳酸	50－21－5	液体	非致敏物	阴性
Vanillin 香草醛	121－33－5	固体	非致敏物	阴性

（二）细胞稳定性

细胞培养的稳定性对可靠数据获得非常重要，实验室应完整记录和绘制一段时间内细胞活性的质控图。

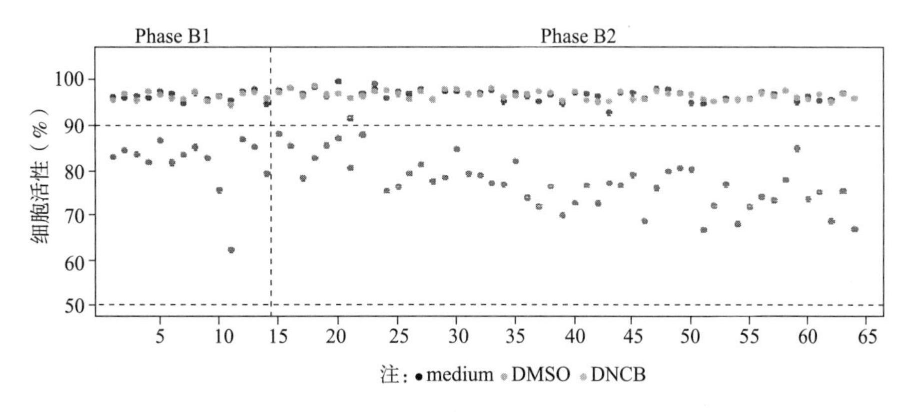

横坐标为运行次数，纵坐标为细胞活性

图 9－10 阳性对照、阴性对照和空白组的细胞活性质控图（来源：EURL ECVAM）

（三）CD86/CD54 表达

阳性对照和阴性对照的 RFICD86 和 RFICD54 的反应对于受试物致敏预测非常重要，实验室应完整记录一段时间内细胞表面标志物活性的质控图。图 9－11 和图 9－12 分别提供了阳性对照和阴性对照 RFICD86 和 RFICD54 的反应质控，绘制质控图谱是确定方案的重现性的最佳方式，也是实验室内部自查的理想方式。

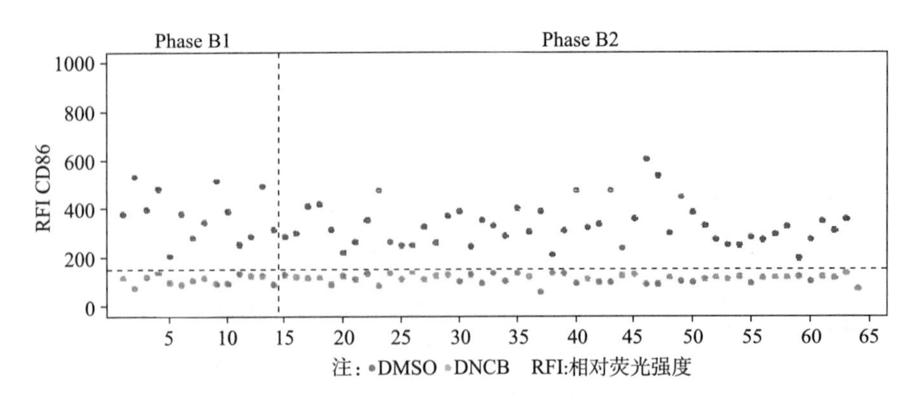

横坐标为运行次数，纵坐标为RFICD86

图9-11 阳性对照和阴性对照的RFICD86质控图（来源：EORL ECVAM）

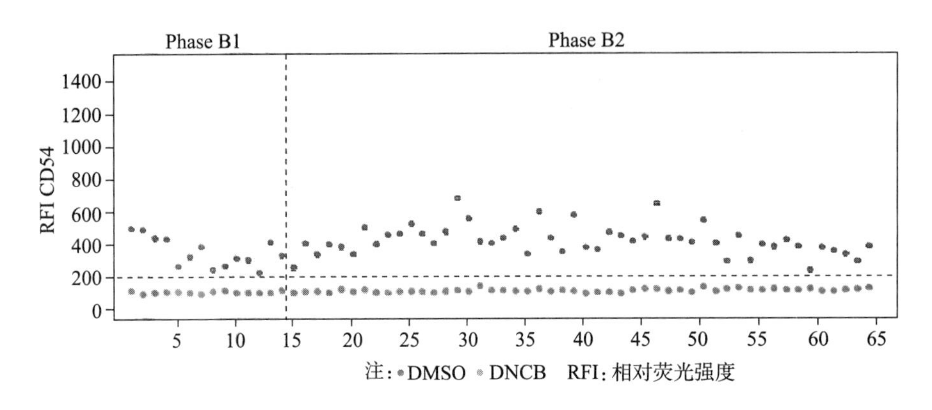

横坐标为运行次数，纵坐标为RFICD54

图9-12 阳性对照和阴性对照的RFICD54质控图（来源：EORL ECVAM）

八、拓展应用

（一）联合皮肤模型和h-CLAT的皮肤致敏检测

1. 材料

Episkin™皮肤模型购自上海斯安肤诺生物科技有限公司，每批次购物包含有：皮肤模型、含酚红的MEM培养基和不含酚红的MEM培养基。也可采购其他皮肤模型，但应满足OECD 439的要求。

检测样品：化妆品、植物提取物、医疗器械、化学品等。

2. 实验方法

Episkin™皮肤模型到达实验室后，使用镊子将皮肤模型移入已经添加2mL含酚红的MEM培养基的12孔培养板中，于37℃，5% CO_2和95%湿度的培养条件下孵育24h，待皮肤模型活性稳定后进行实验。将需要共培养的Episkin™皮肤模型于上述培养条件下，将细胞培养液更换为RPMI1640，其他条件不变。通过预实验或文献信息，确定皮肤模型的化学物质受试浓度梯度。检测样品时选择样品的原始性状和原始浓度进行后续检测。共培养的操作步骤：将预孵育的皮肤模型置于接种有THP-1细胞的浓度为1×10^6个/mL的12孔细胞培养板中；将样品受试物保持原始性状和原始浓度均匀涂抹于皮肤模型表面，于培养箱中后孵育24h，每组样品进行3组平行实验；24h后将皮肤模型与THP-1细胞分离，并用生理盐水将皮肤模型表面受试物冲洗干净并准备进行MTT测试；分离后的THP-1细胞用于检测细胞表面标志物CD54和CD86的表达。

将孵育后的皮肤模型移至已经添加2mL浓度为3mg/mL MTT溶液的12孔细胞培养板中，按照上述皮肤模型孵育条件下孵育4h。然后,使用专用皮肤模型打孔器将皮肤模型从共培养皿中取下,翻转皮肤模型,贴于支撑膜上,于2mLEP管中添加2mL盐酸异丙醇,并将皮肤模型分别置于EP管中,做好标记,4℃冰箱中过夜提取。24h后将EP管从冰箱中取出并将其中的液体混匀,吸取150μL该EP管中的液体加至96孔板中,每个EP管中的提取液代表一个皮肤模型,每个皮肤模型需要至少3个平行孔作为活性检测值。随后将96孔板于570nm波长下读取OD值。

各实验数据均以均数±标准差($\bar{X}$±SP)表示,采用SPSS22.0统计软件进行分析。多组之间差异的比较用单因素方差分析,组间两两比较采用SNK检验法,显著性水平$\alpha=0.05$,$P<0.05$表示差异具有统计学意义。使用FlowJo7.6对荧光强度进行统计分析。

(二)基于荧光定量PCR的h-CLAT皮肤致敏检测方法

1. 适用范围

本方案为h-CLAT方法的拓展应用。当待测物具备自发荧光的特性或者经过细胞代谢后产生自发荧光的物质时,会对流式细胞仪的荧光检测产生干扰,此时传统的h-CLAT法使用受限。而本方案是基于对基因转录水平的检测,不受待测物质会否自发荧光的影响。

2. 试剂与耗材

细胞培养相关试剂与耗材与前同;75%乙醇、Trizol试剂(或者总RNA抽提试剂盒)、反转录试剂盒、荧光定量PCR试剂盒、RNase & DNase-free枪头与EP管。

3. 仪器

核酸定量仪、普通PCR仪、荧光定量PCR仪。

4. 实验步骤

细胞毒性的测试及CV75的获得:步骤与前同。

受试物的暴露:步骤与前同。

总RNA的抽提(Trizol法):

(1)受试物暴露24h后,将每孔细胞收集至一个1.5mLEP管,1500r/min离心5min,弃上清;

(2)每管加入1mL预冷PBS洗涤细胞,弃上清;

(3)每管加入1mLTrizol试剂,充分吹打裂解细胞,然后室温静置5min;

(4)每管加入200μL三氯甲烷,上下震荡混匀15s,然后室温静置15min;

(5)将样本置于4℃预冷的离心机中,12000g,离心15min,此时整个体系分为三层:第一层为RNA水相层,第二层为蛋白沉淀相,第三层为DNA相;

(6)小心将上层水相(约450μL)转移至一个洁净的EP管中,加入等体积异丙醇,再次混匀后置于室温静置10min;

(7)将样本置于4℃预冷的离心机中,12000g,离心10min,小心弃上清;

(8)每管加入1mL75%乙醇,然后室温干燥至大部分水分蒸发;

(9)用10-15μLRNase-free纯水溶解总RNA;

(10)使用核酸定量仪检测总RNA浓度和质量。在建立核酸提取的初始阶段,还应该使用核酸凝胶电泳检测核酸提取质量。

cDNA合成(反转录):

在适当反应体系中,加入反转录Buffer、逆转录酶、NTPs、以及总RNA,置于PCR中37℃孵育15min(随着试剂盒不同各加样体积有所变化)。

荧光定量PCR检测CD86和CD54的表达(SYBR法,相对定量):

(1)配制20μL反应体系:10μL SYBR qPCR Mix、1μL Forward Primer、1μL Reverse Primer、0.4μL ROX reference dye、0.5μL cDNA模板以及7.1μL超纯水(随着试剂盒不同各加样体积有所变化);

（2）PCR 反应条件的设定:95℃1min;95℃15s,60℃1min,共 40 个循环;熔解曲线分析,判断扩增特异性。(三步法反应温度设置亦可)

（3）结果的处理与分析:采用 2 − ΔΔCt 法分析 mRNA 的相对表达量。ΔCt 是待测基因(CD86 或 54)的 Ct 值与内参基因(通常为 GAPDH 或者 β-actin)Ct 值之差,ΔΔCt 则为暴露组与对照组 ΔCt 的差值。

（4）数据表示统计处理与上同。

5. 方法的优点

本方法的优点在于不仅不受待测物是否具有自发荧光的影响,而且在实验安排方面还具有很大的灵活性。比如,抽提的 RNA 样本或者合成的 cDNA 样本,可以分别在超低/低温冰箱保存较长时间,为此,操作者可以较为灵活地安排测试任务。

（三）组合策略中的应用

皮肤致敏替代方法组合策略的分析和应用可参考本书第四章第二节的详细描述。利用目前体外重建皮肤模型技术和商业供应比较成熟的条件,建立皮肤模型与 h-CLAT 方法的组合测试策略可以对难溶性产品甚至是不溶性产品进行皮肤致敏的生物测试。该拓展的组合方法,扩大了受试物的剂型,强化了皮肤致敏结果的有效性,加入多种细胞组合的测试模型为后续研究皮肤致敏过程中多种细胞联系提供了物质基础。

九、疑难解答

（一）如何观察 THP − 1 细胞的形态和生长过程

新复苏和传代次数较多的细胞,需要进行倍增时间周期的监测。因此,一般通过接种 0.2×10^6 个/mL 密度细胞于 24 孔细胞培养板中,37℃,5% CO_2 和 95% 湿度的培养条件下,分别记录第 24h、48h 和 72h 的细胞数量,确定细胞倍增时间。

（二）如何确定 h-CLAT 方法的稳定性?

只有当细胞活力特性表达(CD86 和 CD54)稳定才可进行致敏筛查实验,活力检测通常为 2 个星期进行一次。采用二硝基氯苯(DNCB)作为阳性对照物,乳酸(LA)作为阴性对照物。

（三）在 THP − 1 细胞暴露过程中需要注意的事项?

（1）选用状态较好的细胞;

（2）受试物在稀释过程中应使用倍比稀释;

（3）受试物现配现用,特别是针对还原性物质;

（4）有些操作者可能会使用 PBS 配制受试物,需要注意与受试物有无反应,比如,用 PBS 溶解 $NiSO_4$ 时,会出现沉淀;

（5）当测试表面活性剂时,在吹打混匀过程中,尽量避免气泡产生。

（四）如何在 THP − 1 细胞进行流式细胞仪分析时排除一些干扰因素?

（1）需用较好的抗体;

（2）阻断剂的使用;

（3）细胞须充分洗涤。

（陈彧　陈田　秦瑶　柯逸晖　耿梦梦）

第三节 KeratinoSens™ 致敏实验

Section 3 KeratinoSens skin sensitization test

一、基本原理

KeratinoSens™是一个基于转染了选择性质粒的 HaCaT 角质细胞作为检测系统的方法。通过定量检测由 Keap1-Nrf2-ARE 反应通路激活引起的荧光素酶基因表达情况，作为皮肤致敏的反应量化指标。

二、实验系统

（一）KeratinoSens™测试系统

KeratinoSens™是来源于选择性质粒转染的 HaCaT 人角质细胞的永生细胞系，该质粒含有荧光素酶基因。采用 DMEM 细胞培养液，含 FBS 和遗传霉素，1% 青霉素和 1% 链霉素，于 5% CO_2、37℃细胞培养箱常规培养。

（二）受试物与对照

（1）阴性对照（溶剂对照）：将 1% DMSO 作为阴性对照组。

（2）阳性对照：本实验中，采用肉桂醛作为阳性对照，浓度分别为 4，8，16，32，64μmol/L。

（3）空白对照：测定空白的补偿光密度，孔里加入仅为 PBS，不含细胞。

（4）样品浓度固定为：0.9765625，1.953125，3.90625，7.8125，15.625，31.25，62.5，125，250，500，1000，2000μmol/L。

（5）基准物质对照：基准物质有利于计算特殊化学组分或者产品等级或者为了评价在刺激反应范围内眼刺激的相对刺激能力的未知物质。

（三）试剂与耗材

KeratinoSens 细胞系、DMEM 培养基、胎牛血清（FBS）、杜氏磷酸盐缓冲液（DPBS）、遗传霉素 G-418、乙二胺四乙酸（EDTA）、二甲基亚砜（DMSO）、裂解缓冲液、荧光素酶底物、噻唑蓝（MTT）、肉桂醛、谷氨酰胺、胰蛋白酶、青霉素、链霉素。

（四）仪器与设备

全波长酶标仪、荧光读板机、超纯水仪、二氧化碳培养箱、高压灭菌锅、电热恒温水浴槽、生物安全柜、振荡器、离心机、高速离心机、相差倒置显微镜、移液枪（1000μL、200μL、20μL、10μL）、烘箱、生物显微镜及照相系统、细胞计数仪。

三、实验过程

（一）实验溶液配制

维持培养所用的培养基：500mL 的 DMEM 细胞培养液，含 50mLFBS 和 5.5mL 遗传霉素。过滤除菌，加入 50U/mL～100U/mL 青霉素和 50U/mL～100U/mL 链霉素，分装。4℃存储。

冻存所用的培养基：含有 20% 的胎牛血清和 10% DMSO 的 DMEM。

化学物质暴露时所用的培养基：含 1% 胎牛血清 DMEM 培养基，无遗传霉素。

MTT 的配制：MTT 储备液浓度为 5mg/mL。使用 0.22μm 的针头滤器过滤除菌，-20℃存储(如果储存于 4℃，则需要在两周内使用)。

受试物的制备：受试物溶于 DMSO 或者水培养基中，设置范围为 0.98μmol/L～2000μmol/L(间隔系数为 0.5)的 12 个终浓度，确保 DMSO 在作用细胞时的浓度在 1% 或以下。阳性物质为肉桂醛，设置 5 个范围在 16μmol/L～256μmol/L(间隔系数为 0.5)的终浓度。阴性物质为溶剂 DMSO，设置同浓度的 6 个孔作为参照。

（二）实验方法

1. KeratinoSens™细胞培养及质控

KeratinoSens™细胞培养于 37℃，5% CO_2，95% 湿度环境中，细胞铺满培养皿时应用胰酶消化分离。在进行常规实验之前，维持细胞繁殖，当从复苏开始应保持不超过 25 代。在开始实验时，细胞应培养适当的密度，并铺于 96 孔板。当细胞铺板和做实验需要有一定时间间隔时，需要变换细胞接种密度。由于该细胞是经过转染的细胞，当获得细胞后传代 2～4 代后需要大量冻存细胞。使用的培养基主要为含有血清和遗传霉素的 DMEM。

2. 受试化学物质储备液配制

受试物的溶解体系主要为 DMSO 和生理盐水，受试物配制前根据其理化特性选择合适的溶解体系。

（1）如果化学物可溶于水培养基，可将储备液配制浓度设置成合适浓度；

（2）如果不能溶于水培养基，尝试将受试物溶解于 DMSO 中，终浓度也需要根据实验具体情况设置；

（3）受试物作用于细胞的最高浓度 2mmol/L。

3. 细胞活性检测

Comp. 1 0.098	Comp. 1 0.195	Comp. 1 0.39	Comp. 1 0.78	Comp. 1 1.56	Comp. 1 3.125	Comp. 1 6.25	Comp. 1 12.5	Comp. 1 25	Comp. 1 50	Comp. 1 100	Comp. 1 200
Comp. 2 0.098	Comp. 2 0.195	Comp. 2 0.39	Comp. 2 0.78	Comp. 2 1.56	Comp. 2 3.125	Comp. 2 6.25	Comp. 2 12.5	Comp. 2 25	Comp. 2 50	Comp. 2 100	Comp. 2 200
Comp. 3 0.098	Comp. 3 0.195	Comp. 3 0.39	Comp. 3 0.78	Comp. 3 1.56	Comp. 3 3.125	Comp. 3 6.25	Comp. 3 12.5	Comp. 3 25	Comp. 3 50	Comp. 3 100	Comp. 3 200
Comp. 4 0.098	Comp. 4 0.195	Comp. 4 0.39	Comp. 4 0.78	Comp. 4 1.56	Comp. 4 3.125	Comp. 4 6.25	Comp. 4 12.5	Comp. 4 25	Comp. 4 50	Comp. 4 100	Comp. 4 200
Comp. 5 0.098	Comp. 5 0.195	Comp. 5 0.39	Comp. 5 0.78	Comp. 5 1.56	Comp. 5 3.125	Comp. 5 6.25	Comp. 5 12.5	Comp. 5 25	Comp. 5 50	Comp. 5 100	Comp. 5 200
Comp. 6 0.098	Comp. 6 0.195	Comp. 6 0.39	Comp. 6 0.78	Comp. 6 1.56	Comp. 6 3.125	Comp. 6 6.25	Comp. 6 12.5	Comp. 6 25	Comp. 6 50	Comp. 6 100	Comp. 6 200
Comp. 7 0.098	Comp. 7 0.195	Comp. 7 0.39	Comp. 7 0.78	Comp. 7 1.56	Comp. 7 3.125	Comp. 7 6.25	Comp. 7 12.5	Comp. 7 25	Comp. 7 50	Comp. 7 100	Comp. 7 200
Blank solvent	Blank solvent	Blank solvent	Blank solvent	Blank solvent	Blank solvent	0.4mM cinn. ald.	0.8mM cinn. ald.	1.6mM cinn. ald.	3.2mM cinn. ald.	6.4mM cinn. ald.	No cells blank

图 9－13 MTT 法检测细胞毒性培养板分布

MTT 法检测细胞毒性通常使用 96 孔板，各孔分布如图 9－13。

（1）细胞铺板

将预先培养的细胞离心和去上清，用新鲜完全培养基重悬细胞，根据培养天数选择接种量。通常采用80000细胞/mL的浓度，每孔添加125μL，确保每孔细胞数量能基本一致。置于37℃、5% CO_2培养箱孵育24h。

（2）受试物暴露

去除培养基并加入新鲜培养基，按上述浓度加入受试物和阴性/阳性对照，至少留有一个孔测背景值。

（3）MTT测试

当进行活力测试时，使用含1% FCS的200μL新鲜培养基更换原有培养基。加入27μL的MTT溶液于上述200μL新鲜培养基中，随后放入培养箱中继续孵育。4h后去除已有培养基并加入10% SDS溶液至每孔，并避光孵育过夜。随后，放置震荡10min并在600nm情况下读取OD值。

4. 荧光素酶活性测试：

同样是根据上图的浓度设置和铺板设置，孵育48h后弃去上清液，使用PBS清洗一次细胞。随后每孔加入20μL裂解液，该过程避免气泡产生，随后常温孵育20min。之后将该培养板置于荧光读板机上进行读数。

读数前需准备：a，每孔添加50μL荧光素酶底物；b，整块细胞培养板读数完成需要10min。

（三）结果计算

1. 诱导倍数计算

$$诱导倍数 = (L_{样品} - L_{空白})/(L_{溶剂} - L_{空白})$$

式中：

$L_{样品}$——受试物荧光读数；

$L_{空白}$——空白（不含细胞不含受试物）荧光读数；

$L_{溶剂}$——溶剂对照（阴性对照）荧光读数均值。

2. $EC_{1.5}$计算

$$EC_{1.5} = (Cb - Ca) * [(1.5 - Ia)/(Ib - Ia)] + Ca$$

Ca——诱导值大于1.5时的受试物最低浓度，μmol/L；

Cb——诱导值小于1.5时的受试物最高浓度，μmol/L；

Ia——大于1.5时受试物最低浓度对应的诱导值（平行均值）；

Ib——小于1.5时受试物最高浓度对应的诱导值（平行均值）。

3. 细胞活性计算

$$细胞活性 = \frac{V_{样品} - V_{空白}}{V_{溶剂} - V_{空白}} \times 100$$

式中：

$V_{样品}$——受试物的MTT吸收值；

$V_{空白}$——空白（不含细胞不加受试物）的MTT吸收值；

$V_{溶剂}$——溶剂/阴性对照的MTT吸收均值。

4. ICx计算：

$$ICx = (Cb - Ca) * [(100 - x) - Va]/(Vb - Va) + Ca$$

式中：

X——该浓度下减少的细胞量百分比（IC_{50}和IC_{30}）；

Ca——引起多于 x% 活力减少的最低浓度（μmol/L）；

Cb——引起少于 x% 活力减少的最高浓度（μmol/L）；

Va——引起多于 x% 活力减少的最低浓度（μmol/L）所对应的细胞活率；

Vb——引起少于 x% 活力减少的最高浓度（μmol/L）所对应的细胞活率。

（1）计算模板可参考 OECD 提供的表格。

（2）对于计算的诱导倍数（FI）大于 1.5 倍时，该重复的三次实验需要与阴性对照进行两样本的 t 检验，判断是否符合统计学意义。另外，引起 FI 大于 1.5 最低的受试物浓度需要检查对应的细胞活率，确保该条件下细胞活率大于 70%。

（3）实验数据的剂量反应关系趋势可以通过图形进行可视化区别。如果没有清晰的计量法应关系或者剂量反应曲线出现双相（例如，曲线两次或两次以上经过阈值 1.5），后续需要证实这是因为物质本身特性导致的还是实验系统出现的结果。如果经过实验证实这是每次独立实验都会产生的结果，那么出现第一次的引起 1.5 倍反应的最低浓度需要报告。

（4）很少会出现引起高于 1.5 倍 FI 的最高可接受浓度下，该值与对照组比较不具有统计学意义，在其他重复组中如果能观察到相应的情况并证实该浓度下细胞活率大于 70%，可以考虑该浓度下为阳性反应。

（5）最后，当产生 1.5 倍的 FI 甚至更高的 FI 情况下，测试浓度已经在本实验的最低浓度 0.98μmol/L情况下，可以基于剂量反应关系曲线的检查后，判断该 EC1.5 小于 0.98。

（四）可接受的标准

每次实验可以进行 7 种物质的测试，每次测试需要重复 3 个平行。

（1）首先，一次测试中实验结果可接受的最基本要求是，该测试的阳性对照肉桂醛至少在浓度 4μmol/L ~ 64μmol/L 的情况下，有一组浓度的荧光激活 FI 值是大于 1.5 并且具有统计学意义（t 检验）。

（2）其次，通过已有的验证数据集需要对检测仪器进行定期校准，比如：对数据集中的 EC1.5（7μmol/L ~ 30μmol/L）结果应当处于历史均值的 2 个标准差范围之间。另外，实验中的阳性对照物肉桂醛在浓度 64μmol/L 情况下的 FI 值应该处于 2 ~ 8 之间。如果阳性结果不符合上述要求，需要对该剂量反应曲线进行检查，只有在阳性对照物满足随着浓度增加出现明显剂量反应关系 FI 值，才能有效的保证数据的准确性。

（3）最后，阴性组 DMSO 的荧光值在 3 次重复实验中，6 个孔的变异系数应该小于 20%。如果过高的变异系数出现，则应该舍弃该数值。

四、预测模型和验证

（一）预测模型

以下情况满足其中两项即可认为该受试物为阳性结果，否则可考虑为阴性：

（1）Imax 大于 1.5，并且与溶剂对照（阴性对照 DMSO）比较具有统计学意义；

（2）产生大于 1.5 倍荧光活性的最低浓度情况下，细胞活率大于 70%；

（3）EC1.5 小于 1000μmol/L（或者相对没有相对分子质量的物质，小于 500μg/mL）；

（4）存在十分明显的荧光值剂量反应关系。

KeratinoSens 方法的预测策略见图 9 - 14。

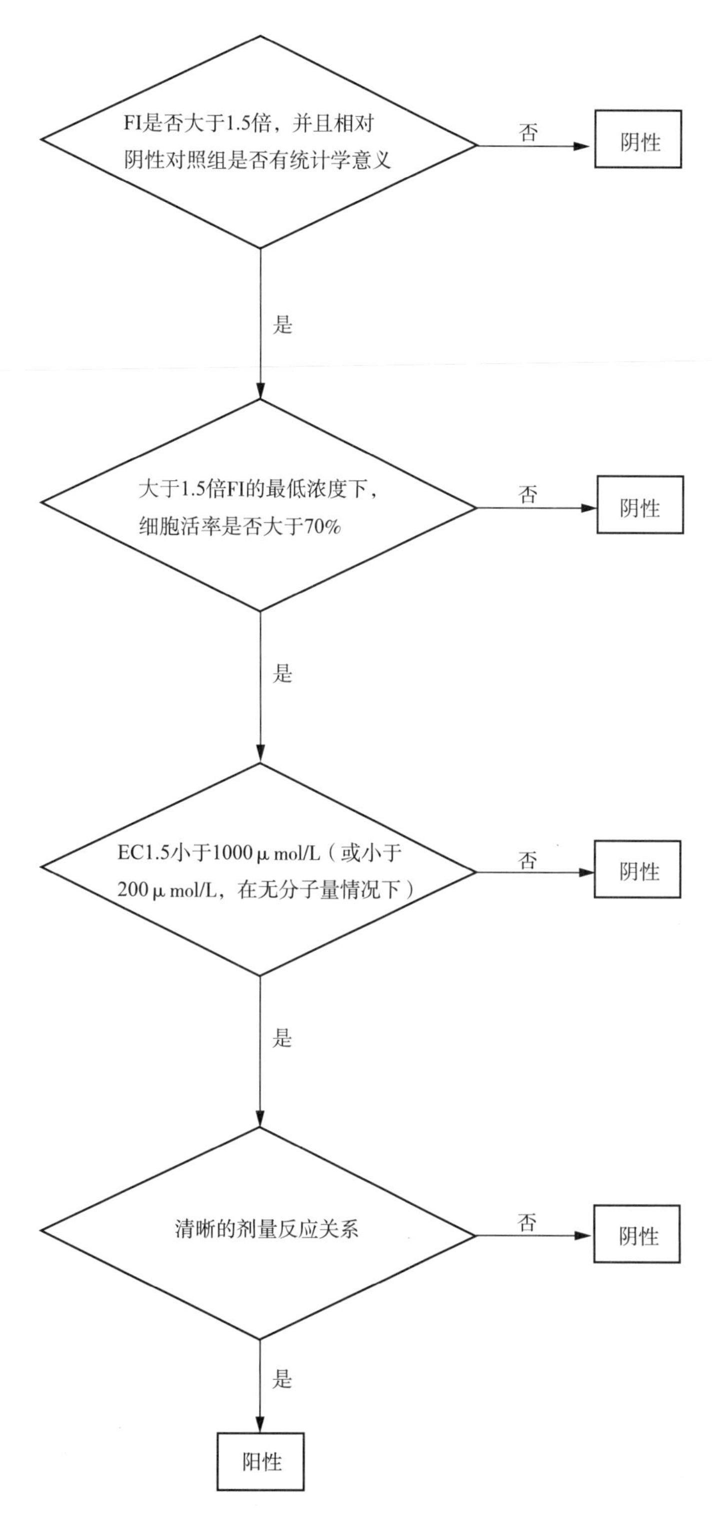

图 9－14 KerationSens™预测策略

（二）验证认可

该方法已经通过了 ECVAM 的验证。2015 年成为 OECDTG442D 方法。

五、适用范围

本方法适用于能够溶于特定溶剂的受试物的皮肤致敏性评估，对于角质细胞激活层次有特异性的受试物同样适用。相反，方法对于受试物的水溶性要求较高，同时对于产生致敏的途径并非由于氧化应激通路的物质也并不适用。

六、实验报告

（一）通用要求

见第一章第一节。

（二）特殊要求

（1）记录各受试物浓度情况下细胞活性状况，计算 Imax 和 EC1.5，获取相应均值和标注差；

（2）阴性受试物每个实验的变异系数；

（3）荧光活性和细胞活力剂量反应曲线；

（4）其他相关描述。

七、能力确认

实验室建立检测能力应完成表中参考物质（见表 9－10）的测试，结果与其已知分类相符。

表 9－10 用于能力确认的参考物质清单

参考物质	CASRN	物理性状	体内预测（1）	KeratinoSens TM 预测（2）	EC1.5（μmol/L）参考范围（3）	IC_{50}（μmol/L）参考范围（3）
Isopropanol 异丙醇	67－63－0	液体	非致敏物	阴性	＞1000	＞1000
Salicylic acid 水杨酸	69－72－7	固体	非致敏物	阴性	＞1000	＞1000
Lactic acid 乳酸	50－21－5	液体	非致敏物	阴性	＞1000	＞1000
Glycerol 甘油	56－81－5	液体	非致敏物	阴性	＞1000	＞1000
Cinnamyl alcohol 肉桂醇	104－54－1	固体	致敏物（轻微）	阳性	25～175	＞1000
Ethylene glycol dimethacrylate 二甲基丙烯酸乙二醇酯	97－90－5	液体	致敏物（轻微）	阳性	5～125	＞500
2－Mercaptobenzothiazole 2－巯基苯并噻唑	149－30－4	固体	致敏物（中度）	阳性	25～250	＞500
Methyldibromogluta ronitrile 甲基二溴戊二腈	35691－65－7	固体	致敏物（重度）	阳性	＜20	20～100
4－Methylaminophenol sulfate 4－甲氨基苯酚硫酸盐	55－55－0	固体	致敏物（重度）	阳性	＜12.5	20～200
2,4－Dinitro－chlorobenzene 2,4－二硝基氯苯	97－00－7	固体	致敏物（极度）	阳性	＜12.5	5～20

八、拓展应用

（一）组合策略

KerationoSens^{TM}的数据可与其他致敏方法（DPRA、h-CLAT）结合，应用综合分析策略进行分析，如整合测试策略（Integrated Testing Strategies，ITS），采用简单组合方式，如 3 选 3 或 3 选 2 的方法，对致敏物综合判断，提高判断准确率，可参见本书第四章第三节。

(二)LuSens 方法简要介绍

针对皮肤致敏的两个关键事件,表皮角质细胞和树突状细胞的活化,目前通过验证的方法主要是 KerationoSens™,而另外一方法 LuSens 也是针对这一关键事件以预测致敏原。LuSens 采用由大鼠 NADPH 氧化应激分子组成的表达基因(氧化还原酶 1 基因和荧光素酶基因)的人角质细胞系。

主要实验过程包括细胞毒性和荧光素酶表达。具体实验步骤为:(1)细胞毒性范围确定:常规培养转染了报告基因的人角质细胞,采用含 10% FBS、1% 青霉素/链霉素、0.05% 遗传毒素的 DMEM 培养基,置于 5% CO_2、37℃的培养箱。将细胞消化后重悬,以 1×10^4/孔的细胞密度 200μL 铺于 96 孔板。受试物采用 DMSO 以 1∶2 从 2000mmol/L(100×储备液)连续稀释,最终 DMSO 的浓度不能超过 1%。将受试物以每孔 50μL 加入 96 孔板,孵育 48h。每个受试物设置 12 个浓度,重复三次实验。采用 MTT 测定细胞活性。计算 75% 细胞活率(CV75)作为最高浓度,1.2×CV75 作为最高浓度进一步实验。(2)细胞活性和荧光素酶表达:将细胞消化后重悬,以 1×10^4/孔的细胞密度 200μL 铺于 96 孔板。根据上述(1)最终的受试物浓度进行实验,采用 DMSO 溶解,以 1∶25 比例稀释以达到 4×储备液,最终 DMSO 的浓度不能超过 1%。受试物的最高浓度为 1.2×CV75。将受试物以每孔 50μL 加入 96 孔板,孵育 48h。每个受试物设置 6 个浓度,重复三次实验。孵育 48h 后,去除培养基,用 300μL/每孔 PBS(不含 Ca^{2+}/Mg^{2+})清洗两次。清洗之后,每孔加入 100μlPBS(不含 Ca^{2+}/Mg^{2+}),并加入 100μLSteady-Glo-Mix 试剂。将 96 孔板置于暗室摇晃 10min,采用化学发光仪测定荧光强度。对于测定细胞活性与荧光素酶表达的步骤一致,采用 MTT 测定细胞活性。在整个实验过程中,阳性对照为乙二醇二甲醛丙烯酸酯(Ethylene Glycol Dimethyl Acrylate,EGDMA)(120/150μmol/L),阴性对照为 DL-乳酸(5000μmol/L)。LuSens 已完成验证,目前处于 OECD 公众评议期,很快列入 OECD 测试指南,成为正式认可方法。

九、疑难解答

(一)荧光读数注意的三个关键要素:

(1)采用灵敏的荧光计;

(2)采用足够高的平板避免交叉污染;

(3)采用具有充足荧光输出的底物以保证较高的灵敏度和较小的变异。

(二)两种转染荧光素酶的细胞预测方法区别与联系是什么?

LuSens 与 KerationoSens™的区别

(1)LuSens 受来源于大鼠 NADPH(nqo1)的 ARE 分子控制,KerationoSens™的荧光素酶基因是受 AKR1C2 调控。

(2)LuSens 采用细胞毒性确定受试物浓度范围,采用 6 个浓度进一步分析荧光素酶活性。相反地,KerationoSens™采用受试物范围在 1-200μM,12 倍稀释。

(3)LuSens 用一块板将受试物的所有的浓度重复三次,KerationoSens™采用 3 块独立的板将受试物的每个浓度重复三次。

(4)验证两个实验对照的有效性中,LuSens 采用阴性对照(DL-乳酸)和阳性对照(EGDMA),KerationoSens™采用阳性对照肉桂醛。

LuSens 与 KerationoSens™的联系:两个方法都是针对 AOP 中的同一事件解决问题,即表皮角质细胞和树突状细胞的活化,有预测致敏原的能力。

(陈彧 柯逸晖 管娜 陈田)

第四节 U-SENS 皮肤致敏实验

Section 4 U-SENS™ skin sensitization test

一、基本原理

本实验为体外测试方法,使用人体骨髓细胞系 U937 细胞,与测试物接触 45h 后定量检测细胞表面标志物 CD86 表达的变化。CD86 为 U937 细胞激活反应的特异性标志物,同时是一种共刺激分子,可模拟 DC 细胞激活引起 T 细胞增殖的关键步骤。对细胞进行异硫氰酸荧光素标记抗体(fluorescein isothiocyanate(FITC)-labelled antibodies)染色后,用流式细胞仪检测 CD86 表达的变化。计算测试物与溶剂或空白对照相比 CD86 的相对荧光强度,通过预测模型预测致敏物与非致敏物。

二、实验系统

(一)细胞培养

1. 细胞来源

U-SENS™方法使用人体骨髓细胞系 U937 细胞。推荐 ATCC 来源的 CRL1593.2 细胞。

2. 细胞培养条件

在 RPMI - 1640 培养基中加 10% 胎牛血清(FCS),2mmol/LL - 谷氨酰胺,100U/mL 青霉素和 100μg/mL 链霉素,作为 RPMI 完全培养基,在 37℃、5% CO_2的加湿环境中培养。

U937 细胞在细胞密度为 $1.5 \sim 3 \times 10^5$ 个/mL 下每 2 ~ 3 天常规传代一次。细胞密度不应超过 2×10^6 个/mL 且用台盼蓝染色法测试的细胞活力应≥90%(不包括细胞解冻后的第一次传代)。

3. 细胞反应活性检测

实验前,每一批细胞应通过细胞反应活性检测,即在细胞解冻后一周,使用阳性对照物三硝基苯磺酸(TNBS,CAS 2508 - 19 - 2,纯度≥99%)和阴性对照物乳酸(LA,CAS 50 - 21 - 5,纯度≥85%)进行。TNBS以 50μg/mL 溶解于 RPMI 中可引起 CD86 的阳性反应,且呈现剂量反应关系,LA 以 200μg/mL 溶解于 RPMI 中可引起 CD86 的阴性反应。只有通过 2 次细胞反应检测的该批细胞可用于此方法。细胞可在解冻后增殖至 7 周。传代数不应超过 21。根据 CD86 表达检测程序,细胞反应性检测也应进行(根据 3. CD86表达测试方法)。

(二)实验试剂

RPMI - 1640 培养基,胎牛血清(FCS),L - 谷氨酰胺,青霉素,链霉素,三硝基苯磺酸(TNBS),乳酸(LA),台盼蓝(trypan blue),二甲基亚砜(DMSO),PBS 缓冲液,碘化丙啶(PI),7 - 氨基放线菌素 D(7 - AAD),FITC 标记的 CD86 抗体,FITC 标记的小鼠同型对照 IgG1 抗体。

(三)实验仪器

均为体外实验室通用设备,见第二章第一节。

三、实验过程

(一)细胞准备

在测试中,U937 细胞应在密度为 3×10^5 个/mL 或 6×10^5 个/mL 中接种,各在培养瓶中预培养 1d

或 2d。测试当天，从培养瓶中采集的细胞离心后(400g,5min)在新鲜培养基中进行再悬浮(密度为 5×10^5 个/mL)。然后用细胞分配至96孔平板中，每孔 100μL(终浓度为 0.5×10^6 个/孔)。如果细胞活性低于90%或培养瓶中的细胞浓度高于 2×10^6 个/mL，此细胞不能使用。

(二) 测试物与对照物制备

1. 测试物储备液制备

测试物与对照物的储备液应在测试当天制备。首选溶剂为RPMI，如果测试物溶解于或稳定分散于RPMI中，应将其溶解至0.4mg/mL；若测试物不溶于RPMI中，可选用二甲基亚砜(DMSO，纯度≥99%)，并调至终浓度为50mg/mL。在足够的科学依据情况下，其他的溶剂也可选用。应考虑测试物在最终溶液中的稳定性。

对于可溶于RPMI的化学品：制备2倍浓度的RPMI母液。

对于可溶于DMSO的化学品：制备250倍浓度的DMSO母液；制备溶于RPMI的2倍浓度的稀释液(8μL DMSO溶液+992μL RPMI)；制备DMSO溶剂对照物(8μL DMSO+992μL RPMI)。

阳性对照物为50μg/mL三硝基苯磺酸(TNBS)，溶解于RPMI。

阴性对照物为200μg/mL乳酸(LA)，溶解于RPMI。

溶剂对照物为RPMI或DMSO(DMSO浓度为0.4%)。

2. 测试物浓度选择

从测试物以0.4mg/mL RPMI或以50mg/mL DMSO开始，用相关的溶剂配置6个工作浓度。第一次实验时，平板中终浓度范围为1,10,20,50,100,200μg/mL(相关溶剂如RPMI或0.4% DMSO培养基)。后续实验浓度根据第一次结果选择。根据每次结果决定是否进行更多的实验。

推荐的浓度选择：

每一次的实验为4~6个浓度。最高浓度为200μg/mL。建议选择下列浓度：1,2,3,4,5,7.5,10,12.5,15,20,25,30,35,40,45,50,60,70,80,90,100,120,140,160,180和200μg/mL。当CD86在1μg/mL被观察到有阳性值，浓度为0.1μg/mL也要用于评价，以找出阴性浓度。为了便于研究随着CD86升高的剂量依赖效应，所选浓度应该平均分布于EC150(或者最高无细胞毒性浓度)和CV70(或者最高溶解度)之间。

每个化学品最多进行6次独立实验(包括5次有效实验和最多1次无效实验)。

(三) 测试物暴露测试物

(2倍浓度工作液)与对照物以1:1(体积比)与96孔平板上准备好的细胞悬浮液(0.5×10^6 个/mL)混合。然后在37℃、5% CO_2 培养45h±3h。应注意避免物质挥发和每孔间测试物的交叉污染。

对于每个测试浓度，需准备2孔细胞(1孔用于IgG1阴性对照，1孔用于CD86染色)

每一轮实验的每块板都需要3对(6个孔)用于RPMI未处理对照组，溶剂对照组，阴性对照组和阳性对照组。

(四) 细胞染色

在45h±3h后，把细胞转移至V型微孔板中，并离心(200g,5min,4℃)收集细胞。除去上清液后，剩下的细胞用100μL冰的含5% FCS的PBS(染色缓冲液)再悬浮，离心(200g,5min,4℃)。准备另一块V型微孔板，加入5μL IgG1或CD86抗体。重悬细胞于100μL冰的染色缓冲液，转移至含有抗体的V型微孔板。细胞在冰上避光孵育30min。

离心(200g,5min,4℃)，用100μL染色缓冲液清洗涤两次，再用100μL冰的PBS洗涤一次。

如果使用手动逐管分析：

细胞重悬于125μL冰的PBS，转移至1.4mL微量管，按照设定的顺序排列，避光置于冰上。稀释PI母液至8μg/mL的冰PBS。在前两列微量管中加入75μLPI溶液，并放入5ml的流式细胞仪测定管，检测。继续测定后两列微量管。

如果使用自动进样器分析,细胞在自动进样板中重悬于50μL冰的PBS。稀释PI母液至8μg/mL的冰PBS。每孔加入30μLPI溶液,检测。

注意:

(1)每次洗涤时,使用涡旋振荡器重悬细胞,不要反复吹打。

(2)确保所有的缓冲液和细胞在冰上操作。

(3)不论使用哪种检测方式,PI的最终浓度都为3μg/mL。

PI同时与异硫氰酸荧光素(FITC)标记抗体于相同细胞上染色。

其他细胞毒性标志物如7-氨基放线菌素D(7-AAD),台盼蓝或其他物质,若能产生与PI染液类似的结果,也可使用。

可使用在U-SENS™DB-ALM草案中提到的抗体。根据该方法开发者的经验,在不同批之间的抗体荧光强度是一致的。然而,使用者会认为,在他们的实验室条件下,抗体的滴定值决定使用的最佳浓度。其他荧光标记的CD86抗体可被使用,若他们能被证实也可给出与FITC标记抗体相似的结果,例如通过测试参考物质(在验证中提到)。需要注意的是,改变U-SENS™DB-ALM草案中提到的抗体的克隆或供应商时,可能会影响结果。

(五)流式细胞仪设定

根据细胞的大小(FSC前向散射角)和细胞内结构及颗粒信息(SSC侧向散射角)的分布的散点图,可以鉴定R1通道下的细胞总量,并且除去细胞碎片。在R1通道下设定每孔获取10000个细胞。

FITC获取通道(FL1)被设定为FITC荧光信号的最佳检测;PI获取通道(FL3)被设定为DNA结合的PI荧光信号的最佳检测。

(六)流式细胞仪分析设定

来自于门R1的细胞显示于FL3/SSC。活细胞通过设定门R2选择PI-阴性细胞(FL3通道)绘制。

计算通过门R2的活细胞中的FL1-阳性细胞比例,分析细胞表面CD86表达情况。

通过该细胞仪分析程序,计算细胞活性和CD86表达。当细胞活性低,则需要高达20000个细胞(包括死细胞)。或者,在首次分析后1min,重新获得数据。

(七)数据计算

细胞活性=活细胞数量/总获得细胞数量×100%。

CV70即70% U937细胞存活的浓度(30%细胞毒性),用于确定在CD86表达测定方法中,测试物的浓度。

可通过对数线性插值并用以下公式计算出:

$$CV70 = C1 + [(V1 - 70)/(V1 - V2) * (C2 - C1)]$$

式中:

V1——细胞活力超过70%的最小值;

V2——细胞活力低于70%的最大值。

用其他方法得出的CV70值也可使用,只要其被证实对结果无影响。

C1和C2为细胞存活率为V1和V2对应的浓度值。

EC150值,即测试物产生刺激指数为150时的浓度。公式为:

$$EC150 = C1 + [(150 - S.I.1)/(S.I.2 - S.I.1) * (C2 - C1)]$$

其中C1为CD86S.I.<150%(S.I.1)的最高浓度(μg/mL),C2为CD86S.I.≥150%(S.I.2)的最

低浓度。

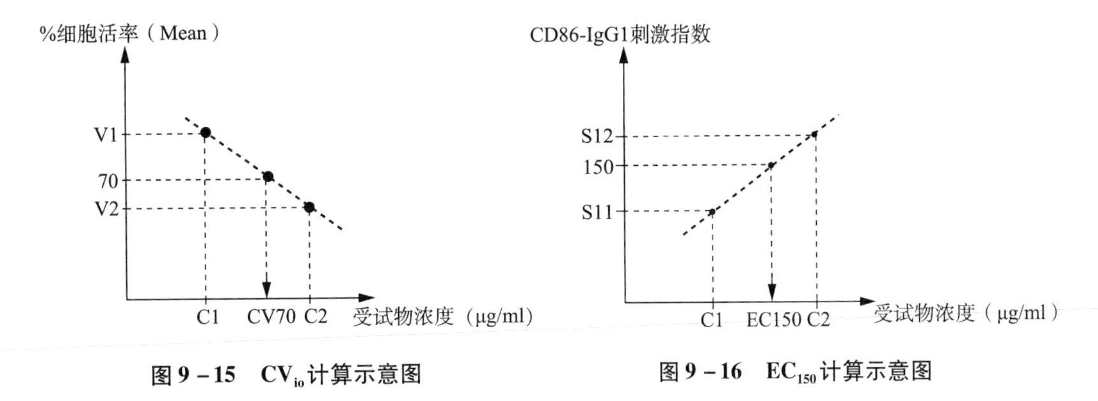

图 9-15 CV_{70}计算示意图 图 9-16 EC_{150}计算示意图

刺激指数(S.I.):细胞活性≥70%时计算

$$S.I.=\frac{\text{处理组细胞 CD 86}^{+}\text{表达}(\%)-\text{处理组细胞 IgG1}^{+}\text{表达}(\%)}{\text{对照组细胞 CD 86}^{+}\text{表达}(\%)-\text{对照组细胞 IgG1}^{+}\text{表达}(\%)}$$

四、预测模型及验证

(一) 预测模型

对于 CD86 表达测试方法,至少需要 2 次独立实验来获得一次独立的预测(阳性或阴性)。

若测试物在至少两次的独立实验中非细胞毒性剂量下 CD86S.I. <150%,且无观察到干扰因素(如弱溶解性、颜色干扰或细胞毒性)则 U-SENS™预测为阴性。

若 2 次独立实验中的 2 次或 3 次独立实验中的 2 次,至少满足以下一个条件,U-SENS™预测为阳性。

(1) 在至少两次独立实验中,使用非细胞毒性的测试剂量时 CD86S.I. ≥150%(存在剂量反应关系下,细胞活力≥70%)(图 9-17P1);

(2) 在至少两次独立实验中,CD86S.I. ≥150%(在任何测试浓度下,细胞活力≥70%)或 CD86S.I. 在非细胞毒性剂量情况下 <150% 并有干扰因素(如弱溶解性、颜色干扰或细胞毒性)(图 9-17P2)。

有一种例外的情况是,在第一次实验中,在最高的非细胞毒性剂量下,CD86S.I. >150%,应被认为“无结果”(图 9-17NC),需要第三次的实验并增加其他浓度(介于最高无细胞毒性和最低细胞毒性浓度之间)。

每次实验的阳性预测(P1 或 P2)可根据对应流程而获得。

综上所述,如果前两次实验的结果均为阳性(P1 或 P2),则 U-SENS™预测为阳性,不需第三次实验。如果前两次结果不一致(N 和 P1 或 N 和 P2),需要第三次实验并且最后的预测应基于三次独立实验主要偏向的结果(即 3 个独立实验中的 2 个)。

U-SENS™方法预测应在 IATA 框架下考虑,并注意其局限性。图 9-17 中的:

N——无 CD86 阳性表达及没有观察到干扰因素;

NC——在第一次实验中可能出现的,CD86 仅在最高非细胞毒性剂量下出现阳性的情况,为“无结果”;

P1——在剂量反应关系中的 CD86 阳性;

P2——在无剂量反应关系中的,或观察到干扰因素情况下的 CD86 阳性;

*——方框内按照次序显示前两次实验结果的相关组合;

#——第一次实验得出 NC 的结果提示需要做第三次实验,以便在三次实验里的两次实验中,获得多数的阳性结果(P1 或 P2)或阴性结果;

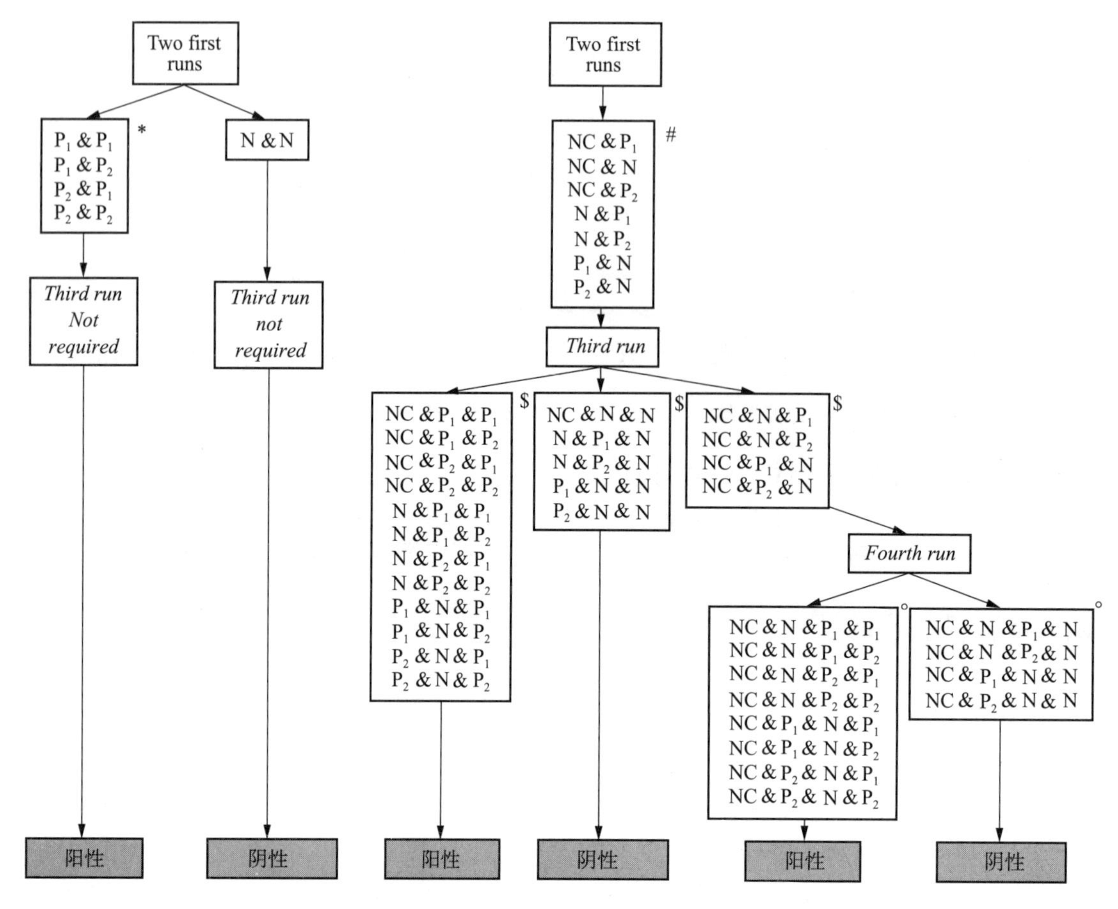

图 9－17 U-SENS^{TM}方法预测模型

$:方框内显示在前两次实验结果的基础上,总共三个结果的相关组合,但不显示得出结果的顺序;

°:方框内显示在前三次实验结果的基础上,总共四个结果的相关组合,但不显示得出结果的顺序。

对于被预测为阳性的测试物,可选择性地算出 CD86 的 EC150,在整合方法如 IATA 中,EC150 的值也可用于评价致敏潜力。

为了能够更加精确地得到 EC150 值,需要两次 CD86 表达的独立实验。最终的 EC150 值为每个独立实验 EC 值的中位数。当两个实验当中的一个或三个实验当中的两个满足阳性的标准,那么在两次算出的值当中,最大的 EC150 值可被接受。

(二) 实验可接受条件

使用 U-SENS^{TM}方法时,应符合以下接受条件:

(1) 在 45h 的培养过程后,未经处理 U937 细胞三个平行的细胞活力平均值 >90% 且未观察到 CD86 表达漂移。未处理 U937 细胞的 CD86 基本表达在≥2% 和≤25% 的范围内。

(2) 当 DMSO 用作溶剂,应计算 DMSOS. I. 值(相较于未处理细胞)以评价 DMSO 溶剂对照的有效性,并且三组平行的细胞活力平均值 >90% 。若其三组平行的 CD86S. I. 值比未处理 U937 细胞三组平行的 CD86S. I. 平均值的 250% 要小,可认为 DMSO 溶剂对照有效。

(3) 若未处理的 U937 细胞的三个 IgG1 值中的两个均落在≥0. 6% 且 <1. 5% 范围,可认为本轮实验有效。

(4) 在做阴性对照时,当三个实验中的其中两个出现阴性(CD86S. I. <150%)且无细胞毒性(细胞活性≥70%),则认为阴性对照(LA)有效。

（5）在做阳性对照时，当三个实验中的其中两个出现阳性（CD86S. I. ≥150%）且无细胞毒性（细胞活性≥70%），则认为阳性对照（TNBS）有效。

（三）验证

U-SENS™方法被 EURL ECVAM 推荐在 IATA 框架下，帮助区分皮肤致敏物与非致敏物。该方法被证实，可在有细胞培养技术和流式细胞分析技术经验的实验室间转移。其再现性水平为 90%（同一实验室内）和 84%（不同实验室间）。在验证研究和其他文献的研究中指出，与 LLNA 结果相比，区分皮肤致敏物和非致敏物的准确性为 86%（N = 166），其敏感性为 91%（118/129）且特异性为 65%（24/37）。于人群测试见过相比，区分皮肤致敏物和非致敏物的准确性为 77%（N = 101），其敏感性为 100%（58/58）且特异性为 47%（20/43）。比起强皮肤致敏物（即属于 UN GHS 1A 亚分类中的物质），假阴性结果更可能在轻至中度皮肤致敏物中出现（即属于 UN GHS 1B 亚分类中的物质）。以上数据表明 U-SENS™方法对预测皮肤致敏潜力的有效性。然而，此处得到的准确率仅是 U-SENS™作为单一方法得出的，仅具有参考性，因此该方法应在 IATA 框架下，与其他来源的数据进行组合比较再得出结论。

五、适用范围

U-SENS™方法可在 IATA 框架下帮助区分皮肤致敏物（归类到 UN GHS Category1）与非致敏物，适用于能溶于或稳定分散于 DMSO 或完全培养基的单一化学物或混合物。但是，由于 CD86 表达非特异性增加，破坏细胞膜的物质（如表面活性剂）能造成假阳性结果。水中低溶解度的物质（如部分高分子聚合物和植物提取物）可能会产生假阴性。某些自身会干扰 CD86 诱导通路的物质（如某些药物或植物提取物）会影响判断结果。此外，由于混合物的分类和成分涵盖范围较广，而已知的信息有限，如果有证据表明某一特定分类的混合物不适用于此方法则不能用 U-SENS™检测。自身荧光物质也可用此方法评价其致敏潜力，然而，若强荧光物质发出的波长与 FITC 或 PI 的一样，会干扰流式细胞仪的检测而导致不能正确评价该物质。在这种情况下，只要能在对参考物质的验证过程中得出相似的结果，其他的荧光标记抗体或细胞毒性标志物也可用于测试。

此方法不能单独用于把皮肤致敏物归类到 UN GHS 的 1A 或 1B 亚分类中的情况，或预测安全评价判定中的致敏潜力。

六、实验报告

（一）通用要求

见第一章第一节。

（二）特殊要求

细胞活力和 CD86 S. I. 值与接受范围的比较；

测试物和阳性对照物数据如 CV70（如适用）、S. I. 、细胞活力值、EC150（如适用）的表格，并且根据预测模型得出的对测试物的评价；

对其他相关观察的描述（如适用）；

讨论 U-SENS™方法下所得的结果；若有其他相关资料提供，可在 IATA 框架内考虑测试结果。

七、能力确认

在常规使用该方法前，实验室应对以下表中 10 种参考物质进行能力确认并得到预期值，且至少 10 个中的 8 个物质的 CV70 和 EC150 应落在参考范围内。10 种参考物质及结果（CV70、EC150）范围如表9－11。

表9－11 用于U-SENS能力确认的参考物质清单

参考物质	CAS编号	物理性状	体内实验预测结果[1]	CV70参考范围(μg/mL)[2]	U-SENS™方法(CD86)预测结果(EC150参考范围,μg/mL)[2]
2,4－Dinitrochlorobenzene 2,4－二硝基氯代苯	97－00－7	固体	极强致敏物	<10	阳性
4－Phenylenediamine 对苯二胺	106－50－3	固体	强致敏物	<30	阳性(≤10)
Picryl sulfonic acid 三硝基苯磺酸	2508－19－2	液体	强致敏物	>50	阳性(≤50)
2－Mercaptobenzothiazole 2－巯基苯并噻唑	149－30－4	固体	中等致敏物	>50	阳性(≤100)
Abietic acid 松香酸	514－10－3	液体	弱致敏物	>30	阳性(10－100)
4,4,4－Trifluro－1－phenylbutane－1,3－dione 4,4,4－三氟－1－苯基－1,3－丁二酮	326－06－7	固体	弱致敏物	10－100	阳性(≤50)
Isopropanol 异丙醇	67－63－0	液体	非致敏物	>200	阴性(>200)
Glycerol 甘油	56－81－5	液体	非致敏物	>200	阴性(>200)
Lactic acid 乳酸	50－21－5	液体	非致敏物	>200	阴性(>200)
4－Aminobenzoic acid 对氨基苯甲酸	150－13－0	固体	非致敏物	>200	阴性(>200)

1:体内实验预测结果基于LLNA数据。
2:基于历史数据。

八、疑难解答

(一) 目前OECD指南认可的三项替代方法有什么关联吗?

皮肤致敏的替代方法研发,是在AOP原理指导下在短时间内取得突破的领域之一。具体AOP的替代方法开发理念可参考本书第四章。从图9－18可知三个方法分别代表了皮肤致敏AOP中的关键事件1(KE1)—蛋白结合反应、关键事件2(KE2)—角质细胞活化Keap－1/Nrt2－ARE通路活化,以及关键事件3(KE3)—树突细胞反应。U-SENS基本上也属于KE3的方法,其他如正在验证中的方法Lu-SENS也属于KE3的方法。

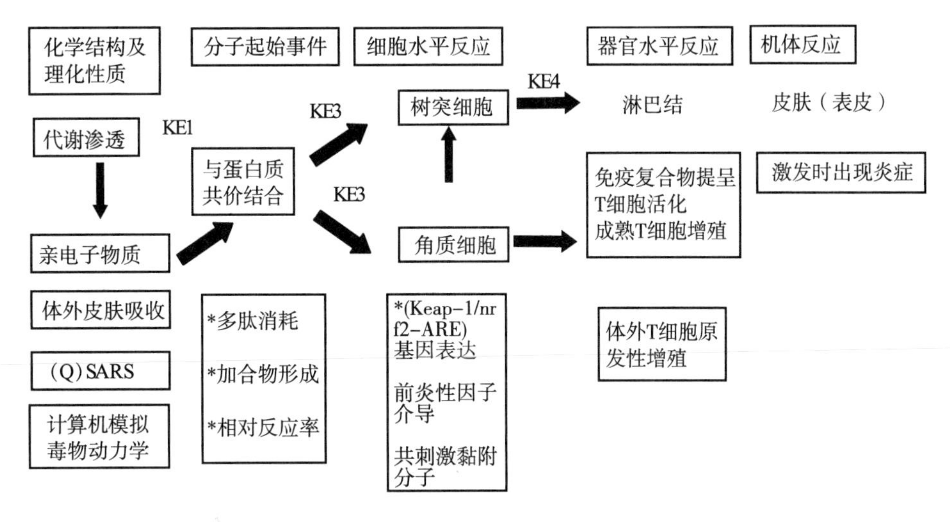

图 9－18　皮肤致敏替代方法与 AOP 的关系

（二）从验证评价的角度看，三项替代方法有什么区别？

三个方法与 LLNA 和人数据相比的结果见表 9－12。可看出 3 个方法的差异。

表 9－12　3 项替代方法的验证数据

项目	DPRA(LLNA)	KeratinoSens(LLNA)	h-CLAT(人)
数据大小	N＝82	N＝145	N＝53
精确性	89.0%	77.0%	83.0%
敏感性	88.0%	79.0%	85.0%
特异性	90.0%	72.0%	76.9%

（三）如何整合这些测试方法？

目前，关于眼刺激和皮肤刺激的 IATA 比较成熟，而皮肤致敏的 IATA 还处于研究阶段，文献报道有不同的组合模式的建议。如组合 DPRA 和 h-CLAT 的简单组合，如图 9－19a），数据表明简单的组合精确率可从 73% 提高到为 86%，与单一 h-CLAT 方法相比，敏感性提高到 96%。Vande 等考虑到不同来源数据互补的特点，提出的组合 QSAR 的三层决策模型（图 9－19b））等。IATA 将是未来 3～5 年研究的热点和急需解决的问题。

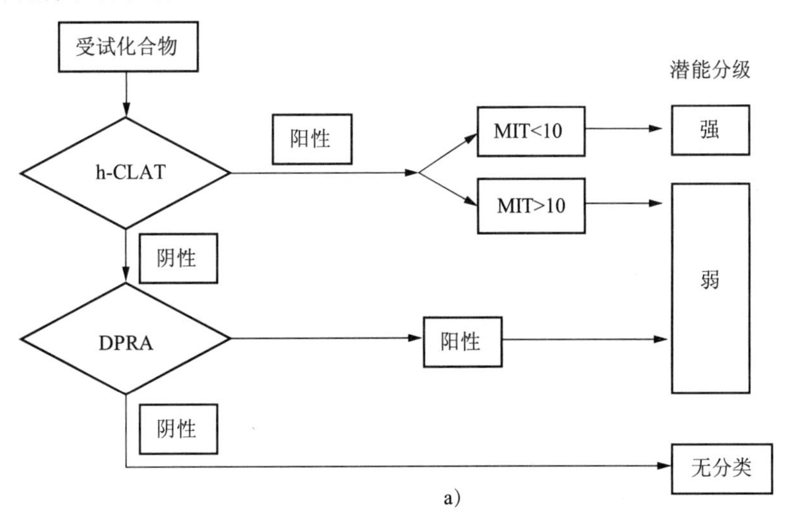

图 9－19　皮肤致敏的整合策略（a：Nukada，2013；b：Vander Veen，2014）

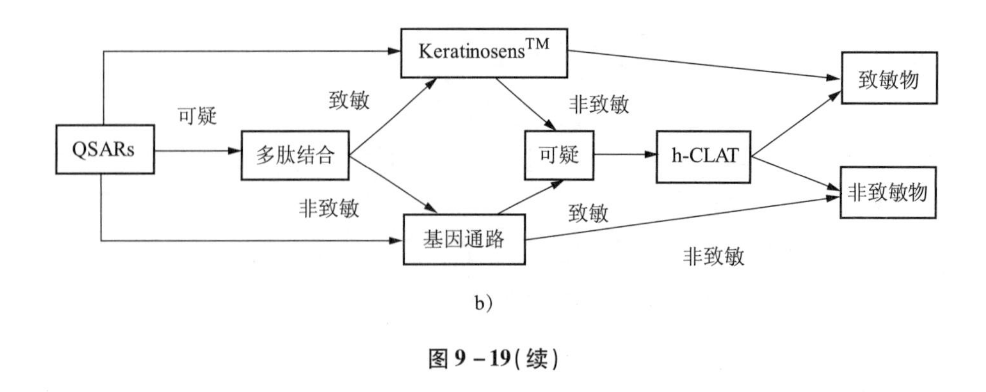

b)

图 9－19（续）

（蔡臻子　程树军　郑楚婷）

参 考 文 献

[1] 陈彧，喻欢，程树军，等. 基于有害结局通路原理的皮肤致敏测试替代方法进展，日用化学品科学，2016，39（4）：4－9.

[2] 陈彧，喻欢，秦瑶，等. 基于 THP－1 细胞的皮肤致敏体外检测方法研究，中国比较医学杂志，2017，27（4）：49－102.

[3] 程树军，焦红. 实验动物替代方法原理与应用. 北京：科学出版社，2010.

[4] 柯逸晖，陈彧，程树军，等. 直接多肽结合试验组合人细胞活化实验预测皮肤致敏物的探讨，中国实验动物学报，2016，25（16）：611－617.

[5] Bauch C，Kolle SN，Ramirez T，et al. Putting the parts together：Combining in vitro methods to test for skin sensitizing potentials. Journal of Applied Toxicology，2012，63：489－504.

[6] Chaudhry Q，Piclin N，Cotterill J，et al. Global QSAR models of skin sensitisers for regulatory purposes. Chemistry Central Journal，2010，4（1）：55.

[7] Coralie D，Pilar P，Asturiol D，et al. Review of the Availability of In Vitro and In Silico Methods for Assessing Dermal Bioavailability. Applied in Vitro Toxicology，2015，1（2）：147－164.

[8] Caroline Bauch，Susanne N. Kolle，Tzutzuy Ramirez，et al. Putting the parts together：Combining in vitro methods to test for skins ensitizing potentials. Regulatory Toxicology and Pharmacology，2012，63：489－504.

[9] EURL-ECVAM. Recommendation on the U937 Skin Sensitisation Test（U-SENS^{TM}）for skin sensitisation testing. Accessible at：in preparation. 2016.

[10] Gerberick GF，Troutman JA，Foertsch LM，et al. Investigation of Peptide Reactivity of Pro-hapten Skin Senstizers Using a Peroxidase-Peroxide Oxidation System. Toxicological Science，2009，112（1），164－174.

[11] Gerberick GF，Vassallo JD，Foertsch LM，et al. Quantification of Chemical Peptide Reactivity for Screening Contact Allergens：A Classification Tree Model Approach. Toxicological Science，2007，97（2）：417－427.

[12] Guilliams M，Henri S，Tamoutounour S，et al. From skin dendritic cells to a simplified classification of human and mouse dendritic cell subsets. Eur J Immunol，2010，40（8）：2089－2094.

[13] Joanna S. Jaworska，Andreas Natsch，Cindy Ryan，et al. Bayesian integrated testing strategy（ITS）for skin sensitizationpotency assessment：a decision support system for quantitativeweight of evidence and adaptive testing strategy. Arch Toxicol，2015，89：2355－2383.

[14] John A. T, Leslie M. F, Petra S. Kern, et al. The Incorporation of Lysine into the Peroxidase Peptide Reactivity Assay for Skin Sensitization Assessments. Toxicological science, 2011, 122(2):422-436.

[15] Jaworska J, Dancik Y, Kern P, et al. Bayesian integrated testing strategy to assess skin sensitization potency: from theory to practice. J Appl Toxicol, 2013, 33(11):1353-1364.

[16] Kinsner-Ovaskainen A, Maxwell G, Kreysa J, et al. Report of the EPAA-ECVAM workshop on the validation of integrated testing strategies(ITS). Altern Lab Anim, 2012, 40:175-181.

[17] McKim JM Jr, Keller DJ III, Gorski JR. An in vitro method for detecting chemical sensitization using human reconstructed skin models and its applicability to cosmetic, pharmaceutical, and medical device safety testing. Cutan Ocul Toxicol, 2012, 31(4):292-305.

[18] Natsch A, Ryan CA, Foertsch L, et al. A dataset on 145 chemicals tested in alternative assays for skin sensitization undergoing prevalidation. J Appl Toxicol, 2013, 33:1337-1352.

[19] Nukada Y, Miyazawa M, Kazutoshi S, et al. Data integration of non-animal tests for the development of a test battery to predict the skin sensitizing potential and potency of chemicals, Toxicology in Vitro, 2013, 27:609-618.

[20] OECD. In Vitro Skin Sensitisation: ARE-Nrf2 Luciferase Test Method. OECD Guideline for the Testing of Chemicals No. 422D. OECD, Paris, 2015.

[21] OECD. The Adverse Outcome Pathway for Skin Sensitisation Initiated by Covalent Binding to Proteins. Part 2: Use of the AOP to Develop Chemical Categories and Integrated Assessment and Testing Approaches. Series on Testing and Assessment No. 168. Paris, 2012.

[22] OECD. In Chemico Skin Sensitisation: Direct Peptide Reactivity Assay (DPRA). OECD, Paris, 2015.

[23] OECD. OECD Guideline for the Testing of Chemicals, Draft proposal for a new test guideline: In Vitro Skin Sensitisation: U937 Skin Sensitisation Test (U-SENS™). Paris, 2016, France.

[24] Piroird C, Ovigne J-M, Rousset F, et al. The Myeloid U937 Skin Sensitization Test(U-SENS) addresses the activation of dendritic cell event in the adverse outcome pathway for skin sensitization. Toxicol. In Vitro, 2015, 29, 901-916.

[25] Ramirez T, Mehling A, Kolle SN, et al. LuSens: A keratinocyte based ARE reporter gene assay for use in integrated testing strategies for skin sensitization hazard identification. Toxicology in Vitro, 2014, 28: 1482-1497.

[26] Recommendation on the KeratinoSens™ assay for skin sensitization testing. EURL-ECVAM, 2014.

[27] Richter A, Schmucker SS, Esser PR, et al. Human T cell priming assay(hTCPA) for the identification of contact allergens based on naive T cells and DC-IFN-gamma and TNF-alpha readout. Toxicol. In Vitro, 2013, 27(3):1180-1185.

[28] Sakaguchi H, Ashikaga T, Miyazawa M, et al. The relationship between CD86/CD54 expression and THP-1 cell viability in an in vitro skin sensitization test-human cell line activation test(h-CLAT). Cell Biol Toxicol, 2009, 25(2):109-126.

[29] Tsujita-Inoue KT, Hirota M, Ashikaga T, et al. Skin sensitization risk assessment model using artificial neural network analysis of data from multiple in vitro assays. Toxicol In Vitro, 2014, 28(4):626-639.

[30] Troutman JA, Foertsch LM, Kern PS, et al. The incorporation of lysine into the peroxidase peptide reactivity assay for skin sensitization assessments. Toxicol Sci. 2011, 122(2):422-436.

[31] Urbisch D, Mehling A, Katharina G, et al. Assessing skin sensitization hazard in mice and men using non-animal test methods. Regul Toxicol Pharmacol, 2015, 71(2):337-351.

[32] van der Veen JW, Rorije E, Emter R, et al. Evaluating the performance of integrated approaches

for hazard identification of skin sensitizing chemicals, Regulatory Toxicology and Pharmacology, 2014, 69: 371 - 379.

[33] Wong CL, Ghassabian S, Smith MT, et al. In vitro methods for hazard assessment of industrial chemicals-opportunities and challenges. Front. Pharmacol, 2015, 6: 94.

第十章　皮肤光毒性替代方法

Chapter 10　Alternatives of skin phototoxicity

第一节　3T3 中性红摄取光毒性试验

Section 1　In vitro 3T3 NRU phototoxicity test

一、基本原理

光毒性是指化学物质暴露于光线后诱发或增强的毒性反应,或者全身暴露于某种物质后由于皮肤接触光照引发的反应。体外 3T3 中性红摄取光毒性试验可以用于鉴定受试物暴露于光照后由活性化学物质诱导产生的潜在光毒性。Balb/c 3T3 细胞经 24h 培养形成单层。每种受试物用两块 96 孔培养板,将 8 个不同浓度的受试化学物质预培养 1h。接着将其中一块培养板暴露于无细胞毒性的最高光照剂量下,另一块培养板置于暗处。然后两块培养板都用细胞培养基代替处理培养基再培养 24h,中性红摄取测定细胞活性。以占未处理阴性对照组的百分比表示细胞活性,分别计算每一个试验浓度的细胞活性值。通过比较有光照和无光照下获得的浓度反应来预测潜在光毒性。

二、实验系统

(一) 细胞

永生化小鼠成纤维细胞系 Balb/c 3T3,建议来源于 ATCC 或 ECACC 的细胞株。应该定期检查细胞确保无支原体污染,只有无污染才能被使用。同样,按该指南所规定的质量控制步骤定期检查 Balb/c 3T3 细胞的 UV 敏感性非常重要。由于细胞对 UVA 的敏感性随传代数的增多可能增高,因此,应使用可获得的最低传代数的 Balb/c 3T3 细胞,传代次数最好少于 100。

(二) 培养基和培养条件

DMEM 加 10% 新生小牛血清,4mmol/L 谷氨酰胺,青霉素(100IU)和链霉素(100μg/mL),在 37℃,5% ~7.5% CO_2,湿润条件下培养。

(三) 实验材料和消耗品

见本书第二章。

(四) 仪器和设备

常规设备见第二章第一节。特殊设备为光源及辐照计,如太阳光模拟器(SOL500 或 SOL3)。UV 照度计必须经过校准,并检查其性能,推荐使用同一类型和同样校准的二台 UV 照度计互为参考,以达到检查仪器性能的目的。理想的情况下,在更长的时间间隔后,应使用分光照度计测定过滤光源的光谱辐射度,并校准宽波段 UV - 照度计的刻度。

三、实验过程

(一) 受试化学物质制备

受试物应在使用前直接制备,建议所有化学物质操作和细胞处理都应避光。

受试物应溶解在缓冲盐溶液中,如 EBSS,平衡盐溶液应不含蛋白质成分和光吸收成分(如 pH 指示剂色素和维生素),以避免照射时产生干扰。

水中溶解度有限的受试化学物应当溶解在适当的溶剂中,如果选用溶剂溶解必须在选定的浓度下无细胞毒性,并保持所有培养物中溶剂体积一致。受试物的浓度应选择以避免出现沉淀和呈现云雾状。

建议使用二甲亚砜(DMSO)和乙醇(EtOH)为溶剂,其他低细胞毒性的溶剂(例如丙酮)也可使用。

(二) 照射条件和剂量

每次进行光毒性试验前应用一个合适的宽波段紫外线 - 照度计(UV 照度计)对光的强度常规检测,透过 96 孔板盖的光线强度也应检测。

选择剂量为 $5J/cm^2$,研究证实该剂量对 Balb/c 3T3 细胞无毒性作用,但足以有效地激发化学物质产生光毒性反应。例如在 50min 内达到 $5J/cm^2$ 剂量,辐照度调到 $1.7mW/cm^2$Ò 如果使用另外的细胞系或不同的光源,照射剂量必须校准,以使剂量的选择对细胞无害并足以对标准光学毒性物质产生激发作用。

(三) 浓度设置

通过剂量范围试验(预试验)确定有光照(+Irr)和无光照(-Irr)条件下受试物的浓度范围,受试物最高浓度应在生理试验条件下确定,例如应避免出现渗透性和极端的 pH 情况。溶解性低的化学物质,如果在其最高溶解饱和点不具有毒性,则应当用该物质所能达到的最高溶解浓度进行试验。受试物的最高浓度不应超过 1000μg/mL,1kg 溶剂中所溶解的有渗透作用的微粒的量(同渗重摩)不应超过 10mmolar。8 个受试物浓度的几何稀释序列应采用同一稀释因子。此外,应避免受试物在任何浓度出现沉淀。

如果有资料表明(如范围确定试验)在暗试验条件下(-Irr)受试物在达到临界浓度时无细胞毒性,但是在光线照射下(+Irr)具有较高的细胞毒性,这时,有光照试验(+Irr)浓度范围的选择应不同于无光照试验(-Irr)浓度范围的选择,以符合质量控制的要求。

(四) 实验步骤

1. 第一天,细胞铺板

加 100μL 培养基于 96 孔组织培养板的外围孔(空白对照),在其余孔中加入 100μL 密度为 1×10^5 个细胞/mL 的细胞悬液($=1\times10^4$ 个细胞/孔)。每次试验都应制备两个板,包括相同的受试物浓度序列、溶剂对照和阳性对照。细胞培养 24h 直至形成半融合单层。在此培养期间细胞恢复活力、贴附和指数增长。

2. 第二天,添加受试物和光暴露

去除培养液,用 150μL 孵育缓冲液轻洗两次。加 100μL 含适当浓度受试物或溶剂(溶剂对照)的缓冲液到孔中,受试物设置 8 个不同浓度,在暗处孵育含受试物的细胞 60min。两块培养板随机选择,其中一块用于检测细胞毒性(-Irr),即对照板;另一块用于检测光细胞毒性(+Irr),即处理板。处理板进行 +Irr 暴露,以无细胞毒性的最高光剂量透过 96 孔板盖室温下照射约 50min,在室温下将对照板(-Irr)置于暗盒内 50min(=光线暴露时间)。去除试验溶液,用 150μL 孵育用不含受试物的缓冲液小心洗两次。用培养基代替缓冲液孵育过夜(18h~22h)。

3. 第三天,检测和观察

相差显微镜观察细胞生长情况、形态和细胞单层的完整性。记录细胞形态和生长的变化。

中性红摄取检测细胞活性:用150μL预温的缓冲液冲洗细胞,轻轻敲打去除清洗溶液。加100μl含50μg/mL中性红无血清的培养基,孵育3h。孵育后,吸除中性红培养基,用150μL缓冲液清洗细胞。以吸干或离心方式倾倒和去除多余缓冲液。准确加150μL中性红洗脱液(用水、乙醇、乙酸按49:50:1的比例现配)。将96孔板置于微量滴定板摇荡器快速震荡10min,直到中性红从细胞中提取出来并形成均匀溶液。用分光光度计在540nm下以空白试剂为参照测量中性红提取物的光密度。试验数据用电子格式保存,便于随后分析。

(五)试验结果

1. 试验数据的质量和数量

如果受试化学物质的浓度范围内细胞活性下降到50%(IC_{50}),那么无论在有光照还是在无光照下得到的试验数据都应进行有意义的浓度-反应分析。如果发现受试物具有细胞毒性,不管是整个浓度范围和还是其中任何一个浓度,两者都应符合一条由试验数据拟合成的曲线。

对于明显阳性和明显阴性的结果,除主试验外,再加上一个或多个范围确定试验支撑就足够了,无需做重复试验进行确认。

模棱两可的、临界范围附近的和不清楚的结果需要进一步试验进行澄清,在这种情况下,应该考虑改变试验条件。试验条件的改变可能包括浓度范围或间距、预孵育时间、照射暴露时间等。对于水不稳定性化学物可考虑缩短暴露时间。

2. 试验结果处理

为评价试验数据,可计算光刺激因子(PIF)或平均光效应(MPE)。为计算光细胞毒性的数值,必须通过适当的连续剂量-反应曲线(模型)对离散的剂量反应值进行约算。对数据进行曲线拟合通常采用非线性的回归方法,为评估数据变异性对拟合曲线的影响,推荐采用共益程序(或靴带程序bootstrap procedure)进行分析。

(六)质量控制

细胞光敏感性,建立历史数据:应该通过暴露于越来越高剂量的光线评估细胞活性,以定期(约每传代15次)检查细胞对光线的敏感性。包括远高于体外3T3NRU光毒性试验使用剂量在内的多个剂量的照射水平都可用于这一检测。通过测定光源的UV部分可以容易地对这些照射剂量水平加以定量。细胞按本标准描述的密度接种,次日进行照射,一天后采用中性红摄取检测确定细胞活性。检测结果应当表明最高无细胞毒性剂量(如$5J/cm^2$ UVA),并足以对参考化学物质进行正确分类。

光敏感性,检查当前试验:试验应符合的质量标准为,光线照射下(+Irr)阴性/溶剂对照组的细胞活性与无光线照射下(-Irr)阴性/溶剂对照组的细胞活性相比大于80%。

溶剂对照的活性:阴性对照组中性红提取物测得的绝对光密度($OD_{540\ NRU}$)表明在试验的两天内以1×10^4个细胞/孔密度接种的细胞是否以正常的倍增时间生长。试验应符合质量标准为:未处理对照组平均$OD_{540\ NRU}\geq0.4$,即约20倍于背景溶剂吸光值。

阳性对照:每一次光毒性试验都应同时用某个已知的光毒性化学物质进行试验。推荐使用氯丙嗪(CPZ)。据历史资料,试验可接受标准为:

CPZ有光照(+Irr):$IC_{50}=0.1\sim2.0\mu g/mL$,

CPZ无光照(-Irr):$IC_{50}=7.0\sim90.0\mu g/mL$,

光刺激因子(PIF):PIF>6。

阳性对照物的历史数据应当记录。

其他光毒性化学物质，若其化学分类或溶解性已被评估过，亦可用于同步阳性对照物替代 CPZ。

四、预测模型

（一）预测模型 1：光刺激因子（PIF）

（1）如果在有光照（+Irr）和无光照（−Irr）两种情况下都得到完整的浓度响应曲线，通过以下公式计算 PIF 值：$PIF = IC_{50}(-Irr)/IC_{50}(+Irr)$。

（2）如果一个化合物只在有光照（+Irr）时有细胞毒性，而在无光照（−Irr）时无细胞毒性，即使试验结果表明其可能具有潜在光毒性，也无法计算 PIF。在这种情况下，如果用受试物最高浓度（C_{max}）进行无光照（−Irr）下的细胞毒性试验，则可利用 C_{max} 通过公式计算“>PIF”值：$>PIF = Cmax(+Irr)/IC_{50}(-Irr)$。

（3）如果受试物在达到允许的最高浓度值也不表现细胞毒性而使得 $IC_{50}(+Irr)$ 和 $IC_{50}(-Irr)$ 的值无法计算，这就表明该受试物无潜在光毒性。这时，用“PIF = *1”描述结果，即公式：$PIF = Cmax(-Irr)/Cmax(+Irr) = *1$。

（二）预测模型 2：平均光效应（MPE）

平均光效应（MPE）是一种基于比较完全浓度反应曲线的计算方法，它的定义是指全部具有代表性的光效应数值的加权平均数。$MPE = \sum_{i=1}^{m} WiPEci / \sum_{i=1}^{m} Wi$

任何一个浓度（C）的光效应（PE_C）是指反应效应（RE_C）和剂量效应（DE_C）的乘积，即 $PEc = REc \times DEc$。反应效应（RE_C）是指无光照和有光照观察到的反应之间的差别，即 $RE_C = R_C(-Irr) - R_C(+Irr)$。

剂量反应由以下公式得出：

$$DE_C = \left| \frac{C/C* - 1}{C/C* + 1} \right|$$

其中 C* 代表等值浓度，即浓度为 C 的 −Irr 反应相当于 +Irr 时反应的浓度，如果由于 +Irr 曲线中的反应值整体高于或低于 Rc（−Irr）而使 C* 不能得出，则剂量效应定为 1。加权因子 Wi 由最高反应值得出，即 Wi = MAX{Ri（+Irr），Ri（−Irr）}。格子浓度 Ci 指选择落在由试验浓度的值确定的每个浓度间隔内的相同数量的点。MPE 的计算严格局限于最高浓度下的两条曲线中，至少有一条曲线的反应值仍出现至少 10% 的情况。如果这一最高浓度高于 +Irr 试验中的最高浓度，则 +Irr 的残余部分设定为反应值“0”。依据 MPE 的值是否大于正常选择设定的临界值（MPEc = 0.15），对化学物质进行光毒性分类。

计算 PIF 和 MPE 的软件包可从 OECD 官方网站获得。

（三）结果解释

预测模型得出的数值，判定如下：

受试物 PIF < 2，或受试物 MPE < 0.1，预测“无光毒性”；

2 < 受试物 PIF < 5，或 0.1 < 受试物 MPE < 0.15，预测“可能具有光毒性”；

受试物 PIF≥5，或受试物 MPE≥0.15，预测“光毒性”。

但是在利用预测模型 PIF 的情况下：

如果仅得到一个“>PIF”，那么任何大于 1 的值均表明受试物具有潜在光毒性。

如果仅得到一个“PIF = *1”，则受试物无潜在光毒性。

五、适用范围

对体外 3T3 中性红摄取光毒性试验的可靠性和相关性的历史评价结果表明，本试验方法能预测动物和人的体内急性光毒性效应。本试验不能用于预测化学物质与光线联合作用可能产生的其他副效应，如光基因毒性、光过敏性或光致癌性，也不能用于评价光毒性的毒力大小。此外，3T3 IVRU PT 试验也不能阐明光毒性的间接机制、受试物质的代谢作用或混合作用。

如果光毒性效应只在最高试验浓度（特别是水溶性受试物）时获得，要评价此受试物的危害性可能还需做进一步考虑，包括受试物皮肤吸收性和累积的可能性，或进行其他试验，如化学物质的体外动物皮肤、人类皮肤或皮肤模型的检测。

体外 3T3 中性红摄取光毒性试验得到的阴性结果（PIF <5 或 MPE <0.1）表明受试物在试验所用的培养条件下对培养的哺乳动物细胞无光毒性。

如果没有毒性被证实（+Irr 和 -Irr），或者由于受试物的低溶解性使受试物的试验浓度受到限制，那么受试物与检测方法的兼容性可能值得怀疑，应采用其他模型进行确认。

六、实验报告

（一）通用报告要求

见第一章第一节。

（二）特殊要求

受试物：UV/vis 吸收光谱；稳定性和光稳定性（如果已知）。

细胞：光敏感度，用光毒性试验中相同的光照设备测定。

光源：光源选择的理由，光源和照度计的制造商和类型，光源的发光光谱特性，所用的滤光器的发射和吸收特性，照度计的特性及其校准的详细资料，光源与试验系统的距离，在此距离内的 UVA 辐照度，以 mW/cm^2 表示，暴露于 UV/vis 下的持续时间，UVA 剂量（辐照度×时间），以 J/cm^2 表示，光照期间细胞培养的温度和同时放置在暗处的细胞培养温度。

结果：每个受试物浓度得到的细胞活性，同时进行的 +Irr 和 -Irr 试验中获得的浓度反应曲线（受试物浓度对相对细胞活性），浓度-反应曲线的数据分析，可能的话，列出电脑或人工计算 IC_{50}（+Irr）和 IC_{50}（-Irr）的方法，比较在有光照和无光照下获得的两个浓度反应曲线，通过 PIF 或通过 MPE 计算。

试验接受标准：有光照和无光照条件下细胞绝对活性（NR 提取物的光密度）；阴性和溶剂对照的历史数据，平均值和标准偏差；阳性对照化学物的 IC_{50}（+Irr）和 IC_{50}（-Irr），PIF 或 MPE；阳性对照化学物的历史实验数据：IC_{50}（+Irr）、IC_{50}（-Irr）、PIF 和 MPE，平均值和标准偏差。

七、能力确认

对于任何一间实验室建立这一检测方法，应先用列于表 10-1 的参考物质进行试验。试验得到的 PIF 值和 MPE 值应接近于表中所列数值。

表 10-1 参考物质及光毒性测定数据

化学物名称和 CAS 编号	PIF	MPE	吸收峰	溶剂
盐酸胺碘酮 AmiodaroneHCL[19774-82-4]	>3.25	0.27-0.54	242nm300nm（肩峰）	乙醇
盐酸氯丙嗪 ChloropromazineHCL[69-09-0]	>14.4	0.33-0.63	309nm	乙醇
诺氟沙星 Norfloxacin[70458-96-7]	>71.6	0.34-0.90	316nm	乙腈
蒽 Anthracene[120-12-7]	>18.5	0.19-0.81	356nm	乙腈
原卟啉 Protoporphyrin IX，Disodium[50865-01-5]	>45.3	0.54-0.74	402nm	乙醇

续表

化学物名称和 CAS 编号	PIF	MPE	吸收峰	溶剂
组氨酸 L - Histidine[7006 - 35 - 1]	no PIF	0.05 - 0.10	211nm	水
六氯酚 Hexachlorophene[70 - 30 - 4]	1.1 - 1.7	0.00 - 0.05	299nm317nm（肩峰）	乙醇
十二烷基硫酸钠 Sodium lauryl sulfate[151 - 21 - 3]	1.0 - 1.9	0.00 - 0.05	无吸收	水

八、拓展应用

（一）红细胞溶血实验

细胞膜极易受到光化学物质的诱导产生 ROS 和自由基。UVA 诱导红细胞膜损伤可导致溶血，可用来评估受试物质的潜在光毒性。将绵羊红细胞（SRBC，sheep red blood cells）和受试物质共同孵育，并经 $20J/cm^2$ 的 UVA 照射，照射后在室温下，暗处孵育 2h，然后在 37℃ 条件下继续孵育 1h。最后在 540nm 处检测溶血的紫外吸光度。光毒性通过 SRBC 的血红蛋白释放量来进行评估，光溶血活性计算公式如下：

光溶血活性（%）=[（暴露于受试物的红细胞吸光度 - 未暴露受试物的红细胞吸光度）/红细胞对照组吸光度]×100

像环丙沙星、诺氟沙星、伊诺沙星等光毒性物质在 100ug/mL 时的光溶血活性会超过 20%。这个试验对于 24 种化学物质（8 种芳香剂、5 种 UV 吸光物质、4 种药物、4 种抗菌剂和 3 种染料）的敏感性、特异性和精确度与豚鼠的体内试验比较，分别为 67%、73% 和 73%。

（二）光毒性评估的化学方法

无细胞测试的体外方法又叫化学方法，可用来评估光毒性。受试物质的吸光度和光稳定性可以用于分析和预测光毒性。因为活性氧可以通过光激发和光反应产生，因此，可能具有光毒性的化学物质可以用化学方法来评估。单个氧原子可通过对亚硝基二甲基苯胺漂白剂（RNO，p-nitrosodimethylaniline）的作用进行检测，而硝基四唑蓝测试用来检测过氧化物。其反应过程如下：

单个氧原子 + 咪唑——[中间过氧化物]——氧化异吡唑

[中间过氧化物] + RNO——RNO 漂白剂 + 产物

ROS 产生试验在化妆品中的敏感度为 90%，特异性为 76.9%，非化妆品的敏感度为 100%，特异性为 75%。化学方法不需要活细胞或组织，后者会增加测试结果的变异性。但化学方法缺少代谢活化能力，非水溶性物质（油、固体物质、胶体物质和复合产品）也不适用于检测。

（三）组合策略中的应用

一般认为，3T3 NRU PT 是一个过于敏感的反应，其敏感性可达 100%，虽然假阳性率较高，但它仍被作为整合光毒性测试策略的首选方法。体外重建三维表皮模型，虽然具备了屏障功能，提高了 UVA 的耐受剂量，但也限制了潜在光毒性物质与细胞的直接接触，而且还受到模型批次差异的影响。因此，基于 3D 模型的光毒性测试并未获得正式验证。

九、疑难解答

（一）什么情况下要做光毒性试验？

许多种类的化学物质能诱导产生光毒性效应，它们的共同特点是在光的波长范围内能够吸收光能量。按照光化学第一定律（Grotthus-Draper 定律），只有吸收足够的光量子才能发生光化学反应。因此,在考虑进行生物学试验前,应先测定受试化学物质的 UV/可见光吸收光谱(如按 OECD 试验指南 101 的方法)。如果摩尔消光/吸收系数小于 10L/(mol × cm),则该化学物质不可能具有光反应性。该化学物质不必进行光毒性试验。

(二) 实验中经常出现通常出现细胞脱落的问题,如何解决?

与以下因素有关,首先检查细胞质量是否无污染及传代次数超出理想状态。其次,检查细胞接种数量,建议 96 孔板的细胞接种密度为 1×10^4 细胞/孔。第三,检查添加化合物的时间,应选择细胞未达到完全融合的状态,约融合 50% 为佳。第四,检查缓冲液的选择,在光暴露期间,细胞要在 CO_2 培养箱外维持约 50min,应小心避免培养基的碱性变化。如果选用类似 EBSS 的弱缓冲液 PH 值可以在 7.5% 的 CO_2 条件下恢复,如果细胞只在 5% 的 CO_2 条件下培养,则应选用更强缓冲作用的缓冲盐溶液。

(三) 如何选择光源? 推荐什么光源?

选择合适的光源和滤光片是光毒性试验关键的因素。体内光毒性反应通常与 UVA 和可见光区域相关,而与 UVB 相关性小,但 UVB 却具有较高的细胞毒性。随着波长从 313nm 到 280nm 变化,细胞毒性增加约 1000 倍。选择合适光源必须符合的标准应包括:光源发射的光波长能被受试物吸收(吸收光谱),光剂量能满足已知光毒性化学物质的检测。此外,所用的波长和剂量不能有损于试验系统,如(红外区域)热量散发。太阳光模拟器采用的是氙弧灯,是一种理想的人造光源,缺点是散热高,例如 SOL500。金属卤化物灯的优点是散热少和价格便宜,但与太阳光的匹配程度不如氙弧灯,例如天津合普。由于所有 UV 模拟器都发射出相当数量的 UVB,因此,它们应经过适当的过滤以削弱 UVB 波长的高细胞毒性。

(四) 是否需要考虑培养板的滤过作用?

由于所有细胞培养塑料材料都含有 UV 稳定剂,因此实验室应检测不同厂家和品牌的同类型 96 孔板盖的光谱,并且最好固定培养板的品牌和供应商。但是。也不必过于考虑因滤光片或设备不可避免的滤过效应而导致的光谱削弱,因为即使去除这些滤过作用,其光谱分布也不会与标准的室外日光范围有太大偏离。

(程树军 秦瑶 陈彧 柯逸晖 张全顺)

第二节 体外重建表皮模型光毒性试验

Section 2 Human reconstituted epidermis phototoxicity

一、基本原理

光毒性(光刺激性)是指皮肤先暴露于某种化学物质再暴露于光照所引发的急性毒性反应,或是服用某种化学成分后皮肤受到光照所引发的急性毒性反应。本实验的目的是通过 3D 人重建表皮模型检测化学物质的潜在光毒性。本实验的基本原理是比较暴露于和不暴露于无毒性剂量的 UVA 光照射下的化学物质的细胞毒性来预测该化学物质的光毒性大小。暴露于化学物质和 UVA 对细胞造成的毒性大小可以通过线粒体将 MTT 还原为蓝紫色结晶甲臜的能力来判断。

二、实验系统

(一) 人重建表皮模型

人重建表皮模型:是由正常的来源于人的表皮角质细胞培养而成的具有多层结构的,高度分化和分层的人类表皮模型。包括基底层、棘层、颗粒层和角质层，和机体的皮肤结构类似。现有的经过体外方法验证的商品化的重建表皮有 EpiSkin、SkinEthic、EpiDerm 等。不同厂家生产的重建表皮模型的规格不一。

（二）受试物与对照

阳性对照：氯丙嗪（CPZ），2.5mg% 氯丙嗪（溶于水中）；

阴性对照：溶剂

（三）试剂与耗材

二甲基亚砜（DMSO）、超纯水、磷酸盐缓冲液（PBS）、无菌维持培养液、无菌检测培养液、MTT、酸性异丙醇等。

（四）设备与仪器

同第一节。

三、实验过程

（一）实验前准备

1. 待测物的准备和待测物浓度

根据待测物的溶解性，选择水或 DMSO 作为溶剂。

表 10－2 待测物溶解性及分级

描述	溶解性范围	%（质量浓度）	分级
非常容易溶解	>1000mg/mL	>100.00	1
比较容易溶解	>100mg/mL～1000mg/mL	>10.00	2
可溶解	>30mg/mL～100mg/mL	>3.00	3
比较难溶解	>10mg/mL～30mg/mL	>1.00	4
难溶解	>1mg/mL～10mg/mL	>0.10	5
非常难溶解	>0.1mg/mL～1mg/mL	>0.01	6
几乎不能溶解	0.1mg/mL 或更低	<0.01	7

在水中溶解性较小的物质（5－7 级）用 DMSO 做溶剂，在水中溶解性大的物质（1－4 级）应该用水做溶剂。将待测物溶解于超纯水、油和 DMSO。

若没有提供受试物皮肤毒性的信息，可根据表 10－3 设置受试物浓度：

表 10－3 受试物设置浓度

溶剂	%（质量浓度）	%（质量浓度）	%（质量浓度）	%（质量浓度）	%（质量浓度）
油	10	3.16	1	0.316	0.1
水	1	0.316	0.1	0.0316	0.01

待测物的储备液为 100X 的试验样品，每个待测物设置 5 个浓度。准备好所有的待测物储备液，每种受试物储备液至少准备 4ml。光毒性试验结果针对实际实验的浓度有效。例如，某种物质的光毒性试验结果是无光毒性，但是可能更高浓度的该种物质是有光毒性的。反之，如果检测到某种物质在某一浓度是有光毒性的，但有可能在更低的浓度该物质是没有光毒性的。因此，建议最好是设置一个

涵盖了最终实际使用的浓度(血药浓度)的浓度梯度。建议设置的一系列浓度是最终使用浓度的10X,3X,1X,0.3X和0.1X。如果可以,设置的待测物最高浓度对细胞毒性组(非照射组)的表皮组织应该有一定的细胞毒性。

2. 制备 MTT 储备液

避光下称取 MTT 粉末,超纯水配制成浓度为3mg/mL 的储备液,分装到 EP 管,-20℃保存备用。使用时,在37℃水浴锅中溶解 MTT,离心弃去所有沉淀。用预热好的 MTT 稀释液稀释 MTT 浓度到0.3mg/mL。

3. 制备酸性异丙醇

500ml 异丙醇中加入1.8mL HCl,4℃下避光保存一个月。

(二)操作过程

1. 第一天:添加受试物和光暴露

将培养基放到37℃水浴锅预热。吸取0.9mL 培养基到六孔板中,每一孔都加0.9mL。

在生物安全柜内打开皮肤模型试剂盒包装,用无菌的镊子将每个表皮单位移到盛有预热好的培养基的六孔板中(确保每个表皮单位插入孔周边没有残留琼脂块)。注意表皮组织下不能有任何的气泡。在37℃,5% CO_2 条件下孵育1h~1.5h。需要注意的是在实验之前,皮肤组织一定要在盛有0.9mL 培养液的六孔板中孵育至少1h(37℃,5% CO_2),这样表皮组织可以有一个复苏的过程,同时在孵育过程中将运输过程中的产生代谢废物释放出来。

孵育结束后,将表皮组织转移到每孔盛有0.3mLPBS 的24孔板中。每个试验浓度用4个表皮单位,其中2个表皮单位作为光毒性组(光照组),2个表皮单位作为细胞毒性组(非光照组)。同时用4个表皮组织作为溶剂对照,也分别设细胞毒性组和光毒性组。在每一块板和板盖上都做好记录,以免弄混。

加完全部的待测物和溶剂后,立即盖上盖子,放到37℃,5% CO_2 条件下孵育3h。

拿出培养板,光毒性组(光照组)在室温条件下用剂量为7.5mW/cm^2(=10J/cm^2)的 UVA 光源照射22.5min,照射过程中注意通风,避免水汽凝结在盖子上,影响表皮组织实际暴露的光照剂量。同时,将细胞毒性组(非光照组)放在室温避光的地方。

UVA 照射完以后,用无菌 PBS 轻轻地冲洗每一个表皮单位,把受试物从表皮组织上冲洗下来。将冲洗干净的表皮单位放入新的每孔盛有0.9mL 培养基的6孔板中。

将所有实验组放置在37℃,5% CO_2 条件下,过夜(18h~24h)培养。

2. 第二天:检测组织活性

在24孔板中每一孔加入300μL 的 MTT 溶液。在板盖和板上均做好标记,将过夜培养的表皮组织放入 MTT 溶液中,注意表皮组织下不要有任何气泡。

将装有表皮组织的24孔板在37℃、5% CO_2条件下孵育3h,在实验记录本上记录好孵育开始和结束的时间。注意:MTT 实验孵育时间要严格按照3h 进行,否则对 MTT 实验结果影响较大。

3h 后,拿出表皮组织,用滤纸轻轻吸干表皮组织底部的液体,放入新的24孔板。吸取2mL 的提取液(酸性异丙醇),轻轻的加入到覆有表皮组织的插入式漏斗中。提取液将溢过插入式漏斗的边缘,使整个表皮组织都浸泡在提取液中。

用密封袋密封好24孔板,避免异丙醇挥发。先室温下用振荡器轻轻震动提取2h,再在室温下过夜放置。

提取甲臜结晶的时间到了以后,轻轻的倒出插入式漏斗中的提取液到该24孔板的原孔中。用移液器上下吹打混匀24孔板中每一孔的提取液,每孔吸取两份200μL 到96孔板中(若溶液中有沉淀,应先离心去除沉淀),即有两个平行孔。用酶标仪在波长570nm 处读取 OD 值。

(三) 数据处理

1. 计算光照组每个浓度和无光照组的2个重复样OD值得平均数
2. 计算每个浓度组表皮组织活性(%)

$$光照组组织活性(\%)=[TC_{(+UVA)}/C_{(+UVA)}]\times 100$$

$$无光照组组织活性(\%)=[TC_{(-UVA)}/C_{(-UVA)}]\times 100$$

式中:

$TC_{(+UVA)}$——物质(阳性物质或待测物质)+光照组平均OD值;

$TC_{(-UVA)}$——物质(阳性物质或待测物质)+无光照组平均OD值;

$C_{(+UVA)}$——溶剂+光照组平均OD值;

$C_{(-UVA)}$——溶剂+无光照组平均OD值。

四、预测模型

某一待测物质浓度下光照组与无光照组的组织活性差异大于30%,则该受试物在该浓度下具有潜在光毒性;如果差异小于30%,则该物质在该浓度下不具有潜在的光毒性。对于判断为具有潜在光毒性的物质,应再进一步的进行其他实验进行佐证。

五、适用范围

适用于化学品、化妆品、药品的潜在光毒性预测。

六、实验报告

除了通用报告要求(见第一章第一节),还应包括以下内容:

(1) 人重建表皮检测试剂盒:生产日期、供应商;

(2) 质量检查:pH值、温度、培养液、包装有无破损等;

(3) 组织培养条件;

(4) 培养液名称、供应商和批号。

七、能力确认

实验室建立三维重建皮肤模型的能力,可参考第一节的参考物质表,把光毒性物质正确分类。

八、拓展应用

多重光暴露的毒性效应:可利用皮肤模型研究受试物在某一浓度,不同光照剂量的对表皮组织造成的潜在光毒性大小。实验前准备与前文描述操作一致。

实验第一天操作如下:

将培养基放到37℃水浴锅预热。吸取0.9mL培养基到六孔板中,每一孔都加0.9mL。

在生物安全柜内打开皮肤模型试剂盒包装,用无菌的镊子将每个表皮单位移到盛有预热好的培养基的六孔板中(确保每个表皮单位插入孔周边没有残留琼脂块)。注意表皮组织下不能有任何的气泡。在37℃,5% CO_2条件下孵育1h~1.5h。在实验记录本上记录下开始孵育和结束孵育的时间。这一点非常重要,在实验之前,皮肤组织一定要在盛有0.9mL培养液的六孔板中孵育至少1h(37℃,5% CO_2),这样表皮组织可以有一个复苏的过程,同时在孵育过程中将运输过程中的产生代谢废物释放出来。

在表皮组织孵育的这段时间,将待测物的浓度配制到需要测试的浓度大小。在实验记录本上做好记录。孵育结束后,将表皮组织转移到每孔盛有 0.3mLPBS 的 24 孔板中。将待测物均匀的加到表皮组织上,加完全部的待测物和溶剂后,立即盖上盖子,放到 37℃,5% CO_2 条件下孵育 3h。

拿出培养板,将 21 块皮肤组织转移到 24 孔板中,每孔加入 0.3mL 的培养液,在室温条件下用剂量为 7.5mW/cm^2(=10J/cm^2)的 UVA 光源照射 22.5min,照射过程中注意要用风扇通风,避免水汽凝结在盖子上,影响表皮组织实际暴露的光照剂量。每隔 30min,就转移 3 块皮肤组织到室温下避光放置。最后的这个剂量梯度就是 3、6、9、12、15、18、21J/cm^2。同时,再准备一块 24 孔板,将剩下的三块皮肤组织放入其中,每孔加入 0.3mL 的培养液,作为非照射对照组,放在室温避光的地方。

UVA 照射完以后,用无菌 PBS 的轻轻的冲洗每一个表皮单位,把受试物从表皮组织上冲洗下来(后面加个冲洗时的注意事项)。将冲洗干净的表皮单位放入新的每孔盛有 0.9mL 培养基的 6 孔板中。

将所有实验组放置在 37℃,5% CO_2 条件下,过夜(18h~24h)培养。

拓展试验的第二天检测组织活性,操作与前文描述步骤一致。

九、疑难解答

(一) 如何对整个实验进行质量控制?

(1) 做实验之前,应对待用于检测试验的重建表皮试剂盒进行检查,记录下生产日期、批号等。可以通过用于运输的琼脂的颜色来判断表皮组织的 pH 值,如果琼脂为橙色或粉橙色,可接受,如果琼脂颜色变黄或紫色,则 pH 值已发生改变,该表皮单位不能用于试验。同时还要检查试剂盒的运输温度:一般皮肤模型试剂盒中都配有温度试纸条,观察温度试纸指示的颜色,如颜色为灰白色,则试剂盒可接受,如颜色变为暗灰色则不能用于试验。

(2) 在实验室第一次建立该试验方法时,都必须进行 UVA 灵敏性试验。如果表皮组织对 UVA 的灵敏性在可接受范围内,该试验才能在实验室内间隔较长时间的重复进行。

(3) 经过长途运输的表皮组织必须要在盛有 0.9mL 培养液的六孔板中孵育至少 1h(37℃,5% CO_2),使组织将运输过程中的代谢废物释放出来。

(4) 表皮组织暴露于 UVA 需要调节辐照剂量到 1.7mW/cm^2,需要注意的是,所有检测的 UVA 照射剂量大小都是透过板盖后的剂量值。

(5) MTT 试验中空白对照的 OD 值可以作为对皮肤模型进行质控的一个指标,可以衡量皮肤模型经过运输和在本实验室环境下的状态是否良好。当两个阴性对照的平均 OD 值≥0.8 时,皮肤模型可以用于实验。每次试验的阴性对照的平均 OD 值应在 0.8±0.1(M±SD)范围内。

(6) 皮肤组织在 37℃,5% CO_2,湿度 90% 条件下过夜(放置 18h~24h)。做实验之前必须先复苏组织,让组织从运输状态恢复到可以做实验的状态。

(7) 实验结果中表皮单位的组织活性。只加了溶剂的表皮单位中,照射剂量为 10J/cm^2(照射时间为 60min)的皮肤组织活性与非照射组组织活性(细胞活性为 100%)相比,细胞活性减少量不应该超过 20%。即照射剂量为 10J/cm^2 的 UVA 光照对皮肤组织的伤害细胞死亡率不能超过 20%。历史实验数据 UVA 的 ID_{50} 一般在 12J/cm^2~18J/cm^2。

(二) 本实验的必要性?

局部或全身用药均有可能引起光过敏。光过敏包括光致敏性反应和光毒性反应。光致敏性反应是一种免疫介导反应,而光毒性反应不是免疫反应,第一次接触暴露于某种药物和光照就可能产生光毒性反应。光毒性反应比光致敏性反应更常见,并且大多数的药物所引起的光过敏反应都是全身性的光毒性反应。所以应该对所有的药物进行潜在光毒性筛查。

人类重建表皮模型既可以预测局部运用某种物质的光刺激性也可以预测防晒剂的防晒效果,见

第十六章。当前这个实验是想扩展光毒性实验的方法,人类重建表皮模型可以帮助我们对全身性的运用某种药物进行风险效益分析。

(三) 操作注意事项

添加受试物时注意将受试物均匀的布满整个表皮组织表面。

冲洗受试物时,不要直接冲洗表皮组织。而是冲洗插入式漏斗的内侧壁,使液体顺着漏斗壁流下将受试物冲洗掉。

新的金属卤化灯要先使用大约100h,辐照强度才能稳定。一般卤化灯的寿命至少是800h。所以建议记录一下卤化灯的使用时间。如果能检测到需要的照射光谱,也可以适当延长寿命使用。每次进行光毒性试验之前,都要进行校准。为了避免辐照计读数不准、或者是光源达到使用寿命期限等各种原因,最好是再有一个备用的相同型号的辐照计。可以两个辐照计相互校准,以确保每次测量的照射剂量准确,可参见本章第一节关于光源的描述。

(四) 太阳模拟器如何校准?

在一个能随意调节照射距离的架子上固定好 SOL 500/SOL 3 灯管,并放上 H1 滤光片。

调节 SOL 500/SOL 3 灯管的位置到距离放置培养板的位置大概 60cm 处。

打开开关,等待 15min,用 UV 辐照计透过培养板的板盖检测辐照大小。

调整 SOL 500/SOL 3 灯的距离知道辐照计读书显示 UVA 照射剂量位 $1.7mW/cm^2$(大概每照射 10min,剂量为 $1J/cm^2$)。

检测放细胞培养板的全部区域,确保照射区域的辐照强度都一样。

照射剂量在 $1.6mW/cm^2$ ~ $1.8mW/cm^2$ 范围内浮动都是可以接受的。注意:暴露时间过半时,细胞板被照射区域范围内可接受的最低和最高剂量是 1.5 和 $1.9mW/cm^2$。

(程树军 喻欢 柯逸晖 张全顺)

参考文献

[1] GB/T 21769—2008 化学品急性毒性的3T3 成纤维细胞中性红摄取试验

[2] Edwards SM, Donally TA, Sayre RM, et al. Quantitative in vitro assessment of phototoxicity using a human skin model; Skin². Photodermatol. Photoimmunol. Photomed 1994, 10: 111 - 117.

[3] Haranosono Y, Kurata M, Sakaki H. Establishment of an in silico phototoxicity prediction method by combining descriptors related to photo-absorption and photoreaction. J Toxicol Sci. 2014, 39, 655 - 664.

[4] ICH. ICH guideline S10 on photosafety evaluation of pharmaceuticals. ICH, US: FDA. 2014.

[5] Klausner M, Kubilus J, Ricker HA, et al. UVB irradiation of an organotypic skin model, EpiDermᵀᴹ, results in significant release of cytokines. The Toxicologist, 1995, 15(1).

[6] Lelièvre D, Justine P, Christiaens F, et al. The EpiSkin phototoxicity assay (EPA): development of an in vitro tiered strategy using 17 reference chemicals to predict phototoxic potency. Toxicol. In Vitro, 2007, 21, 977 - 995.

[7] Liebsch M, Döring B, Donelly TA, et al. Application of the human dermal model Skin2 ZK 1350 to phototoxicity and skin corrosivity testing. Toxic. in Vitro, 1995, 9(4): 557 - 562.

[8] Liebsch M, Traue D, Barrabas C, et al. Prevalidation of the EpiDerm phototoxicity test[J]. Toxicological Sciences, 2000, 54, (1): 379.

[9] Netzaff F, Lehr CM, Wertz PW, et al. The human epidermis models EpiSkin (R), SkinEthic (R) and EpiDerm (R): An evaluation of morphology and their suitability for testing phototoxicity, irritancy, corro-

sivity, and substance transport. Eur. J. Pharm. Biopharm. 2005, 60, 167 - 178.

[10] OECD. Test No. 432: In vitro 3T3 NRU Phototoxicity Test. OECD, Paris: OECD Publishing. 2004.

[11] Portes P, Pygmalion MJ, Popovic E, et al. Use of human reconstituted epidermis Episkin™ for assessment of weak phototoxic potential of chemical compounds. Photodermatol. Photoimmunol. Photomed. 2002, 18, 96 - 102.

[12] Rouget R, Cohen CA, Rougier. A reconstituted human Epidermis to assess cutaneous irritation, photoirritation and photoprotection in vitro. Alternative Methods in Toxicology, 1994, 10: 141 - 149.

[13] Spielmann H, Liebsch M, Pape WJW, et al. The EEC COLIPA in vitro photoirritancy program: results of the first stage of validation. Curr Probl Dermatol, 1995, 23: 256 - 264.

[14] Seto Y, Inoue R, Kato M, et al. Photosafety assessments on pirfenidone: photochemical, photobiological, and pharmacokinetic characterization. J. Photochem. Photobiol. B, 2013120, 44 - 51.

[15] Vinardell MP. The use of non-animal alternatives in the safety evaluations of cosmetics ingredients by the Scientific Committee on Consumer Safety (SCCS). Regul. Toxicol. Pharmacol. 2015, 71, 198 - 204.

第十一章　皮肤吸收

Chapter 11　Percutaneous absorption

第一节　体外经皮肤吸收

Section 1　Introduction of percutaneous absorption in vitro

一、概论和原理

（一）经皮肤吸收概述

人体接触化妆品的最重要途径是皮肤组织。在日常产品开发中，了解原料的透皮吸收情况，对化妆品成分功效的研究以及原料配方的安全性和功效性评估有很大的帮助。

化妆品功效成分的透皮吸收，指化妆品中的有效成分通过皮肤，并到达不同作用皮肤层发挥各种作用的过程。在日常原料开发过程中，经常发现在细胞水平上表现出较好功效的原料，但是在人体实验中并未得到预料的效果，这很有可能与原料的透皮吸收情况相关。

对于安全性评估而言，原料的透皮吸收数据是欧盟法规原料安全性报告中必备的内容。化妆品成分的透皮吸收研究，目的是为了获得在正常使用情况下化妆品成分可能进入人体系统的定性和/或定量的信息，这些试验数据可作为参考，可以用于评估原料系统毒性、计算该原料在配方中的最大安全剂量（NOAEL 值），从而保证产品的安全性。在配方安全性评估中，也需考虑原料的透皮吸收而带来的安全隐患。

人体皮肤在解剖学上可以分为 3 层：表皮层（包括角质层）、真皮层和皮下层或皮下组织。皮肤附属物包括毛囊、汗腺和指甲。皮肤的生物学活性主要有合成活性和代谢活性。例如维生素 D 和皮肤脂类在皮肤上合成，而某些药物，如苯甲酸，是在皮肤上进行代谢的。皮肤吸收的途径有两条：

1. 穿透完整的角质层

对于透过表皮物质的吸收，角质层通常可以限制其吸收率，然而对于亲脂类物质，限制其吸收的皮肤层便不再是角质层，而是生发层，表皮的一层亲水层，主要由于物质溶解性的降低。

对于角质层的结构，存在有两条渗透途径：细胞间途径和跨细胞途径。大多数情况下以前者作为主要的途径进行渗透。尽管该途径非常曲折，距离远大于完整皮肤厚度，但是由于高分散系数，其具有更快的渗透速度。后者由于较低的渗透性，通常不作为优先途径。

2. 通过皮肤附属物

主要通过腺体和毛囊进行吸收，其中毛囊作为重要的吸收途径。由于附属物只占皮肤的 0.1%，在完整皮肤层，其吸收效果不明显。但是有报道某型物质，如脂质体、纳米材料和环糊精包裹体物质，可以通过该途径进行吸收。

外源物质必须通过多层皮肤细胞层才能进入血管和淋巴管循环，其主要分为以下 3 个步骤：渗入（penetration）是化合物进入到一个特定层或结构，如进入角质层；透过（permeation）是指化合物通过第一层向另一层的渗透，而这一层在功能和结构上是不同于第一层的；再吸收（resorption）是摄取物质到血管系统（淋巴和/或血管），进而达到全身。

真皮/经皮吸收研究原则上可以在体内或体外进行，相关方法已被欧盟和 OECD 收录为标准检测方法（皮肤吸收动物试验方法 TG 427 和皮肤吸收体外试验 TG 428）。由于动物试验操作复杂，成本较高，因此体外评价化合物的经皮吸收方法现已被工业和学术界广泛采用。在检测药品、化学品、化妆品成分的皮肤吸收试验中，体外扩散池试验通常是评价化合物透皮吸收的最好方法。

除了已认可的方法，大多数皮肤渗透性研究使用的实验步骤具有很大的差异性，这不利于标准化和监管应用。平行人工膜渗透试验（PAMPA）是研究药物通过生物膜吸收的理想体外模型，其作为早期筛选得到广泛应用。目前多款商业化皮肤模型已经获得 OECD 认可用于皮肤腐蚀、皮肤刺激和皮肤光毒性测试。但还没有批准用于皮肤吸收测试的重组皮肤模型。许多研究采用了商业化的皮肤模型对物质渗透吸收进行了分析，皮肤模型具有很好的应用前景。目前已建立了多种模型用于化学物/药物的经皮吸收的研究，见表 11 - 1。

表 11 - 1　经皮吸收皮肤模型比较

模型		优点	不足
人体皮肤	在体皮肤	金标准	通常由于伦理和实际理由被排除
	离体皮肤	在体皮肤最佳替代物	不容易获得，变异性大
动物皮肤	在体皮肤	动物相对容易获得，可以达到人类规模，有可用的无毛物种	猪：类似人类的屏障，但难以处理 啮齿类：与人类不同的屏障性质
	在体嵌合模型	人类皮肤移植到小鼠，可直接在活体皮肤上测试	技术困难
	离体皮肤	容易获得	不同的屏障性质，变异性大
人工膜	简单多聚体膜	有助于基本扩散机制、一致程度和同源性研究	不代表人类皮肤
	脂质膜	可用于筛查	不代表人类皮肤
重建皮肤模型	重建人体表皮	建立屏障功能	通常比人类皮肤具有更高渗透性
	活性皮肤类似物	可工程化建立正常或异常特性	通常比人类皮肤具有更高渗透性

（二）体外扩散池试验原理

体外扩散池试验是 OECD 指南认可的体外经皮肤吸收方法。其试验过程是将完整的离体皮肤固定于供给池和扩散池之间，并且将皮肤的角质层面朝上放置，将含有受试物的样品置于角质层面，而皮肤底面与接收池中的液体接触，受试物与皮肤角质层面接触一定时间，并在不同时间点收集接收液进行检测，从而得到受试物的渗透率/渗透量。

二、试验系统

（一）扩散池

扩散池有两大类，分为静态池和动态池。动态池的接收池比静态池的要小很多，这样有利于溶液交换。静态池的接收池的溶液体积一般为 2mL ~ 20mL。接收池中液体容量应充足，不会影响样品的吸收。动态池的接收池的溶液体积一般为 0.1mL ~ 5mL。不同容量的接收池，动态池的流速也可能会有些差别。通常对于 3mL 的接收池，其流速为 9mL/h；对于 150μL ~ 300μL 的接收池，其流速为 1.5mL/h。试验时，流速不应该过快，特别是对于不能被标记的化合物，如果接收池中该物质浓度很低，将给分析样品带来困难。

扩散池的材质应尽量减少与受试物的作用，如可选玻璃或者 PTFE。皮肤放置在扩散池上必须保持良好的密封性,并且在接收池内应能够有效地搅拌以及易于取样。供给池应当易于封闭,同时易于去除受试物,有利于试验结束后样品的回收。扩散池应能准确地控制皮肤和接收池的温度。

(二) 皮片的制备

1. 皮肤来源

表皮特别是角质层构成了皮肤阻止外源物质渗透和吸收进入机体的主要屏障,因此需用具有完整屏障功能的离体皮肤或皮肤替代物进行体外实验。试验用的离体皮肤主要来自人体或哺乳动物。在大多数情况下,研究的主要目的是用于预测物质在人体的吸收情况,因此人体皮肤应是最好的选择。但是,由于伦理或者实际操作的原因,通常采用动物皮肤进行透皮吸收试验。目前较常用的是大鼠和猪的皮片,其中大鼠使用较为广泛,采用大鼠离体皮肤的数据有利于与动物试验数据进行比较。猪皮与人体皮肤的形态学,渗透特征接近,因此猪皮也是一个不错的选择。目前国内通常直接从屠宰场取现杀猪皮,今后采购商品化的实验小型猪皮是发展趋势。采用重组人体皮肤模型进行试验也是可行的。但是需注意,首先进行标准参考物的透皮吸收数据,该数据需与发表文献中的一致。

同一个体不同部位皮肤对外源化学物吸收速度差异很大,这是因为化合物经皮吸收与皮肤结构中的皮脂、角质层和毛囊组成与结构等因素有关,并且不同部位的表皮层厚度差异很大。在进行透皮吸收数据的比较时,选择哪一种属哪一部位的皮肤非常重要。使用人体皮肤的透皮吸收试验,通常取腹部或者乳房部位皮肤;对于大鼠来说,可使用背部或者腹部的皮肤;使用猪皮时,通常最广泛的使用位置是腹部,耳朵,背部或者四肢的皮肤。

2. 制备皮片

将皮片修成合适大小,可修成对应扩散池的皮肤表面面积,面积范围为 $0.3cm^2 \sim 5cm^2$,可以是表皮层、切层厚皮,也可以是全层皮。表皮层可以采用酶分离、热分离或化学方法分离;切层厚皮可以用植皮刀切除所需厚度,通常为 200μm ~ 400μm;全层皮应避免过度的厚度,通常 <1mm,除非特别要求受试物或者其代谢产物在皮肤层中的分布情况。可根据试验目的,对皮肤厚度做具体要求,需要注意的是,较薄的皮肤层(200μm)在试验过程中,其完整性更容易破坏。应保证每次试验要求至少有 4 个可用的数据。

皮肤的制备过程是至关重要的,不适当的处理可能会导致角质层受损从而影响了皮肤的完整性。由于物种的皮肤形态学和毛囊深度不同,因此制备表皮层的方法是不同的。通常,人体和猪皮可用热水加热处理,采用 60℃ 水浴加热 1min ~ 2min 后,将表皮层从皮肤上取下。取下时,需注意表皮层的完整性。制备大鼠表皮层,可采用化学方法(2M 溴化钠),或者使用蛋白酶或者细菌胶原蛋白酶的方法。

3. 皮肤的活性及完整性

新鲜获取的皮肤或者储存在冰箱中的皮肤都可用来评价受试物的透皮吸收。若需研究皮肤代谢情况,应使用新鲜切取的皮肤,并选择合适的条件以维持皮肤活性。一般来说,新鲜皮肤应该在 24h 内使用。但由于参与代谢的酶系统和储存温度的不同,储存期可能会发生变化。目前已有数据表明,在合理的储存条件下,人体和动物皮肤的渗透性不会受到影响。例如,动物或者人体皮肤在 10℃ 条件下储存 3 天,用氚水检测发现皮肤的渗透性没有发生变化;在 -20℃ 储存数月后,与新鲜获取的皮肤相比,皮肤渗透性并未发生改变。但需注意不应对皮肤进行反复冻融。同时发现皮肤存放在 -80℃ 的条件下,将引起皮肤渗透性的改变。所以在冰冻储存后,对于皮肤屏障完整性的检测是非常有必要的。值得注意的是,在储存前,最好去除皮下组织方便后期使用。

皮肤屏障功能的完整性是体外实验的关键。在整个透皮试验过程中,都必须保持皮肤屏障的完整性。首先,在进行透皮试验前,需肉眼检查皮肤的完整性,有助于发现受损皮肤样本。接着,皮肤样本放置在扩散池上,平衡约 1h 后,对皮肤完整性进行检查。所选用的评估皮肤完整性的方法,同样应不引起皮肤损伤。在确认了皮肤完整性后再进行透皮吸收的研究。

目前常用的皮肤完整性评估方法有：

(1) 跨电阻法：在2伏电压条件下，观察皮肤的电阻值，标准限制值为1KΩ；

(2) 经表皮水分流失(TEWL)：检测角质层的经皮水分流失是否处于正常范围，标准限制值为$10gm^{-2}h^{-1}$；

(3) 检测参考物质的皮肤渗透性：通过测定一个已知通透速度的标志性化合物进行检查，如氚水。若测定的结果比历史"正常值"高则表示皮膜可能受到损伤。

确认皮肤完整性之后，可开始在供给池中加入样品。在加样前，应将皮肤表面的液体去除，以此保持皮肤表面干燥。

在试验过程中，角质层的完整性会逐渐降低。因此，在透皮试验完成后，还需对皮肤的完整性进行检测。可以使用上述方法的任一种，也可以通过比较其他扩散池的吸收数据来鉴定皮肤是否破损，因为在皮肤破损的扩散池中，该受试物具有明显较快的透皮速率。

4. 对受试物加样的处理

对受试物加样的处理，应与人体的暴露形式一致。对受试物渗透性的研究最好是利用其可被放射性标记的特性，因为通过应用放射性标记技术可以极大简化样品分析过程。但是放射性标记也有局限性，如缺乏特异性等。试验中必须要保证受试物分子的完整性，以保证放射性的计数只与目标分子的通透性有关，而与杂质、降解、代谢等作用无关。若无法使用放射性标记，也可采用其他的检测方法，如HPLC，GC-MS等适合受试物检测的方法。通常在实验室中，HPLC，GC-MS的检测方法较为常用。在试验开始前，应先确定受试物的最佳分析方法，这是非常重要的。

受试物加样的方式有两种：一种是无限剂量，即在试验过程中提供足够多的受试物，通常在计算渗透系数或需评价促渗剂的效果时使用这种上样方式；另一种是有限剂量，通常为模拟人体的使用情况，或者在试验中使用可被耗尽的剂量。对于物质有限剂量的试验，可得到该物质的皮肤透过率。而对于无限剂量的试验可计算得出渗透系数，而皮肤透过率在这样的条件下，并无意义。在人体正常使用条件下，化学物涂抹在皮肤上一般是有限剂量的。根据OECD指南中的体外透皮吸收方法，一般固体制剂为$1mg/cm^2 \sim 5mg/cm^2$，液体制剂可达到$10\mu L/cm^2$，也有例外的，如氧化性毛发染料为$20mg/cm^2$。

5. 接收液的选择

选择合适的接收液，前提是受试物可以较好的溶解在该溶液中，并且该溶液对皮肤的完整性不会产生影响。对于使用无活性皮肤的透皮试验，通常情况下，亲水性的受试物可以选择生理盐水、pH = 7.4的磷酸缓冲溶液作为接收液，亲脂性受试物可以选择乙醇/水(1∶1)溶液、含牛血清白蛋白的生理盐水或者含有6%的聚乙二醇20油醇醚等作为接收液。对于需保持代谢活性的皮肤层，应采用生理条件的接收液，如组织培养基。但是这类培养基对于非极性的受试物是不合适的，将使得这些受试物在溶液中的溶解度很低。因此若碰到这样的情况，可在这种生理条件的接收液中加入6%聚乙二醇20油醇醚或者5%牛血清白蛋白。值得注意的是，对于没有放射性标记的物质，所选择的接收液不能影响受试物的分析。

通常，对于动态池，接收液合适的流速可以阻止受试物从接收池中再次扩散至皮肤，但是对于静态池来说，确保受试物在接收液中具有合适的溶解度非常重要。为了阻止受试物从接收池溶液中再次扩散至皮肤中，一般接收池溶液中受试物的浓度应低于该物质饱和浓度的10%。

6. 实验条件

物质的被动扩散受温度影响(样品的被动扩散即为皮肤吸收)。试验中，通过水浴温度或是加热区温度来保证扩散池和皮肤温度，使得试验温度维持在接近正常皮肤的范围内，32℃ ±1℃。

三、试验方法

（一）皮片的安装

在接收池中应加入足够量的液体。为了避免皮片与接收液之间出现气泡，应尽量使得接收液的液面在接收池形成凸面。将皮片放在接收池上方后，还需对皮片下方进行检查，确认无气泡后，开始后面的试验。

（二）取样时间设置

受试物接触皮肤持续整个试验。通常试验将持续时间24h。因为在24h后皮肤的完整性开始变差，所以一般取样时间也不应超过24h。透皮研究过程中，可根据试验目的，确定取样时间。若是模拟人体使用情况，可采用较短的时间。例如，一般在对化妆品原料的透皮研究中，会采用8h取样，这是模拟人们日常使用产品的时间，同样也将对皮肤表面进行清洗作为试验的终止。

有些物质穿透皮肤的速度较快，就无需要求这么长时间，但是时间过短，很难从无限剂量建立稳态流量，将导致对数据的错误解释。对于皮肤渗透缓慢的物质，可选择适当延长时间，如48h或72h（此时需在接收池中的缓冲溶液需加入抗生素，以防止体系染菌）。对于未知其通透性的化合物，取样间隔以2h为宜。实验初期（1h～4h）的取样对于识别皮肤是否渗漏具有重要意义。

（三）样品回收及皮肤处理

整个测试系统中包含的所有样品都应该进行回收和分析。包括供给池、皮肤表面、皮肤层和接收池。供给池和皮肤上多余的受试物应当采用合适的清洗剂冲洗，并收集清洗液进行分析。皮肤层可以分离成角质层，表皮层和真皮层三部分单独分析。角质层的分离可以采用胶带剥离法，一般可分离出10－18层并浸泡于提取剂中，用于分析角质层的样品含量；表皮和真皮剪碎后浸泡于相应的提取液中，用于表皮和真皮的样品含量的分析。通常也可根据实验需求对皮肤进行处理。

供给池中样品的回收。可采用的清洁方式为使用皂基溶液，一般建议使用海绵或者棉签，因其对皮肤的机械摩擦的作用相当于日常清洁过程。但是，这种体外清洗方式的效果没有人体使用试验清洗方式的效果好，会使得过低估算未被皮肤吸收的部分，从而也会影响回收率。在试验中，选取合适该受试物的清洗剂很重要，有利于受试物的回收。验证受试物清洗剂是否合适，可以采用以下方式：模拟透皮实验装置，在扩散室上的皮肤表面上添加受试物后，立即从皮肤表面将受试物去除，并进行检测。如果该清洗剂合适，那么该清洗剂可以回收到100%的受试物，而皮肤层中为0%，即受试物无残留。

对皮肤分层处理，可有助于了解化合物在皮肤中各层的量。Tape Stripping的方法常用于体内试验，也可用于对体外试验的表皮层进行处理。但是在体外试验中，这种处理有一定的难度。因为在超过24h的试验过程中，将使得角质层发生改变。在载玻片上涂氰基丙烯酸酯胶，也可用于从皮肤层中将角质层剥离。将皮肤样本冷冻或者其他方法固定，可以使用切片机，水平进行切割。将通过上述方法获得的各皮肤层溶解在闪烁溶液中或者其他用于分析受试物或者代谢产物的溶液中进行提取回收。

（四）数据分析

透皮试验结束后，每个接收池中的受试样品都需要回收，并且要求样品的回收率应该在100%±15%。样品回收范围包括接收池、皮肤层、皮肤表面和供给池清洗液，这些都需要采用合适的方法进行分析。现常采用的定量分析方法有闪烁技术、高效液相色谱和气相色谱。

透皮吸收试验中一般会得到以下几个数据来反映皮肤吸收的过程。角质层吸收量表示皮肤扩散试验停止后角质层中储留的受试物的量，样品残留量为表皮清洗液和供给池清洗液中检测出的受试物的量，这些数值不能认为是系统吸收量；真皮吸收量表示皮肤扩散试验停止后表皮（角质层除外）和真皮中发现的受试物的量，经皮渗透量表示皮肤扩散试验过程中取出受试物的量和试验停止后接收池中检测到的受试物的量，这两个数值是系统吸收量。

四、预测模型

在经皮肤吸收过程中，有很多因素起到了关键作用，包括化合物的相对分子质量、电荷和亲脂性、角质层的厚度和组成物（需要看身体部位）、接触的持续时间、局部使用浓度、封闭、媒介物等。其中需要考虑许多因素和工作条件：

（1）扩散池的设计，扩散池的材料常用的是玻璃。可选用具有温度控制的两室（供给和接收池），推荐用 Franze cell 扩散池。

（2）根据受试物性质，选择相应合适的接受液。

（3）皮肤的选择和处理都需要小心仔细。

（4）皮肤的完整性很重要，在进行透皮试验前，需要对皮肤屏障进行验证。

（5）确保皮肤温度，应跟人体皮肤温度相同。

（6）对于受试物溶解在配方中的透皮吸收研究，应找到合适的方法，对受试物进行严格表征。

（7）剂量和载体/配方应该应尽量与产品的预期使用条件相接近，包括接触时间。

（8）整个试验过程中定期取样，考虑延迟渗透到皮肤层。

（9）采用合适的分析方法进行检测，有效性、灵敏度和检出限都应该有记录。

（10）透皮试验结束后，对受试物的回收：皮肤表面的残余量、角质层、除角质层外的表皮层、真皮、接受液，回收率应在 85% ~115%。

（11）方法的变异性、有效性和可重复性。SCCS 认为可靠的皮肤吸收研究中，因更实用至少来自 4 个供体的 8 个皮肤样品。各扩散池所得受试物透皮率的 CV 值应小于 30%。

（12）实验室的技术能力和所使用的方法的有效性应定期进行评估，每年至少两次，通过使用如咖啡因或苯甲酸参照化合物。

五、透皮试验方法能力确认

（一）实验系统

1. 透皮材料

取新鲜猪皮（未经过热水烫过），切除脂肪组织。（猪皮位置可选择，腹部，胸，背部，侧腹或者耳朵）。用 Dermatome 取 200μm ~400μm 厚的猪皮或者直接采用剥离猪耳软骨的皮肤。

2. 标准品处理

样品用乙醇：水（1∶1）比例，配制成 4mg/mL 溶液；配制 0.9% NaCl 生理盐水。

3. 材料和仪器

选用接收池为 7mL 的 Franze cell 静态池，进行透皮试验；

高效液相色谱 HPLC：高效液相色谱仪；液相柱：Athena C18 – WP，4.6mm ×250mm，5μm。

（二）实验步骤

1. 扩散池准备

处理好的猪皮切成直径约为 30mm 的圆片，固定在 Franze cell 上，同时打开磁力搅拌器，转速为 400rpm。用合 0.9% NaCl，生理盐水平衡 1h。用 TEWL 测定猪皮的完整性，TEWL 值 < $10g/cm^2 \cdot h$。加入 200μl 已配制好的苯甲酸溶液。

2. 回收样品和检测分析

24h 停止试验，对接收池溶液进行 HPLC 分析。同时处理猪皮，回收样品。

供给池内样品的回收：将蘸有甲醇的棉签，反复擦拭上样槽 3 ~ 4 次，最后用干燥的棉签再擦拭一遍上样槽。放入 5mL 甲醇中浸泡过夜。

角质层样品的回收：采用 D-squame 对角质层进行剥离。开始撕下的两片角质层应作为上样槽中的样品残留。接下来的 10 ~ 18 片角质层可作为样品在角质层的回收量。放入 10mL 甲醇中浸泡过夜。

皮肤层中样品的回收：由于表皮层和真皮层中的样品，都可作为真皮吸收量，因此只需将已剥离了角质层的皮肤剪碎，用 5mL 甲醇浸泡过夜即可。

将以上含有棉签，角质层剥离片，皮肤的甲醇溶液超声 15min 后，取上清液，过滤进行 HPLC 分析。HPLC 分析所取样品中标准品的含量。HPLC 条件：流动相为甲醇：pH6 磷酸缓冲液 = 4∶6，流速为 1mL/min，检测波长 λ = 229nm。首先绘制苯甲酸的标准曲线。分别配制标准苯甲酸浓度为：0.10mg/mL，0.05mg/mL，0.01mg/mL，0.005mg/mL，0.0025mg/mL，0.001mg/mL，0mg/mL。

（三）实验结果

1. 标准曲线

苯甲酸标准曲线见图 11 - 1。

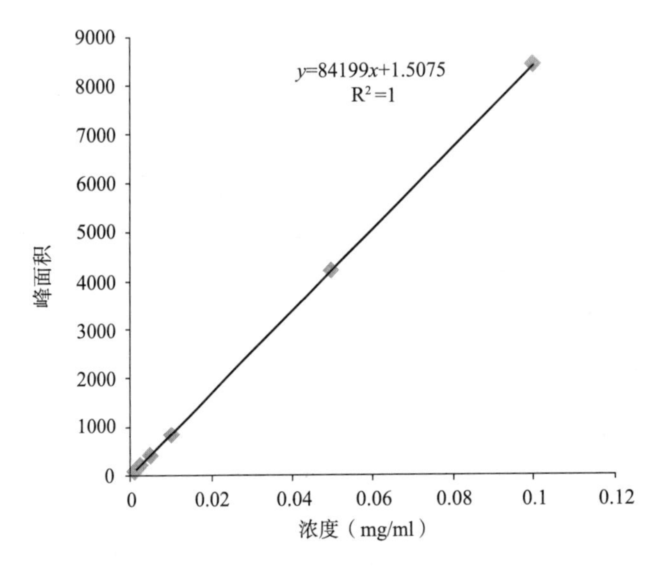

图 11 - 1 苯甲酸标准曲线

2. 取样分析结果

分别计算 4 个重复孔的透皮吸收率和样品回收率，得到平均值 ± SD，如表 1 所示。

（四）标准要求

如果试验检测结果符合 OECD 对透皮试验的要求，可认为建立了体外透皮试验技术。要求为：样品回收率应在 85% ~115%。

4 个重复孔计算所得透皮吸收率的 CV 值 <30%，计算所得样品回收率的 CV 值 <30%。

表 11 - 2 苯甲酸的透皮吸收实验结果

扩散池	苯甲酸含量(mg)					透皮吸收率	回收率
	24h	接收池	供给池	角质层	皮肤层		
1	0.1698	0.6076	0.029	0.0060	0.0228	100.03%	104.40%
2	0.1794	0.5516	0.016	0	0.0282	94.90%	96.90%

续表

扩散池	苯甲酸含量(mg)					透皮吸收率	回收率
	24h	接收池	供给池	角质层	皮肤层		
3	0.1664	0.6524	0.0242	0.008	0.0202	104.88%	108.90%
4	0.1746	0.6097	0.0346	0.005	0.025	101.16%	106.11%
平均值						100.24 ± 3.57%	104.08 ± 4.44%
CV						3.56%	4.27%

从表中结果可知,苯甲酸24h已基本完全透过皮肤,进入接收池中。试验中4个副孔的苯甲酸透皮吸收率的CV值为3.56%。同时供给池,皮肤中以及接收池的回收率为104%,表明样品已基本完全回收。

第二节　平行人工膜渗透试验

Section 2　Parallel artificial membrane permeability assay

一、基本原理

平行人工膜渗透实验(parallel artificial membrane permeability assay,PAMPA)于1998年由Kansy等提出,作为一种高通量筛选实验,用于预测皮肤吸收性。其原理是含有受试物分子的溶液通过磷脂人工膜渗透到不含有受试物的缓冲液中,测定分子的含量及渗透速率。由于95%药物是通过被动扩散进行吸收,该方法可以作为研究被动扩散的模型。该实验目前应用于药物肠道吸收研究,但有研究开发了一种PAMPA的新人工膜,用于预测受试物皮肤吸收。该新人工膜含有二甲基硅油,通过对比人类皮肤和的PAMPA皮肤人工膜,研究多个物质的有效渗透系数和体外人体皮肤渗透系数,结果表明了2种皮肤模型具有良好的相关性。

二、实验系统

(一) 人工膜系统

人工膜由混有蛋黄卵磷脂溶于惰性有机溶剂,并将其注入高效多孔疏水微滤板中形成。通过改变人工膜成分可以有效模拟不同部位的渗透吸收,用于预测物质吸收。

该实验装置由两个含缓冲溶液的孔,中间由人工膜分隔。装置示意图见图11-2。

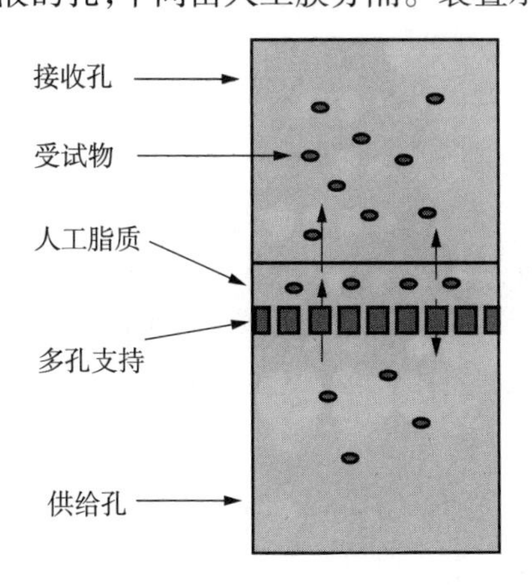

图11-2　PAMPA示意图

(二) 96微孔板和96孔过滤板(IPVH,厚度125μm,孔径0.45μm)

三、实验过程

(一) 受试物准备

受试物溶于水性介质,调节pH,通常在5.5~7.4。低水溶性物质可能需要添加增溶剂。

(二) 渗透试验

PAMPA板注入300μL受试物,形成供给孔,然后含有人工合成磷脂膜的96孔过滤板,置于供给孔上。接收孔加入200μL缓冲液,并置于“三明治”结构的顶部。整个PAMPA装置置于25℃密封且饱和湿度的培养箱中,孵育特定时间。

到达渗透时间后,分离PAMPA“三明治”结构,供给孔和接收孔中受试物的含量测量可用通过比较用UV光谱(220nm~400nm)测得的试验光谱获得参考标准。

(三) 时间法和pH梯度法

每个受试物的Pe值通过不同孵育时间(4h~20h)和pH梯度(4.6~9.32)进行测量。在孵育时间试验时,供给孔和接收孔pH均为7.4。在pH梯度试验时,供给孔中受试物溶液pH可用NaOH广域缓冲液进行调节,而接收液pH为7.4。此外,pH梯度试验的孵育时间均为16h。

四、计算公式

(一) 受试物Pe数据可以通过下面公式计算:

$$Pe = -2.303\frac{V_aV_d}{(V_a+V_d)A(t-t_0)}Lg[1-\frac{(V_a+V_d)Ca(t)}{V_aSC_d(0)}]$$

$$S=\frac{V_aC_a(t)}{V_dC_d(0)}+\frac{C_d(t)}{C_d(0)}$$

式中:

Va——接收孔体积,即0.2mL;

Vd——供给孔体积,即0.3mL;

A——滤器面积,即$0.2826cm^2$;

t_0——充满膜的稳定状态时间,本试验平均为1140s;

t——渗透时间;

Ca(t)——t时接收孔中受试物浓度;

Cd(t)——t时供给孔中受试物浓度;

Cd(0)——试验开始时给孔中受试物浓度。

因子S为t时保留在供给孔和接收孔中的部分受试物

(二) pH渗透性公式基于pH分配假说和考虑不流动水层(unstirred water layer,UWL)/边界水层效应进行校正。对于可电离的分子,具有未电离和电离物质的平衡状态,易电离物质膜渗透性是未电离和已电离物质的总和。基于pH分配假说,假定1)电离物质的渗透是可以忽略的,2)未电离物质发生渗透是通过简单被动扩散,穿透磷脂膜并在所用pH范围内保持恒定,3)UWL渗透也是通过简单被动扩散,并所用pH范围内保持恒定,4)其他渗透系数可以忽略。根据上述假定,获得一元可电离分子的Pe公式:

$$\frac{1}{Pe}=\frac{1}{Pu}+\frac{(10^{\pm(pH-pKa)}+1)}{P_0}$$

式中：

"+"——酸；

"-"——碱；

Pe——渗透系数；

Pu——UWL 渗透性；

P_0——未电离物质本身膜渗透性；

pKa——电离常数。

五、适用性

渗透的速率由受试物有效渗透率(Pe)决定。因为 Pe 值可用 UV 读板机测量和计算，相比单层细胞实验，PAMPA 实验在时间上有很大的优势。并且基于 96 孔板进行试验具有较高的通量。在 PAMPA 基础上通过对磷脂比例、缓冲液 pH 值、浓度和渗透时间等因素进行优化，可建立不同组织的药物渗透模型，如针对肠道吸收的 PAMPA-DS(double sink)模型、针对药物脑摄取的 PAMPA-BBB 模型和针对皮肤吸收的 PAMPA-Skin 模型。

（王滢　吴越　黄健聪　程树军）

参考文献

[1] Abdayem R, Roussel L, Zaman N, et al. Deleterious effects of skin freezing contribute to variable outcomes of the predictive drug permeation studies using hydrophilic molecules. Exp Dermatol. 2015; 24(12): 972 - 974.

[2] Abd E, Yousef S A, Pastore M N, et al. Skin models for the testing of transdermal drugs. Clinical Pharmacology Advances & Applications, 2016, Volume8: 163 - 176.

[3] Barbero AM, Frasch HF. Effect of Frozen human epidermis storage duration and cryoprotectant on barrier function using two model compounds. Skin Pharmacol Physiol. 2016; 29(1): 31 - 40.

[4] Boer M, Duchnik E, Maleszka R, Marchlewicz M. Structural and biophysical characteristics of human skin in maintaining proper epidermal barrier function. Postepy Dermatol Alergol. 2016; 33(1): 1 - 5.

[5] Dancik Y, Anissimov YG, Jepps OG, Roberts MS. Convective transport of highly plasma protein bound drugs facilitates direct penetration into deep tissues after topical application. Br J Clin Pharmacol. 2012; 73(4): 564 - 578.

[6] Franz TJ, Lehman PA, Raney SG. Use of excised human skin to assess the bioequivalence of topical products. Skin Pharmacol Physiol. 2009; 22(5): 276 - 286. Jepps OG, Dancik Y, Anissimov YG, Roberts MS. Modeling the human skin barrier: towards a better understanding of dermal absorption. Adv Drug Deliv Rev. 2013, 65(2): 152 - 168.

[7] Karadzovska D, Riviere JE. Assessing vehicle effects on skin absorption using artificial membrane assays. Eur J Pharm Sci, 2013, 50(5): 569 - 576.

[8] Kuchler S, Struver K, Friess W. Reconstructed skin models as emerging tools for drug absorption studies. Expert Opin Drug Metab Toxicol 2013; 9(10): 1255 - 1263.

[9] Li C, Wainhaus S, Uss A S, et al. High-Throughput Screening Using Caco - 2 Cell and PAMPA Systems/ Drug Absorption Studies. 2007: 418 - 429.

[10] Mensch J, Jaroskova LL, Sanderson MA, et al. Application of PAMPA-models to predict BBB per-

meability including efflux ratio, plasma protein binding and physicochemical parameters. Int J Pharm, 2010, 395:182 - 197.

[11] Oesch F, Fabian E, Guth K, Landsiedel R. Xenobiotic-metabolizing enzymes in the skin of rat, mouse, pig, guinea pig, man, and in human skin models. Arch Toxicol. 2014;88(12):2135 - 2190.

[12] Schaefer U F, Hansen S, Schneider M, et al. Models for Skin Absorption and Skin Toxicity Testing Drug Absorption Studies. 2007:3 - 33.

[13] Sinkó B, Garrigues TM, Balogh GT, et al. Skin-PAMPA: A new method for fast prediction of skin penetration. Eur J Pharm Sci, 2012, 45:698 - 707.

[14] Yang Y, Manda P, Pavurala N, Khan MA, Krishnaiah YS. Development and validation of in vitro-in vivo correlation (IVIVC) for estradiol transdermal drug delivery systems. J Control Release. 2015;210:58 - 66.

[15] Yu H, Wang Q, Sun Y, et al. A New PAMPA Model Proposed on the Basis of a Synthetic Phospholipid Membrane. Plos One, 2015, 10(2):1 - 22.

第十二章　遗传毒性的替代方法

Chapter 12　Alternative methods for genotoxicity

第一节　遗传毒理学实验体外方法概述

Section 1　Introduction of in vitro test in genetic toxicology

一、遗传毒理学概述

遗传毒理学是研究环境因素与机体遗传物质的交互作用，阐明遗传毒作用对机体健康的后果及其机制，为保护生态环境和人体的健康提供科学依据的一门毒理学分支学科。现代医学研究证明，人类疾病都直接或间接地与基因有关。疾病的发生可能是基因结构的改变，也可能是表现遗传改变引起基因表达水平的改变。人类的大多数疾病是环境因素与机体基因组相互作用的结果，只不过环境因素与遗传因素在不同疾病发生中的相对重要性不同。因此，研究环境因素对机体细胞遗传物质的损伤，探讨其与基因的交互作用，阐明诱发遗传毒性的机制及其后果，对评定化学物质或其他环境因子的安全性或危险度，揭示疾病的发生机制和提出防治措施等都具有重要的意义。遗传毒理学不仅在评价新药、农药、工业化学品、食品、化妆品及消毒剂等各种产品的安全性方面得到了广泛的应用，而且在环境的现场监测、人群健康监测以及遗传毒性与疾病预测等方面也得到广泛的应用。

随着人们对基因、基因功能、遗传方式、外源因素与健康效应和疾病关系认识的不断发展和深化，遗传毒理学研究的主要方向正在发生转变。例如，在基础理论研究方面更多、更深地参与功能基因组和疾病基因组的研究，进一步阐明致突变作用、基因多态性和表观遗传学改变与毒性和疾病的关系；在应用上更早参与新产品的研发、参与危害人类健康重大疾病的研究、参与环境监测和评估等，从而为保护环境、产品安全和人体健康作出更大贡献。

二、遗传毒性的测试系统

过去的二十多年里，对各种环境因子、日化产品等物质的遗传毒性效应的生物检测在毒理学研究中已占有十分重要的地位。大量的遗传学分析方法被用于识别生殖细胞诱变剂、体细胞诱变剂、潜在的致癌剂，以及与人类健康相关的各种各样的遗传改变，所涉及的方法已经超过200种。根据遗传毒性效应检测方法所涉及的终端指标范围，可以把它们划分为三大类。第一类检测基因突变；第二类检测染色体畸变，包括染色体结构和/或数目的异常改变；第三类测定DNA损伤的标志、如DNA损伤修复的激发、DNA加合物的形成、姐妹染色单体交换、体细胞重组及DNA链断裂等。由于发生机制的本质不同，所以没有任何一种体外或体内实验可检出所有类型的遗传毒物。故此，通常需基于两项或多项实验（即所谓的实验组合）来进行遗传毒性危害评价。表12－1列举了检测遗传毒性效应的主要方法。有的方法经过验证和认可已被列入各类化学品遗传毒性评价指南。

表 12－1 检测遗传毒性效应的主要方法

所检测的遗传终点指标		分析系统
Ⅰ. 基因突变分析		
A. 微生物	营养缺陷突变的回复	沙门氏杆菌—哺乳动物微粒体酶分析(Ames 实验) 大肠杆菌 WP2 色氨酸回复突变分析 构巢曲霉或酵母的营养缺陷突变的回复
	正向突变和小片段缺失分析	构巢曲霉或酵母腺嘌呤突变子分析
B. 哺乳动物细胞分析	正向突变分析	小鼠淋巴瘤或人类细胞 TK 突变分析 中国仓鼠或人类细胞 HGPRT 突变分析
C. 果蝇	生殖细胞基因突变和小片段缺失分析	性连锁隐性致死突变(SLRL)
D. 哺乳动物分析	生殖细胞基因突变和缺失分析	小鼠可见标记的特异基因座实验 小鼠生化特异基因座实验 引起小鼠骨骼或晶体缺陷的显性突变
	体细胞基因突变	小鼠斑点测试(体细胞特异基因座实验) 啮齿类淋巴细胞 HGPRT 突变检测
	转基因小鼠中细菌靶基因突变	小鼠、大鼠中 lacl 突变 小鼠 lacZ 突变
E. 植物分析	花、花粉、种子突变	牙趾草雄蕊毛颜色、玉米 waxy 基因座和不同植物的叶绿体基因突变分析
Ⅱ. 染色体畸变分析		
A. 哺乳动物细胞分析	染色体结构畸变	中国仓鼠或人类淋巴细胞中期相分析
	人类淋巴细胞染色体断裂	细胞质裂阻断微核分析
	异常细胞分裂	着丝粒和染色体分别染色分析有丝分裂器异常
	有丝分裂非整倍体	染色体计数检测超倍体
	着丝粒丢失	在具有完整细胞质的细胞中计数染色体得与失
B. 果蝇分析	染色体结构畸变	遗传易位分析
	性染色体非整倍体	性染色体丢失实验
C. 哺乳动物分析	体细胞染色体损伤分析	啮齿类骨髓或淋巴细胞中期相分析、嗜多染红细胞微核分析
	生殖细胞染色体损伤	卵母细胞、精原细胞、精母细胞细胞遗传学分析
	生殖细胞染色体损伤间接证据	小鼠或大鼠显性致死分析 小鼠精细胞微核
	生殖细胞可遗传染色体畸变	小鼠遗传易位实验
	有丝分裂非整倍体	骨髓细胞超倍体 利用动粒标记或 FISH 检测小鼠骨髓微核着丝粒
	生殖细胞染色体不分离	染色体计数检测超倍体
D. 真菌分析	有丝分裂非整倍体	酵母染色体得失的遗传学检测
	减数分裂染色体不分离	酵母或构巢曲霉双体子囊孢子分析
E. 植物分析	染色体畸变和微核分析	有丝分裂细胞和减数分裂细胞的细胞遗传学分析
	非整倍体	单倍体小麦分析

续表

所检测的遗传终点指标		分析系统
Ⅲ.遗传损伤的其他标志检测		
A.微生物分析	DNA 损伤修复	枯草芽孢杆菌修复缺陷与野生型差别杀死分析
	SOS 诱发	大肠杆菌 DNA 损伤诱发的 SOS 效应
	重组事件	酵母有丝分裂交换和基因转换分析
B.哺乳动物细胞分析	DNA 损伤修复	大鼠肝细胞非程序性 DNA 合成(UDS)
	DNA 链断裂	碱洗脱、单细胞电泳(Comet 实验)、脉冲场电泳
	SCE 诱发	人类或中国仓鼠细胞 SCE
	DNA 加合物	人类或啮齿类细胞 DNA 加合物检测
C.果蝇分析	重组事件	眼或翅基因重组
	生殖细胞 DNA 损伤	根据 DNA 加合物进行的分子剂量分析
D.哺乳动物分析	SCE 诱发	啮齿类骨髓细胞 SCE
	DNA 损伤修复	啮齿类肝细胞 UDS
	生殖细胞 DNA 损伤	根据 DNA 加合物进行的分子剂量分析 啮齿类生殖细胞 UDS 啮齿类睾丸碱洗脱分析 DNA 链断裂
Ⅳ.检测 DNA 序列改变的分子生物学技术		PCR－单链构象多态性分析 变性梯度凝胶电泳 双链构象多态分析法 变性一高压液相色谱分析 特异性等位基因扩增 化学裂解错配碱基法 酶错配切割法 切割酶片段长度多态性分析 限制性酶切位点突变分析 连接酶链式反应 微卫星 DNA 分析 单核苷酸多态性分析 DNA 直接测序法 单细胞凝胶电泳 DNA 芯片

三、遗传毒性检测进展

遗传毒理学的发展趋势是从应用短期实验方法评价致癌性转向借助分子生物学进展更多地进行机制研究;提高利用特征性 DNA、RNA 和蛋白质来解释细胞基本生理过程及其受干扰方面的能力;充分利用这些技术的进展来研究致突变的分子机制。

建立敏感、特异的遗传毒性测试方法,正确解释、评价实验结果,提出有效的检测遗传毒性的对策等都有赖于遗传毒作用机制的阐明。现行遗传毒性测试方法多数基于 20 世纪 70 年代对遗传毒性的认识发展起来的,已不能适应发展的需求,需依据遗传毒性机制的新认识建立新的测试方法。另一方面,现行方法不能满足产品研制早期快速、高通量、所需受试物少的筛选要求,也不完全符合“3R”原则,因此要基于组学技术、计算毒理学等技术的新测试方法或预测方法来提高遗传毒理学研究水平。

四、遗传毒性检测的替代实验

目前研究最多和最为深入的是体内微核实验的替代方法的研究和应用。欧洲替代方法验证中心(ECVAM)于2008年发布了体外微核实验(The *in vitro* micronucleus test, MNvit)可以替代体外染色体畸变实验用于遗传毒性检测的指导原则,从而进一步推进了MNvit的研究和应用。2010年,经济合作与发展组织(OECD)将MNvit作为指导原则487(TG487)列入体外遗传毒性实验的选择之一。2011年,MNvit被国际协调委员会(International Conference on Harmonization, ICH)列入指导原则S2R。2016年OECD根据对MNvit检测数据的整合和优化,修订了TG487。新修订的TG487综合管理方面的需求、动物福利方面的考量、本实验数年来的进展及对所获得数据的整合,作为遗传毒性系列指导原则之一,TG487提供了有关遗传毒性检测的简洁信息及最新数据的总览。

本章第二节介绍了重组皮肤模型微核实验,该方法适用于评价皮肤接触化学物,具有与人类代谢能力更高的相关性。第四节介绍鸡胚微核诱导实验,由于该模型很好地反映了人类代谢机制,故可利用该方法进行毒物动力学研究。其测试结果可与科学上认可的和广泛使用的判读结果、微核频率的分析结果联合应用,以使用新的、提示具有较高生物学相关性的体外实验来充分预测遗传毒性。

本章第三节介绍了3D皮肤彗星实验,可作为遗传毒性体外实验方法之一,来跟踪研究初步发现的阳性结果,已取得更好的总体预测度。该方法已应用于化妆品组分的安全性评价并得到了欧洲监管机构的认可。

五、展望

为了提高现有体外遗传毒性标准实验方法的预测度,需要持续开发新的实验方法和策略。因为现有的体外方法具有较高的敏感性(低假阴性率)和较低的特异性,即假阳性比较高。因此常常在体外测试之后需要补充体内实验加以确认。研究表明,采取以下方法可降低假阳性率:1)使用P53竞争细胞(如人淋巴细胞TK6)代替P53代偿的兔细胞;2)根据处理过程中细胞的增殖代替简单的细胞计数来表示细胞毒性;3)降低最高测试浓度。理想的方法应当使用人来源的细胞模型,比现有方法更加特异,同时保持相同的敏感性水平。这些方法仍在优化和验证阶段,包括基于皮肤模型的微核实验、彗星实验等,见表12-2。

表12-2 正在评估、研发的体外遗传毒性测试方法

其他体外实验方法	优势	终点	应用
3D皮肤模型彗星实验(正在评估)	高通量,3D结构,相关性高	细胞或组织的DNA损伤,广谱	化学物,危害识别
3D皮肤模型微核实验(正在评估)	3D结构,相关性高	微核、染色体畸变的结构和计数变化	经皮暴露化学物,危害识别
鸡胚微核实验	遗传学稳定	外周血红细胞微核,染色体畸变的结构和计数变化	经口暴露;危害识别;毒代动力学研究和化学物动态监测研究
TK6人淋巴细胞表达GFP或荧光素酶,HepG2细胞表达荧光素酶,DNA修复缺陷鸡DT40细胞	表达DDR反应基因:GADD45A, RAD51, CSTA, TP53, NFF2L,等	—	高通量筛查
In silico方法(DEREK, MultiCASE和ADMEWorks测试系统)(正在开发)	高通量	—	环境化学物(MW < 3000)
UMU-ChromoTest(德国)	快速、敏感、廉价	—	水,废水和淤泥

（一）五类遗传毒性作用终点

国际环境诱变剂致癌物防护委员会（ICPEMC）1983年提出了五类遗传毒作用终点：DNA损伤与修复、DNA断裂、基因突变、DNA重组和染色体结构异常以及非整倍体和多倍体。根据ICPEMC的观点，上述五类遗传毒作用终点检测中均为阴性结果的化学物可以认为是非遗传毒物，而在上述任何一种遗传毒作用终点检测中获得阳性结果的化学物则为遗传毒物。显然，从现实的观点来看，最初的建议显然存在不合理的因素。由于机制的复杂性，没有任何一项单独的体外或体内实验能够发现所有类型的遗传毒物。因此，有关评价遗传毒性潜能的国际指导方针建议使用实验组合，即至少使用两项实验。OECD TG阐述的方法是理想情况下的方案，而负责评价特殊原料或产品的部门和地区监管者则规定了他们使用的实验组合。例如，对于药品采用国际协调委员会（ICH）的建议（包括日本、美国、加拿大、欧盟以及作为ICH监管成员的瑞士），欧盟工业化学品采用REACH法规（EC 1907/2006）、杀虫剂有其欧盟法规指南（EC528/2012）、植保产品也有相应法规（EC1107/2009），而化妆品多数参考SCCS的建议。

（二）组合实验的选择原则

（1）应该包含多个遗传学终点；（2）实验指示生物包括若干进化阶段的物种，如原核生物和真核生物；（3）应该包含体外实验和体内实验，体内实验考虑了影响化学物遗传毒性作用的内部相关因素，如吸收、分布、代谢和排泄等；（4）实验方法对致癌性的预测价值、灵敏度和特异度。

（三）组合测试的应用

ISO 10993－3：2004《医疗器械的生物学评价　第3部分：遗传毒性、致癌性和生殖毒性实验》中，遗传毒性筛选要求用组合实验，至少用3项体外实验，其中两项为哺乳动物细胞，在3个水平上进行遗传毒性效应的检测，即对生物效应、基因突变和染色体畸变。

2015年版的《化妆品安全技术规范》中，规定了3项体外实验，分别为Ames实验、体外哺乳动物细胞染色体畸变实验和体外哺乳动物细胞基因突变实验，和3项体内实验，分别为哺乳动物骨髓细胞染色体畸变实验、体内哺乳动物细胞微核实验和睾丸生殖细胞染色体畸变实验。化妆品安全性评价中，遗传毒性/致突变实验，至少应包括一项基因突变实验和一项染色体畸变实验。遗传毒性测试方法具有不同的权重、通量和费用，如图12－1所示。

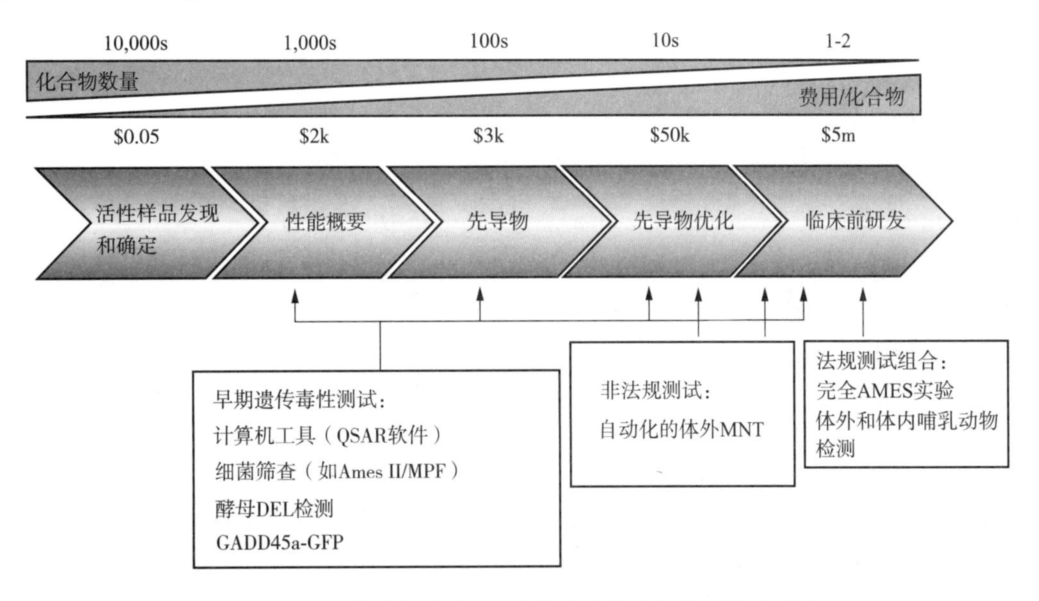

图12－1　遗传毒性测试中不同体外方法的权重、通量和费用

综上所述，遗传毒性替代实验近年发展迅速，各种测试方法有其优缺点。有些新方法可弥补原体外测试系统的缺陷如假阳性率较高、未能良好阐述体内代谢等。在新方法的引入、验证和实际应用经验积累方面，尚有大量的工作要做。可以预见，体外遗传毒理学测试的发展作为相应体内实验的替代，将满足化妆品遗传毒性评价的需要，也为遗传毒性评价技术丰富与完善、与国际接轨提供了重要的机遇。

（朱伟 田丽婷 程树军）

第二节 基于 EpiDerm™ 的重组皮肤模型微核实验

Section 2 Reconstructed skin micronucleus assay(RSMN) in EpiDerm™

一、基本原理

EpiDerm™皮肤模型由正常人源细胞体外重建，有类似于正常人体皮肤的生物学功能及活性。受试物与皮肤模型接触，模拟表皮暴露，通过检测暴露后模型中细胞微核率和细胞活性，评价受试物是否具有遗传毒性。

二、实验系统

（一）重组人皮肤模型测试系统

EpiDerm™是 MatTek 公司生产的一款重组人皮肤模型（Reconstructed Skin，RS），由多层且高度分化的正常人源表皮角质细胞构成。基于 EpiDerm™皮肤模型体外皮肤刺激/腐蚀性实验是经过 EC-VAM 验证和 OECD 认可的皮肤刺激替代方法之一，见本书第七章。

RS 模型类似正常人的表皮层，含有多层分化的组织，包括棘层、颗粒层和角质层。基底层细胞是化合物暴露后形成微核的靶细胞。由于 3D 模型具有功能性的角质层，可以提供一个与皮肤实际暴露相关性更高的途径。这样可以模拟化学物和药物在皮肤表面的真实浓度和可能出现的受试物从皮肤模型的表面扩散到基底层的代谢效应。

皮肤模型来源与原代细胞，对比转化的细胞系，其含有更多正常的 DNA 修复和细胞周期调控，并且对于皮肤接触化学物，相比目前在标准体外遗传毒性实验加入的外源啮齿类代谢酶系 S9，具有与人类代谢能力更高的相关性。

（二）实验材料

1. 常规试剂

新鲜维持培养基（New Maintenance Medium，NMM）、CMF-DPBS（不含 Ca^{2+} 和 Mg^{2+} 的磷酸盐缓冲溶液），储存于 2℃～8℃。

细胞松弛素 B（cytoB）：溶于 DMSO，配制浓度为 3mg/mL 的储备液，分装后可在 －15℃～－25℃储存 1 年。加样当天加入 NMM，终浓度为 3μg/mL。

吖啶橙溶液：溶于 CMF-DPBS，配制浓度为 10mg/mL 的储备液，2℃～8℃避光储存。使用前取 1.0mL储备液加入 249mLCMF-DPBS，配制成工作液 40μg/mL，分装后可在 2℃～8℃储存 4 周。

胰酶（0.25%）－EDTA（0.02%）、胎牛血清（FBS）、含 10% FBS 的 DMEM 培养基、EDTA 溶液（1g/L），固定液（甲醇：乙酸＝3：1，现配现用，4℃预冷），KCl 溶液（0.075mol/L）。

2. 阳性对照

丝裂霉素 C（MMC）：溶于无菌水，配制储备液，浓度为 2mg/mL，取 100μL 分装于 EP 管，可在 －15℃～－25℃储存 1 年。使用当天室温融化，用丙酮配制成工作液，浓度为 3μg/mL。

3. 溶剂对照

丙酮（acetone）：＞99.5%，通常用于溶解受试物的溶剂。

其他溶剂如盐溶液、丙酮：橄榄油（4：1）和乙醇也可使用。

（三）设备、耗材和器械

均为体外实验室常用设备、耗材和器械，见第二章第一节，无特殊要求。

三、实验过程

（一）实验前准备

1. 模型准备

皮肤模型试剂盒（EPI－200－MNA－kit），包含24个皮肤模型（1块24孔板中），使用前2℃～8℃保存。收到皮肤模型的当天，37℃预热NMM，取1mL NMM置于6孔板。将24孔培养板中的皮肤模型无菌转移至6孔板中。于37℃±1℃，5%±1% CO_2培养箱中过夜。如果采用的是72h操作，那么模型只需要孵育1h后即可进行加样，以便在一周内完成实验。

检查皮肤模型：打开密封包装前，通过密封板底面观察，检查皮肤模型在琼脂凝胶和Millcell® 插入皿中有无气泡。如果模型中插入皿部分气泡大于50%，提示模型存在缺陷或已经脱离，不能继续使用。还应检查模型表面有无液体，如果有，应当用无菌棉签小心去除。

2. 受试物制备

每个遗传毒性研究由范围寻找实验和至少一次确定性实验组成。对于已经完成标准的体外哺乳动物细胞基因毒性测试的化合物，RSMN的开始剂量约为体外实验毒性剂量的200倍。对于重复检测结果为确切阳性或阴性的化合物无需进一步实验。

（二）实验过程

1. 初次加样

模型重新更换新鲜预热培养基（含3μg/mL cytoB）后，模型表面加入10μL受试物、溶剂对照或阳性对照，倾斜确保模型表面充分接触样品。然后返回培养箱进行孵育。

2. 第二次加样

24h±3h后，模型重新更换新鲜预热培养基（含3μg/mL cytoB），根据初次加样步骤，再次进行加样操作，所加溶液及培养基均为当天配制。

3. 细胞收集

初次加样后的48h±3h，利用胰蛋白酶的消化作用收集基底层单细胞悬液。

将模型置于含5mL CMF-DPBS的12孔板中，室温静置5min～10min。取出模型，用吸水纸吸干底部液体，然后将其置于新孔中，孔中加入5mLEDTA（0.1%，1g/L），室温孵育15min。取出模型，倒去多余EDTA，用吸水纸吸干底部液体，然后将其置于含1mL37℃的胰酶－EDTA新孔，0.5mL预热胰酶－EDTA加入模型表面，37℃孵育10min～15min。然后用镊子将模型移至含1mL新鲜预热的胰酶－EDTA新孔中。用无菌镊子轻轻提起模型边缘，将模型从支架上分离。分离出来的模型和支持膜移到新孔中，使用胰酶－EDTA彻底冲洗支架4～6次，尽可能收集支架上剩余的细胞，然后丢弃插入皿。

4. 固定

细胞悬液在室温下离心（100g，5min），弃上清。轻弹离心管底使细胞松散，缓慢注入1mLKCl溶液（37℃预热）并轻轻振荡（使用振荡器不大于500r/min）。约3min后，缓慢加入4mL新鲜配制的固定液（4℃预冷）然后进行离心（100g，5min）。每次缓慢加入的过程应该消耗约10s并且所有细胞悬液的操作应当一致。如果玻片上出现明显的盐结晶体，那么可采取第二次固定操作，可以减少盐结晶形成但会减少细胞数量。对于第二次固定，使用新鲜配制的固定液（甲醇：乙酸＝40：1或99：1），在第一次固定和离心后，加入4mL固定液（4℃预冷），然后离心（100g，5min）。

5. 玻片准备及染色

离心后，弃上清，仅保留约50μL～200μL悬液，轻弹离心管底分散细胞。吸取一滴细胞悬液（约

15μL～20μL)，滴至干净、干燥的载玻片上。每个模型需制备至少2张玻片。等到载玻片完全晾干，使用吖啶橙染色液染色2min～3min，然后立即用CMF-DPBS冲洗至少1min，然后晾干。制片当天进行染色可以减少影响评分的盐结晶出现。染色后的玻片需在2℃～8℃避光保存。阅片前滴一滴CMF～DPBS，并盖上盖玻片。使用荧光显微镜(蓝色滤光片)在物镜为40×或60×下观察。

6. 阅片

所有的玻片都应该进行盲样计分。阅片前需要阳性对照和阴性对照评分来确定是否为有效实验。检查足够的双核(阴性对照至少25%双核细胞)和诱导微核(相比阴性对照，阳性对照双核细胞微核形成百分比显著增加)。用于判定的玻片和实验剩余的玻片应当进行盲样编码并重新评分。

如果吖啶橙染色失败，玻片可以重新染色。重新染色步骤为：玻片冲洗后浸泡在吖啶橙染色液中10s～15s，评估染色强度，如果需要可以再次染色5s～10s，并冲洗。染色过程可能需要重复几次以获得足够荧光强度进行评分。

(三) 特殊操作规程

对于需要代谢活化的化学物，72h内第三次加样可以提高检测能力。如果未知化学物的初次实验为阴性或模棱两可的结果时，推荐考虑重复实验，包括72h暴露。如果修改了操作规程，包括72h暴露，那么模型只需要在到达当天在新鲜NMM中进行1h孵育，然后更换成新鲜含有3g/mL细胞松弛素B的NMM，再进行上述加样步骤。24h±3h后，更换新鲜含有3g/mL细胞松弛素B的NMM，然后执行第二次加样步骤。第三次加样步骤在接下来的24h±3h后进行，然后模型继续孵育直到收获细胞，即初次加样后的72h。模型的所有孵育均必须在标准培养环境下孵育。

(四) 结果观察

1. 增生细胞的分析

如图12－2所示，典型的完整细胞膜的双核细胞可记分(A)，细胞质不完整的细胞可认为是增生的细胞，只要它与邻近的细胞明显区分且胞核清晰；相反，细胞质不完整和膜破坏的双核细胞不应记分(B)；实验中经常观察到多个核的多核细胞(D)，出现在多核细胞中的微核不属于本检测的记分范围；细胞核被覆盖的双核细胞应仔细观察，以免误判；有丝分裂细胞(C)、畸形核细胞(F)不在分析范围内；绿染、分化(E)和凋亡细胞应排除在外。

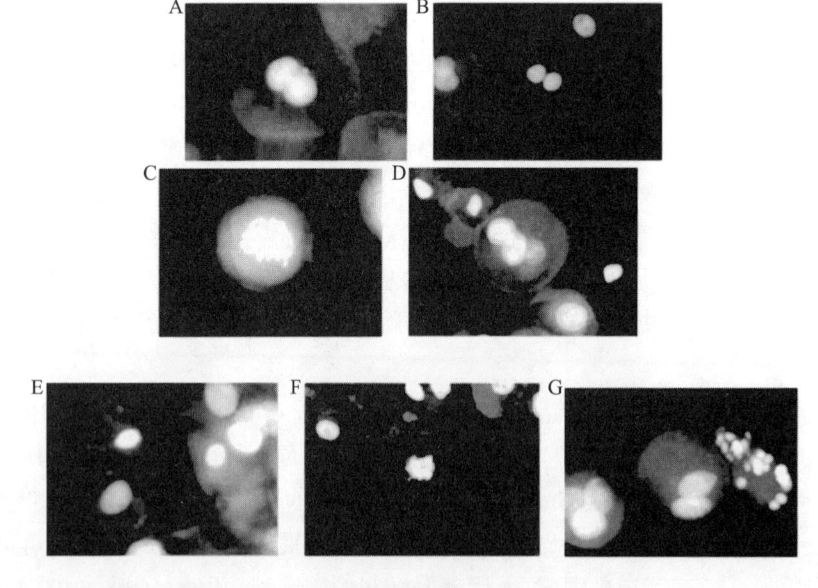

图12－2 双核细胞示意图(引自Dahl,2011)

(A)完整细胞膜的双核细胞，可记分；(B)膜破坏的双核细胞，不记分；(C)有丝分裂细胞，不记分；(D)三核细胞，不记分；(E)绿色细胞可能是来自上层的高度分化的角质细胞而不是快速分裂的基底细胞，不记分；(F)畸形核可能牌凋亡早期，仅胞核圆型的记分；(G)右侧细胞是凋亡细胞，胞核正在降解中。

2. 阳性结果示意图

如图 12－3 所示，典型的双核细胞胞核大小、密度几乎相同，胞质清晰，微核与主核分隔明显。图 E 和图 G 所示微核与主核虽然有少许接触，但仍难观察到微核的明显单独边界；一个细胞内的两个微核应记为一个。

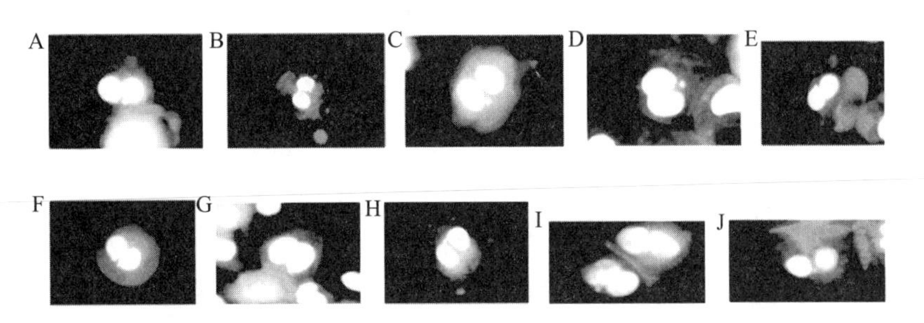

图 12－3　微核阳性的双核细胞示意图（引自 Dahl，2011，有删节）

（A）典型的微核为圆形，靠近主核，颜色和密度与主核匹配；（B）双核细胞含的两个微核只计为一个微核细胞；（C）微核与主核相连；（D）微核与主核清晰区分；（E）微核覆盖其中一个主核，但仍明显可见其单独的边界；（F）两个微核，每一个均覆盖一个主核，调节聚焦面可分辨其单独的边界；（G）微核被覆盖，仔细调整聚焦可观察到清晰边界；（H）实验很少观察到核质桥，但应该注意；（I）两个双核包含有一个微核，每个微核的颜色和密度均与其所在细胞的主核匹配，尽管两个微核并不一定相互匹配；（J）如果主核不是完全相互匹配，微核仅需要匹配其中一个。

3. 假象及易误判断示意图

人为假象可影响评分结果，可以从大小、致密性、形状、位置等多方面观察和分析判断，只有双核细胞内的微核才是记录的目标。

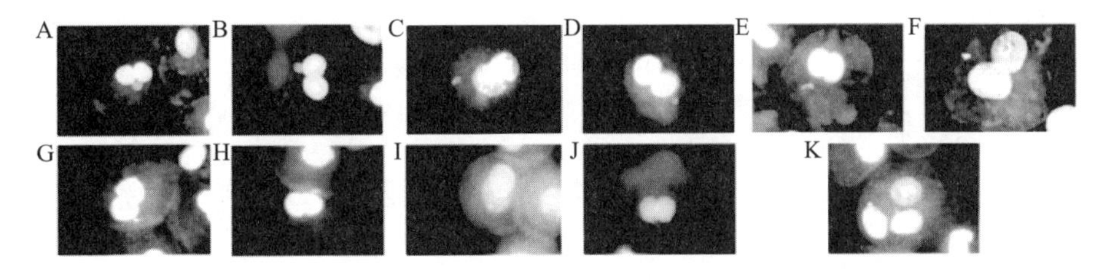

图 12－4　非阳性微核的双核细胞示意图（引自 Dahl，2011）

（A）小核超过主核最大直径的 1/3 可以认为是一个真正的微核；（B）小核太大且密度与主核不匹配，可能是核喷出；（C）小微太靠近细胞边界，且密度与主核不匹配；（D）小微大小形状合适，但密度与主核不匹配；（E-G）视野中未见平滑、圆形的真实微核，可能是尘埃；（H）目标非圆形，靠近单核细胞的周边而非双核细胞的主核；（I-J）目标看起来像微核，但完全位于主核的边界内，所以不能计分；（K）三核细胞内的微核不计分。

四、预测模型及验证

（一）实验有效的判定标准

阳性对照化合物引起双核细胞的微核率增加具有统计学意义。

受试物至少 3 个实验浓度满足下列标准，且每组至少 2 个模型通过下列标准：

（1）每个未处理组/溶剂对照组至少 50000 个存活细胞；

（2）每个未处理组/溶剂对照组的平均双核形成百分比至少为 25%；

（3）溶剂对照组的双核细胞微核形成百分比在本实验室历史数据可接受范围内。多个实验室平均范围为 0.08%（0～0.5%）；

（4）每组应该包括 3 个模型，且至少 2 个模型通过所有标准；

（5）至少能够评估 500 个双核细胞的微核；

（6）在任何受试物处理模型中，毒性剂量不得超过 60%。

（二）阳性和阴性结果判定标准

（1）对于每次实验，相比对照组，应该标注任何有统计学意义增加（Fisher 精确检验 $p<0.05$）的数据点。

（2）如果有一个或以上浓度在微核细胞百分比上有统计学意义的增加都应该被认为遗传毒性阳性。

（3）化学物判定遗传毒性阳性需要满足：至少一次实验中 2 个或以上浓度在诱导微核产生上有统计学意义的增加，或者在两次独立实验中出现 1 个浓度在诱导微核产生上有统计学意义的增加。

（4）Cochran-Armitage 趋势检验结果用于判断整体反应。

（5）如果上述标准在 55% ±5% 毒性剂量（存活率 45% ±5%）限制或最高受试浓度时均不符合上述标准，该实验判定为阴性结果。

（三）验证

RS 微核实验已经经过了第一和第二阶段的验证，其中第一阶段主要包括优化孵育条件，以及校正预测 5 种皮肤非致癌物和 7 种模型遗传毒物包括可遗传皮肤致癌物。第二阶段主要包括不同实验室的转移。RSMN 方法对 3 种不同的编码化学物表型出了良好的内部和外部实验室再现性。目前正在进行第三阶段的验证，主要包括增加到 29 种受试化学物，初步结果显示其特异性得到改善。还需要增加阳性物质以确认实验的敏感性。所有的结果将由 EURL-ECVAM 进行解码及评估。

五、适用范围

（一）化学物质评估

本实验作为体内微核实验的替代方法之一，用于评估潜在人体表皮暴露的化学物的遗传毒性。

（二）局限性

在验证评估中，需要注意某些可能产生沉淀的化学物。例如，由于未达到所需浓度而导致的假阴性结果，或者由于沉淀引起的假阳性，例如影响评分因素（化学物与吖啶橙具有相同的荧光波长）或气－液界面的干扰（可以导致微核形成）。

采用自动化的方法加快微核评分，可以评估更多数量的细胞以达到更有力的统计学结果，并且采用自动细胞毒性检测作为方法的一部分。初步结果显示人工评分和采用流式细胞术的结果具有可比性。

有些遗传毒物需要经过代谢活化（4NQO、DMBA、DMN、DBA 和 BaP 等），由于皮肤表现出很低的一相反应（正常生物活化）能力，考虑到这些化学物可能需要更长的孵育时间来产生足够水平的终毒物。然而加样方案从 48h 两次加样到 72h 三次加样并不总能改变实验结果，例如在两种方案中 CP、DMBA 均为阳性结果，DBA 和 DMN 均为阴性结果。只有 4NQO，在 48h 加样方案中为阴性，但在 72h 加样方案中得到阳性结果。BaP 给出混乱的结果，可能由于化学物高浓度下沉淀和 BaP 改变了代谢酶的水平导致。DBA 和 DMN 的结果考虑，对于 DBA，在天然皮肤和 RS 模型中 CYP1A1/2 水平非常低，因此初次活化步骤无法进行或者不足。低 CYP1A1/2 表达在天然皮肤和 RS 模型中很常见，并不是一种缺陷。DMN 在皮肤不进行生物活化或者至少不足够引起 MN。基于 4NQO 的结果，推荐使用 48h 处理方案用于一般测试，延长的处理时间用于标准 48h 结果为阴性或者有疑问时。

六、实验报告

（一）通用要求

见第一章第二节。

（二）特殊说明

实验步骤应写明平行测定的次数；阴性对照及阳性对照的特性；受试物浓度、用途、暴露时间；评估的描述及决策标准的使用；说明使用的验收标准；实验过程的修改和说明；

实验结果中对每个实验样品均需要保存相关的荧光图片数据，图片评分以表格数据保存（包括受试物、阴性对照组、阳性对照组、基准物质），用表格形式报告平行实验的数据及均值（M ± S）；其他观察结果的描述；还需要附加统计学分析结果，包括统计软件、统计方法和统计结果。

七、能力确认

（一）参考物质及结果

体外遗传毒性推荐的遗传毒性和非遗传毒性参考化学物列表，用于评估新或修改的遗传毒性实验方法。该列表主要包含 3 组共 72 种不同性质的化学物：组 1：在体外哺乳动物细胞遗传毒性实验应该被判定为阳性的物质；组 2：在体外遗传毒性实验应该被判定为阴性的物质，并且在体外哺乳动物细胞遗传毒性实验中一般为阴性结果；组 3：在体外哺乳动物细胞遗传毒性实验应该被判定为阴性的物质，但是有报道在高浓度或高水平细胞毒性时可以诱导染色体畸变或小鼠淋巴细胞 TK 基因突变。目前并没有专门针对皮肤模型微核实验的参考物质列表。

（二）阳性物质质控图

每次实验都应设置阳性对照，目的在于保证实验系统的完整性和实验的正常运行。通常采用丝裂霉素 C（MMC）作为阳性对照。实验室应建立一段时间内阳性对照的历史数据，并绘制质控图。例如，经过一年的实验数据积累，对 MMC 的数据作了统计，得到阳性物质质控图，以后每次实验阳性物质结果都应该稳定在一定范围内。

（三）溶剂对照

每次实验都应设置溶剂对照，通常实验方案中的溶剂对照应根据受试物溶解情况进行选择。通常采用丙酮作为溶剂对照。实验室应建立一段时间内溶剂性对照的历史数据，并绘制质控图。

八、疑难解答

（一）运送到实验室当天无法开展实验应如何处理？

收到皮肤模型的当天，在检查运输过程中有无异常及验收合格后，应取 1mL37℃ 预热的 NMM 置于 6 孔板。将 24 孔培养板中的皮肤模型无菌转移至 6 孔板中。于 37℃ ±1℃，5% ±1% CO_2 培养过夜。如果采用的是 72h 操作，那么模型只需要孵育 1h 后即可进行加样操作。

（二）溶剂选择依据

RSMN 实验推荐使用丙酮为溶剂，因为它也是啮齿动物皮肤接触致癌性研究的一种常用溶剂，其他可用溶剂是盐水、4∶1 丙酮/橄榄油和乙醇。由于 DMSO 和 20μL 的生理盐水能干扰皮肤模型的气液界面，所以不适宜作为 RSMN 的溶剂。

（三）评分的一致性

为了对玻片的评分标准化，有必要收集参与验证实验室的图片，建立标准图谱。如正文所列示意图。

（四）如何提高测试的敏感性？

可采用特殊方案，对于需要代谢活化的化学物，72h 内第三次加样可以提高检测能力。如果未知化学物的初次实验为阴性或模棱两可的结果时，即使没有足够的数据支持需要对未知物质采用第三次加样，也强烈推荐考虑重复实验，包括 72h 暴露。

（程树军　黄健聪　Stefan Pfuhler　张洁　秦瑶）

第三节　3D 皮肤彗星实验
Section 3　Reconstructed skin comet assay

一、基本原理

由于彗星实验并不依赖于增殖的细胞，因此，可用于研究任何能分离出单细胞的细胞培养物或组织。这使得该技术可成为 DNA 损伤和修复的研究的通用工具。最近发布的“体内哺乳动物碱性彗星实验”OECD 实验指南（OECD TG 489，2016）证明，彗性实验在监管性实验中的认可度增高。为使用彗星实验研究 DNA 损伤，将分离的细胞悬浮在液态琼脂糖中，并转移至玻片上，以便在玻片上形成凝胶，单细胞分布于其中。然后，分离细胞膜和核膜，将玻片孵育在含有去污剂和高盐浓度的缓冲液中，从而去除蛋白。接下来，在高碱性条件下，使聚缩的 DNA 解旋。将玻片转移至电泳槽中，在此处，带负电的 DNA 根据其分子大小在电场中迁移。其后，对 DNA 染色，在荧光显微镜下观察。完整的 DNA（在电泳条件下不能迁移）表现为圆形细胞核（图 12 – 5A、B）。相反，DNA 片段能够迁移。这些 DNA 片段肉眼可见，表现为在彗星头（由未迁移的 DNA 构成）后面出现的彗星尾（图 12 – 5C – E）。可使用几种参数来测定彗星形成的幅度。如彗尾荧光强度测定值（与彗星头相比）已被广泛使用，同时 OECD TG 489 也建议使用该指标。

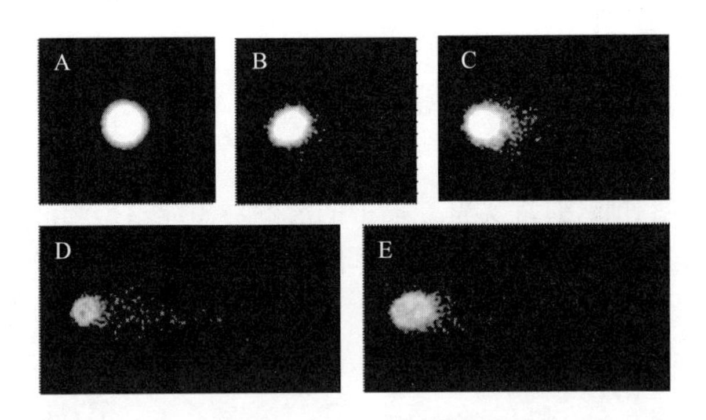

图 12 – 5　显示正常非片段化染色体的彗星实验结果照片

（A，B），在所选电泳条件下仍位于核 DNA 的位置上，而片段化的 NDA 则向阳极移动，形成彗尾（C – E））。

使用上述碱性彗星实验，可研究两种类型的 DNA 损伤。首先，可检出受试化合物与 DNA 直接相互作用后出现的致染色体断裂影响，例如单链或双链 DNA 断裂。此外，可发现碱性易变部位或暂时性的 DNA 链断裂（表现为 DNA 切口修复的结果），即，可导致基因突变的损伤部位。

因此，通常将彗星实验视为指示实验，因为检出的 DNA 损伤可被修复，或对于细胞可能是致死性的，导致非持续性的影响。但是，链断裂部位也可被固定为突变部位或染色体损伤，这两者均可导致活细胞的 DNA 出现永久性损伤。因此，与体内啮齿动物转基因突变实验或体内 UDS（程序外 DNA 合成实验）相比，体内彗星实验具有更好的预测度。同时，碱性版彗星实验是使用最广的彗星实验方案，国际遗传毒性实验工作组已推荐将其用于遗传毒性评价。

二、实验系统

（一）皮肤组织

Phenion® FT全层皮肤模型已被用于3D皮肤彗星实验的验证研究。该组织由基于胶原基质（将成纤维细胞培养在重构的和天然的基质环境中）的结构良好的真皮构成。原代角质细胞源自与成纤维细胞相同的人类捐献者，分离自完全分化的表皮组织，其特征是具有在人类天然皮肤中观察到的所有皮肤层，包括对皮肤屏障功能起关键性调控作用的角质层（见图12-6）。此外，还发现Phenion® FT具有代谢能力，恰当反映了人类天然皮肤的代谢能力。

Phenion® FT购自Henkel公司（Düsseldorf, German），到货时，该产品培养在小的细胞培养皿（$\phi = 3.5cm$）中，其中有5mL预热的气-液界面培养基（由生产商提供）。如未进行实验，则该培养基（没有酚红）每隔一天换液一次。通过在37℃和5% CO_2条件下过夜培养，进行平衡后，可将组织用于实验。

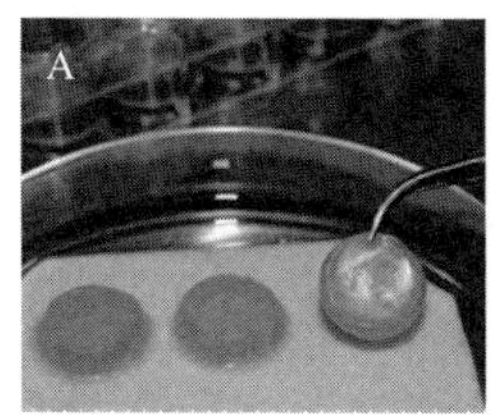

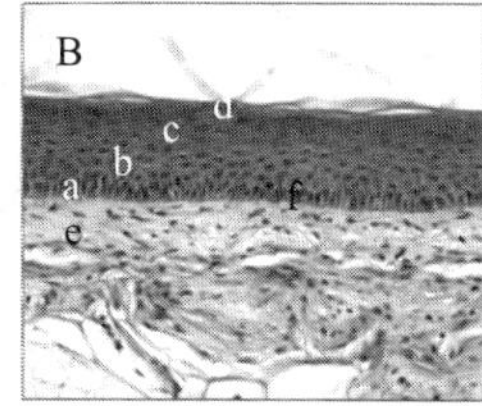

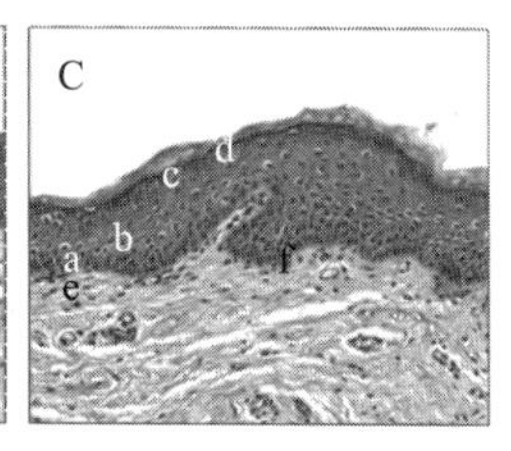

图12-6 Phenion® 全厚度皮肤

（A）外观形态，（B）皮肤组织显微图片，H.E染色，（C）人类天然皮肤。

可观察到依次排列的基底层（a），棘层（b），颗粒层（c），角质层（d），真皮（e）通过网状细胞外基质将基底膜（f）和表皮连接在一起。

（二）皮肤组织的处理

按16μL/cm^2（Phenion® FT:25μL）的体积，将受试化合物局部应用48h，以便对受试化合物进行可能的代谢处理。在首次给药后24h和45h，将第二和第三小份受试化合物应用于相同的组织上面。拟将后一个时点专门用于捕获可能会立即进行DNA修复的损伤。每天，在临近每次给药前制备新鲜的受试化合物溶液。

（三）单细胞的分离

暴露48h后，采取500μL的培养基，用于测定腺苷酸激酶活性（使用ToxiLight生物检测试剂盒）。然后，使用手术刀，剥取25%的组织，并将其保存在-80℃条件下，以便进行第二次细胞毒性测定。将四分之一的组织用于研究细胞内的ATP浓度（使用ATPlite试剂盒，如Perkin Elmer），并使用细胞内的蛋白浓度对测定结果进行标准化。然后，将余下的组织转移至嗜热菌蛋白酶溶液（0.5mg/mL，溶于含有10mM Hepes[pH7.2-7.5]，33mM KCL，50mM NaCl和7mM $CaCl_2$的缓冲液中）的顶部，以降解真皮与表皮之间的基底膜。在4℃条件下孵育2h后，使用剪刀，从真皮上面剥离表皮（见图12-7A）。接下来，使用剪刀，分别分割各个部分（即表皮和真皮），分离出角质细胞和成纤维细胞，即所谓的切碎过程（见图12-7B）。在通过离心收集细胞/细胞核之前，将缓冲液通过细网（孔径40μm），以去除较大的残余物。将沉淀悬浮在低熔点琼脂糖（例如Lonza）中，将75μL的混合物分布在玻片上（之前已用1.0%正常熔点琼脂糖预先包被）。将玻片盖上盖玻片，以使均匀分布的琼脂糖在4℃条件下凝固3min~5min。按此方法，每个部分制备三张玻片。

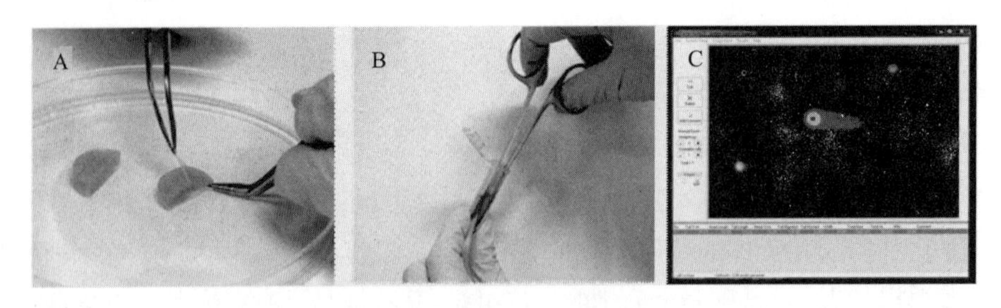

图 12-7 3D 皮肤彗星实验方案的操作示意图

为了分离单细胞(A),在将组织放入酶溶液中孵育,降解了基底膜后,
使用镊子,将表皮从真皮上撕下。然后(B)使用剪刀,分别对表皮和真皮进行机械处理,
获得单细胞和细胞核,即所谓的剪切过程。最后,(C)使用半自动化软件分析,评价玻片。

三、实验过程

(一) 实验过程

3D 皮肤彗星实验遵从体外遗传毒性研究的经典流程,如图 12-7 由(A)-(C)构成,在该流程中,最大浓度得以确定,并研究了可能的遗传毒性影响,同时也测定了细胞毒性参数。

1. 溶解性研究

旨在找出两种推荐的溶剂的最大溶解浓度,即,丙酮和 70% 乙醇(体积分数,DI 溶液)。丙酮是首先推荐使用的溶剂,而 70% 乙醇(去离子水溶液体积分数)只有在受试化合物在丙酮中溶解度低于 1%(质量浓度)的情况下才使用,70% 乙醇将明显提高受试物质的溶解度。通常,所有溶剂均不得诱导出细胞毒性,或与受试化合物发生相互反应,或改变受试化合物的特点。将目标浓度分别设定为 10mg/100μL 或 10%。通过逐渐加入小份溶剂来确定溶解度有限的化合物的最大浓度。然后通过在实验结束时导致皮肤组织上出现沉淀的最低剂量来定义最大浓度。可通过小心将溶液加热至 40℃和/或用超声进行处理来增加溶解度。

2. 剂量范围探索实验

进一步明确溶解度研究中定义的最大浓度的细胞毒性。为达此目的,使用不超过 3.1.1 中规定的最大浓度的对数量表,应用了很宽的受试化合物剂量范围。监测供试化合物的细胞毒性影响,表示为细胞内三磷酸腺苷(ATP)的浓度变化和在细胞受损时,从组织中释放进入培养基中的腺苷酸激酶活性。

3. 主实验

根据剂量范围探索实验结果,进一步确认最大的测试浓度。至少有低、中、高三种浓度应用于组织。此外,还要应用溶剂对照和阳性对照(使用甲磺酸甲酯,MMS;5μg/cm^2)。如果发现溶剂已能充分反映特定实验室未处理组织的低背景 DNA 损伤,则不应用阴性对照。

给药组和对照组的组织总计暴露 48h。在实验开始时首次给药后,在 24h 后进行第二次给药,以便诱导出属于异生物质代谢的酶类。在实验结束后 3h,应用第三剂和最后一剂受试化合物,以考察是否有 DNA 损伤,该损伤部位可能会立即进行 DNA 修复。

(1) 明确的阳性结果通常无需在主实验中进行确认。

(2) 如果受试化合物出现了阴性结果或非结论性结果,则应使用 Aphidicolin(APC)再次进行实验,该物质在处理期结束前 4h 加入(5μg/mL,通过稀释制备好的 100×二甲亚砜储备液得到)。使用 APC(一种 DNA 修复过程抑制剂)可通过累积与链断裂有关的切口修复来提高本实验的敏感性。已发现,这种特殊方法可更好反映出前致突变剂的评价结果。在添加 APC 的实验中,使用前致突变剂——苯并芘(BaP;12.5μg/cm^2,丙酮溶液)作为阳性对照来代替 MMS,以证明 APC 的有效性。

(3) 如果 APC 实验得出了不一致的或模棱两可的结果,则建议使用改进的浓度间隔(通常更严格)来进行第三次实验。

(二) 彗星实验

彗星实验流程是根据 Singh 等(1988)描述的方法建立,适应于皮肤模型的改进过程简要介绍如下:在低熔点琼脂糖凝固并去除了盖玻片以后,在 4℃ 条件下,将玻片置于裂解缓冲液(2.5mol/L NaCl、0.1mol/L Na_2EDTA、0.01mol/L Tris、10% DMSO 和 1% TritonX - 100,溶解在双蒸水中,pH10)过夜孵育。然后,将玻片置于冰冷的电泳缓冲液(0.3mol/L NaOH 和 0.001mol/L Na_2EDTA,溶解在双蒸水中,pH > 13)中孵育 20min,以使 DNA 解旋,接着在充满电泳缓冲液的大电泳槽中电泳 30min(1V/cm,450mA ± 50mA)。接着在缓冲液(0.4mol/L Tris 双蒸水溶液,pH7.5)中孵育 5min,以便对玻片进行中和,然后在浓度 > 96% 的乙醇中,使玻片脱水 5min。

(三) 玻片的显微分析

分析两张玻片/部分(即真皮和标品)。如其中有一部分无法评价,例如,由于细胞太少等原因而无法评价,则分析第三张玻片。对玻片进行编号,以防操作员在玻片分析过程出现差错。临近分析前,使用 SYBR 黄(在缓冲液(Tris-EDTA[10mM Tris 和 1mM Na_2EDTA,溶于双蒸水中,pH7.5])中稀释 10,000x)对玻片进行染色。使用 Comet Assay IV 软件(Perceptive Instruments, Suffolk, UK),以半自动方式,随机测定 50 个细胞核/玻片;也可使用开放来源软件。可得到好几种参数,其中,建议使用彗尾荧光强度(与彗星头比较),即% 彗尾强度。测定每个呈圆形、浓密而均匀着染的彗星头(见图 12 - 7)。从分析中排除重叠的细胞、靠近玻片边缘的细胞,以及未满足上述标准的细胞。这一点同样适用于对于彗星头小、尾部呈弥散型且大的伪影细胞。当发现可分析的细胞数少于 50 时,将玻片废弃(例如,当玻片上仅存在伪影细胞或当玻片上细胞总数太少时)。

(四) 数据评估

1. 数据处理

评估之前,对数据(即各个荧光强度值)进行方差稳定性转换。将百分率转换为比例(p),然后按公式 $\sin - 1\sqrt{p}$ 计算出转换值。再通过中位值总结玻片水平上 50 个细胞核的数据,成为单个总结性指标(即测试的每份组织的% 彗尾 DNA)。由于组织为局部应用,因此,组织是实验/统计单元,处理影响的所有统计学分析均根据这些组织水平上的数据进行总结。

2. 有效性判定标准

评估研究的前提条件是通过以下项目确定的实验有效性:

(1) 应按照规定的实验设计进行实验,即,至少完成三种浓度的受试化合物测试,并同时进行溶剂和阳性对照实验。

(2) 每个对照组和给药组由三份有效组织代表。

(3) 如有两张玻片(100 个彗星)可以评价,且满足设置的细胞毒性临界值,则将组织判定为有效。

(4) 阳性对照组 DNA 损伤与溶剂对照相比,有显著增加。

3. 评价标准

证实实验有效以后,在考虑生物相关性之前,进行统计分析。由于与处理有关的% 彗尾 DNA 增加是本遗传毒性实验的主要关注点,因此,以单侧方式对处理导致的反应增加值进行统计学分析。首先,对溶剂和给药组进行"方差分析"(ANOVA)。如有统计学意义,则使用 Dunnett 氏检验方法,对每个处理组及其对照组进行配对比较。

四、预测模型及验证认可

(一) 预测模型

在没有相关细胞毒性影响的情况下,如果至少有一项研究显示,两个或更多(连续的)剂量水平使% 彗尾 DNA 产生了有统计学意义的增高,或最高浓度使% 彗尾 DNA 产生了有统计学意义的增高,且该显著影响在另一项独立研究中可重复,则将受试化合物判定为有遗传毒性。

如发现% 彗尾 DNA 没有相关性增高,则将受试化合物判定为没有遗传毒性。

(二) 验证

为了验证 3D 皮肤彗星实验,执行了有 5 个实验室参与的高度标准化的环形对比实验。该验证研究的目的是考察实验的可转移性、检测结果内的和之间的可重复性,并用于增加有关实验预测度的信息。实验以双盲方式进行,总计测试了 30 种化合物,独立专家在选择化合物时,优先列出了"真阴性"和"真阳性"化合物(对于这些化合物,已经公布了一致性的体外和体内实验数据)以及不相关的阳性化合物(对于这些化合物,已得到阳性体外实验数据,但未能在遗传毒性或致癌性研究中得到证实,即"假阳性")清单。该研究预计 2016 年结束。已经获得了第一批 8 种化合物的数据,显示在五个实验室中,有四个实验室得到了 100% 的预测度,而第五个实验室的预测度为 80% (Reisinger 等,2014)。先期得到的这些数据证明了本实验的相关性和可靠性,该结果还应通过其他 22 种化合物来加以证实。

参与 3D 皮肤彗星实验优化和转移的五个实验室,即 BASF(Marc Bartel, Veronika Blatz, Markus Schulz)、德国联邦风险评价研究所(BfR; Joep Brinkmann, Frank Henkler, Manfred Liebsch, Andreas Luch)、汉高(Ursula Engels, Anja Fischer, Marion Merkel, Claudia Petrick, Kerstin Reisinger)、宝洁(Tom downs, Stefan Pfuhler)、TNO/Trikelion(Cyrille Krul, Astrid Reus. Ralph Pirow(BfR)和 Sebastian Hoffmann (咨询 + 服务)。指导的研究构成了生物分析观点,包括最终评价。本项目受到德国联邦研究和教育部资助。欧洲化妆品协会、欧洲个人护理用品协会在本项目中起着特殊作用,因为其不仅对本项目进行了资助,还实施了旨在解决传统体内实验没有足够替代方法的项目,并帮助验证了成功模型,包括 3D 皮肤彗星实验。

(三) 法规认可

由于机制的复杂性,没有任何一项单独的体外或体内实验能够发现所有类型的遗传毒物。因此,有关评价遗传毒性潜能的国际指导方针建议使用实验组合,即至少使用两项实验。OECD TG 阐述的方法是理想情况下标准化的检测指南。

在欧洲,化妆品的定期遗传毒性评价,或者如果化妆品将在欧盟市场上市,无一例外均需要依赖于体外实验。但是,目前的实验组合特异性均比较低,即"假阳性"率高。不得不补充后续的、费时费钱的实验以研究这些阳性结果的相关性。3D 皮肤彗星实验可以补充到当前遗传毒性的体外实验组合,来跟踪研究初步发现的阳性结果,取得更好的总体预测度。在该方法进行验证的同时,已将获得的数据用于化妆品组分的安全性评价(以证据权重方法进行),这已被欧洲监管者认可。

许多实验组合开始于细菌回复突变实验(Ames 实验,OECD TG471),以发现突变损伤位点,通常接着进行体外哺乳动物细胞微核实验(MNvit; OECD TG 487),用以检测出致染色体断裂和致多倍体影响。以染发剂——基础黄 17 为例,该染料首先在 Ames 实验和 MNvit 实验中进行了研究。发现该物质在 MNvit 实验中呈阴性(支持性结果),但在 Ames 实验中呈阳性(非支持性结果)。为了进一步评价 Ames 实验的阳性结果,开展了两项体外哺乳动物细胞基因突变实验,即,使用胸苷激酶(tk)或次黄嘌呤鸟嘌呤转磷酸核糖基酶(*hprt*)进行的体外哺乳动物细胞基因突变实验,均发现结果呈阴性(支持性结果)。随后,执行了 3D 皮肤彗星实验(使用 Phenion ® 皮肤模型),获得的阴性结果证实没有致染色体断裂和致多倍体影响。在对数据包进行了彻底审查后，SCCS确认，对于特定的皮肤暴露场景，基础黄17没有遗传毒性危害（SCCS/1531/14）。

SCCS除了提供特殊文件评价以外，还提供了有关测试化妆品组分的指南。2014年，SCCS修改了遗传毒性实验指导方针，以反映通过表征和验证基于重建皮肤模型的实验所取得的进展。在其“测试化妆品组分及其安全性评价指南说明”（SCCS/1532/2014）中，SCCS将这些实验称为“能弥补体外和体内实验在最终危害评价方面存在的差距的良好替代性方法”，并建议在跟踪研究体外标准实验组合得出的非支持性结果时，使用所介绍的两种体外实验——3D皮肤彗星实验和RSMN。SCCS的声明意味着基于皮肤模型的替代方法又向法规性认可迈进了一步。

由于3D重建人类皮肤组织被整合入体外遗传毒性实验中，因此，根据最近OECD实验指导方针提出的意见，考察了皮肤应用的化合物的相关暴露途径（OECD TG 474；OECD TG 489）。分别建立了3D皮肤彗星实验和RSMN实验，用以补充体外实验组合，以便研究皮肤暴露化合物的“假”或“误导性”阳性结果。新方法旨在增加各个工具箱的特异性，同时维持或甚至增加其高敏感性。同时应用这些实验，可考察三种不同类型的DNA损伤：RSMN检出了致染色体断裂剂和致多倍体诱发剂，而3D皮肤彗星实验则发现了致染色体断裂剂和导致基因突变的DNA损伤部位。将来，在本实验获得理事会监管性认可以后，同时也将给其他体外遗传测试方法获益。体外实验数据的使用会日益增多，在更加高效、快捷和便宜的同时，也能保持高水平的敏感性和特异性。

五、适用范围

3D皮肤模型可支持测试多种化合物，弥补浸没培养的2D单层细胞培养物的某些不足。该模型允许测试亲脂性化合物，并允许应用较高的浓度。建议使用丙酮或70%乙醇这类溶剂用于彗星实验，因为发现水溶性溶剂（如水或PBS等）会破坏气－液界面，而气－液界面对于48h内的正确组织培养又是至关重要。应当避免出现固体大量沉淀以及小的亲脂性脂肪滴，因其也可能会破坏气－液界面，具有导致假阳性结果的潜在风险。

考虑到这些前提条件，从第I阶段验证项目得到的结果表明有良好的可重复性和预测度，包括前致突变剂、交联剂、双向作用的致突变剂以及预期结果呈阴性的四种化合物的数据。在验证的同时，还测试了有色物质，结果显示并未干扰培养阶段的组织完整性，也未干扰DNA评价结果。

六、实验报告

检测报告应总结属于某项研究的所有实验。提供的信息应足够详细，以证实报告关于受试化合物潜在遗传毒性危害的结论。简言之，该报告应总结使用的实验方案，包括当前运行的实验的特殊条件，其次，应详细说明实验设计，即，对照组和给药组的详细说明。此外，还需要说明所研究的化合物（例如，批号、纯度、在使用的溶剂中的稳定性、pH）以及所选择的溶剂（例如，纯度、选择的原因）。

作为分析的基础，应报告所分析的组织和彗星数量，应记录阴性对照和阳性对照的历史性结果。接下来，应给出单张玻片的中位值以及给药组或对照组内的玻片均值。

描述实验的最后评价（从得出统计学分析结果前的实验有效性评价开始），然后说明生物学相关性问题。最后，在报告得出总体结论之前，应当对支持遗传毒性潜能最终结论的各个方面进行讨论。

七、疑难解答

（一）是否有可显示方法转移至新实验室后熟练度的化合物清单？

与所有其他方法一样，实验室应确立开展3D皮肤彗星实验的能力。能力的证据可包含能提供低而可重复的% 彗尾 DNA(在未处理的或暴露于溶剂的组织中)的一系列实验。在该熟练度阶段,实验室应建立溶剂和阴性对照的历史性数据库。这同样适用于阳性对照(MMS 和 BaP,添加 APC),使用能诱导出一系列 DNA 损伤(从轻度至明确的 DNA 损伤)的浓度。

(二) 为什么应该将角质细胞和成纤维细胞分离并分别分析?

由于截然不同的酶的表达,表皮和真皮有着其特有的代谢能力。因此,前致变物,由于可能引起 DNA 损伤而造成代谢转化,而只可能在两种组织之一种引起 DNA 位移。如果同时检测这两种细胞类型,而不是分开检测,那么仅在一种细胞中发生的基因毒性会被低估,尤其是检测低浓度或弱的基因毒物时。

(三) 细胞分离方案中有关键步骤吗?

应当注意,使用剪刀剪切真皮和皮肤不得超过 30 次。否则,会发现 DNA 迁移率增加。不得变更实验之间的样品制备方法。

(四) 彗星实验流程中有关键步骤吗?

与彗星实验所有变体形式一样,需要特别注意方案中的某些步骤,以支持实验室内的高度标准化和可重复性。已研究了样品制备方法、电泳条件或显微镜设置变更,结果显示对所测定的 DNA 迁移率有影响。

(Kerstin Reisinger　田丽婷)

第四节　鸡胚微核诱导实验

Section 4　Hen's egg test for micronucleus induction

一、基本原理

鸡胚微核诱导实验(The hen's egg test for micronucleus induction,HET-MN)利用标准化的健康鸡胚(SPF 级),能够模拟供试化合物在人体的全身暴露,解决某些毒代动力学方面的问题。在鸡胚发育第 8 天时将化合物滴加到卵膜上,化合物通过卵膜被吸收进入绒毛尿囊膜,然后通过血管系统实现全身性分布。通过卵黄囊膜、发育中的肝脏中的各种酶,确保了化合物的代谢机制,有证据证明,该模型很好地反映了人类的代谢机制。最后,化合物/代谢物被排泄进入尿囊(等价于人类膀胱),这是 ADME 中的最后一步。暴露结束后,打开鸡胚,找到大血管在玻片上制备血涂片。染色并显微镜下观察微核发生频率。同时,测定鸡胚活力,以及多染红细胞(PCE)与正染红细胞的比值(PCE/NCE 之比)。最后通过统计学模型分析微核发生频率是否存在有统计学意义。HET-MN 可用于进行毒代动力学和毒物动态监测研究,弥补了体外遗传毒性实验中的重大差距。

二、实验系统

无特定病原(SPF)受精鸡胚购自商品孵化场,推荐使用白色来亨鸡。对照组(阳性和阴性)通常为 10 枚受精蛋,实验组为 15 ~ 18 枚蛋。在发育第 8 天时受精蛋的重量范围为 65g ± 4.0g。收到合格受精蛋后,将其保存在 4℃ ~ 8℃ 条件下,持续 24h,最多不超过 96h,以捡出发育程度过大的受精蛋。在实验开始前,将受精蛋转移至室温下至少 1h,在蛋壳保持完整的情况下,将其转入孵箱。在自动翻蛋(间隔 3h)孵箱中对其进行水平孵化(见图 12 - 8),孵化温度为 36.5℃(± 0.5℃),相对湿度约为 70%,至第 8 天。

然后称重受精蛋重量，并灯照检查确定鸡胚活力。将血管系统发育良好、气室位于钝端、且鸡胚位置靠下的受精蛋用于实验。每天检查鸡胚存活状态。

图 12－8　HET-MN 实验方案概述

(1)鸡胚水平孵化至7天；(2)第8天照蛋检查标记气室位置，选择发育良好鸡胚用于实验；(3)在鸡胚钝端(气室位置)开孔；(4)通过小孔，将受试化合物注入于卵膜上；(5)医用胶布封闭小孔；(6)将鸡胚朝上置于孵箱中孵化；(7)孵化结束后用镊子打开蛋壳；(8)滴于温热生理盐水于卵膜；(9)撕开卵膜；(10)找出第一根大血管；(11)用 pH 试纸条定位，剖开血管；(12)弃去最先流出的渗出血液；(13)将35μL 血液置于玻片上；(14)对玻片进行染色和随机化；(15)显微镜分析；(16)红细胞中的微核，红细胞大约占该发育时点总细胞数的98%。

三、实验过程

(一) 研究和实验设计

HET-MN 实验服从于体外遗传毒性研究的经典实验设计，由(A)－(C)构成，分别确定了最大浓度，研究了可能的遗传毒性影响。

1. 溶解性研究

旨在找出推荐用于 HET-MN 实验的四种溶剂的最大溶解度。首选去离子水用于溶解亲水性化合物的溶剂，使用的标准体积为300μL/枚蛋(最大体积1500μL/枚蛋)；而肉豆蔻酸异丙酯(IPM；50μL/枚蛋)则用于脂溶性化合物的溶解。其次，选择二甲亚砜(DMSO)(10%体积分数，100μL/枚蛋或1%体积分数，300μL/枚蛋)或10%乙醇(100μL/枚蛋)。当按上述体积使用时，所有试剂既不会与供试品发生任何反应，也不会诱导出毒性影响。建议按照以下次序试用溶剂：DI 水－IPM－乙醇－DMSO。对于 HET-MN 实验，将溶解性良好的化合物的最大浓度规定为100%，该浓度与体内实验中的最大浓度相关。通过分步加入建议使用的小份溶剂，确定溶解度有限的化合物的最大浓度。可通过小心将溶液加热至40℃和/或用超声进行处理来增加溶解度。

2. 剂量范围探索实验

进一步明确溶解度研究中定义的最大浓度的细胞毒性。为此，建议使用对数量表，先用宽的受试化合物剂量范围（三个浓度）进行预实验，预实验使用1～2枚蛋/浓度暴露0.5h～4h。导致鸡胚死亡的浓度将从剂量范围探索实验中排除。

3. 主实验

根据剂量范围探索实验结果进一步确认最大的测试浓度。至少应用低、中、高三种浓度。建议在首次主实验中使用对数量表，对于低于10mg的浓度范围，则等距剂量范围可能更适合。阳性对照为前致突变剂环磷酸酰胺（纯度99%）（0.05mg/枚蛋，300μL/枚蛋），阴性对照为纯溶剂。

如用于申报目的，则可在首次得到阳性结果后结束。如首次实验得出了阴性或模棱两可的结果，则建议再进行一次实验，通常使用更为严格的浓度范围，以进一步明确受试化合物的最大可测试浓度和剂量依赖性生物利用度，以得出明确的潜在遗传毒性危害评价结论。

（二）化合物暴露

第8天检查鸡胚活力，标记鸡胚气室位置，并在随机化以后将鸡胚用于实验。然后，以钝端（气室端）朝上，将鸡胚打开一个小孔，使用移液枪或一次性注射器，将受试化合物注入蛋壳膜的内表面。小心旋转受精蛋，将化合物均匀分布于膜表面，然后，用医用胶布将小孔封闭。将受精蛋按气室朝上位置放入孵箱进行孵化，每天照蛋检查鸡胚存活情况。对照组和实验组应使用相同的方式、相同的用量进行处理。如图12－8,1－6。

（三）鸡胚准备与血液采样

孵化结束后，考察鸡胚活力。使用剪刀，将实验组的受精蛋（每组研究6枚）蛋壳拨开。使用温热的生理盐水（大约25℃）冲洗蛋壳膜，弃掉任何残留的受试化合物，把蛋壳膜从蛋壳中揭下来。然后将鸡胚中的液体倒出。在浅表血管下面找到第一根大血管—脐动脉，先用pH－试纸条定位（图12－8.11）。在去除了组织残留物或剩余液体以后，剖开血管，弃掉流出的渗出液，然后将3μL～5μL血液置于预先未用抗凝剂处理的玻片上，每只鸡胚制备两张涂片，空气干燥，保存。

（四）血涂片的染色

在染色缸中对血涂片进行染色。将一张涂片/鸡胚在伊红亚甲蓝染液中浸没3min。将其余的涂片留存备用。然后，在预先不进行冲洗的情况下，加入等体积（0.8mL）的柠檬酸二钠缓冲液（0.1mol/L，pH5.2）。在见到有金属光泽后（但不迟于5min）将溶液弃去，使用去离子水彻底清洗并过滤。接下来，应用吉姆萨染液（Azur伊红亚甲蓝染液，用pH5.2的0.1mol/L柠檬酸二钠缓冲液1∶10稀释）染色20min。染色完成后，使用去离子水，对玻片进行彻底冲洗。在二甲苯中浸没20min后，使用盖玻片封片。

（五）涂片的显微分析

每个对照组或实验组总计分析六个鸡胚。如染色或装片质量不佳，可分析备用涂片。分析前应对涂片进行随机化，然后使用明视野显微镜，以1000×放大对其进行研究。建议使用细胞计数软件。总计分析1000个红细胞/鸡胚（即6000个细胞/给药组或对照组），该数字大约占到鸡胚发育时血细胞总数的98%，需要提供三个方面的详细数据：

（1）处理后的鸡胚活力，将计算结果表示为研究结束时的活鸡胚百分比，该值与处理开始时的鸡胚总数有关。毒性超过60%的组将被视为不合符遗传毒性预测要求，请参见OECD TG 487。

（2）MN形成率。将某个结构归类为MN的判定标准与其三个维度及其与细胞核的相似性有关，尤其是具有与既往文献描述相似的着色深度和质地。按Fenech等之描述，MN的直径不得超过主细胞核直径的1/3。仅计算完整红细胞中（而不在双核细胞或其他异常细胞中）的MN。但是，异常细胞可标注为参数改变。对于遗传毒性评价，如果细胞含有不止一个 MN，则仅计数一次。

（3）应通过给药组存在剂量依赖性活力降低，或通过 MN 频率存在剂量依赖性增加（即通过使用以上列出的参数），来证实受试化合物的生物利用度。计算多染红细胞（PCE）与正染红细胞（NCE）之比（可选项），计算公式为 r = [PCE 的百分率]/[NCE 的百分率（包括清晰的红细胞，E2）]。为监测不同类型的红细胞，采用了 Bruns 和 Ingram（1973）分类法。但是，已证实该参数的敏感性较低（与两项上述两种参数相比）。

（六）数据评价

在考察可能的遗传毒性影响相关性之前，应最后评价 HET-MN 实验的有效性确认结果。各自的判定标准均考虑了既往研究获得的结果和 OECD TG 487 之要求。

（七）实验有效性判定

1. 有效性标准

评价研究的前提条件是通过以下各项内容确定的实验有效性：

（1）对照组和给药组中至少有六只鸡胚可用于评价。

（2）实验遵循了预先规定的实验设计，包括溶剂对照和阳性对照以及至少三种受试化合物浓度。对照组的鸡胚处理方式应与受试化合物组相同。

（3）与第 8 天的总鸡胚数相比，第 11 天的鸡胚活力应当等于或大于 40%。

（4）应证实受试化合物的生物利用度。这可通过以下指标进行显示（1）给药组活力存在剂量依赖性降低，或（2）微核发生频率增高。PCE/NCE 比值增减意义不大，因其与以上提及的参数相比，敏感性较低。

（5）并行阳性对照（PC）的微核红细胞发生频率应超过历史性阳性对照（在过去大约 10 次实验中 PC 的平均微核发生率）减去 2 倍标准差。

（6）并行溶剂对照（SC）的微核红细胞发生频率应低于历史性阴性对照（在过去大约 10 次实验中 SC 的平均微核发生率）减去 2 倍标准差。

2. 阳性实验的判定标准

如确认了实验的有效性，且如果微核发生频率存在相关性升高，则将测试结果判定为阳性，意味着 MN 发生频率高于历史性阴性对照的 MN 发生频率加上历史性阴性对照的 4 倍标准差（动态范围值）。此外，可应用 Jonckheere-Terpstra 检验，以判定低于临界值的剂量依赖性增高。将非参数检验方法用于检验剂量反应相关性的阳性趋势，该方法已广泛用于毒理学研究。

3. 阴性实验的判定标准

当确认实验有效，且未满足阳性测试结果的判定标准（处理组的 MN 发生频率未表现出生物相关性的增高）时，则将测试结果判定为阴性。如要将某个结果归类为“阴性”，则强制要求提供生物利用度的证据。

四、验证认可

（一）验证

为了验证 HET-MN 实验，开始进行了高度标准化的环式对比实验，有 3 个实验室参与进行这项实验，并以双盲的方式测试了 35 种化合物。这意味着该研究（大概在 2016 年 9 月份结束）遵循了公认的验证标准（OECD DG34）。该研究拟用于考察实验的可转移性、检测结果内的和之间的可重复性，并增加有关实验预测度的信息。出于该目的，由独立专家挑选出了 35 种化合物，这些专家优先列出了“真阴性”和“真阳性”化合物（对于这些化合物，已经公布了一致性的体外和体内实验数据）以及不相关的阳性化合物(对于这些化合物,已得到阳性体外实验数据,但未能在遗传毒性或致癌性研究中得到证实,即所谓的“假阳性”)清单。

数据的初步分析结果已在第45届EEMGS年会(欧洲环境致突变作用和化妆品协会年会)上作了报告,而详细的分析结果,包括各自的文稿,均在起草之中(Reisinger等,写作中)。在EEMGS年会上报告的分析结果表明了实验的敏感性,即能正确预测80%的遗传毒性化合物(“真阳性”),以及实验的特异性,即正确预测了97%没有遗传毒性的化合物,即“真阴性”和“假阳性”。

迄今为止获得的良好预测结果基于以下优点:鸡胚在遗传学上明确而稳定,而多数用于体外遗传毒性研究的检测系统却做不到这一点。该检测系统合并应用了监管认可的和广泛使用的判读参数,即微核的发生频率,已经证实了其监测DNA损伤的相关性。此外,鸡胚显示有明确的代谢能力,其特征是可平衡表达I期和II期酶类,而经典体外实验则正好相反,经典体外实验添加有大鼠肝脏S9mix。最重要的是,鸡胚反映了供试品的全身性暴露,与其他的体外检测系统相比,该检测系统对毒物动力学和毒代动力学过程有较强的整合作用。综上,已有的HET-MN实验数据增加了强有力的证据,证明了该实验具有很高的相关性和可靠性。

HET-MN的开发、优化和预验证是基于几个实验室的工作。是布吕克大学的Thorsten建立了本方法。联邦风险评价研究所(BfR)(Dagmar Fieblinger、Manfred Liebsch、Katrin Maul)、Envigo CCR GmbH(Andreas Heppenheimer、A. Poth、Pamela Strauch、Wolfgang Völkner)和汉高集团(Jürgen Kreutz、、Kerstin Reisinger)研究了本实验的可转移性、可重复性和预测度。Ralph Pirow(BfR)从生物统计学角度指导了本研究,包括最终评价。本项目受德国联邦研究和教育部以及欧洲化妆品协会资助。

(二)认可

由于已发现的作用机制本质上多样,没有任何一项单独的体外或体内实验能够发现所有类型的遗传毒物。因此,有关评价遗传毒性潜能的国际指导方针建议使用实验组合,即至少使用两项实验。应用于本过程的检测方法通常阐述在OECD TG中,而负责评价特殊原料或产品的部门和地区监管者则规定了他们使用的实验组合。举例而言,对于药品(国际协调委员会[ICH]和日本、美国、加拿大、欧盟以及作为ICH监管成员的瑞士[ICH,2012]),欧盟工业化学品(化学品的监管、评价和授权;REACh,EC编号1907/2006)、杀虫剂(EU法规EC编号528/2012)、植保产品(EU法规EC编号1107/2009)或化妆品(SCCS,2014),就属于这种情况。

如果化妆品将在欧盟市场上市,遗传毒性评价无一例外均需要依赖于体外方法。但是,各个实验组均以低特异性为特征,即“假阳性”率高(Kirkland等,2005)。不得不在后续进行的、费时费钱的实验中研究这些阳性结果的相关性。例如,据估计,根据REACH法规如没有可用的替代性实验方法,则所需进行的体内遗传毒性实验数量,以及进行这些实验所需的动物数量可能会增加大约三倍。因此,各个法律条文将使用动物视为“最后一招”。从长远的角度看,使用体外数据的申报需求日益增多,说明体外实验存在优点,因为预期体外实验更为有效、更快捷且便宜,同时仍能保持高的敏感性和特异性水平。

HET-MN解决了监管领域中所面临的挑战。实验建立在非常明确且遗传上稳定的检测系统之上,应用了监管认可的和广泛使用的判读参数,弥补了体外遗传毒性实验在代谢能力和暴露途径方面存在的差距。综上,在使用经典的体外遗传毒性实验发现了阳性结果以后,建议将本实验用于跟踪实验,并研究初步得出的阳性结果的相关性。

五、适用范围

HET-MN实验同时测试了超过50种化合物,包括不同的化合物类别和作用模式。这些化合物包括前致突变剂(例如,环磷酰胺[用作阳性对照]、7,12-二乙基苯并蒽或2-2-乙酰氨基芴、致多倍体剂(例如,长春新碱、多菌灵、拓扑异构酶抑制剂(依托泊苷)或5-氟尿嘧啶——一种致癌剂,该化合物作为一种嘧啶类似物,可干扰细胞中的核酸库。在上节中提及的环式比对实验中,上述化合物均得到了准确预测。

此外,HET-MN 与经典体外实验相比,对 pH 值的敏感性较低。可应用范围在 pH3 ~ 10 之间的溶液,不会损害鸡胚的发育。而且,可将深色化合物应用鸡胚膜上,不会影响实验或分析结果。

在方法开发和所述的环式比对实验中,已发现,鸡胚膜上有沉淀现象,即,鸡胚膜部分覆盖,既不会干扰检测系统的完整性,也不会诱导出在使用浸没单层细胞培养物的经典体外实验方法中观察到的假阳性结果。因此,推测认为,也可按照将鸡胚应用于 HET-CAM 实验(鸡胚绒毛尿囊膜)的方法(见本书第八章第二节),将配方应用于鸡胚膜。

六、实验报告

检测报告应总结属于某项研究的所有实验。提供的信息应足够详细,以证实报告关于受试化合物潜在遗传毒性危害的最后结论,即最后定论。

简言之,该报告应总结使用的实验方案,包括当前运行的实验的特殊条件,其次,应详细说明实验设计,即,对照组和给药组的详细说明。此外,还需要说明所研究的化合物(例如,批号、纯度、在使用的溶剂中的稳定性、pH)以及所选择的溶剂(例如,纯度、选择的原因)。

为了证明分析结果的相关性,应当说明染色方法和评价鸡胚和红细胞使用的标准。接下来,应报告分析的鸡胚和细胞数量,包括历史性阴性对照和阳性对照。作为最低要求,应当提供有关属于某一项研究的所有实验的对照组和给药组 MN 发生频率和活力汇总数据。

实验和整个研究的最后评价始于有效性判定标准研究,特别强调生物利用度问题。最后,在报告得出总体结论之前,应当对支持最终结论的各个方面进行讨论。

如需详细信息,建议参考 OECD TG 487 的各个章节。

七、疑难解答

(一) 实验分组及确定鸡胚数量?

建议实验组每组 15 ~ 18 只鸡胚,因为要在最大活力降低 60% 的情况下,保证每组评价 6 枚胚,再加上弥补准备过程的计划外损失约 2 ~ 3 枚蛋,因此,每实验组约 15 ~ 18 枚蛋。除了按实验计划计算使用数量外,还应多增加 20%,用于替换超过重量标准、在运输过程损坏或发育不良的鸡胚。

(二) 是否可将 HET-MN 实验与毒代动力学研究合并?

与另一项体外实验相反,鸡胚能够将母体化合物和各种代谢物排泄入尿囊,这相当于人类的膀胱。该液体很容易进行采样和分析。而且,也可进入血液和鸡胚的其他部分进行采样,并随后进行分析,不仅可鉴定某些化合物及其代谢产物,还能在 HET-MN 实验过程,通过鸡胚的不同部分追踪其去向。

(三) 是否可对微核进行自动分析?

正在使用流式细胞仪开发微核分析方法,该方法不仅能加快分析速度,还易于操作(即使细胞数较高,也同样如此)。

(四) 在将本方法转移至新的实验室后,是否有显示实验室能力的化合物清单?

针对体外哺乳动物细胞微核实验的 OECG TG 487 列出了九种化合物,可用于实验室能力评价和选择阳性对照,包括致染色体断裂剂(在有和没有代谢激活的情况下)以及致多倍体剂。其中的多数化合物已经在 HET-MN 实验中进行了测试,并可能会被推荐使用。这些化合物是磺酸甲基甲烷(CAS - 编号66 - 27 - 3)、丝裂霉素 C(50 - 07 - 7)、4 - 硝基氮氧喹啉(56 - 57 - 5)、苯并芘(50 - 32 -

8)、环磷酰胺(50 - 18 - 0)和长春新碱(143 - 67 - 9)。

(五) 微核 PCE/NCE 比值对于 HET-MN 实验重要性较低?

在预验证研究中,已发现 PCE/NCE 比值在实验中非常稳定。在接近于强毒性的高浓度水平上仅观察到了轻度变化。在鸡胚发育时,开始进行 HET-MN,血液体积以及每体积血液中的红细胞数量剧烈增加。在这种情况下,该高度增殖的系统不仅受到 PCE/NCE 比值影响,而且还受到整个检测系统影响,检测系统会受损,实验的有效性会降低。

(Kerstin Reisinger 田丽婷)

参考文献

[1] 程树军,焦红. 实验动物替代方法原理与应用,科学出版社,2010.

[2] Aardema M J, Barnett B C, Khambatta Z, et al. International prevalidation studies of the EpiDerm™ 3D human reconstructed skin micronucleus (RSMN) assay: Transferability and reproducibility. Mutation Research/fundamental & Molecular Mechanisms of Mutagenesis, 2010, 701(2): 123 - 31.

[3] Adriaanse MP, Vreugdenhil AC, Vastmans V, et al. Human leukocyte antigen typing using buccal swabs as accurate and non-invasive substitute for venipuncture in children at risk for celiac disease. J Gastroenterol Hepatol. 2016, 31(10): 1711 - 1716.

[4] Brinkmann J, Stolpmann K, Trappe S, et al. Metabolically competent human skin models: activation and genotoxicity of benzo[a]pyrene. Toxicol. Sci. 2013, 131(2): 351 - 9.

[5] Corvi R, Albertini S, Hartung T, et al. ECVAM retrospective validation of in vitro micronucleus test (MNT). Mutagenesis. 2008, 23(4): 271 - 83.

[6] Dahl E L, Curren R, Barnett B C, et al. The reconstructed skin micronucleus assay (RSMN) in EpiDerm (TM): Detailed protocol and harmonized scoring atlas [J]. Mutation Research/fundamental & Molecular Mechanisms of Mutagenesis, 2011, 720(1 - 2): 42 - 52.

[7] Eastmond DA, HartwigA, AndersonD, et al. Mutagenicity testing for chemical risk assessment: update of the WHO/IPCS harmonized scheme.. Mutagenesis 2009 24 341 - 349.

[8] Fenech M, Chang WP, Kirsch-Volders M, et al. HUMN project: detailed description of the scoring criteria for the cytokinesis-block micronucleus assay using isolated human lymphocyte cultures. Mutat. Res. 2003, 534(1 - 2): 65 - 75.

[9] Flamand N, Marrot L, Belaidi JP, et al. Development of genotoxicity test procedures with Episkin, are constructed human skin model: towards new tools for in vitro risk assessment of dermally applied compounds? Mutat. Res. 2006, 606: 39 - 51.

[10] Greywe D, Kreutz J, Banduhn N, et al. Applicability and robustness of the hen's egg test for analysis of micronucleus induction (HET-MN): results from an inter-laboratory trial. Mutat. Res. 2012, 747(1): 118 - 34.

[11] Hansen ME, Hunt SC, Stone RC, et al. Shorter telomere length in Europeans than in Africans due to polygenetic adaptation. Hum Mol Genet. 2016, 25(11): 2324 - 2330.

[12] Hayashi M, Kamata E, Hirose A, et, al. *In silico* assessment of chemical mutagenesis in comparison with results of Salmonella microsome assay on 909 chemicals. *Mutat. Res.* 2005, 588, 129 - 135.

[13] Kerstin R. Validation of the 3D Skin Comet assay using full thickness skin models: transferability and reproducibility. Frontiers in Genetics, 2015, 6.

[14] Kirkland D,Speit G. Evaluation of the ability of a battery of three in vitro genotoxicity tests to discriminate rodent carcinogens and non-carcinogens III. Appropriate follow-up testing in vivo. Mutat. Res. 2008,654(2):114-32.

[15] Kirkland D,Aardema M,Henderson L,et al. Evaluation of the ability of a battery of three in vitro genotoxicity tests to discriminate rodent carcinogens and non-carcinogens I. Sensitivity,specificity and relative predictivity. Mutat. Res. 2005,584(1-2):1-256.

[16] Kirkland D,Aardema M,Müller L,Hayashi M,Evaluation of the ability of a battery of three in vitro genotoxicity tests to discriminate rodent carcinogens and non-carcinogens II. Further analysis of mammalian cell results,relative predictivity and tumour profiles. Mutat. Res. 2006 608(1):29-42.

[17] Kirschvolders M. In vitro genotoxicity testing using the micronucleus assay in cell lines,human lymphocytes and 3D human skin models. [J]. Mutagenesis,2011,26(1):177-84.

[18] Masumura K,Toyoda-Hokaiwado N,Ukai A,et al. Dose-dependent de novo germline mutations detected by whole-exome sequencing in progeny of ENU-treated male gpt delta mice. Mutat Res. 2016,810:30-39.

[19] Maul K,Fieblinger D,Heppenheimer A,et al. The Hen's Egg Test for Micronucleus-Induction (HET MN):Detailed protocol and scoring atlas for microscopic analysis,in preparation.

[20] OECD Guideline for testing of chemicals,No. 487 DRAFT:In vitro Micronucleus Test. Organization for Economic Cooperation and Development,Paris,draft 2 November 2009.

[21] OECD Guidelines for the Testing of Chemicals,Test No. 489:In Vivo Mammalian Alkaline Comet Assay.

[22] Pfuhler S,Fautz R,Ouedraogo G,et al. The Cosmetics Europe strategy for animal-free genotoxicity testing:Project status up-date. Toxicology in Vitro An International Journal Published in Association with Bibra,2014,28(1):18-23.

[23] Pfuhler S,Zhang J. International Validation of the Reconstructed 3D Skin Micronucleusand Comet Assays. 中国毒理学会第七次全国毒理学大会暨第八届湖北科技论坛论文集. 中国毒理学会、湖北省科学技术协会:,2015:2.

[24] Reisinger K,Blatz V,Brinkmann JP,et al. Validation of the 3D Skin Comet assay using full thickness skin models:transferability and reproducibility. In prep.

[25] Reisinger K,Hoffmann-Dörr S,Steiling W,et al. Safety assessment without animal testing:A successful example. IFSCC Magazine 2016 1:35-39.

[26] Reisinger K,Fieblinger D,Heppenheimer A,et al. The Hen's Egg Test for Micronucleus-Induction (HET MN):Results of the pre-validation,in preparation.

[27] Reisinger K,Bartel M,Blatz V,et al. 3D Skin Comet assay:Status quo of the ongoing validation. 9th World Congress on Alternatives and Animal Use in the Life Sciences,Prague 2014.

[28] Reus AA,Reisinger K,Downs TR,et al. Comet assay in reconstructed 3D human epidermal skin models-investigation of intra-and inter-laboratory reproducibility with coded chemicals. Mutagenesis. 2013,28(6):709-20.

[29] SCCS(2014a) Scientific Committee on Consumer Safety. Opinion on Basic Brown 17. SCCS/1531/14. Adopted on 24 March 2014,revision of 18 June 2014.

[30] SCCS(2014b)ADDENDUM to the SCCS's Notes of Guidance(NoG)for the Testing of Cosmetic Ingredients and their Safety Evaluation,8th Revision of 9th April 2014 revised 22th October 2014(SCCS/1532/14).

[31] SCCS(2014)ADDENDUM to the SCCS's Notes of Guidance(NoG)for the Testing of Cosmetic In-

gredients and their Safety Evaluation,8th Revision(SCCS/1501/12).

[32] Steiling W,Bracher M,Courtellemont P,de Silva O. The HET-CAM,a Useful In Vitro Assay for Assessing the Eye Irritation Properties of Cosmetic Formulations and Ingredients. Toxicol. In Vitro. 1999 ,13 (2):375 - 84.

[33] Tice RR,Agurell E,Anderson D,et al. Single cell gel/comet assay:guidelines for in vitro and in vivo genetic toxicology testing. Environ. Mol. Mutagen. 2000,35:206 - 21.

[34] Toncheva AA,Potaczek DP,Schedel M,et al. Childhood asthma is associated with mutations and gene expression differences of ORMDL genes that can interact. Allergy. 2015,70(10):1288 - 99.

[35] Tyndale RF,Zhu AZ,George TP,et al. PGRN-PNAT Research Group.. Lack of Associations of CHRNA5 - A3 - B4 Genetic Variants with Smoking Cessation Treatment Outcomes in Caucasian Smokers despite Associations with Baseline Smoking. PLoS One. 2015,10(5):e0128109.

[36] Wiegand C,Hewitt N. ,Merk HF,et al. Dermal xenobiotic metabolism:a comparison between native human skin,four in vitro skin test systems and a liver system. Skin Pharmacol Physiol. 2014,27:263 - 75.

[37] Wolf T,Niehaus-Rolf C,Banduhn N,Eschrich D,Scheel J,Luepke NP,The hen's egg test for micronucleus induction(HET-MN):novel analyses with a series of well-characterized substances support the further evaluation of the test system. Mutat. Res. 2008,650(2):150 - 64.

[38] Wolf T,Niehaus-Rolf C,Luepke NP. Some new methodological aspects of the hen's egg test for micronucleus induction(HET-MN). Mutat Res. 2002 514(1 - 2):59 - 76.

第十三章　靶器官毒性

Chapter 13　Target organs toxicity

第一节　胚胎干细胞毒性实验

Section 1　Embryonic stem cell test of Embryonictoxicity

一、实验原理

胚胎毒性作用中最重要的特点是胚胎组织和成体组织对胚胎毒性物质的敏感性存在明显差异，这种差异在体外实验表现为胚胎干细胞（ESC）对毒性物质的反应比成体细胞更为敏感，而且可用抑制胚胎分化的程度不同反应毒性作用的强弱。本实验采用两种永生化的小鼠细胞系：mESC为小鼠胚胎干细胞，代表胚胎组织；3T3为成纤维细胞，代表成体组织。mESC细胞在适当条件下具有形成胚胎体和分化成胚胎组织的能力。通过评价抑制胚胎干细胞分化的能力和抑制ESC、3T3细胞生长的能力，可以预测受试物可能的胚胎毒性。

二、实验系统

（一）细胞

Balb/c 3T3细胞：克隆31；

小鼠ESC细胞（mESC）：推荐ESC D3细胞系，来源于129小鼠，最好来源于ATCC（No. CRL1934）或欧洲细胞培养物保藏中心（European Collection of Cell CulturESC，ECACC）；如有充分证明，也可使用其他细胞系，如E14Tg2A（ATCC No. CRL1821）。

（二）细胞培养基

1. 3T3常规培养基/检测培养基

100ml 3T3常规/检测培养基配制：87.5mL 1×DMEM，10mL FCS（10%）、2mL－谷氨酰胺（4mM）、0.5mL双抗（50U/mL青霉素、50μg/mL链霉素）；

2. 3T3冻存培养基

6.10ml 3T3冻存培养基配制：6.75mL 1×DMEM，2mL FCS，0.2mL－谷氨酰胺，0.05mL双抗（50U/mL青霉素、50μg/mL链霉素），1mLDMSO；

3. mESC完全培养基

100ml mESC完全培养基配制：76.5mL 1×DMEM，20mL FCS（20%），1mL－谷氨酰胺（2mmol/L），0.5mL双抗（50U/mL青霉素、50μg/mL链霉素），1mL NEAA（1%），1mLβ－巯基乙醇（0.1mmol/L），直接加入mLIF（1uL/mL），4℃保存不超2周，用于ESC细胞维持未分化状态。

4. mESC检测培养基

配制同5.2.3，但不含mLIF。

5. mESC 冻存培养基

10mL mESC 冻存培养基配制:4.65mL1×DMEM,4mLFCS,0.1mL-谷氨酰胺(2mmol/L),0.05mL 双抗(50U/mL 青霉素、50μg/mL 链霉素),0.1mLNEAA(1%),0.1mLβ-巯基乙醇(10mmol/L),1mLDMSO。

(三)组织培养用试剂

H-DMEM(不含丙酮酸钠)、L-谷氨酰胺、胎牛血清(FCS)/小牛血清(56℃加热灭活)、0.25%胰酶/EDTA 溶液、青霉素/链霉素双抗、二甲基亚砜(DMSO)、非必须氨基酸(Non essential amino acids,NEAA)、β-巯基乙醇(β-ME)、小鼠白血病抑制因子(mLIF)、噻唑蓝、异丙醇、十二烷基硫酸钠(SDS)、无 Ca^{2+} 和 Mg^{2+} 磷酸缓冲液(D-PBS)、5-氟尿嘧啶(5-Fluorouracil,5-FU)、青霉素 G、牛血清白蛋白(BSA)、皂素(Saponin)、2%明胶水溶液、台盼蓝、超纯水、无水乙醇。

MTT 解析液(3.5mL 20%的 SDS 贮存液与 96.5mL 异丙醇混合,使用前新鲜配制)。

(四)流式细胞检测试剂及配制

脱氧核糖核酸酶 I(DNase I):来源于牛胰腺,用 1mL 冷的 0.15mol/L NaCl 配制标准 DNase I 贮备液,浓度为 2,000Kunitz 单位/mL,2℃~8℃保存。

EDTA 溶液:1% EDTA,1gEDTA 溶于 100mL 无 Ca^{2+},Mg^{2+} PBS 中。

PBS-EDTA 溶液:配制含 0.1mmol/LEDTA 的 PBS 溶液,如 19mL1% EDTA 溶液加入 481mLPBS 中,使用前每天配制。

PBS:无 Ca^{2+},Mg^{2+},直接商品化购买。

山羊血清:商品化购买

多聚甲醛:4%溶液,调整 pH 值为 7.2。

冲洗液Ⅰ:用 PBS 配制含 1%(质量浓度)BSA 的溶液,现配现用;

冲洗液Ⅱ:用 PBS 配制含 1%(质量浓度)BSA 和 1.5%皂素(质量浓度)的溶液,现配现用;

封闭液:用 PBS 配制含 10%(体积比)山羊血清、1%(质量浓度)BSA 和 1.5%皂素(质量浓度)的溶液,现配现用;

抗肌纤维球蛋白重链(Anti-sarcomeric myosin heavy chain,anti-MHC),克隆 MF20,小鼠 IgG2b,kappa 轻链,离心取上清液,0.1mL。

小鼠同型对照物(Dianova)生物素-SP-结合亲和纯化标记的山羊抗小鼠 FCγ 抗体(Biotin-SP-conjugated AffiniPure goat anti-mouse IgG FCγ)。

R-藻红素结合-链霉亲和素(R-phycoerythrin-conjugated streptavidin,PE-SA)。

R-藻红素结合-亲和纯化山羊抗小鼠 IgG $F(ab')_2$ 抗体。(R-phycoerythrin-conjugated AffiniPure goat anti-mouse IgG $F(ab')_2$。

流式管。

分离液:含 $4UmL^{-1}$ DNase I 的胰酶-EDTA 溶液。制备 10mL 的分离液,20uL 的 DNase I 贮备液加入 10mL 胰酶-EDTA 中,使用前现配。

(五)耗材

见第二章第一节。

三、实验过程

(一)受试物溶液的制备

1. 溶剂

参考 SN/T 3899—2014,根据受试物的理化特性,把受试物溶解在合适的溶剂中,如 PBS、双蒸水、

DMEM、DMSO 或乙醇。各溶剂推荐的最高浓度 PBS 为 1%(体积分数)、双蒸水和 DMEM(不完全培养基)、DMSO 为 0.25%(体积分数),乙醇为 0.5%(体积分数)。所选择的溶剂其浓度不能具有细胞毒性和对细胞分化有任何影响,且该浓度在实验过程中应始终保持一致。

2. 受试物配制

每次实验前用适当的溶剂配制受试物溶液,包括阳性对照。实验前制备的贮存液可以冻存于-20℃,在实验第 3 天和第 5 天更换培养液时使用。因实验采用 MTT 法检测细胞活性,应在实验前排除 MTT 是否与受试物以及是否与培养基发生反应干扰实验结果。

为确定新测试化合物的稀释浓度在该物质的剂量-反应范围内,建议先进行 mESC 和 3T3 细胞的细胞毒性测试(范围寻找实验),再进行 ESC 的完全测试(正式实验)。

范围寻找实验应使用化合物的最高溶解浓度和无细胞毒性的最高溶剂浓度,推荐采用 1∶10 倍系列稀释法制备 8 个浓度受试物。主实验选择 7 个稀释浓度,对照组覆盖 100% 到 0% 的效应剂量,受试物浓度以小于范围寻找实验的稀释因子进行制备。

(二) mESC 细胞分化能力检测

1. 第 0 天:悬滴培养,mESC 细胞集落形成

常规培养未分化的 mESC 细胞,胰酶消化,以大于 1×10^6/mL 密度接种于培养皿。台盼蓝染色检查细胞活性应≥90%。根据 3.1.2 的方法制备 6~8 个不同浓度的受试物溶液,然后加入 5mL 制备好的 mESC 细胞悬液,细胞数量为 1.875×10^5。每个浓度用一个培养皿,未处理的对照组(mESC 检测培养基)和溶剂对照组各两个平皿。使用 60mm 的细胞培养皿,可通过敲打盖子轻微晃动防阻止 mESCC 贴壁,保持细胞处于悬浮状态。

用移液器吸取 20μL 含一定测试化学物的细胞悬液(约 750 个细胞)于 100mm×20mm 组织培养皿的盖子内,每个盖子加 50-80 滴,每个浓度的化学物用一个培养皿盖。小心翻转盖子于正常位置,培养皿中加 5mLPBS。CO_2培养箱悬滴培养 3d。

2. 第 3 天:细胞悬浮培养,胚胎体形成

根据 3.1.2 的方法制备 6~8 个不同浓度的受试物溶液。

取 5mL 含适当浓度受试物的培养基或溶剂于“悬滴”培养皿盖中,将培养盖倾斜约 30 度以使胚胎体(EBs)滑落底部,用 5mL 移液器(避免损伤 EBs)轻轻将所有细胞悬液转移至 60mm 培养皿。注意每个浓度的化学物用一个培养皿,并保证“悬滴”中的化学物浓度与培养皿中的保持一致。收集后的 EB 悬液于 CO_2培养箱继续悬浮培养 2d。

3. 第 5 天:24 孔板培养,心肌细胞分化

根据 3.1.2 的方法制备 6~8 个不同浓度的受试物溶液。

取 24 孔板,每个孔加入 1mL 同一浓度的测试溶液。每个浓度用一块板,溶剂对照和未处理对照各两块板。用 100ul 的吸头取约≤20μL 体积的 EBs 悬液,每孔加 1 个 EBs。注意确保含 EBs 的测试溶液的与培养板孔中的测试溶液浓度一致。

如果使用流式仪检测终点,则使用 100mm 培养皿孵育 2d,见 3.2.4。

如使用跳动心肌的形态学观察为检测终点,则使用 24 孔板培养 5d,见 3.2.5。

4. 第 7 天:分子 FACS-EST(流式细胞术检测终点)

实验的第 7 天,分化的心肌细胞可以通过心脏特异的标记蛋白,用分子 FACS-EST 的流式细胞术来确定。抗体染色操作应在冰点进行,使用预冷溶液。

(1) 细胞计数

1) 取一个 100mm 的含有上述浓度的测试化学物的分化细胞的培养皿,同时取两个空白对照(mESC 实验培养基)培养皿和两个溶剂对照组。

2）吸出培养基，用10mL含有1mmol/LEDTA的PBS液冲洗。吸出PBS溶液，并向每一个100mm培养皿中加入3mL解离液。

3）把培养皿置于培养箱中孵育30min。用吸头上、下吸液，使细胞混悬。吸取全部3mL溶液至15mL的Falcon管中，该管含有3mL添加了1mmol/L EDTA和5%（体积分数）FCS的冰冷PBS液，以终止胰蛋白酶化。

4）170g转速的离心机4℃条件下离心5min，吸出并去除上清液。用3mL含有1mmol/L EDTA和5%（体积分数）FCS的冷冻PBS液重悬细胞团，然后在4℃环境下孵育30min。

5）170g转速的离心机4℃条件下离心5min，吸出并去除上清液。用5mL含有1mmol/L EDTA的冰冷PBS液轻轻混悬细胞团。

6）对细胞混悬液样本进行计数。应计算每个培养皿的细胞总数，如使用自动细胞计数仪时，应以活细胞的数量为计算结果。对于空白对照组，每一个100mm培养皿的细胞数量约为0.7×10^6～2.5×10^6。

（2）细胞固定和染色

1）170g转速4℃条件下离心5min，吸出并去除上清液。

2）用500μL清洗液I轻轻重悬细胞团。吸取全部500μL溶液至1.5mL的EP管中。

3）添加500μL4%（质量浓度）的多聚甲醛溶液，并在冰冷条件下孵育25min固定细胞。

4）4℃环境下，在冷冻微量离心机中，以1400g的转速对细胞混悬液持续离心3min。随后吸出上清液。用1mL的清洗液I轻轻重悬细胞团。

5）按照下列步骤，用清洗液I对细胞进行至少2次以上的清洗：以1400g转速4℃条件下对细胞混悬液持续离心3min，清除上清液；用1mL的清洗液I轻轻地混悬细胞；以1400g转速4℃条件下对细胞混悬液持续离心3min，清除上清液。

6）用1mL封闭液轻轻地混悬细胞团，并在冰冷条件下孵育30min。

7）对于每一浓度的测试液和对照组，把3×10^5细胞转移到新的1.5mL的EP管中，包括不含抗体的基础对照组（两个来源于溶剂对照组的细胞样本和两个来源于空白对照组的细胞样本）。此外，同型对照组可以用于评估非特异性抗体结合的水平。同型对照组需要与特异的原始（物种，同型，重链和轻链）抗体配对。在同一浓度和染色条件下，应用同型对照组抗体（而不是特异的原始抗体）作为靶抗体。同型对照组抗体的应用，没有必要分析可出现离散的细胞群落的流式细胞计数数据。

8）在冷冻微量离心机中，以1400g转速4℃条件下对细胞混悬液持续离心3min，清除上清液。在含有100μL原始抗体的封闭液（抗MHC，克隆MF20，稀释比例1∶1600）中，轻轻混悬细胞团，并在冰冷条件下孵育1h。每一组抗体的最佳数量应以经验为主进行测定，这些抗体能以较低的背景染色，发出较强而且特异的信号。

9）同步骤（11）所述，用清洗液II清洗三次。在冰冷条件下，将上述清洗后的液体置于含有100μl恰当的生物素结合的二抗（生物素结合的山羊抗小鼠IgG，稀释比例1∶1000）的封闭液中孵育30min。

10）同步骤（11）所述，用清洗液II清洗三次。在冰冷条件下，将上述清洗后的液体置于含有100μL PE-SA（1∶600）的封闭液中孵育15min。如果在冰冷条件下，使用含有100μLR-PE－结合的山羊抗小鼠IgG（PE－抗小鼠IgG，1∶200）的封闭液孵育30min，那么步骤（15）至步骤（17）可以省略。

11）同步骤（11）所述，用清洗液II清洗至少三次，用清洗液I清洗一次。

（3）流式细胞仪分析

1）用200μL清洗液I轻轻地混悬细胞团。添加200μLFACS流式液，并转移到底部涂满聚苯乙烯的试管中。

2）用配置氩激光器的流式细胞仪进行分析。通过使用FL－2信道中585nm的带通滤波器，测定来源于10000个荧光PE活细胞（无活力细胞必须通过合理的筛选，从流式细胞分析仪中清除）的激发波长。所有数据分析都在CellQuESCt Pro软件中进行。

3）通过对比实验组细胞与来源于溶剂对照组培养板或者 mESC 实验培养板的空白对照组细胞的荧光强度，从而测定细胞分化程度。在 FL－2 信道、585nm 下，检测来源于 10000 个细胞的荧光 PE（经过合理的筛选，无活力细胞已经从流式细胞分析仪中清除）。基础对照值应该低于 0.5% 的阳性对照。根据经验，在培养第 7 天时，10%－20% 空白对照组的活细胞群落（被筛选的）都是 MHC 阳性的。如果阳性染色细胞的数量降低到 5% 以下，那么实验必须重复进行。

（4）终点计算

从溶剂对照组和实验样本组的值（这里调整了所有非特异性结合的值）中，减去基础对照组（两组不含原始抗体的溶剂对照组）的平均值（从 10000 个被筛选的细胞中获得的阳性染色细胞的百分比）。用 Excel 表记录数据，计算 ID_{50FACS}值。

5. 第 10 天：形态学分析检测终点

（1）形态学观察：实验第 10 天时，光学显微镜下仔细观察每个培养板各孔中分化为自主收缩的心肌细胞的孔数，并记录。应注意，在高浓度下，跳动的心肌细胞团并不容易观察，应非常认真的检查。

（2）终点计算：溶剂对照 24 孔培养板和每个受试物浓度的 24 孔培养板中含收缩心肌细胞的孔数，计数每块板成功率，用含有跳动心肌细胞的孔数除以分化前含有 EB 细胞的孔数。比较化学品处理组跳动心肌细胞与未处理组的比率（溶剂对照或 mESC 检测培养基对照板）。用表格记录数据，计算 ID_{50}。

（三）mESC 和 3T3 细胞毒性检测实验过程

1. 第 0 天，加样

mESC 细胞和 3T3 细胞的细胞毒性检测采用 96 孔板，加样示意图见图 13－1。

	1	2	3	4	5	6	7	8	9	10	11	12
A	B	b	b	b	b	b	b	b	B	b	B	b
B	B	CO	P	T1	T2	T3	T4	T5	T6	T7	CO	b
C	B	CO	P	T1	T2	T3	T4	T5	T6	T7	CO	b
D	B	CO	P	T1	T2	T3	T4	T5	T6	T7	CO	b
E	B	CO	P	T1	T2	T3	T4	T5	T6	T7	CO	b
F	B	CO	P	T1	T2	T3	T4	T5	T6	T7	CO	b
G	B	CO	P	T1	T2	T3	T4	T5	T6	T7	CO	b
H	B	b	b	b	b	b	b	b	b	b	b	b

图 13－1　细胞毒性实验加样图

CO：溶剂对照（有细胞，无化学物）　P：阳性对照　b：空白对照（无细胞，无化学物）

T_1-T_8：7 个浓度的受试物（T_1：最低浓度，T_8：最高浓度）

常规培养制备 ESC 或 3T3 细胞悬液，密度为 1×10^4个细胞/mL，可用台盼蓝染色检查细胞活性，活力 >90% 可进行实验。用多通道移液器加 50μL 培养液（无细胞）于 96 孔板周边各孔，为空白对照，余下各孔加 50μL 浓度为 1×10^4个细胞/mL 的细胞悬液，每孔细胞浓度为 500 细胞/孔。5% CO_2 37℃孵育 2h，使细胞贴附。

制备 7 个浓度梯度的测试化学物溶液，覆盖相关的剂量－反应范围，实际操作中最小的稀释因子是 1.5。制备 1 个浓度的 5－FU 阳性对照，阳性对照孔为 3 列，B－G 行。对于 3T3 细胞的阳性对照浓度是 0.29μg/mL，对于 ESCC 细胞的阳性对照浓度是 0.06μg/mL。

孵育 2h 后，加 150μL 含不同浓度化学物质的检测培养液（实验组）到 B 行 4－10 列，重复 C－G

行为6个平行测试。注意150μL的体积应含1.333×的终化学浓度,因为每孔已经加入50μL未经处理的培养液。加150μL含溶剂的检测培养液于外周各孔(空白对照=无细胞,无化学物),加150μL含溶剂的检测培养液于培养板的2列B-G行和11列B-G行(溶剂对照=有细胞,无化学物)。5% CO_2 37℃孵育3d。

2. 第3天,换液和镜检细胞

相差显微镜下观察细胞生长情况。用多通道移液管从阳性对照孔(3列,B-G行)、溶剂对照孔(2列和11列,B-G行)和实验孔(4-10列,B-G行)吸出实验溶液,注意不要破坏孔底的细胞层。加200μL新制备的阳性对照溶液于3列的B-G行,加溶剂对照溶液于2列和11列的B-G行,加实验溶液于4-10列的B-G行,终浓度同0d。5% CO_2 37℃继续培养2d。

3. 第5天,换液和继续培养

用通道移液管吸出实验溶液,加200μL新的实验溶液,操作同3.3.2,5% CO_2 37℃继续培养5d。第10d检测细胞抑制情况。

4. 第7天或第10天,MTT测定细胞活性

相差显微镜下观察细胞,记录由于受试物的细胞毒性作用引起的形态变化,同时用来排除实验误差,镜检细胞毒性并不作为本实验的检测终点。

加20μLMTT(5mg/mL)于培养板上所有孔中,37℃孵育2h。2h后,小心倾倒或用吸出MTT液,将培养板翻转置于吸水纸上1min吸干液体。每孔准确加130μL温至37℃的MTT解析液。在微孔板摇床上完全摇动微孔板15min以溶解蓝色偶氮,直到溶液清亮无碎片,如果孵育后集聚仍存在,在测定吸光度之前,可用多通道移液器上下反复吹打,使沉淀重悬。酶标仪测定溶液在550nm~570nm的吸光度。

5. 细胞毒性终点计算

测定空白孔平均 $OD_{550-570}$ 值,并从96孔板所有孔的OD值中减去此值,用于校正培养板的塑料材料对于染料的黏附作用。

测定溶剂对照孔的平均 $OD_{550-570}$ 值(2列和11列B-G行),将此值设为100%细胞活性。测定4到10列每列的平均OD值,每一列分别代表测试化学品的一个浓度,用细胞活性占溶剂对照孔的百分率表示。

四、预测模型和验证认可

(一) ID_{50} 和 IC_{50} 的计算

结果评价基于两个细胞的三个指标,分别是mESC细胞分化抑制50%的受试物浓度(ID_{50})、mESC细胞生长抑制50%的受试物浓度(IC_{50} mESC)和3T3细胞抑制50%的受试物浓度(IC_{50} 3T3)。计算方法可选择概率作图法,x 为log、y 为概率单位,x 轴是测试浓度的对数,y 轴是影响作用的百分率。也可选择生物统计方法,模拟浓度-反应曲线更精确的计算出 ID_{50} 和 IC_{50} 的值,并计算出这些值的置信区间。推荐用Litchfield & Wilcoxon图解法或Finney概率单位分析法。

(二) 预测模型 (PM)

按照预测模型对结果进行分类,用50%抑制浓度值(ID_{50} 、IC_{503T3} 、IC_{50ESC}),根据以下线性方程分别计算线性判别值Ⅰ、Ⅱ、和Ⅲ:

$$Ⅰ=5.916\lg(IC_{50}3T3)+3.500\lg(IC_{50}ESC)-5.307[(IC_{50}3T3-ID_{50})/IC_{50}3T3]-15.27$$

$$Ⅱ=3.651\lg(IC_{50}3T3)+2.394\lg(IC_{50}ESC)-2.033[(IC_{50}3T3-ID_{50})/IC_{50}3T3]-6.85$$

$$Ⅲ=-0.125\lg(IC_{50}3T3)-1.917\lg(IC_{50}ESC)+1.500[(IC_{50}3T3-ID_{50})/IC_{50}3T3]-2.67$$

如 IC_{50} 或 ID_{50} 的值超过1000μg/mL,则实验结果确定为1000μg/mL,表明进一步实验的最大浓度将是 1000μg/mL。而且在判别函数中将检测终点进行了变量转换，即 $IC_{50}3T3$ 转变为 Ig($IC_{50}3T3$)，将 $IC_{50}ESC$ 转变为 Ig($IC_{50}ESC$)，将 ID_{50} 转变为($IC_{50}3T3-ID_{50}$)/$IC_{50}3T3$。4.3 毒性分类标准

1 类：无胚胎毒性　如Ⅰ＞Ⅱ且Ⅰ＞Ⅲ

2 类：弱胚胎毒性　如Ⅱ＞Ⅰ且Ⅱ＞Ⅲ

3 类：强胚胎毒性　如Ⅲ＞Ⅰ且Ⅲ＞Ⅱ

（三）验证与认可

德国动物实验替代方法评价中心(Centre for Documentation and Evaluation of Alternative Methods to Animal Experiments, ZEBET)于 1997 年建立了利用两种小鼠细胞系(成纤维细胞 3T3 和胚胎干细胞 D3)进行胚胎毒性测试的替代方法，2003 年，经过优化的 EST 方法通过了 ECVAM 的验证。2009 年，采用 E14Tg2A 小鼠胚胎干细胞系的 EST 方法发布成为 SN 标准。

在高通量的 ESC 方法中，基于流式技术的 EST 方法正处于验证过程中。

Suzuki 等用心脏和神经冠衍生物表达转录蛋白 1(Hand 1)或心肌病相关蛋白 1(Cmya 1)基因稳定转染的 ESC 细胞为测试系统，建立了 96 孔板检测荧光素酶报告基因的方法，称为“Hand1-Cmya1-ESTs”。Hand1 和 Cmya1 在心脏的早期发育过程中起到关键作用，可以代替心肌跳动作为毒性效应的终点，检测时间可缩短到 6d。由于只转染 Hand1 基因的细胞较转染两个基因的细胞荧光素酶的信号强，最新优化的方案称为“Hand1-Luc ESTs”方法，进一步缩短检测时间至 5d。

五、适用范围

EST 方法是快速筛查环境污染物胚胎毒性的可靠方法，如用于环境雌激素、三唑类杀菌剂、酚、酞酸酯、农药等的评估。也可以用于工程纳米材料胚胎毒性的研究。EST 实验很少发现假阴性结果，但值得注意的是有些特异性抑制其他组织发育，如腭区、四肢或神经系统发育的致畸物，可能在标准 EST 中检测不出。

六、实验报告

通用要求见第一章第一节。

七、拓展应用

（一）量化和高通量

ECVAM 验证的 EST 实验过程长，操作较为复杂，通常采用 24 孔板观察反应终点，由于每种化合物需要设置几种不同的浓度，工作量非常大。而且用跳动的胚胎体为定量检测参数，精确度不高。如果采用低黏附性 96 孔版代替传统悬滴实验进行 ES 细胞向心肌细胞分化抑制实验，并采用自动测试心肌细胞跳动的仪器简化步骤，可建立高通量的 EST 实验方法，提高检测效率。再如用流式细胞检测心肌细胞分化早期的特异蛋白质(肌球蛋白重链和肌动蛋白)，代替分化后期出现的心肌纤维跳动，可缩短检测时间到 7 天。如果以血管生成紊乱作为 EST 的终点，采用基因技术可建立检测心肌细胞血小板内皮细胞黏附分子(PECAM-1)和血管内皮钙粘素基因(VE-Cadherin)表达变化的方法，这两个基因与心肌跳动呈线性相关。另外两个心肌的标志物，如 NK2 同源框和肌球蛋白重链基因表达分析也可作为 D3 细胞向心肌细胞分化的检测终点。此外，采用转染 Hand1 和 Cmyal 基因的 D3 细胞进行 EST 检测，可实现检测的高通量，但其缺点是只能检测心肌方向的分化。

（二）组合策略的应用

EST 实验、全胚胎培养实验和斑马鱼模式动物实验是目前体外预测发育毒性的主要方法，这些方

法都有其适用范围和局限性。Sogorb 等建立了分层的发育毒性测试策略，可以利用这些体外方法评价发育毒性，并根据测试需要逐渐增加模型的复杂性、技术复杂性和费用。第一步为短期的细胞水平测试，以测定胚胎早期分化阶段的作用；第二步为较长时间的细胞水平的胚胎毒性测试，以研究对胚胎后期发育产生作用的毒物；如果前两步的实验结果均为阳性，则可以考虑受试物为胚胎毒物，如果为阴性，则需要进行第三步的实验，即考虑使用胚胎体的测试，如全胚胎实验和斑马鱼模型，根据整个胚胎的分子和形态学的改变进行危害识别，而不只是以细胞的分化为指标。短期的细胞水平的胚胎毒性预测主要为实验周期小于 5 天的改良 EST 实验，如基于区分 EST 功能的基因组学方法，EST 早期化学物暴露中基因的下调和活性测试，ES D3 细胞的转录组学测试，神经性 EST 的转录组学方法等。长期的细胞水平胚胎毒性实验以实验周期超过 6 的 EST 方法为主，如经典的 EST 实验、血管生成分化作用和基因鉴别实验、化学发光 EST 实验、EST 结合蛋白组学的方法、人胚胎干细胞的实验等。但这样的组合模式，应建立在每个方法标准化的基础上，而且需要大规模的数据解读，目前尚处于开发阶段，也缺少必要的决策判定步骤。

组合测试策略的目的是使用较少的方法，实现对人发育/胚胎毒性最大程度的预测。目前的组合策略研究，不但组合了不同种属来源的细胞水平测试（如 Mes、hESC 和 iPS），组合了不同水平的测试（形态学观察、基因组和蛋白组水平），还组合了不同适用范围化合物的测试（神经发育、心肌发育和骨骼发育等）。对组合中的单个方法的预测能力、适用范围还缺少明确的验证，不同方法间的分层次序、互补性、权重分析、决策程序也缺少足够的数据支持。目前的整合策略主要用于皮肤刺激（第五章）和眼刺激（第八章），对于其他毒性的整合策略处于研发阶段（包括胚胎毒性、发育毒性等）。

八、疑难解答

（一）受试物有什么配制要求？

任何化学物质的最大实验浓度是 1000μg/mL。

强酸和强碱化学物质可能影响培养基的缓冲能力，因此受试物溶解后，应目测检查最高浓度受试物培养基的 pH 值，如变紫或浅黄（pH > 8 or pH < 6.5），表明培养基缓冲能力下降，贮存液应用 0.1mol/L NaOH或 0.1mol/LHCL 中和。

不应使用 mESC 完全培养基制备受试物贮存液，因为血清蛋白质、受试物或其他成分可能在反复冻融中出现沉淀。

受试物如对光线敏感，应避免长时间曝露于光线（如显微镜）下，应在更换培养基前在显微镜下观察细胞。采用不透光管或铝薄包裹的遮蔽管配制溶液。

对挥发性受试物，应用可透过 CO_2 但不能透过挥发性受试物的封口膜覆盖培养板。

（二）如何排除 MTT 可能与受试物和培养液的反应？

MTT 法只能用来检测细胞相对数量和相对活力，但不能测定细胞绝对数。在用酶标仪检测结果的时候，为了保证实验结果的线性，MTT 吸光度最好在 0 – 0.7 范围内。

对未知受试物进行细胞毒性实验前，应测定含最高受试物浓度的检测用培养基（方法：加 20μLMTT 液于 200μL 含最高受试物浓度的检测用培养基中，37℃、5% CO_2 孵育 2h）在 550 – 570nm 处的绝对光密度（$OD_{550-570}$）值，以排除化学物可能与 MTT 发生的化学反应。测得的 OD 值应≤0.05。如 OD 值超出此值，而且所代表的浓度恰好在预期的 IC_{50} 范围内（通过范围寻找实验的剂量 – 反应曲线推断），那么在实验的第 10d，加 MTT 前，应把培养板上除空白外的所有培养孔中的培养基换成不含受试物的检测用培养基。

（三）如何设置正式实验的浓度范围？

以 10 进制几何浓度序列稀释法，在梯度为 1.2 ~3 之间，按范围确定实验中摸索的剂量 – 反应关系范围，以较小的稀释倍数制备 6－8 个实验浓度。如稀释因子 2.15（$=\sqrt[3]{10}$）将一个 log 单位分成等距离的 3 个间隔。稀释因子 1.78（$=\sqrt[4]{10}$）将一个 log 单位分成等距离的 4 个间隔。稀释因子 1.47（$=\sqrt[6]{10}$）将一个 log 单位分成等距离的 6 个间隔。稀释因子 1.21（$=\sqrt[12]{10}$）将一个 log 单位分成等距离的 12 个间隔。以因子 1.47 作为例子。加入 0.47 体积的稀释液稀释 1 体积最高浓度的溶液，混合均匀，取一体积此溶液加入 0.47 体积的稀释液，依次同样操作 6 次，即可得到以 1.47 为稀释因子的十进制序列稀释液。

（四）胚胎干细胞如何质控？

用胎盘兰染色法检查细胞活性，取 0.2mL 细胞悬液，用 0.2mL0.4% 的台盼蓝溶液（质量浓度），室温下染色 5min，细胞活性≥90% 可接受。

（程树军　黄健聪）

参考文献

[1] SN/T 2330 化妆品胚胎和发育毒性的小鼠胚胎干细胞实验.

[2] 程树军，秦瑶，喻欢，等. 胚胎干细胞试验预测胚胎毒性替代方法进展，中国比较医学杂志 2016，26(1)：81－85.

[3] Buesen R, Genschow E, Slawik B, et al. Embryonicstem cell test remastered: comparison between the validated EST and the newmolecular FACS-EST for assessing developmental toxicity in vitro. Toxicol Sci, 2009, 108: 389 – 400.

[4] Coz FL, Suzuki N, Nagahori H, et al. Hand1-Luc embryonic stem cell test(Hand1-Luc EST): A novel rapid and highly reproducible in vitro test for embryotoxicity by measuring cytotoxicity and differentiation toxicity using engineered mouse ES cells. J Toxicol Sci, 2015, 40(2): 251－261.

[5] Panzica-Kelly JM, Brannen KC, Ma Y, et al. Establishment of a molecular embryonic stem cell developmental toxicity assay[J]. Toxicol Sci, 2013, 131: 447－457.

[6] Romero AC, Del Río E, Vilanova E, Sogorb MA. RNA transcripts for the quantification of differentiation allow marked improvements in the performance of embryonic stem cell test(EST). Toxicol Lett, 2015, 238(3): 60－69.

[7] Seiler AEM, Spielmann H. The validated embryonic stem cell test predict embryotoxicity in vitro. Nature Protocols. 2011, 6(7), 961－978.

[8] Sogorb MA, Pamies D, Lapuente J, et al. An integrated approach for detecting embryotoxicity and developmental toxicity of environmental contaminants using in vitro alternative methods. Toxicology Letters, 2014(230): 356－367.

[9] Suzuki N, Yamashita N, Koseki N, et al. Assessment of technical protocols for novel embryonic stem cell tests with molecular markers(Hand1-and Cmya1-ESTs): a preliminary cross-laboratory performance analysis. J Toxicol Sci, 2012, 37(4): 845－851.

[10] Theunissen PT, Pennings JL, van Dartel DA, et al. Complementary detection of embryotoxic properties of substances in the neural and cardiac embryonic stem cell tests[J]. Toxicol Sci, 2013, 132: 118－130.

[11] Uibel F, Schwarz M. Prediction of embryotoxic potential using the ReProGlo stem cell-based Wnt reporter assay. Reproductive Toxicology, 2015(55): 30－49.

第二节 雌激素受体结合方法测定雌激素激动剂和拮抗剂

Section 2 Human estrogen receptor-alpha transcriptional activation assay for detection of estrogenic agonist-activity

一、基本原理

化学物质与特定的受体结合后激活下游基因的表达,添加荧光素以后,系统的发光量与被测定物质的量成正比。报告基因方法是一种筛查方法,长期以来被用来评估特定核受体的基因表达,如雌激素受体(ERs),该方法已被提议用于检测可以激活ER细胞的雌激素类化学物质。

二、实验系统

(一)细胞

BG1Luc ER TA方法利用了一个稳定转染ER报告基因的人类卵巢癌细胞株,即BG1细胞,转染了荧光素酶报告基因,其上游插入了4个雌激素反应单元,然后将上述细胞株稳转入小鼠的乳腺癌细胞的上游启动子部分(MMTV),此细胞即可检测雌激素受体激动剂或拮抗剂的活性。这种MMTV启动子与其他类固醇和非类固醇类激素只有很小的交叉反应性。

(二)实验材料

1. 常规试剂耗材

同细胞培养,见第二章。

2. 标准物质

弱阳性激动剂:p,p′-DDT(methoxychlor;CASRN 72-43-5)。

弱阳性拮抗剂:三氧苯胺(CASRN 10540-29-1)和E2的混合物,浓度分别为3.36×10^{-6}mol/L和9.18×10^{-11}mol/L

阴性基线控制点的物质为E2,其浓度为9.18×10^{-11}mol/L,其溶剂为EFM。

(三)设备

见常用体外设备(第二章第二节)。

三、实验过程

(一)激动剂测定

1. 实验接受标准

诱导倍率:板的诱导倍率是板上RLU最高的标准物质E2的平均值与DMSO的RLU的比值。通常可以得到5倍的诱导倍率,但是为了测定数据可被接受,最少应该得到4倍以上的诱导倍率。

DMSO测定结果:溶剂对照测定的结果必须处于以往测定数据标准偏差的±2.5倍之间。

如果实验数据不能与质控标准相符合,那么数据必须弃掉然后重新实验。

2. 定量测定

数据接受标准除了上述以外还包括下面部分：

标准物质测定结果：参考物质 E2 测定的浓度 - 效应曲线必须是 S 型曲线，而且最少三个点处于直线部分。

阳性控制点测定结果：甲氧基滴滴涕测定的 RLU 值必须大于 DMSO 的 RLU 平均值与平均值的标准偏差三倍之和。

（二）拮抗剂测定

1. 实验接受标准

诱导倍率：板的诱导倍率是指参考物质 Ral/E2 测定的 RLU 的平均值与溶剂（DMSO）对照点的平均值的比值。通常可以得到 5 倍的诱导倍率，但是为了测定数据可以接受，诱导倍率必须大于或者等于 3。

E2 控制点测定结果：E2 控制点测定的 RLU 值必须处于以往测定值标准偏差的 ±2.5 倍之间。

DMSO 对照点测定结果：溶剂对照测定的结果必须处于以往测定数据标准偏差的 ±2.5 倍之间。

如果实验数据不能与质控标准相符合，那么数据必须弃掉然后重新实验。

2. 定量测定

数据接受标准除了上述以外还包括下面几部分：

标准物质测定结果：参考物质 Ral/E2 测定的浓度 - 效应曲线必须是 S 型曲线，而且最少三个点处于直线部分。

阳性控制点测定结果：三苯氧胺/E2 测定的 RLU 值必须小于 E2 的 RLU 平均值与 E2 平均值的标准偏差三倍之差。

（三）标准物质，阳性和溶剂对照

1. 溶剂控制（激动剂和拮抗剂）

溶剂是用来溶解待测定物质的，因此整个过程中凡是用到的溶剂都必须进行背景测定。在方法确认的过程中，溶剂中的 DMSO 含量是 1%（体积分数）。

2. 参考物质（激动剂和拮抗剂）

参考物质采用的是 E2（CASRN 50 - 28 - 2）。在确定浓度范围的测定中，E2 的浓度分别为：1.84×10^{-10}，4.59×10^{-11}，1.15×10^{-11}，2.87×10^{-12}mol/L，每个浓度点平行一次。

3. 参考物质（激动剂定量测定）

在定量测定过程中，E2 被稀释成 1∶2，为 11 个浓度点（浓度范围为：3.67×10^{-10} - 3.59×10^{-13} mol/L），每个浓度点平行一次。

4. 参考物质（拮抗剂范围确定测定）

在确定浓度范围的测定中使用的参考物质是 Ral（CASRN 84449 - 90 - 1）和 E2（CASRN 50 - 28 - 2）的混合物，其浓度分别为 Ral（3.06×10^{-9}，7.67×10^{-10}，1.92×10^{-10}mol/L），然后加上 E2 其浓度为 9.18×10^{-11}mol/L，每个浓度点平行一次。

5. 参考物质（拮抗剂定量测定）

在定量测定过程中，对 Ral/E2 的混合物进行 1∶2 的稀释，分别配制 9 个浓度系列，其 Ral 的浓度为 2.45×10^{-8} ~ 9.57×10^{-11}mol/L，每个浓度点加上 E2，其浓度为 9.18×10^{-11}mol/L，每个浓度点平行一次。

6. 弱阳性控制（激动剂）

弱阳性控制采用的是浓度为 9.06×10^{-6}mol/L 的 p，p′ - DDT（methoxychlor；CASRN 72 - 43 - 5），

其溶解介质为 EFM。

7. 弱阳性控制(拮抗剂)

弱阳性采用的物质是三氧苯胺(CASRN 10540-29-1)和 E2 的混合物,其浓度分别为 3.36×10^{-6}mol/L 和 9.18×10^{-11}mol/L,其溶剂为 EFM。

8. E2 控制(仅适用拮抗剂)

作为阴性基线控制点的物质为 E2,其浓度为 9.18×10^{-11}mol/L,其溶剂为 EFM。

9. 诱导倍率(激动剂)

参考物质 E2 的诱导倍率是指 E2 RLU 的最高值的平均值与 DMSO 的平均值的比值,此值应该大于 4。

10. 诱导倍率(拮抗剂)

参考物质 Ral/E2 的诱导倍率是指 Ral/E2 的 RLU 值的最高值的平均值与 DMSO 平均值的比值,此值应该大于 3。

(四) 溶剂对照

被测定物质(样品)必须和所使用的溶剂溶解,而且溶解后的溶液必须和细胞培养基互相混溶。水、乙醇(95-100%)和 DMSO 是常用的溶剂。如果采用 DMSO,则其浓度不要超过 1%(体积分数)。对于任何溶剂在使用之前,必须确定其无细胞毒素而且对测定没有干扰。参考物质和质控物质溶解在 100% 的溶剂中,然后采用 EFM 稀释到适当的浓度。

(五) 样品的准备

样品必须溶解在 100% 的 DMSO 中(或者恰当的溶剂中),然后采用 EFM 稀释到恰当的浓度。所有的样品在被溶解或者稀释之前必须恢复到室温。样品溶液必须是在测定之前现配制。样品溶液不能有沉淀或者浑浊。标准物质或者质控样品溶液可以一次多配制,但是无论是什么溶液(标准物质、质控、样品溶液)都必须保证其质量,而且在配制后必须在 24h 后用完。

(六) 样品的溶解性和细胞毒性测定

1. 在范围确定测试中包含 7 个浓度点,在平行实验中采用 1:10 的稀释系列。对于激动剂而言,起初采用的最高浓度为 1mg/mL(~1mmol/L),拮抗剂而言采用的最大浓度为 20μg/mL(~10μmol/L)。

2. 范围确定测定中必须采用下列浓度进行测定:

(1) 在综合测定中必须采用样品的初始浓度

(2) 在综合测定中,样品的稀释浓度为 1:2 或者 1:5。

3. 无论在范围确定还是综合测定中,在整个方法体系中对于激动剂或者拮抗剂的细胞毒性或者差异性是必须要估测的。通过评估细胞的毒性进而评估细胞的差异性,在确认 BG1Luc ER TA 的细胞过程中,此方法可以在一定范围内定量,在样品测定过程中,如果细胞的反应性减小 20%,那么细胞是不能采用的。

(七) 样品的暴露和 96 孔板的布局

1. 细胞计数后,将其转移到 96 孔板上(细胞的密度为 2×10^{-5}/孔),然后放到培养箱后培养 24h,使其贴壁。然后,将 EFM 去掉,暴露样品和标准物质,在培养 19h~24h。

2. 特别注意一点,那些靠近质控点的高挥发性的样品会产生假阳性,因此 96 孔板密封贴可以有效地隔离单独点,而且我们推荐采用此类方法。

3. 在范围确定测试过程总共,我们采用整个 96 孔板,一共可以测定 6 个样品,每个样品采用 7 系列测试(1:10),每个样品瓶测定一次(见图 13-2 和图 13-3)。

—激动剂范围确定测试过程中,标准物质采用 4 个浓度系列的 E2,平行测定一次,4 个孔的 DMSO

溶剂对照。

一拮抗剂范围确定测试过程中，标准物质采用 Ral/E2 的混合物，其中 E2 的浓度为 9.18×10^{-11}，同时 E2 的单独孔 3 个，DMSO 溶剂对照 3 个。

96 孔板	1	2	3	4	5	6	7	8	9	10	11	12
1	TS1 - 1	TS1 - 1	TS2 - 1	TS2 - 1	TS3 - 1	TS3 - 1	TS4 - 1	TS4 - 1	TS5 - 1	TS5 - 1	TS6 - 1	TS6 - 1
2	TS1 - 2	TS1 - 2	TS2 - 2	TS2 - 2	TS3 - 2	TS3 - 2	TS4 - 2	TS4 - 2	TS5 - 2	TS5 - 2	TS6 - 2	TS6 - 2
3	TS1 - 3	TS1 - 3	TS2 - 3	TS2 - 3	TS3 - 3	TS3 - 3	TS4 - 3	TS4 - 3	TS5 - 3	TS5 - 3	TS6 - 3	TS6 - 3
4	TS1 - 4	TS1 - 4	TS2 - 4	TS2 - 4	TS3 - 4	TS3 - 4	TS4 - 4	TS4 - 4	TS5 - 4	TS5 - 4	TS6 - 4	TS6 - 4
5	TS1 - 5	TS1 - 5	TS2 - 5	TS2 - 5	TS3 - 5	TS3 - 5	TS4 - 5	TS4 - 5	TS5 - 5	TS5 - 5	TS6 - 5	TS6 - 5
6	TS1 - 6	TS1 - 6	TS2 - 6	TS2 - 6	TS3 - 6	TS3 - 6	TS4 - 6	TS4 - 6	TS5 - 6	TS5 - 6	TS6 - 6	TS6 - 6
7	TS1 - 7	TS1 - 7	TS2 - 7	TS2 - 7	TS3 - 7	TS3 - 7	TS4 - 7	TS4 - 7	TS5 - 7	TS5 - 7	TS6 - 7	TS6 - 7
8	E2 - 1	E2 - 2	E2 - 3	E2 - 4	VC	VC	VC	VC	E2 - 1	E2 - 2	E2 - 3	E2 - 4

缩写词：E2 - 1 - E2 - 4 = 标准物质 E2 的浓度系列（从高到低）；TS1 - 1 - TS1 - 7 = 样品 1 的浓度稀释系列（从高到低）；TS2 - 1 - TS2 - 7 = 样品 2 的浓度稀释系列（从高到低）；TS3 - 1 - TS3 - 7 = 样品 3 的浓度稀释系列（从高到低）；TS4 - 1 - TS4 - 7 = 样品 4 的浓度稀释系列（从高到低）；TS5 - 1 - TS5 - 7 = 样品 5 的浓度稀释系列（从高到低）；TS6 - 1 - TS6 - 7 = 样品 6 的浓度稀释系列（从高到低）；VC = 溶剂对照空白（DMSO）。

图 13 - 2　激动剂范围确定测定过程中 96 孔板的布局

96 孔板	1	2	3	4	5	6	7	8	9	10	11	12
1	TS1 - 1	TS1 - 1	TS2 - 1	TS2 - 1	TS3 - 1	TS3 - 1	TS4 - 1	TS4 - 1	TS5 - 1	TS5 - 1	TS6 - 1	TS6 - 1
2	TS1 - 2	TS1 - 2	TS2 - 2	TS2 - 2	TS3 - 2	TS3 - 2	S4 - 2	TS4 - 2	TS5 - 2	TS5 - 2	TS6 - 2	TS6 - 2
3	TS1 - 3	TS1 - 3	TS2 - 3	TS2 - 3	TS3 - 3	TS3 - 3	TS4 - 3	TS4 - 3	TS5 - 3	TS5 - 3	TS6 - 3	TS6 - 3
4	TS1 - 4	TS1 - 4	TS2 - 4	TS2 - 4	TS3 - 4	TS3 - 4	TS4 - 4	TS4 - 4	TS5 - 4	TS5 - 4	S6 - 4	TS6 - 4
5	TS1 - 5	TS1 - 5	TS2 - 5	TS2 - 5	TS3 - 5	TS3 - 5	TS4 - 5	TS4 - 5	TS5 - 5	TS5 - 5	TS6 - 5	TS6 - 5
6	TS1 - 6	TS1 - 6	TS2 - 6	TS2 - 6	TS3 - 6	TS3 - 6	TS4 - 6	TS4 - 6	TS5 - 6	TS5 - 6	TS6 - 6	TS6 - 6
7	TS1 - 7	TS1 - 7	TS2 - 7	TS2 - 7	TS3 - 7	TS3 - 7	TS4 - 7	TS4 - 7	TS5 - 7	TS5 - 7	TS6 - 7	TS6 - 7
8	Ral - 1	Ral - 2	Ral - 3	VC	VC	VC	E2	E2	E2	Ral - 1	Ral - 2	Ral - 3

缩写词：E2 = E2 对照；Ral - 1 - Ral - 3 = 标准物质 Raloxifene/E2 的浓度稀释系列（从高到低）；TS1 - 1 - TS1 - 7 = 样品 1 的浓度稀释系列（从高到低）；TS2 - 1 - TS2 - 7 = 样品 2 的浓度稀释系列（从高到低）；TS3 - 1 - TS3 - 7 = 样品 3 的浓度稀释系列（从高到低）；TS4 - 1 - TS4 - 7 = 样品 4 的浓度稀释系列（从高到低）；TS5 - 1 - TS5 - 7 = 样品 5 的浓度稀释系列（从高到低）；TS6 - 1 - TS6 - 7 = 样品 6 的浓度稀释系列（从高到低）；VC = 溶剂对照空白（DMSO）。

注意：所有待测物在测定时 E2 的浓度必须是 9.18×10^{-11} M。

图 13 - 3　拮抗剂范围确定测定过程中 96 孔板的布局

4. 每个孔最后的体积是 200ul，细胞在每个孔中的活力必须达到 80% 以上。

5. 在对激动剂综合测定时的起初浓度，在第 30 节有详细的描述。但是总起来说，下列标准被采用：

（1）如果没有一个点的浓度大于溶剂对照测定结果标准偏差的 3 倍，那么在综合测定的过程中我们应该采用 11 个浓度系列，其实是将最大溶解度时的样品溶液按照 1∶2 稀释。

（2）如果有浓度点大于溶剂对照点测定结果标准偏差的 3 倍，那么在综合测定时应该采用 11 浓度系列,其中起初浓度必须大于范围确定测定时最大 RLU 的浓度。11 个点的浓度稀释系列,根据下列标准采用 1:2 或者采用 1:5 稀释:

如果 1:2 稀释的浓度系列正好符合范围确定测定时浓度效应曲线,则采用 1:2 稀释,反之则采用 1:5 稀释。

6. 在对拮抗剂综合测定时的起初浓度,在第 30 节有详细的描述。但是总起来说,下列标准被采用:

(1) 如果被测定物质的浓度效应曲线上没有浓度点小于 E2 标准偏差的 3 倍,则在综合测定中应该采用 11 浓度系列 1:2 稀释的最大溶解度的样品溶液。

(2) 如果被测定物质的浓度效应曲线上有浓度点小于 E2 标准偏差的 3 倍,则在综合测定中采用的 11 浓度系列的样品溶液应该遵循下列标准:

——浓度应该包括范围确定测定时最低的 RLU 是的浓度;

——最大的溶解浓度;

——最低细胞毒性时的浓度。

(3) 11 点的浓度系列采用 1:2 稀释或者 1:5 稀释,可以参考以下标准判别:

如果 1:2 稀释的 11 点浓度系列,正好包含全部在范围确定时浓度效应曲线,则采用 1:2 稀释,否则应该采用 1:5 稀释。

(八) 定量测定

1. 综合测定中包含 11 浓度点的稀释系列(1:2 或者 1:5 稀释,判别标准可以参考上节所述),每个浓度点平行 3 次,具体的 96 孔板布局可以参考图 13 - 4 或者图 13 - 5。

(1) 在激动剂的综合测定过程中,采用 11 浓度点的 E2 作为参考物质,平行测定一次,4 个 DMSO 对照孔,4 个甲氧基 DDT 对照孔(9.06×10^{-6}mol/L)。

(2) 在拮抗剂的综合测定过程中,标准物质采用 9 个浓度点的 Ral/E2 的混合物,其中 E2 的浓度为 9.18×10^{-11}mol/L,平行测定一次,4 个浓度为 9.18×10^{-11}mol/L 的 E2 孔,4 个 DMSO 溶剂对照孔,4 个浓度为 3.36×10^{-6}mol/L 的他莫西芬对照孔。

两次重复性的综合实验必须安排在不同的日期做,而且必须重复两次实验才能得出正确的结果,如果这两次的测定结果是矛盾的(例如一次阳性、一次阴性),或者其中一次测定的数据不够充分,必须进行下一次测定。

96 孔板	1	2	3	4	5	6	7	8	9	10	11	12
1	TS1 - 1	TS1 - 2	TS1 - 3	TS1 - 4	TS1 - 5	TS1 - 6	TS1 - 7	TS1 - 8	TS1 - 9	TS1 - 10	TS1 - 11	VC
2	TS1 - 1	TS1 - 2	TS1 - 3	TS1 - 4	TS1 - 5	TS1 - 6	TS1 - 7	TS1 - 8	TS1 - 9	TS1 - 10	TS1 - 11	VC
3	TS1 - 1	TS1 - 2	TS1 - 3	TS1 - 4	TS1 - 5	TS1 - 6	TS1 - 7	TS1 - 8	TS1 - 9	TS1 - 10	TS1 - 11	VC
4	TS2 - 1	TS2 - 2	TS2 - 3	TS2 - 4	TS2 - 5	TS2 - 6	TS2 - 7	TS2 - 8	TS2 - 9	TS2 - 10	TS2 - 11	VC
5	TS2 - 1	TS2 - 2	TS2 - 3	TS2 - 4	TS2 - 5	TS2 - 6	TS2 - 7	TS2 - 8	TS2 - 9	TS2 - 10	TS2 - 11	Meth
6	TS2 - 1	TS2 - 2	TS2 - 3	TS2 - 4	TS2 - 5	TS2 - 6	TS2 - 7	TS2 - 8	TS2 - 9	TS2 - 10	TS2 - 11	Meth
7	E2 - 1	E2 - 2	E2 - 3	E2 - 4	E2 - 5	E2 - 6	E2 - 7	E2 - 8	E2 - 9	E2 - 10	E2 - 11	Meth
8	E2 - 1	E2 - 2	E2 - 3	E2 - 4	E2 - 5	E2 - 6	E2 - 7	E2 - 8	E2 - 9	E2 - 10	E2 - 11	Meth

缩写词:TS1 - 1 - TS1 - 11 = 样品 1 的浓度稀释系列(从高到低);TS2 - 1 - TS2 - 11 = 样品 2 的浓度稀释系列(从高到低);E2 - 1 - E2 - 11 = 标准物质 E2 的浓度系列(从高到低);Meth = p,p' - DDT 弱阳性控制点;VC = 溶剂对照空白(DMSO)。

图 13 - 4 激动剂综合测定实验时 96 孔板布局

96孔板	1	2	3	4	5	6	7	8	9	10	11	12
1	TS1 - 1	TS1 - 2	TS1 - 3	TS1 - 4	TS1 - 5	TS1 - 6	TS1 - 7	TS1 - 8	TS1 - 9	TS1 - 10	TS1 - 11	VC
2	TS1 - 1	TS1 - 2	TS1 - 3	TS1 - 4	TS1 - 5	TS1 - 6	TS1 - 7	TS1 - 8	TS1 - 9	TS1 - 10	TS1 - 11	VC
3	TS1 - 1	TS1 - 2	TS1 - 3	TS1 - 4	TS1 - 5	TS1 - 6	TS1 - 7	TS1 - 8	TS1 - 9	TS1 - 10	TS1 - 11	VC
4	TS2 - 1	TS2 - 2	TS2 - 3	TS2 - 4	TS2 - 5	TS2 - 6	TS2 - 7	TS2 - 8	TS2 - 9	TS2 - 10	TS2 - 11	VC
5	TS2 - 1	TS2 - 2	TS2 - 3	TS2 - 4	TS2 - 5	TS2 - 6	TS2 - 7	TS2 - 8	TS2 - 9	TS2 - 10	TS2 - 11	Tam
6	TS2 - 1	TS2 - 2	TS2 - 3	TS2 - 4	TS2 - 5	TS2 - 6	TS2 - 7	TS2 - 8	TS2 - 9	TS2 - 10	TS2 - 11	Tam
7	Ral - 1	Ral - 2	Ral - 3	Ral - 4	Ral - 5	Ral - 6	Ral - 7	Ral - 8	Ral - 9	E2	E2	Tam
8	Ral - 1	Ral - 2	Ral - 3	Ral - 4	Ral - 5	Ral - 6	Ral - 7	Ral - 8	Ral - 9	E2	E2	Tam

缩写词：E2 = E2 对照；Ral - 1 - Ral - 9 = 标准物质 Raloxifene/E2 的浓度稀释系列（从高到低）；Tam = 它莫西芬/E2 弱阳性控制；TS1 - 1 - TS1 - 11 = 样品 1 的浓度稀释系列（从高到低）；TS2 - 1 - TS2 - 11 = 样品 2 的浓度稀释系列（从高到低）；VC = 溶剂对照空白（DMSO）。

注意：所有待测物在测定时 E2 的浓度必须是 9.18×10^{-11} mol/L。

图 13 - 5　拮抗剂综合测定实验时 96 孔板布局

（九）发光量的测定

1. 在波长 300nm ~ 650nm 的情况下测定其发光量，读板机最好带自动进样器和操作软件，这样可以控制进样体积和测量间隔。每孔的发光量采用 RLU 表示。

（十）数据分析

1. EC50/IC50 的测定

EC_{50}（半数效应浓度）和 IC_{50}（半抑制浓度）根据浓度效应曲线计算得出。在计算 EC_{50} 和 IC_{50} 时采用 Hill 方程，Hill 方程是四参数逻辑方程，如下所示：

$$Y = \text{Bottom} + \frac{(\text{Top} - \text{Bottom})}{1 + 10^{(\lg EC_{50} - X)\text{Hillslope}}}$$

式中：

y——RLU 值；

X——浓度的对数值；

Bottom——最小反应值；

Top——最大反应值；

$\lg EC_{50}$（或者 IC_{50}）——EC_{50} 的对数值；HillSlope = 曲线的斜率值。

此模型是计算 Top、Bottom、Hillslope、IC_{50} 和 EC_{50} 最好的方法。计算 IC_{50} 和 EC_{50} 是最好采用合适的软件，比如 Graphpad Prism ® 数据统计软件。

2. 异常值的剔除

通过 Q-test 可以帮助我们对数据的质量作出判断，那些数据异常的孔，必须在数据分析的过程中排除掉。对于 E2 参考物质而言，经过调整后的 RLU 值计算出来的 E2 浓度，如果高于或者低于以往测定时的浓度值的 20%，则此数据就被认为是异常值。

3. 范围确定过程中的数据收集和调整

从读板机得到的原始数据会转移到本方法特定的一个计算表格中。此时要判断哪些数据是异常值，需要排除掉异常数值。初步的数据判断完毕后，采用下列步骤计算：

激动剂：计算溶剂对照 DMSO 的平均值（VC），每个孔减掉溶剂空白值，计算 E2 的平均诱导倍数，

计算样品的 EC_{50}。

拮抗剂:计算溶剂对照 DMSO 的平均值(VC),每个孔减掉溶剂空白值,计算 Ral/E2 的平均诱导倍数,计算 E2 的平均值,计算样品的 IC_{50}。

4. 定量测定过程中的数据收集和调整

从读板机得到的原始数据会转移到本方法特定的一个计算表格中。此时要判断哪些数据是异常值,需要排除掉异常数值。初步的数据判断完毕后,采用下列步骤计算:

激动剂:计算溶剂对照 DMSO 的平均值(VC),每个孔减掉溶剂空白值,计算 E2 的平均诱导倍数,计算样品和 E2 的平均 EC_{50}值,计算 DDT 的平均调整值。

拮抗剂:计算溶剂对照 DMSO 的平均值(VC),每个孔减掉溶剂空白值,计算 Ral/E2 的平均诱导倍数,计算 Ral/E2 和样品的 IC_{50}的平均值,计算它莫西芬的平均调整值。

计算 E2 的平均值

四、预测模型和验证认可

1. BG1Luc ER TA 测试方法是一种采用体外细胞优先筛查内分泌干扰素的方法。被优先筛查出的物质或者呈现阳性,即激动剂;或者呈现阴性,即拮抗剂。那么,阳性或者阴性判别的标准可以参考表 13-1。

表 13-1 阳性或者阴性判别标准

		判别标准
激动剂	阳性	对 ER 细胞而言,所有呈现阳性的物质,都必须有一个包含基线在内的浓度-效应曲线,有一个正的斜率、有一个稳定值或者峰值。在某些情况下,具有两个这样的特征(基线-斜率,或者斜率-峰值)即可断定呈现阳性。 正斜率必须包含三个误差(平均值 ± SD)不是重叠的数据点。基线上的点排除在外,但是曲线上峰上的点或者平稳部分的第一个可以包含在内。 判断阳性的物质其基线和峰值必须具有一定的差别,峰值一般要高出基线的 20%(例如,基线的 RLU 为 2000,那么标准物质最后的调整浓度应该为 10000RLU)。 如果可能的话,呈现阳性的物质都是可以计算出其 EC_{50}
	阴性	如果一种物质在一定的浓度下得出的 RLU 值:等于或者少于 DMSO 的平均值与 DMSO 的标准偏差的 3 倍之积,则可判断此物质为阴性
	不能判定的情况	因为数据定性或者定量的限制,得出的数据不是有效的数据,此时也难以判断物质是呈现阳性还是阴性,如果出现此情况,物质必须重新测定。
拮抗剂	阳性	所有呈现阳性的物质,都必须有一个包含基线在内的浓度-效应曲线,有一个负的斜率。 正斜率必须包含三个误差(平均值 ± SD)不是重叠的数据点。基线上的点排除在外,但是曲线上峰上的点或者平稳部分的第一个可以包含在内。 判断阴性的物质其与最高值相比必须有 20% 的抑制,例如调整以后的标准物质 Ral/E2 是 10000RLU,那么被测定物质的 RLU 值必须小于或者等于 8000。 被测定物质的无细胞毒性的最大浓度应该小于或者等于 1×10^5 M。 如果可能的话,呈现阳性的物质都是可以计算出其 IC_{50}。
	阴性	所有的数据点都是高于 ED_{80}(在最高浓度 1×10^5 M 时 E2 的 80%,或者 8000RLUs)
	不能判定的情况	因为数据定性或者定量的限制,得出的数据不是有效的数据,此时也难以判断物质是呈现阳性还是阴性,如果出现此情况,物质必须重新测定。

2. 阳性结果可以概括为被测定物质在一定浓度不但呈现出影响而且这种影响会扩大。图 13-6 和图 13-7 是阳性、阴性和无法判断的数据示意图。

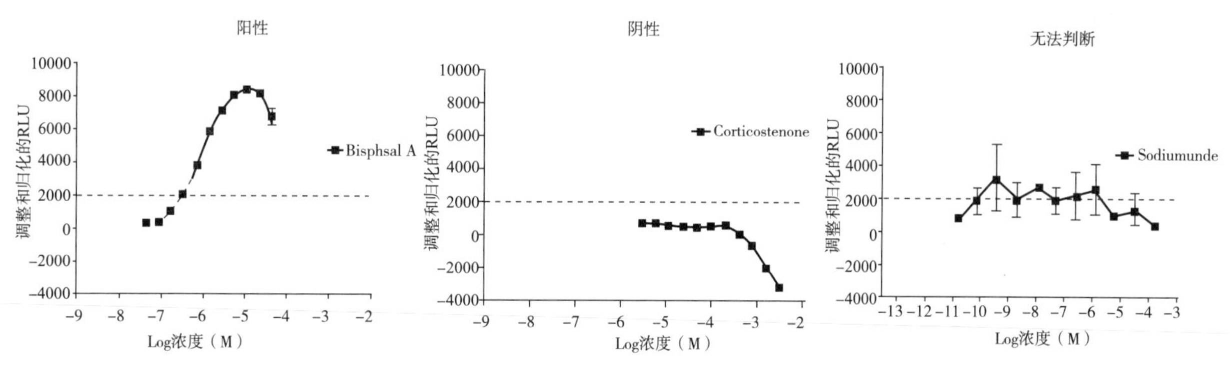

虚线为E2反应的20%，调整和归一化以后的RLU值为2000。

图 13－6　激动剂的阳性、阴性和无法判断的数据

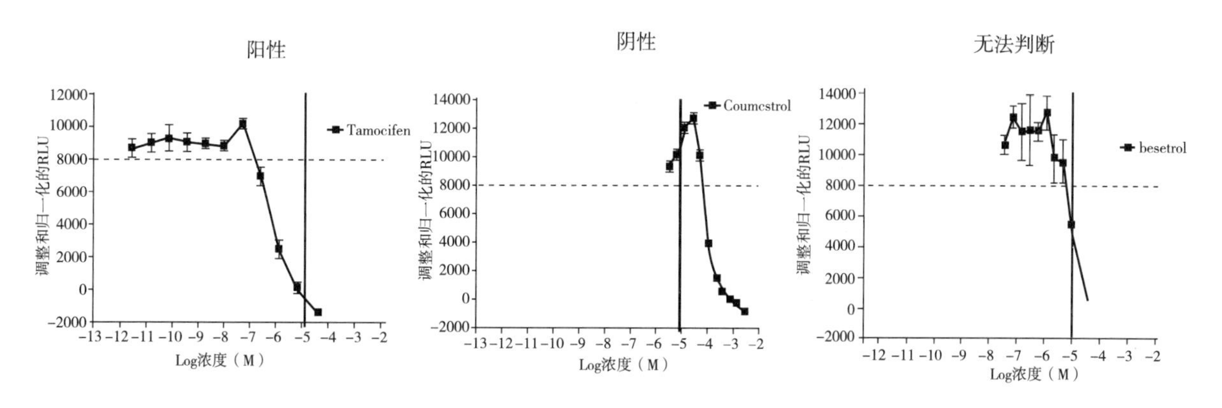

说明：虚线为 Ral/E2 反应的 80%，调整和归一化以后的 RLU 值为 8000。

图 13－7　拮抗剂的阳性、阴性和无法判断的数据

实线处的浓度为 1.00×10^{-5}mol/L，例如，如果一种物质被判断为阳性，那么在其浓度低于 1.00×10^{-5}mol/L 时，其 RLU 必须低于 8000。

在第三张图中当处于星号处的浓度时，细胞的活力为 2 或者大于 2。

第三张图，即烷基雌酚的测定图被认为不能判断，因为当浓度为 1.00×10^{-5}mol/L 时，只有一个点低于 8000RLU。

3. 计算 EC_{50} 和 IC_{50} 可以采用四参数 Hill 方程。符合数据判断标准就意味着此次操作时正确的，但是并不能保证每次操作都可以得出正确的数据，那么重复操作是保证数据质量的最好的方法。

五、适用范围

本方法适用于化学品潜在雌激素激动剂和拮抗剂的筛查。

六、实验报告

（一）通用要求

（二）特殊要求

1. 范围确定测试

（1）溶剂对照 DMSO 的 RLU 值（平均值，SD，CV）；

（2）每板的诱导倍数和抑制倍率；

(3) E2 的测定值(拮抗剂确定时);
(4) 实验是否成功,如果失败了,是如何判断失败的;

2. 正式测定实验

(1) 溶剂对照 DMSO 的 RLU 值(平均值,SD,CV);
(2) 每板的诱导倍数和抑制倍率;
(3) 阳性控制结果;
(4) 标准物质测定结果;
(5) E2 的测定值(拮抗剂确定时);
(6) 实验是否成功,如果失败了,是如何判断失败的;

3. 结果

(1) 原始数据和归一化的数据;
(2) 每种物质的稀释比例(1∶2 或者 1∶5);
(3) 样品是呈现阳性、阴性或者无法判断;
(4) EC_{50}和 IC_{50}的值;
(5) 统计分析结果,例如,标准偏差和置信度(SEM,SD,CV 或者 95% CI),以及这些数据是如何计算得来的。

七、能力确认

为了保证实验室操作人员对 BG1Luc ER TA 测试的熟练性和测定数据的精确性,实验室必须拥有在不同的日期测定的最少 10 个激动剂和最少 10 个拮抗剂的测定数据。这些实验数据是以后质控的基础。将来测定的参考物质和质控点的数据也必须添加到这样的数据库中。成功的实验得到的数据不能超过以往测定数据的标准偏差的 ±2.5 倍。

一旦质控数据汇总完成以后,表 13-5 和表 13-6 中的激动剂和拮抗剂所列的物质必须测定。表中列出这些物质的 EC_{50}和 IC_{50}可供以后实验参考,实验室得到的数据也必须接近这些列出的数据。

对于每次的精确测定,起初采用的浓度必须是根据范围确定的实验基础上的,而且必须最少测量两次才能得出实验结果。这两次的实验必须安排在不同的日期做,如果这两次的测定结果是矛盾的(例如一次阳性、一次阴性),或者其中一次测定的数据不够充分,必须进行下一次测定。一名技术人员在学习此方法时,必须经过熟练性考核测定,其对表 13-2,表 13-3 中的物质进行测定时,测定结果必须符合表中所列的结果。

表 13-2 证明实验室精确性的激动剂

物质	CAS 号	预期的反应值	BG1Luc ER TA 的 EC_{50}平均值(M)[a]	化合物类型[b]	产品类型[b]
苯乙酸乙酯	120-47-8	POS	2.48×10^{-5}	苯基羧酸类	药物,防腐剂
山柰酚	520-18-3	POS	3.99×10^{-6}	类黄酮,杂环化合物	天然产物
丁基苄基酯	85-68-7	POS	1.98×10^{-6}	羧酸,酯,邻苯二甲酸	增塑剂,化工产品
芹菜素	520-36-5	POS	1.60×10^{-6}	杂环化合物	染料,自然产物,医药中间体

续表

物质	CAS号	预期的反应值	BG1Luc ER TA 的 EC_{50}平均值(M)[a]	化合物类型[b]	产品类型[b]
大豆甙元	486-66-8	POS	7.95×10^{-7}	类黄酮，杂环化合物	天然产物
苯酚A	80-05-7	POS	5.33×10^{-7}	苯酚类	化学中间体，阻燃剂，杀菌剂
木黄酮	446-72-0	POS	2.71×10^{-7}	类黄酮，杂环化物	天然产物，药物
香豆雌酚	479-13-0	POS	1.32×10^{-7}	杂环化合物	自然产物
雌二醇	57-91-0	POS	1.40×10^{-9}	类固醇	兽药制剂
雌酮	53-16-7	POS	2.34×10^{-10}	类固醇	兽药制剂
乙烯雌酚	56-53-1	POS	3.34×10^{-11}	环状碳氢化合物	兽药制剂
17∝雌二醇	57-63-6	POS	7.31×10^{-12}	类固醇	兽药制剂
阿特拉津	1912-24-9	NEG	—	杂环化合物	除草剂
肾上腺酮	50-22-6	NEG	—	类固醇	药物
利谷隆	330-55-2	NEG	—	尿素类	除草剂
螺旋内酯甾酮	52-01-7	NEG	—	内酯，类固醇	药物

注：MeSH，美国国家医学类分类；NEG：阴性反应；POS：阳性反应。
[a]ICCVAM一致通过和报道的对LUMI-CELL® ER(BG1Luc ER TA)方法评估的数据，
[b]平均EC_{50}是实验室对方法进行评估是得出的数据。
[c]采用美国国家医学医药分类体系

表13-3　证明实验室精确性的拮抗剂

物质	CAS号	预期的反应值[a]	BG1Luc ER TA 的 EC_{50}平均值(M)[b]	化合物类型[c]	产品类型
三苯氧胺	10540-29-1	POS	8.17×10^{-7}	环状碳氢化合物	药物
4-羟基他莫西芬	68047-06-3	POS	2.08×10^{-7}	环状碳氢化合物	药物
盐酸雷洛昔芬	82640-04-8	POS	1.19×10^{-9}	环状碳氢化合物	药物
17∝乙炔雌二醇	57-63-6	NEG	—	类固醇	兽药制剂
芹菜甙元	520-36-5	NEG	—	杂环化合物	染料，自然产物，医药中间体
白杨素	480-40-0	NEG	—	类黄酮，杂环化合物	天然产物
拟雌内酯	479-13-0	NEG	—	杂环化合物	天然产物
木黄铜	446-72-0	NEG	—	类黄酮，杂环化合物	天然产物，药物
堪非醇	520-18-3	NEG	—	类黄酮，杂环化合物	天然产物
白藜芦醇	501-36-0	NEG	—	环状碳氢化合物	天然产物

注：MeSH，美国国家医学类分类；NEG：阴性反应；POS：阳性反应。
[a]ICCVAM一致通过和报道的对LUMI-CELL® ER(BG1Luc ER TA)方法评估的数据，
[b]平均EC_{50}是实验室对方法进行评估是得出的数据。
[c]采用美国国家医学医药分类体系

（洪靖　周志广　George Clark）

参考文献

[1] Escande A. et al. Evaluation of ligand selectivity using reporter cell lines stably expressing estrogen receptor alpha or beta, Biochem Pharmacol. 2006. 71(10):1459 –69.

[2] ICCVAM. ICCVAM Evaluation of In Vitro Test Methods for Detecting Potential Endocrine Disruptors: Estrogen Receptor and Androgen Receptor Binding and Transcriptional Activation Assays, Research Triangle Park, NC: National Institute of Environmental Health Sciences. 2003.

[3] ICCVAM. ICCVAM Test Method Evaluation Report on the LUMI-CELL® ER(BG1Luc ER TA) Test Method: An In Vitro Method for Identifying ER Agonists and Antagonists, Research Triangle Park, NC: National Institute of Environmental Health Sciences, NIH Publication. 2011. No. 11 –7850.

[4] ICCVAM. Independent Scientific Peer Review Panel Report: Evaluation of the LUMI-CELL® ER (BG1Luc ER TA) Test Method, Research Triangle Park, NC: National Institute of Environmental Health Sciences. 2011.

[5] ICCVAM Test Method Evaluation Report, The LUMI-CELL® ER(BG1Luc ER TA) Test Method: An In Vitro Assay for Identifying Human Estrogen Receptor Agonist and Antagonist Activity of Chemicals, NIH Publication No. 11 –7850.

[6] Monje P, Boland R. Subcellular distribution of native estrogen receptor α and β isoforms in rabbit uterus and ovary, J. Cell Biochem. 2001, 82(3):467 –479.

[7] OECD. Guidance Document on Standardised Test Guidelines for Evaluating Chemicals for Endocrine Disruption Paris, Series on Testing and Assessment No. 150, OECD, Paris. 2012.

[8] OECD. Test No. 455: The Stably Transfected Human Estrogen Receptor-alpha Transcriptional Activation Assay for Detection of Estrogenic Agonist-Activity of Chemicals, OECD Guidelines for the Testing of Chemicals, Section 4, OECD, 2009.

[9] OECD. Performance Standards For Stably Transfected Transactivation In Vitro Assay to Detect Estrogen Receptor Agonists(for TG 455), Series on Testing and Assessment No. 173, OECD, Paris. 2012.

[10] OECD. Performance Standards for the BG1Luc ER TA Transactivation Method to Detect Estrogen Receptor Antagonists, Series on Testing and Assessment No. 174, OECD, Paris. 2012.

[11] Rogers J M, Denison MS. Recombinant cell bioassays for endocrine disruptors: development of a stably transfected human ovarian cell line for the detection of estrogenic and anti-estrogenic chemicals, In Vitr. Mol. Toxicol. 2000, 13(1):67 –82.

[12] Weihua Z, et al., Estrogen receptor (ER) β, a modulator of ERα in the uterus, Proceedings of the National Academy of Sciences of the United States of America, 2000 97(11):5936 –5941.

第十四章　化妆品抗氧化功效体外生物学评价

Chapter 14　In vitro biology assessment of cosmetics antioxidant efficacy

第一节　化学检测法

Section 1　In chemico antioxidant assay

目前,市场上化妆品成分非常复杂,若要评价它们的抗氧化能力也是非常困难的。而抗氧化能力作为评价食品、药品、化妆品功效的一个重要指标不断受到关注。随着“自由基学说”,皮肤老化氧化损伤等机制的不断阐明,需要建立一套标准的测试方法用于准确评价抗氧化物质的抗氧化能力。目前常用的抗氧化评价方法,主要包括体外自由基清除活性评价方法,皮肤细胞和皮肤模型抗氧化评价方法,鸡胚模型抗氧化评价方法等。本章分两节主要介绍抗氧化能力评价方法的基本原理和优缺点,并且对现行方法在实际中的应用和研究动态进行分析。

一、DPPH 抗氧化测试法

(一) 基本原理

DPPH·清除活性评价方法是一种体外模拟测定抗氧化活性的方法。DPPH·在有机溶剂中是一种稳定的大分子自由基,在甲醇或乙醇中呈紫色,于517nm 波长处有最大光吸收。DPPH—比色法主要是根据自由基清除剂可以提供一个电子与 DPPH·的孤对电子配对(见图 14-1),在 517nm 波长时,自身的紫色可变为黄色,吸光度变化程度也与自由基清除程度呈线性关系,即自由基清除剂的清除能力越强,吸光度越小。

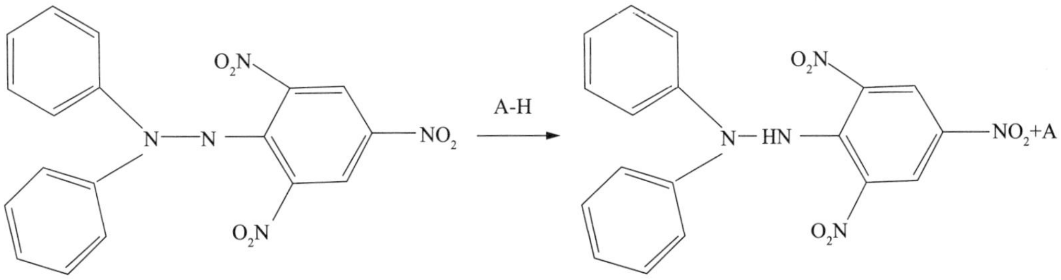

图 14-1　DPPH·与自由基清除剂相互作用原理[1]

(二) 实验系统

1. DPPH·体系制备

准确量取 0.2500g DPPH·于小烧杯中,用 95% 甲醇溶解并移入 1000mL 容量瓶中,定容得到 250.0μg/mL 的 DPPH·贮备液,冷藏备用(现配现用)。准确移取上述贮备液 10mL 至 50mL 容量瓶中,用 95% 甲醇稀释定容,得 50.0μg/mL DPPH·标准溶液。再分别配制浓度 100、150、200μg/mL 的

DPPH·标准溶液。

2. 常规试剂

DPPH·:二苯基苦味肼基自由基,分析纯。

抗坏血酸(Vc,纯度99.7%)。

甲醇:分析纯。

3. 阳性对照

Vc作对照。

4. 空白对照

甲醇。

5. 设备

紫外可见分光光度计、分析天平、移液枪、比色管、移液管、小烧杯、1000mL容量瓶、50mL容量瓶

(三) 实验过程

分光光度法测定受试物对DPPH·的清除能力:

取2mL受试物甲醇溶解液与2mL200μg/mL的DPPH·标准液混合,暗光或避光反应30min,于517nm处测定吸光度值Abs_{spl};以2mL甲醇与2mL 200μg/mL的DPPH·标准液作为标准对照,于517nm处测定吸光度值$Abs_{control}$;以2mL受试物与2mL甲醇作为空白对照,于517nm处测定吸光度值Abs_{blank},以与受试物等浓度等体积的Vc与2mL 200μg/mL的DPPH·作为阳性对照,于517nm处测定吸光度值Abs_{Vc},受试物的DPPH·清除能力按以下公式计算:

$$清除率\ ARAvalue(\%)=(Abs_{control}-Abs_{sampl})/(Abs_{control}-Abs_{blank})\times 100$$

(四) 预测模型及验证

1. 预测模型

根据受试物对DPPH·的清除能力不同。预测模型如下:半清除浓度(HSC50),即当自由基清除率达到50%时受试物的浓度。若HSC50越小,则受试物达到半数清除率所需浓度越小,即受试物清除DPPH·的能力越强。每次实验做三个平行,结果取平均值。

2. 验证

DPPH·清除方法以DPPH·作为受试系统,受试物直接与DPPH·接触,DPPH·可以接受一个电子或氢原子,从而形成稳定的DPPH-H化合物,使其甲醇(或乙醇)溶液从深紫色变为黄色,变色程度与其接受的电子数量(自由基清除活性)成定量关系,用紫外可见分光光度计测量吸光度的改变再通过与Vc和标准对照样本吸光度改变的比较来评价受试物的抗氧化活性。

(五) 适用范围与局限性

1. 适用范围

本方法仅针对溶于甲醇或乙醇等有机溶剂的受试物。

2. 局限性

DPPH·清除方法的局限性主要表现在没有考虑有机酸、无机盐、表面活性剂、缓冲液和样品本身颜色所造成的DPPH·清除率评价的差异。

(六) 检测报告

实验报告应包括以下内容:

1. 受试物及对照物:受试物质化学名,或其他已知的名称;受试物或混合物的纯度与组成(如化妆品配方、产品),按重量百分比混合;理化特性,如物理状态、挥发性、pH、稳定性、水溶性;实验前受试物/对照物的处理,如研磨、稀释、溶解,化学分类;溶剂/赋形剂名称、浓度(如使用);受试物(化妆

品）剂型；受试物及对照物的前期处理、制备；

2. 委托方及测试装置、设备相关信息：委托方名字及地址，测试装置及实验负责人；

3. 测试方法条件：紫外分光光度计的校准信息，以确保测量结果的线性关系；

4. 实验可接受的标准：基于历史数据的可接受的平行阴性对照及阳性对照物范围；基于历史数据的可接受的基准对照物范围；

5. 实验步骤：详细描述实验过程；

6. 实验结果：每个实验样品的表格数据（如吸光度值、计算受试物、空白对照组、阳性对照组、标准对照的 ARA_{value}，HSC50），用表格形式报告平行实验的数据及均值 $M \pm S$；

7. 结果讨论：

（七）能力确认

分光光度计校准要求：使用及校准都应在仪器使用说明规定的条件下，开启仪器电源开关，将分光光度仪提前预热。测量偏差超过所允许的范围，或两次校正时间间隔超过六个月以上，则需对分光光度仪进行校正。

（八）拓展应用

DPPH·清除方法的主要优点有实验成本低，耗时短，并且可用于大量抗氧化剂筛选。

二、ORAC 抗氧化测试法

（一）基本原理

ORAC 法是一种体外模型实验，它是以抗氧化剂作用下的荧光衰退曲线下面积（Area under the curve，AUC）与荧光自然衰退曲线下面积的差，作为评价受试物的抗氧化能力指标，其结果以抗氧化物质 Trolox（6－hydro－2，5，7，8－tetramethylchroman－2－carboxylic acid）当量来表达，利用其检测值来计算受试物的体外 ORAC 值，从而评价受试物的抗氧化活性。

（二）实验系统

1. 仪器设备和材料

多功能荧光分析仪、pH 仪、移液枪、移液管、96 孔板、多道移液器。

2. 化学试剂

荧光物质 sodium fluorescein（FL）。

自由基产生剂 AAPH（2，2′－azobis－2－amidinopropane-dihydro-chloride）。

抗氧化标准物质 Trolox（6－hydro－2，5，7，8－tetramethylchr oman－2－carboxylic acid）。

75mmol/L 磷酸钾缓冲液。

3. 阳性对照

抗氧化标准物质 Trolox。

4. 基准对照

没有抗氧化剂存在时的自由基作用对照（＋AAPH）。

没有添加自由基的 FL 荧光自然衰减对照（－AAPH）。

（三）实验过程

ORAC 反应需要在 75mmol/L 磷酸钾缓冲液（pH＝7.4）中进行，用该缓冲液将 FL 配制成高浓度储备液，于 4℃ 保存。在实验过程中，用 75mmol/L 磷酸钾缓冲液将 FL 配制液稀释至 63nmol/L。AAPH 用 75mmol/L 磷酸钾缓冲液稀释至终浓度为 12.8mmol/L。标准抗氧化物质 Trolox 以及受试物也均用 75mmol/L 磷酸钾缓冲液溶解和稀释。具体操作步骤如下，取受试物 20μL，75mmol/L 磷酸钾缓冲液 20μL 及 FL 20μL 于 96 孔板中，于 37℃预置 5min 后，迅速加入 AAPH140μL 共同孵育，启动反应后将 96 孔板置于荧光分析仪中，激发波长调节为 485nm，发射波长为 538nm，每 2min 测定一次各孔的荧光强度直到荧光衰减呈基线后停止。受试物的抗氧化能力与自由基作用下荧光衰退曲线的延缓部分面积(netAUC)直接相关(见图 14－2)。

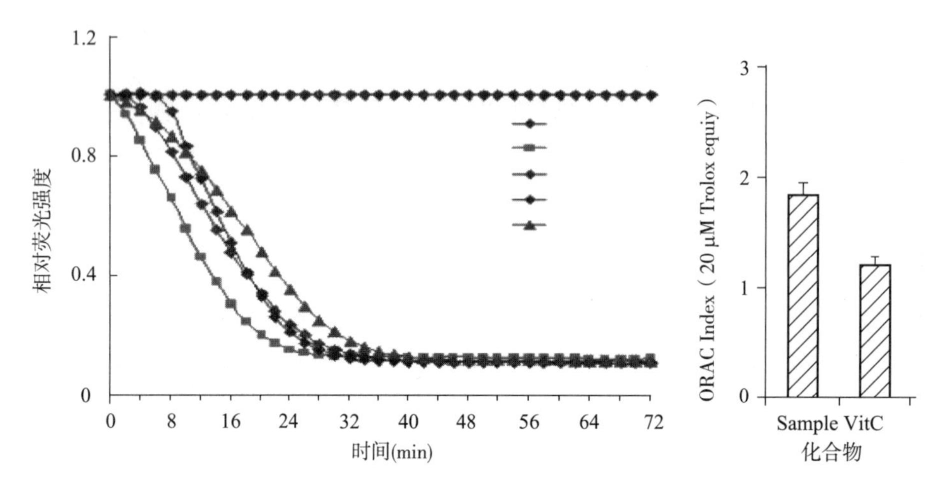

图 14－2 荧光衰退曲线延缓面积表示 ORAC

选择各微孔不同时间点的绝对荧光强度数据与－AAPH 荧光强度相比，计算出相对荧光强度 f，荧光熄灭曲线下面积(AUC)用相对荧光强度近似积分法计算得到。公式表达为：

$$AUC = 0.5\times(f_0+f_1)\times\Delta t+0.5\times(f_1+f_2)\times\Delta t+\cdots+0.5\times(f_x+f_{x+1})\times\Delta t+\cdots+0.5\times(f_{n-1}+f_n)\times\Delta t = 0.5\times[2\times(f_0+f_1+\cdots+f_{n-1}+f_n)-f_0-f_n]\times\Delta t$$

式中：

f_n——第 n 个测定点时的相对荧光强度；

Δt——相邻两个测定点的时间间隔。

(四) 预测模型及验证

1. 预测模型

ORAC 值是以 Trolox 当量来表达，其计算公式为：

$$ORAC值 = (netAUC_{Sample}/netAUC_{Trolox})\times(M_{Trolox}/M_{Sample})$$

其中 netAUC 为有抗氧化剂存在时的 AUC 与无抗氧化剂存在时自由基作用的 AUC 之差，即为抗氧化剂的保护面积。

根据体外评价预测受试物的抗氧化活性。当计算所得的 ORAC 值越大时，则表明受试物在此模型上所评价出的抗氧化活性越高。每次实验做三个平行，结果取平均值。

2. 验证

ORAC 方法以荧光物质 FL，AAPH，磷酸盐缓冲溶液作为受试系统，受试物直接与该系统接触，若其有抗氧化活性则能够阻碍 AAPH 对 FL 的荧光淬灭，通过测量荧光曲线面积的改变可以以 Trolox 当量定量检测抗氧化的程度。

(五) 适用范围与局限性

1. 适用范围

主要针对以下五类活性氧自由基：亲水过氧基，亲脂过氧基，氢氧基，过氧亚硝基，超氧阴离子，单线态氧。

2. 局限性

ORAC 方法的局限性主要是对反应体系的 pH 值对 FL 的荧光强度影响较大，当 pH 小于 7 时，其荧光强度显著降低。由于 AAPH 产生的过氧自由基的速率对温度敏感,所以 ORAC 方法需要控制在 37℃恒温测定。

(六) 检测报告

实验报告同用“DPPH 法评价化妆品的抗氧化活性实验中”的检测报告内容(注意:将实验结果中每个实验样品的表格数据换为 AUC、计算受试物、阳性对照组、基准物质的 ORAC 值)

(七) 能力确认

1. 基准物质

选择依据;举例说明。

2. 仪器校准

同上分光光度计的校准。

(八) 拓展应用

ORAC 方法的优点是该体系可以提供稳定可控的自由基,通过荧光定量分析数据,灵敏度高,其使用曲线下面积(AUC)进行定量会比单纯单点测定或多点测定准确度高。除此之外,ORAC 方法还可以通过改变反应体系的相关条件来测定脂溶性或水溶性物质的抗氧化活性,并且抗氧化活性的高通量筛选中也有应用。

三、ABTS 抗氧化测试法

(一) 基本原理

ABTS 法是一种体外模型实验,ABTS[2,2 - 联氮基双(3 - 乙基苯并噻唑啉 - 6 - 磺酸)]二铵盐在 $K_2S_2O_8$,MnO_2,ABAP 和 H_2O_2 作用下生成稳定的蓝绿色阳离子自由基 ABTS · +,其在 417、645、734、815nm 处都有最大吸光度。当向反应体系中加入有抗氧化活性的受试物时,ABTS · +就能与其活性成分发生反应,使反应体系中的 ABTS · +减少,吸光值降低,由此计算出受试物对 ABTS · +自由基的清除能力,计算出的值可以用来评价受试物的抗氧化活性。

(二) 实验系统

1. 仪器设备和材料

分光光度仪、pH 仪、超声波清洗器、分析天平、移液枪、移液管、比色管、50mL 容量瓶、10mL 容量瓶。

2. 化学试剂

乙醇(分析纯)、抗氧化标准物质 Trolox(6 - hydro - 2,5,7,8 - tetramethylchr oman - 2 - carboxylic acid)、ddH_2O、过硫酸钾。

3. 标准对照

Trolox 标准溶液。

4. 阴性对照

ddH_2O。

(三) 实验过程

1. ABTS 工作液与 Trolox 标准曲线的制备

取 ABTS 粉末 0.0286g 至 5mL 容量瓶内,用 ddH_2O 定容配置 ABTS 储备液。取 5mL ABTS 储备液和 88μL 的过硫酸钾(140mmol/L)混合,于 37℃恒温水浴中静置避光过夜。将已静置过夜的 ABTS 中

间液用 ddH_2O 稀释 82 倍(现用现配)。取 0.3μmol/mLTrolox 溶液以 10% 乙醇溶液为溶剂分别配成浓度为 0.20、0.15、0.10、0.05、0.01μmol/mL 的标准应用液。以 Trolox 浓度为横坐标,清除率(吸光值变化量)为纵坐标,制备 Trolox 标准曲线。

2. ABTS 法检测受试物抗氧化活性

取 ABTS 工作液 4.5mL 分别加入空白管,样品管和 Trolox 标准对照管,在空白管中加入 0.5mL ddH_2O 作为空白对照,再于样品管和 Trolox 标准对照管中分别加入 0.5mL 受试物及 0.5mL Trolox 标准对照液。混匀后,在 734nm 波长处以 ddH_2O 调零比色测定其吸光度。

3. 数据处理

$$受试物清除率\% = 1 - [(A_{样品管} - A_{样品空白管})/A_{对照管}] \times 100$$

$$抗氧化能力值 = [受试物清除率 \times C_{trolox标准}]/[Trolox_{标准清除率} \times M_{样品}]$$

(四) 预测模型

ABTS 法是其反应体系能够生成稳定的蓝绿色阳离子自由基 ABTS·+,通过检测受试物中抗氧化活性成分与自由基反应后 ABTS·+吸光值降低来评价受试的物抗氧化能力。

(五) 适用范围与局限性

1. 适用范围

水溶性抗氧化剂和脂溶性抗氧化剂。

2. 局限性

ABTS 法的最大局限性是没有考虑最佳反应时间,选择性差。由于 ABTS·+可由多种方法生成,操作过程中容易产生较大误差,所以重现性差。

(六) 检测报告

实验报告同用“DPPH 法评价化妆品的抗氧化活性实验中”的检测报告内容(注意:将实验结果中每个实验样品的表格数据换为吸光度值、计算受试物、空白对照组、基准物质的清除率和抗氧化能力值)。

(七) 能力确认

1. 阴性对照

若受试物是不需稀释的液体,则需有平行的阴性对照(如 0.9% NaCl 溶液或 ddH_2O)以保证实验系统中的非特异性变化可被检测和为实验终点提供一个基准线,并避免实验条件造成不适当的刺激反应。

若受试物需稀释或为表面活性剂、固体,则需有平行的溶剂对照以保证实验系统中的非特异性变化,已被证明对测试系统无不利效应的溶剂方可应用。

2. 基准物质

选择依据;举例说明。

3. 仪器校准

同上分光光度计的校准。

(八) 拓展应用

ABTS 方法的优点是操作简单,省时省力,可在任何实验室中用于常规测定。

四、羟自由基(·OH)检测法

(一) 基本原理

羟自由基检测法是一种体外模型实验,其通过 Fenton(H_2O_2/Fe^{2+})反应产生羟自由基,羟自由基

可使邻二氮菲 $-Fe^{2+}$ 水溶液被氧化为邻二氮菲 $-Fe^{3+}$，使其最大吸收波长处的吸光度减小甚至消失，而抗氧化物能优先与羟自由基结合，阻碍了这一吸光度的减小，从而产生吸光度的变化差值。

（二）实验系统

1. 仪器设备和材料

分光光度计、pH 仪、比色管、移液枪、移液管、容量瓶。

2. 化学试剂

乙醇（分析纯）。

邻二氮菲溶液：用少量乙醇溶解 0.19822g 邻二氮菲，再用 ddH_2O 定容至 100mL 容量瓶，配成 0.01mol/L的邻二氮菲溶液。

硫酸亚铁铵溶液：取 0.39214g 硫酸亚铁铵，用 ddH_2O 定容至 100mL 容量瓶，配成 0.01mol/L 的硫酸亚铁铵溶液。

双氧水溶液：取体积分数为 30% 的双氧水 2mL，用 ddH_2O 定容至 1000mL 容量瓶，配成体积分数为 0.06% 的双氧水溶液。

Tris-HCl：量取 0.1mol/LTris125mL 和 0.05mol/L HCl 120mL，调 pH 至 7.4，用 ddH_2O 定容至 250mL 容量瓶，配成 0.05mol/L 的 Tris-HCl。

Trolox（6 - hydro - 2,5,7,8 - tetramethylchr oman - 2 - carboxylic acid）。

3. 阳性对照

抗氧化剂 Trolox。

4. 阴性对照

ddH_2O。

（三）实验过程

1. 清除羟自由基能力的测定步骤

在 510nm 波长下，测定原体系基础吸光度值、空白组和加入受试物后的吸光度值，比较由于受试物刺激造成的吸光度值的变化。取 5 支 10mL 比色管分别编号为 1 ~ 5，在 5 支试管中分别加入配制好的 Tris - HCl 缓冲液各 2mL。在 2、4、5 号试管中分别加入 0.01mol/L 邻二氮菲溶液 1mL 和 0.01mol/L 硫酸亚铁铵溶液 1mL。在 2 和 3 号试管中分别加入一定体积的受试物溶液。在 2 和 5 号试管中分别加入体积分数为 0.06% H_2O_2溶液 0.50mL。所有比色管均用 ddH_2O 定容至 10mL，置于 37℃ 水浴中反应 1h。以 1 号试管溶液为参比，在 510nm 波长下分别测定 2、3、4、5 号溶液吸光度，得到 $A_{样}$、$A_{未损}$和 $A_{损}$的吸光度值。

2. 数据处理

$$清除率\% = (A_{样} - A_{样空} - A_{损})/(A_{未损} - A_{损}) \times 100$$

$A_{样}$ 为加入受试物的羟自由基体系（即 Fe^{2+} - 邻二氮菲 + H_2O_2 + 受试物）的吸光度，$A_{样空}$ 为受试物的吸光度，$A_{损}$为加入 H_2O_2的羟自由基体系（即 Fe^{2+} - 邻二氮菲 + H_2O_2）的吸光度，$A_{未损}$ 为不加入 H_2O_2的羟自由基体系（即 Fe^{2+} - 邻二氮菲溶液）的吸光度。

（四）预测模型

羟自由基方法以 H_2O_2/Fe^{2+} 体系作为受试系统，受试物直接与该体系接触，羟自由基氧化 Fe^{2+} - 邻二氮菲为 Fe^{3+} - 邻二氮菲，使最大吸收波长处的吸光度减小甚至消失，而受试物可优先与羟自由基作用，减弱羟自由基对 Fe^{2+} - 邻二氮菲的氧化作用，从而减弱最大吸收波长处的吸光度的变化，通过最终的吸光度，可反应受试物清除羟自由基能力的大小。

（五）适用范围

1. 适用范围

不受样品剂型、溶解性质的限制，简便易行，适于广泛使用。

2. 局限性

羟自由基清除方法的局限性主要是准确性、灵敏度和可行性不够稳定，待进一步研究。

（六）检测报告

实验报告同用“DPPH 法评价化妆品的抗氧化活性实验中”的检测报告内容（注意：将实验结果中每个实验样品的表格数据换为吸光度值、计算受试物、空白对照组、基准物质的清除率和抗氧化能力值）。

五、FRAP 抗氧化活性测试法

（一）基本原理

FRAP 法是一种体外模型实验，在酸性条件下，Fe^{3+} – 三吡啶三吖嗪（tripyridyl – triazine，TPTZ）可被受试物中抗氧化成分还原为二价铁形式，在 593nm 处有最大吸收，呈蓝色。以 $FeSO_4$ 为标准溶液，根据反应后的吸光度值，在标准曲线上求得相应 $FeSO_4$ 的浓度（mmol/L），定义为 FRAP 值。FRAP 值越大，抗氧化活性越强。

（二）实验系统

1. 仪器设备和耗材

紫外可见分光光度计、pH 仪、超速离心机、恒温水浴锅、电子分析天平、移液枪、移液管、比色管。

2. 化学试剂

乙酸乙酯、无水乙醇、甲醇、氢氧化钠、盐酸、冰醋酸、三氯化铁（$FeCl_3 \cdot 6H_2O$）、亚硫酸铁（$FeSO_4 \cdot 7H_2O$）、Fe^{3+} – 三吡啶三吖嗪（TPTZ）、醋酸钠（$CH_3COONa \cdot 3H_2O$）等均为国产分析纯。

TPTZ 工作液：由 0.3mol/L 醋酸盐缓冲液 25mL、10mmol/L TPTZ 溶液 2.5mL、20mmol/L $FeCl_3$ 溶液 2.5mL 配制而成。

3. 标准对照

1.0mmol/L $FeSO_4$。

4. 对照

0.9% Nacl 溶液或 ddH_2O。

（三）实验过程

1. 吸光度测试实验

测定该体系暴露受试物后的吸光度值和 $FeSO_4$ 的吸光度值，比较由于受试物刺激造成吸光度值的变化。取适量试样上清液（必要时稀释），加入 1.8mL TPTZ 工作液，混匀后 37℃ 反应 10min，测定 593nm 处吸光度，以 1.0mmol/L $FeSO_4$ 为标准，试样还原活性（FRAP 值）以达到同样吸光度所需的 $FeSO_4$ 的毫摩尔数表示，每份试样重复测定 3 次的吸光度值的变化。

2. $FeSO_4$ 标准曲线的绘制

如图 14 – 3，在 100 ~ 1000μmol/L 范围内，$FeSO_4$ 浓度与其在 593nm 处的吸光度成良好线性关系。Y 为 593nm 处的吸光度，X 为 $FeSO_4$ 浓度，单位为 μmol/L；相关系数 $R^2 = 0.9991$。受试物最终的总抗氧化能力以硫酸亚铁的当量浓度表示，单位为 μmol/L。

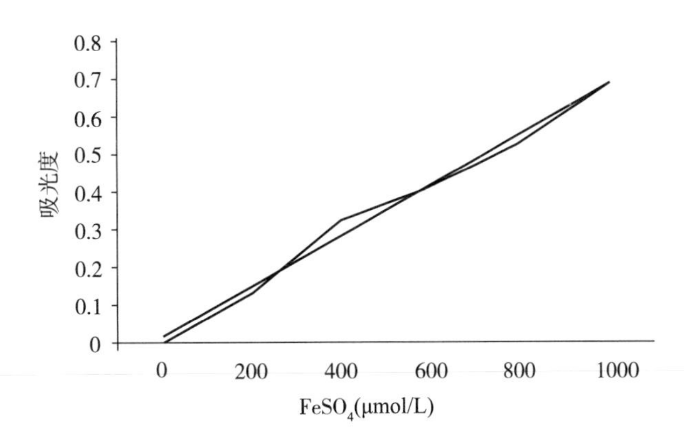

图 14－3　硫酸亚铁标准曲线

3. 数据处理

利用 $FeSO_4$ 为标准当量，计算受试组和阴性对照组相应的吸光度值所对应的 FRAP 值。根据 FRAP 值来评价受试物的抗氧化活性，FRAP 值越大则相应受试物的抗氧化活性越大。

（四）预测模型

FRAP 法测定总抗氧化能力的原理是在酸性条件下抗氧化物可以还原三价 Fe－TPTZ 产生蓝紫色的二价 Fe－TPTZ，随后在 593nm 测定吸光度，即可作为样品中的总抗氧化能力的指标。

（五）适用范围与局限性

1. 适用范围

本实验针对液态受试物和表面活性剂（液体或固体）及无表面活性成分的固体物质分为两种实验方案，分别是：

A 类：用于测量液态受试物和表面活性剂（液体或固体），液态受试物无需稀释但当其为表面活性剂时，则以 10%（质量浓度）稀释于 0.9% NaCl 溶液、ddH_2O 或其他被证明对本实验系统无不良影响的溶剂中，稀释浓度应视常见暴露浓度而定，半固体、膏状和蜡类受试物以液体受试物的方法处理，进行实验。

B 类：无表面活性成分的固体以 20%（质量浓度）的浓度稀释或制成悬浮液于 0.9% NaCl 溶液、ddH_2O 或其他被证明对实验系统无不良影响的溶剂中，稀释浓度应视常见暴露浓度而定，必要时可以使用研磨工具。

评估每个完整实验的 pH 或稀释的被测物（0.9% NaCl 溶液、ddH_2O/配成悬浮液），并用常规 pH 试纸测量记录。校正直接应用非稀释固体。

2. 局限性

FRAP 方法的局限性主要表现在受试物存在还原电位比 Fe^{3+} 低的抗氧化成分时，其得到的结果往往不够准确。其次，它所测结果反映的不是样品针对某一种自由基的清除活性，而是样品总的还原能力。

（六）检测报告

实验报告同用“DPPH 法评价化妆品的抗氧化活性实验中”的检测报告内容（注意：将实验结果中每个实验样品的表格数据换为吸光度值、FRAP 值）。

（七）能力确认

1. 阴性对照

若受试物是不需稀释的液体，则需有平行的阴性对照（如 0.9% NaCl 或 ddH_2O）以保证实验系统中的非特异性变化可被检测和为实验终点提供一个基准线，并避免实验条件造成不适当的刺激反应。

若受试物需稀释或为表面活性剂、固体，则需有平行的溶剂对照以保证实验系统中的非特异性变化，已被证明对测试系统无不利效应的溶剂方可应用。

2. 基准物质

选择依据；举例说明。

3. 仪器校准

同上分光光计校准。

（八）拓展应用

FRAP方法的优点是原理明确，操作简便，不需特殊仪器，易于标准化，已用于测定不同抗氧化物质、食物与生物样品的抗氧化活性。

第二节 生物检测法

Section 2 In vitro biological test

一、皮肤细胞模型评价抗氧化活性

（一）基本原理

自由基是皮肤老化的主要原因之一，有大量的体外无细胞系统实验可以评价化妆品的抗氧化作用，然而体外实验并没有揭露相关的细胞机理，其结果是不完全的，所以使用细胞评价化妆品的抗氧化作用很有必要。本实验采用 H_2O_2 损伤细胞模型，通过人皮肤成纤维细胞或者HaCaT角质细胞系检测细胞增殖、细胞的活性氧簇（ROS）、丙二醛（MDA）、超氧化物歧化酶（SOD）、过氧化氢酶（CAT）、谷胱甘肽过氧化物酶（GSH－PX）等指标来研究化妆品的抗氧化作用。

（二）实验系统

1. 仪器设备和材料

酶标仪、培养箱、水浴锅、超声波细胞破碎仪、移液枪、枪头、EP管、加样槽、培养瓶、培养皿、96孔板。

2. 化学试剂

MEM培养基：含10%的新生牛血清。

DMEM高糖培养基：含10%的胎牛血清。

胰蛋白酶、抗坏血酸（维生素C、Vc）、四甲基偶氮唑蓝（MTT）、磷酸盐缓冲溶液（PBS）、ROS检测试剂盒、MDA检测试剂盒、SOD检测试剂盒、CAT检测试剂盒、GSH－PX检测试剂盒。

3. 实验用细胞

人皮肤成纤维细胞或者永生化的上皮角质细胞HaCaT细胞可以较准确的反映生物学的真实情况，可选择其中一种细胞用于评价化妆品的抗氧化作用。

4. 阳性对照

Vc为阳性对照。

5. 阴性对照

完全培养基为阴性对照。

（三）实验过程

1. MTT 筛选 H_2O_2 造模浓度

（1）将细胞以 1000 个/孔的细胞密度接种于 96 孔板中；

（2）培养 24h 后，更换培养基（空白对照组更换新的完全培养基，实验组更换含不同 H_2O_2 浓度的培养基），设置组别为：空白对照组（完全培养基，不含 H_2O_2）；实验组：含 0.5、1.5、2.0、2.5、3.0、3.5、4.0、4.5、5.0mmol/L H_2O_2，培养 24h；

（3）培养结束前 4h 从培养箱中取出 96 孔培养板，吸出培养基，加入浓度为 5mg/mL 的 MTT 溶液 25μL，放入细胞培养箱继续培养 4h；

（4）吸出上清液，每孔加入 150μL DMSO 使甲臜溶解，置于摇床摇匀，用酶标仪检测每孔吸光度值，检测波长为 570nm。

根据吸光度值计算出抑制率，选取半数致死率附近浓度的 H_2O_2 造模（文献显示在人皮肤成纤维细胞中，H_2O_2 的半数致死量约为 2.0mmol/L H_2O_2），在实验中，根据实际情况选取造模浓度。

2. MTT 筛选合适受试物浓度

（1）将细胞以 1000 个/孔的细胞密度接种于 96 孔板中；

（2）培养 24h，更换含 H_2O_2 及不同浓度受试物的培养基，设置组别为：空白对照组（完全培养基，不含 H_2O_2）、2.0mmol/LH_2O_2 组、H_2O_2 加受试物或 H_2O_2 加 Vc 组，受试物和 Vc 的浓度设置为 0.5、1.5、2.0、2.5、3.0、3.5、4.0、4.5、5.0mmol/L，培养 24h；

（3）培养结束前 4h 从培养箱中取出 96 孔培养板，吸出培养基，加入浓度为 5mg/mL 的 MTT 溶液 25μL 放入细胞培养箱继续培养 4h；

（4）吸出上清液，每孔加入 150μL DMSO 使甲臜溶解，置于摇床摇匀，用酶标仪检测每孔吸光度值，检测波长为 570nm。

根据吸光度值计算出抑制率，选取合适的受试物浓度及 Vc 浓度进行下一步实验，即在该浓度下受试物组与 Vc 组对 AAPH 造成的细胞死亡率有显著改善作用。

3. 细胞抗氧化指标测试

（1）将细胞以 2×10^5 个/mL 的细胞密度接种于 6 孔板中，在培养箱中培养 24h 后，更换含不同药物的培养基，设立空白对照组、H_2O_2 组、H_2O_2 加 Vc 组、H_2O_2 加受试物组；

（2）吸去培养基，用 PBS 漂洗 2 遍；

（3）消化细胞，离心去上清，加入 300μL 双蒸水，冰浴下使用细胞超声破碎仪破碎细胞；

（4）离心取上清液，按 MDA、SOD、CAT 和 GSH－PX 试剂盒说明书步骤进行测定。

4. 数据处理

MTT 抑制率计算公式：

$$抑制率(\%)=(1-实验组\ OD\ 值/对照组\ OD\ 值)\times100$$

试剂盒数据分析：

按照试剂盒说明书上对应公式计算。

（四）预测模型

根据细胞的氧化应激相关指标：ROS 含量、MDA 含量、SOD 酶活性、CAT 酶活性、GSH－PX 酶活性进行评价。

与空白对照组相比，H_2O_2 组的 ROS、MDA 含量显著升高，SOD、CAT、GSH－PX 酶活性显著降低。与 H_2O_2 组相比较，Vc 组及受试物组的 ROS、MDA 含量降低，SOD、CAT、GSH－PX 活性升高，由于受试物的抗氧化机制有差异，所以受试物可能对 SOD、CAT、GSH－PX 酶的活性均有影响或均不影响，也可能只影响一个酶或两个酶的活性。

受试物组与 Vc 组的变化趋势相同则被视为有抗氧化作用,如果改善效果比 Vc 更明显,则说明受试物的抗氧化活性显著。

(五) 适用范围与局限性

1. 适用范围

本实验针对易溶于水受试物和难溶于水受试物分为两种实验方案,分别是:

A 类:易溶于水受试物,或液体受试物,用完全培养基将受试物稀释到对应浓度,进行细胞实验。

B 类:难溶于水受试物,用 DMSO 将化妆品配置成较高浓度母液,实验时再用培养基将母液稀释成对应的浓度进行实验。

2. 局限性

若受试物水溶性特别低,用 DMSO 配置的母液,使用培养基稀释到对应浓度后,受试物析出;或者 DMSO 在培养基中的浓度过大对细胞造成了影响,则受试物不适合用该方法进行评估。

(六) 检测报告

实验报告同用“DPPH 法评价化妆品的抗氧化活性实验中”的检测报告内容(注意:将实验结果中每个实验样品的统计数据(抑制率、对应的试剂盒计算结果等),实验结果画成柱状图,使用分析工具,选取合适的统计方法,分析组间差异)。

(七) 能力确认

酶标仪校准要求:在仪器使用说明规定的条件下,开启仪器电源开关,将酶标仪提前预热 15min,将校准专用板放入仪器中,运行软件控制酶标仪进行全自动校准,校准结束后打印详细校准报告,根据报告中的准确性、精密度等对仪器当前性能进行整体性评价,若有问题,则根据评价结果对仪器进行相应处理(如更换滤光片、清洁光路系统、走板位置重定位等),仪器每年校准一次。

二、重建皮肤模型抗氧化测试

(一) 基本原理

紫外线是造成皮肤氧化损伤的主要外界因素,其中 UVB 主要作用于表皮的基底细胞层,引起皮肤的氧化损伤。DNA 吸收 UVB 波长的光子,诱发 DNA 损伤和形成环丁烷嘧啶二聚体(cyclobutane pyrimidine dimers,CPD)和 8 - 羟基 - 2′脱氧鸟苷(8 - dihydro - 2′ - deoxyguanosine,8 - OHdG)。除了可以用二维培养的角质细胞检测 UVB 引起的氧化损伤和评估抗氧化剂的作用之外,还可以用三维皮肤模型评价活性成分和产品的作用。通过 3D 水平的测试,研究检测植物提取物(植物抗氧化剂)通过光化学保护作用抵抗紫外线的氧化损伤作用。

(二) 实验系统

1. 表皮模型

表皮模型(如 Episkin™或 Epiderm™等商品化皮肤模型)及培养基,模型质量应符合生产要求,并保证完好运输至实验室。

2. 检测试剂

HRP - 标记 CPD 抗体,8 - OHdG 抗体。MMP 系列抗体,包括 MMP - 1、MMP - 2、MMP - 9 抗体(可从 Lab Vision Corporation 采购),MMP - 7、MMP - 11 和 MMP - 12(可从 Santa Cruz Biotechnology 公司采购)。抗小鼠二抗或抗兔二抗、蛋白质印迹检测试剂等,羰基化蛋白免疫印迹试剂盒、蛋白酶抑制剂混合物Ⅲ等。

3. 仪器设备和材料

酶标仪、培养箱、水浴锅、超声波细胞破碎仪、移液枪、枪头、EP 管、加样槽、培养瓶、培养皿、

96孔板。

4. 受试物:植物提取物(如石榴),用表皮模型培养基稀释。

阳性对照:Vc为阳性对照。阴性对照:完全培养基为阴性对照。

(三)实验过程

1. 添加活性物质的UVB暴露

收到皮肤模型后,先用试剂盒配备的培养基37℃,5% CO_2 平衡24h,实验时将皮肤模型转移到6孔板,UV暴露和加样在6孔板进行。

取表皮模型,用含有活性成分的培养基处理,100μL/块组织/孔,作用1h后,用PBS轻轻洗涤2~3次去除受试物,用PBS更换培养基,暴露于UVB(30-80mJ/cm^2),暴露剂量与表皮模型的耐受有关,实验前应检测皮肤模型的UVB耐受剂量。暴露结束后,把含表皮模型的插入皿置于新鲜培养基中12h暴露后孵育,然后获取组织进行免疫组化染色和显微镜观察。也可取组织进行RT-PCR分析。同时收集培养液,检测基质金属蛋白酶(MMP)活性。对照组为无活性物质的培养基,处理步骤相同。

2. 参数及检测方法

环丁烷嘧啶二聚体(CPD)免疫组化:取12h UVB照射后孵育有表皮组织,用OCT液包埋和冷冻切片,厚度5μm,固定在冷丙酮中20min。为使DNA变性,应用70mmol/L氢氧化钠和70%乙醇的混合液处理切片,并用100mmol/L Tris-HCl和70%乙醇的混合液中和1min。内源性过氧化物酶活性可用含0.3%过氧化氢的甲醇溶液孵育去除。用山羊血清孵育1h可封闭非特异的结合位点,然后用HRP-标记的抗嘧啶二聚体抗体4℃过夜,PBS冲洗后,用DAB过氧化物酶底物溶液处理切片2min,梅氏HE对比染色,显微镜观察CPD。

8-OHdG免疫组化:取12hUVB照射后孵育有表皮组织,用中性福尔马林固定和常规石蜡包埋,切片厚度5μm。为使抗原恢复,先将切片置于EDTA缓冲液(pH 8.0)中,95℃孵育30min,冷却20min,PBS冲洗。同前文描述分别操作使DNA变性、内源性过氧化物酶活性去除和用山羊血清封闭非特异结合。用8-OHdG一抗4℃过夜,然后用HRP-标记的二抗室温作用1h,PBS冲洗。DAB过氧化物酶底物溶液处理切片2min,HE对比染色,显微镜观察。

PCNA和前弹性蛋白免疫组化:增殖细胞核抗原(ProliferatingCell Nuclear Antigen,PCNA),是参与DNA复制、重组和修复的活性核蛋白,可反映氧化损伤后细胞周期的变化情况。取12hUVB照射后孵育有表皮组织,用中性福尔马林固定和常规石蜡包埋,切片厚度5μm。为使抗原恢复,先将切片置于EDTA缓冲液(pH 6.0)中,95℃孵育30min,冷却20min,PBS冲洗。同前文描述分别操作使DNA变性、内源性过氧化物酶活性去除和用山羊血清封闭非特异结合。用PCNA一抗和tropoelastin4℃过夜,然后用HRP-标记的二抗室温作用1h,PBS冲洗。DAB过氧化物酶底物溶液处理切片2min,HE对比染色,显微镜观察。

(四)结果及预测

实验组与UVB暴露组相比,是否呈CPD、8-OHdG和PNCA阳性染色的细胞数量明显变化。

(五)检测报告

实验报告同用"DPPH法评价化妆品的抗氧化活性实验中"的检测报告内容,免疫组化应有显微组织图片。

(六)拓展应用

皮肤模型不仅可用于UVB抗氧化检测,还可用于与光老化有关的活性物质的测试。见第十五章。

三、鸡胚模型评价抗氧化活性

（一）基本原理

鸡胚模型具有以下优点：与哺乳动物类似，受精鸡蛋容易获得，实验便于操作；无伦理方面争议等。鸡胚模型用于抗氧化活性的评价已是一个令人关注的新领域。本实验采用 AAPH 损伤鸡胚模型，通过检测鸡胚体内的 ROS、MDA、SOD、CAT、GSH－PX 酶等指标来研究受试物的抗氧化作用。

（二）实验系统

1. 仪器设备

孵箱、匀浆机、酶标仪移液枪、枪头、EP 管、96 孔板、实验用镊子、实验用剪刀、棉球。

2. 化学试剂

鸟类生理盐水（0.72% 生理盐水）、AAPH（偶氮二异丁脒盐酸盐）、抗坏血酸（维生素 C、Vc）、75% 酒精。

ROS 检测试剂盒、MDA 检测试剂盒、SOD 检测试剂盒、CAT 检测试剂盒、GSH－PX 检测试剂盒。

3. 实验用受精蛋

受精蛋为近期生产的，采用人工受精的方式获取的 100% 受精的鸡蛋，同一批实验鸡蛋需为同一品种，同天生产，重量相近的鸡蛋。

4. 阳性对照

Vc 为阳性对照。

5. 阴性对照

鸟类生理盐水为阴性对照。

（三）实验过程

1. 鸡胚筛选 AAPH 造模浓度

（1）胚蛋照射，用铅笔圈出鸡蛋钝头处气室位置，将受精鸡蛋置于孵箱中孵育；

（2）用棉球取少量 75% 酒精擦拭鸡蛋钝头，用剪刀小心在气室处戳开蛋壳，开出一个小窗，避免将黏附在蛋壳上的壳膜戳破，以免蛋壳的碎片掉入蛋清液中，再用酒精灯上烤过的镊子将开窗处的壳膜去除；

（3）用医用胶布将开窗封住，鸡蛋放入孵箱中孵育 3 天；

（4）3 天后，用 75% 酒精擦拭鸡蛋钝头，取下医用胶布，在鸡胚气室处注射 100μL 不同浓度的 AAPH 水溶液（水溶性物质采用气室给药，脂溶性物质卵黄给药，卵黄给药的鸡蛋在开窗时取鸡蛋横放的上端开窗，不在气室开窗），AAPH 溶液的浓度为：10、20、30、40、50、60、70mmol/L；

（5）继续孵育 24h 后统计鸡胚的死亡率，选取半数致死量附近的 AAPH 浓度造模，根据实验室前期经验，AAPH 对鸡胚的半数致死量浓度约为 50mmol/L（不同的鸡蛋品种，鸡蛋大小，孵育条件下，鸡胚的半数致死量有差别）。

2. 鸡胚筛选合适受试物浓度

（1）找出气室位置，75% 酒精擦拭消毒，用剪刀开一个小洞，医用胶布封口，孵箱中孵育 3 天；

（2）3 天后在气室处注射药物 100μL，组别为鸟类生理盐水对照组，50mmol/L AAPH 组，50mmol/L AAPH 加上 Vc（浓度设为：10、20、30、40、50、60、70mmol/L）组，50mmol/L AAPH 加上受试物（浓度设为：10、20、30、40、50、60、70mmol/L）组；

（3）继续孵育 24h 后统计鸡胚的死亡率，给予 50mmol/L AAPH 加 Vc 组，50mmol/L AAPH 加受试物的组别与 AAPH 组相比较；

(4) 选取 AAPH 加 Vc 组以及 AAPH 加受试物组中死亡率最低的组别，测试 MDA、SOD、CAT 和 GSH-PX 试剂盒，实验步骤及数据处理按试剂盒说明书进行。

3. 数据处理

鸡胚给药死亡率计算公式如下：

死亡率% =[该组死亡的鸡胚个数/(该组鸡胚总数 - 该组未受精鸡蛋个数)]×100

(四) 预测模型

根据氧化应激相关指标：ROS 含量、MDA 含量、SOD 酶活性、CAT 酶活性、GSH - PX 酶活性进行评价。

受试物对鸡胚体内 MDA 含量的影响见图 14 - 4。与阴性对照组相比，AAPH 组的 ROS、MDA 含量显著升高，SOD、CAT、GSH - PX 酶活性显著降低。Vc 组及受试物组的 ROS、MDA 含量显著降低，SOD、CAT、GSH - PX 活性显著升高由于受试物的抗氧化机制有差异，所以受试物可能对 SOD、CAT、GSH - PX 酶的活性均有影响或均不影响，也可能只影响一个酶或两个酶的活性。

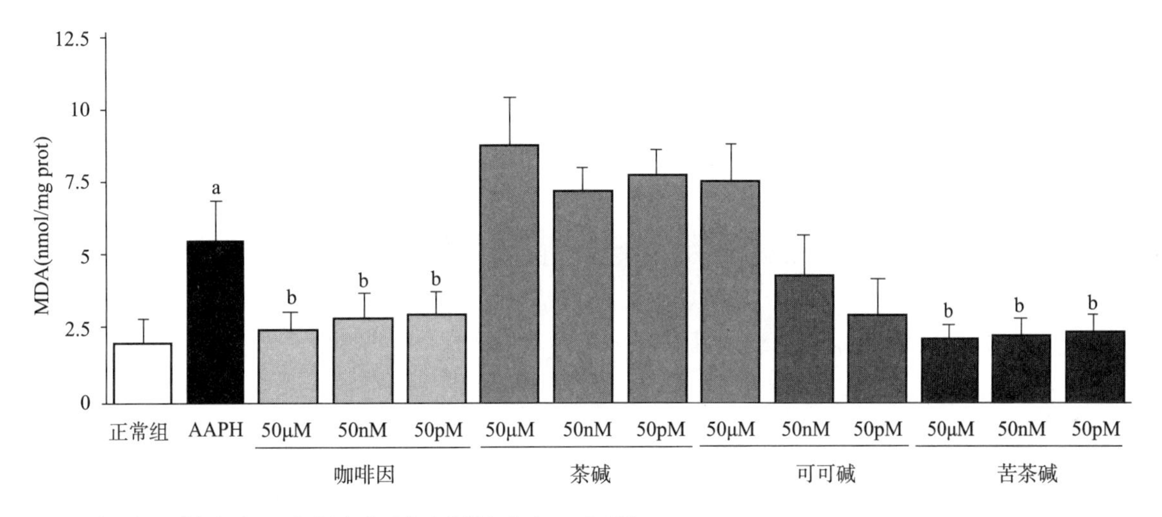

注：a 表示与正常组相比，$p<0.01$；b 表示与 AAPH 组相比，$p<0.015$

图 14 - 4 受试物对鸡胚体内 MDA 含量的影响

给了受试物的组别与 Vc 组的变化趋势相同则受试物有抗氧化作用，如果改善效果比 Vc 更明显，说明受试物的抗氧化性显著。

(五) 适用范围与局限性

1. 适用范围

本实验针对易溶于水受试物和难溶于水受试物分为两种实验方案，分别是：

A 类：易溶于水受试物，或液体受试物，用鸟类生理盐水将受试物稀释到对应浓度，将药液注入气室，进行实验。

B 类：难溶于水受试物。液体受试物：将受试物取合适的数量，用注射器小心打入卵黄中；固体受试物：使用 DMSO 将药物配置成较高浓度母液，实验时再用鸟类生理盐水将母液稀释成对应的浓度进行实验。

2. 局限性

若固体受试物水溶性特别低，用 DMSO 配置成母液，再用鸟类生理盐水稀释到对应浓度后，受试物析出，或受试物水溶性极低，最终应用液中 DMSO 量过高，会对鸡胚造成影响的，受试物不适合用该方法进行评估。

(六) 检测报告

实验报告同用“DPPH 法评价化妆品的抗氧化活性实验中”的检测报告内容(注意：将实验结果中

每个实验样品的统计数据(死亡率、对应的试剂盒计算结果等),实验结果画成柱状图,使用分析工具,选取合适的统计方法,分析组间差异)。

(七)能力确认

1. 仪器校准

同上酶标仪的校准。

2. 孵箱的校准要求

在孵育鸡蛋前,孵箱应提前开启,保证孵箱的温度湿度上升至实验要求的环境,可在孵箱中放入温度计,湿度计,方便对比孵箱实时参数与温度计、湿度计是否吻合。

(李怡芳 粟原博 程树军 步犁)

参考文献

[1] 步犁,程树军,秦瑶,等.皮肤抗氧化功效评价动物模型及替代方法,中国比较医学杂志,2013,23(5):62-66.

[2] 步犁,程树军,谈伟君,等.人角质细胞紫外线损伤模型筛选抗氧化剂的研究.毒理学杂志,2013 27(6):419-423.

[3] 程树军,秦瑶,潘芳.组合体外与临床测试评价植物抗氧化剂抗老化功效.中国食品卫生杂志.2014,26(3):213-216.

[4] 郭雪峰,岳永德,孟志芬,等.用清除羟自由基法评价竹叶提取物抗氧化能力.光谱学与光谱分析 2010(02):508-511.

[5] 覃杨,李小迪,何蓉蓉,等.鸡胚内抗氧化物质的分布与变化.生命的化学 2011(01):167-171.

[6] 宋怀恩,闻韧.抗氧化剂筛选方法的研究进展.中国药物化学杂志 2003(02):63-68.

[7] 续洁琨,姚新生,栗原博.抗氧化能力指数(ORAC)测定原理及应用.中国药理学通报 2006(08):1015-1021.

[8] 张广静,卓金士,金岩,等.人的原代上皮角质形成细胞和永生化的上皮角质形成细胞 HaCaT 的增殖能力的比较.现代生物医学进展 2011(01):68-70.

[9] Blankenship AL, Hilscherova K, Nie M, et al. Mechanisms of TCDD-induced abnormalities and embryo lethality in white leghorn chickens. Comparative Biochemistry And Physiology C-Toxicology & Pharmacology 2003,136(1):47-62.

[10] Danilewicz JC. Folin-Ciocalteu, FRAP, and DPPH center dot Assays for Measuring Polyphenol Concentration in White Wine. Am J Enol Vitic 2015,66(4):463-471.

[11] Floegel A, Kim DO, Chung SJ, et al. Comparison of ABTS/DPPH assays to measure antioxidant capacity in popular antioxidant-rich US foods. J Food Compos Anal 2011,24(7):1043-1048.

[12] Mohammad FK, Faris GAM, Al-Zubeady AZ. Developmental and behavioral effects of medetomidine following in ovo injection in chicks. Neurotoxicology And Teratology 2012,34(1):214-218.

[13] Sengupta B, Uematsu T, Jacobsson P, et al. Exploring the antioxidant property of bioflavonoid quercetin in preventing DNA glycation: A calorimetric and spectroscopic study. Biochem Biophys Res Commun 2006,339(1):355-361.

[14] Sharma OP, Bhat TK. DPPH antioxidant assay revisited. Food Chem 2009, 113(4):1202-1205.

[15] Silva EM, Souza JNS, Rogez H, et al. Antioxidant activities and polyphenolic contents of fifteen selected plant species from the Amazonian region. Food Chem 2007, 101(3): 1012 - 1018.

[16] Tai A, Ohno A, Ito H. Isolation and Characterization of the 2,2' - Azinobis(3 - ethylbenzothiazoline - 6 - sulfonic acid) (ABTS) Radical Cation - Scavenging Reaction Products of Arbutin. J Agric Food Chem 2016, 64(38): 7285 - 7290.

[17] Thaipong K, Boonprakob U, Crosby K, et al. Comparison of ABTS, DPPH, FRAP, and ORAC assays for estimating antioxidant activity from guava fruit extracts. J Food Compos Anal 2006, 19(6 - 7): 669 - 675.

[18] Tsoi B, Yi RN, Cao LF, et al. Comparing antioxidant capacity of purine alkaloids: A new, efficient trio for screening and discovering potential antioxidants in vitro and in vivo. Food Chemistry 2015, 176: 411 - 419.

[19] Vargas A, Zeisser-Labouebe M, Lange N, et al. The chick embryo and its chorioallantoic membrane (CAM) for the in vivo evaluation of drug delivery systems. Advanced Drug Delivery Reviews 2007, 59 (11): 1162 - 1176.

[20] Wettasinghe M, Shahidi F. Scavenging of reactive - oxygen species and DPPH free radicals by extracts of borage and evening primrose meals. Food Chem 2000, 70(1): 17 - 26.

[21] Zalibera M, Stasko A, Slebodova A, et al. Antioxidant and radical - scavenging activities of Slovak honeys - An electron paramagnetic resonance study. Food Chem 2008, 110(2): 512 - 521.

第十五章　抗光老化和环境压力功效体外检测

Chapter 15　Antiaging and environmental press efficacy in vitro test

第一节　抗光老化化学检测法

Section 1　Anti photoaging in chemico assay

当衰老开始侵袭整个身体,衰老的迹象就会第一时间呈现在皮肤上,如细纹、褶皱、色素沉积以及由于表皮和真皮萎缩而带来的皮肤变薄等。很多化妆品公司为拓宽抗衰老产品市场而进行着日趋激烈的竞争。鉴于顾客和监管机构严格的详细审查,为确保抗衰老产品在市场上的安全性,有效性以及证实广告宣传的真实性,对新用的和已经用过的材料进行检测就变得至关重要。为了找到每一款产品最合适的检测方法,最重要的是先要了解与该产品抗衰老机制紧密相关的原理。本章节主要介绍了一些评价化妆品原料或产品的抗衰老功效的方法。

一、弹性蛋白酶抑制实验

(一) 基本原理

弹性纤维由弹性蛋白和微原纤维构成,分布于真皮及皮下组织,使皮肤具有弹性。而由于紫外照射、压力、污染等一些环境因素的作用,会促进体内弹性蛋白酶产生。弹性蛋白酶是胰凝乳蛋白酶家族中的一员,会降解弹性蛋白,造成表皮中连接组织的丧失,从而导致皮肤衰老,皱纹和光老化的产生。

(二) 实验系统

1. 受试物质

植物提取物或原料,化妆品活性成分或其他原料(如动物组织提取液、化学物等)。

2. 阳性对照

以 EGCG(Epigallocatechin gallate 儿茶素没食子酸酯)作为阳性对照。

3. 常规试剂

Tris-HCl 缓冲液、N－甲氧基丁二酰－丙氨酸－丙氨酸－脯氨酸－缬氨酸－4－硝基苯胺(MAAPVN,N-(methoxysuccinyl)-ala-ala-pro-val－4－nitroanilide 分析纯)、弹性蛋白酶、儿茶素没食子酸酯(EGCG)。

4. 设备仪器

酶标仪,细胞培养箱,分析天平,移液枪,小烧杯,容量瓶,96 孔板。

(三) 实验操作

将 100μL 的 0.2mol/L 的 tris-HCl 缓冲液,25μL 的 10mmol/L 的 MAAPVN 和 50μL 的受试物混匀,在 25℃条件下孵育 15min;然后加入 25μL 的 0.3U/mL 的弹性蛋白酶(活性最高)继续孵育 15min。酶

标仪在410nm条件下检测OD值,并通过以下公式计算抑制率:

$$抑制率(\%)=\frac{OD对照组-OD样品组}{OD对照组}\times100$$

(四) 检测报告

见第十四章第一节。

二、胶原蛋白酶抑制实验

(一) 基本原理

胶原蛋白是细胞外基质的主要组成成分,使皮肤具有伸展性,可以补充皮肤各层所需的营养。而胶原蛋白酶是一种水解胶原蛋白的酶,会造成皮肤的水分和弹性缺失,皱纹形成。受试物中若含有类似亮氨酸、缬氨酸等的疏水性氨基酸,这些氨基酸中的二硫键就能够结合到胶原蛋白酶的活性位点,抑制其活性。

(二) 实验系统

1. 受试物质

植物提取物或原料,化妆品活性成分或其他原料(如动物组织提取液、化学物等)。

2. 对照

以EGCG作为阳性对照,浓度为0.114mg/mL。

3. 常规试剂

茚三酮,胶原蛋白Ⅰ,N-甲基-2-氨基乙磺酸钠(TES,N-tris hydroxul methyl methyl -2-aminoethanesulfonic acid sodium salt 分析纯),胶原蛋白酶Ⅳ,异丙醇,儿茶素没食子酸酯(EGCG)。

4. 设备仪器

细胞培养箱,离心机,循环器,酶标仪,移液枪,移液管,小烧杯,容量瓶,96孔板。

(三) 实验操作

用茚三酮反应监测受试物被胶原蛋白酶片段化后的肽的量:将胶原蛋白Ⅰ与TES,pH=7.5的Tris-HCl缓冲液,稀释的受试物,胶原蛋白酶Ⅳ混匀,在37℃条件下孵育5h,然后在2000rpm条件下离心5min。收集上清液,将其与茚三酮混匀,在80℃加热10min后冷却。溶液与异丙醇按1∶1的比例混合,在4℃,12000rpm下离心10min。上清液加入到96孔板中,在600nm下检测其吸光度。计算抑制率。

$$抑制率(\%)=\frac{OD控制组-OD样品组}{OD控制组}\times100$$

(四) 检测报告

见第十四章第一节。

三、基质金属蛋白酶-1抑制实验

(一) 基本原理

基质金属蛋白酶-1是一类活性依赖于锌离子的蛋白水解酶。皮肤长期暴露于紫外线,会激活细胞间信号转导通路,诱导基质金属蛋白酶的产生,皮肤开始出现光老化。MMP-1(Matrix metalloproteinase-1)的作用主要是降解由皮肤纤维母细胞分泌的胶原蛋白。抑制基质金属蛋白酶活性的物质能够阻止细胞间基质的降解,起到抗老化的作用。通过基质金属蛋白酶-1抑制实验可检测化妆品活性成分的作用。

（二）实验系统

1. 受试物质

植物提取物或原料，化妆品活性成分或其他原料（如动物组织提取液、化学物等）。

2. 阳性对照

以NNGH（N－异丁基－N－4－甲氧基苯基磺酰基－甘氨酰基异羟肟酸，N－Isobuty－N－（4－methoxyphenylsulfonyl）－glycylhydroxamic acid）作为阳性对照。

3. 常规试剂

N－异丁基－N－4－甲氧基苯基磺酰基－甘氨酰基异羟肟酸（NNGH）；4－2－羟乙基－1－哌嗪乙烷磺酸（4－（2－Hydroxyethyl）－1－piperazineethanesulfonic acid）；$CaCl_2$；汴泽－35；5，5'－二硫基（2－对硝基苯甲酸）；MMP－1：基质金属蛋白酶（间质胶原酶、成纤维细胞胶原酶、人类、重组体）。

4. 设备仪器

酶标仪，细胞培养箱，分析天平，移液枪，移液管，小烧杯，容量瓶，96孔板。

（三）实验操作

用200μL的实验缓冲液（50mmol/L的4－2－羟乙基－1－哌嗪乙烷磺酸，10mmol/L的$CaCl_2$，0.05%的汴泽－35，1mmol/L的5，5'二硫基（2－对硝基苯甲酸））稀释1μL的抑制剂NNGH。每孔加入10μL的底物，然后再加入20μL的稀释后的基质金属蛋白酶。混合物加热到室温。实验缓冲液用移液管按照下面的方式加入到培养板中：空白对照（无MMP－1）＝90μL；对照组（无抑制剂）＝70μL；抑制剂（NNGH）＝50μL。将培养板平衡到实验温度37℃后，在每个孔中加入20μL的MMP－1（除了空白组），然后在NNGH抑制剂孔中加入20μL的抑制剂。将测试的抑制剂加入到每个孔中后，将培养板在37℃孵育30min，以便抑制剂与酶的反应。最后在每个孔中加入10μL的底物，在412nm的条件下每间隔1min读一次数，持续读数10min。计算抑制率：

$$抑制率(\%)=\frac{OD控制组-OD样品组}{OD控制组}\times100$$

（四）检测报告

见第十四章第一节。

四、透明质酸酶抑制实验

（一）基本原理

透明质酸是由真皮层内的成纤维细胞合成，皮肤中较多的透明质酸，能够降低胶原蛋白和弹性蛋白的变性速度，减缓其由可溶性蛋白向不可溶性蛋白的变性速度，改善皮肤细胞间胶体溶液环境，从而使得原有因细胞间产生空间而形成的皱纹得到舒展。而紫外线（UV）照射会导致皮肤中透明质酸酶的产生，降解透明质酸，使皮肤发生光老化。透明质酸酶（Hyaluronidase，HAase）是广泛分布于自然界中的一类糖苷酶，通过作用于B－1，3或B－1，4糖苷键来降解透明质酸（Hyaluronic acid，HA）。

（二）实验系统

1. 受试物质

植物提取物或原料，化妆品活性成分或其他原料（如动物组织提取液、化学物等）。

2. 对照

以抗坏血酸为阳性对照。

3. 常规试剂抗坏血酸，透明质酸，透明质酸酶，PBS 缓冲液，NaCl，牛血清白蛋白（BSA，bovine albumin），乙酸，乙酸钠

4. 设备仪器

细胞培养箱、移液枪、容量瓶等

（三）实验操作

将 100μL 的透明质酸酶，100μL 的 PBS 缓冲液（100mmol/L，pH = 7，37℃），50mmol/L 的 NaCl 和 0.01% 的 BSA 与 50μL 的样本溶液混匀作为培养基，在培养箱中 37℃孵育 10min。然后加入 100μL 的透明质酸溶液（0.03%，溶于 300mmol/L 的磷酸盐溶液，pH = 5.35）作为反映的开始，在 37℃条件下孵育 45min。未经水解的透明质酸用 1.0mL 的酸白蛋白溶液（0.1% 的 BSA 溶于 24mmol/L 的乙酸钠和 79mmol/L 的乙酸，pH = 3.75）沉淀。然后将混合物在室温放置 10min，用酶标仪在 600nm 处检测该混合物的吸光度。在酶反应之前，所有的试剂都应该新鲜配制。未加酶的测试组作为最大抑制率的对照，抗坏血酸作为阳性对照。

抑制率的百分比计算公式如下：

$$抑制率\% = (样品组的吸光度/对照组的吸光度) \times 100$$

（四）检测报告

见第十四章第一节。

五、晚期糖基化终产物清除实验

（一）基本原理

糖基化终末产物是区别于糖基化作用的一种非酶促反应，通过 Mailland 反应生成，见图 15 - 1。还原糖的活性羰基团与蛋白质的中性自由氨基酸基团发生反应形成可逆的席夫碱。通过 Amadori 重排形成更稳定的产物。这些早期糖基化终产物、蛋白加合物或蛋白质交联形成晚期糖基化终产物（Advancde glycation end products，AGEs），其储存在组织中并与其受体（receptor for AGEs，RAGE）连接，损伤组织功能，其对形态和生理的影响见表 15 - 1。这些反应以及 AGEs 在组织中的积累称为糖基化损伤。能够有效清除 AGEs 的物质提示具有抗老化作用。

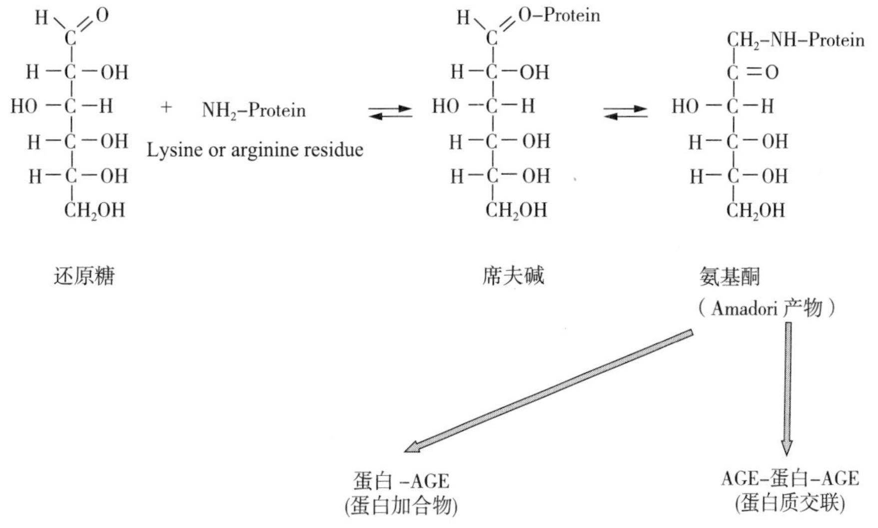

还原糖 + NH_2-Protein（Lysine or arginine residue） ⇌ 席夫碱 ⇌ 氨基酮（Amadori 产物）→ 蛋白-AGE（蛋白加合物）；AGE-蛋白-AGE（蛋白质交联）

图 15 - 1 Maillard 反应示意图

表 15－1 皮肤老化过程中 AGEs 及其受体对形态和生理的影响

细胞种类	抑制作用(下降)	促进作用(增高)
角质细胞	增殖能力,TIPM(MMP 组织抑制因子),a2b1 整合素。细胞更新下降,表皮稳态下降	凋亡,活性氧(ROS),MMP 老化,NFkB,前炎性因子,氮氧化合物(NO_X)
成纤维细胞	增殖和更新能力,ECM 合成,收缩特性,真皮稳态,皮肤收缩功能	凋亡,活性氧(ROS),MMP 老化,NFkB
免疫细胞		增生,趋触性,趋化性 NFkB,TNFα,IL－1,IL－6。诱导炎症和传播
细胞外基质蛋白(胶原蛋白、纤维连接蛋白和弹性蛋白)	交联,对 MMP 降解的抵抗能力,影响组装大分子形成正常 3D 结构的能力,与细胞的通话功能。弹性下降	皮肤僵硬粗糙,组织渗透性增高,抗修复机制
血管内皮细胞		细胞间黏附分子(ICAM),血管细胞黏附分子(VCAM),单核细胞趋化蛋白 1(MCP－1),E－选择素,渗透性,TNFα,IL－6。诱导前炎性介质和招募免疫细胞

(二) 实验系统

1. 受试物质

植物提取物(如紫菊花、红葡萄皮、紫菜、绿藻等),化妆品活性成分或其他原料(如动物组织提取液、化学物等)。

2. 对照

以氨基胍作为阳性对照。

3. 常规试剂

PBS,人血白蛋白(HSA,human serum albumin),葡萄糖,氨基胍(AG,aminoguanidine)。

4. 设备与仪器

细胞培养箱,离心机,酶标仪,HPLC(high performance liquid chromatograph),移液枪,移液管,小烧杯,容量瓶,96 孔板。

(三) 实验操作

将 0.05mol/L 的磷酸盐缓冲液(pH＝7.4),8mg/mL 的人血白蛋白及 0.2mol/L 的葡萄糖溶液在 60℃条件下孵育 40h。在此条件下产生的 AGEs 的量相当于在 37℃条件下孵育 60 天,见图 15－2。然后将受试物与氨基胍分别以 0.01、0.1、1.0mg/mL(质量浓度)的浓度添加到上述模型中。检测FAGEs(fluorescent AGEs)、3－脱氧葡糖醛酮(3DG,3－deoxyglucosone)、戊糖素、CML(N^{ε}－(carboxymethyl)lysine)的量并计算 AGEs 产生的抑制率。

(1)F－AGEs 的检测:AGEs 衍生的荧光可以通过酶标仪在 370nm 激发波长和 440nm 发射波长条件下检测。F－AGEs 抑制率可以通过如下公式计算:

$$F-AGEs\ 抑制率(\%)=[1-(A-B)/(C-D)]\times 100$$

式中:

A——添加有受试物或者 AG 的葡萄糖溶液的荧光强度;

B——添加有受试物或者 AG 的超纯水溶液的荧光强度;

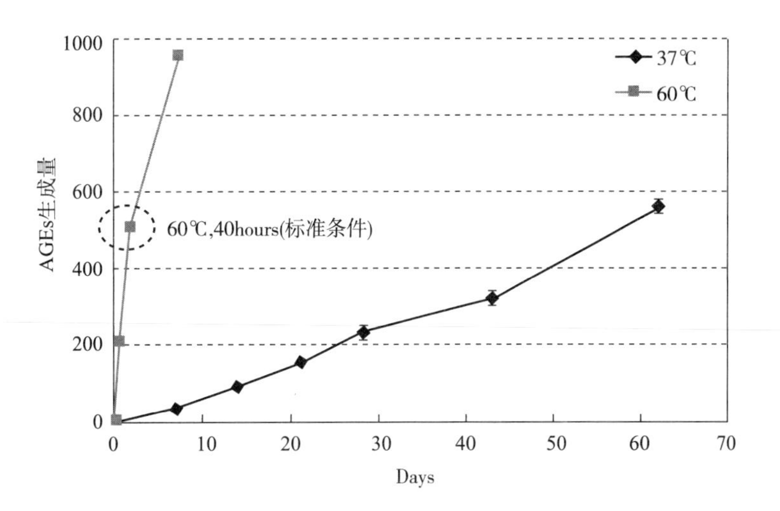

图 15-2 在不同温度条件下体外 AGEs 的产生量

C——没有受试物和 AG,但有葡萄糖溶液的荧光强度;

D——没有受试物和 AG,也没有葡萄糖溶液的荧光强度。

受试物和 AG 的荧光强度分别在 1.0、0.1 和 0.01mg/mL 的三种浓度下检测。绘制 F-AGEs 的抑制率曲线并计算 IC_{50} 值。

(2) 3DG 的检测:3DG 的浓度通过 HPLC 来检测。

(3) 戊糖素和 CML 的检测:戊糖素和 CML 均通过 ELISA 试剂盒检测。

$$\text{抑制率}(\%) = 100 - \frac{\text{荧光强度(样品)—荧光强度(样品空白)}}{\text{荧光强度(对照)—荧光强度(对照空白)}} \times 100$$

(四) 结果统计

至少进行三次独立实验。数据分析使用单向方差分析(方差分析)与 t 检验,使用 SPSS10.0(SPSS)软件分析,$p < 0.05$ 认为有统计学意义。

(五) 检测报告

见第十四章第一节。

第二节 抗光老化生物检测法

Section 2 Anti photoaging in vitro biological test

一、人皮肤成纤维细胞抗老化实验

(一) 基本原理

光老化是造成皮肤外部衰老的主要原因,长期暴露此紫外线可引起严重的皱纹产生和色素沉积。紫外线辐射产生活性氧(ROS,reactive oxygen species),是造成 DNA 损伤并最终导致皮肤炎症,光老化及癌症发生的最主要的环境因子。

(二) 实验系统

1. 受试物质

植物提取物,化妆品活性成分或其他原料(如动物组织提取液、化学物等)。

2. 对照

以完全培养基作为阴性对照。

3. 实验用细胞

原代人皮肤成纤维细胞或细胞系(CCD－986sk,ATCC),其作用是产生细胞外基质蛋白,包括结构蛋白(胶原蛋白、弹性蛋白等),粘连蛋白(层粘连蛋白、纤连蛋白等),糖胺聚糖和蛋白聚糖的主要细胞类型。

4. 常规试剂

DMEM 高糖培养基:含 10% 的胎牛血清。

胰蛋白酶、四甲基偶氮唑蓝(MTT)、磷酸盐缓冲溶液(PBS)、细胞衰老试剂盒、2'－7'－二氯荧光素双乙酸盐(DCF－DA,dye 2'－7'－dichlorofluorescein diacetate)、N－丁二酰－丙氨酸－丙氨酸－丙氨酸－脯氨酸－硝基酰基苯胺、PIPEIA 检测试剂盒、TRIzol、逆转录酶预混试剂盒,荧光定量 PCR 试剂盒、RNase & DNase－free 枪头与 EP 管。

5. 设备和仪器

酶标仪、细胞培养箱、水浴锅、光学显微镜、荧光显微镜,移液枪、枪头、EP 管、加样槽、培养瓶、培养皿、96 孔板、荧光定量 PCR 仪。

(三) 实验过程

1. UVA 暴露与细胞处理

在细胞照射紫外之前,先用 PBS 清洗,然后培养于 PBS 中暴露于 $10J/cm^2$ 的紫外光下。暴露结束后,将处理过的细胞用 PBS 清洗并用不同浓度的受试物暴露 24h。未经紫外照射的细胞做相同的处理,并用铝箔纸覆盖避免紫外暴露。

2. 细胞活性实验

(1) 将细胞以 2×10^4个/孔的细胞密度接种于 96 孔板中;

(2) 培养 24h 后,更换培养基(空白对照组更换新的完全培养基,实验组更换含不同受试物浓度的培养基),设置组别为:空白对照组(完全培养基,不含受试物);实验组:3.125,6.25,12.5,25,50,100,200μmol/L 受试物,培养 24h;

(3) 培养结束前 4h 取出 96 孔细胞培养板,吸出培养基,加入浓度为 5mg/mL 的 MTT 溶液 25μL,继续培养 4h 后,吸出上清液,每孔加入 150μL DMSO 使甲瓒溶解,置于摇床摇匀,用酶标仪检测每孔吸光度值,检测波长为 490nm。根据吸光度值计算出抑制率。

3. 受试物对细胞活性的保护效应

将细胞按照 1 进行紫外暴露后,重复进行细胞活性实验,受试物浓度定为 10、20、40μmol/L。

4. SA-β-gal(senescence-associated β-galactosidase)活性实验

将细胞以 $2*10^4$ 个/孔的细胞密度接种于 96 孔板中;用紫外($10J/cm^2$)照射培养 24h。然后用 PBS 清洗两次,固定液室温孵育 5min。再用 PBS 洗三次,吸出清洗液,用新鲜的细胞染色液完全覆盖细胞。于 37℃ 黑暗过夜孵育。最后吸出细胞染液,用 PBS 清洗两次。用光学显微镜观察细胞,染色为蓝色的即为死亡细胞。

5. ROS 实验

将培养的细胞用 25μM 的 DCF－DA 在 37℃ 条件下处理 30min,然后用 PBS 清洗两次。通过荧光显微镜观察。

6. 总胶原蛋白测试

成纤维细胞总的胶原合成,可采用 I 型前胶原 C 肽(Procollagen Type Ⅰ C－Peptide,PIP)试剂盒测定。100μL POD 抗体共轭溶液添加到对应的培养孔中,然后加入 20μL 细胞培养液,孵育 3h。吸出培养液,用300μL缓冲液洗四次,加入底物溶液100μL,室温孵育15min,然后加入100μL中止液中止反应,450nm读取吸光度。

7. RT-PCR测试

使用TRIzol试剂从每个样本中提取总RNA,总RNA(1μg)作为逆转录酶PreMix试剂盒合成cD-NA的第一链,按照2×TOPsimple™ DyeMIX-nTaq和引物对cDNA产物进行PCR扩增。

(四)检测报告

见第十四章第一节。

二、体外重建皮肤模型抗光老化测试

(一)基本原理

紫外线是造成皮肤氧化损伤的主要外界因素,其中UVB主要作用于表皮的基底细胞层。DNA可吸收UVB波长的光子,诱发DNA损伤、蛋白氧化和引起基质金属蛋白酶(matrix metalloproteinases, MMPs)产生,引起光老化和皮肤癌,可以用三维皮肤模型评价活性成分和产品的作用。通过明胶酶谱法(Gelatin zymography)检测光老化过程中基质金属蛋白酶的变化,包括胶原酶(MMP-1)、白明胶酶(gelatinase)MMP-2和MMP-9、基质降解酶(stromelysin, MMP-3)、marilysin(MMP-7)、弹性蛋白酶(elastase, MMP-12)和弹性蛋白原等。

(二)实验系统

1. 表皮模型

表皮模型(如Episkin™或Epiderm™等商品化皮肤模型)及培养基,模型质量应符合生产要求,并保证完好运输至实验室。

2. 检测试剂

HRP-标记CPD抗体,8-OHdG抗体。

MMP系列抗体,包括MMP-1、MMP-2、MMP-9抗体(可从Lab Vision Corporation采购),MMP-7、MMP-11和MMP-12(可从Santa Cruz Biotechnology公司采购)。抗小鼠二抗或抗兔二抗、蛋白质印迹检测试剂等,羰基化蛋白免疫印迹试剂盒、蛋白酶抑制剂蛋白酶抑制剂混合物Ⅲ等。

3. 仪器设备和材料

酶标仪、培养箱、水浴锅、超声波细胞破碎仪、移液枪、枪头、EP管、加样槽、培养瓶、培养皿、96孔板。

4. 受试物

植物提取物(如石榴),用表皮模型培养基稀释。

阳性对照:Vc为阳性对照。阴性对照:完全培养基为阴性对照。

(三)实验过程

1. 添加活性物质的UVB暴露

收到皮肤模型后,先用试剂盒配备的培养基37℃,5% CO_2平衡24h,实验时将皮肤模型转移到6孔板,UV暴露和加样在6孔板进行。取表皮模型,用含有活性成分的培养基处理,100μL/块组织/孔,作用1h后,用PBS轻轻洗涤2~3次去除受试物,用PBS更换培养基,暴露于UVB(30-80mJ/cm^2),暴露剂量与表皮模型的耐受有关,实验前应检测皮肤模型的UVB耐受剂量。暴露结束后,把含表皮模型的插入皿置于新鲜培养基中12h~24h暴露后孵育,然后获取组织进行组织活性检测、免疫印迹和RT-PCR分析,收集培养基用明胶酶谱法(gelatin-zymography)检测基质金属蛋白酶(MMP)。对照组为无活性物质的培养基,处理步骤相同。

2. 制备全细胞裂解物

UVB 暴露和后孵育的组织,用 PBS 洗两次,再用 0.15mL 冰冷 RIPA 裂解缓冲液孵育 15min,RIPA 缓冲液(25mMTris - HCl pH 值 7.6,150mmol/L NaCl,1% NP - 40,1% 脱氧胆酸钠,0.1% SDS)添加蛋白酶抑制剂混合液(第三套蛋白酶抑制剂混合液)和 0.2mmol/L 钒酸钠。裂解产物以 15000g 离心 25min,以去除细胞碎片,得到上清液(总细胞裂解液) - 80℃保存,BCA 蛋白检测试剂盒测定蛋白浓度。

3. 参数及检测方法

明胶酶谱分析 Gelatin zymography:检测酶谱可反应基质金属蛋白酶的活性。取 UVB 照射表皮组织并后孵育 12h 的培养基,与底物混合后凝胶电泳检测明胶水解活性。培养基先采用微量浓缩离心管 YM - 30 离心浓缩,保留大于 30KD 的蛋白,在预制 10% SDS - 聚丙烯酰胺凝胶(含有 1% 明胶)中进行电泳,缓冲液为 Novex 三羟甲基氨基甲烷甘氨酸 SDS。然后用 Novex 酶谱复性缓冲液温和搅拌冲洗凝胶 2 次各 30min,以去除 SDS。随后,凝胶用 Novex 缓冲液(50mM Tris - HCl,pH 值 8,5mmol/L $CaCl_2$,1μ mol/L ZnCl)37℃过夜孵育。用含有 0.5% 考马斯亮蓝的 40% 甲醇和 10% 冰醋酸染色,用相同没有染料的溶液脱色。在蓝色的胶原背景上,具有胶原水解酶活性的基质金属蛋白酶呈现清晰的条带。

MMP 试剂盒检测:基质金属蛋白酶 - 1、2、3 和 9 的活性可使用美国 Anaspec 公司的荧光 SensoLyte 520 MMP 检测试剂盒定量测定。简单过程为,取暴露后孵育组织模型,收集培养上清液,10000g,4℃离心 5min。含 MMP 的样品用 4 - 乙酰氨基苯汞醋酸(4 - aminophenylmercuric acetate APMA)孵化以激活前 - MMP,然后启动酶反应。荧光酶标仪于激发波长 360nm 检测 MMP 活性。

免疫印迹分析 western blotting:取 25μg ~ 40μg 蛋白,用 12% 聚丙烯酰胺凝胶电泳和转移到硝化纤维膜。缓冲液(7% 脱脂奶粉,1% 吐温 20,在 20mM Tris - 缓冲液,pH 值 7.6)在室温下孵育 1h,并用合适的一抗阻断缓冲液 2h 在 4℃过夜孵化,然后用 HRP - 结合的抗小鼠或抗兔二抗室温孵育 2h。膜清洗,并通过化学发光、自动射线照相术或数码相机对结合的复合物进行检测。

(四) 结果及预测

实验应重复三次,数据分析采用单向方差分析(ANOVA),使用 SPSS 统计软件。$p < 0.05$ 认为有统计学意义。

(五) 检测报告

实验报告同用"DPPH 法评价化妆品的抗氧化活性实验中"的检测报告内容,免疫组化应有显微组织图片。

(六) 拓展应用

皮肤模型不仅可用于 UVB 抗氧化检测,还可用于与光老化有关的活性物质的测试。

第三节 环境压力对皮肤损伤的体外测试方法

Section 3 In vitro test of anti stress of environment impression

皮肤是身体之于外界环境的屏障,是人体最大的器官,也是环境压力最先攻击的对象。皮肤之于外界环境压力的抵御能力并不是无限的,在持续异常的环境压力下皮肤的防护功能就会减退,是导致皮肤外源性老化的主要原因。环境压力包括人们熟知的空气污染,如 PM2.5、汽车尾气、臭氧;光污染,如长波、短波紫外线(UVA/UVB);也包括越来越多的屏幕、LED 灯的蓝光危害,以及还未被足够重视的冷热交替等。大多数环境压力作用于皮肤上最主要的机理是产生活性氧自由基(ROS),导致氧化压力,进而引起皮肤屏障受损、胶原蛋白断裂,长期暴露导致皱纹增加,皮肤炎症,以及皮肤色泽暗沉,色斑增加。基于对动物伦理的考虑,及全球化妆品法规的取向,如何建立有效的环境压力对皮肤损伤测试的替代方法作为评估模型,是研发下一代抗环境压力技术过程中最重要的挑战之一。

很多测试环境压力对皮肤损伤的方法与本章第一节的抗氧化测试方法相似,但所用的外源性压力有所不同。本节列举一些采用正常人体角质形成细胞、离体皮肤、离体角质层模型评价不同环境压力的方法,如大气污染物颗粒(PM2.5/PM10)、香烟烟雾、低温、高温、蓝光等。

一、乳酸脱氢酶测试

(一) 基本原理

本方法旨在检测污染物颗粒影响下的细胞活力。采用大气污染物颗粒损伤细胞模型,将大气污染物颗粒或者污染模拟物加入细胞培养液,和人表皮角质形成细胞共培养,然后通过乳酸脱氢酶(Lactate Dehydrogenase,LDH)法测定细胞压力水平来表征污染对皮肤的损伤。LDH是一种糖酵解酶,存在于细胞质内,正常情况下不能通过细胞膜,但当细胞受损或凋亡时便可释放到细胞外。由于释放出的LDH比较稳定,紫外分光光度法(450nm)测定培养液中LDH的释放可以表征细胞活力。

(二) 实验系统

1. 实验细胞

人体正常角质形成细胞:采自正常捐献者的表皮,也可使用细胞系,但应注意不同来源或供体的细胞对外界的干预可能存在差异。

2. 实验材料

(1) 污染物或污染模拟物

大气污染物或者污染模拟物:可以选择PM10和PM2.5颗粒,PM颗粒可采购自美国国家标准学会,也可通过富集当地污染空气获得。实验室也可以自备污染物,但应说明制备方式。混合颗粒均携带有大量的PAHs和重金属等有毒有害的物质。也可以选择PAHs的代表物如苯并芘(Benzo(α)pyrene,BaP)。

(2) 常规试剂

LDH检测试剂盒(Sigma)。

角质细胞无血清培养基(Gibco™,ThermoFisher)。

100μg/mL Prinmocin抗生素。

无菌生理盐水。

磷酸盐缓冲液(PBS)。

(3) 阳性对照

PM10颗粒悬浮液、PM2.5颗粒悬浮液。

(4) 阴性对照

完全培养基为阴性对照。

3. 设备

常规仪器:酶标仪、细胞培养箱、超声池。

常规耗材和器械:移液枪、枪头、EP管、烧杯、加样槽、培养瓶、培养皿、24孔板。

(三) 实验过程

1. PM颗粒悬浮液配制

将PM10和PM2.5颗粒重新悬浮于无菌生理盐水中,分别配制成250μg/mL、500μg/mL的PM10颗粒悬浮液和100μg/mL的PM2.5颗粒悬浮液,并超声10min使其均匀分散于液体中。

2. 细胞活性实验

(1) 角质细胞于含 100μg/mL Prinmocin 的无血清培养基中培养,并在 37℃,5% CO_2 和 95% 湿度中温育,传代一次。

(2) 将细胞接种于 24 孔板,每组两个重复。设置组别为:空白对照组(完全培养基,不含受试物和 PM 颗粒);阳性对照组:PM10 和 PM2.5 颗粒悬浮液。实验组:0.1% 受试物;

(3) 按照以上分组,在相应的培养孔中添加受试物,每天两次,培养 48h;

(4) 将污染物 PM10 和 PM2.5 按照不同浓度相应地加入培养液中,共同培养 24h。取培养液并按照试剂盒的说明操作,酶标仪在 450nm 处读取吸光度值,测定 NADH 产生量。

3. LDH 活性计算

利用以下公式计算 LDH 含量:

$$\text{LDH 活性} = \frac{\text{NADH 含量(nmol)} \times \text{稀释倍数}}{\text{反应时间(min)} \times \text{样品体积(mL)}}$$

通过直接比较每组培养孔 LDH 的活性来评价 PM 颗粒对细胞的损伤作用,待测组培养孔的 LDH 活性越高,即表明细胞受到 PM 颗粒的损伤越大。

二、冷应激 RNA 结合蛋白表达测试

(一) 基本原理

本方法旨在检测 32℃ 亚低温暴露影响下的应激反应的表达变化。冷诱导 RNA 结合蛋白(cold inducible RNA - binding protein,CIRBP)是一种应激反应蛋白,伴随紫外线照射、冷应激及缺氧等过程而过量表达,本实验利用蛋白质印迹法(Western Blot),获得特定蛋白质在所分析的细胞或组织中表达情况的信息。

(二) 实验系统

1. 实验细胞

人体正常角质形成细胞:采自正常捐献者的表皮,也可使用细胞系,但应注意不同来源或供体的细胞对外界的干预可能存在差异。

2. 实验材料

(1) 抗体

一抗:冷诱导 RNA 结合蛋白多克隆抗体(Novus Biological)稀释至 1/750;小鼠抗肌动蛋白单克隆抗体(Santa Cruz)稀释至 1/100;

二抗:过氧化物酶标记兔抗山羊 IgG(Santa Cruz)稀释至 1/5000、辣根过氧化物酶标记山羊抗小鼠 IgG(Santa Cruz)稀释至 1/5000。

(2) 常规试剂

角质细胞无血清培养基(Gibco™,ThermoFisher)、5ng/mL 重组人表皮生长因子(Gibco™,ThermoFisher)、50μg/mL 牛脑垂体提取物(Gibco™,ThermoFisher)、100μg/mLPrinmocin 抗生素(InvivoGen)、细胞裂解缓冲液(Thermo Scientific)、蛋白酶抑制剂(Thermo Scientific)、乙二胺四乙酸(EDTA)、Pierce BCA 蛋白定量分析试剂盒、二硫苏糖醇(DTT)、NuPAGE 4 - 12% Bis - Tris 凝胶(InvivoGen)、三羟甲基氨基甲烷(Tris)、盐酸、氯化钠、5% 脱脂牛奶、甘氨酸、吐温 20、显色剂、四甲基乙二胺(TMEDA)、十二烷基硫酸钠、甘氨酸、鲁米诺(SuperSignal West Femto Maximum Sensitivity Substrate,Thermo Scientific)、磷酸盐缓冲液(PBS)

10 × TBS 溶液(500mL):12.1gTris - Base,40gNaCl,pH 调至 7.4,定容至 500mL。

6 × Reducing buffer:9% SDS,50% 甘油,9% β - 巯基乙醇,0.03% 溴酚蓝。

10×Tris－Gly buffer(1L):29gTris－Base,144g 甘氨酸,PH＝8.4。

1×SDS 电泳缓冲液(500mL):50mL10×Tris－Glybuffer,2.5mL20%SDS。

转膜缓冲液(1L):100mL10×Tris－Gly buffer,150mL 甲醇。

TBS－T:1×TBS 加 0.05% Tween。

封闭液:TBS－T 加 5%脱脂奶粉。

蛋白印迹膜再生液:2%SDS,0.01M DTT,1×TBS。

(3) 阴性对照

完全培养基为阴性对照。

(4) 仪器设备

蛋白质印迹系统(InvivoGen)、凝胶成像系统(AIC)、电泳仪、电转槽、摇床、培养箱。

(5) 耗材和器械

移液枪、枪头、EP 管、烧杯、加样槽、培养瓶、培养皿、6 孔板、滤纸、硝酸纤维素膜、乳胶手套。

(三) 实验过程

1. 亚低温暴露与细胞处理

角质细胞于无血清培养基(含 5ng/mL 重组人表皮生长因子、50μg/mL 牛脑垂体提取物、100μg/mL Prinmocin 抗生素)中培养,并在 37℃,5% CO_2 和 95%湿度中温育。

将细胞接种于 6 孔板,每组两个重复。设置组别为:空白对照组(完全培养基);实验组:1%受试物。

在相应的培养孔中添加受试物,每天两次,培养 48h;然后,置于亚低温 32℃中暴露 6h。

2. 免疫印迹检测

培养后的细胞在冰冷的细胞裂解缓冲液中均质,缓冲液中含蛋白酶抑制剂和 EDTA。4℃条件下,10000r/min 离心 20min 收集细胞。Pierce BCA 蛋白定量分析试剂盒测定上清液中蛋白含量,Western blot 需 20μg 蛋白。与还原型上样缓冲液混合后 5min 内加热到 70℃。在 NuPAGE 4－12% Bis－Tris 凝胶上跑胶分析样品。通过蛋白质印迹系统将蛋白从凝胶转印至硝酸纤维素膜。用 5%脱脂奶粉溶液在水平摇床上室温封闭膜 1h。在一抗中孵育膜,4℃过夜。倒掉一抗,用TBS-T 洗涤三次,每次 15min;室温,二抗中孵育 1h,再次 TBS－T 洗涤三次,每次 15min。用鲁米诺试剂显色 30 秒,凝胶成像系统对化学发光成像进行检测分析。使用 Scion 图像分析软件对 19kDa 处检测的 CIRBP 条带的深度和 43kDa 检测到的肌动蛋白条带的深度进行定量,二者比值即 CIRBP 蛋白平均表达水平。

3. 数据分析

采用 JMP 软件(SAS)对数据进行统计分析,单尾独立样本 T 检验。$p \leq 0.05$ 显著,$p \leq 0.01$ 非常显著,$p \leq 0.005$ 极其显著。

三、组织学检测高温暴露后的人体皮肤形态

(一) 基本原理

本方法旨在检测 47℃高温暴露影响下的人体皮肤组织形态的变化。苏木精－伊红染色(hematoxylin and eosin stain,H&E stain)是生物学和医学的细胞与组织学最广泛应用的染色方法。这种染色方法的基础是组织结构对不同染料的结合程度不同。染料苏木精可以将核酸等嗜碱性结构染成蓝紫色,而伊红可以将细胞浆等嗜酸性结构染成粉红色。通过染色增加组织细胞结构各部分的色彩差异,并用生物光学显微镜观察皮肤组织形态结构的变化。

（二）实验系统

1. 实验用离体皮肤

离体皮肤来自整形外科手术皮肤，打孔器制成直径6mm大小。

2. 实验材料

（1）常规试剂

培养基：50% DMEM（ThermoFisher）、1g/L 葡萄糖（Lonza）、50% Ham's－F12（Lonza）、10% 胎牛血清（Lonza）、2mol/L L－谷氨酰胺、100μg/mL Primocin 抗生素（InvivoGen）；

磷酸盐缓冲液（PBS）、10% 福尔马林、乙醇、二甲苯、石蜡、Eukitt 快速硬化封片剂。

（2）阴性对照

PBS 为阴性对照。

3. 仪器设备

打孔器（pmf medical）、microtome 切片机（Shandon）、Eclipse E600 显微镜（Nikon）、Nikon DMX1200C 数码相机。

4. 耗材和器械

Polysine 载玻片（ThermoFisher）、移液枪、枪头、EP 管、烧杯、加样槽、培养瓶、培养皿。

（三）实验过程

1. 高温暴露

离体皮肤在培养基中培养，并在37℃、5% CO_2 和95% 湿度中温育。设置组别为：空白对照组；实验组：1% 受试物。每组两个重复。实验组在皮肤上涂抹20μL 受试物，空白组涂抹等量PBS，培养24h后，47℃高温暴露1h。再次加样并培养24h。

2. 离体皮肤切片制备

培养后，在10% 福尔马林中固定4h；依次浸入一系列浓度依次增加的乙醇（50%、70%、80%、90%、95%、100% 乙醇）中脱水；将经脱水处理的皮肤组织用二甲苯浸泡两遍除去乙醇；最后浸入熔融石蜡中并包埋，用 microtome 切成4μm 厚切片，并固定于 Polysine 载玻片上。

3. H&E 染色

将切片脱石蜡并依次置于二甲苯、100% 乙醇、95% 乙醇、85% 乙醇、75% 乙醇、水中再水合。PBS 洗涤后，将载玻片置于50% 苏木精中染色3min，流水冲洗5min，然后在60% 伊红中再次染色3min。再次经乙醇脱水和二甲苯透明处理后，载玻片用 Eukitt 快速硬化封片剂封固。

4. 组织形态观察

使用 Eclipse E600 显微镜的40×物镜进行观察染色切片，使用 Nikon DMX1200C 数码相机拍摄照片（见图15－3），并使用 ACT－1 软件（Nikon）进行处理。凋亡细胞核固缩碎裂、染色变深、呈蓝黑色、胞浆淡红色；正常细胞核呈均匀淡蓝色或蓝色；而坏死细胞肿胀，可见细胞膜的连续性破坏，核染色体染成很淡的蓝色，甚至核染色消失而呈均质红染的无结构物质。

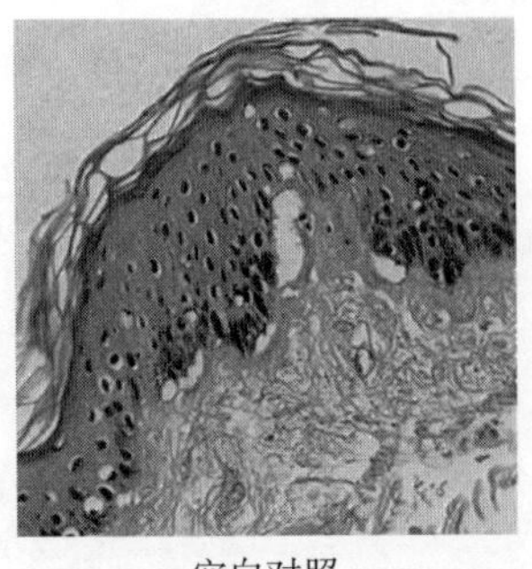

空白对照

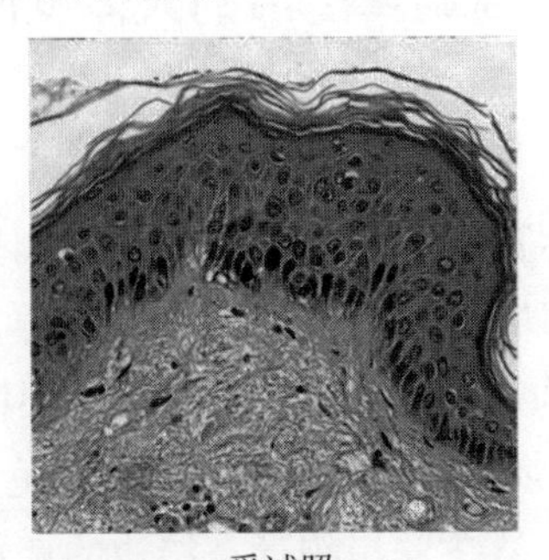

受试照

图15－3 高温暴露后离体皮肤组织形态

四、免疫组化染色检测蓝光暴露后角质细胞中视蛋白的表达

（一）基本原理

本方法旨在检测蓝光暴露影响下皮肤角质细胞感光相关蛋白表达变化。视蛋白是感光物质的主要组成部分，包括视觉系统中的视蛋白和非视觉系统中的视蛋白两大类，在视觉成像和生物钟昼夜节律同步调节方面起着至关重要的作用。本实验利用免疫组化染色技术对角质细胞的视蛋白进行标记，荧光显微镜观察拍照后，用 Volocity 软件计算荧光强度来分析蓝光暴露后视蛋白的表达水平。

（二）实验系统

1. 实验细胞

人体正常角质形成细胞：采自正常捐献者的表皮，也可使用细胞系，但应注意不同来源或供体的细胞对外界的干预可能存在差异。

2. 实验材料

（1）抗体

一抗：Anti - Opsin 1 SW 兔多克隆抗体（Abcam）稀释至 1/200；

二抗：Alexa Fluor 488 标记驴抗小鼠 IgG（Invitrogen）稀释至 1/1000。

（2）常规试剂

角质细胞无血清培养基（Gibco™，ThermoFisher）：含 5ng/mL 重组人表皮生长因子（Gibco™，ThermoFisher）、50μg/mL 牛脑垂体提取物（Gibco™，ThermoFisher）、100μg/mL Prinmocin 抗生素（InvivoGen）；

磷酸盐缓冲液（PBS）、3.7% 多聚甲醛、0.1% TritonX - 100（ThermoFisher）、1% 牛血清蛋白（Sigma）、Fluoromount - G 荧光封片剂（Electron Microscopy Sciences）。

（3）阴性对照

PBS 为阴性对照。

3. 仪器设备

Zeiss Axiovert 200M 电子显微镜、LED 灯（Effilux）、培养箱、摇床。

4. 耗材和器械

8 孔 Lab - Tek 腔室玻片（ThermoFisher）、移液枪、枪头、EP 管、烧杯、加样槽、培养瓶、培养皿。

（三）实验过程

1. 蓝光暴露与细胞处理

（1）角质细胞于无血清培养基中培养，并在 37℃，5% CO_2 和 95% 湿度中温育。

（2）将细胞接种于 8 孔 Lab - Tek 腔室玻片中，每组两个重复。设置组别为：空白对照组；实验组：0.1% 受试物。

（3）在相应的培养孔中添加空白对照 PBS 或 0.1% 受试物，每天两次，培养 48h；然后，置于 LED 灯（415nm，3mW/cm^2）下暴露 18min。

2. 免疫组化染色

经蓝光处理的细胞，PBS 洗涤后，室温下用 3.7% 多聚甲醛固定 10 分；PBS 洗涤三次，细胞膜由 0.1% Triton X - 100 溶液透化 10min；PBS 洗涤三次，1% BSA 封闭非特异性结合位点 30min；PBS 洗涤三次，室温细胞与一抗摇匀孵育 2h；PBS 洗涤三次，避光室温加入二抗摇匀孵育 2h；PBS 洗涤三次，载玻片用 Fluoromount - G 荧光封片剂封固。

3. 荧光显微镜观察及分析

使用 Zeiss Axiovert 200M 显微镜 20x 物镜进行观察，Qimaging * EXI blue 相机拍摄照片，并使用

Volocity 图像软件分析荧光染色图片。滤掉肌动蛋白荧光显色区域，仅选取有绿色的细胞荧光显色区域，分析该区域平均荧光强度代表视蛋白表达水平。

4. 数据分析

采用 JMP 软件（SAS）对数据进行统计分析，单尾独立样本 T 检验。$p \leqslant 0.05$ 显著，$p \leqslant 0.01$ 非常显著，$p \leqslant 0.005$ 极其显著。

五、离体角质层细胞蛋白羰基化检测

（一）基本原理

本方法旨在检测烟雾暴露影响下皮肤角质细胞羰基化蛋白的变化。表皮脂质的过氧化后产生的次级产物，包括 MDA，4－羟基壬烯醛，丙醛等将会攻击蛋白和 DNA，其中重要的蛋白氧化损伤为蛋白羰基化，通过测试角质层角蛋白羰基化水平（Stratum Corneum Carbonylated Protein，SCCP）可以表征皮肤损伤程度。已有研究采用 Western blot 技术证明角蛋白是最易受到氧化攻击的蛋白。胶带剥离法采集的角质层样本，可以反映出皮肤的多重信息，不仅包括角质细胞形态、皮脂和 MDA 含量、同时也包括蛋白羰基化程度。本实验采用香烟烟雾模拟污染环境，采集角质后的 D－squame 胶片经污染暴露后，用荧光染色剂标记羰基化蛋白，荧光显微镜观察拍照后，用 Image 软件分析荧光强度来表征角质层蛋白羰基化 SCCP 的水平。

（二）实验系统

1. 常规试剂

2mmol/L 荧光素－5－氨基硫脲（fluorescein－5－thiosemicarbazide，FTZ）储备液；

0.1mol/L MES 缓冲液（pH 5.5）：由 0.1mol/L 2－吗啉乙磺酸（2－morpholinoethane sulfonic acid，MES）和 0.1mol/L 吗啉乙磺酸钠盐（2－morpholinoethane sulfonic acid sodium salt，MES－Na）配制而成

PBS 溶液

2. 阴性对照

未经香烟烟雾暴露的角质层样本。

3. 设备

污染模拟箱：如图 15－4 所示，包含透明的箱体、蠕动泵、载烟器和 PM2.5 监测器。载烟器内可放入 6 根香烟，由蠕动泵将把微细颗粒（如 PM10 或者 PM2.5）或者香烟燃烧烟雾等污染物从箱体顶部泵入密封的箱体内，箱体底部装有风扇可稳定空气循环对流而使污染物在箱体内均匀分散。外接的 PM2.5 监测器可以实时监测箱体内部的 PM 颗粒浓度。

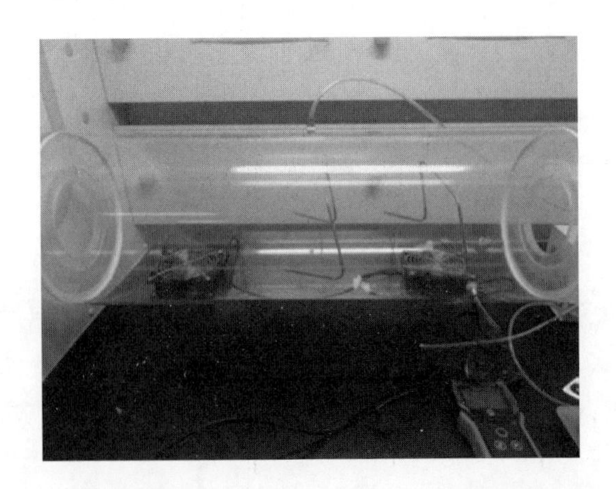

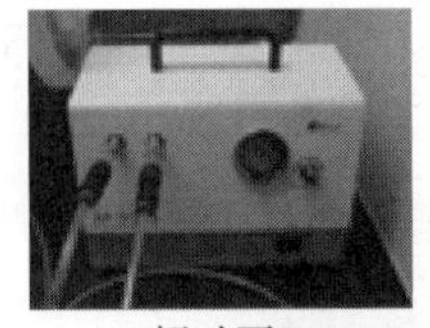

蠕动泵

载烟/尘器

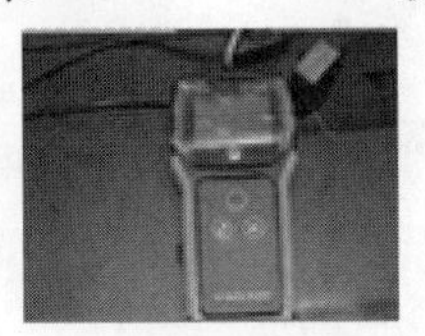

PM2.5监测器

图 15－4 亚什兰污染模拟设备

4. 常规仪器

荧光显微镜(Leica,激发波长 E_X 大于 470nm,发射波长 Em 大于 490nm 均可以检测)、pH 仪、电子分析天平。

5. 耗材和器械

D-suqame 胶片(Cuderm)、移液枪、移液管、烧杯、镊子、静电贴膜、载玻片。

(三) 实验过程

1. 样品采集

招募健康受试者,无过敏史,在受试者手臂内侧选取相邻的两块 2.5 * 2.5cm 区域,这是基于相邻区域皮肤本底的羰基化水平很接近,可以作为对比使用。根据实验需求在所选的两块区域用 D-squame 胶片采集 1 片或几片胶带,采集时,用镊子镊取 D-squame 胶片平整贴于皮肤,用恒定的力按压 10s 后,用镊子撕取并封存于防静电贴膜中,置于 -80℃冰箱保存。

2. 污染暴露

每块区域至少选择一块胶片做阴性对照,即不进行污染暴露处理,其余胶片悬挂于污染模拟箱中,暴露 5h,可根据实验需求暴露更短或者更长的时间。用香烟烟雾模拟环境污染,每 3h 补六支香烟,确保暴露期间箱体内 PM10 和 PM2.5 的浓度均大于 1000μg/m^3。

3. FTZ 荧光标记

取出分装的 2mmol/L FTZ 储备液,恢复至室温,并用 MES 缓冲液稀释至 40μmol/L FTZ 工作溶液,取 2mL 工作液加入烧杯中,将带角质层样本的 D-squame 胶片浸入其中,带角质层的一面朝下,室温置于暗处 1h。荧光染色后,取出胶片用 PBS 溶液冲洗三次,洗去游离的 FTZ。

4. 荧光显微镜观察和拍照

清洗好的 D-Squame 胶片样本有胶一面朝上,置于载玻片上,用荧光显微镜观察荧光强度(FTZ 激发波长:492nm,入射波长 516nm;放大倍数:25×,即物镜 2.5×,目镜 10×),随机选取三个视野拍摄照片。

5. Image 软件分析图像

利用 Image Pro Plus 7.0 软件对图像进行分析,设置相应参数过滤掉无角质细胞的黑色区域,仅选取有荧光显色的区域,分析该区域平均荧光强度代表蛋白羰基化水平。强度越强即表明蛋白羰基化水平越高。

6. 方法的影响因素

蛋白羰基化水平 SCCP 方法,成本相对较低,操作方便,重复性好。而且直接反应了蛋白的损伤程度,可以作为污染对皮肤损伤的重要参考指标。但该方法也受到各种因素的影响,实验设计要谨慎操作。

身体不同部位的蛋白羰基化水平是不同的,通常曝光部位高于非曝光部位,越是曝光部位 SCCP 分布越不均匀。所以在实验设计时,要选择同一部位进行对比测试。如图 15-5 所示。

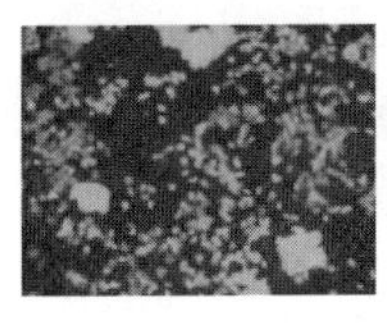

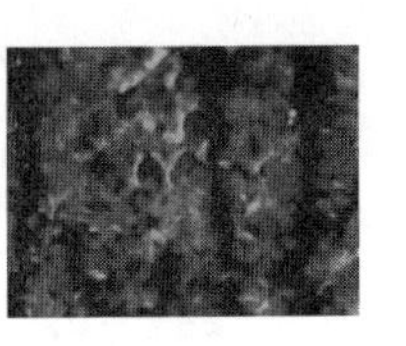

脸颊　　额头　　前臂　　腰部

图 15-5　身体不同部位羰基化水平

不同污染物之间损伤程度的对比,及各种受试物防护效果的对比,均希望选择皮肤本底羰基化水平非常一致的区域，经过反复的验证，发现相邻区域皮肤本底的羰基化水平很接近，如图 15 – 6 所示。因此，相邻区域可以作为平行样品对照的区域。

a

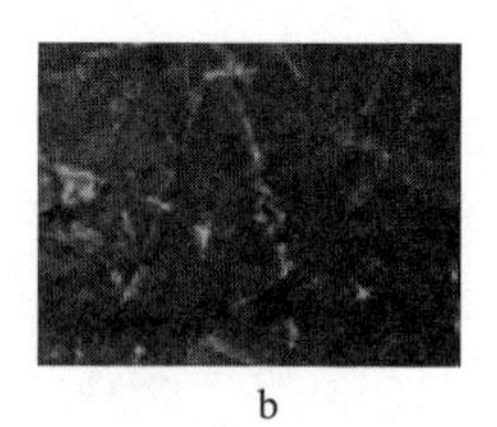
b

图 15 – 6 相邻区域羰基化水平

本方法同时对皮肤角质层自体荧光的影响进行了验证，与荧光标记后的样本荧光强度相比，角质层的自体荧光非常微弱，可以忽略不计。

实验前需要对受试物的荧光特性进行验证，避免使用含荧光的成分，如维生素 A 棕榈酸酯等。

受试物的质地如含油量，黏性等将会影响 PM 颗粒的沉积吸附，更油更粘的物质由于吸附更多 PM 颗粒，使得同等暴露条件下，角质层的羰基化水平更高。

（耿梦梦 江月明 秦瑶 赵小敏 瞿欣 程树军 潘芳）

参考文献

[1] 王秀君，李欣，唐修文，Nrf2 通路在肿瘤化学预防中的研究进展，化学进展，2013，25(9)：1544 – 1552.

[2] 甄雅贤，刘玮，环境污染与皮肤健康. 中华皮肤科杂志，2015，48(1)：67 – 70.

[3] Abel J, Haarmann-Stemmann T, An introduction to the molecular basics of aryl hydrocarbon receptor biology[J]. Biology Chemistry, 2010, 391: 1235 – 1248.

[4] Ayala A, Munoz F M, Arguelles S, Lipid peroxidation: production, metabolism, and signaling mechanisms of malondialdehyde and 4 – hydroxy – 2 – Nonenal. Oxidative medicine and cellular longevity, 2014, 1 – 31.

[5] Ando H, Ichihashi M, Hearing J. V, Role of the ubiquitin proteasome systems in regulating skin pigmentation, International journal of molecular science, 2009, 10: 4428 – 4434.

[6] CHARDON, A., MOYAL, D., HOURSEAU, C., PPD Action Spectrum Persistent Pigment Darkening Response as a Method for Evaluation of Ultraviolet A Protection Assays in Sunscreens-Development, Evaluation, and Regulatory Aspects (1997). 559 – 582.

[7] Cucumel K, Domloge R, Skin-protecting dinucleotide examined Personal care, 2008, 1: 25 – 28.

[8] COLIPA (European Cosmetics Association) method for the in vitro determination of UVA protection provided by sunscreen products (2009).

[9] DIN 67501, Experimental in vivo evaluation of the protection from erythema of external sunscreen products for the human skin4).

[10] Drakaki E, Dessinioti C, Antoniou V. C, air pollution and the skin[J]. Frontiers in environmental science, 2014, 2: 1 – 6.

[11] Gkogkolou P, Bohm M, Advanced glycation end products, key players in skin aging?, Dermato-endocrinology, 2012, 4(3): 259 – 270.

[12] Hiroshi Fujita et al. A simple and non-invasive visualization for assessment of carbonylated protein in the stratum corneum. Skin Research and Technology 2007; 13: 84 – 90.

[13] Iwai. I, Hirao. T, Protein carbonyls damage the water-holding capacity of the stratum corneum [J], skin pharmacology and physiology, 2008, 21:269 – 273.

[14] Iwai. I, Murayama K. I, Hirao T, Change in optical properties of stratum corneum induced by protein carbonylation in vitro [J]. International Journal of Cosmetic Science, 2008, 30:41 – 46.

[15] Imbert I, Gondran C, Oberto G, etc, Maintenance of ubiquitin-proteasome system activity correlates with visible skin benefits[J], International Journal of cosmetic science, 2010, 1 – 11.

[16] ISO 244:2012:Determination of sunscreen UVA photoprotection in vitor.

[17] ISO 17166, Erythema reference action spectrum and standard erythema dose.

[18] ISO/TC 217/WG 7 In Vitro UVA Ring Test Report, 2009.

[19] ISO/IEC 17025, General requirements for the competence of testing and calibration laboratories.

[20] Jina Ryu, Su-Jin Park, In-Hye Kim et al. Protective effect of porphyra – 334 on UVA-induced photoaging in human skin fibroblasts. International journal of molecular medicine, 2014, 34:796 – 803.

[21] Jinhee Yoo, Kimoon Park, Youngji Yoo, et al. Effects of egg shell membrane hydrolysates on anti-inflammatory, anti-wrinkle, anti-microbial activity and moisture-protection. Korean society for food science of animal recources. 2014, 34(1): 26 – 32.

[22] Krutmann J, Liu W, Li L, et al, Pollution and skin: From epidemiological and mechanistic studies to clinical implications. Journal of Dermatological Science, 2014, 76:163 – 168.

[23] Li Miao zhu, Vierkotter A, Schikowski T, et al, Epidemiological evidence that indoor air pollution from cooking with solid fuels accelerates skin aging in Chinese women[J]. Journal of Dermatological science, 2015, 79:148 – 154.

[24] Lefebvre A M, Pham M D, Boussouira B. Evaluation of the impact of urban pollution on the quality of skin: a multicentre study in Mexico. International Journal of cosmetic science, 2015, 37: 329 – 338.

[25] Masayuki Yagi, Keitaro Nomoto, Mio Hori, et al. The effect of edible purple chrysanthemum extract on advanced glycation end products generation in skin: a randomized controlled clinical trial and in vitro study. Anti-aging medicine, 2012, 9(2): 61 – 74.

[26] MATTS, P. J., et al., COLIPA in vitro UVA method: a standard and reproducible measure of sunscreen UVA protection, Int. J. Cosmet. Sci., (2010) 32(1): pp. 35 – 46.

[27] Mei-Fen Shih, Jong-Yuh Cherng. Potential protective effect of fresh grown unicellular green algae component (resilient factor) against PMA-and UVB-induced MMP1 expression in skin fibroblasts. Eur J Dermatol, 2008, 18(3): 303 – 307.

[28] MOYAL, D., CHARDON, A., KOLLIAS, N., UVA protection efficacy of sunscreens can be determined by the persistent pigment darkening (PPD) method (part 2), Photodermatol Photoimmunol Photomed (2000) 16: pp. 250 – 255.

[29] Nattha Jariyapamornkoon, Sirintorn Yibchok-anun, Sirichai Adisakwattana. Inhibition of advanced glycation end products by red grape skin extract and its antioxidant activity. BMC complementary and alternative medicine, 2013, 13: 171.

[30] Nurhazirah Azmi, Puziah Hashim, Dzulkifly M Hashim, et al. Anti-elastase, anti-tyrosinase and matrix metalloproteinase-inhibitory activity of earthworm extracts as potential new anti-aging agent. Asian pacific journal of tropical biomedicine, 2014, 4(Suppl 1): S348 – S352.

[31] Paraskevi gkogkolou, Markus Bohm. Advanced glycation end products key players in skin aging. Dermato-Endocrinology, 2012, 4(3):259 – 270.

[32] Pham D. M, Boussouira B, Moyal D, etc, Oxidation of squalene, a human skin lipid: a new and

reliable marker of environmental pollution studies [J]. International journal of cosmetic science, 2015, 37: 357 -365.

[33] Talhout R, Schulz T, Florek E, et al, Hazardous compounds in tobacco smoke, International journal of environmental research, 2011, 8: 613 -628.

[34] Tigges J, Haarmann-stammann T, Vogel F. A. C, et al, The new aryl hydrocarbon receptor antagonist E/Z -2 - Benzylindene -5, 6 - Dimethoxy -3, 3 - Dimethylindan - 1 - one protects against UVB-induced signal transduction. Journal of Investigative Dermatology, 2014,134(2):556 -559.

[35] Valacchi G, Sticozzi C, Pecorelli A, et al, Cutaneous responses to environmental stressors. Annals of the new York academy of sciences, 2012, 1271: 75 -81.

[36] VierkOtter A,Schikowski T. Ranti U,et al. Airborne particle exposure and extrinsic skin aging . Journal of Investigative Dermatology,2010,130(12):2719 -2726.

第十六章　美白防晒功效体外评价

Chapter 16　Whitening and sunscreening efficacy in vitro test

第一节　防晒产品 UVA 保护的体外测试方法

Section 1　Sun sdeen of UVA in vito test

一、基本原理

阳光中的紫外线被认为是持续日光照射所导致的皮肤损伤的最重要的因素,会使皮肤灼伤、变红以及变黑。人们通过使用防晒霜来吸收或者反射紫外线,从而保护人体皮肤免受伤害。短波紫外线 UVB,波长范围为 290nm ~ 320nm,是皮肤灼伤、晒红的最主要原因,因此 SPF 值实际上也是体现了防晒霜的防护 UVB 的能力。然而,与以往的数据相比,新的研究证实长波紫外线 UVA,波长范围为 320nm ~ 400nm,能更深入地穿透皮肤,是皮肤产生色素沉着的主要原因。过度的 UVA 照射会导致皮肤癌的形成,免疫系统的功能受抑制以及早衰。目前防晒产品 UVA 的体外测试方法分为 Boots 星级评定法,临界波长法,和体外 PPD 测试法等。本章节主要介绍体外 PPD 测试法的基本原理和优缺点,并且对该方法在实际中的应用和研究动态进行分析。

体外 PPD 测试法是由欧洲化妆品、洗漱用品及香料工业的贸易联合会(COLIPA)在 2007 年开始推荐的测试方法。ISO 244:2012(Determination of sunscreen UVA photoprotection in vitor)标准建立了防晒产品 UVA 保护的体外测试方法。将一定量的防晒产品均匀涂抹于粗糙的 PMMA 板上,测试 PMMA 板上防晒剂薄膜的 UVA 透射光谱并与 UVA 光源辐照光谱和 PPD 生物响应一起计算 UVAPF。然后比较 $SPF_{invitro}$ 与 SPF_{labled} 计算协调系数 C 并对最终 UVAPF 进行调整。研究发现以该方法推荐的 UVA 照射剂量照射样品得到的体外 PPD 测试结果与人体 PPD 测试结果关联性和重复性都较好。

二、实验系统

(一) 测试物和对照

(1) 防晒产品。

(2) 对照:甘油。

(二) UV 源

人工 UV 光源(用于防晒剂样品的辐射)的曝光平面处的光谱辐照度应当尽可能接近由 COLIPA(1994)或 DIN 67501 定义的标准太阳下的地平面辐照度(1999)。紫外线辐照度必须在以下可接受限度内(在与防晒霜样品相同的平面内测量):

UV 辐射总量(290nm ~ 400nm)为 $50Wm^{-2}$ ~ $140Wm^{-2}$,$UVA_{320nm \sim 400nm}$ 和 $UVB_{290nm \sim 320nm}$ 的辐射比为 8 ~ 22。

参考标准太阳的总辐照度为51.4W/m^{2}至63.7W/m^2(Colipa 1994/DIN 67501),UVA与UVB辐照度比为16.9~17.5。

应该能够保持样品低于40℃(样品冷却非常重要,应使用冷却盘或空调装置降温)。

(三)基板

基板是用来测试防晒产品的载体,非荧光的(即当暴露于UVR时,用分光光度计测量不能检测出荧光),光稳定而且和测试样品的所有成分是无反应发生的。此外,为了接近防晒产品对皮肤的应用,基板应当具有纹理化的上表面。PMMA板是近几年在欧洲兴起的新型测试载体,它使用方便,测试结果准确,重复性好,被广泛使用。

选择衬底的尺寸应当使得施加面积不小于16cm^{2}并且优先选择正方形(例如,50mm×50mm×2.5mm)。

PMMA板表面的粗糙度被视为影响测试结果的最重要的参数之一。实际上,粗糙程度将影响材料本身的光学性质(散射/透射)。因此,应检查这些PMMA板的质量,推荐的PMMA板的特征在于用15μL甘油涂覆20个板,并在290nm~400nm范围内的三个不同波长下测量透射水平以确定参考值。

三、实验过程

(一)设备的校准和检测

对测试设备的校准和验证,包括用于透射/吸光度的测量和UVA辐射的分光光度计(或光谱仪),并验证基板的透射特性。

分光光度计的校准:通过对定义的参考材料的测量对分光光度计的性能进行定期检查(建议至少每月)。建议双重测试,使用特殊的PMMA标准板检测仪器的效率("使用带有UV滤光片的PMMA标准板检查分光光度计的性能");使用经批准的标准材料检查仪器的波长精度(推荐材料为高氯酸钬)。

UV辐射源:必须由专家每年检查紫外线的发射是否符合给定的接受限度。根据国际上所接受的校准标准对分光辐射计进行检查(例如,由经认证的欧洲合作协会EA认证的机构)。在每次使用之前必须以辐射计(例如使用集成的UV计)监测UV源的发射。将根据UVA辐射校准辐射计和/或UVA电池(用于样品水平测量和/或调节UV源的辐照度并计算UV剂量)(Wm^{-2})(UVA,320nm~400nm)对于相同的UV源光谱,根据Colipa的指南"UV光源的监测"(2007)中给出的建议。

(二)空白对照

有必要先通过用甘油均匀地涂抹在空白PMMA板的粗糙面上,作为100%紫外透射的基线校正。通过用几微升的甘油对板的粗糙面进行处理来制备"空白"板块。用甘油将整个表面完全覆盖需要约15μl(50×50mm板),并且要避免甘油用量过大。通过这个"空白"板测量吸光度,并用此作为后续的吸光度测量基线。

注意:许多分析仪有"基线"功能,自动将此基线测量用于随后的吸光度的测量计算。

(三)基板处理

将防晒产品以0.75mg/cm^2(使用量)涂抹于PMMA板粗糙的一面。为了保证防晒产品涂抹均匀,应以多点小滴加样的方式均匀散布于PMMA板。为了保证防晒产品准确的使用量,建议在使用防晒产品之前和之后对移液器进行称重,并且在称量过程中应尽量减少产品的消耗。然后,在手指上戴上指套,用待测样品预饱和并快速地将产品抹匀。首先,产品在没有压力的条件下应尽可能快地分布到整个区域(小于30s),然后用压力将样品挤到粗糙表面,需要20s~30s。在环境温度和黑暗条件下平衡至少15min,形成稳定的防晒产品薄膜。

每个要测试的防晒产品应该至少铺展到三个 PMMA 基板上。每个基板应在不同的位置进行测量,以确保测量的总面积至少为 $2cm^2$,单点面积应大于 $0.5cm^2$。因此,如果光斑尺寸为 $0.6cm^2$,则需要至少测量 4 次(在不同的区域),使总测量面积必须超过 $2cm^2$。

(四) UV 照射前样板的吸光度测量

UV 照射之前,将样品板放入分光光度计样品室中测试紫外透射光谱,通过测量从 290nm ~ 400nm 每间隔 1nm 波长的吸光度值,每块基板可以进行一个或多个吸光度的测量值,并确定每一块板的平均值,获得 UV 光照前初始平均单色光吸收 $A_0(\lambda)$。

(五) UV 照射

注意:工作人员带防护装置应充分保护免受紫外线伤害(眼镜、手套等)

防晒产品的温度应保持在 40℃ 以下。PMMA 基板应该由易于冷却的装置(例如,挤出的聚苯乙烯块或类似的装置)牢固地支撑。UV 源应具有足够的尺寸以容纳所有 PMMA 基板,并且每个基板后面应无光泽,深色背景以减少任何背面曝光的风险。确保在将样品放在灯下时,UV 源未关闭。

如果使用 Suntest 作为适当的紫外线源,将 Suntest 外壳放在两个 15cm 高的木板上,并取下其底板。为了避免在测量期间关闭灯,保持门关闭,并将安装的样品放置在 Suntest 外壳下的光束中,使用可调节支架以确保安装的平板处于同一原始平面作为 Suntest 底板。

经过一段时间的 UV 照射后,取出样品板,再次放入分光光度计样品室中测试紫外透射光谱并计算通过测量从 290nm ~ 400nm 每间隔 1nm 波长中样品的 UV 辐射透射的平均值,尽可能在 UV 曝光前后完全相同的板位置上进行测量,获得 UV 光照后平均单色光吸收 $A(\lambda)$。

(六) 计算

计算初始 SPF($SPF_{invitro}$体外),"C"值,$UVAPF_0$(UVAPF),紫外照射剂量和防晒产品的临界波长 λc 值。

(七) 数据分析

使用国际标准中电子表格的程序。

四、预测模型

(一) $SPF_{invitro}$体外测定

导致晒伤的有效辐照度主要是在 290nm ~ 400nm 波长范围内。在每个波长的防晒传输值乘以在该波长的红斑有效能量和集成在同一区间产生有效的能量来测试的产品防晒能力。SPF 值的计算如下式所述。

$$SPF_{invitro} = \frac{\int_{\lambda 290nm}^{\lambda 400nm} E(\lambda) \times I(\lambda) \times d\lambda}{\int_{\lambda = 290nm}^{\lambda = 400nm} E(\lambda) \times I(\lambda) \times 10^{-A_0(\lambda)} \times d\lambda}$$

式中:

E(λ)——为红斑作用光谱(CIE—1987)(见 ISO 244:2012 标准中的附录 C);

I(λ)——UV 源的光谱辐照度(SSR 用于 SPF 测试)(见 ISO 244:2012 标准中的附录 C);

$A_0(\lambda)$——在 UV 暴露之前每个测试产品的平均单色吸光度测量值;

dλ——波长步长(1nm)。

(二) "C"值的确定

初始吸光度值乘以一个标量值"C"得到体外计算 SPF 值都等于在人体测定 SPF。这是一个迭代计算过程。初始吸光度值乘以这个"C"值用来调整防晒吸收曲线，用于初始 $UVAPF_0$ 值与照射剂量的计算。下式表明，调整后的体外 SPF 计算和测定的系数调整"C"：

$$SPF_{invitro,adj} = SPF_{lable} = \frac{\int_{\lambda=290nm}^{\lambda=400nm} E(\lambda) \times I(\lambda) \times d\lambda}{\int_{\lambda=290nm}^{\lambda=400nm} E(\lambda) \times I(\lambda) \times 10^{-A_0(\lambda)\times C} \times d\lambda}$$

这个计算是基于 Lambert-Beer 定律，$E = E_0e^{-cd}$ 这是理想的解决方案。而薄膜防晒霜结果不适合这种理想的解决方案，这种计算仅仅满意这个特定的应用。

"C"的有效值通常是在 0.8 和 1.6 之间。如果它是在这个范围外，新的样品应准备来验证原始观测。"C"为参考的 S2 值应在这个范围 0.8 至 1,6，或修改应用程序。

（三）紫外线照射前的初始 UVA 防护系数的测定（$UVAPF_0$）

最初的 $UVAPF_0$ 值计算是为了确定紫外照射剂量。它同样是一个初始 Spfin 体外的计算。对 UVA 辐射源的光谱强度 I(λ)，（见 ISO 244:2012 标准中的附录 C）乘以每种波长与持久性色素作用光谱灵敏度值 P(λ)，产生色素的能量。在有效辐照度 320nm ~ 400nm 的范围内产生的色素。测试产品的初始吸光度值用于计算在每个波长范围内产生有效色素的强度，见下式。这两个积分比是体外 $UVAPF_0$ 初值：

$$UVAPF_0 = \frac{\int_{\lambda=320nm}^{\lambda=400nm} P(\lambda) \times I(\lambda) \times d\lambda}{\int_{\lambda=320nm}^{\lambda=400nm} P(\lambda) \times I(\lambda) \times 10^{-A_0(\lambda)\times C} \times d\lambda}$$

式中：

P(λ)——PPD 作用光谱（见 ISO 244:2012 标准中的附录 C）；

I(λ)——UV 源的光谱辐照度（UVA 320 - 400nm 用于 PPD 测试）；

$A_0(\lambda)$——UV 暴露前测试产品层的平均单色吸光度；

C——在（二）中预先确定的调整系数；

dλ——波长间隔（1nm）。

（四）紫外线照射剂量的测定

单一 UVA 剂量 D 源自 $UVAPF_0$ 值。注意，样品暴露于全光谱 UV 辐射，但所用剂量由其 UVA 的含量定义。

$$D = UVAPF_0 \times D_0$$

D_0 是由 UV 源（其已经通过实验确定以给出体外 UVAPF 和体内 PPD 值之间的良好相关性）给出的每单位 $UVAPF_0$ 的单位 UVA 剂量，单位为 $J \cdot cm^{-2}$。该 D_0 值来自欧洲化妆品协会的体外实验数据，并进行了多中心研究优化，固定在 $1.2J \cdot cm^{-2}$UVA。

（五）最终调整后吸收光谱的测量

紫外线照射后，重新测量在相同的斑点上的测试样品在紫外线暴露前的吸光度。紫外线照射后的吸光度值等于所观察到的吸光度值乘以前文中确定的 C 值如下式所述：

$$Af(\lambda) = Ae(\lambda)C$$

式中：

Ae——紫外线暴露后产品的平均吸光度值；

Af——测试产品最后的平均吸光度值。

紫外线照射前的后 UVA 防护系数的测定（UVAPF）

按下式计算每个单独的板，使用单一的观测值或多观察，最后取平均。

$$UVAPF = \frac{\int_{\lambda=320nm}^{\lambda=400nm} P(\lambda) \times I(\lambda) \times d\lambda}{\int_{\lambda=320nm}^{\lambda=400nm} P(\lambda) \times I(\lambda) \times 10^{-A(\lambda)\times C} \times d\lambda}$$

式中：

$P(\lambda)$，$I(\lambda)$，C 和 $d\lambda$ 见（三）。

$A(\lambda)$——UV 暴露后防晒产品的平均吸光度。

根据所有单个点的平均吸光度值计算单个板的 UVAPF。如果各个点之间的吸光度变化系数超过 50%，那么该板应该被弃用并准备新的基板。

产品的 UVAPF 应为至少三个单独板的 UVAPF 的平均值。

（六）临界波长值的计算

测试产品的临界波长 λc 值定义为这样的波长，其中从 290nm 至 λc 的照射产物（使用上述方法获得）的吸收光谱下的面积是从 290nm 至 400nm 的吸收光谱积分的 90%，并且以下列方式计算：

对于已经应用测试产品的三个单独的板中的每一个，计算一系列吸光度值（取决于波长增量）。计算每个波长增量（A_λ）的吸光度，因此：

$$A_\lambda = \log(C_\lambda / P_\lambda)$$

$$C_\lambda = \sqrt[n]{(C_\lambda[1] \times C_\lambda[2] \times \cdots \times C_\lambda[n]}$$

$$P_\lambda = \sqrt[n]{(P_\lambda[1] \times P_\lambda[2] \times \cdots \times P_\lambda[n]}$$

$C_\lambda[n]$ = 在对照样品（甘油处理的粗糙的 PMMA 板）的测量点和在波长 λ 下进行的透射测量的算术平均值；

$P_\lambda[n]$ = 经照射后，防晒产品处理的样品（粗糙的 PMMA 板）在测量点处和在波长 λ 下进行的透射率测量的算术平均值。

对于每个照射板，如下计算临界波长 λc：

$$\int_{290}^{\lambda c} A_\lambda d\lambda = 0.9 \int_{290}^{400} A_\lambda d\lambda$$

每个测试的防晒产品的最终临界波长值是对于每个防晒产品处理的 PMMA 板记录的值的平均值。

五、适用范围与局限性

（1）本国际标准主要用于液体和乳液型防晒产品，不适用于粉末制品，如压制粉末和松散粉末制品。

（2）该方法是通过使用一个参考防晒方案，以验证测试程序。从体内测试结果表明 S2（见 ISO 244:2012 标准中的附录 E）的 UVAPF 实验结果应在上限和下限之间，否则测试是无效的。SPF 16 作为配方 S2 的体内 SPF 值计算。

UVAPF 的测试结果限制：下限为 10.7，上限为 14.7。

六、检测报告

防晒产品的 UVA 保护体外测试报告应至少包含下列信息：

（1）该仪器使用说明，制造商和仪器模型与本国际标准的系统按书信的格式总结；

（2）用来调整 UVA 辐射计测量与参考光谱辐射计测量的紫外线照射源校准因子“Y”；

（3）PMMA 板的制造商和批量代码；

（4）测试样品在每 1nm 波长增量的平均紫外吸光度值(提供紫外照射前和照射后的吸光度的图谱)；

（5）用于计算的体内的防晒系数(SPF)的测定结果；

（6）常数“C”；

（7）照射样品的紫外线辐射(W/m^2)和平均 UVA 照射剂量；

（8）S2 产品检测日期等参考数据；

（9）UV 照射期间基板的温度；

（10）VAPF 计算值,SPF/UVAPF 比值和统计数据(例如测量次数,标准偏差)；

（11）报告中可能需要的吸收值或其他信息。

七、能力确认

（一）参考防晒制剂的平均 UVAPF 和接受限度

表 16－1 提供了用于验证本实验方法的实验程序的参考防晒剂 S2(见 ISO 244:2012 标准中的附录 C)的平均值和接受范围。

表 16－1 参考防晒制剂的平均 UVAPF 和接受限度

样品	SPF(均值)	UVAPF(均值)	可接受下限	可接受下限
S2	16.0	12.7	10.7	14.7

（二）分光光度计的校准及基板透射性实验

见 ISO 244:2012 标准中的附录 A。

八、疑难解答

（一）我们在使用体外测试中的仪器和方法获得 SPF 测试的良好结果方面存在困难。这是因为我们的产品应用方法不可再现吗?

体外方法用于测量防晒剂的 UVA 保护。它不是一种体外测量 SPF 的方法。国际上体内 SPF 测试方法 2006 仍然使用欧盟推荐的用于测量 SPF 的方法。

（二）我们可以轻松找到体外测试方法所需的仪器类型吗? 我们必须使用 UV 源:SUNTEST(台式氙灯测试仪)?

可以使用满足 UV 辐照度 $50w/m^2$ ~ $140w/m^2$($5mw/cm^2$ ~ $14mw/cm^2$),UVA/UVB 的辐照度 8 ~ 22,在 40℃下的技术要求的任何 UV 源。SUNTEST 只是一个例子。应该与供应商确认打算购买的符合 Colipa UVA 体外方法要求的仪器。

（三）根据体外方法测试要求:每年至少检查太阳模拟器的发射是否符合给定的接受限度。应该打电话给外部专家进行校准吗? 如果是,能否建议独立专家的地址?

体外方法表明,应检查太阳模拟器,以确保其符合方法规定。这意味着辐照度应在 $50W/m^2$ ~ $140W/m^2$($5mW/cm^2$ ~ $14mW/cm^2$),辐照度 UVA/UVB 应在 8 和 22 之间。这项检查应由专家进行。应该使用已经根据国际公认的校准标准(例如通过欧洲合格认证 EA 认证的机构)进行光谱辐射计校准。

可以提供专家列表来测量所使用的太阳模拟器的发射光谱和辐照度。

（四）在体外方法的照射步骤中,可以采取什么方法来保持温度稳定?

应该检查用于实验的太阳模拟器供应商是否提出了冷却系统。使用冷却系统可以将温度降低到低于 40℃(接近 33℃)。在板下使用黑色片材也很重要,可以避免光的反射。不推荐在不同步骤中分步曝光。

（五）是否任何 PMMA 板都适合体外方法或特殊类型所需？可以在哪里买到吗？

应使用标准 PMMA 板。建议使用 Schönberg 板，因为该方法使用该参考进行验证。有两种类型的板：

（1）进行校准的板

（2）实际测量的板（粗糙度约 2μm）

该板可以订购适合仪器的尺寸。建议最小为 16cm^2。

当订购体外测试的板的时，参考要求是：带 UV 滤光片的校准板（订货号 951）和 SUNTEST 用于实际板的测量。

（六）我们如何将防晒霜涂在 PMMA 板上？

用指尖将产品轻轻敲击到板上。首先在没有压力的情况下尽可能快地将产品分布在整个区域（小于 30s）。然后使用压力（20s～30s）将样品涂抹到粗糙表面。

（七）可以对同一产品所用的所有板材使用相同的紫外线剂量？

每个板都有相同的 UVAPF0，这是 UV 剂量计算的基础（$UVAPF_0 \times 1.2J/cm^2$）。

（八）体外测试必须至少多少个样品？

将每个防晒霜样品应该铺展到至少 3 个 PMMA 板上，因为产品的 UVAPF 是应用于至少 3 个单独板的 UVAPF 的平均值。如果 3 个板之间的方差系数超过 20%，则必须测量另外的板直到达到变化系数的要求。

（九）对于预设计算 Excel 电子表格：

（1）当在 Excel 电子表格左侧的黄色单元格中输入数据时，表示为吸光度（Abs）？

（2）“特殊粘贴值”的含义是什么？

（3）在哪里可以找到第一步的结果：体外 SPF 的计算？

（4）当 50＋被标记时，我们必须在 Excel 模板中引入什么数字？我们试图引入 50＋，但该文件只接受数字，所以它返回一个错误消息。

对于预设计算 Excel 电子表格：

（1）mAF 不是单色吸光系数，而是单色衰减因子。它等于 1/T，其中 T 是防晒层的透射率。

（2）特殊粘贴值意味着我们应该只粘贴 m 个 AF 数据的值，以便不改变工作表的显示。它是一个 Excel 函数。

（3）E24 在调整到标记的 SPF 之前在体外给出 SPF 的近似值。

第二节　美白功效体外检测法

Section 2　Whitenning efficacy in vitro test

一、酪氨酸酶抑制实验

（一）基本原理

黑色素是一种由细胞本身所合成、分泌的不溶于水溶于碱性溶液的生物色素，属于蛋白质衍生物，可以吸收紫外线从而保护肌肤免受紫外线所带来的各种损伤，包括光老化、炎症和癌症等。东方女性以白为美，因此美白产品是化妆品研发的热点。体内黑色素主要由位于表皮基底细胞层的黑色素细胞产生，再通过树突结构运输至角质形成细胞中并在其中进行重新排列分布。因此黑色素颗粒会随着角质形成细胞的分化而向上迁移，最终落于角质层中，而角质层中的黑色素构成了肉眼可见的色素沉积。黑色素的产生过程受多因素调控,其中外界刺激(尤其是紫外线照射)、炎症反应可触发或影响黑色素的合成过程。

根据体内黑色素的发生过程,可建立体外方法和体外组合方法,包括限速酶法、黑色素合成测试、黑色素转移测试、炎性因子测试、角质细胞吞噬试验等几类。采用的实验系统包括酪氨酸酶、小鼠或人黑素细胞、角质细胞、重建皮肤和斑马鱼等。

酪氨酸酶是黑色素合成途径中的限速酶,它主要通过影响酪氨酸转化成多巴,以及多巴氧化为多巴醌来影响黑色素的生成。一些美白剂如曲酸及其衍生物和熊果苷等,通过抑制酪氨酸酶的活性来抑制黑色素的生成。因此,可以通过测定美白剂对酪氨酸酶的抑制结果来评价其功效。常用生化酶学法测定酪氨酸酶活性,其原理是酪氨酸或多巴在酪氨酸酶的作用下转化为多巴醌,该反应是呈色反应,通过比色法测定,判断不同美白剂对于酪氨酸酶活性的抑制率。酪氨酸酶材料可以从蘑菇中得到,也可以从 B-16 黑素瘤细胞或动物皮肤中得到。

(二) 实验系统

1. 实验试剂

酪氨酸酶(取自蘑菇)、丙硫氧嘧啶(PTU)、左旋多巴(L-DOPA)、磷酸盐缓冲溶液(PBS)、二甲基亚砜(DMSO)。

2. 实验仪器

水浴锅、普通离心机、分光光度计、移液枪、枪头、EP 管、试管。

(三) 实验步骤

(1) 取 1mL 的 1.5mmol/L L-DOPA 和 0.1mL 的用 DMSO 溶解的样品或对照于试管中,再加上 1.8mL的 PBS,在 25℃ 水浴锅中水浴 10min。以 DMSO 为空白对照,PTU 为阳性对照。

(2) 加入 0.1mL 酪氨酸酶溶液,于 475nm 波长下测定吸光度值,读取孵育 0.5min 和 1.0min 的吸光度。

(3) 酪氨酸酶抑制率的计算:

$$抑制率(\%) = (A - B)/A \times 100$$

式中:

A——空白对照组 0.5min 吸光度值与 1.0min 吸光度值之差;

B——实验组或阳性对照组 0.5min 吸光度值与 1.0min 吸光度值之差。

(4) 统计分析:重复 3 次实验,实验结果以均数 ± 标准差($\bar{X} \pm SD$)表示,使用 SPSS 19.0 软件对数据进行方差分析。

二、小鼠黑色素细胞抑制实验

(一) 基本原理

小鼠 B-16 黑素瘤细胞是常用的研究黑色素的细胞模型,可用于研究美白化妆品对细胞内酪氨酸酶的作用及其对细胞黑素合成的影响。

(二) 实验系统

1. 细胞

小鼠黑色素瘤细胞 B-16。

2. 实验试剂

DMEM 高糖培养基:含 10% 的胎牛血清。

胰蛋白酶、丙硫氧嘧啶(PTU)、左旋多巴(L-DOPA)、磷酸盐缓冲溶液(PBS)、脱氧胆酸钠、噻唑蓝(MTT)。

3. 实验仪器

酶标仪、培养箱、水浴锅、超声波细胞破碎仪、普通离心机、分光光度计、移液枪、枪头、EP 管、加样槽、培养瓶、培养皿、96 孔板。

(三) 实验步骤

1. 细胞培养及受试物暴露

(1) 待细胞生长至近融合状态,经 0.25% 胰蛋白酶消化,用含有 10% 胎牛血清的 DMEM 培养液传代,置于 CO_2 培养箱 37℃、5% CO_2 饱和湿度环境中进行培养。

(2) 每一次实验取自同一传代细胞,初始接种细胞浓度为 5000 个/cm^2 左右。

(3) 细胞接种 24h 后,用加受试美白剂的新鲜培养液换液 1 次。

(4) 各设 5 个暴露组,依浓度从低到高分别称为第一、二、三、四、五暴露组。

(5) 继续孵育 72h 后收获细胞。

2. 酪氨酸酶活性测定

(1) 取备用细胞悬液加 PBS 缓冲液,调节细胞密度至 10^5/mL 左右。

(2) 各吸取 1mL 细胞悬液分别置于 3 个平行管中,离心后弃去上清液。

(3) 加入 1mL0.5% 脱氧胆酸钠溶液,并充分振摇使细胞溶解,制备含有活性酪氨酸酶的细胞裂解物。

(4) 将试管置于 0℃ 15min,再置于 37℃ 水浴 10min。

(5) 加入 0.1% L - DOPA 溶液,振摇后分别于 0min 和 10min 时在分光光度计 475nm 波长读取光密度值 D,计算两个时段光密度值的差值,并除以细胞数。

(6) 酪氨酸酶活性用处理组 D_{475} 值占空白对照组 D_{475} 值的百分率来表示。

$$酪氨酸酶活性(\%) = 处理组\ D_{475}/空白对照组\ D_{475} \times 100$$

3. 黑色素含量测定

(1) 取备用细胞悬液加 PBS 缓冲液,调节细胞密度至 10^5/mL 左右。

(2) 各吸取 1mL 细胞悬液分别置于 3 个平行离心管中,离心(1000r/min,5min)后弃去上清夜。

(3) 加入 200μL 蒸馏水使细胞重新悬浮,然后加入 1mL 乙醇:乙醚液(体积比为 1:1)以溶解非黑素的不透明颗粒,在室温下放置 15min,离心(3000r/min,5min)并弃去上清液。

(4) 加入 1mL 质量分数为 10% 的二甲基亚砜、1mol/L NaOH 溶液,置于 80℃ 水浴 30min,使细胞团块完全溶解。

(5) 用分光光度计在 490nm 波长处测定光密度值 D。

(6) 黑色素含量用每个细胞处理组 D_{470} 值占空白对照组 D_{470} 值的百分率表示。

$$黑色素含量(\%) = 处理组\ D_{470}/空白对照组\ D_{470} \times 100$$

4. 细胞活力测定

(1) 将 20μL5mg/L MTT 加入到孵育 72h 的细胞中,继续孵育 4h。

(2) 吸弃培养液,加入 150μL DMSO,用酶标仪于 492nm 波长下测定吸光度(A)。

(3) 计算样品对黑色素细胞的抑制率。

$$细胞抑制率(\%) = (A_{空白} - A_{样品})/A_{空白} \times 100$$

5. 统计分析

实验结果以均数 ± 标准差($\bar{x}$ ± SD)表示,使用 SPSS 19.0 软件对数据进行方差分析。

三、人黑色素细胞抑制实验

(一) 基本原理

与小鼠黑素细胞瘤模型相比,采用人来源的黑色素细胞进行体外美白活性物质的研发,可获得更接近体内的检测结果。

（二）实验系统

1. 人原代黑色素细胞

从小儿包皮环切手术获取人正常皮肤。将清洗干净的包皮剪切成约2.0mm×3.0mm的皮片；将皮片展开，表皮朝向上方浸泡于质量浓度0.25%的裂解酶（DispasesⅡ）中，4℃过夜孵育，分离表皮和真皮。将分离的表皮收集在含有双抗（100U/mL青霉素、100ug/mL链霉素）的0.01mol/L的PBS中；清洗2～3次，将表皮组织剪碎，加入0.25%胰酶/0.02%EDTA彻底消化，得到表皮细胞混悬液，通过100目的滤器过滤，去除未消化分离的组织细胞；将得到的细胞悬液离心5min，得到的沉淀即为多种表皮细胞（黑色素细胞，表皮干细胞，角质形成细胞，以及少量的成纤维细胞）；用K-SFM培养液清洗一次细胞后，将其用已经配置好的黑色素细胞培养液按照1×10^5细胞/cm^2～2×10^5细胞/cm^2重悬细胞，并将其接种到已经用Ⅳ型胶原蛋白包被好的细胞培养瓶中；隔天换一次培养液，大约10d～14d，黑色素细胞即可长满培养瓶。培养好的人黑素细胞可用L-DOPA染色鉴定，也可用人黑色素细胞特异性抗体（MART－1）免疫荧光染色鉴定。

2. 人黑色素细胞培养基

将角质细胞无血清培养基K-SFM（Keratinocyte Serum-Free Medium）与胎牛血清按体积比9∶1混合，并添加以下辅助因子：氢化可的松（Hydrocortisone）终浓度为0.4ug/mL；牛胰岛素（insuilin）终浓度为10μg/mL；L－谷氨酰胺（L-glutamine）终浓度为6mmol；12－o－十四烷酰佛波醋酸酯－13（TPA）终浓度为81.06nmol/L；3－异丁基－1－甲基黄嘌呤（3－isobutyl－1－methylxanthine，IBMX）终浓度为0.1nmol/L；转铁蛋白（transferrin）终浓度为10μg/mL；霍乱毒素（cholera toxin，CT）终浓度为10ng/mL；碱性成纤维细胞生长因子（b-FGF）和表皮生长因子（EGF）终浓度均为10ng/mL。

3. 其他试剂

胎牛血清，胰蛋白酶、左旋多巴（L-DOPA）、磷酸盐缓冲溶液（PBS）、噻唑蓝（MTT）等。

4. 受试物

可溶解物质，如植物提取物，化学美白剂等。可选择曲酸和熊果苷作为美白化学物对照。上述测试物用PEP液进行溶解，PEH的配制为2－丙二醇、无水乙醇和超纯水按照5∶3∶2混匀。

5. 实验仪器

酶标仪、培养箱、水浴锅、超声波细胞破碎仪、普通离心机、分光光度计、移液枪、枪头、EP管、加样槽、培养瓶、培养皿、96孔板等。

（三）实验步骤

1. 细胞培养及受试物毒性测试

按3.2.1所述方法制备黑色素细胞，将生长至80%～90%融合的人类黑色素细胞用0.25%胰酶/0.02%EDTA消化，1200r/min，5min离心，得到的细胞沉淀，用黑色素细胞完全培养液制成悬液，1×10^4个细胞/孔的密度（每孔100μL）接种于96孔板，37℃，5%的CO_2培养箱中培养2d。

用黑色素细胞完全培养液将待测化学物质溶解至不同的待测浓度，将96孔板中原来的培养液移走，加入新鲜的含有待测美白剂的培养液（每孔200μL，180μL基础培养液，20μL含药物的PEH液），同时设立阳性对照孔（有细胞，加入药物为SDS），阴性对照孔（有细胞，不加药物，仅20μL PEH液）和空白孔（无细胞，不加药物，仅20μL的PEH液），37℃，5%的CO_2培养箱中培养3d。

加入MTT溶液和DMSO溶液：在每孔中加入已经配制好的5mg/mL的MTT溶液20μL，在37℃孵育4h，移走上清液，每孔中加入DMSO 150μL，37℃孵化30min，充分混匀后用酶标仪在570nm处测量每孔的吸光度。

2. 黑色素细胞黑色素含量的改变

用PEH液将待测物质溶解成不同浓度的溶液，用黑色素细胞基础培养液（K-SFM，10%胎牛血清，L-谷氨酰胺，胰岛素）溶解至待测的终浓度，以20μmol/L的α-MSH作为美白功效实验的阳性对照；

制备黑色素细胞，按密度1×10^5细胞/孔接种于6孔板。

将6孔板中原来的培养液移走，每孔加入1000μL含待测化学物质的培养液（900uL基础培养液+100μL含待测化学物质的PEH液），同时设立阳性对照孔（有细胞，加入药物为α-MSH），阴性对照孔（有细胞，不加药物，仅100uLPEH液），37℃，5%的CO_2培养箱中培养6d，每隔两天换液一次。

移走培养液，用冷的PBS清洗两遍，用细胞刮刀将不同细胞处理组以及阳性、阴性对照组的细胞分别收集到不同的EP管中，10000r/min，4℃离心1min收集细胞。

收集后的细胞用1mol/L NaOH溶液150μL溶解，并在100℃下加热10min，将获得的每种溶有各组处理后细胞的1mol/L NaOH溶液100μL加入到96孔中。

每孔细胞蛋白浓度的分析：在96孔板中每孔加入99μL蛋白分析液和1μL 1mol/L NaOH溶解的细胞溶液，每孔细胞设立三个测试组。

用酶标仪在405nm处测量96孔中各孔的吸光度，得到每孔的黑色素含量的吸光度值；用酶标仪在490nm处测量96孔板中各孔的吸光度，得到每孔的蛋白浓度吸光度值。

3. 黑色素细胞酪氨酸酶活性的改变

基本过程同2。收集处理后的细胞，用细胞裂解液（0.1mol/L磷酸盐缓冲液，含有1%的Triton-X-100和100μg/mL的苯甲基磺酰氟）150μL溶解，充分裂解细胞，13000r/min，4℃离心20min；得到的上清液即含酪氨酸酶的胞质蛋白。

在96孔板中每孔加入98μL蛋白分析液和2μL细胞裂解液溶解的胞质蛋白，每孔细胞设立三个测试组；用酶标仪在490nm处测量各孔的蛋白浓度的吸光度值。

酪氨酸酶活性试验：在96孔板中每孔加入90μL含胞质蛋白的细胞裂解液，10μL 2mg/mL的L-DOPA溶液，对照组为90μL不含蛋白的细胞裂解液和10μL 2mg/mL的L-DOPA溶液，因为无色的L-DOPA在胞质蛋白中所含的酪氨酸酶的作用下会变成黑色的多巴醌，而在无酪氨酸酶的作用下，无色的L-DOPA也会在空气中的氧化作用下慢慢变黑；所以在37℃下反应1h，每10min用酶标仪在475nm处测量一次各孔的吸光度，即通过黑色多巴醌的吸光度来反应酪氨酸酶的活性。

（四）结果分析

细胞活力抑制率（%）=［1-（各浓度平均吸光度值-空白孔平均吸光度值）÷（对照组平均吸光度值-空白孔平均吸光度值）］×100；根据抑制率曲线，计算得出待测药物的致死剂量范围以及半数致死剂量（IC_{50}），即为该美白剂的毒性指标

黑素合成抑制率（%）=［1-（药物孔黑色素含量的吸光度值÷药物孔蛋白浓度的吸光度值）÷（阴性对照组黑色素含量的吸光度值÷阴性对照组蛋白浓度的吸光度值）］×100

酪氨酸酶活性抑制率（%）=［1-（各药物浓度孔的吸光度值÷药物孔蛋白浓度的吸光度值）÷（阴性对照孔的吸光度值÷阴性对照组蛋白浓度的吸光度值）］×100

四、抑制黑色素转移实验

（一）原理

抑制黑色素从黑色素细胞向角质细胞的转移和分布同样可用于评价美白剂的功效。黑色素生成后的转移分为两步，胞内转移和胞外转移。胞内转移是包裹在细胞中的黑色素小体向突起末端迁移的过程。这个过程需要分布于细胞树突微管上的微管发动蛋白推进。根据黑色素转移通路，可从抑制黑色素细胞突起的形成，或阻碍角质细胞对黑色素的摄取建立体外检测方法。

（二）实验系统

1. 细胞

从小儿包皮环切术，获得人体皮肤，原代分离和培养正常人角质细胞和正常人黑色素细胞，所用培养基为角质细胞无血清培养基，分别添加人角质细胞生长补充剂和黑素细胞生长补充剂。

也可使用 HaCaT 细胞和 B16 F10 黑素瘤细胞。

2. 试剂

直径 0.5mm 红色荧光微球，购自 Molecular Probes 公司或直径 1mm 的微球购自 Invitrogen。154 细胞培养基，人角质细胞生长补充剂和黑素细胞生长补充剂，购自 Cascade 生物技术公司。PGE2 细胞因子 ELISA 检测试剂盒。

24 孔培养板、6 孔插入式培养皿、微孔直径 0.4mm、聚酯膜包被多聚氨酸。

（三）实验过程

1. 角质细胞微珠摄取实验

常规培养角质细胞，MTT 法检测细胞活性和受试物的细胞毒性。

角质细胞以 1×10^3 的密度接种于培养板中，置于 24 孔板中，先用含活性物质的受试物处理 16h～24h。然后血清饥饿培养 6h～12h，然后加入预先制备好的浓度为 2×10^7 微粒/ml 的荧光微球（红色，直径 0.5mm）溶液，37℃共孵育 16h，吸出微球，细胞用 1mL FBS 37℃孵育 15min，PBS 冲洗细胞，显微镜观察细胞内吞噬的微珠。为便于观察，也可先用 DAPI 染料标记细胞核。每个实验至少重复三次。

2. 角质细胞吞噬活性检测

常规培养角质细胞，以密度 1×10^3 细胞/孔接种于微孔板培养 48h，再用含有活性物质的培养基继续培养 3d，然后将培养板暴露于紫外线下，可根据研究需要调整剂量及方式，如可选择剂量为 0.3J/cm^{2}UVA和 0.03J/m^{2}UVB。暴露结束后，马上加入荧光微球溶液作用 24h。用 pH 值 =7.2 的细胞裂解液裂解细胞（1.0% Nonident P40，0.01% SDS，0.1mol/L Tris-HCL），激发/发射波长为 585nm/612nm，用荧光读板机对裂解液读数。以未进行荧光微球处理的细胞作为空白对照。

3. 共培养模型

常规培养角质细胞和黑色素细胞，MTT 法检测细胞活性和受试物的细胞毒性。

使用 6 孔插入式培养皿，角质细胞接种于插入皿的上层（密度为 5×10^4 细胞/皿），黑素细胞接种于下层（密度为 5×10^3 细胞/孔）。两种细胞共用培养基，但细胞与细胞之间无直接接触，培养液中含有活性物质，共培养 24h。定量测定培养液中的前列腺素 E2（PGE2）含量，固定黑色素细胞，并进行免疫组化分析。

4. 参数及检测

微珠显微镜观察：显微镜下观察细胞内荧光数量和密度，采用图像分析法对角质细胞中荧光颗粒的含量进行分析。

荧光定量：先细胞裂解，再将细胞裂解液用荧光读板机检测荧光强度。以半数抑制剂量 IC_{50} 表示。IC_{50} 值越低表示抑制效果越好。

检测 PGE2 水平：共培养时，可通过检测插入皿下层的培养液定量得到角质细胞释放的 PGE2 的量，检测采用 ELISA 方法。

树突检测：共培养结束后，移出上层插入皿，将黑素细胞用 4% 福尔马林固定。40 倍显微镜下观察并计数每个黑色素细胞突起的数量。采用图像软件测量从细胞核中央到突起末端的树突长度，共分析 60 个细胞。

（四）结果统计

所有数据都表示为平均数±标准差，采用单因素方差分析（ANOVA）。实验组和对照组之间的差异用 Scheffe 检验有，可用 SPSS 9.0 统计软件分析，$p<0.01$，$p<0.05$ 认为有统计学意义。

紫外线可刺激角质细胞分泌 PGE2。角质细胞分泌的 PGE2 是刺激黑色素细胞树突形成的旁分泌因子，因此，抑制角质细胞分泌 PGE2 的物质也具有美白的作用。

五、斑马鱼模型评价化妆品的美白功效

（一） 基本原理

黑色素是动物皮肤或者毛发中存在的一种黑褐色的色素，由一种特殊的细胞即黑色素细胞产生并且储存在其中。正是由于黑色素的存在，皮肤才有了颜色。基于斑马鱼的色素形成过程较快速、小分子渗透性良好、操作简单以及胚胎透明等优点，目前已成为一种抑制黑色素化合物活性的评价模型。通过计算色素面积、检测斑马鱼酪氨酸酶活性和测定斑马鱼体内黑色素含量来评价药物的抗黑色素功能。

（二）实验系统

1. 实验用斑马鱼

AB 系斑马鱼。

2. 实验试剂

养殖水、丙硫氧嘧啶（PTU）、左旋多巴（L-DOPA）、磷酸盐缓冲溶液（PBS）、蛋白裂解液、黑色素。

3. 实验仪器

净水机、斑马鱼养殖系统、培养箱、水浴锅、超声波细胞破碎仪、普通离心机、分光光度计、移液枪、枪头、EP 管、离心管、烧杯、培养皿、24 孔板。

（三）实验过程

1. 鱼卵收集和受试物暴露

（1）产卵前一天晚上将雌鱼和雄鱼按 1∶1 放入交配盒中，中间用挡板将雌鱼和雄鱼隔开，避光。

（2）第二天光照时将挡板拿开，雌鱼和雄鱼开始追逐交配。

（3）1h 后收集鱼卵，用养殖水清洗 3 遍，放入 28℃ 培养箱中孵育。

（4）将发育 9h 的鱼卵用移液管收集到 24 孔板上，每孔加入 1000μL 胚胎培养液，10 个鱼卵。

（5）受试物用胚胎培养用水溶解，设置 4 个浓度。

（6）每天更换培养液以及偶尔震动以保证溶液中的化合物分布均匀。

（7）以养殖水作为空白对照，以 0.2mmol/LPTU 处理作为阳性对照。

（8）在胚胎发育至 57h 时用体视显微镜拍照。

2. 黑色素面积计数

利用 Image-Pro-Plus 软件进行图片分析，计算一定区域的黑色素斑点面积的总和，比较不同药物处理组的鱼（每组计算 10 条以上）在同一区域黑色素斑点面积和的差异。

3. 酪氨酸酶活性测定

（1）将用样品处理过发育至 57hpf 的幼鱼用 PBS 冲洗两遍。

（2）每个浓度取 10 条幼鱼，加入冷的蛋白提取液在超声波细胞破碎仪中超声制得匀浆液。

（3）将提取液以 10000r/min 离心 5min，取上清液，得到酶提取液，于 −20℃ 保存备用。

（4）取 100μL 1mmol/L L-DOPA 于 1.5mLEP 管中，加入 1×PBS 缓冲液 480μL，再加入 20μL 酶提取液混匀，37℃ 温浴 60min 后，立即置于分光光度计于 475nm 波长处测定吸光度，计算其相对活性。

（5）酪氨酸酶活性用处理组 D_{475} 值占空白对照组 D_{475} 值的百分率来表示。

酪氨酸酶活性(%)=处理组 D_{475}/空白对照组 D_{475} ×100

4. 黑色素含量测定

（1）将用样品处理过发育至57hpf的幼鱼用PBS冲洗两遍。

（2）每个浓度取10条幼鱼,加入冷的蛋白提取液在超声波细胞破碎仪中超声制得匀浆液。

（3）将匀浆液以10000r/min离心5min,倒掉上清液。

（4）用1mol/L NaOH或20% DMSO将沉淀在95℃水浴锅中溶解1h,再置于分光光度计于490nm波长处测定吸光度。

（5）制备标准曲线:设置不同浓度的黑色素标准液,于490nm波长处测定吸光度,绘制标准曲线。

（6）将测得的吸光度值与标准曲线比较,算出黑色素含量。

5. 统计分析

实验结果以 $\bar{x}$ ±SD表示,使用SPSS17.0软件对数据进行方差分析。

（梅文杰　秦瑶　程树军　步犁）

参考文献

[1] 王奇, 延在昊, 何泉泉. 斑马鱼模型在化妆品研究中的应用. 日用化学品科学, 2014, 12: 29-33.

[2] 叶希韵, 朱萍亚. 黑色素的合成与美白产品的研究进展. 华东师范大学学报(自然科学版), 2016, 02: 1-8.

[3] Baek SH, Lee SH. Sesamol decreases melanin biosynthesis in melanocyte cells and zebrafish: Possible involvement of MITF via the intracellular cAMP and p38/JNK signalling pathways. Exp Dermatol, 2015, 24(10): 761-6.

[4] Baek S H, Lee S H. Omeprazole inhibits melanin biosynthesis in melan-a cells and zebrafish. Exp Dermatol, 2016, 25(3): 239-41.

[5] Burgoyne T, OConnor M N, Seabra M C, et al. Regulation of melanosome number, shape and movement in the zebrafish retinal pigment epithelium by OA1 and PMEL. J Cell Sci, 2015, 128(7): 1400-7.

[6] Chen J, Yu X, Huang Y. Inhibitory mechanisms of glabridin on tyrosinase. Spectrochim Acta A Mol Biomol Spectrosc, 2016, 168: 111-7.

[7] Chen WC, Tseng T S, Hsiao N W, et al. Discovery of highly potent tyrosinase inhibitor, T1, with significant anti-melanogenesis ability by zebrafish in vivo assay and computational molecular modeling. Sci Rep, 2015, 5: 7995.

[8] Choi TY, Kim JH, Ko DH, et al. Zebrafish as a new model for phenotype-based screening of melanogenic regulatory compounds. Pigment Cell Res, 2007, 20(2): 120-7.

[9] Daly CM, Willer J, Gregg R, et al. Snow white, a zebrafish model of Hermansky-Pudlak Syndrome type 5. Genetics, 2013, 195(2): 481-94.

[10] Hsu KD, Chen HJ, Wang CS, et al. Extract of Ganoderma formosanum Mycelium as a Highly Potent Tyrosinase Inhibitor. Sci Rep, 2016, 6: 32854.

[11] Jeong YT, Jeong SC, Hwang J S, et al. Modulation effects of sweroside isolated from the Lonicera japonica on melanin synthesis. Chem Biol Interact, 2015, 238: 33-9.

[12] Kim MK, Bang CY, Kim MY, et al. Traditional herbal prescription LASAP-C inhibits melanin synthesis in B16F10 melanoma cells and zebrafish. BMC Complement Altern Med, 2016, 16: 223.

[13] Kim J H, Jeong S C, Hwang J S, et al. Modulation of melanin synthesis by rengyolone isolated from the root of Eurya emarginata in melan-a cells. Phytother Res, 2014, 28(6): 940 - 5.

[14] Lee D Y, Cha B J, Lee Y S, et al. The potential of minor ginsenosides isolated from the leaves of Panax ginseng as inhibitors of melanogenesis. Int J Mol Sci, 2015, 16(1): 1677 - 90.

[15] Lee D Y, Jeong Y T, Jeong S C, et al. Melanin Biosynthesis Inhibition Effects of Ginsenoside Rb2 Isolated from Panax ginseng Berry. J Microbiol Biotechnol, 2015, 25(12): 2011 - 5.

[16] Lee T H, Park S, Yoo G, et al. Demethyleugenol beta-Glucopyranoside Isolated from Agastache rugosa Decreases Melanin Synthesis via Down-regulation of MITF and SOX9. J Agric Food Chem, 2016, 64: 7733 - 7742.

[17] Le H T, Hong B N, Lee Y R, et al. Regulatory effect of hydroquinone-tetraethylene glycol conjugates on zebrafish pigmentation. Bioorg Med Chem Lett, 2016, 26(2): 699 - 705.

[18] Lin V C, Ding H Y, Tsai P C, et al. In vitro and in vivo melanogenesis inhibition by biochanin A from Trifolium pratense. Biosci Biotechnol Biochem, 2011, 75(5): 914 - 8.

[19] Liu W S, Kuan Y D, Chiu K H, et al. The extract of Rhodobacter sphaeroides inhibits melanogenesis through the MEK/ERK signaling pathway. Mar Drugs, 2013, 11(6): 1899 - 908.

[20] Mcneil P L, Nebot C, Cepeda A, et al. Environmental concentrations of prednisolone alter visually mediated responses during early life stages of zebrafish(Danio rerio). Environ Pollut, 2016, 218: 981 - 7.

[21] Park W S, Kwon O, Yoon T J, et al. Anti-graying effect of the extract of Pueraria thunbergiana via upregulation of cAMP/MITF-M signaling pathway. J Dermatol Sci, 2014, 75(2): 153 - 5.

[22] Tabassum N, Lee J H, Yim S H, et al. Isolation of 4,5 - O - Dicaffeoylquinic Acid as a Pigmentation Inhibitor Occurring in Artemisia capillaris Thunberg and Its Validation In Vivo. Evid Based Complement Alternat Med, 2016, 2016: 7823541.

第十七章　替代方法术语和定义

Chapter 17　Terms and definitions of alternative methods

3R 原则(3R Principle):生命科学研究中应用动物试验普遍应当遵循的原则,指减少(Reduce)实验动物数量、优化(Refine)动物试验方法和开发新的代替(Replace)动物试验的技术,以及为实现上述目的所做的努力和采取的措施。

替代(Alternatives):减少、优化和代替动物实验的 3R 原则的统称,即改善试验设计和提高试验效率以减少动物的应激(优化替代),减少某一实验所需动物的数量(减少替代),以及完全停止某一实验的动物使用(代替替代),为实现上述目的进行的研究和建立的方法。

替代试验(Alternatives Testing):用低等动物或利用离体器官、培养的细胞或细胞器、生物模拟系统以优化、减少或代替传统的动物实验,进行毒理学评价、功效性评价和其它生命科学研究。

拮抗性(antagonist):能减少另一种化学物质影响的化学物质,激动剂(agonist)的反义词。一种化学物质的作用被另一种化学物质所阻抑的现象称为拮抗效应(antagonistic effect)。

测试(assay):指可以产生试验结果或测试结果的一个明确的过程,测试可以认为是按照特定的程序,由决定某个给定产品的一种或多种特性、程序或服务组成的技术操作。

评估(assessment):对事实分析的评价或鉴定,并就涉及特定目标的可能结果进行推断。

评估终点(assessment endpoint):对某特定因素的定性或定量表述,通过适当的风险评估,表达是否可能引起风险。

基准剂量(benchmark dose):在背景水平之上可引起微弱的效应增加的低剂量置信度。通常选择高于背景值 1% 或者 10% 的反应水平。

生物通路(biological pathway):生物通路是指许多生物化学步骤联系在一起,有开始有结束。通路内部的活动应当是分子间的流动,典型的生物化学通路是代谢通路和信号通路。

生物利用度(bioavailability):一种物质与生物体的生物系统交互作用的能力。系统的生物利用度将取决于物质的化学或物理反应和消化道、呼吸道或皮肤吸收此物质的能力。它可能在所有这些部位全部或部分被生物利用。

生物标记物(biomarker):用生物及亚生物体水平的生理、生化、组织学变化和/或影响来显示外源化学物的暴露效应。

细胞生物反应器(bioreactor):生物反应器是利用酶或生物体(如微生物)在体外构建生物功能模拟装置进行生化反应的一种系统,常用的如发酵罐、固定化酶或固定化细胞反应器等。细胞反应器采用物理或化学方法将细胞固定化,用于毒理学试验。

细胞转化测试(cell transformation assay):细胞转化是指化学致癌物体外诱发细胞,使其获得某种形态、行为、生长或功能的恶性特征。转化是细胞的 DNA、基因和细胞机能直接或间接发生完全损伤反应的结果,包括基因表达和信号传导的改变。细胞转化试验是通过将哺乳动物细胞暴露于受试化学品,检测细胞表型从正常到恶性特征变化的体外试验方法。这种方法能用来测定非遗传毒性和遗传毒性致癌物。

细胞系(cell line):指能够在体外长期增殖的细胞,其能够通过一系列的继代培养维持生长。细胞系可以分为有限细胞系、传代细胞系和干细胞系。一般来自于肿瘤或者是正常的胚胎组织。

细胞毒性(cytotoxicity):测试毒性受试物质如何引起细胞损害或死亡的能力。

剂量－效应关系(dose－effect relationship):也称剂量－反应关系(Dose-response Relationship),是指生物体、实验系统和(亚)种群所摄取或吸收的剂量与所产生的毒性作用大小之间的关系。

有限细胞系(definition cell line):指那些能够进行多次传代培养的细胞培养物,其经过一段时间复制后进入衰老期,细胞分裂停止,功能丧失。如替代实验常用的二倍体成纤维细胞系,这些细胞系具有遗传稳定性,并能在许多代后仍保持二倍体状态,但是通常在扩增60～70代后达到衰老期。

剂量－反应评估(dose－ response assessment):对生物、系统或(亚)种群所摄取或吸收的试剂总量和在生物、系统或(次)群体中产生的与试剂相关的变化之间的关系所进行的分析,以及由此得出的关于整个种群的推论。剂量－反应评估是风险评估四步中的第二步。

半数有效剂量(ED50):按指定标准,能够影响50%被观测群体的剂量。也称半数有效浓度/剂量。

内分泌干扰物(Endocrine disrupters):是指干扰体内天然激素的合成、分泌、转运、结合、作用或清除的外源物质,而这些激素在正常情况下对于维持平衡稳态(正常细胞代谢)、生殖、发育和行为起重要作用。

终点(Endpoint):生物学终点是疾病进程中(疾病症状或死亡)直接的标志物,用来描述由于化学物暴露导致的健康效应(或健康效应的一种可能性),暴露于某一特定的化学物可能导致一系列终点,其中最敏感的终点(critical endpoint) 是发生在最低暴露水平的终点。

毒性终点(toxicity endpoint):在毒性测试与评估中,指由毒性过程引起可定量的生物学改变或效应;终点随测定的生物组织水平的变化而变化,可能包含生化标记或酶活性、死亡或生存、生长、繁殖和初级生产的变化以及群落结构(丰度)和功能的变化。在毒性测试替代方法中,终点是构成和影响标准的重要因素。

专家系统(expert system):指任何正式的而非必须基于计算机的系统,让使用者能够获得关于化学品性质或活性的合理性预测。所有预测化学物质性质或活性的专家系统都是基于表示化学物质在生物系统中产生一种或多种影响的实验数据(数据库),或者由这些数据派生出来的规则(规则库)。

基因组学(genomics):研究生物体基因组的学科。

基因毒性(genotoxicity):用于描述影响细胞遗传物质完整性的毒性作用。基因毒性物质被认为是可能的致突变物或致癌物,特别是能引起遗传突变和能促发肿瘤形成的物质。

良好实验室规范(Good Laboratory Practice,GLP):指有关实验室进行非临床健康和环境安全研究的计划、执行、监测、记录、报告及档案的组织过程和条件的质量管理系统。

危害(hazard):根据ISO 11014,危害包括以下含义:安全性(safety)指免于不可接受的危害风险;风险(risk)指某一危害物质引起危害的可能性及危害严重程度;危害(hazard)指伤害的可能来源;伤害(harm)指物理损伤和/或对健康或财产的破坏。

危害评估(hazard assessment):用于评价风险的过程,危害评估的结果可用于不可接受风险的识别和选择控制或消除它们的方法。

高内涵筛选(High Content Screening,HCS),这是一种自动化的细胞生物学方法,通过利用光学、化学、生物学和图像分析技术,实现快速、高度并行的生物学研究、毒性测试和药物开发。

组织型培养(Histotypic Culture)或器官型培养(Organotypic Culture):使细胞重新聚集,并重建三维组织样结构的培养。通常是将高密度的细胞培养于滤孔中、饲养层上、支持物上(琼脂、胶原等)、基质中(凝胶、蛋白、胶原等)或悬滴培养。

7. 高通量筛选(High－Throughput Screening,HTS):基于计算机、数据分析和控制软件、液体处理装置和敏感探测元件，利用受试物对离体生物系统（基因、蛋白、细胞、组织等）的影响而进行的一种多样本、快捷、自动化的体外试验，常用于筛选进一步研究所用的活性物质，或大规模测试物质的某种毒性。

体外试验（In Vitro Testing）："In Vitro"拉丁语意为"在试管中"，用于描述一种在活体生物之外控制的环境，如试管、平皿或96孔板进行的过程或反应。参与反应的混合体可能包括生物学来源的材料，如组织提取物、培养的细胞或纯化的蛋白。体外试验不包括无生物学材料的方法，如溶解度的理化测定或pKa测试。

体内试验（In Vivo Testing）：区别于部分死亡生物或体外控制环境的试验，体内实验是指利用完整的活体动物或生物进行的试验。动物试验和临床试验是体内研究的主要方式。

计算机方法或硅片方法（In Silico Methods）：用计算机进行或通过计算机模拟真实状况的方法。在药物开发过程中，计算机方法用于预测药物特性，例如基于已知结构的已知分子的特性，预测新合成或新发现分子的溶解性、渗透性、代谢稳定性和毒性。

原位（In Situ）：指在自然或原处，例如在体内器官或组织中进行试验处理，而不是从体内移出体外（离体）之后或完全脱离体内（体外）。原位模型，如大鼠脑灌注，保留了整体动物许多天然生理特性，减少或排除了试验在体内进行时固有的一些变异。

非试验方法（Non-test Method）：指任何可以用于提供化学品评估资料的非试验方法或途径。通过非试验方法获得的资料称为"非试验数据（non-test data）"。非试验方法包括QSAR模型、类推/分组和用于理化和生物学定量或定性预测的方法。

组学（Omics）：是一个科学和工程学应用广泛的学科分支，用于分析不同组的生物信息的交互作用（包括基因组、蛋白质组、代谢组、转录组和相互作用组等）。

氧化应激（Oxidative stress）：是指活性氧的生产及其表现与生物系统具有的解毒活性氧中间体或修复其产生伤害的能力之间的不平衡。组织的正常氧化还原状态的失衡会引起毒性作用，它通过生产过氧化物和自由基破坏细胞的几乎所有组件，包括蛋白质、脂类和DNA。某些活性氧化产物甚至可以充当信使的作用，这种现象称为氧化还原信号。

蛋白组学（Proteomics）：大规模研究蛋白质，特别是其结构和功能的学科。蛋白质是生物体的重要部分，它们是构成细胞生理代谢途径的主要组件。

构效关系（Structure-activity Relationships，SARs）和定量结构活性关系（Quantitative Structure-activity Relationships，QSARs）：统称为（Q）SARs，是复杂的化学生物学交互作用的简化的数学表征，可以用来预测分子的物理化学和生物学特性。可以采取各种复杂的定性或定量的方式构建构效关系。

交叉参照（Read across）：指由一个（或多个）化合物的节点信息预测另一个（或多个）具有相似特性的化合物的同一节点信息，从而替代测试数据的方法。交叉参照的应用包括两类：类似物方法（Analogue approach）和分组方法（Category approach）。

实验规程（Protocol）：是一种科学性研究程序文本，或试验过程或一系列试验过程文本。

参照化合物（Reference Compound）：已知毒性、生态毒理学或物理化学特性的标准化合物，该化合物被用来比对测试的结果。

环试验（Ring Test）：①严格标准下的统一联合测试和应用条件，用来评估不同实验室的精确性和准确性，通常指替代方法的正式验证过程。②用来衡量一个测试方法的统计重复性的测试，或者用来比较由不同测试方法使用的所得结果。

原始数据（Raw Data）：在试验过程中为整理或评估试验报告所需保留的任何观察结果、原始记录、文件或其精确复印本。原始数据可包括相片、微缩影片、计算机打印报表、磁性媒体及自动装置等所得到的观察数据或其记录。

筛选试验（Screening Test）、初步实验（Preliminary Test）或范围确定试验（Range-finding Test）：正式实验前的步骤，主要用于：①确定决定性试验浓度的测试；②早期测试项目中，评价化学品（或其他物质)引起特定的有害影响(例如死亡率)的可能。

组织培养/细胞培养(Tissue Culture/Cell Culture):具有相似功能的一群细胞(通常来自动物或人)在特定试验条件下(营养培养基)的生存和增殖。

21 世纪毒性(Tox21):是一项由美国环保局、国立环境健康科学研究院/国家毒理学计划、国立卫生研究院/国家人类基因组研究、NIH 化学基因组中心(NCGC)和美国 FDA 共同参与的合作计划,目的是:通过签署谅解备忘录以研究、开发、验证和转化创新的化学试验方法用于确定毒性通路特征;研究运用新工具鉴别化学物诱发的生物学活性机制的方法;优先排序哪种化学物需要更为深入的毒理学评估;开发可以用于更有效地预测化学物如何影响生物学反应的模型;确定创新试验方法所需要的化学品、测试方案、信息分析和有针对性的测试;进行 ToxCast™高通量筛查测试以扩大化学物毒性了解;当进行保护人类和环境健康的决策时,能从创新化学试验方法中得到数据,供风险评估者用于决策。

整合试验策略(Integrated Testing Strategies,ITS):整合不同类型数据和信息于决策过程的方法。除了来自单个试验方法、成套试验(Test Batteries)和分层试验程序(Tiered Test Schemes)的信息外,整合试验策略可能还包括诸如证据权重法、人群暴露资料分析,用于物质的最终风险评价。试验策略中的某个方法是统计学加权的,与试验系统内任何单一组成方法获得的预测相比,能更好地预测体内的反应。与单一的毒性试验类似,试验程序和/或成套试验经过验证后可用于法规决策。

成套试验(Test Battery):为特定目的同时或相继进行的一套试验组合,通常用于为毒性终点提供预测;试验方法之间具有互补作用,如测定不同的毒性终点或检测不同的反应机理。每个单一测试结果的加权是平行的,或者也可以统计学加权后用于更好地模拟体内反应。成套试验在验证时应与单一方法验证类似,并需证明其组合后的试验效果比单独使用更有效和可靠。

分层试验程序(Tiered Test Scheme):基于先后顺序的评估方法,某一层的试验结果用于决定下一步的试验通常是一种决策树类型的试验。每一步试验后得出的信息用于决定是否可得出毒性终点的预测,还是需要进一步测试或分析。分层方法通常的先后顺序是:现有文献和数据的综述,相关化学品或配方信息的审议,可能的 SAR/(Q)SAR 分析、简单的体外筛查,更复杂的体外三维模型,低等生物试验,最后是传统动物试验。

标准操作规程(Standard Operating Procedures,SOP):描述试验具体规范性操作过程的程序文件。

证据权重(Weight of evidence):指针对某一问题将一方面的证据与另一方面的证据进行比较的一种测量,或者针对多个问题的证据的测量。

验证(Validation):指为了明确的目的,对特定试验、方法、程序或评价的相关性和可靠性建立程序的过程。验证研究(Validation study)是指大规模的实验室间研究,是为了特定目的对一项试验方法的相关性和可靠性进行评价的有计划的研究。

追加验证研究(Catch - up validation study):指对于一项试验方法的结构和执行标准与其他相似的方法进行比较的一种验证研究,而后者已经过正式验证并且被认为是科学有效的。

预验证(Prevalidation):指在试验方法开发后,在正式验证前进行的小规模的实验室内研究,目的是为了确认试验方法是否已充分优化完善、是否满足正式验证研究所需要的标准化,以及获得试验方法相关性和可靠性的初步评价。预验证程序通常采用有限数量的编码物质在至少三个实验室内完成。

预测模型(Prediction models):指一种将体外实验数据转化为预测动物或人体药理或毒理学终点的明确计算方法。即通过数理算法将替代方法的数据进行处理转化,从而能用于预测人或动物的毒理学终点。

第十八章 替代方法清单

Chapter 18 Lists of in vitro test methods

表 18－1 已完成验证的替代方法

毒理学终点	替代方法简称	验证或认可情况	现行版本(首次认可时间,最近更新时间)	中国转化情况	3R 相关性
急性经口毒性	固定剂量法	EU B.1bls,OECD TG420	1992,2002	GB	减少
	急性毒性分类法	EU B.1tris,OECD TG423	1996,2002	GB	减少
	上下法程序法	OECD TG425	1998,2008	GB	减少
	细胞毒性预测	OECD DG129	2010	SN	减少和替代
急性吸入毒性	急性毒性分类法	OECD TG426	2007	GB	减少和优化
皮肤刺激/腐蚀	人工皮肤模型腐蚀实验	B.40 OECD 430	2004,2015	GB,SN	替代
	大鼠经皮肤电阻实验	B.40 OECD 431	2004,2016	—	减少、替代
	皮肤模型刺激实验	OECD 439	2010,2015	GB,SN	替代
	膜屏障试验	OECD 435	2006,2015	GB	替代
眼刺激性/腐蚀性	BCOP	B.47, OECD437	2009,2013	GB,SN	替代
	ICE	B.48, OECD438	2009,2013	—	减少,替代
	荧光素漏出(FL)	OECD460	2012	—	替代
	角膜细胞短期暴露	OECD491	2015	—	替代
	3D 重建角膜试验	OECD492	2015	—	替代
皮肤致敏	局部淋巴结检测(LLNA)	B.42,OECD429	2002	GB	减少和优化
	LLNA-DA	OECD 442－A	2010	—	减少和优化
	LLNA-BrdU	OECD 442－B	2010	GB	减少和优化
	多肽结合试验	OECD 442－C	2015	—	替代
	角质细胞 Nrf2－Keap1－ARE 检测	OECD 442－D	2015	—	替代
	人细胞活化实验	OECD 442－E	2016	—	替代
经皮肤吸收	体外皮肤吸收试验	OECD428	2006	GB	替代
光毒性	3T3 NRU－PT	EU B.41,OECD432	2004	GB	替代

续表

毒理学终点	替代方法简称	验证或认可情况	现行版本(首次认可时间,最近更新时间)	中国转化情况	3R 相关性
遗传毒性	Ames 试验	B. 13 - 14, OECD471	1983	GB	替代
	大肠杆菌恢复突变试验	OECD 472	1983	GB	替代
	酿酒酵母有丝分裂重组试验	B. 16 OECD 481	1983	GB	替代
	体外哺乳动物染色体畸变试验	B. 10, OECD473	1983, 2016	GB	替代
	体外哺乳动物细胞微核试验	OECD 487	2010, 2016	GB	替代
	体外哺乳动物细胞 Hprt 和 xprt 基因突变实验	OECD TG476	2016	—	替代
	体外哺乳动物细胞 TK 基因突变	OECD490	2015	GB	替代
致癌试验	转基因动物细胞基因突变试验	OECD 488	2011	—	减少优化
内分泌干扰	雌激素受体拮抗剂和激动剂体外转染细胞试验	OECD 455	2009, 2016	—	替代
	雄激素受体拮抗剂和激动剂体外转染细胞试验	458	2016	—	替代
	人重组雌激素受(HrER)体体外测试雌激素亲和性	493	2015	—	替代
生殖和发育	延长一代生殖毒性研究	OECD 443	2011	-	优化

截至 2017 年 2 月 1 日

表 18－2 已发布国家标准替代方法清单

标准号	标准名称
GB/T 21604—2008	化学品 急性眼刺激性/腐蚀性试验方法
GB/T 21605—2008	化学品 吸入毒性试验方法
GB/T 21608—2008	化学品 皮肤致敏试验方法
GB/T 21609—2008	化学品 急性眼刺激性/腐蚀性试验方法
GB/T 21757—2008	化学品 急性经口毒性试验 急性毒性分类法
GB/T21769—2008	化学品 急性毒性的 3T3 成纤维细胞中性红摄取试验
GB/T 21793—2008	化学品 体外哺乳动物细胞基因突变试验方法
GB/T 21794—2008	化学品 体外哺乳动物细胞染色体畸变试验方法
GB/T 27818—2011	化学品 皮肤吸收体外试验方法
GB/T 27824—2011	化学品 急性吸入毒性 固定浓度试验方法
GB/T 27828—2011	化学品 体外皮肤腐蚀 经皮电阻试验方法

续表

标准号	标准名称
GB/T 27829—2011	化学品 体外皮肤腐蚀 膜屏障试验方法
GB/T 27830—2011	化学品 体外皮肤腐蚀 人体皮肤模型试验方法
GB/T 27831—2011	化学品 遗传毒性 酿酒酵母菌基因突变试验方法
GB/T 27832—2011	化学品 遗传毒性 酿酒酵母菌有丝分裂重组试验方法
GB/T 28646—2012	化学品 体外哺乳动物细胞微核试验方法
GB/T 28648—2012	化学品 急性吸入毒性试验 急性毒性分类法

表 18－3 已发布行业标准替代方法清单

标准号	标准名称
SN/T 2245—2009	化学品体外皮肤腐蚀人体皮肤模型试验
SN/T 2285—2009	化妆品体外替代试验实验室规范
SN/T 2328—2009	化妆品急性毒性的角质细胞试验
SN/T2329—2009	化妆品眼刺激性/腐蚀性的鸡胚绒毛尿囊膜试验
SN/T2330—2009	化妆品胚胎和发育毒性的小鼠胚胎干细胞试验
SN/T 3084. 1—2012	进出口化妆品眼刺激性试验体外中性红吸收法
SN/T 3084. 2—2012	进出口化妆品眼刺激性试验红细胞溶血法
SN/T 3527—2013	化学品 胚胎毒性测试 植入后大鼠全胚胎培养法
SN/T3898—2013	化妆品体外替代试验方法验证规程
SN/T 3899—2013	化妆品体外替代试验良好细胞培养和样品制备规范
SN/T 3948—2014	化学品体外皮肤刺激:重组人表皮试验
SN/T 3882—2014	化学品皮肤致敏试验局部淋巴结法(BrdU-ELISA)
SN/T 4030—2014	香薰类化妆品急性吸入毒性试验
SN/T 4153—2015	化学品牛角膜混浊和通透性试验
SN/T 4577—2016	化妆品皮肤刺激性检测重建人体表皮模型体外测试方法
SN/T 2246—2009	化学品 体外皮肤腐蚀 经皮电阻试验

注:不包括遗传毒性部分。

附录　替代方法常见英文缩写词表

Appendix　List of abbreviations of alternative methods

缩写	中文	英文
3D	立体培养、三维培养	Three dimensional
3Rs	优化、减少和替代	Refinement, Reduction, and Replacement (of animal use)
3T3 – NRU – PT	3T3 中性红取光毒性实验	In vitro 3T3 NRUPhototoxicity Test
5 – FU	5 – 氟尿嘧啶	5 – Fluorouracil
7 – AAD	7 – 氨基放线菌素 D	7 – amino acid actinomycin
ABTS	2,2 – 联氮基双(3 – 乙基苯并噻唑啉 – 6 – 磺酸)	2 – 2′ – azino – di – (3 – ethylbenzthiazoline sulfonate)
AAPH	偶氮二异丁脒盐酸盐	Azobis(isobutylamidine hydrochloride)
ACCC	澳大利亚竞争和消费者委员会	Australian competition & consumer commission
AD	适用范围	Applicability domains
ADME	吸收、分布代谢和排泄	Absorption, distribution, metabolism, and elimination
ADI	一日摄取容许量	Acceptable daily intake
AG	氨基胍	aminoguanidine
AGEs	晚期糖基化终产物	advanced glycation end products
AMES	沙门氏菌致突变性检测	AMES test
Anti – MHC	抗肌纤维球蛋白重链	Anti – sarcomeric myosin heavy – chain
ANOVA	变异分析	Analysis of variance
AOP	有害结局通路	Adverse outcome pathway
APPH	自由基产生剂	2,2′ – azobis – 2 – amidinopropane – dihydro – chloride
APLAC	亚太实验室认可合作组织	Asia Pacific Laboratory Accreditation Cooperation
ATCC	美国典型培养物保藏中心	American Type Culture Collection
AUC	曲线下面积	Area under the curve
BCOP	牛角膜混浊与通透测试法	Bovine cornea opacity permeability
BSA	牛血清白蛋白	bovine serum albumin
BW	人体体重	Body weight
CADD	计算机辅助药物设计	Computer aided drug design
CAM	鸡胚绒毛尿囊膜	Chickchorioallantoic membrane
CAMVA	绒毛膜尿囊膜血管实验	Chorioallantoic membrane vascular assay
CAS	化学文摘服务社	Chemical Abstracts Service
CASRN	化学文摘服务社登记号	Chemical Abstracts Service Registry Number
CAT	过氧化氢酶	catalase

续表

缩写	中文	英文
CD	共刺激分子	Costimulatory molecules
CFU	克隆形成单位	CFU Colony forming units
CHO	中国仓鼠卵巢细胞	Chinesehamaster ovary cell
CIR CIRBP C&L	化妆品原料评估委员会 冷诱导 RNA 结合蛋白 分类和标识	Cosmetic ingredient review cold inducible RNA – binding protein Classification and identification
CNAS	中国合格评定国家认可委员会	China National Accreditation Service for Conformity Assessment
COA	正版证明标签	Certificate of Authenticity
CPNP CPSR CPSA CMR	化妆品产品通报系统 化妆品安全报告 化妆品产品安全评估 致癌、致突变或致生殖毒性	Cosmetic product notification portal Cosmetic product safety report Cosmetic product safety assessment Carcinogenic, Mutagenic, Toxic to reproduction
COLIPA	欧洲化妆品、香水和化妆用品协会	European Cosmetics, Perfumery and Toiletry Association
CTD	比较毒性基因组数据库	Comparative toxicogenomics database
CV	变异系数	Coefficient of Variation
Cyp19a1 DAa	芳香化酶 经皮吸收量	Cytochrome P450 19A1 Dermal Absorption
P,p' – DDT	甲氧滴滴涕	P,p' – methoxychlor
DM	药物基质	Drug matrix
DMEM	DMEM 培养基	Dulbecco's Modification of Eagle's Medium
DMSO	二甲基亚砜	Dimethyl sulfoxide
DNA	脱氧核糖核酸	Deoxyribose nucleic acid
DNCB DNED	2,4 – 二硝基氯苯 衍生毒理无效应值	2, 4 – Dinitrochlorobenzene Derived no effect dose
D-PBS	Dulbecco 氏磷酸缓冲液	Dulbecco's phosphate buffered saline
DPPH DPRA	二苯基苦味肼基自由基 直接多肽反应测试	2,2 – Diphenyl – 1 – picrylhydrazyl Direct peptide reactivity assay
EAGMST	分子筛选和毒理学专家咨询小组	Expert Advisory Group on Molecular Screening and-Toxicogenomics
EBSS EBT	Earle's 平衡盐溶液 循证毒理学	Earle's Balanced Salts Evidence-based toxicology
EC ECACC	欧盟委员会 欧洲细胞培养物保藏中心	European Commission European collection of cell culture
EC50	半数有效浓度	Concentration of a substance that produces 50% of the maximum
ECETOC	欧洲化学品毒理学和生态毒理学中心	European Centre for Toxicology & Ecotoxicology of Chemicals
ECHA ECM	欧洲化学品管理局 专家咨询会议	European Chemical Agency expert consultation meeting

续表

缩写	中文	英文
ECVAM	欧洲替代方法验证中心	Europe Center for Validation of Alternative Methods
EDTA	乙二胺四乙酸	Ethylene diamine tetraacetic acid
EMEA	欧洲药品局	European Medicines Agency
EGF EGCG	重组表皮生长因子 儿茶素没食子酸酯	Epidermal growth factor Epigallocatechingallate
ELISA	酶联免疫检测方法	Enzyme-Linked Immunosorbent Assay
EPA U. S.	美国环境保护署	U. S. Environmental Protection Agency
EPAA	欧洲动物试验方法合作组织	European partnership for alternative approaches to animal testing
ER ERDC	雌二醇受体 美国陆军工程师团研究和发展中心	Estrogen receptor U. S. army engineer research and development center
ES	终点评分法	End point score
ESAC mESC ESC	ECVAM 科学顾问委员会 小鼠胚胎干细胞 胚胎干细胞	ECVAM Scientific Advisory Committee Mouse embryonic stem cell embryonic stem cell
EST	胚胎干细胞试验	embryonic stem cell test
ETOH	乙醇	Ethanol (Ethyl alcohol)
EU	欧盟	European Union
FBS	胎牛血清	Fetal bovine serum
FDA	食品和药品管理局	Food and Drug Administration
FD&C Act	联邦食品、药品和化妆品法案	Federal food, drug and cosmetic act
FDP	固定剂量程序	FDP Fixed Dose Procedure
FELS FETAX	鱼类早期发育毒性 爪蟾蛙胚胎致畸试验	Fish early-life stage FrogEmbryo Teratogenesis Assay-Xenopus
FITC FL	异硫氰酸荧光素 荧光素漏出试验	fluoresceinisothiocyanate fluorescein leakage test
FRAME FRAP	医学试验中动物替代半基金会 胞质铁离子还原能力	Fund for the Replacement of Animals in Medical Experiments Ferric reducing ability of plasma
FSH GABA GAPDH GARD	垂体分泌卵泡刺激素 γ-氨基丁酸 磷酸甘油醛脱氢酶 基因组过敏原快速检测	Follicle-stimulating hormone γ-aminobutyric acid reduced glyceraldehyde-phosphate dehydrogenase Genomic allergen rapid detection test
GCCP GFP	良好细胞培养规范 绿色荧光蛋白	Good cell culture practices Green fluorescent protein
GHS GIVIM	化学品全球协调分类系统 良好体外方法规范	Globally Harmonized Classification System Good in vitro method practice
GLP	良好实验室规范	Good Laboratory Practice
GMP	药品生产质量管理规范	Good manufacturing practices
GSK-3β	糖原合成酶激酶-3	Glycogen synthase kinase-3β
GSH-PX	谷胱甘肽过氧化物酶	Glutathione peroxidase

续表

缩写	中文	英文
HBSS HCE h-CLAT	汉斯平衡液 人角膜上皮模型 人细胞系活化试验	Hanks' balanced salt solution Human corneal epithelium Human cell line activation test
HET-CAM HET-MN	鸡胚绒毛膜尿囊膜实验 鸡胚微核诱导实验	Hen's egg test – chorioallantoic membrane The hen's egg test for micronucleus induction
HEPES	4－羟乙基哌嗪乙磺酸	4－(2－hydroxyethyl)－1－piperazineethanesulfonic acid
HEPES-BSS	HEPES 缓冲盐溶液	HEPES buffered saline solution
HPLC HPTLC	高效液相色谱法 高效薄层色谱分析技术	High performance liquid chromatography High performance thin layer chromatography
HRIPT HSA HSC50	人体重复斑贴试验 人血白蛋白 半清除浓度	Human Repeated Insult Patch Tests Human serum albumin Half a clear concentration
HSI	国际人道协会	Humane society international
HTPS	高通量筛查技术	high throughput pre-screening
IATA IAF	整合和测试方法 国际认可论坛	Integrated approaches to testing and assessment International Accreditation Forum
IC_{50}	50% 抑制浓度	Concentration producing 50% inhibition of the end-point measured
ICCVAM ICE ICH	(美国)替代方法验证跨部门协调委员会 离体鸡眼实验 国际协调委员会	Interagency CoordinatingCommitee on the Validation of Alternative Methods Isolated chicken eye International conference on harmonization
ICPEMC	国际环境致诱变剂和致癌物防护委员会	International Commission for Protection against Environmental Mutagens and Carcinogens
IFRA	国际香料组织	International Fragrance Association
IL－8	白介素 8	Interleukin Type 8
ILAC ILAC	国际实验室认可论坛 国际实验室认可合作组织	International Laboratory Accreditation Conference International Laboratory Accreditation Cooperation
InChI	国际化合物标识	International Chemical Identifier
IPCS	国际化学品安全规划署	International Programme on Chemical Safety
IRE	离体兔眼实验	Isolated rabbit eye test
IS	刺激评分法	Irritation score
ISO ITS	国际标准化组织 整合测试策略	International Standards Organization Integrated testing strategies
IUCLID IUPAC	国际统一化学品信息数据库 国际纯粹与应用化学联合会	International Uniform Chemical Information Database International Union of Pure and Applied Chemistry
IVIS	体外刺激评分	In vitro irritation score
JaCVAM	日本替代方法验证中心	Japanese center for the validation of alternative methods
JECFA	食品添加剂联合专家委员会	Joint Expert Committee on Food Additives

续表

缩写	中文	英文
JRC JSAAE	(欧洲)联合研究中心 日本替代动物试验学会验证委员会	Joint Research Centre Validation committee of the Japanese society for alternative to animal experiments
KBM KE KER	角质细胞专用培养基 关键事件 关键事件关系	Keratinocyte basal medium Key event Key event relationships
KPTA K-SFM	韩国制药贸易商协会 无血清基础培养基	Korea pharmaceutical traders association Keratinocyte serum free medium
LA LC LCR	乳酸 朗格汉斯细胞 终生致癌风险度	Lactic acid Langerhans cell Lifetime Cancer Risk
LD50	半数致死量	Dose that produces lethality in 50% of test animals
LDH	乳酸脱氢酶	LDH Lactate dehydrogenase
LLNA	小鼠局部淋巴结检测	Murine Local Lymph Node Assay
LOAEL	最低可见有害作用水平	lowest observable adverse effect levels
MAAPVN	N－甲氧基丁二酰－丙氨酸－丙氨酸－脯氨酸－缬氨酸－4－硝基苯胺	N－(methoxysuccinyl)－ala－ala－pro－val－4－nitroanilide
MDA	丙二醛	malonaldehyde
MEM MFI MHC MIE	MEM 培养基 荧光强度均值 主要组织相容性复合体 分子起始事件	Minimum essential medium Mean fluorescence intensity Major histocompatibility complex Molecular initiating event
MIT	甲基异噻唑啉酮	Methylisothiazolinone
mLIF	鼠白血病抑制因子	mouse leukemia inhibitory factor
MMC MMP－1 MNvit MOA MOS MOE	丝裂霉素 C 基质金属蛋白酶－1 体外微核实验 作用机制 安全边际值 暴露边际	Mitomycin C Matrix metalloproteinase－1 The in vitro micronucleus test Mode of action Margin of safety Margin of exposure
MRI	磁共振测成像	Magnetic Resonance Imaging
MSDS	物质安全记录单	Material Safety Data Sheets
MTT MW	噻唑蓝 分子质量	3－[4,5－dimethylthiazole－2－yl]－2,5－diphenyl tetrazolium bromide Molecular mass
NATA NC	澳大利亚国家检测机构协会 阴性对照	National Association of Testing Agencies, Australia Negative control
NC	无腐蚀性	Noncorrosive
NCGC	国立卫生研究院化学基因组学中心	NIH Chemical Genomics Center
NCS	新生牛血清	Newborn calf serum
NEAA	非必需氨基酸	Non-essential amino acid

续表

缩写	中文	英文
NHEK/NHK	正常人表皮角质细胞	normal human epidermal keratinocyte
NICEATM NICNAS	NTP 毒理学替代方法评价中心 国家工业化学品通报和评估方案	The National Toxicology Program Interagency Center for the Evaluation of Alternative Toxicological Methods National industrial chemicals notification and assessment scheme
NIH	国立卫生研究院	National Institute of Health
NMDARs NMM NNGH	N－甲基－D 天门冬氨酸 新鲜维持培养基 N－异丁基－N－4－甲氧基苯基磺酰基－甘氨酰基异羟肟酸	N－methyl－D－aspartate New maintenance medium N－Isobuty－N－(4－methoxyphenylsulfonyl)－glycylhydroxamic acid
NOAEL 4NQO	未观察到有害作用水平，无毒负反应水平 4－硝基喹啉－1－氧化物	no observed adverse effect level 4－nitro quinoline－1－oxide
NR NRC NRR	中性红 美国国立研究院 中性红释放	Neutral red National Research Council Neutral red release
NSMTT NSRL	非特异性的 MTT 还原值 无明显风险水平	Non-specific MTT reduction No significant risk level
NTM NTP	非测试方法 美国国家毒理纲要(或国立毒理学计划)	Non-testing methods National Toxicology Program
OD	光密度	Optical densities
OECD	经济合作和开发组织	Organisation for Economic Co-operation and Development
PAL	药事法	Pharmaceutical affairs law
PBS	磷酸盐缓冲液	Phosphate buffered saline
PC	阳性对照	PC Positive control
PCF	聚碳酸酯	polycarbonate
PE－SA	R－藻红素结合－链霉亲和素	R－phycoerythrin－conjugated streptavidin
PGTB	测试指南规范	Performance based test guideline
PI	碘化丙啶	propidium iodide
PIF	产品信息文件	Product information file
PM	预测模型	Prediction model
PPAR	过氧化物酶体增殖剂激活受体	Peroxisome proliferators-activated receptors
PPRA	过氧化物酶肽反应试验	Peroxidase peptide reactivity assay
PS PTFE	执行标准 聚四氟乙烯	Performance standards polytetrafluoroethylene
QC QSAR	质量控制 定量构效关系模型	Quality control Quantitative Structure－Activity Relationship
RA RBC	交叉参照 红细胞溶血	Read-across Red blood cell hemolysis

续表

缩写	中文	英文
REACH	化学品的注册、评估、许可和限制制度	Registration, evaluation, authorisation and restriction of chemicals
RfD RFI	参考剂量 相对荧光强度	Reference dose Relative fluorescence intensity
RHE RLU ROS	重建人表皮 相对光单位 活性氧	reconstructed human epidermis relative lightunirs reactive oxygen species
rpm RPMI1640 RSMN	每分钟转数 RPMI－1640 培养基 重组皮肤模型微核实验	Revolutions per minute Roswell Park Memorial Institute Reconstructed skin micronucleus assay
SAR	结构－活性关系	Structure-Activity Relationships
SCC	美容科学委员会	Scientific Committee of Cosmetology
SCCNFP SCCS	化妆品和非食品科学委员会 欧盟消费者安全科学委员会	Scientific Committee on Cosmetics Products and Non-Food Products Scientific Committee on Consumer Safety
SD	标准差	Standard Deviation
SCENIHR SCHER	新兴健康风险技术委员会 环境与健康风险技术委员会	Scientific committee on emerging and newly identified risk Scientific committee on health and environment risks
SDS	十二烷基磺酸钠	Sodiumdodecylsulphate
SED SPF	全身暴露量 防晒系数	systemic exposure dose Sun protection factor
SI SI SIRC	刺激指数 国际单位制 兔角膜上皮细胞	Stimulation Index International System of Units Statens seruminstitut rabbit cornea
SLRL	果蝇伴性隐性致死试验	sex－linmked recessive lethal test in drosophila melanogaster
SLS	十二烷基硫酸钠	Sodium lauryl sulfate
SMILES SOD	简化分子线性输入规范 过氧化物歧化酶	Simplified molecular input line entry specification Superoxide dismutase
SOP	标准操作程序	Standard Operating Procedures
SSA ST STE STITCH	皮肤表面积 测试组织 短期暴露法 互动化学品	Skin surface area Substance tissues Short－time exposure Interactions of chemicals
TDI TDS	2,3－二溴丙基异氰尿酸酯 原料质量规格说明	2,3－dibromopropyllsocyanurate Technical data sheet
TED TER TES	毒性暴露数据库 经皮电阻 N－甲基－2－氨基乙磺酸钠	Toxic exposome database Transcutaneous Electrical Resistance N-tris hydroxul methyl methyl －2－aminoethanesulfonic acid sodium salt
TFHA	危害评估工作组	Task force for hazard assessment

续表

缩写	中文	英文
TG	试验指南	TG Test Guideline
TNBS TNF - α TODST TPTZ	三硝基苯磺酸 炎性因子 受试物处理组织的真实 MTT Fe^{3+} - 三吡啶三吖嗪	trinitrobenzene sulphonic acid tumor necrosis factor true MTT metabolic conversion tripyridyl-triazine
Trolox	抗氧化标准物质	6 - hydro - 2,5,7,8 - tetramethylchroman - 2 - carboxylic acid
TTA TTC	分层测试方法 毒理关注阈值	Tiered testing approach Threshold of toxicological concern
UDP	上下程序法	Up - and - Down Procedure
U - SENS™	人骨髓细胞系 U937 皮肤致敏试验	Myeloid U937 skinsensitisation test (ATCC, CRL1593. 2)
UV	紫外线	Ultraviolet (light)
VC Vc	溶剂对照 抗坏血酸	Vehicle control Vitamin C
VRM	验证参考方法	Validated reference method
WOE	证据权重	Weight of evidence
WHO	世界卫生组织	World Health Organization
ZEBET	德国国家动物实验替代方法评价中心	National German Center for Documentation and Evaluation of Alternatives to Testing in Animals/Zentralstelle zur Erfassung und Bewertung von Ersatz-und